Michael Stifel — Vollständiger Lehrgang der Arithmetik

Michael Stifel

Vollständiger Lehrgang der Arithmetik

Nachwort von Eberhard Knobloch
Deutsche Übersetzung von Eberhard Knobloch
und Otto Schönberger

Königshausen & Neumann

Das Umschlagbild zeigt den Brunnen vor dem Pfarrhaus in Annaburg und erinnert daran, dass der evangelische Pfarrer Michael Stifel im Jahr 1533 den Weltuntergang voraussagte. Später war Stifel Professor für Mathematik in Jena und einer der bedeutendsten Mathematiker seiner Zeit.

Bibliografische Information Der Deutschen Bibliothek

Die Deutsche Bibliothek verzeichnet diese Publikation in der Deutschen Nationalbibliografie; detaillierte bibliografische Daten sind im Internet über <http://dnb.ddb.de> abrufbar.

Gedruckt auf säurefreiem, alterungsbeständigem Papier
Umschlag: Hummel / Lang, Würzburg
Bindung: Buchbinderei Diehl+Co. GmbH, Wiesbaden

Printed in Germany
ISBN 978-3-8260-3561-6
www.koenigshausen-neumann.de
www.buchhandel.de
www.buchkatalog.de

Inhaltsverzeichnis

VOLLSTÄNDIGER LEHRGANG DER ARITHMETIK

Verfasst von Michael Stifel

Mit einer Vorrede von Philipp Melanchthon

Feurig ist Gottes Wort
und durchdringender als jedes
zweischneidige Schwert

Nürnberg, bei Johannes Petreius
im Jahr 1544 n. Christus

Mit gnädigem Privileg unseres Kaisers und
Königs auf sechs Jahre

PHILIPP MELANCHTHON grüßt den Leser.

Nicht, wenn ich hundert Zungen hätte und hundert Münder, könnte ich aufzählen, zu wie vielen Dingen die Zahlen von Nutzen sind. Und ebenso klar liegen die Vorteile vor Augen, die nicht nur die Zahlen bringen, sondern auch die Kunst, die lange und schwierige Rechnungen mit erstaunlicher Geschicklichkeit ausführt und entwickelt, so dass ich denke, es wird niemand geben, der so stumpfsinnig wäre, dass er nicht die Zahlen bewundert und die Rechenkunst selbst hochschätzt. Wollte ich also ein langes Loblied auf diese Vorteile anstimmen, würde ich, wie die Griechen sagen, *mitten am hellen Tag ein Licht anzünden.* Ein Lernwilliger aber muss begreifen, welchen besonderen Nutzen die Arithmetik besonders jenen bringt, die eine vollständige und vollkommene Kenntnis der übrigen Teile der Philosophie entwickeln. Wenn man nämlich immer sagt, der Anfang sei schon die Hälfte des Ganzen, so erkennt man dies ganz besonders in den Teilgebieten der Philosophie. Gibt es doch nur *einen* Zugang zum wichtigsten Teil der Philosophie, nämlich zu den himmlischen Bewegungen, und dies ist die Kenntnis der Arithmetik. Diese aber besitzt eine solche Kraft, dass auch jemand, der nur mittelmäßig in der Arithmetik geübt ist, leicht alles weitere durchschaut und erreicht. Also besitzt einer, der die Arithmetik nur mittelmäßig beherrscht, bereits mehr als die Hälfte der ganzen Philosophie. Wer also eine edle Natur besitzt, mag sorgsam diesen großen Nutzen betrachten, sich für die Liebe zu dieser Kunst begeistern und sich auf den Erwerb aller übrigen Künste vorbereiten. Weiterhin gebrauchen wir vielfach auch in der Naturlehre und oft in der Geschichte diese allzu scharfsinnige Lehre von den Zahlen. Schließlich ist es für einen literarisch Gebildeten eine Schande, diese Kunst zu vernachlässigen, die doch Quelle und Beginn der gesamten vernünftigen Überlegung ist, die zum ersten Mal Eines und Vieles unterscheidet und deutlich verteilt, eine Erkenntnis, durch die sich die Menschen eigentlich vom Vieh unterscheiden. Daher müssen tüchtige und gelehrte Männer sich größte Mühe geben, diese Lehre in die Schulen zurückzuholen. Wenn dann jene verwaschene und geschwätzige Sophistik, die die Dialektik und Physik unterdrückt hatte, vertrieben ist, soll die Beschäftigung mit der alten und reineren Philosophie wieder in Gang kommen. Solch sorgsames Studium wird dem Staat in vieler Hinsicht nützen. Geister nämlich, die an einfache und saubere Lehre gewohnt sind, urteilen richtiger, suchen in den Wissenschaften das Sichere und halten nicht hartnäckig am Unsicheren fest. Es ist auch dies ein großes Gut, dass gerade diese Denkgewohnheit zur Wahrheitsliebe führt, die gute Männer hervorbringt und die Menschen sorgsam daran gewöhnt, auch im sonstigen Leben Mäßigung zu üben. Was aber wäre für die Menschheit heilsamer, als dass Leute, die man wegen ihrer Kenntnisse an die Spitze des Staates stellt, wahrheitsliebend und maßvoll sind? So werden sich die Schulen sehr rühmlich um das Menschengeschlecht verdient machen, wenn sie der Jugend die wahre, nützliche, reine Lehre vor Augen stellen und sie zugleich zur Wahrheitsliebe, zur Sorgfalt und zum Maßhalten in der Lebensführung anleiten. Deshalb ist auch das Streben vieler zu loben, die in unserer Zeit alte Schriften herausgeben und erläutern, die jene Wissenschaften behandeln, die die Quellen der Philosophie enthalten oder neue im Druck erschließen. In diesem Sinne meinte ich, der studierenden Jugend dieses arithmetische Werk von Michael Stifel empfehlen zu sollen, da es zur Übung nützlich sein wird, aber auch sehr viel Licht bei der Suche nach den Gründen der Lehrsätze beisteuern wird. Lebe wohl!

Wittenberg, am ersten Januar 1543.

DEN HOCHBERÜHMTEN HERRN JAKOB MILICH, Doktor der Medizin, grüßt Michael Stifel, Pastor der Kirche von Holtzdorf.

Oftmals erinnern mich der Anblick unseres Landes und seiner Haine und die ruhige Art der Landleute, die mit mir hier wohnen, an jene alte Mythe, in der es heißt, Astraea sei, vertrieben aus den großen Städten und aus den Palästen der Könige, auf das Land und zu diesen ländlichen Gemeinschaften gezogen; zu diesen habe sie von Gott, von ehrenhaften Verpflichtungen, vom Lohn guter Taten, von Strafen für Verbrechen und schließlich auch vom Wesen der Natur gesprochen. Wenn ich nun die Spuren davon auch jetzt noch auf dem Lande vorfinde, mildert sich mein Überdruß an der Einsamkeit ganz entschieden; ich sehe ja, dass es auf unserem Land eine Gemeinde gibt und dass hier das Lob Gottes und das Lob seines Sohnes, unseres Herrn Jesus Christus, erklingt, wenn ich unsere Familien ansehe, die nicht in Ehrsucht, Verschwendung oder Haß wetteifern, sondern im Hause die Jugend an die Erkenntnis Gottes und an das Erlernen der Landwirtschaft gewöhnen. So geht es mir auch, wenn ich sehe, dass in diesen Hainen ein Ort sogar für die Philosophie ist, wo die Hirten der Kirchen das Studium der christlichen Lehre, und anderer schöner Künste treiben. Ein solches Land scheint mir ähnlich den Gütchen, auf denen Sem, Abraham, Isaak, Jakob und ähnliche Männer lebten, die nicht nur Heimstätten der Kirche, sondern auch jeglicher Gelehrsamkeit bildeten. Daher erfreue ich mich an unserem Land und bitte Gott, er möge Kirchen und Lehre auch in unseren Wäldern bewahren. Auch verbinde ich selbst die philosophischen Studien umso lieber mit der Lektüre der Heiligen Schrift, um durch mein Beispiel auch andere zu eifrigem Studium anzuregen. So bedeuten mir zwar die ländlichen Kirchen, und diese unsere Studien und die Redlichkeit und Freundlichkeit der Menschen in dieser einsamen Gegend einen Quell großer Freude, doch können wir die städtischen Bequemlichkeiten nicht ganz entbehren, besonders in der Nachbarschaft einer Universität. Ich erkundige mich gerne manchmal dort nach den Künsten und muss manchmal auch den Zustand anderer Kirchen kennen lernen, schon um meine eigene Gemeinde zu ermahnen. Von Gewaltherrschern freilich will ich nichts wissen. Gelegentlich benötige ich auch den Rat von Ärzten, wobei ich deine und anderer Ärzte Bildung oft erfahren habe; auch bekenne ich, euch Dank zu schulden, und um diesen abzutragen, bitte ich Gott von ganzem Herzen, er möge selbst eure Wohltaten vergelten. Hat er doch auch versprochen, allen reichen Lohn zu spenden, die – und sei es nur mit einem Trunk frischen Wassers – die Diener des Evangeliums unterstützen. Ich wollte aber dieses Buch unter der Schirmherrschaft deines Namens herausgeben, nicht nur, um durch diese Nennung meine Dankbarkeit zu bekunden, sondern auch, weil du mir durch deine Heilkunst beistehst und ich auch in dieser ganzen Art philosophischer Studien häufig deine höchst gelehrte Unterhaltung genießen darf. Durch Gottes Wohltat wurde durch deine gewissenhafte Bemühung meine herzliebe Gattin von schwerster Krankheit und von Leiden befreit; Zeuge deiner Wohltat, die mir bei weitem die liebste von allen war, ist meine Nachbarschaft. Außerdem liebe ich dich auch deshalb aus tiefem Herzen, weil du zu jener eurer Naturwissenschaft oder Heilkunst diese meine Rechenkunst hinzufügst, und ich weiß wohl, wie tüchtig du in dieser Kunst des Zählens bist. Zudem bezeugen deine Nachtwachen, welche Fortschritte du in der Wissenschaft von den Bewegungen der Sterne gemacht hast. Du tust also ganz recht, daß du die ganze Philosophie zu erfassen strebst. Und da du mir zurietest, diese kleinen Bücher, in denen die wunderbare Reihung und Mehrung der arithmetischen Kunst vor das Auge tritt, zu sammeln und herauszugeben, wirst du in deiner Freundlichkeit auch meine Widmung freundlich aufnehmen. Ich darf aber wirklich behaupten, dass ich mich bemühte, die vielfältige Zahlenlehre durch knappe Regeln zu vermehren und durch passende Beispiele zu umfassen, so dass Studierende diese Darstellung auch ohne Lehrer aufnehmen können. Obschon es aber sehr viele kleine Bücher über die Arithmetik gibt und täglich neue dazukommen, habe ich doch bisher keines gesehen, das die gesamte Kunst behandelt. Daher nahm ich nicht nur die gewöhnlichen Rechenverfahren auf, die Verschiedenheiten der Proportionen, die Unterschiede und Intervalle der Progressionen und die weiteren Eigenschaften der rationalen Zahlen. Dazu kam aber auch die gesamte Behandlung aller Regeln der Coss, die man Algebra-Regeln nennt, und alle weiteren Rechenverfahren der irrationalen Zahlen. Was ich aber in dieser Gesamtdarstellung geleistet habe, werden die eifrigen Leser beurteilen, denen, wie ich hoffe, meine Arbeit willkommen sein wird.

Lebe wohl! Wittenberg, am Michaelis-Fest 1543.

KAPITEL-VERZEICHNIS des vorliegenden WERKES zur Arithmetik von Michael Stifel

[Die Seitenzahlen beziehen sich auf Stifels Druck-Seiten]

BUCH I

BUCH II

BUCH III

[1r] MICHAEL STIFEL. LEHRGANG DER ARITHMETIK

ERSTES BUCH

VOM RECHENVERFAHREN GANZER ZAHLEN UND BRÜCHE

Kapitel I.

Wir gebrauchen zehn Zeichen als notwendig zur Darstellung der Zahlen, nämlich 1, 2, 3, 4, 5, 6, 7, 8, 9, 0. Und die neun ersten nennt man bezeichnend, bezeichnet doch jede von ihnen die Zahl in ihrer Ordnung, wie du sie hingestellt siehst. 7 z.B. bezeichnet die Siebenzahl, wie man ja auch sieht, dass das Zeichen an der siebten Stelle steht, usw. Das zehnte Zeichen aber wird Null genannt, weil es allein stehend oder am äußersten Ende der Zeichen einer Zahl nichts bezeichnet.

Jenes Zeichen aber wird äußerstes genannt, das als letztes auf der linken Seite in der Reihe der Zeichen steht, die eine einzelne Zahl darstellen. Jenes Zeichen aber wird das erste sein, das auf der rechten Seite als letztes steht, wie hier bei der Zahl 324. Das erste Zeichen ist 4 und das letzte ist 3. Wenn jedoch einzelne Zeichen einzelne Zahlen darstellen, wie hier 3, 2, 4, wird 3 das erste Zeichen sein und vier wird als letztes gelten.

Bezüglich der Darstellung und Benennung der Zahlen genügen folgende ganz kurze Ausführungen.

Jedes beliebige Zeichen, an die erste Stelle einer Zahl gesetzt, wird seine einfache Bedeutung beibehalten. Aber das an den zweiten Platz gestellte Zeichen verzehnfacht seinen Wert. Und an dritter Stelle wird es verhundertfachen, wie hier bei 324. Das erste Zeichen, nämlich 4, bedeutet vier. Das zweite Zeichen, nämlich 2, bedeutet zwanzig, also zehnmal 2. Das dritte Zeichen aber, nämlich 3, bedeutet dreihundert, das ist hundertmal 3. Und so bei den anderen. Daraus sieh nun, [1v] was das Zeichen Null (das man auch Ziffer nennt) bewirkt; es besetzt nämlich nur einen Platz, wie hier in 304. Es bewirkt aber, dass das letzte Zeichen, nämlich 3, dreihundert bedeutet, das ohne Null (wie etwa bei 34) nur dreißig bezeichnen würde, usw.

Wenn man dir nun eine große Zahl vorsetzt, nämlich eine, die viele Zeichen hat, dann musst du die Reihe der Zeichen in Terme aufteilen, so dass jeder Term drei Zeichen besitzt, es sei denn, beim letzten Term fehlte das eine oder das zweite Zeichen, wie du es bei folgendem Beispiel geschehen siehst.

$\dot{2}\,3\,2\,\dot{9}\,0\,8\,\dot{9}\,5\,6\,\dot{2}\,8\,0\,0.$

Du siehst hier dreizehn Zeichen und siehst auch, dass die Reihe selbst in fünf Terme geteilt ist. Jeder Punkt zeigt nämlich an, dass jenes Zeichen, über dem der Punkt steht, das erste Zeichen des neuen Terms ist. So siehst du auch, dass der letzte Term, nämlich das äußerste links, nur ein Zeichen hat, nämlich $\dot{2}$.

Der Term aber, der bei der Bezeichnung der Punkte der letzte ist, wird beim Aussprechen der erste sein. – Jeder Term aber muss ganz aufgenommen werden, damit seine Zeichen zugleich ausgesprochen werden, wie du gleich hören wirst. Der erste Term also, der auszusprechen ist, ist $\dot{2}$ und macht zwei Tausend tausendmal tausendmal tausendmal. Dann folgt $32\dot{9}$ und macht dreihundert neunundzwanzig Tausend tausendmal tausendmal. Es folgt $08\dot{9}$ und macht neunundachtzig Tausend tausendmal. Es folgt $56\dot{2}$ und macht fünfhundertzweiundsechzig Tausend. Schließlich kommt der erste Term, der beim Aussprechen der letzte ist, nämlich 800 und macht achthundert. Du siehst also hinreichend, dass ein Wort (nämlich: tausendmal) wiederholt wird, und zwar entsprechend der Zahl der Punkte, die dem Term folgen, der ausgesprochen wird.

Von der Addition

Durch die Addition wirst du eine Zahl aus zwei oder mehreren Zahlen erzeugen, wie hier aus den beiden über der Linie stehenden Zahlen die Zahl entstand, die unterhalb der Linie steht. **[2r]**

2 3 2 9 0 8 9 5 6 2 8 0 0
4 0 6 1 4 3 2 4 8 0
2 3 3 3 1 5 0 9 9 5 2 8 0.

Bei Addition, Subtraktion und Multiplikation setzen wir (wie du siehst) die ersten Zeichen unter die ersten Zeichen und die zweiten Zeichen unter die zweiten Zeichen usw. Wir beginnen unsere Operation bei den ersten Zeichen, wie hier bei der Addition; ich addiere also 0 zu 0, was 0 macht, und dies setze ich unter die Linie unter die ersten Zeichen. Dann zähle ich 0 und 8 zusammen; macht 8. Drittens: 8 und 4 ergibt 12, also eine Zahl, die man mit zwei Zeichen schreiben muss. Ich schreibe also das erste Zeichen von beiden hin, nämlich 2, und behalte das zweite auf, um es zu den folgenden Zahlen hinzuzuzählen. Wenn ich also an vierter Stelle sage, dass 2 und 2 dann 4 ergeben, dann füge ich die aufbewahrte Einheit bei, und so erhalte ich 5, die ich hinschreibe. So verfährt man auch sonst. Das Verfahren ist ja so leicht, dass es keine vielen Worte braucht.

Von der Subtraktion

Durch die Subtraktion wird bewirkt, dass beim Abziehen einer Zahl von einer anderen, die größer ist als diese, man sehen kann, wie viel übrig bleibt, wie im folgenden: Die zweite Zahl wird von der ersten abgezogen und hinterlässt eine dritte, die man unter die Linie schreibt.

2 3 3 3 1 5 0 9 9 5 2 8 0
2 3 2 9 0 8 9 5 6 2 8 0 0
4 0 6 1 4 3 2 4 8 0

Zuerst ziehe ich 0 von 0 ab, erhalte 0 und setze 0 unter die ersten Zeichen. Zweitens ziehe ich 0 von 8 ab und es bleiben 8, das ich unter die zweiten Zeichen setze. Wenn ich drittens 8 von 2 abziehen will, kann ich es nicht, weil ich etwas Größeres von etwas Kleinerem abziehen will. Ich sage also: 8 von 12, bleiben 4, die ich unter die dritten Zeichen setze. Den Zehner aber habe ich mir von dem folgenden Fünf-Zeichen entliehen. So bleibt also, dass ich an der vierten Stelle sage: 2 von 4 (nicht von 5, denn die entlehnte Einheit war von 5 genommen, so dass nur mehr 4 übrig bleiben), bleiben 2, die ich hinschreibe. Und so bei den übrigen. Welche Zahl von zwei Zahlen aber größer ist, siehst du leicht an deren letzten Zeichen. **[2v]**

Von der Multiplikation

Multiplikation ist die Findung einer Zahl, die den Multiplikanden so oft enthält, wie der Multiplikator eine Einheit enthält, wie im folgenden Beispiel. Die unterste Reihe ist die Summe der Multiplikation; diese enthält die oberste Reihe, nämlich den Multiplikanden, der so oft zu multiplizieren ist wie der Multiplikator, das ist die zweite Reihe, die Einheit enthält.

```
      1492920
      1560090
     1343628
   895752
  746460
 149292
-------------
2329089562800
```

Und jene Reihen, die zwischen dem Multiplikator und der Summe der Multiplikation stehen, d.h. zwischen den beiden Linien, entstehen aus der Multiplikation der Zeichen des Multiplikators mit dem Multiplikanden. Es wird ja jedes bezeichnende Zeichen des Multiplikators mit der ganzen zu multiplizierenden Zahl multipliziert, und so erzeugt jedes Zeichen eine eigene Reihe, und deren erstes Zeichen steht unter seinem Multiplikator.

Die Summe aber der Multiplikation entsteht aus der Addition jener vorgenannten Zahlen, die aus der Multiplikation entstanden. Und da an beiden Zahlen, nämlich dem Multiplikanden und dem Multiplikator, eine Null vorangestellt wird, habe ich deshalb diese beiden Nullen einfach wiederholt und sie vor die Summe des Aggregates aus den vorgenannten Reihen gestellt. 156009 mal 149292 macht ja 23290895628. Aber 1560090 mal 1492920 macht die folgende Zahl 2329089562800.

Man muss sich auch (wenn man beachtet, was ich sagte) bei der Multiplikation nicht um die übrigen Nullen kümmern. Da nämlich eine Null wieder nur eine Null hervorbringt, ob sie nun multipliziert oder multipliziert wird, wird keine Null einer multiplizierenden Zahl eine Reihe bewirken.

Beim Multiplizieren aber (da ja ein Zeichen mit einem Zeichen multipliziert wird) einer überschießenden Zahl, die mit zwei Zeichen geschrieben wird, **[3r]** schreibe das erste Zeichen hin und bewahre das zweite auf (wie man es ja von Addieren kennt). Zum Beispiel: Ich multipliziere zuerst (im vorliegenden Beispiel) 9 mit 2, macht 18. Ich schreibe 8 hin und bewahre 1 auf. Dann: 9 mal 9 ergibt 81; ich füge die vorher aufbewahrte 1 hinzu, macht 82. Also schreibe ich 2 hin und bewahre 8 auf, und so stets in solchen Fällen.

Regel der Multiplikation von Zeichen mal Zeichen:

Erstens: Ziehe jedes einzelne Zeichen von 10 ab und multipliziere die Reste miteinander, und diese Multiplikation wird dir das erste Zeichen der Summe ergeben, die du suchst. Wenn aber bei jener Multiplikation eine Zahl überschießt und mit zwei Zeichen zu schreiben ist, dann schreibe die erste Zahl und bewahre die zweite auf, um sie dann dem zweiten Zeichen der Summe hinzuzufügen, die du suchst.

Zweitens: Addiere deine Zeichen, und diese Addition wird dir das zweite Zeichen der Summe ergeben, die du suchst. Ergibt sich aber bei jener Addition eine überschießende Zahl, die mit zwei Zeichen zu schreiben ist, so schreibe das erste und wirf das zweite als unnütz für diese Sache weg. Beispiele:

Sieben mal acht		Ebenso sieben mal sechs	
macht 56		macht 42	
8.	2	7	3
7	3	6	4
5	6	4	2

Von der Division

Division ist die Findung einer Zahl, die so oft eine Einheit enthält, wie der Dividend die teilende Zahl oder den Divisor enthält. Die gefundene Zahl wird aber Quotient genannt und mit einer solchen runden Klammer bezeichnet (, wie du im Beispiel sehen wirst.

Die Methode der Division werde ich dich mit den drei Buchstaben Q.M.S. lehren – Erklärung dieser drei Buchstaben:

Erstens Q: Das bedeutet *Quaere* [Suche!], nämlich, wie oft sich der Divisor in der über ihm stehenden Zahl findet. Zweitens M: Das bedeutet *Multipliziere*, nämlich das gefundene Zeichen des Quotienten mit dem ganzen Divisor. Drittens S: Das bedeutet *Subtrahiere*, nämlich das Produkt der Multiplikation von jener Zahl, die über dem Divisor gestellt wird. **[3v]**

Stelle also den Divisor so unter den Dividenden, dass die letzte Zahl des einen unter der letzten Zahl des anderen steht. Wenn ich also 232908956280 durch 149292 dividieren will, so stelle ich den Divisor so unter den Dividenden, usw.

83616
~~232908~~956280 (1
~~149292~~

So nun verwende ich die angegebenen Buchstaben Q.M.S.:

Erstens: Ich suche, wie oft sich 149292 in 232908 findet, und finde, dass es einmal ist. Daher setze ich 1 zu der runden Klammer, sozusagen als Zeichen des Quotienten.

Zweitens: Ich multipliziere das gefundene Zeichen des Quotienten mit dem ganzen Divisor, und wenn die Einheit durch ihre Multiplikation nichts ändert, bleibt also der Divisor.

Drittens: Ich subtrahiere die Summe der Multiplikation von der Zahl, die über den Divisor gestellt wird, nämlich ich subtrahiere 149292 von 232908. Hier bleibt ein Rest von 83616, wie man auf der Abbildung oben sieht. Und so ist der Divisor einmal weggeschafft, nachdem man die Einheit als Zeichen des Quotienten gefunden hat. Nun bleiben aber im Dividenden noch sechs Zeichen über den Rest hinaus, nämlich 956280. Also muss man entsprechend diesen sechs Zeichen den Divisor sechsmal erneuern und durch alle die einzelnen Zeichen bewegen, wie man an der Fortführung des Beispiels wird sehen können. Und bei jeder Bewegung oder Erneuerung des Divisors werden die genannten Buchstaben Q.M.S. angewendet, und zwar so, wie ich kurz zuvor ausführte.

Erste Erneuerung des Divisors nach seiner ersten Position:

```
 8970
836169
232908956280        ( 15
 149292
     5
--------------------
 746460
```

Zuerst fand man, dass der Divisor in der Zahl über ihm (nämlich in 836169) fünfmal enthalten ist. **[4r]** Also wird zweitens 5 mit dem Divisor multipliziert. Drittens blieb, nach Abzug der Summe der Multiplikation, ein Rest von 89709.

Zweite Erneuerung des Divisors nach seiner ersten Position:

```
    13
  89704
 8361693
232908956280        ( 156
 149292
      6
--------------------
895752
```

Zuerst suche und finde ich 6. Zweitens: Ich multipliziere und erhalte 895752. Drittens: ich subtrahiere und lasse 1343 als Rest.

Dritte Erneuerung des Divisors:

```
    13
  89704
 8361693
232908956280        ( 1560
 149292
```

Du siehst, dass ich den Divisor nicht einmal in der Zahl über ihm finden kann; also setze ich die Null zum Quotienten und fahre sogleich wieder fort, den Divisor wieder zu erneuern.

Vierte Erneuerung des Divisors:

```
    13
  89704
 8361693
732908956280        ( 15600
    149292
```

Und nicht einmal hier kann man den Divisor in der Zahl über ihm erhalten, weshalb ich wiederum die Null zum Quotienten setze und sogleich fortfahre, den Divisor zu erneuern. Die Null ergibt nämlich nichts beim Multiplizieren, weshalb ich hier die drei genannten Buchstaben nicht brauche. **[4v]**

Fünfte Erneuerung des Divisors; auch hier verwende ich Q.M.S.

13
89704
8361693
232908956280 (156009
149292
9

1343628

Zuerst finde ich den Divisor neunmal in der Zahl über ihm enthalten.

Zweitens multipliziere ich 9 mit dem Divisor.

Drittens ziehe ich das Produkt von der Zahl über dem Divisor ab und lasse keinen Rest.

Sechste Erneuerung des Divisors

Allerdings braucht es hier keine Erneuerung mehr, da überhaupt kein Rest bleibt. Man muss also nur eine 0 zum Quotienten setzen.

13
89704
8361693
232908956280 (156009
149292

Du siehst, dass der Divisor nicht mehr in der Zahl darüber gewonnen werden kann, da er ganz weggeschafft und getilgt ist. Also füge ich, wie gesagt, eine Null bei.

Es folgt das Rechenverfahren für Brüche

Wenn bei der Division einer Zahl durch eine Zahl etwas als Rest bleibt (wenn man z.B. 15 durch 4 teilt, bleibt ein Rest von 3), so entsteht ein Bruch. Was nämlich übrig bleibt, wird zum Zähler, und der Divisor selbst wird zum Nenner des Bruches.

Ebenso, wenn eine kleinere Zahl durch eine größere Zahl geteilt werden soll, dann entsteht aus dem gleichen Grunde ein Bruch, so dass 3 durch 4 geteilt $\frac{3}{4}$ macht.

Also besteht ein Bruch aus Zähler und Nenner, und es wird der Zähler oben hin gestellt, während der Nenner unten steht. Dazwischen wird ein kleiner Strich gezogen, um eine Unterscheidung zwischen Bruch und Proportion herzustellen. **[5r]** Wenn nämlich zwei zueinander proportionale Zahlen gemäß der Regel der Addition bzw. Subtraktion von Proportionen (wie ich unten an gegebenem Ort zeigen werde) hingestellt werden, dann wird ebenfalls die eine Zahl davon oben hin gestellt und die andere unten; doch darf man keinen Strich dazwischen ziehen, damit man sieht, es handelt sich um zwei Zahlen und nicht um eine. Ein Bruch jedoch mit Zähler und dazugehörigem Nenner ist eigentlich e i n e Zahl, wie ich nunmehr zeigen werde.

Der Zähler eines Bruches ist es, der die Teile eines Ganzen, das in Teile geteilt ist, angibt. Der Nenner eines Bruches ist es, der die vom Zähler gezählten Teile benennt, selbst jedoch nichts zählt.

Wenn ich z.B. sage: Drei Groschen, dann ist 3 eine Zahl und Groschen ist die Benennung der Zahl selbst, die aber nichts zählt, sondern nur benennt. Wenn ich ebenso $\frac{3}{4}$ sage, dann ist 3 die Zahl und 4 ist ihre Benennung [Nenner], und der Nenner selbst ist eigentlich keine Zahl.

Die Aussprache aber von Brüchen ist sehr leicht, ebenso wie ihre Darstellung; z.B. sind eigentlich $\frac{3}{4}$ drei Viertel. Ebenso sind $\frac{13}{60}$ dreizehn Sechzigstel einer Sache, die in sechzig unter sich gleiche Teile geteilt ist. Oder: $\frac{3}{4}$ wird als Dreizahl bezeichnet, die durch 4 oder in 4 Teile geteilt ist. Daher ist $\frac{3}{4}$ der vierte Teil einer Dreizahl; so auch bei anderen Brüchen.

Von Addition und Subtraktion von Brüchen

Die Nenner von Brüchen haben eine große Ähnlichkeit mit wirklichen Benennungen von Zahlen. Wenn also die Nenner von zu addierenden Brüchen unter sich gleich sind (wie hier $\frac{3}{10}$, $\frac{4}{10}$), dann werden die Zähler zueinander addiert, und der gemeinsame Nenner wird einfach unter jenes Aggregat gesetzt, so dass $\frac{3}{10}$ plus $\frac{4}{10}$ sieben Zehntel ergibt. Ebenso ergibt 3 Groschen plus 4 Groschen 7 Groschen. Hier siehst du in einem schönen Vergleich die Regel der Addition von Brüchen.

Ebenso bei der Subtraktion: Wenn die Nenner unter sich gleich sind, wird Zähler von Zähler subtrahiert, und unter den Rest stellt man den gemeinsamen Nenner; z.B.: $\frac{3}{10}$ von $\frac{4}{10}$, bleibt $\frac{1}{10}$. Ebenso $\frac{3}{10}$ von $\frac{7}{10}$, bleiben $\frac{4}{10}$. Auch (damit du die Regel im Vergleich siehst) 3 Groschen von 7 Groschen, bleiben 4 Groschen, usw. **[5v]**

Von der Ungleichheit von Nennern

Wenn jedoch die Nenner von Brüchen untereinander ungleich sind, muss man sie zur Gleichheit führen, weil sonst keine Addition oder Subtraktion ordnungsgemäß erfolgen kann. Es wird dies klar aus dem oben gegebenen Vergleich. Man kann nämlich nicht passend 3 Groschen zu 4 Pfennigen addieren und sagen, 3 Groschen und 4 Pfennige ergeben 7 Groschen oder 7 Pfennige. Nein, du musst die Ungleichheit der Nenner zur Gleichheit zurückführen. Wenn du so aus 3 Groschen 36 Pfennige machst, dann kannst du passend sagen, dass 36 Pfennige und 4 Pfennige 40 Pfennige ergeben. Oder: Wenn du aus 4 Pfennigen $\frac{1}{3}$ Groschen machst, dann kannst du richtig aussagen, 3 Groschen und $\frac{1}{3}$ Groschen machen $3\frac{1}{3}$ Groschen. Das Gleiche verstehe auch bei der Subtraktion: Wenn du nämlich 4 Pfennige von 10 Groschen abziehst, dann bleiben weder 6 Groschen noch 6 Pfennige. Nein, du musst die Ungleichheit der Nenner zur Gleichheit zurückführen, wobei Wert und frühere Proportion bei den benannten Dingen erhalten bleiben.

Die Regel ist aber aus den Sätzen 17 und 18 des siebten Buches von Euklid genommen, und du kannst mit ihrer Hilfe leicht zwei Brüche mit ungleichen Nennern auf gleiche Nenner zurückführen, wobei in beiden Brüchen der ursprüngliche Wert erhalten bleibt.

Die Regel aber verhält sich wie folgt:

Multipliziere die Brüche über Kreuz; dann kommen die Zähler heraus. Darauf multipliziere die Nenner miteinander, dann kommt der gemeinsame Nenner heraus.

Z.B. $\frac{2}{3} \times \frac{3}{4}$ macht $\frac{8}{12}$ und $\frac{9}{12}$.

Deshalb ergeben $\frac{2}{3}$ und $\frac{3}{4}$ $\frac{17}{12}$, also $1\frac{5}{12}$.

Zieht man aber $\frac{2}{3}$ von $\frac{3}{4}$ ab, so bleibt $\frac{1}{12}$ übrig.

Die Methode der Regel einer derartigen Reduktion erhellt deutlich genug aus den genannten Sätzen des Euklid, nämlich aus Satz 17 und 18 des siebten Buches. Es werden nämlich $\frac{2}{3}$ mit derselben Zahl, nämlich der Vierzahl, multipliziert und ergeben sich $\frac{8}{12}$. So werden auch $\frac{3}{4}$ mit ein und derselben Zahl multipliziert, nämlich der Dreizahl, und ergeben sich $\frac{9}{12}$. Wenn aber jedes der beiden Glieder des Bruches mit einer und derselben Zahl multipliziert wird, dann verändert sich weder sein Wert, noch wird das Verhältnis zwischen den Gliedern selbst verändert, usw. **[6r]**

Von der Multiplikation von Brüchen

Eine echte Multiplikation von Nennerzahlen, die einen Nenner haben, erfordert nicht nur die Multiplikation der Zähler miteinander, sondern auch die Multiplikation der Nenner miteinander. Jeder Bruch aber ist eine benannte Zahl, wie ich unten in Kapitel 2 ausführen werde. So ist die Regel der Multiplikation von Brüchen leicht und kurz, nämlich:

Multipliziere die Zähler miteinander, und es wird sich der Zähler des erzeugten Resultats ergeben. Multipliziere auch die Nenner miteinander, und es ergibt sich der Nenner des erzeugten Resultats.

Z.B. $\frac{2}{3}$ mal $\frac{3}{4}$ macht $\frac{6}{12}$ oder, wie ich später erläutern werde, $\frac{1}{2}$.

Was aber bei der Multiplikation von Zahlen, die im üblichen Sinn Nenner sind, geschieht, werde ich an gegebenem Ort besprechen.

Dass aber die Multiplikation von Nennern auch die Multiplikation der Benennungen erfordert, geht deutlich aus den Cossischen Zahlen hervor, worüber ich ebenso an gegebenem Ort sprechen werde.

Von der Division von Brüchen

Ich führe die Regel der Division auf die Regel der Multiplikation von Brüchen zurück, und zwar so: Ich vertausche die Terme des Divisors, d.h. ich stelle den Zähler unter den Strich und den Nenner über den Strich. Ist dies geschehen, muss man nur mehr gemäß der oben angeführten Multiplikationsregel verfahren.

Will ich z.B. durch $\frac{2}{3}$ dividieren, wird sich das Beispiel nach der Regel so darstellen: $\frac{1}{2}{}^{-}_{-}\frac{3}{2}$, ergibt als Quotient $\frac{3}{4}$.

Will ich $\frac{2}{3}$ durch $\frac{1}{2}$ dividieren, so wird sich folgendes Beispiel ergeben: $\frac{2}{3}{}^{-}_{-}\frac{2}{1}$; dies ergibt den Quotienten $\frac{4}{3}$ oder $1\frac{1}{3}$. So verfährt man auch sonst. Und ich weiß, wie bequem diese Vereinfachung der Divisionsregel ist und wie oft sie das Behalten erleichtert, besonders bei der Durchführung von Beispielen gemäß der Algebra-Regel.

Damit du aber eine Methode für die Division von Brüchen siehst, will ich dir ein dafür passendes Beispiel vorführen. Ich will nämlich $\frac{1}{2}$ durch $\frac{1}{4}$ dividieren. Der Quotient aber der Division beträgt 2. Wenn es dich aber wundert, dass der Quotient größer ist als der zu teilende Bruch, **[6v]** bedenke, dass die Quotienten von Divisionen zumeist adverbial sind und dann nominal werden, so, wenn ich (z.B.) $\frac{1}{2}$ durch $\frac{1}{4}$ teile. Dann untersuche ich, wie oft $\frac{1}{4}$ in $\frac{1}{2}$ enthalten ist. Es ist ja klar, dass $\frac{1}{4}$ zweimal in $\frac{1}{2}$ enthalten ist. Also ist der Quotient dieser Division adverbial, dennoch bezeichne ich ihn mit dem Zeichen der Zweiheit, usw.

Über die Brüche werde ich Weiteres an geeigneter Stelle sagen, doch wird es von Nutzen sein, wenn ich hier noch einiges Weitere über die Brüche ausführe.

1. Wenn der Zähler eines Bruches größer ist als der Nenner, dann teile den Zähler durch den Nenner, falls es vorteilhaft erschien, damit du ein Ganzes siehst oder Ganze ohne Bruch. So macht z.B. $\frac{36}{8}$ so viel wie $4\frac{1}{2}$ und $\frac{36}{12}$ macht 3; so macht auch $\frac{8}{8}$ so viel wie 1, und so ist es in allen anderen Fällen.

2. Manchmal geschieht es, dass es vorteilhaft ist, eine ganze Zahl oder ganze Zahlen als Bruch auszudrücken, so aber aus ganzen Zahlen und einem Bruch einen einzigen Bruch herzustellen. Dafür aber werde ich etwas weiter unten die Methode eines ganzen Rechenverfahrens vorführen, und zwar in aller Kürze.

3. Da es vorkommt, dass Brüche gebrochen werden, wird es nützlich sein, auch darüber ein Wort zu sagen. Ich werde aber darüber, nämlich über die Brüche von Brüchen, etwas weiter unten sprechen, wobei ich ebenfalls in gedrängter Kürze die Methode eines ganzen Rechenverfahrens vorführen werde.

4. Manchmal geschieht es, dass ein Bruch unter große Terme gestellt wird, was natürlich doppelt unbequem ist, wo er doch bequem unter kleine Terme gestellt werden könnte, wie z.B. $\frac{36}{72}$ in dieser Form unbequem steht. Vorteilhaft jedoch steht er in der Form $\frac{1}{2}$. Denn $\frac{36}{72}$ bedeutet nichts anderes als die Hälfte von etwas.

Da aber $\frac{36}{72}$ dasselbe bedeutet wie $\frac{1}{2}$, und da jeder Mensch leichter einsieht und begreift, was $\frac{1}{2}$ ist, als was $\frac{36}{72}$ ist, und da auch jegliche Operation mit $\frac{1}{2}$ leichter fällt als mit $\frac{36}{72}$, wird es nicht unnütz sein vorzuführen, mit welcher Methode man jeglichen Bruch auf seine eigenen oder kleinsten Terme zurückführt.

Regel aus Kapitel 1 und 2 im siebten Buch Euklids

Fasse Zähler und Nenner deines Bruches als zwei ganze Zahlen auf und dividiere die größere Zahl durch die kleinere. Dann laß den Quotienten liegen und teile wiederum, nämlich den Divisor der früheren [7r] Division durch den Rest. Und so dividiere der Reihe nach immer den Divisor der letzten Division durch den Rest, bis ein Divisor herauskommt, der keinen Rest lässt. Und ein solcher Divisor ist immer das größte Maß, das Zähler und Nenner deines Bruches auf seine eigenen oder kleinsten Terme zurückführt. So macht z.B. $\frac{256}{704}$ schließlich $\frac{4}{11}$.

Oder gehe so vor:

Teile jeden der beiden Terme deines Bruches durch eine Zahl, die in beiden enthalten ist. Dies tue so oft, bis der Bruch in seinen eigentlichen Termen dasteht; z.B. teile $\frac{6}{54}$ durch 2, und es wird $\frac{3}{27}$ herauskommen. Dann teile durch 3, und es ergibt sich $\frac{1}{9}$. Das gleiche Verhältnis nämlich bleibt zwischen den Termen deines Bruches erhalten und ebenso der Wert, magst du nun beide Terme durch irgend eine Zahl teilen oder multiplizieren. Es ist dies die 18. Regel im siebten Buch Euklids.

Vom Rechnen mit ganzen Zahlen, verbunden mit Brüchen

Stelle unter eine ganze Zahl eine Einheit, wobei du einen Strich dazwischen ziehst, dann hast du aus einer ganzen Zahl einen Bruch gemacht. Dann operiere nach den Bruchregeln, und du brauchst keine eigene Regel oder eigenes Rechenverfahren.

Vom Rechenverfahren von Brüchen aus anderen Brüchen

Brüche von Brüchen müssen so dargestellt werden, dass man sie von einfachen Brüchen unterscheiden kann; z.B. werden drei Viertel von zwei Dritteln eines Siebtels so dargestellt:

$$\tfrac{3}{4}$$
$$\tfrac{2}{3}$$
$$\tfrac{1}{7}$$

Dasselbe aber ergeben diese einzelnen Brüche von Brüchen:

$\tfrac{3}{4}$	$\tfrac{2}{3}$	$\tfrac{1}{7}$	$\tfrac{3}{4}$
$\tfrac{1}{7}$	$\tfrac{1}{7}$	$\tfrac{3}{4}$	$\tfrac{2}{3}$
$\tfrac{2}{3}$	$\tfrac{3}{4}$	$\tfrac{2}{3}$	$\tfrac{1}{7}$

Dies erhellt aus der Reduktionsregel solcher Brüche, nach der sie natürlich auf einfache Brüche zurückgeführt werden.

Die Regel lautet so:

Multipliziere die Zähler mit einander; dann multipliziere auch die Nenner miteinander, worauf ein einfacher Bruch entsteht, so dass aus den vorgestellten Brüchen der einfache Bruch $\tfrac{6}{84}$ oder $\tfrac{1}{4}$ entsteht. [7v] Man sieht also, dass Brüche von Brüchen kein eigenes Rechenverfahren besitzen, da sie so leicht auf einfache Brüche zurückgeführt werden und dann deren Regeln unterliegen. Doch wollen wir die Regel dieser Operation an einem Beispiel überprüfen:

$\tfrac{1}{7}$ Gulden macht 36 Pfennige, denn ein Gulden macht 252 Pfennige.	$\tfrac{3}{4}$ Gulden
$\tfrac{2}{3}$ von 36 Pfennigen machen 24 Pfennige und $\tfrac{3}{4}$ von 24 Pfennigen	$\tfrac{2}{3}$ Gulden
machen 18 Pfennige. Sieh nun ob $\tfrac{1}{14}$ Gulden 18 Pfennige macht!	$\tfrac{1}{7}$ Gulden
Die Operation dieser Probe ist jedoch nach dieser Bezeichnung	$\tfrac{1}{7}$ Gulden
genommen und nicht nach der vorhergehenden	$\tfrac{2}{3}$ Gulden.
Du siehst aber, wie es bei solchen Brüchen nur einen	$\tfrac{3}{4}$ Gulden

Hauptzähler gibt, die anderen aber zu Unrecht Zähler heißen, usw.

VON NATUR UND ARTEN ABSTRAKTER ZAHLEN

Kapitel II.

Eigentlich abstrakte Zahlen nennt man solche, die überhaupt keine Benennung besitzen. Da aber jeder Bruch einen Nenner hat, ist es klar, dass auch solche Brüche uneigentlich abstrakt genannt werden, die durch keine echte oder künstliche Benennung bezeichnet sind, etwa Brüche, die aus der Division einer abstrakten Zahl durch eine abstrakte Zahl entstehen. Doch sind wir gewohnt, sie dennoch der leichteren Lehre halber abstrakt zu nennen. Wir nennen ja $\frac{2}{3}$ einen abstrakten Bruch, nennen jedoch $\frac{2}{3}$ Gulden einen benannten Bruch. So wie aber $\frac{2}{3}$ Gulden zwei Drittel eines Gulden sind, so sind $\frac{2}{3}$ zwei Drittel einer Einheit. Dass aber solche Brüche eher Bruchstücke einer Einheit sind als solche von Zahlen, geht ja aus der Multiplikation der Brüche hervor. Ich nehme nämlich an, die Brüche $\frac{2}{3}$ und $\frac{3}{4}$ seien Bruchstücke der Zahl 120, und multipliziere sie miteinander. Sie ergeben aber nach der Multiplikationsregel $\frac{6}{12}$ oder $\frac{1}{2}$. Von 120 ist aber $\frac{1}{2}$ nur 60. Doch $\frac{2}{3}$ von 120 machen 80, und $\frac{3}{4}$ von 120 machen 90. Nun müssten nach der Regel des Rechenverfahrens 80 mal 90 multipliziert nur 60 machen, doch machen sie nicht 60, sondern 7200. Du siehst also sicher deutlich, dass die Multiplikation **[8r]** des Bruch-Rechenverfahrens nicht zu den Brüchen abstrakter Zahlen passt, sondern eher zu den Brüchen einer Einheit.

Was aber sagst du zu den Ansichten der Arithmetiker, die behaupten, eine Einheit sei unteilbar? Boethius schließt nämlich mit Recht nach Euklid aus der Unteilbarkeit einer Einheit, dass eine ungerade Zahl nicht in zwei gleiche Zahlen geteilt werden kann, und anderes dergleichen mehr. Und doch erbauen sie die ganze Behandlung des theoretischen Teiles der Arithmetik auf diesem Fundament auf. Ich antworte: Man darf es den Arithmetikern erlauben, wenn sie mit gutem Grund und zu nützlichem Zweck etwas annehmen, um mit diesen Annahmen auch arbeiten zu können. Also dürfen sie Brüche einer unteilbaren Einheit annehmen, wobei wenigstens der Vorteil entsteht, dass es ein Rechenverfahren solcher Brüche zur Erleichterung der Lehre gibt, das als Beispiel der Regeln für alle echten Brüche dient, gleich, wie sie bezeichnet oder benannt werden, es sei denn, man wolle physikalische Brüche ausnehmen. Jedenfalls ist hier der Nutzen groß, was jeder weiß, der mit algebraischen Rechnungen vertraut ist.

Es sind aber zwei Dinge, auf die sich ziemlich alles bezieht, was in diesem Kapitel auszuführen ist, nämlich Zusammensetzung und Zählung. Man unterscheidet hier aber die Zusammensetzung von der Sammlung von Zahlen, wie sie durch Addition erfolgt, mögen wir auch irgendwo in Euklids Sätzen lesen, man nehme die Zusammensetzung als eine solche Sammlung an, wie sie bei der Addition von Zahlen entsteht. Eine Zusammensetzung von Zahlen aber nennt man eigentlich ihre Zusammenstellung durch die Multiplikation einer Zahl mit einer Zahl, wie z.B. 6 aus 2 und 3 zusammengesetzt wird. So nennt man nach dieser Methode 2 und 3 Teile der Zusammensetzung der Sechserzahl. Zusammensetzung also und Multiplikation erfolgen nach ein und derselben Operation. Und doch unterscheidet sich die Zählung von der Division, was wohl durch die Erfahrung bewiesen wird, dass die Einerzahl jede Zahl zählt [misst], jedoch keine Zahl teilt. Man sagt aber, eine Zahl messe eine Zahl, wenn sie diese so teilt, dass sie weder einen Bruch erzeugt noch einen Rest lässt. Daher ist jede Zahl, die eine Zahl misst, ein wievielter Teil von ihr. Und jede Zahl ist Teil einer größeren Zahl, entweder ein wievielter Teil oder ein wie großer Teil. Ein wievielter Teil ist sie, wenn sie die Zahl misst, wie bereits gesagt, und ein wie großer Teil ist sie, wenn sie die Zahl nicht misst. [8v]

Damit man aber das, was in diesem Kapitel zu sagen ist, leichter und besser unterscheiden und beweisen kann, achte man sorgsam auf das, was ich nun von der Zählung und Zusammensetzung von Zahlen vortragen werde.

Die Einerzahl misst jede Zahl, setzt aber keine Zahl zusammen. Die Zweizahl setzt jede Zahl zusammen und misst sie, deren erstes Zeichen von der Zweizahl selbst gemessen wird. Die Dreizahl setzt zusammen und misst jede Zahl, deren einzelne Zeichen, als erste genommen und mit sich addiert, dann von der Dreizahl selbst gemessen werden. Die Vierzahl setzt zusammen und mißt jede Zahl, von der sie selbst jenen Teil misst, der in ihren beiden ersten Zeichen enthalten ist. Die Fünfzahl setzt zusammen und misst jede Zahl, deren erstes Zeichen 5 oder 0 ist. Die Sechszahl setzt zusammen und mißt jede gerade Zahl, die von der Dreizahl gemessen wird. Die Siebenzahl setzt zusammen und misst jede Zahl, die aus drei, sechs, neun oder zwölf Gliedern von doppelter, vierfacher oder sechzehnfacher Proportionalität gesammelt wird. Die Achtzahl setzt zusammen und misst jede Zahl, von der sie selbst jenen Teil mißt, der in ihren drei ersten Zeichen enthalten ist. Die Neunzahl setzt zusammen und mißt jede Zahl, deren einzelne Zeichen, als erste aufgefasst und zusammen genommen, von der Neunzahl selbst gemessen werden. Die Zehnzahl setzt zusammen und misst jede Zahl, deren erstes Zeichen die 0 ist.

Aus dem Gesagten kann man leicht ersehen, welche Zahl die 20 oder 30 oder 40 oder 50 usw. messen. Ebenso wird man leicht wissen, welche Zahlen 16 oder 32 oder 64 oder 128 usw. messen. Ebenso wird man wissen, welche Zahlen 12 oder 24 oder 48 usw. messen. **[9r]** 12 nämlich misst jede Zahl, die die Sechszahl mit einer geraden Zahl misst, usw.

Von den Arten der abstrakten Zahlen

Die abstrakten Zahlen werden durch ihre erste Division in gerade und ungerade geteilt. Gerade Zahlen sind solche, die durch die Zweizahl geteilt werden. Ungerade Zahlen sind solche, die durch die Zweizahl nicht geteilt werden.

Eigenschaften gerader Zahlen

1. Gerade addiert zu gerade ändert die Art nicht.
2. Gerade addiert zu ungerade ändert die Art.
3. Gerade subtrahiert von gerade ändert die Art nicht.
4. Gerade subtrahiert von ungerade ändert die Art.
5. Wenn eine gerade Zahl zusammensetzt, ändert sie niemals die Art.
6. Wenn eine gerade Zahl misst, misst sie eine Zahl ihrer Art.
7. Gerade Zahlen folgen einander in folgender arithmetischen Progression: 2, 4, 6, 8, 10, 12, 14, 16 usw.

Alles dies hat seine Nutzanwendungen, wie ich an geeigneten Stellen darlegen werde.

Von den Arten gerader Zahlen

Die geraden Zahlen werden aber doppelt unterteilt. Zuerst nämlich unterscheidet sich die Zweizahl der Art nach von jeder anderen geraden Zahl. Während nämlich die Zweizahl die erste und nicht zusammengesetzte Zahl ist, sind alle weiteren geraden Zahlen zusammengesetzt. Also bildet die Zweizahl allein eine eigene Art. Davon kommt es auch, dass sie keiner der Arten gerader Zahlen durchgehend entspricht. Wenn man sie nämlich addiert oder subtrahiert, behält sie die Eigenschaft von gerade mal ungerade. Wenn sie aber multipliziert oder zusammensetzt und misst, bewahrt sie die Eigenschaft von gerade mal gerade. Damit man dies versteht, will ich die Eigenschaften der Zweizahl erläutern.

Die Zweizahl, hinzugefügt zu einer geraden zusammengesetzten Zahl erster Art oder abgezogen von einer solchen, erzeugt eine Zahl der zweiten oder dritten Art gemäß der Eigenschaft von gerade mal ungerade. Ebenso geschieht es bei entgegengesetzter Weise.

Die Zweizahl, hinzugefügt zu einer geraden zusammengesetzten Zahl der zweiten oder dritten Art oder von einer solchen Zahl abgezogen, erzeugt eine Zahl der ersten Art entsprechend der Eigenschaft von gerade mal ungerade.

Wenn die Zweizahl eine gerade zusammengesetzte Zahl der zweiten Art multipliziert, [9v] erzeugt sie eine Zahl derselben Art entsprechend der Eigenschaft von gerade mal gerade.

Wenn die Zweizahl eine gerade zusammengesetzte Zahl der zweiten Art misst, dann erzeugt sie eine Zahl derselben Art entsprechend der Eigenschaft gerade mal gerade.

Daher kann die Zweizahl bei solchen Rechnungen weder gerade mal gerade genannt werden noch gerade mal ungerade. Noch viel weniger kann man sie gerade und ungerade mal gerade nennen. So steht fest, dass die Zweizahl eine eigene Art bildet.

Von den Arten gerader zusammengesetzter Zahlen

Von zusammengesetzten geraden Zahlen gibt es drei Arten, die als nächstes erwähnt werden, und zwar außer der Ordnung, natürlich weil die behandelte Sache es so erfordert.

Erstens. Manche zusammengesetzten geraden Zahlen sind gerade mal ungerade; sie werden von gerade nur durch eine ungerade Zahl gemessen, das heißt wenn sie durch eine gerade Zahl geteilt werden, ergeben sie stets einen ungeraden Quotienten.

Zweitens. Manche zusammengesetzten geraden Zahlen sind gerade mal gerade und werden von keiner ungeraden Zahl gemessen.

Drittens. Manche zusammengesetzten geraden Zahlen sind gerade mal ungerade und gerade und werden bald von gerade gemal gemessen, bald von einer anderen geraden Zahl ungerade gemessen.

Eigenschaften von gerade mal ungeraden Zahlen

1. Gerade mal ungerade, addiert zu einer Zahl seiner Art, erstellt eine gerade Zahl der anderen Art.
2. Gerade mal ungerade, addiert zu einer geraden Zahl anderer Art, ergibt eine Zahl der eigenen Art.

3. Gerade mal ungerade, abgezogen von einer Zahl seiner Art, hinterlässt eine gerade Zahl anderer Art.
4. Gerade mal ungerade, abgezogen von einer geraden Zahl anderer Art, hinterläßt eine Zahl der eigenen Art.
5. Gerade mal ungerade setzt aus einer ungeraden Zahl eine Zahl der eigenen Art zusammen.
6. Gerade mal ungerade setzt aus einer geraden Zahl eine Zahl der dritten Art zusammen.
7. Wenn gerade mal ungerade misst, misst es eine Zahl der dritten Art. [**10r**]
8. Wenn gerade mal ungerade gemessen wird, wird es entweder von einer Zahl seiner Art gemessen oder von einer ungeraden.
9. Gerade mal ungerade folgen einander in folgender arithmetischen Progression, wobei keine Zahl ausgelassen wird: 6, 10, 14, 18, 22, 26, 30, 34, 38 usw.

Eigenschaften von gerade mal geraden Zahlen

1. Gerade mal gerade, addiert zu einer Zahl ihrer Art, ergibt eine gerade Zahl dritter Art.
2. Gerade mal gerade, addiert zu einer Zahl anderer Art, ergibt eine Zahl derselben Art.
3. Gerade mal gerade, multipliziert mit einer Zahl ihrer Art, ändert die Art nicht.
4. Wenn gerade mal gerade eine Zahl ihrer Art misst, ergibt es entweder eine Zweizahl oder eine Zahl ihrer Art.
5. Wenn gerade mal gerade eine Zahl der anderen Art misst, dann misst sie eine Zahl der dritten Art.
6. Gleich mal gleiche folgen einander in folgender geometrischen Progression, wobei keine Zahl ausgelassen wird: 4, 8, 16, 32, 64, 128, 156 usw.

Eigenschaften von gerade- und ungerade mal geraden Zahlen

1. Wenn gerade- und ungerade mal gerade multipliziert, ändert die Zahl niemals ihre Art.
2. Wenn gerade- und ungerade mal gerade misst, dann misst es nur eine Zahl der eigenen Art.
3. Die ersten drei Zahlen von gerade- und ungerade mal geraden schreiten nach der gegenharmonischen Progression voran, nämlich 12, 20, 24. Die übrigen schreiten unregelmäßig voran. Es ist aber unmöglich, die gegenharmonische Progression über die drei rationalen Glieder auszudehnen, wie ich an passender Stelle vortragen werde. Unter diese Art fallen alle ganzen diametralen Zahlen, von denen ich an ihrer Stelle sprechen werde.

Von den vollkommenen Zahlen

Alle vollkommenen Zahlen sind gerade- und ungerademal gerade mit Ausnahme der ersten vollkommenen Zahl, nämlich der Sechs, die die erste der gerademal ungeraden [**10v**] und die erste der vollkommenen Zahlen ist und aus den beiden ersten Zahlen zusammengesetzt ist, nämlich aus 2 und 3. Die Zusammensetzung der übrigen vollkommenen Zahlen werde ich gleich anzeigen.

Es werden aber vollkommene Zahlen jene genannt, die sich genau aus der Anhäufung aller ihrer echten Teiler selbst herstellen; so sind alle echten Teiler der Sechs folgende: 1, 2, 3. Und wenn man diese Teile zugleich anhäuft, ergeben sie die Sechs. Nach dieser Methode sind unvollkommene Zahlen solche, die aus der Sammlung aller ihrer echten Teiler entweder mehr machen (so macht 220 durch die Sammlung seiner echten Teiler 284) oder weniger machen (so macht 284 durch die Sammlung seiner Teile 220).

Die Findung der vollkommenen Zahlen, die geradernal und ungerademal gerade sind, wird durch folgende Tabelle gezeigt:

4, 8, 16, 32, 64, 128, 256, 512 usw.

Man sieht aber, dass diese Reihe die Progression der gerademal geraden Zahlen darstellt und jedes beliebige Glied als Gefährten hat. Man kann aber aus einer derartigen Progression die einzelnen vollkommenen Zahlen in passender Reihe zusammenstellen, wobei keine ausgelassen wird. Man verfährt so:

Ziehe von der größeren Zahl von zwei zusammengestellten die Einheit ab und multipliziere den Rest mit der kleineren Zahl; dann wirst du stets eine vollkommene Zahl haben. Beispiele:

4 mal 7 macht 28
16 mal 31 macht 496
64 mal 127 macht 8128
256 mal 511 macht 130816. Und so mit den weiteren ins Unendliche.

Dies ist also die Progression der vollkommenen Zahlen:

6, 28, 496, 8128, 130816 usw.

Wahrhaft wunderbar sind die Verhältnisse der vollkommenen Zahlen. Mögen nämlich die vollkommenen Zahlen in der Arithmetik nur einen geringen Nutzen haben, so ist es doch eine Freude zu sehen, wie bei so erstaunlicher Seltenheit dieser Zahlen unter den anderen Zahlen sie doch so prompt hervorzuholen oder aufzufinden sind, dass dies so leicht vor sich geht und in so schöner Ordnung. [11r] Euklid aber überliefert die Weise ihrer Auffindung im letzten Satz seines neunten Buches; nach ihm tut dies auch Boethius.

Man sieht aber, dass die Zusammensetzung der vollkommenen Zahlen aus höchst teilbaren Zahlen vor sich geht, so dass sie gerademal gerade sind, aber auch aus keineswegs teilbaren Zahlen, wie es die ungeraden unzusammengesetzten sind.

Der Vollkommenheit aber vollkommener Zahlen sind gerademal gerade Zahlen so nahe, dass jeder von ihnen nur die Einheit zu der vorher geschilderten Vollkommenheit fehlt. Wenn man z.B. alle echten Teiler einer beliebigen gerademal geraden Zahl zu einer Summe sammelt und zu jenem Aggregat nur noch die Einheit hinzufügt, dann wird die ganze Zahl jener Teile hergestellt. Und weil jene Teile untereinander stets eine geometrische Progression herstellen, bilden sie bei verschiedener Addition von sich auch stets die arithmetische Progression natürlicher Zahlen, indem sie von der Einheit bis zu ihrer ganzen Zahl voranschreiten; diese Überlegung sehen wir bei den Gewichten der Krämer in Gebrauch.

Und von den vollkommenen Zahlen kann keine eine andere vollkommene Zahl messen, wie auch von den ungeraden nicht zusammengesetzten Zahlen keine eine andere ungerade nicht zusammengesetzte Zahl messen kann.

Diese Ausführungen über die geraden Zahlen mögen nun genügen. Es folgen Darlegungen über die ungeraden Zahlen.

Eigenschaften der ungeraden Zahlen

1. Eine ungerade Zahl, addiert zu einer ungeraden, verändert die Art.
2. Eine ungerade Zahl, addiert zu einer geraden, verändert die Art nicht.
3. Eine ungerade Zahl, abgezogen von einer ungeraden, verändert die Art.
4. Eine ungerade Zahl, abgezogen von einer geraden, verändert die Art nicht.
5. Wenn eine ungerade Zahl eine Zahl mit einer Zahl ihrer Art bildet, verändert sie die Art nicht.
6. Wenn eine ungerade Zahl mit einer Zahl anderer Art eine Zahl bildet, verändert sie die Art.
7. Wenn eine ungerade Zahl eine Zahl ihrer eigenen Art mißt, verändert sie die Art nicht.
8. Wenn eine ungerade Zahl eine Zahl der anderen Art misst, verändert sie die Art. **[11v]**
9. Ungerade Zahlen folgen einander in folgender, höchst bewundernswerten arithmetischen Progression, über die ich an gegebenem Orte sprechen werde: 1, 3, 5, 7, 9, 11, 13, 15 usw.

Von den Arten der ungeraden Zahlen

Von den Arten der ungeraden Zahlen bleibt einiges wenige zu sagen übrig. Die ungeraden Zahlen werden aber in nicht zusammengesetzte und in zusammengesetzte unterteilt. Aus dem oben Gesagten aber steht zur Genüge fest, welche Zahlen einfach oder nicht zusammengesetzt und welche zusammengesetzt sind.

Von den ungeraden, nicht zusammengesetzten Zahlen

Einfache oder nicht zusammengesetzte Zahlen sind solche, die von keiner Zahl gemessen werden können. Es sind solche, die keinen echten Teiler haben mit Ausnahme der Einheit. Von der Einheit sagte ich aber schon oben, dass sie nichts zusammensetzen kann.

Die nicht zusammengesetzten Zahlen bieten aber höchsten Nutzen, denn durch sie werden die Zeichen der Algebra-Kunst gefunden, die von unaussprechlichem Nutzen sind. Und (um die Algebra und die Findung ihrer Zeichen zu übergehen, bis sich mir ihr richtiger Platz bietet) nach deren Findung werden die Zeichen der Wurzeln unendlich vieler Arten zusammengesetzt.

Ebenso werden durch die nicht zusammengesetzten Zahlen mithilfe eines nützlichen und erfreulichen Verfahrens die echten Teiler von Zahlen gefunden.

Ich gehe so vor:

Setzt man eine Zahl voraus, etwa 462, so löse ich sie auf in alle ihre nicht zusammengesetzten echten Teiler, die sie bilden, will sagen: aus deren Multiplikation unter sich sie selbst hergestellt wird. Ich löse sie aber so auf: Zuerst teile ich die Zahl durch 2 als den kleinsten echten nicht zusammengesetzte Teiler von allen. Diese Division ergibt 231.

Ich bewahre also 2 auf und teile 231 durch 3 als die kleinste Zahl, durch die es gemessen werden kann. Die Division ergibt 77. Ich bewahre also 3 auf und teile 77 durch die kleinste Zahl, nämlich 7, wobei die Division 11 ergibt. Deshalb habe ich bereits 2, 3, 7, 11, nämlich alle nicht zusammengesetzten Teiler, die 462 ergeben, nämlich die ganze Zahl. Mit den gefundenen Teilern gehe ich so vor: [12r] Ich multipliziere 7 mit 11, macht 77, und ich erstelle die erste Reihe aus diesen drei Zahlen, nämlich 7, 11, 77.

Dann nehme ich den folgenden nicht zusammengesetzten Teil wieder auf, nämlich 3, und multipliziere ihn mit der ersten Reihe und erstelle aus 3 und seinen Produkten folgende zweite Reihe: 3, 21, 33, 231.

Sodann nehme ich den übrigen nicht zusammengesetzten Teil, nämlich 2, multipliziere diesen mit allen oberen Reihen und erstelle aus 2 und seinen Produkten folgende Reihe: 2, 14, 22, 154, 6, 42, 66. Die jeweils letzte Multiplikation aber ergibt stets die ganze Zahl selbst, und dafür setze man die Einerzahl.

So hat also diese Zahl 462 folgende Teile: 1, 2, 3, 6, 7, 11, 14, 21, 22, 33, 42, 66, 77, 154, 231, und es steht fest, dass kein echter Teiler übergangen wurde.

So stellt sich heraus, dass die Zahl 2310 einunddreißig echte Teiler hat. Ebenso hat die Zahl 30030 dreiundsechzig echte Teiler.

Doch wollen wir ein weiteres Beispiel sehen: Ich will alle echten Teiler der Zahl 496 herausfinden.

Die nicht zusammengesetzten Teile, die das Ganze zusammensetzen, sind folgende: 2, 2, 2, 2, 31. Die erste Reihe macht 2, 31, 62. Die zweite Reihe macht 4, 124. Die dritte Reihe macht 8, 148. Die vierte Reihe macht 16.

Die einzelnen Teile sind also folgende: 1, 2, 4, 8, 16, 31, 62, 124, 258.

Nach diesen Beispielen wirst du über alle anderen leicht urteilen können.

Es sind aber (um zu den ungeraden zurückzukehren) alle nicht zusammengesetzten Zahlen ungerade, ausgenommen die eine nicht zusammengesetzte gerade Zahl, nämlich die 2, die sich beim Gebrauch ungerader nicht zusammengesetzter Zahlen stets jenen anschließt.

Die Progression aber der nicht zusammengesetzten Zahlen ist folgende:

2, 3, 5, 7, 11, 13, 17, 19 , 23, 29, 31 usw. [12v]

Von den zusammengesetzten ungeraden Zahlen

Ungerade zusammengesetzte Zahlen sind solche, die von einer Zahl oder von mehreren Zahlen gemessen werden. Es ist aber bekannt, dass Zahlen, die eine Zahl messen, Teile ihrer Zusammensetzung sind. Daher erzeugt jede Multiplikation einer ungeraden Zahl mit einer ungeraden Zahl eine zusammengesetzte ungerade Zahl. Und wenn eine nicht zusammengesetzte ungerade Zahl einmal mit sich multipliziert wird, dann wird die erzeugte Zahl nur von dieser einen Zahl allein gemessen werden können. Wird eine ungerade nicht zusammengesetzte Zahl zweimal mit sich multipliziert, wird eine ungerade zusammengesetzte räumliche Zahl erzeugt, die nur von zwei Zahlen gemessen wird. Und wird eine ungerade nicht zusammengesetzte Zahl dreimal mit sich selbst multipliziert, dann wird jene ungerade zusammengesetzte erzeugte Zahl nur von drei Zahlen gemessen. So wird 81 neben der Eins von folgenden drei Zahlen gemessen: 3. 9. 27 usw. Werden aber zwei ungerade nicht zusammengesetzte Zahlen miteinander multipliziert, wird eine ungerade zusammengesetzte reine Flächenzahl erzeugt, die nur von jenen zwei Teilen gemessen werden kann. Wird aber jene zusammengesetzte Zahl wieder mit einem anderen jener Teile multipliziert (wenn etwa 15 mit 3 oder 5 multipliziert wird), dann wird die erzeugte ungerade zusammengesetzte Zahl notwendig von vier Zahlen außer der Eins gemessen. Wird sie aber mit einer anderen ungeraden nicht zusammengesetzten Zahl multipliziert (wenn etwa 15 mit 7 oder mit 11 multipliziert wird), dann wird die erzeugte ungerade zusammengesetzte Zahl notwendigerweise von sechs Zahlen gemessen werden.

Wenn eine ungerade zusammengesetzte nicht quadratische reine Flächenzahl mit einer ungeraden zusammengesetzten reinen nicht quadratischen Flächenzahl multipliziert wird, und wenn jene beiden Zahlen gegeneinander nicht zusammengesetzt sind, dann wird die erzeugte zusammengesetzte Zahl notwendig von vierzehn Zahlen außer der Eins gemessen; so erzeugt 15 mal 77 die Zahl 1155, die von vierzehn Zahlen gemessen werden kann.

Und würde diese Zahl [1155] mit einer anderen, ebenfalls durch vierzehn Zahlen messbaren Zahl multipliziert, dann wäre die entstehende Zahl von 254 Zahlen messbar, jedenfalls wenn die beiden multiplizierenden Zahlen gegen sich unzusammengesetzt wären.

Wenn eine ungerade zusammengesetzte nicht quadratische reine Flächenzahl mit einer **[13r]** ungeraden zusammengesetzten nicht quadratischen reinen Flächenzahl multipliziert wird, und wenn jene beiden Zahlen gegeneinander zusammengesetzt wären, dann wird eine ungerade Zahl erzeugt, die nur von zehn Zahlen gemessen werden kann mit Ausnahme der Eins; so macht 35 mal 77 2695. Ebenso macht 15 mal 21 315.

Werden aber zwei ungerade zusammengesetzte quadratische reine Flächenzahlen mit einander multipliziert, wird eine ungerade Zahl erzeugt, die von sieben Zahlen außer der Eins gemessen wird; so macht 9 mal 25 225.

Alle quadratischen reinen Flächenzahlen sind gegen einander nicht zusammengesetzt.

Alle quadratischen reinen Flächenzahlen sind ungerade mit Ausnahme der Vier.

Man nennt Zahlen gegeneinander nicht zusammengesetzt, wenn sie keinen echten Teiler haben; so verhält sich jede ungerade Zahl zu jeder grademal geraden. Wird doch eine ungerade Zahl nur von einer ungeraden Zahl und jede grademal gerade Zahl nur von einer geraden gemessen.

Zahlen sind also gegeneinander zusammengesetzt, wenn sie einen gemeinsamen echten Teiler haben oder mehrere solche, und dies sind alle geraden Zahlen im Wechsel. Dies versteht sich jedoch von zusammensetzenden echten Teilern, damit du weißt, dass die Eins ausgeschlossen bleibt.

Neben der Zusammenstellung gibt es noch einige andere Methoden, um ungerade zusammengesetzte Zahlen zu erzeugen, etwa indem man von einer vollkommenen gerade und ungerademal geraden Zahl eine Eins wegnimm; hier entsteht stets eine ungerade zusammengesetzte Zahl, die auch so beschaffen ist, dass sie auch von der Neun gemessen wird.

So gibt es auch bei ungeraden nicht zusammengesetzten Zahlen ähnliche Methoden, mit denen man sie erzeugt, wenn man etwa von einer grademal geraden Zahl mit dem ersten Zeichen 2 oder 8 eine Eins abzieht, wobei stets eine ungerade nicht zusammengesetzte Zahl entsteht.

So hinterlässt jede diametrale Zahl nach Wegnahme einer Eins eine ungerade nicht zusammengesetzte Zahl.

Von den zusammengesetzten Zahlen im Allgemeinen

Zusammengesetzte Zahlen sind entweder quadratisch oder nicht quadratisch. Nicht quadratische Zahlen sind entweder diametral oder nicht diametral.

Damit man aber sieht, mit welcher Absicht ich die zusammengesetzten Zahlen so unterschieden habe, will ich eine andere Unterscheidung der zusammengesetzten Zahlen einführen. [13v] Es sind nämlich zusammengesetzte Zahlen entweder reine Flächenzahlen oder räumliche Zahlen.

Reine Flächenzahlen sind solche, die nicht räumlich sein können, wie z.B. Zahlen, die entweder nur von einer einzigen Zahl oder nur von zwei nicht zusammengesetzten Zahlen gemessen werden. Beispiele der ersten Art sind 4, 9, 25 usw. Beispiele der zweiten Art sind 6, 10, 14, 15, 21 usw.

Räumliche Zahlen sind solche, die in der Weise Flächenzahlen sind, dass sie auch die Zeichen von körperlichen Zahlen rechtwinklig aufnehmen (natürlich in der dritten Dimension), also z.B. Zahlen, die entweder nur von zwei Zahlen gemessen werden (einer nicht zusammengesetzten und einer zusammengesetzten) oder die von mehr als zwei Zahlen gemessen werden. Beispiele der ersten Art sind 8, 27, 125 usw.; Beispiele der zweiten Art sind 12, 16, 18, 20, 45, 63, 75 usw.

Ich sehe aber in der Behandlung der geometrischen Progressionen einen Ort, wo man treffend und passend anführen kann, was über die Räumlichkeit von Zahlen zu sagen ist. Daher er ist auch bei der Behandlung der arithmetischen Progressionen ein Ort, wo ich bequem über die polygonalen und pyramidalen Zahlen das Genügende sagen kann. So bleibt hier nur übrig, über die zusammengesetzten Zahlen zu sprechen, inwieweit sie rechtwinklig viereckig sind, natürlich entweder quadratisch oder sonst wie, so dass sie auf einer Seite länger sind, wie die beiden folgenden Figuren sattsam anzeigen:

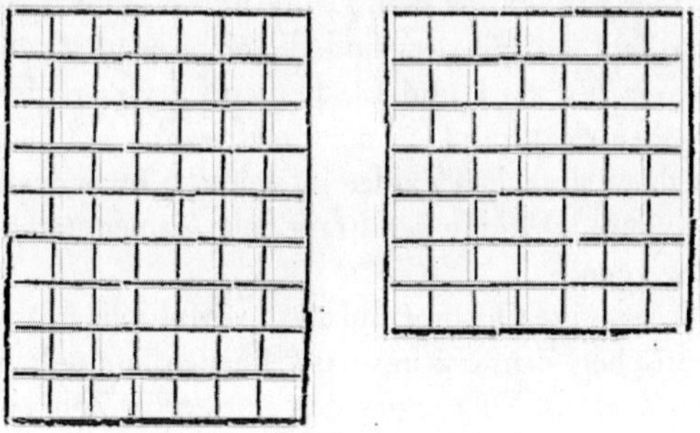

[14r] Auch übergehe ich hier die Zahlen, die auf einer Seite länger sind, als wenig nützlich, es sei denn, sie vergleichen nach einer bestimmten Regel ihre Länge mit der Breite, wie es die diametralen Zahlen tun, die bestimmte Proportionen zwischen ihrer Breite und Länge aufweisen. Über die diametralen und quadratischen Zahlen also will ich hier sprechen, weil sie regelmäßige Flächen zu haben scheinen.

Über die quadratischen Zahlen

Eine quadratische Zahl ist eine solche, die einen echten Teiler enthält, der nach ihr selbst benannt ist, wie etwa 7 der siebte Teil von 49 ist, wie man aus der wenig weiter oben stehenden quadratischen Figur ersieht. Jene hat nämlich aus diesem Grunde gleiche Länge wie Breite.

Der Gebrauch der quadratischen Zahlen ist unendlich, wie du aus meinen künftigen Ausführungen über irrationale Zahlen und über die Algebra ersehen wirst. Daher mag hier das folgende Wenige für Vieles genügen.

Erstens: Es ist bekannt, dass jede Zahl aus sich ihr Quadrat erstellen kann, wie etwa 7 siebenmal genommen 49 macht, wie die obenstehende quadratische Figur anzeigt.

Zweitens: Jede Quadratzahl, multipliziert mit einem Quadrat, ergibt eine Quadratzahl.

Drittens: Wenn Zahlen, die Quadraten ähnlich sind, miteinander multipliziert werden, ergeben sie eine Quadratzahl.

Man nennt aber zwei Zahlen Quadratzahlen ähnlich, wenn zwischen ihnen eine Zahl die Mitte bildet, die ihre Proportion in zwei gleiche Proportionen teilt, auch wenn sie selbst nicht quadratisch sind. Es ist aber eine Eigenart der Quadratzahlen, dass eine solche Zahl zwischen zwei beliebigen Zahlen die mittlere Proportionale bildet. Und es ist unmöglich, dass zwischen eine Quadratzahl und eine Nicht-Quadratzahl eine Zahl fällt, die nach der geschilderten Art die Mitte bildet, nämlich die Proportion der Außenzahlen in gleichem Verhältnis teilt. So aber wird die mittelnde Zahl oder die mittlere Proportionale gefunden. Man muss die Zahlen selbst (gleich, ob sie quadratisch oder quadratischen Zahlen ähnlich sind) miteinander multiplizieren, und die Wurzel des Produktes wird die mittelnde Zahl sein, die man suchte. Daraus geht hervor, dass keine einzeln stehende Zahl einer Quadratzahl ähnlich genannt wird; nein, erst auf Grund der Relation zweier Zahlen zueinander werden sie selbst den Quadratzahlen ähnlich oder unähnlich genannt. Ähnlich sind sie jedenfalls, wenn sie ähnlich wie die quadratischen Zahlen eine mittlere Proportionale besitzen. **[14v]**

Erzeugt werden aber Zahlen, die den quadratischen ähnlich sind, aus zwei Quadratzahlen, die mit einer Zahl multipliziert sind, die nicht quadratisch ist. So machen z.B. 4 und 9, multipliziert mit 2, dann 8 und 18, die den Quadratzahlen ähnlich sind. Und multipliziert mit 3 ergeben sie 12 und 27, die Quadratzahlen ähnlich sind, usw. Es bieten aber die Quadratzahlen ähnlichen Zahlen im zehnten Buch des Euklid großen Nutzen, besonders aber in allen Behandlungen irrationaler Zahlen und Strecken, wie wir am gegebenen Ort sehen werden.

Unmöglich ist es, dass eine Quadratzahl aus der Multiplikation einer quadratischen mit einer nicht quadratischen Zahl erzeugt wird. Ebenso unmöglich ist es, dass aus der Addition einer geraden Zahl mit einer ungeraden eine gerade Zahl entsteht.

Unmöglich ist es, dass eine Zahl quadratisch ist, deren erstes Zeichen 2 oder 3 oder 7 oder 8 ist.

Wenn eine Zahl vorne eine Null unter einer ungeraden Zahl hat (wie hier 160. 16000 usw.), dann ist es unmöglich, dass es eine Quadratzahl ist. Wenn es eine Zahl ist, deren erstes Zeichen 5 ist, dann ist es unmöglich, dass es eine quadratische Zahl ist, es sei denn, ihr zweites Zeichen ist die 2.

Was sonst zu den Quadratzahlen zu bemerken ist, werde ich an anderen Orten ausführen, wo es nötig sein wird.

Von den Diametralzahlen

Eine Diametralzahl ist eine nicht quadratische Zahl, die einen bestimmt großen Teil hat, dessen Quadrat den beiden Quadraten einiger ihrer echten Teiler gleich ist. Diese echten Teiler ergeben, miteinander multipliziert, die gesamte Diametralzahl. So ist 12 eine Diametralzahl, deren diametrale Seiten deshalb 3 und 4 sind, weil ihre Quadrate, zueinander addiert, 25 ergeben, dies heißt eine Quadratzahl. Der Diameter [Durchmesser] ist also 5.

So ist bei jeder Diametralzahl der Durchmesser ein bestimmt großer Teil von ihr, und die diametralen Seiten sind echte Teiler von ihr.

Mag auch eine Diametralzahl manchmal sehr viele echte Teiler haben, so wird sie doch niemals außer zweien noch andere haben, deren Quadrate, verbindet man sie, eine Quadratzahl ergeben. Dies bedeutet: Eine Diametralzahl kann nur auf eine einzige, einfache Weise diametral sein, oder sie kann nicht mehr als zwei diametrale Seiten haben. **[15r]**

Ist eine Zahl diametral, so müssen ihre diametralen Seiten in einer der Proportionen stehen, die in den zwei folgenden Reihen vorgeführt werden.

Erste Reihe

$1\frac{1}{3}$, $2\frac{2}{5}$, $3\frac{3}{7}$, $4\frac{4}{9}$, $5\frac{5}{11}$, $6\frac{6}{13}$, $7\frac{7}{15}$ usw.

Zweite Reihe

$1\frac{7}{8}$, $2\frac{11}{12}$, $3\frac{15}{16}$, $4\frac{19}{20}$, $5\frac{23}{24}$, $6\frac{27}{28}$, $7\frac{31}{32}$ usw.

Wenn du nun eine Diametralzahl haben willst, so nimm einen beliebigen Term aus jenen Reihen und bilde aus ihm einen Bruch; dann wird dir der Zähler die größere diametrale Seite weisen, der Nenner aber die kleinere diametrale Seite. Wenn man also zwei jener Zahlen miteinander multipliziert, so bilden sie stets eine Diametralzahl. Und weil sich das Verhältnis der beiden Seiten erhält, wenn sie mit jeder beliebigen Zahl multipliziert werden, sieht man leicht, wie man aus einer Diametralzahl unendlich viele Diametralzahlen erzeugen kann. Es geht aus diesen Sätzen auch hervor, dass eine Diametralzahl, multipliziert mit einer Quadratzahl, notwendigerweise eine Diametralzahl hervorbringt.

Du siehst auch dies, dass jede Reihe ins Unendliche voranschreitet und dass die Art des Voranschreitens zu leicht ist, als dass man sie beschreiben müsste. Dabei wird aber keine Proportion von diametralen Seiten ausgelassen, gleich wie bei der natürlichen Progression der Zahlen keine Zahl ausgelassen wird. Diese Dinge sind wahrlich bewundernswert. Weiterhin bieten sie großen und erfreulichen Nutzen in der Geometrie.

Du hast hier also (um es zu wiederholen) eine Methode, Diametralseiten mit unendlich vielen Proportionen zu erzeugen, die dir jene obenstehenden Reihen stiften (da nämlich aus $1\frac{1}{3}$ $\frac{4}{3}$ werden, hat man zwei Seiten, nämlich eine größere, 4, und eine kleinere, 3); und da jede der beiden Reihen unendlich viele Proportionen entfaltet, da ja beide ohne Ende voranschreiten, entfaltet dennoch jede beliebige Proportion auch eine unendliche Zahl von Seiten. Aus zwei diametralen Seiten aber (wie ich kurz zuvor sagte) wird eine Diametralzahl zusammengesetzt. Ebenso wird durch diametrale Seiten auch der Diameter einer Diametralzahl erstellt. Jede beliebige Seite nämlich wird mit sich multipliziert, und jene beiden Quadrate (der zwei Seiten) werden addiert. **[15v]** Und so entsteht aus den beiden addierten Quadraten ein einziges Quadrat, dessen Quadratwurzel der Diameter der Diametralzahl ist.

Es ist auch dies erstaunlich, dass unter den unendlich vielen Unendlichkeiten zu erstellender Diametralzahlen (wie ich bereits oben bewies) sich keine Diametralzahl findet, deren erstes Zeichen ein anderes sein kann als 2 oder 8 oder 0.

Alle Diametralzahlen aber sind in der dritten Art der geraden Zahlen enthalten. Das heißt, es sind alle Diametralzahlen gerade- und ungerademal gerade.

Es ist unmöglich, dass eine Diametralzahl mehr als einen Diameter hat, wie es ebenso unmöglich ist, dass eine Quadratzahl mehr als eine Quadratwurzel hat.

Es ist aber möglich, dass ein Diameter der Diameter mehrerer Diametralzahlen ist, wie die folgende Figur genugsam beweist.

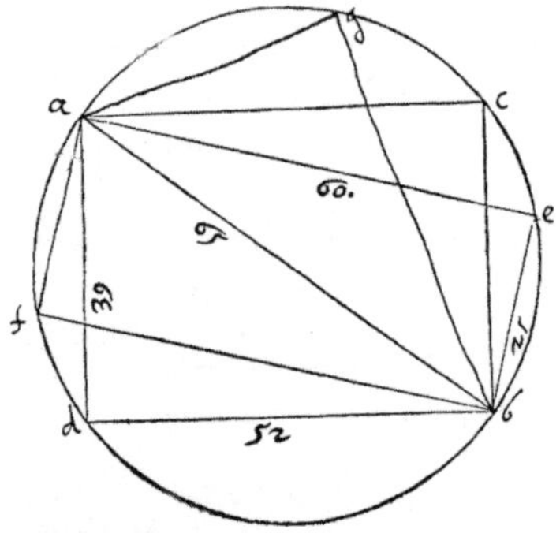

[16r] Die größere Diametralzahl macht 2028, die kleinere macht 1500. Alles weitere zeigt die Skizze selbst an, nämlich dass 65 der gemeinsame Diameter beider Diametralzahlen ist, usw.

Wenn du von mir aber eine allgemeine Regel haben willst, nach der man bei jeder beliebigen einzelnen Zahl ersehen kann, ob sie diametral ist oder nicht diametral, dann kann ich dir die Sache nicht kürzer erklären, als dass du bei einer angenommenen Zahl alle echten Teiler suchen (wie oben gelehrt) und, wenn du sie gefunden hast, sie so anordnen musst, dass zu jedem beliebigen der Teile von den kleineren der Teil von den größeren zugeordnet wird, der mit ihr zusammen jene ganze zuerst angenommene Zahl zusammensetzt; so kannst du alle beliebigen je zwei Teile daraufhin prüfen, ob sie die Bedingung von Diametralzahlen erfüllen oder nicht, usw.

Ich will z.B. wissen, ob jene Zahl 360 diametral ist oder nicht diametral. Also ordne ich alle ihre gefundenen echten Teiler so:

1	2	3	4	5	6	8	9	10	12	15	18
360	180	120	90	72	60	45	40	36	30	24	20

Also prüfe ich immer je zwei Teile. $^{20}_{18}$ sind nicht Diametralzahlen, ebenso nicht $^{15}_{24}$, auch nicht $^{12}_{30}$, auch nicht $^{10}_{36}$. Aber bei $^{9}_{40}$ finde ich, dass die Seiten diametral sind. Ihre Quadrate nämlich, 81 und 1600, ergeben (addiert) 1681, eine Quadratzahl, deren Quadratwurzel 41 beträgt, und das ist ja die Diametralzahl der gegebenen Zahl 360. Also ist 360 eine Diametralzahl. Oder ich erforsche es so: Ich teile den größeren Teil von zwei zusammengestellten durch den kleineren und sehe, ob der Quotient in der anderen oben aufgeführten Reihe enthalten ist. 40 durch 9 macht nämlich $4\frac{4}{9}$, nämlich den vierten Quotienten der ersten Reihe.

Es ist ja bekannt, dass zu einem kleineren Teil sein größerer durch die Division des Ganzen durch den kleineren Teil gefunden wird; so ergibt 360 durch 2 die Zahl 180 usw. **[16v]**

Von der Zählung im Kreise

Ich will die Zählung im Kreise oder die reziproke [umgekehrte] Zählung an diesen Teil anschließen, sozusagen als Nachwort, weil diese Übung alle Arten der geraden und ungeraden Zahlen wiederholt. Den Grund für diese Bezeichnung aber wirst du leicht aus der Zählung selbst erkennen.

Man nimmt aber für eine solche Zählung eine quadratische Figur mit Häuschen, und man zählt *die* Häuschen dieser Figur, die ganz außen herumlaufen, wie du sie in der folgenden Figur gezeichnet siehst.

o	o	o	o	o	o	o	o
o							o
o							o
o							o
o							o
o							o
o							o
o	o	o	o	o	o	o	o

Und da die Figur quadratisch ist, ist es unmöglich, dass die Zahl der Häuschen auf dem äußeren Umlauf eine ungerade Zahl ist oder gerade mal ungerade. Und da eine Seite der quadratischen Figur Häuschen in gerader Zahl enthält, ist es unmöglich, dass die Zahl der Häuschen auf dem äußeren Umlauf eine gerademal gerade Zahl ist. Also ist es notwendig, dass es eine ungerade- und gerademal gerade Zahl ist. Daher kann die Zahl der Häuschen auf dem äußeren Umlauf *dann* gerademal gerade sein, wenn eine Seite dieser Figur Häuschen in ungerader Zahl enthält. Nicht immer jedoch ist der Umfang von einer gerademal geraden Zahl genommen (so oft eine Seite der Figur von ungerader Zahl ist), sondern nur, wenn die Seite eine ungerade Zahl aus der folgenden Progression enthält, deren Differenzen eine geometrische Progression von gerademal geraden Zahlen herstellen:

3, 5, 9, 17, 33, 65, 129 usw.

Die Häuschen eines jeden Umlaufes können durch die Hälfte der Häuschen desselben Umlaufes gemessen werden. Ich spreche aber (wie du weißt) vom äußersten Umfang der quadratischen Figur mit Häuschen. In gleicher Weise spreche ich von der Zählung im Kreis, die so vor sich geht, wie folgt: **[17r]**

Zählung im Kreis

Beginne von einem beliebigen Häuschen des Umfanges zu zählen und fange z.B. bei dem mit A bezeichneten Häuschen an.

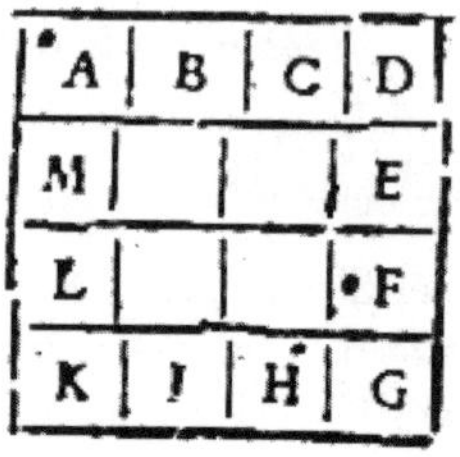

Du wirst aber sechs Häuschen zählen, die unmittelbar aufeinander folgen, nämlich von A bis F. Nach der Sechserzahl wirst du aber deshalb zählen, weil der Umfang 12 Häuschen hat und 6 die Hälfte von 12 ist. Man wird aber ein Steinchen in das Häuschen der beendeten Zählung setzen, nämlich in das Häuschen F. Dann lasse ein Häuschen aus und beginne beim folgenden Häuschen von neuem zu zählen, bis du die Zahl sechs vollendest, wobei natürlich das mit G bezeichnete Häuschen ausgelassen wird. Fange beim Häuschen H zu zählen an, dann wirst du die Sechszahl im Häuschen A vollenden, und dort setze das zweite Steinchen. Drittens: Lasse das Häuschen B aus (so wirst du nämlich stets ein Häuschen auslassen) und beginne beim Häuschen C zu zählen, dann wird das dritte Steinchen in das Häuschen H kommen. Und so wirst du weiter zählen, bis alle Häuschen mit Ausnahme eines einzigen voll sind. Wenn nämlich die Zählung nach dieser Regel erfolgt, dass man nur mit einem leeren Häuschen beginnen darf, dann muss schließlich *ein* leeres Häuschen übrig bleiben. Es wird aber der vierte Stein in das Häuschen C kommen, der fünfte in das Häuschen K, der sechste in das Häuschen E und der siebte in das Häuschen M, der achte in das Häuschen G, der neunte in das Häuschen B, der zehnte in das Häuschen I, der elfte in das Häuschen D. Das Häuschen L jedoch bleibt ohne Steinchen, also leer. So nun hast du auf diese Weise die Methode der Zählung im Kreis in genügender Klarheit vorgetragen.

Jeden beliebigen Umfang, der Häuschen in gerademal gerader Zahl hat, misst nicht nur die Hälfte der Häuschen bei der Kreiszählung, sondern jede beliebige gerade Zahl, die in dieser hälftigen Zahl enthalten ist. Hat z.B. der Umfang einer quadratischen Figur 32 Häuschen (dies etwa ist der Umfang eines Quadrates, das auf jeder Seite neun Häuschen hat), dann messen jenen Umfang die einzelnen Zahlen folgender Progression gerader Zahlen: 2, 4, 6, 8, 10, 12, 14, 16. Dieser Progression dient aber eine zweite Progression, nämlich 1, 5, 9, 13, 17, 21, 25, 29. Da nämlich 16 mißt, wird dann nach jeder Zählung [17v] ein Häuschen ausgelassen. Wenn jedoch 14 mißt, dann werden stets 5 Häuschen ausgelassen. Wenn aber 12 den Umfang mißt, dann werden stets 9 Häuschen ausgelassen. Und so auch bei allen anderen, indem man bei einer Progression linksherum vorangeht, bei der anderen aber rechtsherum.

Einen Umfang, der Häuschen von einer ungerade- und gerademal geraden Zahl hat, messen nicht einzelne gerade Zahlen, die in der Hälfte der Umfangs-Häuschen enthalten sind. Und hier sieh die wunderbare Natur der Zahlen.

Hat aber jene Progression gerader Zahlen Terme einer ungeraden nicht zusammengesetzten Zahl (von einer geraden nicht zusammengesetzten Zahl wird hier passenderweise nicht gesprochen), dann misst der mittlere Term den Umfang nicht kreisweise, doch messen ihn alle übrigen Einzelzahlen.

Beispiel: Wenn die Seite einer quadratischen Figur 8 Häuschen hat, dann wird der Umfang 28 haben. Die Hälfte davon ist 14. Die Progression aber der geraden Zahlen bis 14 stellt sich so dar:

2, 4, 6, 8, 10, 12, 14.

Es sind dies aber 7 Glieder, und die Zahl 7 ist eine ungerade nicht zusammengesetzte Zahl. Daher misst die Mitte von ihnen, nämlich 8, 28 nicht kreisweise. Die übrigen Zahlen jedoch messen.

Hat aber jene Progression gerader Zahlen Terme in einer zusammengesetzten Zahl, dann suche man alle ungeraden unzusammengesetzten echten Teiler dieser Zusammensetzung und teile die Zahl der Terme entsprechend den einzelnen Teilen; dann wird man herausfinden, dass bei jedem Teil die gerade Mittelzahl den Umfang nicht messen kann.

Man muss folgende Reihe: 2, 4, 6, 8, 10, 12, 14, 16, 18 so teilen:
2, 4, 6 / 8, 10, 12 / 14, 16, 18.

Hier sieht man, dass weder 4 noch 10 noch 16 die Zahl 36 kreisweise messen kann; **[18r]** bei den anderen aber siehst du, dass es möglich ist. So wird auch aus ähnlichem Grunde 4 die Zahl 32 nicht messen können.

In gleicher Weise folgende Reihe:

2, 4, 6, 8, 10, 12, 14, 16, 18, 20 teile so:
2, 4, 6, 8, 10 / 12, 14, 16, 18, 20.

Hier siehst du, wie weder 6 noch 16 die Zahl 40 mißt. Bei den anderen acht jedoch sieht man, dass sie die Zahl 40 kreisweise messen können.

In gleicher Weise folgende Reihe:

2, 4, 6, 8, 10, 12, 14, 16, 18, 20, 22, 24, 26, 28, 30 teile zuerst so:
2, 4, 6, / 8, 10, 12 / 14, 16, 18 / 20, 22, 24 / 26, 28, 30. Dann teile zweitens so:
2, 4, 6, 8, 10, / 12, 14, 16, 18, 20, / 22, 24, 26, 28, 30.

Du siehst, dass hier folgende Zahlen die Zahl 60 nicht messen können: 4, 10, 16, 22, 28, 6, 26. Die übrigen acht Zahlen messen die 60 kreisweise, nämlich: 2, 8, 12, 14, 18, 20, 24, 30.

Aus all diesem geht hervor, weshalb alle Terme der Progression gerader Zahlen, deren letzte gerademal gerade ist, das Doppelte jener gerademal geraden Zahl messen. Es ist die Zahl der Terme stets von einer gerademal geraden Zahl genommen, und diese Terme haben keinen ungeraden unzusammengesetzten echten Teiler.

Bei einer gegebenen Zahl von Häuschen eines Umfanges suche man die Seite des Quadrates, zu dem dieser Umfang gehört.

Man dividiere den Umfang durch 4 und füge zum Quotienten eine Eins hinzu.

Findung des Umfanges eines Quadrats aus der Seite des Quadrates.

Ziehe eine Eins von der Zahl der einen Seite ab und multipliziere den Rest mit 4. **[18v]**

Von der kreisweisen Messung der ungerademal geraden Zahlen

Ich sprach von der kreisweisen Messung von gerademal geraden und von ungerademal und gerademal geraden Zahlen. Nun bleibt noch übrig, von der kreisweisen Messung von ungerademal geraden zu sprechen. Obschon aber eine solche Zahl keinen ganzen Umfang einer quadratischen Figur ergeben kann, so kann sie doch den Umfang einer Figur darstellen, die an der einen Seite länger ist, wie du an der folgenden Figur siehst:

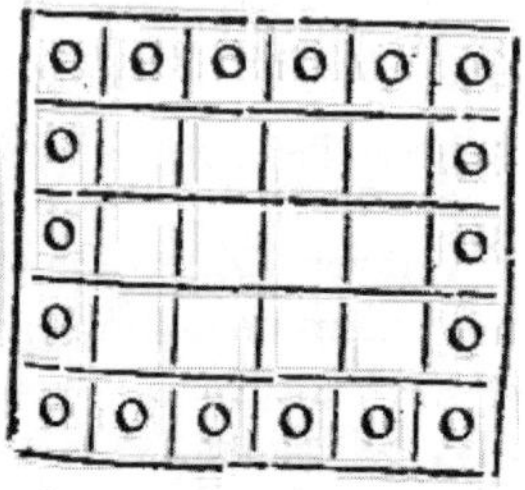

Eine ungerade Zahl mißt niemals kreisweise und wird auch nicht so gemessen. Und eine gerade Zahl wird niemals eingeschoben.

Oben ist jedoch eine Progression eingeschobener Zahlen angesetzt, die zur Messung von gerademal geraden und ungerademal und gerademal geraden dienen. Doch haben die ungerademal geraden Zahlen, wenn man sie kreisweise messen soll, eine eigene Progression eingeschobener Zahlen; es ist nämlich die Progression ungerademal gerader Zahlen im folgenden Stück:

3, 7, 11, 15, 19, 23, 27, 31, 35 usw.

Die Progression aber, die bei gerademal geraden und ungerademal und gerademal geraden Zahlen dient, ist folgende:

1, 5, 9, 13, 17, 21, 25, 29, 33, 37 usw.

Regeln:

Das Doppelte einer nicht zusammengesetzten ungeraden Zahl, also eine ungerademal gerade Zahl, messen einzelne gerade Zahlen kreisweise, so viele ihrer in jener ungeraden Zahl enthalten sind. Ebenso messen das Doppelte einer gerademal geraden Zahl die gerademal gerade Zahl selbst und die einzelnen geraden Zahlen, die in ihr enthalten sind. Doch gibt es hier eine andere Methode, die man leicht aus der im Folgenden gegebenen Regel über die ungeraden zusammengesetzten Zahlen abnehmen kann.

Wenn eine ungerade Zahl zusammengesetzt ist, dann messen deren Doppeltes nicht kreisweise die in jener ungeraden Zahl enthaltenen geraden Zahlen, es sei denn, sie messen das Doppelte jener verdoppelten Zahl.

Beispiel: Das Doppelte von 9 ist 18. Davon das Doppelte ist 36. Es ist aber aus dem oben Gesagten klar, dass 4 die Zahl 36 nicht mißt. Also misst auch 4 nicht kreisweise die Zahl 18. Weil aber unter 9 die geraden Zahlen 2, 4, 6, 8 stehen, messen nur folgende drei: 2, 6, 8 die Zahl 18. **[19r]**

Wenn 8 die Zahl 18 mißt, lässt man nach jeder Zählung drei Häuschen aus. Und wenn 6 die Zahl 18 mißt, wird 7 eingeschoben. Und wenn 2 mißt, ist 15 die eingeschobene Zahl. Wie man nämlich 4 ausläßt, so dass es nicht misst, so wird 11 ausgelassen, damit nichts eingeschoben wird.

Somit ist die kreisweise Zählung hinreichend vorgeführt und erläutert.

VON DEN ARITHMETISCHEN PROGRESSIONEN

Kapitel III.

Das vorhergehende Kapitel beschäftigte sich mit den Zahlen, die an sich und in ihren Teilen betrachtet wurden. Die folgenden Kapitel jedoch handeln von den wunderbaren Wechseln der Zahlen, nämlich von den Progressionen oder Reihen der Zahlen. Unter den zahllosen Arten aber von Progressionen sind zwei vor anderen nützlich und werden häufig gebraucht, nämlich die Arten der arithmetischen und geometrischen Progressionen. Ich will zuerst von den arithmetischen Progressionen sprechen.

Eine arithmetische Progression ist eine Folge von Zahlen, die in bestimmten gleichen Differenzen vorrücken, wie man hier sieht:.

	4	4	4	4	4	4	
3	7	11	15	19	23	27	usw.

Achte aber darauf, wie in jeglicher arithmetischen Progression die gemeinsame Differenz, die man dem letzten Term hinzufügt, die Progression selbst enthält. Und es ist die Regel der arithmetischen Progression, dass ich von den beiden angesetzten Termen 3 und 7 deren größerem die Differenz hinzufüge (nämlich 4 zu 7), worauf der zwangsläufig folgende Term, nämlich 11 entsteht. Wiederum füge ich 4 zu 11, und es entsteht 15. Und so wirst du der Reihe nach diese und beliebige andere arithmetische Progressionen fortsetzen.

Dies scheint vielleicht unnütz, weil es leicht fällt. Doch werde ich anhand der geometrischen Progressionen am rechten Ort vorführen, wie nützlich und erfreulich dieses Verfahren ist.

Regel, nach der die Terme jeder arithmetischen Progression zu einer Summe zusammengefasst werden.

Addiere die äußersten Terme einer arithmetischen Progression zueinander **[19v]** und multipliziere die Hälfte des Aggregates mit der Zahl der Orte; dann wird die Summe aller Terme der aufgestellten Progression herauskommen, wie zum Beispiel bei: 3, 6, 9, 12, 15, 18, 21, 24.

3 zu 24 macht 27. Die Hälfte davon ist $\frac{27}{2}$, was man mit 8 multiplizieren muss (es sind ja acht Terme oder Orte); das ergibt 108 als Summe jener Progression.

Diese Regel genügt auch zur Findung des Flächeninhaltes polygonaler Flächen, wie sie Boethius ansetzt, nämlich von dreieckigen, fünfeckigen, sechseckigen Flächen. Man gehe so vor:

Zuerst löse deine polygonale Fläche in ihre arithmetische Progression auf (denn jede davon besteht aus Termen einer arithmetischen Progression, die gesammelt sind), und zwar in folgender Weise:

Ziehe von der Zahl der Ecken (oder Seiten) eine Eins ab; dann wird die Eins der erste Term jener Progression sein, und der Rest jener Subtraktion (nämlich die um eins kleinere Zahl als die Zahl der Winkel deines Polygons) wird der zweite Term sein. Nun kannst du deine Progression durch beliebig viele Terme fortsetzen. Achte aber darauf, wie viele Punkte eine Seite deines Vieleckes hat, denn man muss so viele Terme bei dieser deiner Progression ansetzen, wie viele Punkte dein Vieleck auf einer Seite hat. Ist aber deine Progression nach dieser Regel festgestellt, dann benütze die bereits oben gegebene Regel, nach der du aus allen Termen eine Summe bildest. Und diese Summe wird der Flächeninhalt deines Vieleckes sein.

Ein Beispiel

Gegeben sei ein arithmetisches Sechseck, deren eine Seite 10 Punkte umfasst, wie du hier siehst.

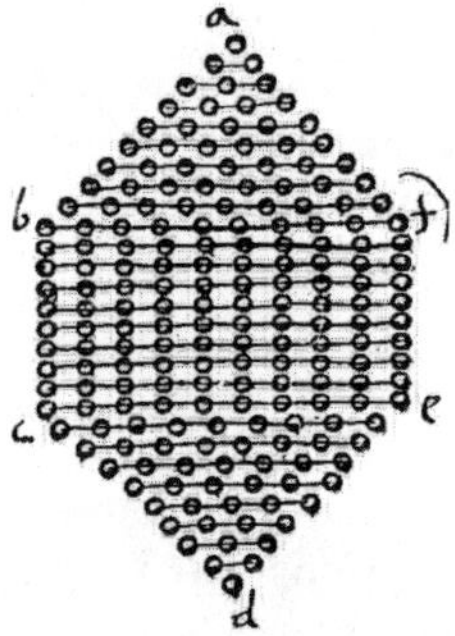

Ich ziehe nun 1 von 6 ab (weil es sich um ein Sechseck handelt), bleibt 5 übrig. Also werden die beiden ersten Terme der zu erstellenden Progression [20r] die beiden Zahlen 1 und 5 sein, und die zu erstellende Progression wird sich so darstellen: 1, 5, 9, 13, 17, 21, 25, 29, 33, 37.

Diese zehn Terme versammle nun entsprechend der oben aufgestellten Regel zu einer Summe, und du wirst 190 finden. Und so groß ist der Flächeninhalt des von mir gegebenen Sechseckes. Ganz ähnlich musst du auch bei anderen Vielecken verfahren.

Unterbrochene Progressionen folgender Art:

1 2 1 2 1 2 1
4 5 7 8 10 11 13 14 usw.

Ebenso:

2 4 2 4 2 4 2
11 13 17 19 23 25 29 31 usw. [20v]

In gleicher Weise ist folgende Reihe:

3 6 3 6 3 6
15 18 24 27 33 36 42 usw.

keine eigentlich arithmetische Progression. Doch haben auch sie ihren Nutzen (wie wir im Kapitel über die Proportionen sehen werden), mag sie auch derart unterbrochen sein.

Von der natürlichen Progression der Zahlen

Die natürliche Progression der Zahlen ist die arithmetische Progression, die von der Eins über die Zwei zu den übrigen Zahlen mit der Differenz eins voranschreitet, nämlich so:

1 1 1 1 1 1 1 1 1
1 2 3 4 5 6 7 8 9 10 usw.

Es ist aber bekannt, wie vielfach gebraucht diese Progression bei allen Menschen ist, ja sogar bei den Knaben, usw. Und wie wir alles nach dieser Progression zu zählen pflegen, so messen wir nach ihr auch die Proportionen von Proportionalitäten, und dabei dient sie der Algebra ganz großartig.

Es würde aber viel zu weit führen, wollten wir die verschiedenen Anwendungen dieser Proportion aufzählen, und es gibt auch niemand, der dies ausreichend vermöchte. Beispiele ihres Nutzens aber werden uns häufig in meiner Darstellung der Arithmetik begegnen, um von anderen Verwendungen zu schweigen. Es ist aber jene natürliche Progression der Zahlen Quelle und Ursprung aller arithmetischen Betrachtungen, usw.

Bei dieser Progression werden die ersten neun Terme mit je einem Zeichen geschrieben, und die neunzig folgenden mit je zwei Zeichen; dann werden die folgenden 900 Terme mit je drei Zeichen dargestellt. Und so geht es weiter nach dieser geometrischen Progression:
9, 90, 900, 9000, 90 000 usw.

Von der natürlichen Progression gerader Zahlen

Wenn man in der natürlichen Progression der Zahlen die Terme mit den ungeraden Orten tilgt (nämlich erster, dritter, fünfter usw.), dann bleibt die Progression der geraden Zahlen übrig, wie man hier sieht: 2, 4, 6, 8, 10, 12, 14, 16 usw.

Diese Progression ist von größtem Nutzen in der Geometrie; sie entspricht aber [21r] der Ordnung der Vielecke, so dass man leicht auf Grund dieser Progression von jedem Vieleck sagen kann, wie viele rechte Winkel alle seine Winkel betragen. Zum Beispiel ist 10 der fünfte Term der vorstehenden Progression, und das Siebeneck gehört zur fünften Art der Vielecke. Daher betragen sieben Winkel eines jeden Siebenecks so viel wie zehn rechte Winkel. Und alle Winkel jedes beliebigen Sechsecks betragen acht rechte Winkel. So ist auch 8 ebenso der vierte Term der Progression der geraden Zahlen wie die Art der Sechsecke die vierte unter den Arten der Vielecke ist. So steht es auch mit allen anderen.

Von der natürlichen Progression der ungeraden Zahlen

Wenn man in der natürlichen Progression der Zahlen die Terme mit den geraden Orten tilgt (nämlich zweite, vierte, sechste Zahl usw.), dann bleibt die natürliche Progression der ungeraden Zahlen übrig, wie man hier sieht: 1, 3, 5, 7, 9, 11, 13, 15, 17, 19 usw. Diese Progression der ungeraden Zahlen umfasst alle geometrischen Progressionen ganzer Zahlen, die mit der Eins beginnen; und nur die Wurzeln der Progressionen werden ausgenommen, nämlich die Zahlen, die an zweiter Stelle zu setzen sind.

Diese Progression umfasst nämlich sämtliche Quadratzahlen in folgender Weise: Die beiden ersten Glieder, nämlich 1 und 3, bilden zusammen das Quadrat der Zwei. Die ersten drei Glieder, nämlich 1, 3, 5, bilden zusammen das Quadrat der Drei. Die vier ersten Glieder, nämlich 1, 3, 5, 7, ergeben das Quadrat der Vier, nämlich 16. Und so in Folge.

Es ist aber notwendig, dass bei jeder beliebigen geometrischen Progression, die mit Eins beginnt, an dritter Stelle eine Quadratzahl steht; dann wird man an fünfter, siebter, neunter Stelle usw. stets Quadratzahlen finden, so dass man nicht weiter von den Zahlen an jenen Orten sprechen muss.

Diese Progression umfasst auch die einzelnen Kubikzahlen in folgender Weise: Die Eins gilt als erste Kubikzahl. Dann bilden die beiden folgenden Glieder, nämlich 3 und 5, die Kubikzahl von 2, nämlich 8. Die dann folgenden drei Glieder, nämlich 7, 9, 11, ergeben die Kubikzahl von 3. Die dann folgenden vier Glieder, nämlich 13, 15, 17, 19, ergeben die Kubikzahl von vier. Und so immer weiter in der Reihe. Es ist aber notwendig, dass bei jeder geometrischen Progression, [21v] die mit Eins beginnt, an der vierten Stelle eine Kubikzahl steht; sodann wirst du an der siebten, zehnten, dreizehnten usw. Stelle stets eine Kubikzahl antreffen, so dass es nicht nötig ist, von den Zahlen dieser Orte zu sprechen.

Eine Zahl der fünften Potenz, nämlich die Zahl an der sechsten Stelle, ebenso an der elften, sechzehnten usw., wirst du in der eben angeführten Progression so eingeschlossen finden: Die Eins gilt als die erste Zahl der fünften Potenz. Dann wird ein Term ausgelassen, und die zweimal zwei folgenden Glieder ergeben die fünfte Potenz von 2, wie denn 5, 7, 9, 11 dann 32 ergeben. Dann lässt man die drei folgenden Glieder aus, nämlich 13, 15, 17 Und die drei folgenden Glieder bilden die fünfte Potenzzahl von drei, nämlich 19, 21, 23, 25, 27, 29, 31, 33, 35. Dies ergibt 243. Dann lässt man sechs Glieder aus, nämlich 37, 39, 41, 43, 45, 47. Und die viermal vier folgenden Glieder machen 1024, und dies ist die Kubikzahl von vier. Und so immer weiter.

Die Zahlen aber der auszulassenden Glieder werden durch folgende Progression dargestellt, deren Abstände die Glieder der natürlichen Progression der Zahlen sind. Und es ist dies die Progression der dreieckigen Flächenzahlen, die man auch sonst verwenden kann, nämlich:

1, 3, 6, 10, 15, 21, 28, 36, 45 usw.

Ebenso (um wieder von den kubischen Zahlen zu sprechen) wenn man von der Progression der ungeraden Zahlen einen Term auslässt, werden dir die beiden restlichen Glieder den Kubus von zwei geben. Den Kubus von drei werden dir drei Glieder geben, wenn man die ersten drei Glieder auslässt. Läßt man dagegen die ersten sechs Glieder aus, werden dir die folgenden vier Glieder den Kubus von vier liefern, und so dient jene Progression auch den Kuben, nämlich:

1, 3, 6, 10, 15, 21, 28 usw.

Die siebte Potenz, nämlich die Zahl am achten Ort, wirst du folgendermaßen finden (es gibt auch am fünfzehnten und zweiundzwanzigsten Ort weitere siebte Potenzen): Die Eins gilt als erste siebte Potenzzahl. Dann lässt man drei Glieder aus, nämlich 3, 5, 7, und aus den folgenden zwei mal zwei mal zwei Gliedern (es sind die acht Zahlen: 9, 11, 13, 15, 17, 19, 21, 23) ergibt sich die siebte Potenz der Zahl zwei. Dann lässt man fünfzehn Glieder aus, [22r] und aus den folgenden drei mal drei mal drei Gliedern (also aus siebenundzwanzig Gliedern) ergibt sich die siebte Potenz von drei. Dann lässt man 42 Glieder aus, und aus den folgenden vier mal vier mal vier Gliedern ergibt sich die siebte Potenz der Zahl vier. Und so weiter ins Unendliche.

Die Zahlen der auszulassenden Glieder werden durch folgende Progression dargestellt:

3, 15, 42, 90, 165, 273, 420 usw.

Die Differenzen ergeben verdreifachte Quadratzahlen, und dies sage ich, damit du den Grund dieser Progression und die Art des Voranschreitens verstehst.

Eine andere Art dieser Progression erhält man so:

3,	5,	7,	9,	11,	13,	15,	17	usw.
1,	3,	6,	10,	15,	21,	28,	36	usw.
3,	15,	42,	90,	165,	273,	420,	612	

Du siehst, dass die erste Progression die der ungeraden Zahlen ist, und dass die zweite die Progression der dreieckigen Flächenzahlen darstellt. Wenn man dann ihre Glieder miteinander multipliziert, so dass das erste Term einer Progression mit dem ersten Term der zweiten Progression multipliziert wird, der zweite Term aber einer Progression mit dem zweiten Term der zweiten Progression und so fort, dann ergibt sich jene zuvor angegebene Progression, die den siebten Potenzzahlen dient.

Von den Vieleckzahlen und deren Progressionen

Etwas weiter oben wurden im Vorbeigehen die Vieleckzahlen erwähnt. Euklid jedoch wollte nur die Viereckzahlen anführen, weil nur diese den geometrischen Figuren entsprechen, während die Dreieckzahlen, die Fünfeck- , Sechseck-Zahlen und die Polygonalzahlen der übrigen Arten den geometrischen Figuren nicht entsprechen; ich will dies hier in Kürze vorführen. [22v]

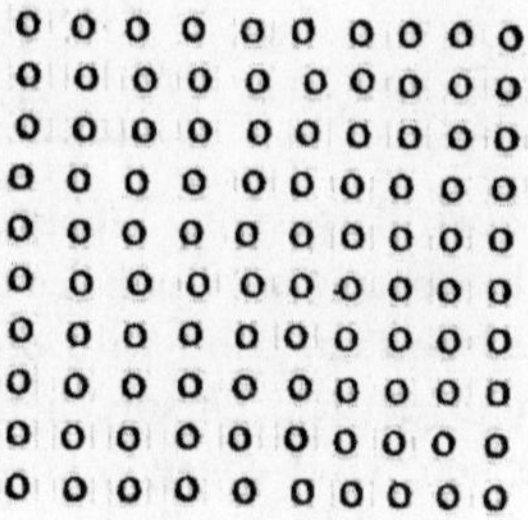

Eine Viereckzahl wird so dargestellt, wie man hier oben ein Quadrat vorgeführt sieht. Es entspricht aber den geometrischen Quadraten. Denn die Seite des Vierecks, multipliziert mit sich selbst, erzeugt eine Fläche, und man sieht auch hier, dass 10 mit sich selbst multipliziert 100 ergibt.

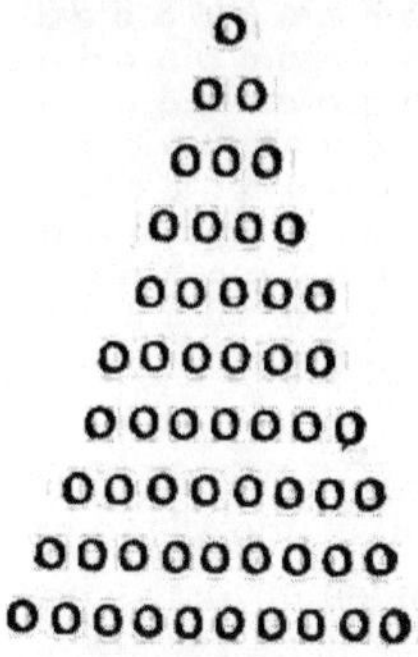

Die Dreieckszahl wird so dargestellt. Wenn daher eine Seite 10 beträgt, wird die Fläche 55 ausmachen. Wenn aber in der Geometrie ein gleichseitiges Dreieck eine Seite hat, die 10 beträgt, dann wird die Fläche nicht volle 44 betragen. Also entsprechen die arithmetischen Dreiecke nicht den geometrischen Dreiecken. In der Geometrie verhält sich die Regel der gleichseitigen Dreiecke so: Man multipliziert die Hälfte einer Seite mit einer Linie, die von der Mitte der Basis des Dreiecks aus errichtet wird, und zwar senkrecht zum gegenüberliegenden Winkel. Und dieses Produkt ergibt die Fläche eines gleichseitigen Dreieckes. Der Grund für diese Regel ergibt sich leicht aus den folgenden Figuren:

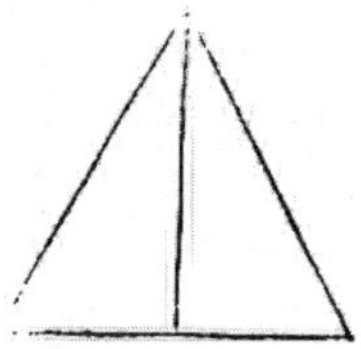

[23r] Jedes gleichseitige Dreieck wird nämlich in zwei rechtwinklige Dreiecke zerlegt, die zusammen ein rechtwinkliges Viereck ergeben.

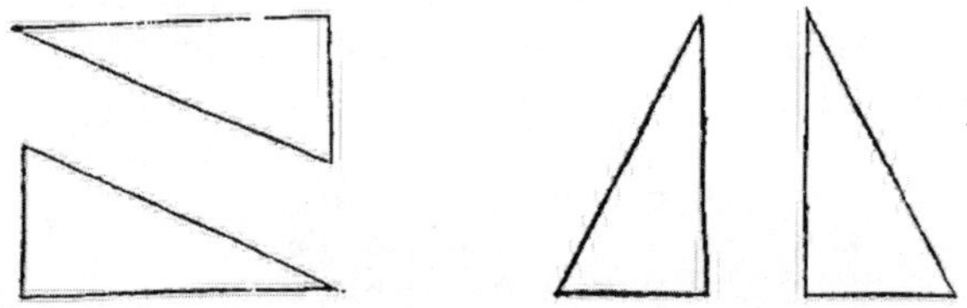

Die Fünfeck-Zahl wird so wie oben dargestellt. Wenn daher eine Seite 10 beträgt, so muss die Fläche des Fünfecks 145 betragen. Wenn jedoch in der Geometrie die Seite eines gleichseitigen Fünfeckes 10 beträgt, dann wird die Fläche des ganzen Fünfecks etwas mehr als 172 betragen, und deshalb entsprechen die arithmetischen Fünfecke nicht den geometrischen Fünfecken. Und dagegen können die Streitsüchtigen nichts einwenden. Meine Begründung steht auf festem Boden.

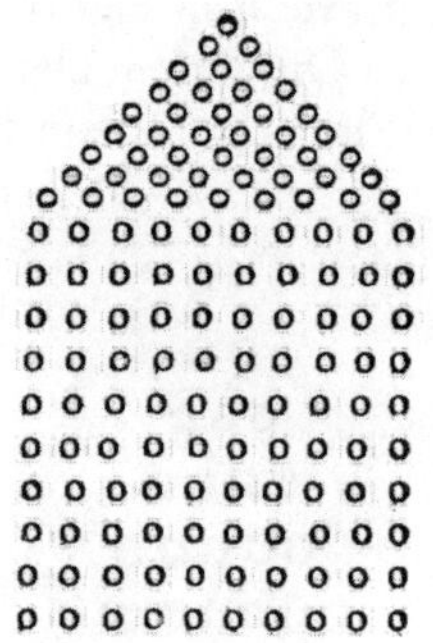

Jedes beliebige gleichseitige Vieleck aber wird in so viele rechtwinkelige Dreiecke aufgelöst, dass jene Zahl der rechten Winkel doppelt so groß ist wie die Zahl der Vieleckseiten. Man sieht ja, dass in der folgenden quadratischen Figur acht rechte Winkel enthalten sind, während die Zahl der Seiten dieses Quadrates 4 ist.

So würde man auch bei einem Fünfeck zehn rechte Winkel sehen, in einem Sechseck zwölf usw. [23v] Die allgemeine geometrische Regel besagt also, dass man eine Linie vom Mittelpunkt der vieleckigen Figur zur Mitte einer ihrer Seiten ziehen soll und eine zweite Linie vom gleichen Zentrum zum äußersten Punkt derselben Seite. Wenn man aber das Vieleck auf diese Weise gezeichnet hat, werden jene zwei seiner Seiten miteinander multipliziert, die einen rechten Winkel umschließen. Dann wird dieses Produkt mit der Zahl der Seiten des Vieleckes multipliziert; also wird bei einem Fünfeck mit 5 multipliziert, bei einem Sechseck mit 6 und so bei allen anderen. Und die Begründung dieser Regel wird genügend klar aus den oben dargestellten Figuren.

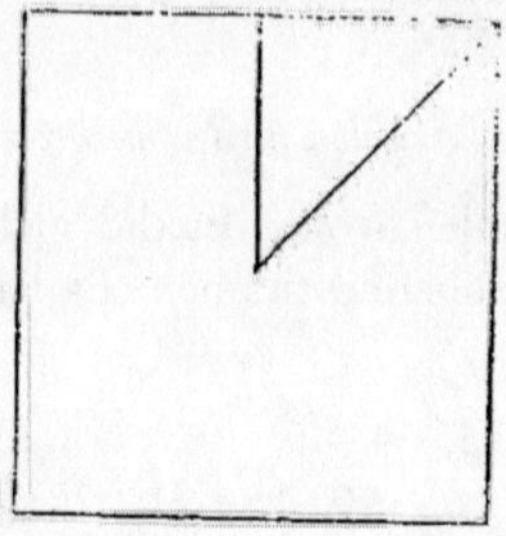

Wenn bei einem arithmetischen Sechseck eine Seite 10 beträgt, dann wird der ganze Flächeninhalt 190 betragen. Bei einem geometrischen Sechseck hingegen, dessen eine Seite 10 ist, macht die gesamte Fläche etwas mehr als 259 aus, und dies gilt auch für alle weiteren Vielecke.

Wie aber die Progression der ungeraden Zahlen die einzelnen Quadratzahlen umfasst, so umfasst die natürliche Progression der Zahlen die einzelnen Dreieckzahlen. In dieser Weise umfaßt auch folgende Progression

1, 4, 7, 10, 13, 16, 19, 22 usw.

die einzelnen Fünfeckzahlen. Und die folgende Progression schließt die einzelnen Sechseckzahlen in gleicher Weise ein

1, 5, 9, 13, 17, 21 usw.

Und dies gilt für alle weiteren arithmetischen Progressionen ganzer Zahlen (beginnend mit der Eins), mit deren Hilfe die Vieleckzahlen des Boethius bestens behandelt und vorgeführt werden.

Man wird nämlich bei jeder beliebigen angesetzten Progression stets eine Vieleckzahl aus jedem beliebigen ersten Term einer aufgestellten Progression erzeugen.

Die Benennung der Vielecke, die eine aufgestellte Progression bringt, **[24r]** wird aus der Addition der beiden ersten Glieder erschlossen, will sagen aus der Eins und dem unmittelbar folgenden Term.

Eine Vieleckzahl wird, als Fläche beschrieben, so viele Punkte auf einer Seite haben, aus wie viel Gliedern ihrer Progression sie selbst erstellt wird.

Und andererseits besteht eine Vieleckzahl aus so vielen Gliedern ihrer Progression, wie viele Punkte sie selbst an einer ihrer Seiten aufweist.

Wird aber eine Vieleckzahl dargestellt, geschrieben mit Hilfe ihrer Zeichen, und erhebt sich die Frage über sie, wie viele Glieder aus ihrer Progression sie umfasst (wenn man z.B. die Fünfeck-Zahl 176 voraussetzt), verwende folgende Regel:

Multipliziere die vorgestellte Zahl mit der verdoppelten Differenz deiner Progression; von der erzeugten Zahl ziehe eine Zahl ab, die um eins kleiner ist als die Differenz. Dann multipliziere die halbierte Differenz mit sich selbst und füge sie zum vorigen Produkt hinzu. Von der Quadratwurzel jenes Aggregates ziehe die halbierte Differenz deiner Progression ab; dann wird das äußerste Größere jener Progression übrig bleiben, und so wirst du deine Progression von der Eins an bis zum letzten gefundenen äußersten Größeren fortsetzen. Und wie viele Glieder herauskommen werden, so viele Punkte wird eine Seite deiner Vieleckzahl haben, wenn man sie in eine solche Vieleck-Figur auflöst.

Von den Pyramidalzahlen und von ihren Progressionen

Die arithmetischen Pyramidalzahlen wollte Euklid nicht erwähnen, weil sie mit den geometrischen Pyramiden nicht übereinstimmen. Es haben auch die Pyramidalzahlen ihre eigenen Progressionen,

z.B.		2,	3,	4,	5,	6,	7 Differenzen
	1,	3,	6,	10,	15,	21,	28 usw.

Dies ist die Progression der dreieckigen Pyramidalzahlen, die auch sonst noch Vorteile bietet, wie wir z.T. schon oben sahen und z.T. weiter unten sehen werden, besonders in der Tabelle zum Wurzelziehen, usw.

Progression der viereckigen Pyramidalzahlen

	3,	5,	7,	9,	11 Differenzen
1,	4,	9,	16,	25,	36 usw. **[24v]**

Progression der fünfeckigen Pyramidalzahlen

	4,	7,	10,	13,	16 Differenzen
1,	5,	12,	22,	35,	51 usw.

So geht es mit allen anderen weiter ins Unendliche.

Eine Pyramidalzahl besteht aus so vielen Gliedern ihrer Progression, wie viele Punkte sie selbst auf einer Seitenlinie hat.

Wenn eine Progression von Pyramidalzahlen vorausgesetzt ist, wird eine Pyramidalzahl durch die Addition beliebig vieler erster Glieder erzeugt. Und dies ist der Grund, weshalb die vorgenannten Progressionen Pyramidalprogressionen genannt werden, obschon sie in ihren einzelnen Gliedern Vieleckzahlen haben.

Die Benennung der Pyramidalzahlen, die eine Progression von Pyramidalzahlen einführt, wird nach der bereits vorgeführten Methode entsprechend dem zweiten Term der Progression genommen, sieht man doch hinreichend, dass die Progression der fünfeckigen Pyramidalzahlen die Zahl 5 an zweiter Stelle hat, usw. Wie aber diese Progressionen von Pyramidalzahlen entstehen, dies zeigen genügend die Differenzen der Glieder, die ich mit dieser Methode gemeinsam mit den Gliedern selbst ausdrücken wollte, damit du dies sehen könntest.

Es folgt die erstaunliche Umstellung der Glieder arithmetischer Progressionen

Wenn eine arithmetische Progression Glieder entsprechend einer Quadratzahl hat, will sagen, wenn sie Glieder wie 9 oder 16 oder 25 oder 36 usw. hat (4 will ich nämlich auslassen), dann können ihre Glieder in einer quadratischen Figur derart umgestellt werden, dass stets die gleiche Summe herauskommt, wenn man alle Glieder, die man auf einer Seite findet, addiert; dabei ist es gleichgültig, ob man eine Seite nach der Breite oder nach der Länge nimmt. Ich nenne aber an dieser Stelle „Seiten" nicht nur die äußersten Häuschen-Linien, sondern auch alle weiter innen, ja, ich will sogar die beiden Durchmesser darunter mitverstanden wissen. So wirst du im folgenden Beispiel neun Linien nach der Länge aufgefaßt finden und neun weitere nach der Breite. Danach kommen noch zwei Durchmesser. Jede beliebige dieser Linien wird dir die Zahl 369 ergeben, wenn du mit Hilfe der Addition alle ihre Zahlen zu einer Summe zusammennimmst. **[25r]**

16	31	79	77	75	11	13	15	2
78	28	65	63	61	25	27	18	4
76	62	36	53	51	35	30	20	6
74	60	50	40	45	38	32	22	8
9	23	33	39	41	43	49	59	73
10	24	34	44	37	42	48	58	72
12	26	52	29	31	47	46	56	70
14	64	17	19	21	57	55	54	68
80	1	3	5	7	71	69	67	66

Gehe nun so vor: Beginne mit dem größten oder ersten Umlauf, und wenn dieser mit seinen Zahlen erfüllt ist, nimm den [innen] folgenden und so immer der Reihe nach.

So aber wirst du den ersten Umlauf und in der Folge alle einzelnen erfüllen: Zähle die Häuschen des Umlaufes, um entsprechend der Zahl der Häuschen die Zahl der Glieder deiner Progression zu erhalten. Die Hälfte aber der zu erhaltenden Terme nimm von den kleinsten oder den ersten Termen. Und die zweite Hälfte gewinne von den größten oder letzten Termen.

Erster Umlauf

16					11	13	15	2
								4
								6
								8
9								
10								
12								
14								
	1	3	5	7				

Du siehst, wie die Hälfte der kleinsten ungeraden Terme in der untersten Seite voranschreitet. Man sieht auch, wie die zweite Hälfte davon ihr erstes Term in das mittlere Häuschen auf der linken Seite setzt und alle übrigen in die oberste Seite.

Weiterhin siehst du, wie die Hälfte der kleinsten geraden Terme auf der rechten Seite herabsteigt. Und man sieht auch, wie die andere Hälfte von diesen auf der linken Seite herabsteigt und ihre größere Zahl in das erste Häuschen setzt. [25v]

Zweiter Umlauf

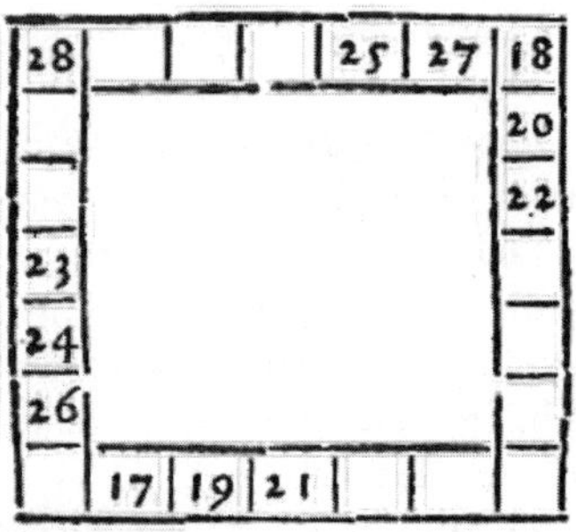

Du siehst sattsam, dass es nur eine Regel bei der Ausfüllung jedes beliebigen Umlaufes gibt, wenn dieser Seiten mit ungerade vielen Häuschen hat.

Weiter über die Anordnung der größeren Terme

Ich habe bereits hinreichend vorgeführt, wie die kleineren Terme in ihre Häuschen zu setzen sind; nun bleibt noch übrig, dasselbe für die größeren Terme zu zeigen.

Die leeren Häuschen aber (du sahst sie ja in den beiden Figuren oben und wirst sie auch unten noch sehen) gehören den größeren Termen. Wenn man nämlich in jedem Umlauf ebenso viele leere Häuschen sieht, wie man volle sieht, dann zeigt dies an, dass sich jedes kleinere Term auf ein größeres Term bezieht. Man muss aber wissen, dass man jenes größere Glied, auf das sich das kleinere bezieht, in das Häuschen stellen muss, das dem kleineren Glied selbst gegenüber liegt. So nämlich siehst du und wirst es auch unten sehen, dass jedem kleineren Glied ein leeres Häuschen gegenüber steht. Die Eck-Häuschen aber beziehen sich diametral aufeinander.

Es ist aber leicht, das jeweils größere Glied aus seinem kleineren zu finden. Man gehe so vor:

Addiere das kleinste Glied der ganzen Progression zu dem größten Glied (im angesetzten Beispiel: 1 und 81 machen 82) und merke dir das Aggregat, weil es dir bei allen Umläufen des ganzen Beispiels von Nutzen sein wird. Wenn also die kleineren Zahlen in ihren Umlauf verteilt sind, dann wirst du die restlichen leeren Häuschen so füllen: Ziehe von den kleineren Gliedern jedes einzelne von dem gemerkten Aggregat ab (von dem ich eben sprach, also von 82 in diesem Beispiel), dann wird immer das größere Glied übrig bleiben, auf das sich das kleinere, davon abgezogene, bezieht. [26r] So siehst du im folgenden, dritten Umlauf des dargestellten Beispiels, wie die größeren Glieder eingesetzt, die kleineren aber ausgelassen werden.

Dritter Umlauf

	53	51		
50				
				49
				48
52			47	46

Jedes beliebige Glied von diesen größeren wird, von 82 subtrahiert, sein kleineres Glied übrig lassen. Wie aber die kleineren ungeraden Glieder durch die unterste und die oberste Seite voranschreiten, so gehen die ungeraden größeren Glieder durch die unterste und oberste Seite zurück (will sagen: rückwärts). Und wie die geraden kleineren Glieder an der rechten und linken Seite herabsteigen, so steigen die geraden größeren Glieder an denselben Seiten hinauf. Doch erkennt man dies an einem größeren Umlauf deutlicher.

Vierter Umlauf

40	45	38
39		43
44	37	42

Dies ist der vierte und letzte Umlauf, dessen kleinere Glieder folgende vier sind: 37, 39, 38, 40. Die größeren sind: 43, 45, 42, 44. Schließlich bleibt nur mehr das mittlere Häuschen übrig, in das man das mittlere Glied der gesamten Progression setzt, was hier 41 ist.

Das mittlere Glied geht aus der Halbierung des Aggregates hervor, das man aus der Addition des größten und kleinsten Gliedes der Progression gewinnt; so machen 81 und 1 zusammen 82, wovon die Hälfte 41 ist.

Wenn man das mittlere Glied mit der Zahl der Häuschen einer Seite multipliziert, dann ergibt sich die Summe der Zahlen, die in jeder der Seiten vorhanden sind; 41 mal 9 macht also 369, weil jede Seite neun Häuschen hat. [26v]

Es folgt die Quadratanordnung der Häuschen unter einer geraden Zahl

So weit war über die quadratische Anordnung der Häuschen unter ungerader Zahl zu sprechen. Nun wollen wir auch die quadratische Anordnung der Häuschen unter gerader Zahl betrachten. Zu diesem Zweck will ich aber ein Beispiel aufstellen, an dem ich den ganzen Sachverhalt erklären werde. Das Beispiel, das ich vorstellen will, ergibt in jeder Linie 2056. Und es ergibt sich jene Zahl auch, wenn man das Aggregat aus der Addition des größten und kleinsten Gliedes mit der halbierten Zahl der Häuschen an einer Seite multipliziert; z.B. macht 257 mal 8 ebenso 2056. Es hat nämlich, wie man sieht, jede Seite sechzehn Häuschen.

Beispiel

256	9	247	246	12	13	243	242	16	17	239	238	20	21	235	2
3	226	213	45	46	210	209	49	50	206	205	53	54	201	32	254
4	33	200	63	193	192	66	67	189	188	70	71	185	58	224	253
252	34	59	178	169	89	90	166	165	93	94	161	80	198	223	5
251	222	60	81	160	101	155	154	104	105	151	98	176	197	35	6
7	221	196	82	99	146	141	117	118	137	112	158	175	61	36	250
8	37	62	174	100	113	136	123	122	133	144	157	83	195	220	249
23	38	73	173	107	114	129	126	127	132	143	150	84	184	219	234
24	218	183	85	108	115	125	130	131	128	142	149	172	74	39	233
232	217	75	86	148	138	124	135	134	121	119	109	171	182	40	25
231	41	76	87	147	145	116	140	139	120	111	110	170	181	216	26
27	42	180	162	159	156	102	103	153	152	106	97	95	77	215	230
28	43	179	177	88	168	167	91	92	164	163	96	79	78	214	229
228	202	199	194	64	55	191	190	68	69	187	186	72	57	55	29
227	225	44	212	211	47	48	208	207	51	52	204	203	56	31	30
255	248	10	11	245	244	14	15	241	240	18	19	237	236	22	1

[27r] *Erster Umlauf*

Wenn der Umfang eine Zahl von Häuschen hat, die durch 8 meßbar sind, dann steigen die Glieder auf der linken Seite und auf der rechten Seite hier und dort herab, bis so viele Häuschen angefüllt sind, wie viele eine halbe Seite Häuschen hat. Dann aber hört man mit jenem Abstieg auf und geht auf die oberste Seite über, und es erfolgt der Durchgang durch die oberste und durch die unterste Seite ebenso, wie der Abstieg an der rechten und linken Seite zu erfolgen pflegt. Es werden natürlich immer zwei Glieder, ein gerades und ein ungerades, von einer Seite unmittelbar nebeneinander gesetzt. Ausgelassen werden vier Häuschen: Das unterste Häuschen auf der rechten Seite (das Häuschen des ersten Gliedes); ebenso das oberste Häuschen derselben Seite; sodann in gleicher Weise das zweite Häuschen der obersten Seite wie auch das vorletzte Häuschen der untersten Seite.

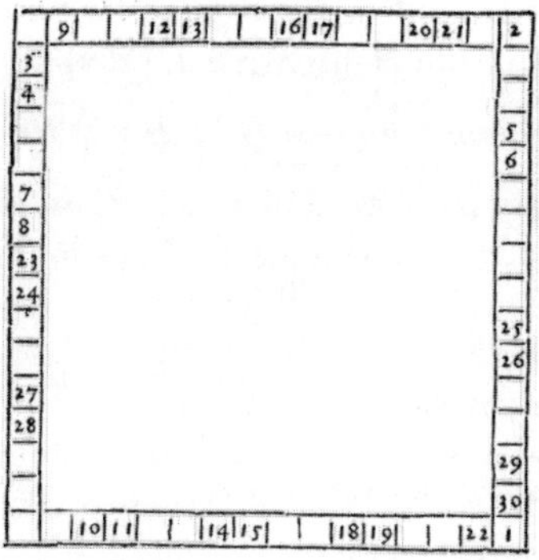

Wenn man aber den geschilderten Marsch durch die oberste und unterste Seite beendet hat, wird jener zuerst unterbrochene Abstieg wieder aufgenommen. Er wird aber immer auf der linken Seite unterbrochen und dort auch wiederum aufgenommen. So kommt es, dass man immer sieht, wie vier Häuschen gefüllt werden und auf der anderen Seite vier davon leer bleiben. [27v]

Zweiter Umlauf

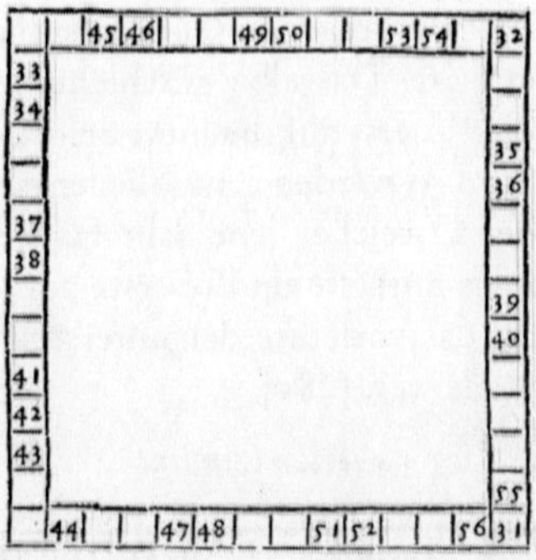

Wenn der Umfang eine Zahl von Häuschen umfasst, die ungerademal gerade ist, dann erfolgt der Abstieg hier und dort (wie weiter oben beschrieben) so lange, bis nur mehr ein Häuschen übrig ist von denen, die den kleineren Gliedern auf der rechten und linken Seite zustehen. Jener Abstieg wird jedoch auf der linken Seite durch drei unmittelbar hintereinander gesetzte Glieder beendet. Wenn dies geschehen ist, geht man auf die unterste Seite über. Und so erfolgt der Vormarsch hier und dort durch die oberste und unterste Seite, wie beim vorherigen Umlauf beschrieben und wie du hier siehst. Wenn du aber zum Ende dieses Vormarsches gelangt bist (nämlich zum vorletzten Häuschen der untersten Seite), dann darfst du dieses Glied nicht in jenes Häuschen setzen, das die Ordnung im Vormarsch trifft, sondern setze es in das beim Abstieg ausgelassene Häuschen, also in das vorletzte Häuschen der rechten Seite. Das folgende Glied aber setze in jenes vorletzte Häuschen der untersten Seite.

Du siehst hier, wie fünf Häuschen die gewohnten Glieder aufnehmen, nämlich das unterste, das vorletzte, das oberste auf der rechten Seite und das zweite und das vorletzte der untersten Seite. [28r]

Dritter Umlauf

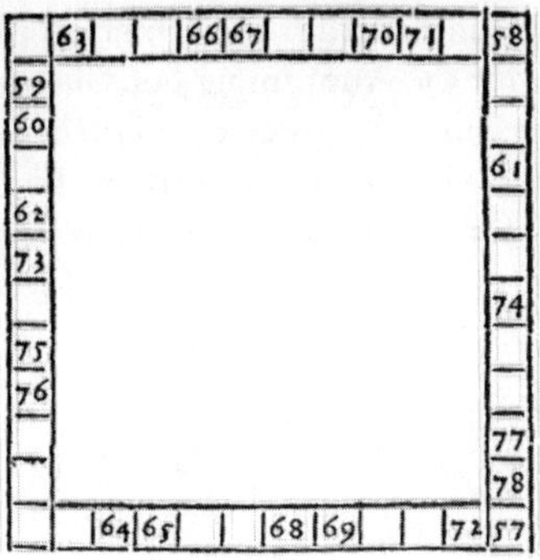

Wenn der Umfang eine Zahl von Häuschen hat, die durch 4 messbar ist, nicht jedoch durch 8, dann geschieht alles ganz so wie beim Umfang, dessen eine Seite durch acht gemessen wird (wie beim ersten und fünften Umfang), doch gibt es die eine Ausnahme, dass die Unterbrechung des Abstieges nicht so geschieht, dass zwei Glieder auf eine und dieselbe Seite gesetzt werden; sondern, zuerst wird ein Glied allein auf die rechte Seite gesetzt, und dann beendet das folgende Glied allein jenen Teil das Abstieges, und dies natürlich auf der linken Seite. Dasselbe geschieht, wenn der Abstieg wiederholt wird. Da wird nämlich ein Glied zuerst auf die linke Seite gesetzt, während das folgende auf die rechte Seite kommt. Und so werden acht Glieder einzeln hingesetzt.

Du siehst aber hinreichend, welches jene acht Häuschen sind, die allein kleinere Glieder aufnehmen, nämlich das unterste und oberste auf der rechten Seite, ebenso das zweite der obersten Seite und das vorletzte der untersten Seite, sodann jene vier, von denen schon kurz zuvor die Rede war. [**28v**]

Vierter Umlauf

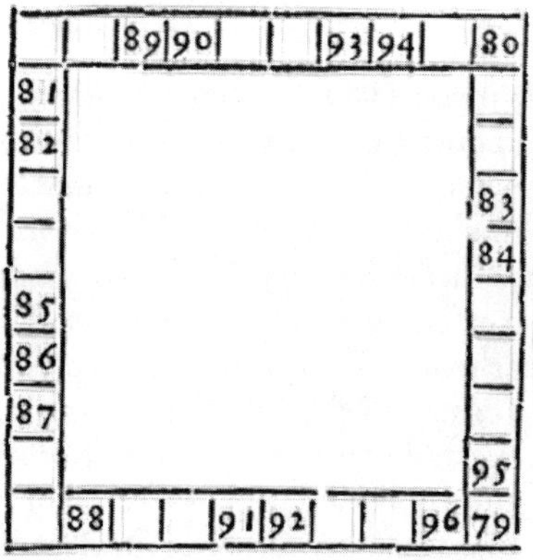

Dieser Umlauf ist dem zweiten ähnlich, kann es doch keinen Umlauf geben, der von jenem oberen weiter bei der Anordnung oder Übertragung der Glieder abweicht, es sei denn jener einzige Umlauf, der ein Quadrat von vier Häuschen umgibt und dessen eine Seite vier Häuschen hat.

So haben also alle Umfänge ungerader Seiten nur eine Art der Anordnung oder nur eine Regel, wie sattsam ausgeführt wurde. Die Umfänge gerader Seiten jedoch kennen drei Arten oder drei Regeln für die Anordnung der Glieder. Anders natürlich wird die Anordnung, wenn die Seiten durch 8 gemessen werden, und ebenso anders, wenn sie nicht durch 8, sondern durch vier gemessen werden. Ebenso ist es anders, wenn sie weder durch 8 noch durch 4, sondern durch 2 gemessen werden.

Fünfter Umlauf

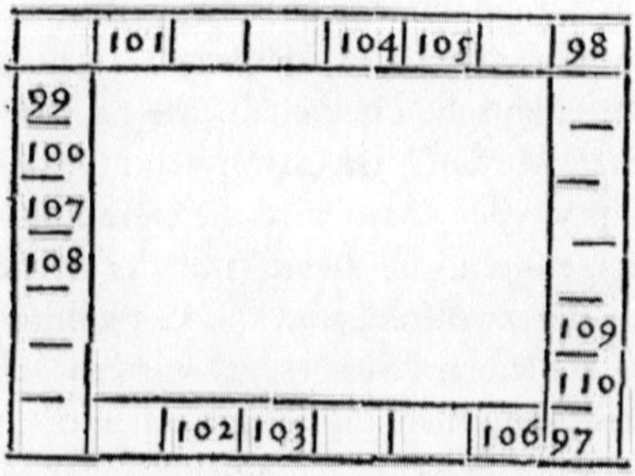

Dieser Umfang ist dem ersten ähnlich, wird doch seine eine Seite durch acht gemessen, will sagen: Die Achtzahl wird durch sich selbst gemessen. [29r]

Sechster Umlauf

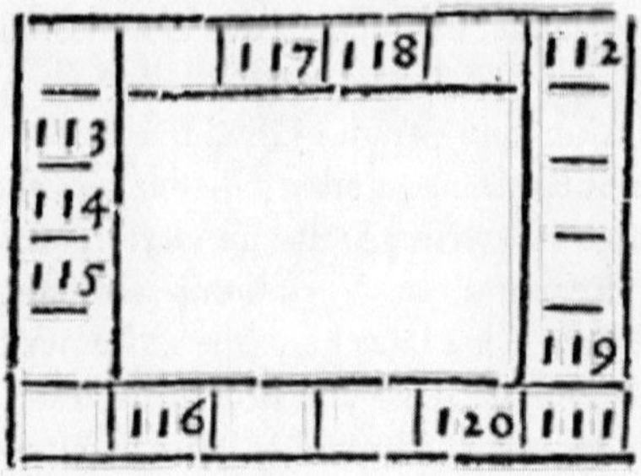

Und jener Umlauf ist dem zweiten und vierten ähnlich.

Siebter Umlauf

136	123	122	133
129			132
125			128
124	135	134	121

Mittlere Zahlen

126	127
130	131

Wenn du zum letzten Umlauf gekommen bist, der natürlich ein Quadrat von vier Häuschen umfasst, dann setze die 16 Glieder deiner Progression, die noch übrig sind, in ihrer Ordnung ein, wie du es in der folgenden Figur ausgeführt siehst:

121	122	122	124
124	146	127	128
129	130	131	132
133	134	135	136

Jener Umfang aber, der das Quadrat mit vier Häuschen umfasst, gleicht seine Seiten allein durch den Austausch der einander gegenüber liegenden Eckzahlen untereinander an. Aber wegen des Quadrates von vier Häuschen (weil das Quadrat seine Zahlen unveränderlich in seinen vier Häuschen beibehält, wie die vier Zahlen der Ordnung nach in jene Häuschen eingesetzt wurden), ist es notwendig, dass auch die dazwischenstehenden Zahlen ausgetauscht werden. Also wird die erste Zahl mit der letzten vertauscht und die vierte mit der dreizehnten, die zweite mit der dritten und die fünfte mit der neunten und die achte mit der zwölften, und die vierzehnte mit der fünfzehnten. Die vier mittleren Zahlen jedoch bleiben (wie gesagt) wie eine einzige Mittelzahl und werden nicht vertauscht. All dies sieht man am siebten, oben dargestellten Umlauf. **[29v]**

Wenn die arithmetische Progression bei einer geraden Zahl anfinge und jene Progression trotzdem ungerade Zahlen hätte, dann müsste man alles, was ich von den ungeraden Gliedern sagte, als von geraden Gliedern gesagt verstehen, und was ich von den geraden Gliedern sagte, müsste man als von ungeraden Gliedern gesagt auffassen.

Wenn jedoch die Progression keine ungerade Zahl enthielte, dann müsste man das, was von den ungeraden Gliedern gesagt wurde, jenen geraden Gliedern anpassen, die man an ungeraden Orten vorfände, nämlich an der ersten Stelle, an der dritten, fünften, siebten usw.

Wenn nun die Progression kein gerades Glied hätte, dann müsste man das von den geraden Gliedern Gesagte auf jene ungeraden Glieder beziehen, die an geraden Stellen vorgefunden würden, nämlich an zweiter Stelle, an vierter, sechster, achter usw.

Die Geltung aber der Regeln dieses Verfahrens wird so bewiesen: Entweder nämlich misst die Vierzahl die Zahl der Häuschen (die auf einer Seite des Umfanges sind) oder sie misst sie nicht. Wenn sie diese misst, dann misst sie sie entweder mit einer geraden Zahl (wie die Seite des ersten Umfanges beim zweiten Beispiel oder wie die Seite des fünften Umfanges im gleichen zweiten Beispiel) oder sie misst mit einer ungeraden Zahl wie die Seite des dritten Umfanges im zweiten Beispiel. Wenn sie aber nicht mißt, dann ist diese Zahl durch die Vierzahl nicht messbar oder sie ist gerade (wie in der Seite des zweiten Umfanges und in der Seite des vierten Umfanges und in der Seite des sechsten Umfanges im zweiten Beispiel) oder sie ist ungerade, wie in jeder beliebigen Seite des ersten Beispieles durch alle Umfänge.

Es entsprechen auch die geometrischen Progressionen dieser Überlegung; hier mögen zwei Beispiele genügen, die ich hersetzen will:

Hier das erste Beispiel von einem Quadrat mit gerader Häuschen-Zahl, und zwar mit sechzehn Häuschen.

32768	4	2	4096
256	32	64	2048
16	512	1024	128
8	16384	8192	1

[30r] Zweites Beispiel von einem Quadrat mit ungerader Häuschen-Zahl, und zwar mit neun Häuschen. Hier muss man aber nicht mit Additionen arbeiten, sondern mit Multiplikationen, damit die Seiten unter sich gleich werden; z.B.: 256 mal zwei durch acht ergibt ebenso viel wie sechzehn mal 4, nämlich 64, usw.

8	256	2
4	16	64
128	1	32

Du siehst aber bei beiden Beispielen die Progression der doppelten Proportionalität.

VON DEN GEOMETRISCHEN PROGRESSIONEN

Kapitel IIII.

Nun folgen nach den arithmetischen Progressionen die geometrischen in rechter Ordnung, nur dass man die Behandlung der Proportionen hätte einschieben können, weil ja die geometrischen Progressionen nichts anders sind als Proportionalitäten, will sagen: Fortsetzungen gleicher Proportionen; zum Beispiel bei folgender Progression: 1, 2, 4, 8, 16, 32, 64 folgt eine doppelte Proportion auf eine doppelte Proportion, und dies setzt sich durch alle Glieder fort. Doch ist es hier unsere Aufgabe, nur Progressionen ganzer Zahlen in der Art einer vielfachen Proportionalität aufzustellen. Ich könnte auch die Benennungen räumlicher Zahlen und manches andere für die Behandlung der Algebra und der irrationalen Zahlen Nützliche darstellen. Daher ist eine Behandlung der Proportionen an dieser Stelle nicht nötig.

Ausnehmendes Lob aber verdienen die geometrischen Progressionen auch deshalb, weil die Coss oder Kunst des Geber nichts anderes ist als eine Rechnung mit Hilfe der geometrischen Progressionen, die dann so umfangreich ist, dass sie sämtliche arithmetischen Rechenregeln umfasst und auch in der Geometrie von immensem Nutzen ist usw.

In dieser vielfachen Gattung sind aber unendlich viele Arten der Progressionen enthalten. Manche nennt man nämlich Progressionen doppelter Proportionalität, wie etwa diese: 3, 6, 12, 24, 48, 96 usw. Manche nennt man Progressionen dreifacher Proportionalität, wie etwa diese: 2, 6, 18, 54, 162 usw. Manche [30v] sind vierfach, manche fünffach und so ins Unendliche.

Man muss jedoch wissen, dass die geometrischen Progressionen, wenn sie nicht mit der Eins anfangen, einen mäßigen Nutzen haben. Alle geometrischen Progressionen aber unterliegen der Regel, die aus der vorletzten Regel des neunten Buches des Euklid genommen ist, mögen sie nun mit der Eins anfangen oder mit einer Zahl oder mit einem Bruch.

Diese Regel aber lehrt, die Glieder einer geometrischen Progression in eine Summe zusammenzuziehen. Sie gibt aber folgende Vorschrift:

Multipliziere das größte Glied durch die Zahl, die deine Progression benennt, also durch die Zahl, die sich aus der Division des kleinsten Gliedes mit dem ihm nächststehenden ergibt. Ziehe das kleinste Glied von dem ihm zunächst stehenden ab, und man soll diesen Rest „Kleineren Rest" nennen. Ziehe auch das kleinste Glied vom vorher durch die Multiplikation erzielten Produkt ab, und man soll diesen Rest „Größeren Rest" nennen. Dann multipliziere das kleinste Glied mit dem Größeren Rest und dividiere das Produkt durch den kleineren Rest; dann ergibt sich die Summe der Glieder deiner geometrischen Progression, wie sie auch sein mag.

Für die Progressionen, die ich hier behandeln will, wird jedoch eine kürzere Regel gelehrt: Multipliziere das letzte Glied durch die Zahl, die deine Progression benennt, und vom Produkt ziehe das erste Glied ab. Den Rest dividiere durch eine Zahl, die um eins kleiner ist als jene Zahl, die deine Progression benennt, und dann wirst du die Summe haben.

Regel für die Fortsetzung von Progressionen

Ebenso bezieht sich natürlich die folgende Regel für die Erstellung und Fortsetzung von Progressionen auf die geometrischen Progressionen aller Gattungen und Arten. Bei jeder beliebigen aufgestellten Proportion dividiere das hintere Glied durch das vordere. Jenen Quotienten aber multipliziere mit dem hinteren Glied, und aus dieser Multiplikation wirst du das dritte Glied gewinnen. Wenn dieses nun mit demselben Quotienten multipliziert ist, wirst du das vierte Glied erzeugen, aus dem vierten wirst du das **[31r]** fünfte Glied gewinnen, und so fort ins Unendliche. Damit hast du bereits das ganze Verfahren mit den Progressionen, nur dass die Arten der Proportionen und die Beispiele für einen anderen Ort aufgespart werden.

Doch muss ich noch von den Progressionen sprechen, die mit der Eins beginnen. In jeder geometrischen Progression, die mit eins beginnt, wird jene Zahl als Wurzel der Progression bezeichnet, die unmittelbar auf die Eins folgt, und zwar deshalb, weil alle folgenden Glieder dieser Progression aus diesem Glied hervorwachsen wie aus einer Wurzel. Wenn man nämlich die Wurzel zweimal nimmt und so eine Multiplikation erfolgt, dann entsteht das dritte Glied, das auf die Wurzel unmittelbar folgt. Setzt man die Wurzel dreimal an, entsteht das vierte Glied, und setzt man sie viermal an, entsteht das fünfte Glied und so ins Unendliche.

Und hier sieh, wie die natürliche Progression der Zahlen den geometrischen Progressionen nützt, etwa so:

0, 1, 2, 3, 4, 5, 6

1, 2, 4, 8, 16, 32, 64 usw.

Erstens ist dies, was in geometrischen Progressionen die Eins ist, in den arithmetischen Progressionen die Null. Und wenn 2 über dem dritten Glied steht, bedeutet dies, dass das dritte Glied selbst erzeugt wird, wenn die Wurzel (wie gesagt) zweimal angesetzt wird und so eine Multiplikation stattfindet. Ähnlich ist es, wenn die 3 über das vierte

Glied gestellt wird und die 4 über das fünfte Glied; und so ist es bei allen weiteren Gliedern.

Von den räumlichen Zahlen

Eine räumliche Zahl liegt vor, wenn diese drei Dimensionen umfaßt, einmal die Länge, dann die Breite und drittens die Höhe; 30 z.B. besteht aus zwei mal drei mal fünf.

Von den räumlichen Zahlen sind manche regelmäßig räumlich und manche unregelmäßig.

Unregelmäßig räumlich sind Zahlen, die zwar ihre drei Dimensionen umfassen, aber keine Wurzel einschließen, durch deren irgendwie regelhafte Multiplikation sie anwachsen. Manche von diesen sind ungleich räumlich in all ihren Dimensionen, nämlich etwa Zahlen, die aus drei nicht zusammengesetzten Zahlen erzeugt werden; eine solche Zahl ist 30, deren Dimensionen 2, 3, 5 sind. **[31v]** So besteht auch 105 aus 3, 5, 7, und so ist es auch bei anderen solchen Zahlen. Manche Zahlen sind ungleich räumlich in einer Dimension, wie etwa 24 aus 2 mal 2 mal 6 besteht, aber auch ungleich in allen Dimensionen erstellt werden kann, nämlich durch 2 mal 3 mal 4.

Regelmäßig räumlich sind Zahlen, die eine Wurzel besitzen; das sind z.B. alle Zahlen der geometrischen Progression, die von der Eins an beginnt, vom vierten Glied an bis ins Unendliche. Daher wird bei jeglicher geometrischen Progression, die mit der Eins beginnt, die Eins anstelle eines Punktes angenommen, die Wurzel anstelle einer Linie, und das dritte Glied wird anstelle einer Fläche angenommen; bei allen übrigen Gliedern sind die einzelnen Zahlen räumlich.

Von den Kuben

Die erste also der räumlichen Zahlen ist der Kubus. Ein Kubus aber ist die Zahl, die aus einer Zahl entsteht, die dreimal angesetzt und so multipliziert wird; z.B. machen z.B. 2, 2, 2 miteinander multipliziert 8.

Dies aber ist die Figur des Kubus. Und bei jeder Progression, die mit der Eins beginnt, ist das vierte Glied eine Kubikzahl, wird doch jede Zahl an der vierten Stelle aus der dreimal angesetzten und so multiplizierten Wurzel gewonnen.

Von den Zahlen 4. Potenz

Das Glied, das auf den Kubus folgt, heißt Zensizensus (4. Potenz). Der Erfinder dieser Bezeichnung sah jedoch mehr auf die Weise der Multiplikation als auf die Gestalt dieses Körpers. Zensus aber nennt man, was wir Quadrat nennen, und Zensizensus nennt man, was wir das Quadrat aus dem Quadrat nennen könnten. Der Zensizensus entsteht nämlich aus der viermal angesetzten und so multiplizierten Wurzel, wie z.B. 2 mal 2 mal 2 mal 2 die Zahl 16 ergibt. Dasselbe Ergebnis entsteht aus der Quadrat-Multiplikation der Quadratzahl, nämlich aus 4 mal 4.

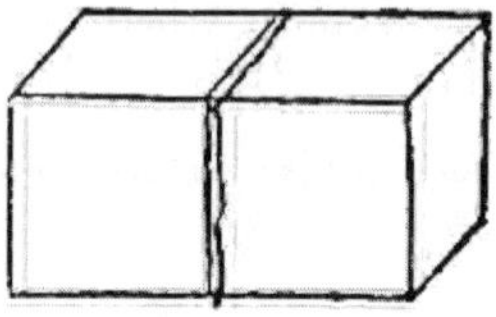

Zensizensus ist aber die Linie der Kuben, ganz wie die Wurzel der Progression die Linie der Punkte darstellt. Daher ist die 4. Potenz in einer doppelten Progression der verdoppelte Kubus und in einer dreifachen Progression der verdreifachte Kubus; und so bei allen anderen Reihen. [**32r**]

Von den Zahlen 5. Potenz

Die Zahl 5. Potenz folgt auf die Zahl 4. Potenz nicht anders als die Quadratzahl auf die Wurzel folgt. Und doch ist es selten eine Quadratzahl, sondern ist räumlich und, was ihre Quadratwurzel angeht, irrational; sie besitzt jedoch eine Wurzel ihrer Art, nämlich eine der 5. Potenz, die so nach der Zahl benannt ist, deren Wurzel sie ist, wie ich an gegebener Stelle weiter ausführen werde.

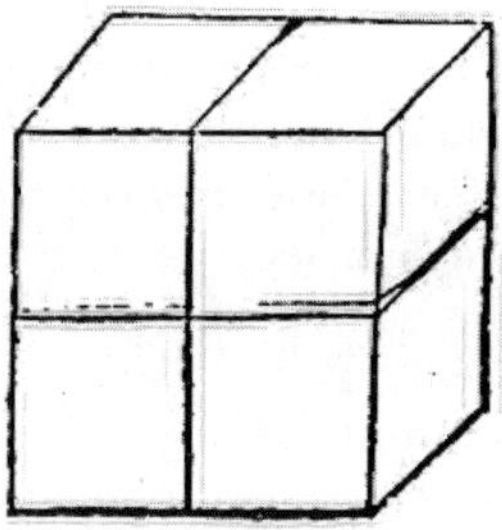

Wie aber bei einer doppelten Progression vier Kuben (wie man hier sieht) eine 5. Potenz bilden, so erzeugen bei einer dreifachen Progression neun Kuben eine 5. Potenz, und bei einer vierfachen Progression erzeugen sechzehn Kuben eine 5. Potenz und so weiter ins Unendliche.

Von den Zahlen 6. Potenz

Die Zensicubus-Zahl (6. Potenz) folgt auf die 5. Potenz, ganz wie der Kubus auf das Quadrat oder den Zensus folgt. Wie aber in einer Progression von doppelter Proportionalität acht Würfel eine Zahl 6. Potenz bilden (wie man hier sieht), so machen in einer dreifachen Progression siebenundzwanzig Kuben einen Zensicubus (6. Potenz), und in einer vierfachen Progression machen 64 Kuben einen Zensicubus, und so immer weiter.

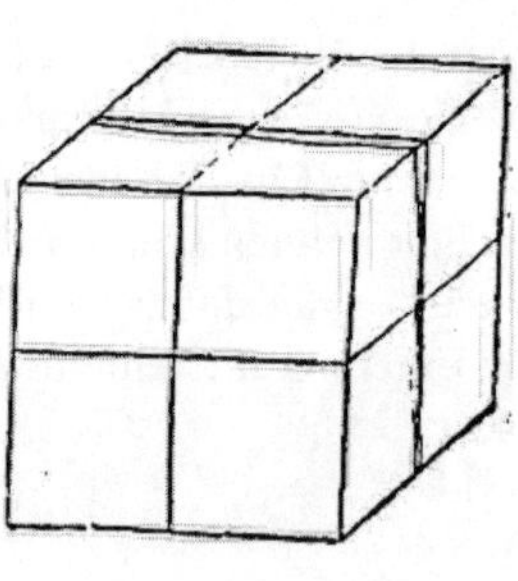

Man sieht auch hier, wie zwei Zahlen 5. Potenz einen Zensicubus (6. Potenz) bilden; in einer dreifachen Progression aber machen drei 5. Potenzen einen Zensicubus (6. Potenz) usw.

Außerdem ist die Zahl 6. Potenz eine solche Zahl, die zugleich auch quadratisch und kubisch ist. Was nämlich die zensikubische Multiplikation 2 mal 2 mal 2 mal 2 mal 2 mal 2 macht, macht dasselbe in gleicher Weise die kubische Multiplikation 4 mal 4 mal 4, und das gleiche Ergebnis hat auch die quadratische Multiplikation 8 mal 8. [32v]

Von den Zahlen 7. Potenz

Was eine Zahl der 7. Potenz ist, dies zeigt dir die folgende Abbildung genügend an:

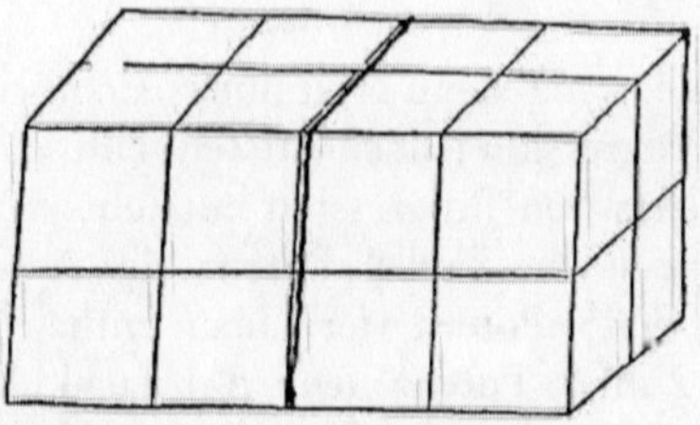

Es ist aber eine gewisse Linie von Zahlen 6. Potenz, wie auch die Wurzel der Progression eine Linie von Punkten ist. Daher muss man hier ganz Ähnliches vortragen (was die Figur angeht) wie das, was kurz zuvor von der Zahl 4. Potenz (einer Linie von Kuben) gesagt wurde. Natürlich, es ist ja eine Zahl 7. Potenz in doppelter Progression eine verdoppelte Zahl 6. Potenz; bei dreifacher Progression ist sie eine verdreifachte usw. Was aber die Multiplikation betrifft, so zeigt sie sich als irrational; nur selten nämlich hat sie eine Quadratwurzel, wie es bei der Zahl 4. Potenz der Fall ist. Es mag natürlich sein, dass sie eine andere Wurzel hat, etwa eine solche, die nach der Zahl selbst benannt ist, wie ich später ausführen werde; es sind dies die Wurzeln, die Euklid an keiner Stelle seiner Bücher erwähnt, nämlich eine siebenmal angesetzte Wurzel ergibt eine Zahl 7. Potenz (*Bsurdesolidus numerus*), wie z.B. 2 mal 2 mal 2 mal 2 mal 2 mal 2 mal 2. Diese Benennung ist aber höchst passend, und zwar aus vielen Gründen. Wenn man diese Zahlen solche der 7. Potenz nennt, dann wird die Benennung selbst die bezeichnete Sache verdunkeln, weil das Wort danach klingt, als handele es sich eine Zusammenstellung aus je zwei Zahlen 5. Potenz. Ebenso, wenn man von einer zweiten Zahl 5. Potenz spricht, wird der unkundige Leser an einen gewissen Zusammenhang denken oder an eine gewisse Verbindung von etwas Zweiten mit dem Ersten. Weiterhin ist auf Grund der Zeichen (von denen ich in der Algebra sprechen werde) diese gegenwärtige Bezeichnung sehr bequem, wie auch wegen der folgenden Bezeichnungen der Festkörperzahlen, nämlich Csurdesolidus (Zahl 11. Potenz), Dsurdesolidus (Zahl 13. Potenz), Esurdesolidus (Zahl 17. Potenz), Fsurdesolidus (Zahl 19. Potenz) usw.

Von den Zahlen 8. Potenz **[33r]**

Die Zahlen 8. Potenz erstellen körperliche Figuren der folgenden Art:

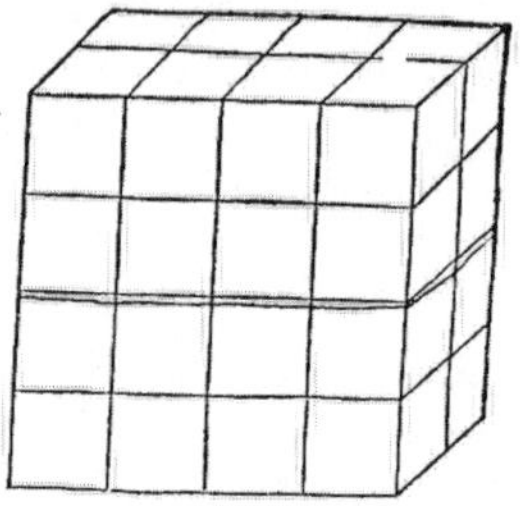

Es sind aber zwei Zahlen 7. Potenz, denn so ergibt es sich bei einer doppelten Progression. Bei einer dreifachen Progression jedoch entsteht eine Zahl 8. Potenz aus drei Zahlen 7. Potenz, bei einer vierfachen Progression entsteht sie aus vier solchen Zahlen. Ebenso sieht man, dass eine solche Zahl 8. Potenz vier Achtfachkuben (Zensikuben) enthält, ganz wie eine Zahl der 5. Potenz vier Kuben enthält. Bei einer dreifachen Progression aber enthält eine Zahl 8. Potenz neun Achtfachkuben usw. Es entsteht aber eine Zahl der 8. Potenz aus einer achtmal aufgestellten Zahl, die so multipliziert wird, so wie hier aus 2 mal 2 mal 2 mal 2 mal 2 mal 2 mal 2 mal 2 die Zahl 256 entsteht, und man nennt diese Multiplikation zensizenzensisch [8. Potenz]. Dasselbe Ergebnis entsteht aber aus folgender zensizensischen Multiplikation, nämlich aus 4 mal 4 mal 4 mal 4, und wiederum ergibt die zensische oder quadratische Multiplikation 16 mal 16 dieselbe Zahl [256].

Von den Zahlen 9. Potenz

Die Zahl 9. Potenz verhält sich zur Zahl 8. Potenz wie der Würfel zum Quadrat. Sie enthält aber hier (wie bei einer doppelten Progression) acht Achtfachkuben. In dreifacher Progression nämlich enthält sie 27 Achtfachkuben und in vierfacher Progression 64 usw. **[33v]**

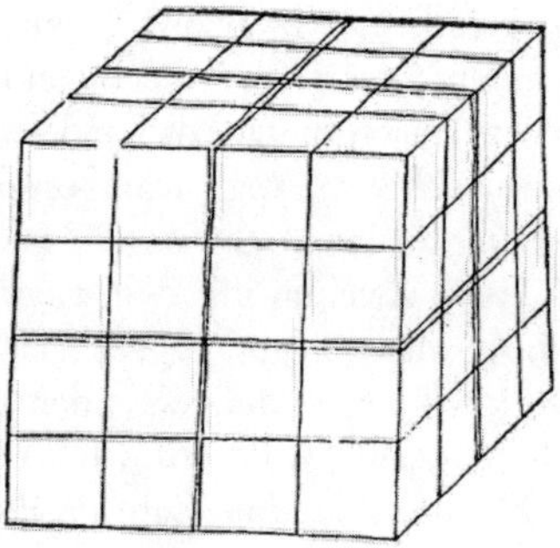

Es ist aber der Kubikubus auch selbst ein Würfel, wie aus der Figur klar ersichtlich ist, wie auch aus der Multiplikation: 2 mal 2 mal 2 mal 2 mal 2 mal 2 mal 2 mal 2 mal 2 ergibt 512. Und ebensoviel ergibt die Multiplikation 8 mal 8 mal 8.

Von den übrigen Körperzahlen

Es folgt die [Zensurdesolidus] Zahl 10. Potenz, die eine gewisse Linie der Kubikuben ist, ganz wie die Wurzel die Linie der Punkte darstellt.

Dann kommt die [Csurdesolidus] Zahl 11. Potenz, die sozusagen die Fläche der Kubikuben ist, so wie das Quadrat die Fläche der Punkte darstellt.

Weiter die [Zensizensicubicus] Zahl 12. Potenz, dann die [Dsurdesolidus] Zahl 13. Potenz, weiter die [Zenbsurdesolidus] Zahl 14. Potenz usw.

Sollte dir diese Behandlung der Körperzahlen schwierig vorkommen, so warte, bis wir an die Stelle kommen, wo über ihren Gebrauch zu sprechen sein wird. Dann werde ich dir, so Gott will, die ganze Sache so klar vor Augen stellen, dass du selbst die Namen derartiger Körperzahlen ganz leicht durch beliebig viele Glieder benennen und durchführen kannst, ganz so, wie du bereits die Glieder durchführen kannst.

Weiteres Bemerkenswerte

1. In einer geometrischen Progression, die mit der Zahl Eins beginnt, sind zwei beliebige Glieder, zwischen denen ein einzelnes Glied steht, entweder beide Quadratzahlen oder Quadratzahlen ähnlich. [34r]

Wenn nun jene beiden Glieder Quadratzahlen sind, dann wird, wenn man zu jenen quadratischen Gliedern die verdoppelte mittlere Zahl addiert, die Summe aller dieser Zahlen notwendigerweise eine Quadratzahl, wie diese Zeichnung klar anzeigt.

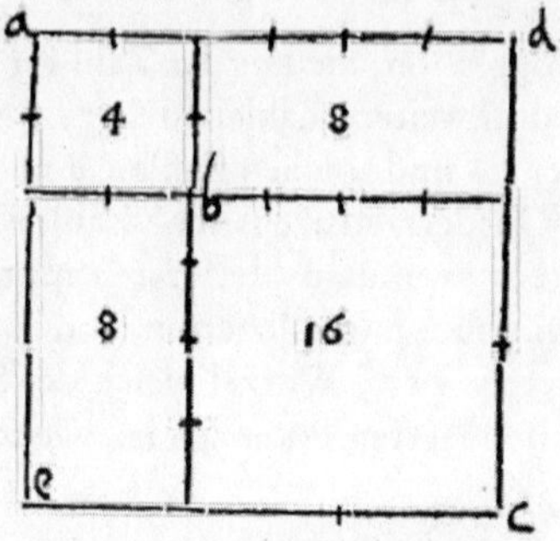

Ebenso, wenn von der Summe der beiden Quadratzahlen die verdoppelte mittlere Zahl abgezogen wird, ist der Rest eine Quadratzahl, deren Quadratwurzel der Rest ist, der aus der Subtraktion der einen Wurzel von der anderen entsteht.

Jene Überlegungen haben ausgezeichnete Nutzanwendungen. Denn erstens wird in der ersten die Methode, Quadratwurzeln aus rationalen Zahlen und Binomialzahlen zu ziehen, vorgeführt, wie ich an den rechten Orten darlegen werde. Zweitens wird aus der ersten und der folgenden Überlegung die sehr nützliche Methode, Binomialzahlen zu addieren und zu subtrahieren, erkennbar. Und zudem bietet jene Figur des vierten Lehrsatzes des zweiten Buches Euklids herrliche Nutzanwendungen für die Algebra, wie ich an gegebenem Ort zeigen werde.

2. In einer geometrischen Progression, die mit der Zahl Eins beginnt, sind zwei beliebige Glieder zwischen denen zwei weitere Glieder stehen, entweder beide kubisch oder kubischen ähnlich.

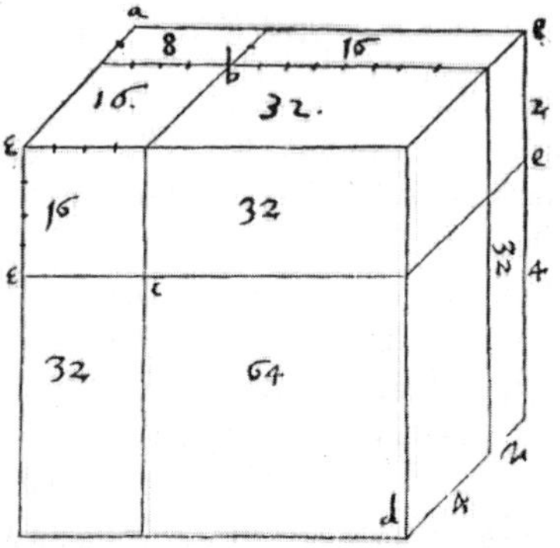

[34v] Wenn jene zwei äußeren Glieder kubisch sind, dann wird die Summe aus jenen beiden kubischen Zahlen und den beiden mittleren, verdreifachten Zahlen eine kubische Zahl, deren Kubikwurzel die Summe der beiden Kubikwurzeln aus den vorgenannten kleineren Kubikzahlen ist.

Ebenso, wenn von der Summe aus dem größeren Kubus und dem Dreifachen der kleineren Mittelzahl die Summe der kleineren Kubikzahl und dem Dreifachen der größeren Mittelzahl abgezogen wird, dann ist der Rest ein Kubus, dessen Kubikwurzel der Rest aus der Subtraktion der einen Kubikwurzel von der anderen ist. Jene Überlegungen sind von ähnlichem Nutzen wie die oben genannten.

3. In einer geometrischen Progression, die mit der Zahl Eins beginnt, sind zwei beliebige Glieder, zwischen denen drei weitere Zahlen stehen, entweder beide zensizensische Zahlen [vierte Potenzen] oder sie sind solchen Zahlen ähnlich.

Und wenn jene beiden Glieder zensizensische Zahlen sind, dann wird die Summe aus jenen beiden vierten Potenzen und aus der ersten mittleren, mit 4 multiplizierten, und aus der zweiten mittleren, mit 6 multiplizierten, und aus der dritten, mit 4 multiplizierten eine vierte Potenz, deren vierte Wurzel gleich der Summe aus den beiden vierten Wurzeln der oben genannten vierten Potenzen ist, wie man hier sieht.

16	32	64	128	256
	32	64	128	
	32	64	128	
	32	64	128	
		64		
		64		

Ebenso, wenn von der Summe der beiden vierten Potenzen und der zweiten mittleren mit 6 multiplizierten Zahl das Vervierfachte der beiden übrigen mittleren Zahlen, das heißt der ersten und der dritten mittleren, abgezogen wird, dann ist der Rest eine vierte Potenz, deren vierte Wurzel der Rest ist, der aus der Subtraktion der einen vierten Wurzel von der anderen entsteht.

In einer geometrischen Progression, die mit der Eins beginnt, sind zwei beliebige Glieder, zwischen denen vier Zahlen stehen, entweder beide reine 5. Potenzen oder 5. Potenzen ähnlich. Und wenn jene beiden Glieder 5. Potenzen sind, dann wird die Summe aus jenen beiden 5. Potenzen und aus den beiden mittleren Zahlen, nämlich der ersten und der vierten mit fünf multiplizierten, den übrigen beiden mittleren, nämlich der zweiten und der dritten, mit 10 multiplizierten, eine 5. Potenz, **[35r]** deren fünfte

Wurzel die Summe aus den zwei fünften Wurzeln der oben genannten fünften Potenzen ist, wie man in der folgenden Tabelle sehen kann:

32	64	128	256	512	1024
	64	128	256	512	
	64	128	256	512	
	64	128	256	512	
	64	128	256	512	
		128	256		
		128	256		
		128	256		
		128	256		
		128	256		

Ebenso, wenn von der Summe der größeren fünften Potenz und der ersten mittleren, mit 5 multiplizierten, und der dritten mittleren, mit 10 multiplizierten, die kleinere fünfte Potenz und die mit 10 multiplizierte zweite mittlere und die mit 5 multiplizierte vierte mittlere Potenz abgezogen wird, dann ist der Rest eine fünfte Potenz, deren fünfte Wurzel der Rest ist, der von der Subtraktion der einen fünften Wurzel von der anderen übrig bleibt. Und so weiter ins Unendliche.

Die Zahlen aber, die die mittleren Zahlen multiplizieren, wird man in der Tabelle finden, die ich im folgenden Kapitel über das Finden der Wurzeln vorstellen werde.

Es stimmen auch alle bereits über die beiden beliebigen Quadratzahlen und über deren mittlere Proportionale gemachten Aussagen, ebenso über die beiden beliebigen Kubikzahlen mit ihren beiden mittleren Zahlen, ebenso die über die beiden vierten Potenzen mit ihren drei mittleren Zahlen wie auch über die beiden fünften Potenzen mit ihren vier mittleren Zahlen, usw.

Es folgt eine recht nützliche Darstellung, wie die geometrische Progression der arithmetischen entspricht.

1. Die Addition in arithmetischen Zahlenfolgen entspricht der Multiplikation in geometrischen Zahlenfolgen. Wie in dieser arithmetischen Progression: 3, 7, 11, 15 die beiden äußeren Glieder, wenn man sie addiert, gleich viel ergeben wie die addierten mittleren (denn beide Male ergibt sich 18), so ergeben in dieser geometrischen Progression: 3, 6, 12, 24 die beiden äußeren Glieder, miteinander multipliziert, ebenso viel wie die mittleren Glieder miteinander multipliziert, denn beide Male ergibt sich 72, und so geht es auch bei unendlich vielen weiteren Beispielen.

2. Die Subtraktion in der arithmetischen entspricht [35v] der Division in der geometrischen Progression. Wie in dieser Progression: 8, 13, 18, 32 dasselbe von der Subtraktion der ersten von der zweiten Zahl übrig bleibt, was von der Subtraktion des dritten Gliedes vom vierten übrig bleibt, so kommt in dieser Progression: 2, 6, 18, 54 dasselbe bei der Division des zweiten Gliedes durch das erste heraus, was bei der Division des vierten durch das dritte Glied herauskommt, usw.

3. Die einfache Multiplikation (das heißt einer Zahl mit einer Zahl), die in der Arithmetik stattfindet, entspricht der Multiplikation mit sich selbst, die in der Geometrie vorkommt. So entspricht auch die Verdoppelung in der Arithmetik dem Quadrieren in der Geometrie. Es ergibt natürlich in dieser arithmetischen Progression: 5, 11, 17 die Verdoppelung des mittleren Gliedes soviel wie die Addition der äußeren Glieder. Und in

der geometrischen Progression: 4, 6, 9 ergibt die Quadratur des mittleren Gliedes dasselbe wie die Multiplikation der beiden äußeren Glieder miteinander. Ebenso entspricht die Verdreifachung in der Arithmetik der kubischen Multiplikation in der Geometrie: Wie im vorigen Beispiel 5, 11, 17 die Verdreifachung des mittleren Gliedes so viel ergibt wie die Addition aller drei Glieder, so ergibt hier bei 4, 6, 9 die kubische Multiplikation des mittleren Gliedes mit sich selbst so viel wie die Multiplikation der drei Glieder miteinander. Ebenso entspricht die Vervierfachung in der Arithmetik der viermaligen Multiplikation in der Geometrie. Wie hier bei 2, 5, 8, 11, 14 die Vervierfachung der mittleren Zahl so viel ergibt wie die Addition der übrigen vier Glieder, so ergibt in der Progression 3, 12, 48, 192, 768 die viermalige Multiplikation der Zahl 48 mit sich selbst so viel wie die Multiplikation der übrigen vier miteinander, denn beide Male ergibt sich 5308416. Ebenso entspricht die Verfünffachung in der Arithmetik der fünfmaligen Multiplikation in der Geometrie. So ergibt hier: 2, 5, 8, 11, 14 die Verfünffachung der mittleren Zahl, also der 8, ebenso viel wie die Addition jener fünf Glieder, und bei der geometrischen Progression: 3, 12, 48, 192, 768 ergibt die fünfmalige Multiplikation des mittleren Gliedes mit sich selbst ebenso viel wie die Multiplikation jener fünf Glieder miteinander; in beiden Fällen kommt nämlich 254803968 heraus. So geht es weiter ohne Ende.

4. Die Division in arithmetischen Progressionen entspricht dem Wurzelziehen in geometrischen Progressionen. So entspricht die Halbierung in der Arithmetik dem Ziehen der Quadratwurzel in der Geometrie. Natürlich ist in der Progression 5, 11, 17 die mittlere Zahl die Hälfte der Summe der beiden äußeren Glieder, und ebenso ist in der Progression 3, 6, 12 die mittlere Zahl die Quadratwurzel aus dem Produkt der beiden äußeren Glieder. **[36r]** Ebenso entspricht die Division durch 3 dem Ziehen einer Kubikwurzel. Wie bei 5, 11, 17 das mittlere Glied der dritte Teil der Summe des ganzen Aggregates aus jenen drei Gliedern ist, so ist bei 3, 6, 12 das mittlere Glied die Kubikwurzel aus dem Produkt dieser drei Zahlen miteinander. Und so weiter mit den anderen ins Unendliche.

Vom Nutzen der vorgenannten Überlegungen

Zuerst konnte aus der Betrachtung dieser Überlegungen die Dreisatz-Regel und die umgekehrte Dreisatz-Regel gefunden werden. Wie nämlich dort bei 2, 5, 8 aus der Addition des dritten Gliedes zum vierten und aus der Subtraktion des ersten Gliedes von der Summe des Aggregates das vierte Glied jener Progression übrig bleibt, so geht hier bei 3, 6, 12 aus der Multiplikation des zweiten Gliedes mit dem dritten und aus der Division der Summe durch das erste Glied das vierte Glied dieser Progression hervor.

Beispiel für benachbart Proportionale

Jene entsprechen nicht nur in diesen zusammenhängend Proportionalen, sondern auch in den benachbart Proportionalen; wie z.B. dort bei 3, 5, 8 das vierte Glied 10 macht, so macht hier bei 3, 6, 27 das vierte Glied 54.

Beispiel nach der umgekehrten Dreisatz-Regel

5, 8, 10, 3 ebenso 6, 8, 12, 4

Beim ersten Beispiel addiere ich das erste und das zweite Glied und ziehe das dritte vom Aggregat ab; dann bleibt das vierte übrig. Beim zweiten Beispiel multipliziere ich und dividiere ich, usw., und die Proben stimmen. Über jene Regeln aber will ich am gegebenen Ort sprechen.

Zweitens konnte aus der Betrachtung dieser Überlegungen in etwa gefunden werden, was von der Natur der Quadratzahlen und der regelmäßigen Körperzahlen zu sagen ist, zum Beispiel die Findung der mittleren Werte zwischen zwei Quadratzahlen, zwischen zwei Kubikzahlen, zwischen zwei 4. Potenzen, usw. Es genügt jedoch, wenn diese Findungen durch ihre Abbildungen vorgestellt werden:

Von den Quadratzahlen

4, 5, 6   4, 6, 9
2 + 3   2 – 3

[36v] *Von den Kubikzahlen*

Von den Zahlen 4. Potenz

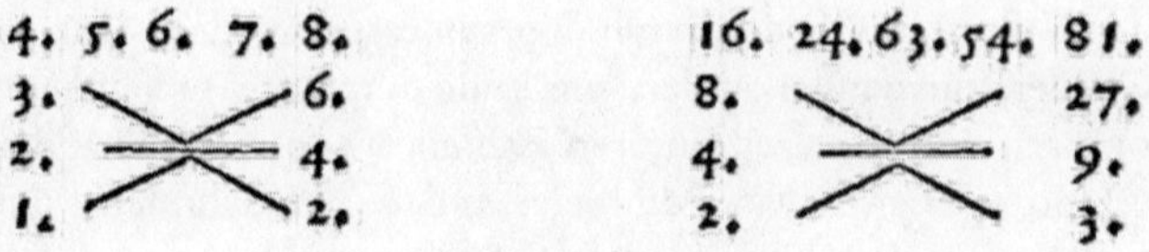

Von den Zahlen 5. Potenz

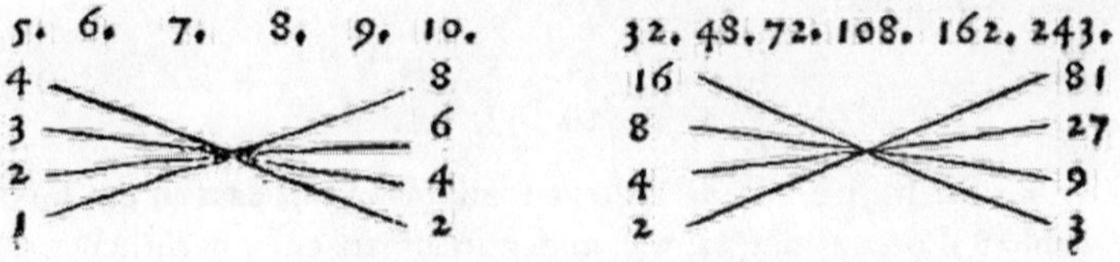

Von den Zahlen 6. Potenz

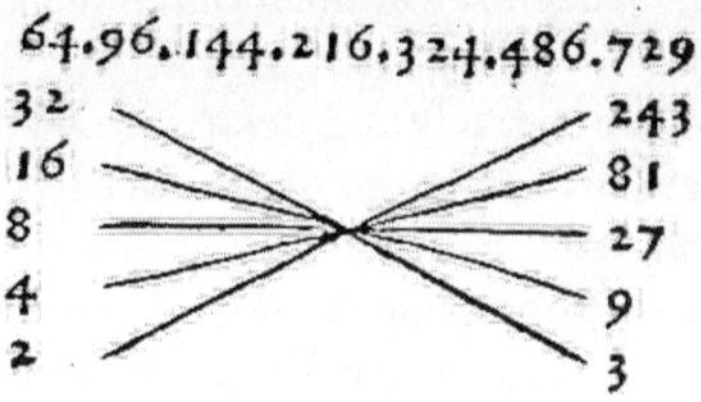

Und so mit allen anderen Potenzen.

Man beachte hier, dass das, was in der Arithmetik eine gerade Zahl ist, in der Geometrie eine Quadratzahl ist, und dass, was in der Geometrie eine Quadrat-ähnliche Zahl ist, in der Arithmetik ungerade und ungerade ist. Wie also gerade zu gerade addiert eine gerade Zahl ergibt, so auch eine ungerade Zahl, addiert zu einer ungeraden, ebenso ergibt eine Quadratzahl, multipliziert mit einer Quadratzahl, eine Quadratzahl. Ebenso ist es bei quadratzahl-ähnlichen Zahlen, wenn man sie miteinander multipliziert.

Zwischen eine gerade und eine weitere gerade Zahl muss das arithmetische Mittel fallen, als einzige und kleinste Zahl. Ebenso steht es bei einer Zahl zwischen zwei ungeraden Zahlen. [37r] In gleicher Weise muss zwischen zwei Quadratzahlen oder zwei Quadratzahlen ähnlichen Zahlen notwendigerweise das geometrische Mittel fallen, usw.

Und was in der Arithmetik zwei Zahlen sind, die durch drei messbar sind, das sind in der Geometrie zwei Kubikzahlen; und was in der Geometrie zwei Kubikzahlen-ähnliche Zahlen sind, das sind in der Arithmetik zwei Zahlen, die um drei differieren und von denen keine von beiden durch drei gemessen wird. Man sieht aber, dass zwei Zahlen, deren Differenz drei beträgt, wenn auch keine von beiden durch drei gemessen wird, miteinander addiert keine durch drei messbare Zahl hervorbringen. Also muss man auch nicht erwarten, dass zwei Kubikzahlen-ähnliche Zahlen, miteinander multipliziert, eine Kubikzahl ergeben. Wenn man aber die größere Zahl durch die kleinere dividiert, dann wird der Quotient mit Sicherheit eine Kubikzahl sein. Wenn man nämlich zwei Zahlen annimmt, deren Differenz 3 ist, keine von ihnen aber durch 3 meßbar ist, dann bleibt, wenn man die kleinere von der größeren abzieht, als Rest eine Drei; dasselbe wirst du auch bei allen anderen erkennen.

Wenn es vier Zahlen sind, die in einer arithmetischen Progression angeordnet sind, wobei ihre beiden äußersten Glieder durch drei gemessen werden, dann müssen die beiden mittleren Glieder, zueinander addiert, am Ende durch drei teilbar sein. Ebenso können die drei vorderen und die drei hinteren Zahlen, wenn man sie addiert, durch drei geteilt werden. Und solcherart wirst du vieles andere herausfinden können, wenn du weißt, dass alles den geometrischen Progressionen entspricht.

Es wird aber folgende natürliche Zahlen-Progression den geometrischen Progressionen entsprechen, nämlich:

0, 1, 2, 3, 4, 5, 6
1, 2, 4, 8, 16, 32, 64

Die Fünf, die über die fünfte Potenz gestellt wird, bedeutet, dass in der Geometrie die surdesolide Zahl [5. Potenz] das ist, was in der arithmetischen natürlichen Progression die Fünfzahl ist oder eine Zahl, die durch die Fünfzahl gemessen wird. In gleicher Weise sind Zahlen, die in der Geometrie den 5. Potenzen ähnlich sind, in der Arithmetik Zahlen, deren Differenz 5 ist, die jedoch selbst nicht durch die Fünf gemessen werden. Dies gilt auch für alles Weitere.

Drittens konnte durch die Betrachtung derartiger Überlegungen jene Rechenmethode von wunderbarer Breitenwirkung gefunden werden, die man [37v] Coss oder Algebra nennt, und hier nützt die natürliche Progression der Zahlen in wunderbarer Weise bei den geometrischen Progressionen. Wie nämlich in der oberen Reihe hier 2 und drei, addiert, die Zahl 5 ergeben, so ergeben in der unteren Reihe 4 mal 8 die Zahl 32, also die fünfte Potenz, die durch die Fünfzahl bezeichnet ist, oder die Zahl, die an fünfter Stelle nach der ausgelassenen Eins anzusetzen ist. Ebenso, wie in der oberen Reihe 2 und vier, addiert, 6 ergeben, so macht in der unteren Reihe 4 mit 16 multipliziert die Zahl, die unter 6 zu stellen ist, nämlich die sechste Potenzzahl der Progression. Wiederum, wie in der oberen Reihe, wenn man 1 von 6 abzieht, 5 übrigbleibt, so erzeugt in der unteren Reihe, wenn der Divisor 2 die Zahl 64 dividiert, er die Zahl, die man unter die 5 stellen muss, nämlich die fünfte Potenz in jener Progression. So auch bei den übrigen Zahlen. Von hier also ist die Methode des Rechnens genommen, die besonders zur Algebra gehört, usw.

Viertens ist es genügend bekannt, wie nahe verwandt das Rechenverfahren der natürlichen Brüche mit dem Rechenverfahren in der Algebra ist.

Fünftens konnte auch das Rechenverfahren der Proportionen aus derartigen Überlegungen gefunden werden; z.B. ergibt $\frac{2}{1}$ zu $\frac{2}{1} = \frac{4}{1}$. Ebenso konnte leicht erwogen werden, dass $\frac{2}{1}$ mal $\frac{2}{1}$ mal $\frac{2}{1}$, also die verdreifachte doppelte [Proportion] $\frac{8}{1}$ macht. Oder: Aus jenen Reihen dient jene mit der natürlichen Zahlenprogression den geometrischen Progressionen, wie z.B.:

0, 1, 2, 3, 4, 5,
1, 2, 4, 8, 16, 32.

Hier bedeutet die 5 nicht nur, dass die unter ihr stehende Zahl (nämlich 32) die fünfte Proportion anzeigt, sondern zeigt auch an, dass eben die unter ihr stehende Zahl, verglichen mit der Eins, die verfünffachte Proportion im Vergleich mit der ersten Proportion darstellt. Und drittens bezeichnet die 5 den Weg selbst, auf dem entweder durch Addition oder durch Verfünffachung der ersten Proportion die verfünffachte Proportion $\frac{32}{1}$ entsteht; wenn man nämlich $\frac{2}{1}$ fünfmal hinstellt und nach der Regel der Multiplikation von Brüchen die Operation ausführt, entsteht das Ergebnis der verfünffachten Proportion: $\frac{2}{1}$ mal $\frac{2}{1}$ mal $\frac{2}{1}$ mal $\frac{2}{1}$ mal $\frac{2}{1}$ macht $\frac{32}{1}$. Und weil nach der Regel der Multiplikation bei den gemeinen Brüchen eine Addition der Proportionen stattfindet, war es leicht (wenn man dies begriff), daraus zu schließen, dass die Regel der Bruch-Division auch für die Subtraktion der Proportionen **[38r]** dienlich sei, trifft es doch überall zu, dass die Addition die Subtraktion prüft und die Subtraktion die Addition, usw. Weiter: Da zwischen 1 und 32 die Zahlen 2, 4, 8, 16 stehen, so dass sie die Proportion $\frac{32}{1}$ in fünf gleiche Proportionen teilen (nämlich in fünf doppelte), ließ sich leicht bezüglich von beliebigen Zahlen in einer gewissen Ordnung diese Vermutung annehmen, dass die Proportion der Außenglieder durch die Proportionen der Innenglieder erstellt wird.

Alles Weitere mag der sorgsame Leser nach Belieben heraussuchen. Es gibt nämlich vieles andere, was die geometrischen Progressionen entweder im Allgemeinen oder im Besonderen umfassen, usw. Z.B. bewirkt die geometrische Progression einer dreifachen Proportionalität, die mit eins beginnt, in schöner Weise aus beliebigen ersten Gliedern so viele Glieder der natürlichen Zahlenprogression, wie viele die Einheiten addiert betragen. Zum Beispiel betragen 1, 3, 9, 27 zusammen 40 Einheiten. Daher betragen jene vier Glieder 40 Glieder der natürlichen Zahlenprogression, wie folgende Darstellung anzeigt:

1, 3 – 1, 3, 3 + 1, 9 – 3 – 1, 9 – 3, 9 + 1 – 3, 9 – 1, 9, 9 + 1, 9 + 3 – 1, 9 + 3, 9 + 3 + 1, 27 – 9 – 3 – 1, 27 – 9 – 3, 27 + 1 – 9 – 3, 27 – 9 – 1, 27 – 9, 27 + 1 – 9, 27 + 3 – 9 – 1, 27 + 3 – 9, 27 + 3 + 1 – 9, 27 – 3 – 1, 27 – 3, 27 + 1 – 3, 27 – 1, 27, 27 + 1, 27 + 3 – 1, 27 + 3, 27 + 3 + 1, 27 + 9 – 3 – 1, 27 + 9 – 3, 27 + 9 + 1 – 3, 27 + 9 – 1, 27 + 9, 27 + 9 + 1, 27 + 9 + 3 – 1, 27 + 9 + 3, 27 + 9 + 3 + 1.

Es ist auch erfreulich zu sehen, wie zwei ganze Zahlen, die in der natürlichen Ordnung der Zahlen unmittelbar aufeinander folgen (ganz gleich, welche die beiden Zahlen sind), ebenso viele Glieder der natürlichen Progression der Zahlen bilden, wie viele Einheiten sie erzeugen, wenn man sie miteinander multipliziert. Zum Beispiel machen 4 und 5, miteinander multipliziert, 20 Einheiten, und so erzeugen 4 und 5 jede beliebige Zahl von eins bis 20. **[38v]**

Auch wenn du, ohne dass ich es weiß, eine Zahl auswählst und angibst, sie werde mit vier Zeichen geschrieben, dann nehme ich zwei beliebige einander unmittelbar folgende Zahlen, die, miteinander multipliziert, eine Zahl ergeben, die man mit fünf Zeichen schreiben muss. Dies tue ich, um sicher zu gehen, dass mein Produkt die von dir ausgewählte Zahl an Größe übersteigt, und die beiden Zahlen seien 100 und 101, deren Multiplikation 10100 ergibt.

Dann bitte ich dich, die von dir ausgewählte Zahl durch meine erste Zahl zu dividieren, also durch 100, und dann sollst du mir sagen, wie viel noch übrig bleibt. Diese übrig gebliebene Zahl aber multipliziere ich durch meine zweite Zahl und merke mir das Produkt.

Weiterhin bitte ich, du mögest die von dir gewählte Zahl noch einmal durch meine zweite Zahl dividieren, also durch 101, und mir dann sagen, was übrig bleibt. Diese übrig gebliebene Zahl aber multipliziere ich mit dem Quadrat meiner ersten Zahl und füge zu diesem Produkt das zuvor Gemerkte hinzu. Und dieses Aggregat teile ich durch die Zahl, die bei der Multiplikation meiner beiden zuerst angenommenen Zahlen herauskommt (also durch 10100, da ich 100 und 101 annahm), dann wird stets im Rest meiner Division die Zahl erscheinen, die du erwählt hast.

VOM WURZELZIEHEN.

Kapitel V.

So, wie es unzählige Arten der Multiplikation von Zahlen mit sich selbst gibt, aus denen, wie wir sahen, Quadratzahlen und räumliche Zahlen entstehen, ebenso muss es auch unzählige Arten von Wurzeln geben, die durch verschiedenartige Multiplikationen entsprechend den Benennungen der Raumzahlen aus den Wurzeln selbst entstehen. Dies alles aber bezeichnet oder stellt dar die natürliche Progression der Zahlen, die den geometrischen Progressionen dient, die mit der Eins beginnen, nämlich:

0, 1, 2, 3, 4, 5, 6, 7,
1, 2, 4, 8, 16, 32, 64, 128,

Erstens bezeichnen die Zahlen der oberen Reihe die Arten der Multiplikationen; 2 bedeutet natürlich, dass eine Multiplikation im Quadrat erfolgt, **[39r]** indem die Wurzel zweimal gesetzt und so multipliziert wird, wie 2 mal 2 4 ergibt. So bedeutet 3 die kubische Multiplikation, bei der die Wurzel dreimal hingestellt und dann so multipliziert wird, dass eine Kubikzahl erzeugt wird. So stellt 4 die vierfache Multiplikation [4. Potenz] dar, und 5 weist auf die surdesolide Multiplikation [5. Potenz] hin, und so der Reihe nach weiter. Zweitens bedeuten die oberen Zahlen die Arten der Wurzeln. So zeigt 2 an, dass die Quadratwurzel die Quadratzahl durch die quadratische Multiplikation erzeugt. So zeigt die 3 an, dass die Kubikwurzel die Kubikzahl durch die kubische Multiplikation erzeugt, und so weiter.

Also ist das Wurzelziehen die Findung einer Zahl aus einer gegebenen Zahl, die durch eine Multiplikation mit sich selbst die gegebene Zahl hervorbringt.

Das erste, was man beim Wurzelziehen beachten muss, ist die Anzeichnung der Zeichen in der Zahl, aus der man eine Wurzel ziehen soll.

Beim Ziehen der Quadratwurzel werden die Zeichen an ungeraden Stellen angezeichnet, während Zeichen an geraden Stellen nicht angezeichnet werden. Daraus ergibt sich, dass immer abwechselnd ein Zeichen ausgelassen wird, das man nicht anzeichnet, wie du hier siehst:

$$\dot{6}8\dot{7}1\dot{9}4\dot{7}6\dot{7}3\dot{6}$$

Beim Ziehen einer Kubikwurzel werden immer zwei Zeichen ausgelassen, die man nicht anzeichnet, wie du hier siehst:

$$68\dot{7}1\dot{9}47\dot{6}73\dot{6}$$

Beim Ziehen einer vierten Wurzel werden immer drei Zeichen ausgelassen, wie du hier siehst:

$$68\dot{7}194\dot{7}673\dot{6}$$

Beim Ziehen einer 5. Wurzel werden immer 4 Zeichen ausgelassen, wie hier:

$$\dot{6}8719\dot{4}7673\dot{6}$$

Und so weiter ins Unendliche.

Die Anzeichnungen entsprechen aber den mittleren Proportionalitäten. **[39v]**

0,	1,	2,	3,	4,	5,	6,
1,	2,	4,	8,	16,	32,	64,

Wie du hier siehst, wird zwischen dem Quadrat und der Eins eine Zahl dazwischengestellt, zwischen Kubus und Eins zwei Zahlen in der Mitte, zwischen Zensizensus [4. Potenz) und Eins drei Zahlen in der Mitte und so immer weiter.

Das Zweite, was man beim Wurzelziehen beachten muss, ist das Wissen, wie viele Zeichen zu jedem beliebigen Punkt gehören. Zum letzten Punkt (das ist der äußerste links) gehört das Zeichen, das gerade unter dem Punkt steht, zusammen mit den übrigen Zeichen nach links; und so wirst du über alle anderen Punkte urteilen, wofür du in folgender Anzeichnung der fünften Potenz ein Beispiel siehst:

$$205\dot{8}1132\dot{0}9464\dot{9}$$

Also gehören die Zahlzeichen $205\dot{8}$ zum letzten Punkt. Der folgende Punkt nach rechts hat die Zahlzeichen $1132\dot{0}$. Der erste Punkt hat $9464\dot{9}$.

Das Dritte, was beim Wurzelziehen zu beachten ist, bezieht sich auf den letzten Punkt und die Auflösung des letzten Punktes. Beim Ziehen einer Quadratwurzel wird vom letzten Punkt die größte Quadratzahl abgezogen, die man abziehen kann. Beim Ziehen einer Kubikwurzel wird vom letzten Punkt die größte Kubikzahl abgezogen, die man abziehen kann, beim Ziehen einer zensizensischen [4.] Wurzel zieht man die größte zensizensische Zahl [4. Potenz] ab, und beim Ziehen einer 5. Wurzel wird die größte 5. Potenz abgezogen, und so weiter ohne Ende.

Tabelle für Kubikwurzeln

1	1	4	64	7	343
2	8	5	125	8	512
3	27	6	216	9	729

Du siehst hier die Kubikzahlen der einzelnen Zeichen. Von diesen wird (bei jedem Ziehen einer Kubikwurzel) eine vom letzten Punkt abgezogen, und die Wurzel der abgezogenen Kubikzahl wird in den Quotienten nach der runden Klammer gesetzt, wie man es bei einer Division macht; vom Rest der Subtraktion wird angenommen, dass er zum folgenden Punkt nach rechts gehört.

Was ich aber eben von der Auflösung des äußersten Punktes sagte, **[40r]** muss man entsprechend für die Ziehung jeder anderen Wurzel annehmen. Jedoch ist das Auffinden der Quadratzahlen aus den einzelnen Zeichen zu leicht, als dass man hier eine Tabelle bräuchte. Dies ist auch der Grund, aus dem, wie du weiter unten verstehen wirst, ich für die zensizensischen [4.] und zensicubischen [6.] Wurzeln keine Tabellen hersetzte.

Tabelle der 5. Potenzen

1	1	4.	1024	7.	16807
2	32	5.	3125	8.	32768
3	243	6.	7776	9.	59049

Tabelle der 7. Potenzen

1	1	4	16384	7	823543
2	128	5	78125	8	2097152
3	187	6	279936	9	4782969

Viertens muss man bei jeder Art des Wurzelziehens beachten, dass die übrigen Punkte nach Erledigung des letzten (der letzte Punkt ist aber bei der Rechenoperation der erste) abgearbeitet werden. Bei jeder Art des Wurzelziehens gibt es aber eine eigene Regel, nach der alle folgenden Punkte erledigt werden, wenn der letzte bearbeitet ist.

Fünftens muss man beachten, dass jede Regel für Punkte, die auf den letzten folgen, ihre besonderen Zahlen hat.

Das Ziehen der Quadratwurzel, hat eine Zahl, nämlich 20. Das Ziehen der Kubikwurzel hat die beiden Zahlen 300 und 30. Das Ziehen der 4. Wurzel hat folgende drei Zahlen: 400, 600 und 40. Das Ziehen der 5. Wurzel hat die folgenden vier Zahlen: 50 000, 10000, 1000, 50. Das Ziehen der 6. Wurzel hat fünf Zahlen; und so geht es mit den übrigen Wurzeln weiter.

Es entsprechen daher die Zahlen für solche Zahlen [Potenzen] den Zahlen der ausgelassenen Zeichen bei den Bezeichnungen. Wenn zum Beispiel die Zeichen einer Zahl zu bezeichnen sind, aus der die 6. Wurzel zu ziehen ist, dann muss man nach dem ersten bezeichneten Zeichen fünf Zeichen auslassen, und das sechste wird angezeichnet (wie oben gesagt), und so werden hier fünf besondere Zahlen gesucht, wie bereits angezeigt. Mit welcher Methode jedoch oder auf welche Weise diese besonderen Regel-Zahlen zu finden sind, werde ich weiter unten durch eine Tabelle klar aufzeigen. **[40v]**

Sechstens: Achte auf die Art, wie man Regeln darstellt; hast du das nämlich beachtet, kannst du leicht und ohne Buch Wurzeln jeglicher Art ziehen.

Die Regel für das Ziehen einer Quadratwurzel wird durch folgendes Beispiel dargestellt: $\dot{6}\ 7\ \dot{6}$

2	20	6
		36

Die Regel für das Ziehen einer Kubikwurzel wird an folgender Zahl dargestellt: $2\ 3\ \dot{8}\ 3\ 2\ \dot{8}$

36	300	2
6	30	4
		8

Die Regel für das Ziehen einer 4. Wurzel wird dargestellt an: $1\ 4\ 7\ \dot{7}\ 6\ 3\ 3\ \dot{6}$

216	4000	2
36	600	4
6	40	8
		16

Die Regel für das Ziehen einer 5. Wurzel wird am Beispiel der Zahl $916\dot{1}3283\dot{2}$ dargestellt.

1296	50000	2
216	10000	4
36	1000	8
6	50	16
		32

Die Regel für das Ziehen der 6. Wurzel wird dargestellt an folgender Zahl, die als Beispiel hingestellt wird: $5680\dot{0}23558\dot{4}$. **[41r]**

7776	600000	2
1296	150000	4
216	20000	8
36	1500	16
6	60	32
		64

Es folgt die Darstellung der Regel zum Ziehen der 7. Wurzel an der Zahl: $35216\dot{1}460620\dot{8}$.

6656	7000000	2
7776	2100000	4
1296	350000	8
216	35000	16
36	2100	32
6	70	64
		128

Und so geht es mit allen übrigen Regeln anderer Arten ins Unendliche weiter.

Sooft ein Punkt erledigt ist, wirst du zum folgenden Punkt nach rechts so operieren. Beschreibe die Regel:

Erstens: Schreibe die mittleren Zahlen hin, nämlich jene, die du für deine Operation als „besondere“ benötigst.

Zweitens: Stelle deine Progression als aufsteigend dar, nämlich jene, die auf der linken Seite hinzustellen ist; diese steigt nämlich immer auf. Sie ist aber auf folgende Weise darzustellen:

An der untersten Stelle ordne alles an, was im Quotienten ist, sozusagen als Wurzel der Progression, und so steige durch Quadrat und Kubus auf usw., bis jede beliebige Zahl in der Mitte ihre Nebenzahl auf der linken Seite hat. Ist dies geschehen, verschaffe dir den Divisor, mithilfe dessen du deinen Punkt teilst, um ein neues Zeichen zu finden, das du zum Quotienten stellen kannst. Du wirst natürlich jede mittlere Zahl **[41v]** mit der Nebenzahl an ihrer linken Seite multiplizieren, und jene Produkte werden dir, zueinander addiert, deinen Divisor liefern. Es sei denn, was nicht nötig ist, dass du immer die ganze Multiplikation ausführst, sondern es genügt, wenn du zwei Multiplikationen mit den letzen Zahlen durchführst und sie so addierst, dass du einen Divisor erhältst.

Drittens: Stelle deine absteigende Progression fest, nämlich diejenige, die rechts stehen muss, denn diese wird stets absteigen. So aber musst du sie erstellen:

An den obersten Platz stelle dein neues Zeichen des Quotienten, das natürlich auf dem Weg der Division gefunden ist. Ist das Zahlzeichen so hingestellt, gleichsam als Wurzel deiner Progression, dann schreite voran, indem du durch Quadratzahl und Kubikzahl usf. herabsteigst, bis deine Progression an Zahl der Stellen die Progression auf der linken Seite um eine Stelle übersteigt, wie es die Regel-Bilder hinreichend anzeigen. Ist dies geschehen, multipliziere die drei obersten miteinander, dann auch die drei folgenden miteinander. Und so fahre der Reihe nach fort. Wenn du alle jene Multiplikationen durchgeführt hast, addiere alle diese Produkte und füge noch jene Zahl hinzu, die auf der rechten Seite an unterster Stelle allein steht. Wenn dann dieses Aggregat von deinem Punkt abgezogen ist, ist jener abgearbeitet.

Du siehst, wie ich aus endlos vielen Regeln eine einzige Regel gemacht und so die ganze Aufgabe erledigt habe. Nun bleibt noch übrig, die Regel durch Beispiele zu erklären.

Beispiel für das Ziehen einer Quadratwurzel; jene zuerst aufgestellte Zahl sei $\dot{6}7\dot{6}$.

Zuerst wird unter dem letzten Punkt 4 abgezogen als die größte Quadratzahl, die von dieser Zahl (nämlich von 6) abgezogen werden kann. Also wird die Wurzel dieser abgezogenen Quadratzahl (nämlich 2) als Quotient aufgestellt, und als Rest bleibt 2; so ist ein Punkt erledigt.

Nun gewinne ich den Divisor aus dem Zeichen des Quotienten, mit 20 multipliziert, und der Divisor wird 40. Durch ihn dividiere ich den übrigen Punkt, nämlich 276, und finde 6 als neues Zeichen. So nun stellt sich die Regel im Beispiel dar:

2	20	6
		36

Die Multiplikation der drei oberen Zahlen ergibt 240, wozu ich 36 hinzufüge, was 276 ergibt. **[42r]** Zieht man dies von meinem Punkt ab, bleibt nichts übrig. Also ist die

Wurzel 26 gefunden; multipliziert man diese im Quadrat, kommt wieder 676 heraus, und so stimmt die Probe für die Operation.

Hätte die Zahl in diesem Beispiel bereits mehr Punkte besessen, müsste man diese Regel wiederholt bei den einzelnen Punkten anwenden. Müßte man z.B. die Wurzel von folgender Zahl $\dot{6}765\dot{2}0\dot{1}$ suchen, und hätte die beiden letzten Punkte erledigt, wird das Beispiel so aussehen:

		$\not{2}$
		$\not{6}\not{7}\not{6}5\dot{2}0\dot{1}$ (26
26	20	0
		0

Alles, was im Quotienten steht, multipliziere ich mit 20; dies ergibt als Divisor 520, durch den ich den folgenden Punkt dividiere, nämlich 52. Du siehst aber, dass ich den Divisor nicht einmal in der über ihm stehenden Zahl habe, weshalb ich eine Null in den Quotienten setze, und so geschieht es auch in allen anderen Operationen.

Ich fahre also fort, die Regel von Neuem anzuwenden, und es wird so aussehen:

20	20	1
		1

Die Multiplikation ergibt 5200, ich füge 1 hinzu, was 5201 ergibt; dies ziehe ich vom ersten Punkt ab, und es bleibt nichts übrig.

Wenn also die Eins als neues Zeichen auftritt, dann entsteht nicht eine rechts absteigende Progression, sondern die Eins steht für Quadrat und Kubus, usw. Ich spreche hier nicht nur von dem Ziehen einer Quadratwurzel, sondern von jeglicher anderen Wurzel.

Beispiel für das Ziehen einer Kubikwurzel; die zuerst angesetzte Zahl sei $23\dot{8}32\dot{8}$.

Zuerst wird unter dem letzten Punkt 216 abgezogen, weil dies die größte Kubikzahl ist, die man von 238 abziehen kann. Also bleibt 22 übrig. Daher wird der folgende Punkt die Zahl 22328 umfassen. Als Quotienten aber stelle ich die Kubikwurzel von 216 hin, das ist 6.

Nun erstelle ich den Divisor für die zu findende neue Zahl auf folgende Weise:

36	300
6	30

[42v] Ich multipliziere 36 mit 300, macht 10800, und dies genügt mir als Divisor, um ein neues Zeichen zu finden. Das neue Zahlzeichen ist 2, denn 22328 dividiert durch 10800 ergibt 2, und so gilt die Regel:

36	300	2
6	30	4
		8

Die zwei Multiplikationen ergeben 21600 und 720, zu denen ich 8 hinzufüge, was 22328 macht. Diese Zahl tilgt und erledigt durch Subtraktion den ganzen Punkt, der übrig geblieben war.

Beispiel für das Ziehen einer 5. Wurzel; die Zahl sei 916$\dot{1}$3283$\dot{2}$.

Zuerst ziehe ich unter dem letzten Punkt 7776 ab, weil es keine größere 5. Potenzzahl gibt, die man von dem Punkt 916$\dot{1}$ abziehen kann. Es bleibt aber 1385 übrig, und 6 wird als Quotient angesetzt, gleichsam als 5. Wurzel von 7776, und so habe ich den letzten Punkt erledigt.

Nun bleibt noch der Punkt 13853283$\dot{2}$. Ich suche das neue Zeichen, das ich als Quotienten ansetzen kann, auf folgende Weise:

1296	50000
216	10000
36	1000
6	50

Ich multipliziere die beiden oberen Zahlen miteinander, nämlich 1296 und 50000, was 64800000 ergibt. Mit diesem Divisor finde ich im übrig bleibenden Punkt ein neues Zeichen, nämlich 2. So also wird die Regel aussehen:

1296	50000	2
216	10000	4
36	1000	8
	50	16
		32

Diese vier Multiplikationen ergeben 138532800, zu denen ich noch 32 hinzufüge; und dann ziehe ich alles vom übrigen Punkt ab, und es bleibt kein Rest. **[43r]**

Beispiel für das Ziehen einer 7. Wurzel, die Zahl sei 35216$\dot{1}$460620$\dot{8}$

Zuerst ziehe ich vom letzten Punkt 46656 als die größte 7. Potenz ab, die von ihm abzuziehen ist. Es bleibt aber 72225 übrig, so dass der übrig bleibende Punkt 72225460620$\dot{8}$ hat. Die Wurzel aber aus der 7. Potenz der abgezogenen 7. Potenzzahl, nämlich 6, setze ich in den Quotienten und habe so den ersten Punkt meiner Operation erledigt, nämlich den letzten Punkt. Es ist ja bekannt, dass der letzte Punkt in der Stellung der erste Punkt der Operation ist.

Nun suche ich ein neues Zeichen für den übrigbleibenden Punkt, das in den Quotienten kommen soll. Ich suche es aber auf folgende Weise:

46656	7000000
7776	2100000
1296	350000
216	35000
36	2100
6	70

Ich multipliziere die beiden obersten Zahlen miteinander, um den Divisor für diese Findung zu gewinnen, durch den ich natürlich den übrig gebliebenen Punkt teile. Es macht aber dieses Ergebnis 326592000000. Du siehst aber, dass ich jene Zahl zweimal in meinem übrig gebliebenen Punkte unterbringe, weshalb das neue Zeichen 2 ist, und so bestätigt sich die Regel.

46656	7000000	2
7776	2100000	4
1296	350000	8
216	35000	16
36	2100	32
6	70	64
		128

Du siehst, dass in der Regel sechs Multiplikationen beschrieben sind, deren Produkte, zueinander addiert, 722254606080 ergeben. Dazu füge 128 hinzu, dann wirst du das Aggregat haben, das, vom übrig gebliebenen Punkt abgezogen, die ganze Summe aufhebt. **[43v]**

Für das Ziehen der Wurzel 4. und 6. Potenz, ebenso 8. und 9. Potenz, ebenso 10. Potenz brauchen keine Beispiele hingesetzt zu werden. Abgesehen davon nämlich, dass man leicht aus den vorgeführten Beispielen Vorbilder für solche Operationen (es sind ja ähnliche) gewinnen kann, haben jene Wurzelziehungen eine andere Formel für die Operationen, die man aus der Systematik der Benennungen gewinnen kann, nämlich:

Wer eine 4. Wurzel ziehen will, muss zuerst eine zensische, also eine quadratische Wurzel ziehen. Und aus dieser Quadratwurzel muss er noch einmal die Quadratwurzel ziehen, denn dies wird die zensizensische Wurzel sein, die er sucht.

Wer eine zensikubische [6.] Wurzel ziehen will, muss zuerst die Quadratwurzel suchen und aus dieser Quadratwurzel wiederum die Kubikwurzel ziehen, und diese wird die 6. Wurzel sein, die er suchte.

Wer die zensizenzensische [8.] Wurzel aus einer Zahl ziehen will, soll zuerst die Quadratwurzel ziehen und aus jener Wurzel wiederum die Quadratwurzel suchen; und aus jener Wurzel suche er drittens die Quadratwurzel, und jene wird es endlich sein, die er suchte.

Wer die kubikubische [9.] Wurzel ziehen will, muss zuerst die kubische Wurzel der vorgestellten Zahl ziehen und aus der gefundenen Wurzel von neuem die kubische Wurzel ziehen, und dies wird die gesuchte Wurzel sein.

Wer eine zensurdesolide [10.] Wurzel ziehen will, muss zuerst die Quadratwurzel ziehen; dann muss er aus dieser Wurzel die surdesolide [5.] Wurzel ziehen, und jene wird es sein, die er suchte. Und so geht es bei unendlich vielen anderen Zahlen, etwa der zenzensikubischen [12.], der zenbsurdesoliden [14.], der kubisurdesoliden [15.] usw.

Damit jedoch die Sache noch deutlicher wird, will ich die zensizenzensische [8.] Wurzel von der folgenden Zahl suchen, ich will sie aber entsprechend den oben vorgeführten Regeln suchen: $\dot{4}\,5949729\,\dot{8}\,6357216\,\dot{1}$.

Zuerst kann ich vom letzten Punkt nur die Eins abziehen; also wird die Eins in den Quotienten gesetzt als zensizenzensische [8.] Wurzel von eins; und es bleibt drei übrig, und so hat der folgende Punkt $35949729\,\dot{8}$.

Ich suche also das neue Zahlzeichen für diesen Punkt durch das Aggregat aus 80000000 und 28000000, das heißt durch 108000000. Denn die Eins, in den Quotienten gesetzt, bewirkt keine Progression, wie du sehen wirst, und multipliziert nicht. Ich finde aber 3, doch nehme ich nur 2 auf, sonst würde nämlich **[44r]** das Abzuziehende größer als jenes, wovon abzuziehen ist, und dies wirst du erproben können. So also wird die Regel aufgestellt:

1	80000000	2
1	28000000	4
1	5600000	8
1	700000	16
1	56000	32
1	2800	64
1	80	128
		256

Jene sieben Multiplikationen ergeben 329981440, wozu ich 256 hinzufüge, was 329981696 ergibt. Zieht man jene Zahl von dem Punkt ab, den ich in Arbeit habe, bleibt 29515602 übrig, woraus sich ergibt, dass der übrig bleibende Punkt 2951560263572161 macht.

Also suche ich nun das neue Zeichen des Quotienten für jenen Punkt, d.h. ich multipliziere 80000000 mal 35831808, was 2866544640000000 ergibt, und diese Zahl finde ich nur einmal in dem mir übrig bleibenden Punkt. Daher wird die Regel so stehen, wenn in den Quotienten nur die Eins zu den beiden vorher gefundenen Zeichen,12, kommt.

35831808	80000000	1
2985984	28000000	1
248832	5600000	1
20736	700000	1
1728	56000	1
144	2800	1
12	80	1
Produkte der Multiplikation		1
	1866544640000000	
	83607552000000	
	1393459200000	
	14515200000	
	96768000	
	403200	
	960	
	1	

[44v] Die Summe, die sich aus der Addition von allem diesem ergibt, beträgt 2951560263572161, und sie erledigt den übrig bleibenden Punkt völlig.

Von der Findung der Zahlen, die sich besonders auf ihre Arten des Wurzelziehens beziehen

Nun bleibt noch übrig, dass ich die Art und Weise lehre, wie man Zahlen findet, die sich besonders auf jede beliebige Art des Wurzelziehens beziehen, damit man die Durchführung dieses Punktes als vollkommen und vollständig ansehen kann. Ich will aber diese Art der Findung mithilfe der folgenden Tabelle darstellen, und man wird unschwer selbst sehen, wie man diese ins Unendliche erweitert, sobald man die Methode versteht, wie sie erstellt wird. Du siehst sie aber so erstellt:

1							
2							
3	3						
4	6						
5	10	10					
6	15	20					
7	21	35	35				
8	28	56	70				
9	36	84	126	126			
10	45	120	210	252			
11	55	165	330	462	462		
12	66	220	495	792	924		
13	78	286	715	1287	1716	1716	
14	91	364	1001	2002	3003	3432	
15	105	455	1365	3003	5005	6435	6435
16	120	560	1820	4368	8008	11440	12870
17	136	680	2380	6188	12376	19448	24310

Zuerst steigt in der linken Spalte die natürliche Progression der Zahlen herab, und man wird sie verlängern können, so weit man will. Und jene Wurzel ist nun die Grundlage aller folgenden Spalten. Denn die zweite Spalte, die die Dreieckszahlen enthält, entsteht so aus der ersten Spalte. **[45r]** Wenn man [von oben her] zwei Häuschen in der ersten Spalte ausgelassen hat, wiederholt man die Zahl des dritten Häuschens in der ersten Spalte, und mit dieser Zahl beginnt nun die zweite Spalte, nämlich beim dritten Häuschen der ersten Spalte. Dann entsteht aus der Addition jener beiden Zahlen (nämlich der dritten Zahl in der ersten Spalte und der ersten Zahl der zweiten Spalte) die zweite Zahl der zweiten Spalte. Und so entsteht aus der zweiten Zahl der zweiten Spalte und ihrem Nachbarn die dritte Zahl der zweiten Spalte, und aus der dritten Zahl und ihrem Nachbarn entsteht die vierte Zahl. Und so kann der Reihe nach der Abstieg ins Unendliche fortgesetzt werden.

Wie aber die zweite Spalte aus der ersten Spalte entsteht, so entsteht die dritte Spalte aus der zweiten Spalte. Und in gleicher Weise entsteht die vierte Spalte aus der dritten Spalte und die fünfte aus der vierten. Und so geht es immer weiter, wie du alles an dieser Tabelle beispielhaft sehen kannst. Es verdient sicher große Bewunderung, dass Derartiges in wechselnden Zahlen enthalten ist.

Vom Gebrauch der obigen Tabelle

In jener Tabelle findet man aber Zahlen, die sich besonders auf die Arten des Wurzelziehens beziehen. Aus jeder Zeile nämlich erhält man, wenn man quer voranschreitet, Zahlen für eine bestimmte Art des Wurzelziehens. Welcher Art aber jede Reihe, quer voranschreitend, dienlich ist, dies deutet die erste Zahl jener Reihe an: Es ist ja bekannt, dass 2 das Quadrat andeutet, und 3 den Kubus und dass vier die 4. Potenz andeutet usf.

Beim Ziehen der Quadratwurzeln aber ist jene eine Zahl 20 dienlich, während die beiden folgenden Zahlen, 300 und 30 beim Ziehen der Kubikwurzel dienlich sind; die drei folgenden aber dienen beim Ziehen der 4. Wurzel: 4000, 600, 40; die vier folgenden Zahlen nützen beim Ziehen der 5. Wurzel **[45v]**: 50000 und 10000 und 1000 und 50. Die fünf folgenden Zahlen nützen beim Ziehen der 6. Wurzeln: 600000 und 150000 und

20000 und 1500 und 60. Die sechs folgenden sind dienlich beim Ziehen der 7. Wurzeln: 7000000 und 2100000 und 350000 und 35000 und 2100 und 70.

Doch wollen wir sehen, auf welche Weise jegliche Querreihe der Tabelle jene Zahlen bereitstellt, die beim Wurzelziehen dienlich sein sollen. Wir werden dies aber am besten an Beispielen sehen.

Zum Beispiel werden aus der Reihe 8, 28, 56, 70 die Zahlen genommen, die beim Ziehen der zensizenzensischen [8.] Wurzel dienlich sein sollen.

Zuerst werden die Zahlen in der Ordnung genommen, in der sie hingestellt werden. Dann werden sie alle, mit Ausnahme der letzten, rückwärts wiederholt. Es werden also sieben Zahlen sein, nämlich 8, 28, 56, 70, 56, 28, 8. Vor jede der Zahlen aber setze ich ihre Nullen. Jede von ihnen erhält aber eine Null für sich und erhält auch für jede folgende Zahl noch eine Null. 8 z.B. erhält sieben Nullen, eine für sich selbst und die restlichen sechs für die übrigen 6 folgenden Zahlen. So erhält auch die zweite Zahl, nämlich 28, sechs Nullen, eine für sich selbst und die weiteren fünf Nullen für die fünf folgenden Zahlen. Ebenso erhält die dritte Zahl, nämlich 56, fünf Nullen, und die vierte, nämlich 70, erhält vier Nullen. So geht es der Reihe nach voran, wie man sie hier aufgestellt sieht: **[46r]**

80000000
28000000
5600000
700000
56000
2800
80

Ein weiteres Beispiel: Es werden aus der Reihe 9, 36, 84, 126, 126 jene acht Zahlen genommen, die dem Ziehen der 9. Wurzel dienen, nämlich 9, 36, 84, 126, 126, 84, 36, 9. Weil es nun acht Zahlen sind, nimmt die erste acht Nullen an, die zweite erhält sieben, die dritte sechs, die vierte fünf, die fünfte vier, die sechste drei, die siebte zwei und die achte Zahl eine Null, wie man hier sieht:

900000000
360000000
84000000
12600000
1260000
84000
3600
90

Ist also die erste Zahl (ohne Nullen angesetzt) gerade, dann ist die Anzahl der Zahlen ungerade; der Grund ist folgender: Die Zahl, die in der Tabelle – quergelesen – die letzte ist, wird nicht wiederholt. Alle übrigen Zahlen aber werden zurückschreitend wiederholt, wie ich bereits zeigte.

Ist jedoch die erste Zahl in der Tabelle – quer gelesen – ungerade, dann ist die Anzahl der Zahlen gerade, wobei der Grund ist, dass alle Zahlen zurückschreitend wiederholt werden, wie wir bereits sahen.

Auf diese Weise hast du nun die ganze Sache vollkommen überliefert.

Die neun folgenden Zahlen sind bei der Ziehung der zensurdesoliden Wurzel [der 10. Wurzel] dienlich. **[46v]**

10000000000
4500000000
1200000000
210000000
25200000
2100000
120000
45000
100

Jene Zahlen sind aber aus jener quer angeordneten Tabellenreihe genommen, nämlich: 10, 45, 120, 210, 252. Ebenso aus der Querreihe: 11, 55, 165, 330, 462. Also werden folgende Zahlen genommen, die zum Ziehen der Csurdesoliden [11.] Wurzeln dienen, nämlich 11, 55, 165, 330, 462, 462, 330, 165, 55, 11. Mit Nullen versehen, werden sie sich so darstellen:

110000000000
55000000000
16500000000
3300000000
462000000
46200000
3300000
165000
5500
110

Und so kannst du dem entsprechend der Reihe nach die Zahlen für das Ziehen weiterer Wurzeln ableiten.

Vom Wurzelziehen aus Brüchen

Keine rationale Wurzel wird in einem Bruch stehen können, wenn nicht Zähler und Nenner sie zugleich enthalten. Also muss man aus jedem Glied eines Bruches die Wurzel mit derselben Benennung suchen, wie z.B. $\frac{2}{3}$ die Quadratwurzel von $\frac{4}{9}$ und die Kubikwurzel von $\frac{8}{27}$ ist und die zensizensische [4.] Wurzel von $\frac{16}{81}$ und die surdesolide [5.] Wurzel von $\frac{32}{243}$ und die zensikubische [6.] Wurzel von $\frac{64}{729}$. Und so weiter bei allen weiteren Brüchen. **[47r]**

VON DEN PROPORTIONEN UND IHREM RECHENVERFAHREN

Kapitel VI.

Nun wollen wir endlich nach dem Ziehen der Wurzeln (dessen Nutzen wir beim Rechenverfahren der Proportionen einsehen werden) die Proportionen der Zahlen betrachten. Es entsteht aber die Proportion von Zahlen aus dem Vergleich einer Zahl mit der anderen oder bei Betrachtung einer gemessenem Zahl mit der messenden oder der messenden Zahl mit der gemessenen. Und so ergeben sich zwei Gattungen von Proportion, nämlich solche mit größerer Ungleichheit und solche mit kleinerer Ungleichheit, und diesen beiden Gattungen von Proportionen stellt man die Proportion der Gleichheit gegenüber.

Von der Gleichheit

Proportion der Gleichheit nennt man eine solche, in der eine Zahl mit einer ihr gleichen Zahl verglichen wird, wie es sehr häufig in algebraischen Rechen-Operationen vorkommt, in denen sich die Kraft der Gleichheit und ihre wunderbare Wirkung als von unendlicher Ausdehnung erweist.

Es nimmt aber die Proportion der Gleichheit gewissermaßen die Mitte zwischen den zwei Gattungen von Proportionen der Ungleichheit ein. Die Proportionen größerer Ungleichheit scheinen nämlich abnehmend sich der Gleichheit anzunähern, und die Proportionen kleinerer Ungleichheit scheinen sich ihr anwachsend zu nähern. Wunderbar ist es aber, dass von jeder Proportion größerer Ungleichheit ein unendlicher Abstieg zur Gleichheit stattfindet. Zum Beispiel ist die doppelte Proportion 2:1 hier in 2, 3, 4 geteilt, in 3:2 und 4:3, und die Proportion 4 : 3 ist hier in 6, 7, 8, in zwei andere geteilt, von denen jede in zwei andere teilbar ist. Und so geht es weiter ins Unendliche, ohne dass man je zur Gleichheit gelangen könnte.

Siehe noch einen weiteren Versuch: Wie die doppelte (2:1) zur halbierten (1:2) addiert Gleichheit ergibt, so erstellt jede Proportion größerer Ungleichheit, addiert zu einer Proportion kleinerer Ungleichheit mit ähnlicher Benennung, eine Proportion der Gleichheit. Und auf diese Weise scheint sie nicht nur die Mitte **[47v]** zwischen den Proportionen zu halten, sondern scheint auch alle und die einzelnen Proportionen jeder der beiden Gattungen zu umfassen und jede davon von einer Gattung in die andere zu verwandeln, indem sie sie von sich wegwirft; indem nämlich eine Proportion von der Gleichheit abgezogen wird, ändert sich die Gattung. Die Gleichheit selbst jedoch, ob sie nun zu irgend einer Proportion addiert oder von ihr abgezogen wird, ändert an dieser nichts; auch wird sie selbst nicht durch irgend eine Multiplikation oder Division geändert.

Von den Proportionen der Ungleichheit und von ihren Arten

Jede Gattung (nämlich der größeren und kleineren Ungleichheit) wird in fünf Arten eingeteilt.

Von den Proportionen größerer Ungleichheit gehören manche zur Art der vielfachen [n:1], manche zur Art der überteiligen [(n+1):n], manche zur Art der überteilenden [(n+k):n], manche zur Art der vielfachen überteiligen [(mn+1):n] und manche zur Art der vielfachen überteilenden [(mn+k):n].

So gehören von den Proportionen kleinerer Ungleichheit manche zur Art der untervielfachen [1:n], manche zur Art der unterüberteiligen [n:(n+1)], manche zur Art der untervielfachen überteiligen [n:(mn+1)], und manche gehören zur Art der untervielfachen überteilenden [n:(mn+k)].

Du siehst, wie in jeder Gattung die vierte und fünfte Art zusammengesetzte Benennungen haben. Wie es aber leicht ist, Gattung von Gattung zu unterscheiden, so wird in beiden Gattungen Art von Art leicht unterschieden.

Es ist aber sattsam dargelegt, dass die Variation des Vergleiches selbst die Gattung ändert. Indem ich z.B. 3 mit 2 vergleiche, erstelle ich eine Proportion der größeren Ungleichheit. Indem ich jedoch 2 mit 3 vergleiche (also die kleinere Zahl mit der größeren), erstelle ich eine Proportion der kleineren Ungleichheit.

Früher einmal erschien mir jene Unterscheidung der Gattungen größerer und kleinerer Ungleichheit nichts anderes als eine hohle Wortklauberei zu bedeuten und missfiel mir, bis ich bei algebraischen und geometrischen Übungen den Nutzen dieser Unterscheidung erkannte. Ebenso dachte ich früher über die Proportionen kleinerer Ungleichheit, als seien sie nur erdacht **[48r]** und keineswegs real, als wären sie doch von der Gleichheit aus erfunden, wie man auch Zahlen bildet, die kleiner als Null sind, etwa 0–3 oder 0–8 usw. Später jedoch erkannte ich, dass man ebenso zutreffend sagt, 4 sei das Unterdoppel von 8, wie man zutreffend sagt, acht sei das Doppel von 4.

Eigentlich wird aber durch die Darstellung selbst die Gattung der größeren Ungleichheit von der kleineren so unterschieden: Wenn etwa das größere Glied über das kleinere gestellt wird (wie hier $\frac{3}{2}$), wird die Gattung der größeren Ungleichheit dargestellt. Wird jedoch das kleinere Glied über das größere gestellt (wie hier $\frac{2}{3}$), dann wird die Gattung der kleineren Ungleichheit dargestellt. Folgt aber ein Glied auf das andere, was häufiger geschieht (wie hier 2,3), dann wird Gattung von Gattung nach den Worten dessen unterschieden, der sie so hinstellt.

Ich habe auch gesagt, dass die Arten beider Gattungen leicht unterschieden werden. Sie werden aber unterschieden durch die Division des größeren Gliedes durch das kleinere. Entweder nämlich kommt ein ganzzahliger Quotient heraus ohne irgendwelchen Bruch, und dann ist es die vielfache oder untervielfache Art, oder es kommt eine Eins heraus mit einem Bruch, der eine Eins als Zähler hat, und dann ist es die überteilige oder unterüberteilige Art, oder es kommt eine Eins mit einem Bruch heraus, der eine Zahl als Zähler hat, und dann handelt es sich um die überteilende oder unterüberteilende Art, oder es kommt eine Zahl heraus mit einem Bruch, der eine Zahl als Zähler hat, und dann handelt es sich um die vielfache überteilige Art oder um die untervielfache überteilige Art, oder es kommt eine Zahl heraus mit einem Bruch, der eine Zahl als Zähler hat, und dann handelt es sich um die vielfache überteilende Art, oder es ist die untervielfache überteilende Art.

Von folgender Art also sind die Bezeichnungen der Quotienten:

$$2,\ 1\tfrac{1}{2},\ 1\tfrac{2}{3},\ 2\tfrac{1}{2},\ 2\tfrac{2}{3}.$$

Die Bezeichnungen der fünf Arten der größeren Ungleichheit:

2	3	5	5	3
1	2	3	2	3

[48v] Es folgen die Bezeichnungen der fünf Arten der kleineren Ungleichheit:

1	2	3	2	3
2	3	5	5	8

Du wirst aber beobachten, dass die Quotienten der Proportionen nicht Brüche von Einheiten sind, sondern von Zahlen; so stellt $2\frac{3}{4}$ dar, dass 4 unter der Zahl 11 enthalten ist, und zwar zweimal mit drei Vierteln der Vierzahl, und so wird die kleinere Ungleichheit dargestellt. Oder: $2\frac{3}{4}$ stellt dar, dass 11 zweimal die 4 enthält mit drei Vierteln der Viererzahl, und so wird die größere Ungleichheit dargestellt.

Aus dem, was ich bereits über die beiden Gattungen der Proportionen gesagt habe, erkennt man sattsam, daß dann, wenn eine Gattung nach ihren Arten und Unterarten erklärt ist, damit auch zugleich die andere Gattung genügend erklärt ist.

Was aber die Bezeichnung betrifft, so schickt die kleinere Ungleichheit stets den Bezeichnungen für ihre Arten und Unterarten die grammatische Bezeichnung SUB [unter] voraus, und durch diese Praeposition unterscheiden sich überhaupt die Bezeichnungen der Proportionen kleinerer Ungleichheit von den Bezeichnungen von Proportionen größerer Ungleichheit. Daß sich aber die Gattungen in der Art des Bezuges von Glied zu Glied unterscheiden wie auch dass sie sich unterscheiden in der Anordnung ihrer Glieder, ist genügend angezeigt. Daher will ich die Gattung der größeren Ungleichheit durch ihre Unterarten vorführen, so weit ich es für ausreichend halte, um nicht in einer offenkundigen Sache allzu viele Worte zu gebrauchen.

Nun folgen die Bezeichnungen der Arten der größeren Ungleichheit
mit ihren Bezeichnungen.

Bezeichnungen der Unterarten der vielfachen Art

2	3	4	5	6
1	1	1	1	1
Doppelt	Dreifach	Vierfach	Fünffach	Sechsfach

Bezeichnungen der Unterarten der überteiligen Art **[49r]**

3	4	5	6	7
2	3	4	5	6 usw.
Eineinhalb	Eineindrittel	Eineinviertel	Eineinfünftel	Eineinsechstel

Deren Quotienten:

$1\frac{1}{2}$ $1\frac{1}{3}$ $1\frac{1}{4}$ $1\frac{1}{5}$ $1\frac{1}{6}$

Man sieht, wie darin die Benennungen variieren entsprechend den Variationen der Nenner.

Bezeichnungen der Unterarten der überteilenden Art

Diese Art hat unendlich viele Unterarten anderer Unterarten, und doch wirst du die einzelnen Proportionen, die bei so unendlich vielen Unendlichkeiten begegnen, leicht benennen, wenn du den Quotienten ansiehst, den die Division des größeren Gliedes durch das kleinere ergibt. Es variieren aber die Benennungen entsprechend der Variation der Zähler und Nenner der in den Quotienten angetroffenen Brüche, wie du sehen wirst. Du musst aber sorgsam bei den überteilenden und vielfach überteilenden Arten darauf achten (bei anderen ist dies nicht nötig), dass du die Benennung nicht vom Quotienten nimmst, der den Bruch enthält, dessen Glieder umgekehrt zusammengesetzt sind.

5	7	9	11	13
3	5	7	9	11 usw.
Das $\frac{1}{3}$ zweimal überteilend	Das $\frac{1}{5}$ zweimal überteilend	Das $\frac{1}{7}$ zweimal überteilend	Das $\frac{1}{9}$ zweimal überteilend	Das $\frac{1}{11}$ zweimal übt.

Deren Quotienten:

$1\frac{2}{3}$	$1\frac{2}{5}$	$1\frac{2}{7}$	$1\frac{2}{9}$	$1\frac{2}{11}$

Andere überteilende Arten:

7	8	10	11	13
4	5	7	8	10
Das $\frac{1}{4}$ dreimal überteilend	Das $\frac{1}{5}$ dreimal überteilend	Das $\frac{1}{7}$ dreimal überteilend	Das $\frac{1}{8}$ dreimal überteilend	Das $\frac{1}{10}$ dreimal überteilend

Deren Quotienten:

$1\frac{3}{4}$	$1\frac{3}{5}$	$1\frac{3}{7}$	$1\frac{3}{8}$	$1\frac{3}{10}$

Es folgen andere Bezeichnungen Überteilender: **[49v]**

9	11	13	15	17
5	7	9	11	13 usw.
Viermal $\frac{1}{5}$ überteilend	Viermal $\frac{1}{7}$ überteilend	Viermal $\frac{1}{9}$ überteilend	Viermal $\frac{1}{11}$ überteilend	Viermal $\frac{1}{13}$ überteilend

Deren Quotienten:

$1\frac{4}{5}$	$1\frac{4}{7}$	$1\frac{4}{9}$	$1\frac{4}{11}$	$1\frac{4}{13}$

Und so werden die Arten der Unterarten dieser dritten Art ins Unendliche ausgedehnt:

$1\frac{5}{6}$	$1\frac{5}{7}$	$1\frac{5}{8}$	$1\frac{5}{9}$	$1\frac{5}{11}$

Ebenso:

$1\frac{6}{7}$	$1\frac{6}{11}$	$1\frac{6}{13}$	$1\frac{6}{17}$	$1\frac{6}{19}$ usw.

Bezeichnungen der Unterarten der vielfach überteiligen Art:

5	7	9	11	13
2	3	4	5	6 usw.
Doppel von 3:2	Doppel von 4:3	Doppel von 5:4	Doppel von 6:5	Doppel von 7:6

Deren Quotienten:

$2\frac{1}{2}$	$2\frac{1}{3}$	$2\frac{1}{4}$	$2\frac{1}{5}$	$2\frac{1}{6}$

Dreifache überteilige:

7	10	13	16	19	22	25	
2	3	4	5	6	7	8	usw.

Deren Quotienten:

$3\frac{1}{2}$ $3\frac{1}{3}$ $3\frac{1}{4}$ $3\frac{1}{5}$ $3\frac{1}{7}$ $3\frac{1}{7}$ $3\frac{1}{8}$

Vierfache überteilige:

$4\frac{1}{2}$ $4\frac{1}{3}$ $4\frac{1}{4}$ $4\frac{1}{5}$ $4\frac{1}{6}$

Und so mit den anderen ins Unendliche.

Bezeichnungen der Unterarten der vielfachen überteilenden Art:

8	12	16	20	24
3	5	7	9	11
Doppel, $\frac{1}{3}$ zweimal überteilend	Doppel, $\frac{1}{5}$ zweimal überteilend	Doppel, $\frac{1}{7}$ zweimal überteilend	Doppel, $\frac{1}{9}$ zweimal überteilend	Doppel, $\frac{1}{11}$ zweimal überteilend

[50r] Deren Quotienten:

$2\frac{2}{3}$	$2\frac{2}{5}$	$2\frac{2}{7}$	$2\frac{2}{9}$	$2\frac{2}{11}$

Du siehst, wie die Zähler entsprechend der Variation der ganzen Zahl und des Bruches beider Glieder variieren.

Doppelte dreifach überteilende

11	13	17	19	23
4	5	7	8	10 usw.

Deren Quotienten:

$2\frac{3}{4}$	$2\frac{3}{5}$	$2\frac{3}{7}$	$2\frac{3}{8}$	$2\frac{3}{10}$

Dreifache zweifach überteilende

11	17	23	29	35
3	5	7	9	11 usw.
Dreifaches, $\frac{1}{3}$ zweimal überteilend	Dreifaches, $\frac{1}{15}$ zweimal überteilend	Dreifaches, $\frac{1}{7}$ zweimal überteilend	Dreifaches, $\frac{1}{9}$ zweimal überteilend	Dreifaches, $\frac{1}{11}$ zweimal überteilend

Deren Quotienten:

$3\frac{2}{3}$	$3\frac{2}{5}$	$3\frac{2}{7}$	$3\frac{2}{9}$	$3\frac{2}{11}$

Dreifache dreimal überteilend:

15	18	24	27	33	36
4	5	7	8	10	11 usw.

Deren Quotienten:

$3\frac{3}{4}$ $3\frac{3}{5}$ $3\frac{3}{7}$ $3\frac{3}{8}$ $3\frac{3}{10}$ $3\frac{3}{11}$

Und so mit allen anderen ins Unendliche.

Du siehst ausreichend, dass überall die Benennungen oder Namen der Proportionen entsprechend den Quotienten der Divisionen genommen werden, bei denen das größere Glied durch das kleinere geteilt wird, so dass man leicht den Namen einer Proportion zwischen zwei beliebigen hingestellten Zahlen finden kann.

In zwei Gattungen von Proportionen der Ungleichheit sind zehn Arten enthalten, fünf größerer Ungleichheit und fünf kleinerer Ungleichheit. Unter diesen zehn Arten sind vier Arten, deren jede beliebige ihre einzige Ordnung hat, die unendliche Arten enthält, und von diesen sind zwei Arten von größerer Ungleichheit, natürlich vielfach und überteilig, und zwei sind von kleinerer Ungleichheit, nämlich untervielfach und unterüberteilig. [50v]

Weiter gehören zu den übrigen vier Arten, deren jede unendlich viele Ordnungen hat und unter jeder Ordnung unendlich viele Arten von Proportionen. Und von jenen sind zwei von größerer Ungleichheit, natürlich eine überteilende und eine vielfach überteilige. Die beiden übrigen sind aber von kleinerer Ungleichheit, nämlich unterüberteilend und untervielfach überteilig.

Schließlich sind noch zwei Arten übrig, deren jede unendlich viele Arten umfasst, so dass jede der beiden unendlich viele Ordnungen hat und in jeder Ordnung unendlich viele Arten von Proportionen. Eine davon gehört zur Gattung der größeren Ungleichheit, sie ist nämlich vielfach überteilend. Die andere gehört zur Gattung der kleineren Ungleichheit, sie ist nämlich untervielfach überteilend.

Von der Findung zweier Zahlen, die unter einer beliebigen Form von Proportionen hingestellt ist

Schreibe den Quotienten hin entsprechend dem Nenner oder der Bezeichnung, die du von dem hörst, der die Aufgabe stellt, z.B. wenn einer will, du sollst eine doppelte, die Sieben dreifach überteilende Proportion geben. Entsprechend diesem Nenner schreibe den Quotienten so: $2\frac{3}{7}$, und wenn du aus jenem Quotienten einen Bruch gemacht hast (wie aus $2\frac{3}{7}$ sich $\frac{17}{7}$ ergibt), werden die Glieder jenes Bruches die Glieder der Proportion sein, die du suchst; so ist $\frac{17}{7}$ die doppelte, dreimal überteilende von Sieben, entstanden aus dem Quotienten $2\frac{3}{7}$. Um eine Proportion unter der vielfachen Art zu finden, wie es die Zweifache ist oder die Dreifache usw., brauchst du nichts anderes zu tun, als unter die Benennungszahl eine Eins zu setzen, damit die Zehn so dasteht: $\frac{10}{1}$.

Von den Proportionalitäten

Eine Proportionalität ist nichts anderes als die Anordnung gleicher Proportionen durch ungleiche Zahlen. Manche Proportionalitäten sind zusammenhängend wie die geometrischen Progressionen, von denen im vierten Kapitel gehandelt ist. Es gibt aber ebenso viele Arten von zusammenhängenden Proportionalitäten, wie vielen Arten die Proportionen selbst unterliegen. Dass es aber unendlich viele Arten der Proportionen gibt, habe ich kurz zuvor gesagt. Und damit du aus zwei Zahlen jeder beliebigen Proportion eine fortlaufende Proportionalität ableiten kannst, **[51r]** habe ich oben im vierten Teil die Regel aufgestellt. Ebenso: Wenn du den Quotienten jeder beliebigen Proportion als Wurzel einer geometrischen Progression annimmst, wird jene Ableitung der Progression eine fortlaufende Proportionalität sein, benannt nach der Proportion, die jenen Quotienten hervorbrachte; z.B. ist $1, 1\frac{1}{2}, 2\frac{1}{4}, 3\frac{3}{8}, 5\frac{1}{6}, 7\frac{19}{32}$ die Proportionalität der Proportion 3:2.

Von der benachbarten Proportionalität

Die benachbarte oder unzusammenhängende Proportionalität wird bei nur vier Gliedern als nützlich erfunden, ist jedoch sehr nützlich, so dass es kaum eine Sache in der mathematischen Wissenschaft gibt, die nicht von ihrem Nutzen profitiert. Ihre Natur ist aber so beschaffen, dass sie mit zwei gleichen Proportionen unter vier aufgestellten Gliedern zufrieden ist und sich überhaupt nicht darum kümmert, welche Proportion die Mittelglieder haben, so lange nur die Proportion der beiden hinteren Glieder der Proportion der beiden vorderen Glieder entspricht. Die vordere Proportion wird aber sozusagen als Vorbild hingestellt, und die hintere folgt wie ein nach dem Beispiel gefertigtes Werk und ist ganz nach der vordern gebildet. Und weil man sich um die Proportion zwischen den beiden Mittelgliedern nicht kümmert, geschieht es manchmal, dass sich eine fortlaufende Proportionalität anstelle der benachbarten einschleicht, freilich ohne Schaden oder Nachteil für die behandelte Sache.

Ein Beispiel aus der Geometrie:

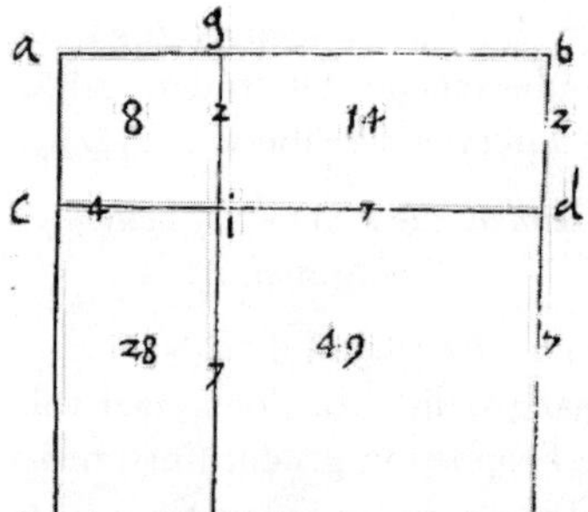

Sooft zwei Linien ein rechteckiges Viereck rechtwinklig teilen, werden die vier Teile des geteilten Vierecks zueinander proportional sein.

An solchen Figuren siehst du vor Augen gestellt, was Euklid über die vier proportionalen Zahlen vorträgt; so sagt er in Satz 14 des fünften Buches **[51v]**: Wenn es vier proportionale Quantitäten gibt und die erste größer ist als die dritte, dann muß die zweite größer sein als die vierte Zahl, und wenn die erste Zahl kleiner ist als die dritte, dann wird auch die zweite kleiner sein als die vierte.

Ebenso: Wenn vier Quantitäten proportional sind, dann werden sie auch, wenn man sie vertauscht, proportional sein; ebenso lehrt Euklid auch in Satz 14 des siebten und in Satz 16 des fünften Buches. Dies bedeutet: So wie die Proportion des ersten Gliedes zum zweiten und die Proportion des dritten Gliedes zum vierten ist, so ist auch die Proportion des ersten Gliedes zum dritten dieselbe wie die des zweiten Gliedes zum vierten.

Ebenso: So wie die Proportion des ersten Gliedes zum zweiten, so ist auch die Proportion des ersten und dritten Gliedes zum zweiten und vierten. Dies will Euklid in Satz 5 des siebten Buches und in Satz 18 des fünften Buches beweisen, wo er so lehrt: Wenn Quantitäten getrennt proportional sind, werden sie auch verbunden proportional sein. So ist also die Proportion des ersten zum dritten Glied in gleicher Weise die Proportion des ersten und zweiten Gliedes zum dritten und vierten.

Wenn das dritte Glied zwischen den äußersten Gliedern die arithmetische Mitte bildet, dann wird das zweite Glied zwischen denselben äußersten Gliedern die harmonische Mitte bilden, wie z.B. bei 6, 9, 12, 18. Wenn eines der Glieder eine Quadratzahl ist, muß auch aus der Multiplikation der restlichen drei Glieder miteinander eine Quadratzahl entstehen. Sind beide Außenzahlen Kubikzahlen, müssen jene vier proportionalen Zahlen nicht benachbart, sondern zusammenhängend proportional sein.

Aus der Multiplikation der beiden Mittelglieder miteinander und aus der Division des Produktes durch das erste Glied muß das vierte Glied entstehen. Und dies ist die Regel, die man DeTri [Dreisatz] nennt, nämlich die Regel über drei angenommene beliebige Zahlen, durch die eine vierte Zahl gefunden werden soll, die zu den drei erstgenannten proportional ist. Manche sprechen auch von Kaufmannsregel, weil alle Kalkulationen der Kaufleute mittels dieser Regel erfolgen. Andere nennen sie die goldene Regel wegen ihres hervorragenden Wertes und ihrer unermesslichen Geltung, sucht sie doch in fast allen Geschäften und Künsten der Menschen Eingang und stiftet Nutzen. Und so wäre auch die Algebra selbst, mag sie noch so ruhmvoll dastehen, nichts ohne die Hilfe dieser Regel. **[52r]**

Die beiden äußersten Glieder ergeben, miteinander multipliziert, dasselbe Produkt wie die beiden mittleren Glieder miteinander multipliziert. Und dies ist die beste Probe für die Dreisatz-Regel; es ist der 20. Satz im siebten Buch Euklids, und auch dieser findet in der Algebra häufig Gebrauch.

Aus ihr folgt, dass aus der Multiplikation der vier Glieder unter sich notwendigerweise eine Quadratzahl entsteht. Aus der Multiplikation der beiden mittleren Glieder miteinander und aus der Division des Produktes entsteht die erste Zahl. Und dies ist die Regel, die man die umgekehrte Dreisatz-Regel nennt und die auch ihrerseits bei verschiedenen Geschäften Nutzen stiftet.

Es kommen auch Rechnungen vor, wie wir an ihren Orten sehen werden, bei denen die zweite Mittelzahl mit Hilfe der übrigen gefunden werden muß. Wie die dritte Zahl herauskommt, wenn man das Produkt der äußeren miteinander multiplizierten Zahlen durch die zweite dividiert, so erzeugt die dritte Zahl bei der Division des Produktes der Außenzahlen die zweite.

Rechenverfahren der Proportionen

Von der Darstellung und Bezeichnung der Proportionen ist weiter oben genügend gesprochen worden. Ebenso ist bezüglich der Zurückführung der Proportionen auf ihre eigenen Glieder keine andere Regel nötig als jene, die ich beim Rechenverfahren der Brüche gab, nämlich für die Zurückführung der Bruchglieder auf kleinste Glieder; dies stammt aus der ersten und zweiten Regel im siebten Buch Euklids. Nun bleibt noch übrig, von der Addition und Subtraktion, von der Multiplikation und der Division zu sprechen.

Regel der Addition [von Proportionen]

Multipliziere die Führer miteinander und multipliziere die Begleiter miteinander. Boethius bezeichnet mit dem Wort Führer das Glied einer Proportion, das oben hingeschrieben wird, wenn die Proportion selbst nach der Regel aufgestellt wird. Und so bezeichnet er mit dem Ausdruck Begleiter das zweite Glied, das man darunter hinschreibt.

Beispiel für diese Regel:

9 — 7 macht 63
4 — 3 macht 12

Erklärung der Regel

Sieh, wie aus zwei Führern ein Führer wird und wie aus zwei Begleitern ein Begleiter wird. **[52v]**

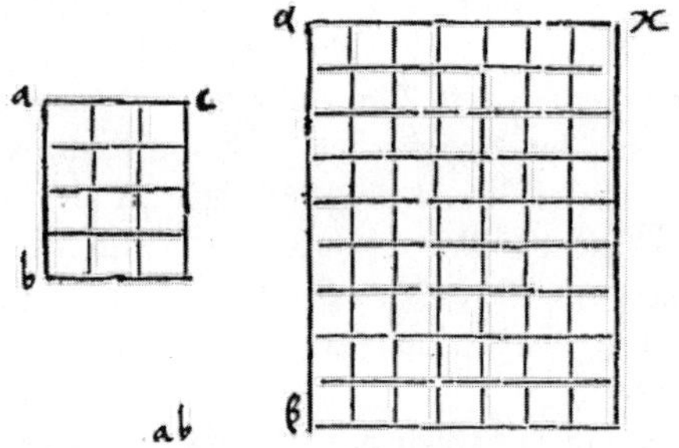

Du siehst genau, dass die Strecke der Länge im kleineren Viereck 4 beträgt und dass die Strecke der Länge im größeren Viereck 9 beträgt, und dass 9 zu 4 eine Proportion ergibt. Dann siehst du, dass die Strecke der Breite im kleineren Viereck 3 beträgt und dass die Breitenstrecke im größeren Viereck 7 beträgt, und dass 7 zu 3 eine weitere Proportion ergibt. Drittens siehst du, dass die Fläche des kleineren Vierecks 12 ausmacht und die Fläche des größeren Vierecks 63. Auch sieht man, dass 63 zu 12 eine Proportion ergibt, die aus den beiden Proportionen der Seiten erstellt wird. So lehrt Euklid in Satz 5 des achten Buches: Bei allen zusammengesetzten Zahlen, sagt er, ist die Proportion der einen Zahl zur anderen aus den Proportionen ihrer Seiten entstanden.

Beispiel für die Gattung der kleineren Ungleichheit

4 — 3 macht 12
9 — 7 macht 63

Regel für die Subtraktion

Stelle die Glieder der zu subtrahierenden Proportion um (mache also aus dem Führer einen Begleiter und aus dem Begleiter einen Führer), und dann gehe nach der Regel der Addition vor; wenn man also $\frac{9}{4}$ von $\frac{63}{12}$ abziehen soll, lautet es nach der Regel so:

$4 - 63$
$9 - 12$, und die fertige Proportion ist $\frac{252}{108}$, also $\frac{7}{3}$.

Ebenso ist $\frac{4}{9}$ von $\frac{12}{63}$ abzuziehen, und es lautet nach der Regel
$9 - 12$
$4 - 63$, und es ergibt sich $\frac{108}{252}$, also $\frac{3}{7}$.

Da aber die Addition der Proportionen der Multiplikation der Brüche **[53r]** ähnlich ist, bleibt noch übrig, dass die Subtraktion von Proportionen der Division von Brüchen ähnlich ist.

Wenn durch die Subtraktion die Gattung geändert wird, ist dies das Zeichen, dass man die größere Proportion von der abziehen musste, von der die Subtraktion durchgeführt wurde.

Von der Multiplikation [der Proportionen]

Wie ein Tuch oder ein Holzstück nicht vermehrt, sondern vermehrt wird, so multipliziert eine Proportion nicht, sondern wird multipliziert. Es gibt aber für die Multiplikation zwei Regeln; die eine lehrt, wie man Proportionen durch ganze Zahlen multipliziert, die andere, die lehrt, wie man sie durch gebrochene Zahlen oder durch Brüche multipliziert.

Regel der Multiplikation von Proportionen durch ganze Zahlen

An Stelle der multiplizierenden Zahl setze die zu multiplizierende Proportion, so oft die multiplizierende Zahl selbst die Eins enthält. Dann multipliziere die Führer mit einander und multipliziere ebenso die Begleiter mit einander. Wenn ich z.B. $\frac{3}{2}$ mit 4 multiplizieren will, setze ich $\frac{3}{2}$ also viermal hin, in folgender Weise: $\frac{3}{2}$ mal $\frac{3}{2}$ mal $\frac{3}{2}$ mal $\frac{3}{2}$ macht $\frac{81}{16}$.

Regel der Multiplikation von Proportionen durch gebrochene Zahlen

Zuerst multipliziere deine Proportion mit dem Zähler entsprechend der schon weiter oben stehenden Regel. Zweitens ziehe aus dem gewonnenen Produkt die Wurzel, wie sie der Nenner des Bruches darstellt. Beispiel:

Ich will $\frac{81}{16}$ mit $\frac{3}{4}$ multiplizieren. Zuerst multipliziere ich nach dem Zähler, d.h. ich verdreifache die vorgestellte Proportion so: $\frac{81}{16}$ mal $\frac{81}{16}$ mal $\frac{81}{16}$ macht $\frac{531441}{4096}$. Dann suche ich die zensizensische [4.] Wurzel aus beiden Gliedern, was $\frac{27}{8}$ ergibt. Ich suche aber deshalb die zensizensische Wurzel, weil der Nenner (nämlich 4) die zensizensische [4.] Wurzel darstellt, ganz wie 2 die Quadratwurzel und 3 die Kubikwurzel darstellt, wie ich schon im fünften Teil dieses Buches weiter oben ausreichend lehrte, aus dieser Progression:

0,	1,	2,	3,	4,	5,	6,	7,	8,
1,	2,	4,	8,	16,	32,	64,	128,	256.

[53v]

Von der Division der Proportionen

Wie die Zahl von Ellen entweder durch die Zahl von Ellen oder durch eine abstrakte Zahl dividiert wird, so wird eine Proportion entweder durch eine abstrakte Zahl oder durch eine Proportion dividiert.

Wenn eine Proportion durch eine Proportion dividiert wird, dann kommt im Quotienten eine Zahl heraus und niemals eine Proportion. Weil ich ja suche, wie oft eine dividierende Proportion in der zu teilenden Proportion gefunden wird, deshalb muß ein verbbezogener Quotient herauskommen. In gleicher Weise wird ein Tuch durch ein Tuch geteilt; ich suche nämlich, wie oft ein Teil des Tuches, nach dem Maß einer Elle genommen, im Tuche selbst gefunden wird.

Wenn aber eine Proportion durch eine abstrakte Zahl geteilt wird, dann erscheint im Quotienten stets eine Proportion. Suche ich hier doch, ob die Proportion selbst durch einige Teile, die unter sich gleich sind, geteilt werden kann. Ebenso: Wenn ich einen Gulden durch eine abstrakte Zahl teile, dann kommt ein benennender und ein benannter Quotient heraus, usw.

Es hat aber die Division der Proportionen drei Regeln, wie du gleich sehen wirst:

Regel der Division von Proportionen durch Proportionen

Ziehe die teilende Proportion von der zu teilenden Proportion ab, bis entweder Gleichheit erscheint oder sich die Gattung der Proportionen ändert. Gewonnen wird aber der Quotient aus jenen Einheiten, die die Zahlen der Subtraktionen bezeichnen, denn an Stelle jeder Subtraktion muß eine Eins gesetzt werden.

Beispiel für sich ergebende Gleichheit,

wenn ich z.B. $\frac{729}{64}$ durch $\frac{3}{2}$ teilen will, also durch die Proportion 3:2:

Erste Subtraktion

2 mal	729	macht	1458	oder	243
3 mal	64	macht	192	oder	32

Zweite Subtraktion

2 mal	243	macht	486	oder	81
3 mal	32	macht	96	oder	16

Dritte Subtraktion

2 mal	81	macht	162	oder	27
3 mal	16	macht	48	oder	8 **[54r]**

Vierte Subtraktion

2 mal	27	macht	54	oder	9
3 mal	8	macht	24	oder	4

Fünfte Subtraktion

2 mal	9	macht	18	oder	3
3 mal	4	macht	12	oder	2

Sechste Subtraktion

2 mal	3	macht	6	Hier sieht man die Gleichheit:
3 mal	2	macht	6	

Wenn die Gleichheit sich zeigt, ist dies ein Anzeichen, dass die teilende Proportion die zu teilende Proportion genau teilt und dass die teilende Proportion ein echter Teiler der zu teilenden Proportion ist.

Weil aber sechs Subtraktionen stattfanden, deshalb ist der Quotient dieser Division 6.

Beispiel für nicht erscheinende Gleichheit

Wenn keine Gleichheit erscheint, sondern sich nur die Gattung ändert, ist dies ein Zeichen dafür, dass die teilende Proportion ein echter Teiler der zu teilenden Proportion ist und dass sie die zu teilende Proportion nicht misst. Ich will z.B. teilen: $\frac{2187}{128}$ durch $\frac{27}{8}$

Erste Subtraktion

8	mal	2187	macht	17496	oder	81
27	mal	128	macht	3456	oder	16

Zweite Subtraktion

8	mal	81	macht	648	oder	3
27	mal	16	macht	432	oder	2

Dritte Subtraktion

8	mal	3	macht	24	oder	4
7	mal	2	macht	54	oder	9

Du siehst hier, dass sich die Gattung geändert hat; es ergibt sich nämlich eine Proportion kleinerer Gleichheit, deshalb durfte die dritte Subtraktion nicht stattfinden.

Weil es also zwei Subtraktionen gab, deshalb macht der Quotient 2. Es blieb aber $\frac{3}{2}$ übrig, und jene übrig bleibende Proportion ist der dritte Teil der **[54v]** dividierenden Proportion, weshalb der ganze Quotient $2\frac{1}{3}$ beträgt. Es handelt sich also um die doppelte Proportion 4 : 3 zwischen $\frac{2187}{128}$ und $\frac{27}{8}$.

Regel der Division von Proportionen durch ganze Zahlen

Zur Ausführung des Divisors ziehe von jedem Glied der Proportion jene Wurzel ab, die der Divisor darstellte; z.B. $\frac{729}{64}$, geteilt durch 2, macht $\frac{27}{8}$. Ebenso macht $\frac{729}{64}$, geteilt durch 3, dann $\frac{9}{4}$. Ebenso ergibt $\frac{729}{64}$, geteilt durch 6, dann $\frac{3}{2}$. Ebenso macht $\frac{243}{32}$, geteilt durch 5, dann $\frac{3}{2}$ und so ist es bei allen anderen.

Regel der Division von Proportionen durch Brüche.

Vertausche die Glieder des teilenden Bruches und verfahre dann nach der Multiplikationsregel, die weiter oben angegeben ist, nämlich der Regel für die Multiplikation von Proportionen durch gebrochene Zahlen.

Beispiel: Ich will $\frac{27}{8}$ durch $\frac{3}{4}$ teilen; also stellt sich das Beispiel nach der Regel so dar: $\frac{27}{8}$ mal $\frac{4}{3}$, die 4 macht also folgende Wiederholung der Proportion: $\frac{27}{8}$ mal $\frac{27}{8}$ mal $\frac{27}{8}$ mal $\frac{27}{8}$ ergibt $\frac{531441}{4095}$. Dann suche die Kubikwurzel von beiden Gliedern der entstandenen Proportion (weil 3 eine Kubikwurzel darstellt); diese macht $\frac{81}{16}$. Also macht $\frac{27}{8}$, geteilt durch $\frac{3}{4}$, dann $\frac{81}{16}$.

Es folgen Ausführungen über die Proportion von Brüchen

Wenn man zwei Brüche ansetzt, wird jene die Proportion unter denjenigen sein, die sich zwischen ihren beiden Zählern findet, wenn man die Brüche auf gleiche Nenner zurückgeführt hat.

Z.B. besteht zwischen $\frac{2}{3}$ und $\frac{3}{4}$ die Proportion 9 : 8, denn wenn man sie auf gleiche Nenner zurückführt, stehen sie so da: $\frac{8}{12}$ zu $\frac{9}{12}$.

Von den Proportionen der Progressionen

Wenn man Zahlen in beliebiger Reihe stellt, ergibt sich die Proportion zwischen den äußersten Zahlen aus der Addition aller Proportionszahlen dazwischen, wie z.B. bei 3, 5, 6, 8, 12, 13, 14. Die Proportion zwischen 14 und 3 ist auch die Proportion, die sich aus allen hier folgenden Proportionen ergibt: $\frac{5}{3}$ zu $\frac{6}{5}$ zu $\frac{8}{6}$ zu $\frac{12}{8}$ zu $\frac{13}{12}$ zu $\frac{14}{13}$. Es ergibt aber die Addition aller dieser Proportionen die folgende Proportion: $\frac{524160}{112320}$, und dies ist $\frac{14}{3}$. **[55r]**

Doch wirst du dieses Ergebnis kürzer so finden:

Jede Zahl der unteren tilgt die ihr gleiche bei den oberen. Also werden die Glieder so dastehen: ~~5~~, ~~6~~, ~~8~~, ~~12~~ ~~13~~ 14 bleiben 14
3 , ~~5~~, ~~6~~, ~~8~~, ~~12~~ ~~13~~ bleiben 3

Von den irrationalen Proportionen

Jede rationale Proportion ist eine ganze Proportion, und jede irrationale Proportion ist eine gebrochene Proportion, gleichsam der Bruch einer ganzen Proportion. Denn wie aus der Division einer genannten Zahl durch eine abstrakte Zahl häufig ein gebrochener Nenner entsteht, so entsteht auch, wenn eine Zahl die Proportion teilt, häufig eine gebrochene Proportion, nämlich eine irrationale.

Jede Proportion einer rationalen Zahl zu einer irrationalen Zahl ist irrational. Aber nicht jede Proportion einer irrationalen Zahl zu einer irrationalen Zahl ist irrational. Jede Proportion aber einer rationalen Zahl zu einer rationalen Zahl ist rational. Über das Weitere spreche ich weiter unten am gegebenen Ort.

VON DER HARMONISCHEN, CONTRAHARMONISCHEN PROPORTION UND VON EINIGEN ANDEREN ÄHNLICHEN PROPORTIONEN

Kapitel VII.

Ich meine, über die zusammenhängenden und benachbarten geometrischen Proportionalitäten genug gesagt zu haben, jedenfalls bis ich über deren Nutzen ein ganzes Buch schreiben soll. Von vielen aber habe ich gehört, dass die Progressionen und das Wurzelziehen nutzlose Überlegungen seien (ansonsten versuchen sie die Arithmetik in den höchsten Tönen zu preisen). Doch ist es etwas anderes zu wissen, wie die Progressionen voranschreiten, und etwas anderes, deren Nutzen zu erkennen. Mit Sicherheit ist die Kunst des Geber, so groß sie auch sei, nichts anderes als der Gebrauch von Proportionalitäten. Doch gibt es eine zweifache Beziehung von einer Zahl zur anderen; es wird ja eine Zahl auf die andere unter Beachtung des Überschusses bezogen, durch den sich eine Zahl von der anderen unterscheidet. **[55v]** Zweitens vergleicht man Zahlen wie ein Maß zum zu Messenden unter Beobachtung des Quotienten, der aus der Messung oder Division der größeren Zahl durch die kleinere hervorgeht. Die erste Beziehung erzeugt eine arithmetische Proportion, und von dieser stammen die arithmetischen Proportionalitäten oder Progressionen. Die andere Beziehung aber erzeugt die eigentlich so genannten Proportionen, und von diesen stammen die geometrischen Progressionen.

Es steht aber fest, dass die harmonischen und contraharmonischen Proportionalitäten und andere Verhältnisse dieser Art aus arithmetischen und geometrischen Proportionalitäten zusammengesetzt sind, weil keine anderen Unterschiede in ihnen in Betracht kommen als die eigentlich Proportionen genannten. Und davon stammen auch die Unterscheidungen der Mittleren, wie man manche Mittlere arithmetisch nennt, manche geometrisch, manche harmonisch und manche contraharmonisch usw. Weil nun Boethius sich mit deren Erklärung befasste und drei Glieder annahm, wobei er sich um die Fortsetzungen solcher Proportionalitäten nicht weiter kümmerte, fanden sich später Leute, die behaupteten, man könne derartige Proportionalitäten nicht über drei zusammenhängende Glieder ausdehnen.

Boethius aber erkannte, dass in den Proportionen und in solchen proportionalen Verhältnissen eine gewaltige Kraft und Wirksamkeit stecke, und beobachtete an ihnen, wie wir sehen werden, mit großem Eifer ihre Variationsmöglichkeiten.

Und weil in einer Proportion zwei Glieder sein müssen und weil bei der Proportion von Unterschieden drei Zahlen zusammenkommen müssen (nämlich ein Mittleres und die beiden Außenglieder), deshalb wollte Boethius für die Proportionalitäten von drei Gliedern eine einzige Behandlungsart haben, wobei er sich weiter nicht um deren Fortsetzung durch mehrere Glieder kümmerte.

Erste Variation von Proportionalitäten **[56r]**

Geometrische Proportionalität — Geometrische Prop. — Harmonische Prop.

6 ╳ 18   6 ╳ 18   3 ╳ 12

3 ╳ 9   27   3   9 ╳ 27   5 ╳ 20

8

Beim ersten hat man die Proportion 6 zu 18, also 3 zu 9, nämlich die Proportion des kleineren äußeren zum mittleren Glied. Daraus geht hervor, dass die Multiplikation des ersten äußeren Gliedes mit dem mittleren ebensoviel ergibt wie die Multiplikation der hinteren Differenz mit dem äußersten kleineren Glied.

Beim zweiten ist es die Proportion 6 zu 18, also 9 zu 27, nämlich die Proportion des Mittelgliedes zum größeren äußersten. Daraus geht hervor, dass die vordere Differenz, multipliziert mit dem äußersten größeren Glied, ebenso viel ergibt wie die hintere Differenz mit dem mittleren.

Beim dritten ist es die Proportion 3 zu 12, also 5 zu 20, nämlich des kleineren äußersten Gliedes zum größeren äußersten Glied. Daraus geht hervor, dass die vordere Differenz, multipliziert mit dem größeren äußersten Glied, ebenso viel ergibt wie die hintere Differenz mit dem äußersten kleineren.

Über die harmonische Proportionalität

Die harmonische Proportionalität ist die Zusammenstellung dreier Zahlen entsprechend der benachbarten Proportionalität, nach der die Proportion der kleineren Differenz zur hinteren Differenz dieselbe ist wie die Proportion des kleineren äußersten Gliedes zum größeren Außenglied, z.B 1 2
3 4 6

So erkannte also Boethius, dass man die harmonische Proportionalität gemäß der geometrischen suchen mußte.

Obschon man aber die harmonische Proportionalität nicht nach der arithmetischen Proportionalität, sondern gemäß der geometrischen fand, so wurde sie doch selbst nicht aus der Geometrie, sondern aus der Arithmetik gefunden. Daher schwankt die harmonische Proportionalität in merkwürdiger Weise zwischen der geometrischen und arithmetischen Proportionalität hin und her, so dass ich annehme, dass sie aus diesem Grunde so benannt worden ist. Einmal nämlich weicht sie von der Arithmetik zur Geometrie ab und nähert sich ihr dann wieder an, **[56v]** und wiederum scheint sie mit beiden unauflöslich verbunden, löst sich dann aber wieder von beiden los. Auf diese Weise wird der Unterschied zwischen der arithmetischen und geometrischen Proportionalität durch die harmonische in angenehmer Variation gemildert. Ich sehe nämlich nicht, was die harmonische Proportion in Bezug auf musikalische Harmonien an sich hätte, was die arithmetische nicht in gleicher Zweckmäßigkeit besitzt.

Findung der harmonischen Proportionalität dreier Glieder entsprechend einer Proportion, die man durch das harmonische Mittel geteilt wünscht

Man setze zwei Zahlen entsprechend der Proportion, die man durch das harmonische Mittel geteilt wünscht, und erstelle zwischen diesen das arithmetische Mittel (will sagen: addiere sie und übernimm die Hälfte des Aggregates). Wenn man nun auf diese Weise die arithmetische Progression hergestellt hat, wird man durch die Multiplikation von deren Gliedern so zum Erfolg kommen: Multipliziere zuerst das erste Glied mit dem zweiten, dann das erste mit dem dritten und schließlich das zweite mit dem dritten. Mit Hilfe dieser kurzen und leichten Regel wird aus jeder beliebigen arithmetischen Progression mit drei Gliedern eine harmonische Progression von drei Gliedern hergestellt. So wird aus der arithmetischen Progression 1, 2, 3 die harmonische 2, 3, 6. Ebenso wird aus der arithmetischen 3, 4, 5 folgende harmonische Progression: 12, 15, 20. Auch wird aus folgender arithmetischen Progression: 2, 5, 8 die harmonische 10, 16, 40, und so auch sonst.

Abbildung zur Regel der Findung der arithmetischen Proportionalität aus der harmonischen.

1 1
2 —— 5 —— 8
10 16 40

In gleicher Weise aber, wie aus der arithmetischen Progression eine harmonische wird, entsteht wiederum aus einer harmonischen eine arithmetische Progression. So wird aus der harmonischen Progression 2, 3, 6 die folgende arithmetische 6, 12, 18, und so auch sonst.

Findung der harmonischen aus der arithmetischen Progression [57r]

5 —— 8 —— 20
40 100 160

Da aber das geometrische Mittel, multipliziert mit sich selbst, ebenso viel beträgt wie die Außenglieder, multipliziert miteinander, macht das arithmetische Mittel mehr, und zwar um so viel mehr wie aus der Multiplikation der Differenzen miteinander entsteht. Das harmonische Mittel aber macht, mit sich selbst multipliziert, um so weniger als die Außenglieder, miteinander multipliziert, im Vergleich mit dem Ergebnis der Multiplikation der Differenzen miteinander. So scheint die geometrische Progression in schönem Verhältnis eine Art Mittelding zwischen arithmetischer und harmonischer Progression darzustellen.

Arithmetische

3 3
3 6 9

Harmonische

3 12
5 8 20

Es hat aber die arithmetische Progression unter sich gleiche Differenzen und ungleiche Proportionen von Gliedern unter sich. Die geometrische Progression aber hat unter sich ungleiche Differenzen, dafür aber gleiche Proportionen der Glieder unter sich. Die harmonische Proportion aber hat weder gleiche Differenzen noch gleiche Proportionen ihrer Glieder.

Man sehe aber die wunderbare Verbindung der drei Proportionalitäten

So oft eine geometrische Proportionalität von vier Gliedern eine Zwischenzahl aufgenommen hat, die das arithmetische Mittel zwischen den Aussengliedern bildet, dann muß die übrig gebliebene der Zwischenzahlen das harmonische Mittel zwischen eben diesen Außenzahlen darstellen. Und wenn sie umgekehrt das harmonische Mittel aufnimmt, dann wird sie notwendig auch das arithmetische Mittel aufnehmen. Eine solche geometrische Proportionalität wird aber benachbart sein müssen; Beispiel: 6, 8, 9, 12.

Ob man die harmonische Progression über drei Glieder ausdehnen kann

Es steht fest, dass die Progression 2, 3, 6 und unendlich viele andere harmonische Progressionen von drei Gliedern nicht [57v] weiter ausgedehnt werden können. Dennoch ist es sicher, dass die harmonische Progression 3, 4, 6 und unendlich viele andere über drei Glieder ausgedehnt werden können. Leute aber, die dies leugnen, hätten nur einen

Würfel betrachten müssen, um sich an diese Möglichkeit zu erinnern. Da dieser sechs Flächen hat und acht räumliche Winkel, zwölf Kanten und vierundzwanzig Flächenwinkel, stellt er uns schön die harmonische Proportion 6, 8, 12, 24 mit vier Gliedern dar.

An eben dies konnte aber auch ein Blick auf die Tonleiter erinnern, denn beim Herabsteigen der Leiter wird man eine harmonische Progression von vier Gliedern nicht nur einmal, sondern mehrfach finden, nämlich dd, aa, d, D. Ebenso cc, g, c, C, ebenso aa, e, a, A, ebenso g, d, G, Γut.

Schließlich wird man aus jeder beliebigen arithmetischen eine harmonische Progression erzeugen können, die ebenso viele Glieder hat wie die arithmetische. Man muß aber so vorgehen:

Multipliziere alle die Glieder deiner arithmetischen Progression miteinander; dann dividiere das Produkt durch die einzelnen Glieder deiner arithmetischen Progression, wobei du vom größten beginnst und bis zum kleinsten herabsteigst. So wird aus der arithmetischen Progression 1, 2, 3, 4, 5, 6 die harmonische 10, 12, 15, 20, 30, 60. Und wiederum wird aus jeder harmonischen Progression in gleicher Weise eine arithmetische.

Schöner Beweis der Fortführung einer harmonischen Proportion durch Gleichungen

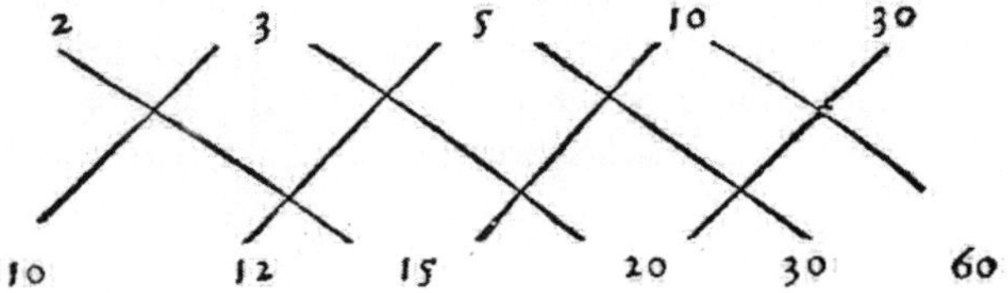

Also: So viel wie die Differenz von 2 mal 15 macht, so viel macht die Differenz von 3 mal 10, und wie viel die Differenz von 3 mal 20 macht, so viel macht die Differenz von 5 mal 12, und wie viel die Differenz von 5 mal 30 macht, so viel macht die Differenz von 10 mal 15, und so immer weiter. Ebenso: Wie viel 2, 15, 10, 60, miteinander multipliziert, machen, ebenso viel machen 10, 3, 20, 30, miteinander multipliziert. **[58r]**

Andere Prüfung der harmonischen Fortführung

In einer harmonischen Progression mit vielen Gliedern werden sich auch harmonische Proportionale finden, die Glieder gerader Orte untereinander, ebenso die Glieder ungerader Orten untereinander. Ähnliches wie dieses kommt auch in arithmetischen und geometrischen Progressionen vor.

Beispiel zur harmonischen Progression:

Erste harmonische Progression						
60	70	84	105	140	210	420
Zweite harmonische Progression						
60		84		140		420
Dritte harmonische Progression						
	70		105		210	
Vierte harmonische Progression						
60			105			420

Regel zur Findung der größeren Außenzahl durch die mittlere und die äußerste kleinere Zahl

Multipliziere deine beiden Zahlen miteinander und dividiere das Produkt durch die Differenz beider. Z.B. finde ich aus 60 und 105 so 420; ebenso aus 70 und 105 finde ich 210; ebenso aus 60 und 84 finde ich 140, und aus 84 und 140 finde ich 420. Ebenso finde ich aus 60 und 70 so 84; ich multipliziere nämlich 60 mit 70 und gewinne 4200. Diese Zahl dividiere ich durch 50, also durch die Differenz zwischen 60 und 10, durch die Differenz beider.

Regel, nach der man aus der größeren äußeren und der mittleren Zahl die kleinere Außenzahl findet

Multipliziere deine beiden Zahlen miteinander und dividiere das Produkt durch das Aggregat aus deiner größeren Zahl und der Differenz zwischen deinen beiden Zahlen.

Die harmonische Progression hat kein Ende im Rückschreiten. Die arithmetische Progression hat kein Ende im Voranschreiten. Die geometrische Progression hat kein Ende im Voran- und im Rückschreiten. **[58v]**

Dies ist aber nicht von den ganzen Zahlen allein zu verstehen, sondern (wie es bei Behandlung von Proportionen und Proportionalitäten zumeist geschieht) auch von gebrochenen Zahlen oder von Brüchen.

Es folgt eine weitere Variation der Mittelzahl, die drei Arten von Proportionalitäten umfasst, deren Namen und Beispiele du hier siehst:

Contraharmonische Proportion

3 1
2 6
5

Die vordere, die der geometrischen ähnlich ist

2 1
2 4 5

Die hintere, die der geometrischen ähnlich ist

3 2
1 4 6

Die Gleichungen, die du hier angezeichnet siehst, entstehen nicht durch Multiplikation, sondern durch Division. Die einzelnen Gleichungen stellen aber die größere Differenz zwischen die kleineren Glieder. Bei der ersten Variation aber wurden die kleineren Differenzen zwischen die kleineren Glieder gestellt.

1. Die erste Proportion ist die von 3 zu 1, die 6 zu 2 entspricht, also die der größeren Außenzahl zur kleineren Außenzahl.

2. Die zweite Proportion ist die von 2 zu 1, die 4 zu 2 entspricht, also die der Mittelzahl zur kleineren Außenzahl.

3. Die dritte Proportion ist die von 3 zu 2, die 6 zu 4 entspricht, also die der größeren Außenzahl zur mittleren.

Von der contraharmonischen Proportionalität

Die contraharmonische Proportionalität ist die Anordnung dreier Zahlen nach der benachbarten Proportionalität, auf Grund deren die Proportion der vorderen Differenz zur späteren Differenz die gleiche ist wie die Proportion der größeren Außenzahl zur kleineren Außenzahl, z.B.

2 1
3 5 6.

Findung der contraharmonischen Proportionalität

Die contraharmonische Proportionalität entsteht aus der harmonischen Proportionalität dreier Glieder. Vertauscht man nämlich die Differenzen in der harmonischen Proportionalität, wird man sogleich die Vertauschung des Mittelgliedes zwischen den vorderen Außengliedern sehen; z.B. aus

	1.		2.		wird		2.		1.	
3.		4.		6.		3.		5.		6. **[59r]**

So wird wiederum in gleicher Weise aus der contraharmonischen Proportion eine harmonische, und zwar auf dieselbe Weise, nämlich durch die Vertauschung der Differenzen.

So aber werden die Gleichungen bezeichnet, die aus der Multiplikation der Glieder und Differenzen entstehen:

10 2
3 13 15

Zwischen zwei beliebigen Zahlen wird leicht die rationale contraharmonische Mitte gefunden, ganzzahlig oder gebrochen, ganz wie man auch zwischen zwei beliebigen Zahlen auch die rationale, ganze oder gebrochene harmonische Mitte findet. Und zwischen zwei beliebigen Zahlen findet man die rationale arithmetische ganzzahlige (jedenfalls wenn beide Zahlen gerade oder beide ungerade sind) oder gebrochene Mitte. Jedoch findet man nicht die rationale geometrische Mitte zwischen zwei beliebigen Zahlen.

Unähnlichkeiten

Wenn geometrische, arithmetische und harmonische Progressionen fortlaufend proportional sind, wie es ihrer Art entspricht, und wenn die beiden ersten Glieder rational sind, dann wird es nicht möglich sein, dass eine irrationale Zahl für eine von ihnen die Fortsetzung bildet. Bei einer contraharmonischen Progression hingegen wird eine irrationale Zahl durch zwei rationale Zahlen fortgesetzt, die unmittelbar anschließen, wie hier: $5,\ 6, \sqrt{14}+3$. Dagegen wird eine irrationale Zahl in einer contraharmonischen Proportion durch drei rationale, unmittelbar anschließende Zahlen fortgesetzt, wie hier: $2, 5, 6,\ \sqrt{14}+3$.

Wenn in arithmetischen, geometrischen und harmonischen Progressionen von drei Gliedern zwischen dem mittleren und den beiden äußeren Gliedern auf beiden Seiten zwei andere Mittelglieder entsprechend der Art jener Proportionalität hingesetzt werden, dann ergeben sich fünf Glieder, die entsprechend der Art jener Proportionalität fortlaufend proportional sind. Bei der contraharmonischen Proportionalität jedoch finden wir das Gegenteil, nämlich in folgender contraharmonischen Progression: 4, 10, 12. Wenn du zwischen der Mittelzahl und den beiden Aussengliedern zwei contraharmonische Mittelglieder stellst, dann werden fünf Zahlen dastehen, nämlich: 4, $8\frac{2}{7}$, 10, $11\frac{1}{11}$, 12. [59v] Und die drei ersten Zahlen, nämlich 4, $8\frac{2}{7}$, 10, sind in contraharmonischer Weise proportional. Ebenso die drei letzten, nämlich 10, $11\frac{1}{11}$, 12, wie auch die drei Zahlen an ungeraden Stellen: 4, 10, 12. Doch sind die drei mittleren Zahlen nicht contraharmonisch proportional, nämlich $8\frac{2}{7}$, 10, $11\frac{1}{11}$. Aus diesem Grund ergibt jene Anordnung von fünf Zahlen keine fortlaufend harmonische Progression.

Stellt man aber fünf Glieder fortlaufend contraharmonisch proportional, dann werden andererseits die Glieder an ungeraden Orten nicht contraharmonisch proportional sein, wie hier: $110+\sqrt{6244}$, 220, 244, $\sqrt{22304}+132$. Die drei vorderen Glieder sind contraharmonisch, ebenso die drei mittleren und die drei letzten. Also hast du hier eine contraharmonische Proportionalität von fünf Gliedern, die fortlaufend proportional ist. Und dennoch ergeben das erste, dritte und fünfte Glied ihrerseits keine contraharmonische Proportionalität, was mich sehr erstaunt, denn in höheren Proportionalitäten verhält es sich anders.

Regel für die Findung des größeren Außengliedes aus dem kleineren Außenglied und dem mittleren

Wenn man das mittlere und kleinere äußere Glied aufgestellt hat, multipliziere man ihre Differenz zum kleineren äußeren Glied, und dieses Produkt addiere zum Quadrat der Hälfte des Mittelgliedes; und zur Quadratwurzel jenes Aggregates addiere das halbierte Mittelglied. Z.B will ich das größere Außenglied zu den beiden Zahlen 24, 34 finden, so dass eine contraharmonische Proportionalität entsteht. Das Mittelglied ist 34, dessen Hälfte ist 17, und davon das Quadrat macht 289. Zu diesem Quadrat addiere ich 240; so viel ergibt sich nämlich aus der Differenz 10 zum kleineren Außenglied 24. Also beträgt das Aggregat 529. Davon die Wurzel ist 23. Dazu addiere ich 17 (nämlich die Hälfte des Mittelgliedes oder der Zahl 34), das ergibt 40. Daher ergibt sich die gefundene contraharmonische Proportionalität 24, 34, 40.

Regel zur Findung des kleineren Außengliedes mithilfe des Mittelgliedes und des größeren Außengliedes

Wenn man das Mittelglied und das größere Außenglied festgesetzt hat, multipliziere man ihre Differenz mit dem größeren Außenglied, und dieses Produkt ziehe man vom Quadrat des [60r] halbierten Mittelgliedes ab. Zur Quadratwurzel jenes Restes addiere das halbierte Mittelglied, und dann wirst du das kleinere Außenglied haben.

Diese Regel erfordert große Zahlen mit geringen Differenzen, wie du leicht bei deinen Operationen sehen wirst.

Über die vordere Proportionalität, die der geometrischen ähnlich sei

Die vordere Proportionalität, die der geometrischen ähnlich sei, ist die Anordnung von drei Gliedern, bei der die Proportion der vorderen Differenz zu der hinteren der Proportion des Mittelgliedes zum kleineren Außenglied angeglichen wird, wie bei

2 1
2 4 5.

Regel zur Findung dieser Proportionalität

Wenn man zwei beliebige Zahlen hingestellt hat, multipliziere man die größere mit sich selbst und addiere zu dem Produkt daraus das Ergebnis, das sich aus der Differenz zum kleineren Glied ergibt. Und dieses Aggregat teile durch die größere Zahl, worauf du die größere Außenzahl zu den beiden früher hingestellten Zahlen haben wirst. So wird aus den beiden Zahlen 290 und 580 die dritte Zahl 725; ebenso wird aus den beiden Zahlen 580 und 725 die Zahl 841, und aus den beiden 725 und 841 wird die Zahl 941. Und so wirst du die fortlaufende Progression dieser Proportionalität haben: 290, 580, 725, 841, 941.

Die Gleichungen aber, die die Glieder, multipliziert mit ihren Differenzen, erstellen, werden so dargestellt:

290	145	116	100	
/	/	/	/	
290	580	725	841	941.

Dies bedeutet: Wieviel 290 mal 290 macht, soviel macht 145 mal 580, und ebenso viel macht 116 mal 725, und ebenso 100 mal 841.

Wie aber das geometrische Mittel nicht immer zwischen rationalen Außenzahlen selbst rational ist, so ist auch die Mittelzahl dieser Proportionalität nicht immer rational, wenn die Außenzahlen rational sind. So ist zwischen den beiden Zahlen 8 und 14 entsprechend dieser Proportionalität das Mittelglied $\sqrt{90}+3$ irrational.

Regel zur Findung des Mittelgliedes zwischen zwei gegebenen Außengliedern

Wenn man die Außenglieder hingestellt hat, addiere man zum Quadrat ihrer halbierten **[60v]** Differenz das Quadrat der kleineren Außenzahl; und zur Quadratwurzel aus jenem Aggregat addiere die halbierte Differenz der hingestellten Zahlen. Wenn ich z.B. das Mittelglied zwischen 10 und 25 erstellen will, so ist deren Differenz 15 und die Hälfte davon $\frac{15}{2}$. Dazu das Quadrat ist $\frac{225}{4}$; zu diesem addiere ich 100 (nämlich das Quadrat des kleineren Außengliedes), macht $\frac{625}{4}$, wovon die Wurzel $\frac{25}{2}$ ist. Dazu addiere ich $\frac{15}{2}$ (nämlich die halbierte Differenz der beiden Außenglieder), und es ergibt sich 20. Also lautet das Beispiel:

	10	5
10	20	25

Regel zur Findung des kleineren Außengliedes aus dem größeren Außenglied und dem Mittelglied

Stelle deine Zahlen hin, und das Ergebnis ihrer Differenz zum kleineren Glied ziehe vom Quadrat ab, das aus dem halbierten kleineren Glied entsteht; die Quadratwurzel jenes Restes addiere zur Hälfte des kleineren Gliedes, dann wirst du das kleinere Außenglied zu den hingestellten beiden vorderen Zahlen haben; z.B.: Aus 25 und 29 wird 20, ebenso wird aus 20 und 25 dann 10, usw.

Von der hinteren Proportionalität, die der geometrischen ähnelt

Die hintere Proportionalität, die der geometrischen ähnelt, ist die Anordnung dreier Glieder, wobei die Proportion der vorderen Differenz zur hinteren der Proportion des größeren Außengliedes zum Mittelglied gleich ist, z.B.

3 2
1 4 6

Regel zu Findung des kleineren Außengliedes aus zwei gegebenen Zahlen

Nimm zwei Zahlen, deren Differenz nicht größer sein soll als die kleinere gegebene Zahl selbst. Multipliziere die kleinere Zahl mit sich selbst und ziehe von diesem Produkt die Zahl ab, die sich aus der Multiplikation der Differenz zur größeren Zahl ergibt. Diesen Rest dividiere durch die kleinere Zahl, dann wirst du das kleinere Außenglied haben. Z.B.:

Aus 3520 und 3960 wird 3025. So wird aus 3025 und 3520 dann 2449, und so wird aus 2449 und 3025 noch eine andere Zahl.

So aber werden die Gleichungen bezeichnet, die die Glieder, multipliziert mit ihren Differenzen, ergeben: **[61r]**

576 \ 495 \ 440 \
2449 3025 3520 3960

Wie das vordere Glied beim Voranschreiten durch rationale Glieder niemals eine irrationale Zahl aufnimmt, im Rückschreiten jedoch solche annimmt, so nimmt diese hintere Proportionalität niemals eine irrationale Zahl beim Zurückschreiten auf, tut dies sehr wohl aber beim Voranschreiten, wie z.B. hier 1, 4, 6, $\sqrt{21}+3$.

Regel des Voranschreitens, will sagen des Findens des größeren Außengliedes zu zwei vorangehenden Gliedern

Stelle deine Zahlen hin und addiere das Ergebnis ihrer Differenz zum größeren Glied mit dem Quadrat der Hälfte der größeren Zahl selbst; und zur Quadratwurzel dieses Aggregates addiere die Hälfte der größeren Zahl selbst. Dann wirst du das größere Außenglied haben, z.B. erstellst du aus 55 und 64 dann 72.

Wie aber die vordere Proportionalität zwischen zwei rationalen Zahlen manchmal eine irrationale aufnimmt (wie es auch die geometrische Proportion gewöhnlich tut), so tut sie es auch hier; z.B. 4 $\sqrt{109}-3.10$.

Regel der Findung des Mittelgliedes zwischen den Außengliedern dieser Proportionalität

Stelle deine Zahlen hin und addiere das Quadrat ihrer halbierten Differenz zum Quadrat des größeren Gliedes; von der Wurzel dieses Aggregates ziehe die Hälfte der Differenz deiner beiden Zahlen ab; so wirst du zwischen 5 und 12 dann 9 finden.

Nun folgt die dritte Variation der Proportionalitäten

Von der vorderen Proportionalität, die der contraharmonischen ähnelt

Eine vordere Proportionalität, die der contraharmonischen ähnelt, ist die Anordnung dreier Zahlen, die ungleiche Differenzen haben; beide erzeugen, in Beziehung zur vorderen Differenz, diejenige Proportion, die das größere Außenglied zum kleineren Außenglied macht, wie hier:

6 4 | 4 16
15 21 25 | 5 9 25 **[61v]**

Ich habe bei der Beschreibung dieser Proportionalität eine kleine Anmerkung bezüglich der Ungleichheit der Differenzen beigefügt wegen jener arithmetischen Proportionalitäten von drei Gliedern, deren Außenglieder unter doppelter Proportion liegen, so wie hier: 6, 9, 12 und ähnlichen, die jene beigefügte Anmerkung aus dieser Art ausschließt.

Regel zur Findung dieser Proportionalität

Stelle zwei Zahlen hin, deren Differenz nicht mit der kleineren Zahl übereinstimmt; dann addiere ihre Differenz zur größeren Zahl und multipliziere dieses Aggregat mit der kleineren Zahl und teile das Produkt durch die größere; dann wirst du das Mittelglied erhalten.

Wenn die Differenz der zwei Zahlen, die du annimmst, größer ist als die kleinere Zahl selbst, dann liegt die kleinere Differenz zwischen den kleineren Gliedern. Ist jedoch ihre Differenz kleiner als die angenommene kleinere Zahl, dann ergibt sich die größere Zahl zwischen den kleineren Gliedern.

Beispiel für den ersten Fall: Aus den beiden Zahlen 3 wirst du folgendes Beispiel
2 5
erzeugen: 6 9
10 16 25.

Beispiel für den zweiten Fall: Aus den beiden Zahlen 2 wirst du folgendes Beispiel
8 10
erzeugen: 16 4
80 96 10.

Folgendes aber beachte wegen der Variation:

Bei der ersten Variation wird stets die kleinere Differenz zwischen die kleineren Glieder gestellt. Bei der zweiten Variation werden stets die größeren Differenzen zwischen die kleineren Glieder gestellt. Bei den Arten der dritten Variation stellen die einzelnen Arten bald die kleinere Differenz, bald die größere Differenz zwischen die kleineren Glieder.

Regel zur Findung des größeren Außengliedes dieser Proportionalität

Dividiere das Quadrat der kleineren Zahl durch jene Differenz, die zwischen der kleineren Zahl und der Differenz beider vorliegt; dann wirst du die größere Außenzahl dieser Proportionalität gewinnen. **[62r]**

Regel zur Findung der kleineren Außenzahl

Vom Quadrat der kleineren Zahl ziehe das Ergebnis der Multiplikation beider Zahlen miteinander ab und ziehe die Quadratwurzel des Restes von der größeren Zahl ab; z.B. wirst du aus 63 64 die Zahl 56 finden und aus 63 und 56 wirst du die Zahl 42 finden; und so auch sonst.

Von der hinteren Proportionalität, die der contraharmonischen ähnelt

Die hintere Proportionalität, die der contraharmonischen ähnelt, ist die Anordnung von drei Zahlen mit ungleichen Differenzen, die beide, in Bezug zur hinteren Differenz gesetzt, jene Proportion ergeben, die das größere Außenglied zum kleineren Außenglied ergibt; z.B.:

	4		6			16		4
15		19		25	5		21		25

Wie aus der harmonischen Proportionalität von drei Gliedern die contraharmonische Proportionalität von drei Gliedern entsteht, und wie wiederum aus der contraharmonischen Proportionalität die harmonische, natürlich allein durch die Vertauschung der Differenzen miteinander, entsteht, so vertauschen auch allein durch die Vertauschung der Differenzen diese beiden Proportionalitäten, die der contraharmonischen Proportion ähneln, ihre Beispiele miteinander. Man sieht ja, dass die beiden weiter oben hingestellten Beispiele aus den Beispielen der vorhergegangenen Art genommen sind, usw. Ich will aber trotzdem die eigentlichen Regeln für diese Proportionalität hier anführen.

Regel zur Findung des Mittelgliedes

Stelle Zahlen hin, deren Differenz nicht mit der kleineren Zahl übereinstimmt. Vom Quadrat des größeren Gliedes ziehe das Ergebnis der Multiplikation der Differenz mit dem kleineren Glied ab und teile den Rest durch das größere Glied; dann wirst du das Mittelglied erhalten.

Regel zur Findung des größeren Außengliedes

Stelle zwei Zahlen hin und ziehe das Quadrat der kleineren Zahl vom Quadrat der halbierten Summe beider ab; die Wurzel des Restes addiere zur halbierten Summe aus jenen beiden aufgestellten Zahlen, und du wirst das größere Außenglied erhalten. [62v]

Regel zur Findung des kleineren Außengliedes

Stelle zwei Zahlen hin und ziehe das, was aus der Differenz zur größeren übrig bleibt, vom Quadrat der halbierten größeren Zahl ab; die Wurzel dieses Restes addiere zur Hälfte der größeren Zahl oder ziehe sie von jener Hälfte ab, und du wirst die kleinere Außenzahl erhalten.

Daß aber die Regel befiehlt, zum letzten Glied etwas hinzuzufügen oder abzuziehen, kommt von der doppelten Stellung der Differenzen. Wenn also das Beispiel die kleinere Differenz zwischen die kleineren Glieder stellt, dann addiert man. Wenn jedoch die größere Differenz zwischen die kleineren Glieder gestellt wird, wird subtrahiert.

Aus jenen drei Regeln erkennst du leicht, wie ähnlich diese Proportionalität der contraharmonischen Proportionalität ist.

Von zwei Proportionalitäten, die jener Proportionalität ähneln, die der vorderen geometrischen ähnelt

Bei der zweiten Variation sind zwei Arten von Proportionalitäten der geometrischen Proportionalität ähnlich. Der ersten von ihnen sind jene beiden Arten ähnlich, die nun folgen.

Die erste von ihnen ist die Anordnung dreier Glieder, die ungleiche Differenzen haben; beide, bezogen auf die frühere Differenz, bilden diejenige Proportion, die das Mittelglied zum kleineren Außenglied ergibt, z.B.:

	2		1				6		9	
4		6		7		4		10		19

Findung der größeren Außenzahl; Hauptregel

Stelle zwei Zahlen hin, deren Differenz nicht mit der kleineren Zahl übereinstimmen soll. Die kleinere Zahl multipliziere mit sich selbst und füge diesem Produkt das Ergebnis der Multiplikation der Differenz zur größeren Zahl bei. Das Aggregat dividiere durch die kleinere Zahl, und dann wirst du die größere Außenzahl erhalten.

Wenn du also willst, dass dein Beispiel die kleinere Differenz den kleineren Gliedern beimisst, dann nimm zwei Zahlen, deren Differenz größer ist als ihre kleinere Zahl. Ist nämlich die Differenz kleiner als die kleinere Zahl, dann wirst du in dem Beispiel sehen, dass die größere Differenz zwischen die kleineren Glieder gesetzt wird. **[63r]**

Bei jener Proportionalität indes, die dieser unmittelbar vorangeht, ist es anders. Wenn du nämlich Beispiele haben willst, die die kleinere Differenz zwischen den kleineren Gliedern ansetzen sollen, dann wird die Differenz zwischen deinen beiden Gliedern kleiner sein als die kleinere angenommene Zahl, und wenn die Differenz größer ist, dann wirst du sehen, dass man auch die größere Differenz zwischen den kleineren Gliedern ansetzt.

Regel zur Findung des Mittelgliedes

Stelle zwei Zahlen hin und multipliziere ihre Differenz mit der kleineren; das Produkt addiere zum Quadrat der Hälfte der kleineren Zahl, und die Quadratwurzel dieses Aggregates addiere zur Hälfte der kleineren Zahl; dann wirst du das Mittelglied erhalten.

Regel zur Findung des kleineren Außengliedes

Stelle zwei Zahlen hin und addiere beide; von dem Quadrat der Hälfte jenes Aggregates ziehe das Quadrat der kleineren Zahl ab, und die Quadratwurzel des Restes ziehe von der Hälfte jenes Aggregates ab, das aus der Addition der beiden angesetzten Zahlen entsteht. So wird aus 42 und 43 dann 36; und es wird aus 36 und 42 dann 24, und so entsteht folgende Proportionalität: 24. 36. 42. 43.

Von der hinteren Proportionalität, die der vorderen ähnlichen geometrischen Proportionalität ähnlich ist

Jene hintere Proportionalität, die Boethius als letzte behandelt, besteht in der Aufstellung dreier Glieder mit ungleichen Differenzen, die aber beide, zusammen zur hinteren Differenz in Beziehung gesetzt, diejenige Proportion ergeben, die das Mittelglied zum kleineren Außenglied erstellt; z.B.:

1 2 3 2

2 3 5 2 5 7

Regel für das größere Außenglied, erhalten aus dem kleineren Außenglied und dem gefundenen Mittelglied

Stelle zwei Zahlen hin, deren Differenz sich nicht mit dem kleineren Glied deckt, addiere sie; dann wirst du das größere Außenglied erhalten. **[63v]**

Regel für das kleinere Außenglied, erhalten aus dem größeren Außenglied und dem gefundenen Mittelglied

Stelle zwei Zahlen hin, deren Differenz sich nicht mit dem kleineren Glied decken soll, und ziehe die kleinere Zahl von der größeren ab; dann wirst du das kleinere Außenglied erhalten.

Regel für das Mittelglied, erhalten aus dem größeren Außenglied und dem gefundenen kleineren

Stelle zwei Zahlen hin, deren Differenz sich nicht mit der kleineren Zahl decken soll; dann ziehe die kleinere Zahl von der größeren ab, dann wirst du das Mittelglied erhalten.

Regel für die Fortsetzung aller Proportionalitäten dieser Art ins Unendliche

Wenn man eine Proportionalität dieser Art aufgestellt hat, addiere man immer die beiden größeren Glieder miteinander, und man wird sehen, dass die Progression in dieser Weise voranschreiten wird:

11 1 12 13 25

1 12 13 25 38 63 usw.

Es ist dies die letzte Art aller Proportionalitäten, die die Arithmetiker ansetzen; sie hat (wie du siehst) eine leichte Art, ins Unendliche voranzuschreiten, ganz wie die arithmetischen und geometrischen Progressionen, und so passt das Ende zum Anfang.

Die Vollständigkeit scheint jedoch noch zwei weitere Arten von Proportionalitäten zu erfordern

Die eine macht die Proportion beider Differenzen der ersten Differenz gleich, nämlich der Proportion des größeren Außengliedes zum Mittelglied. Doch wird man eine solche Anordnung dreier Zahlen nicht in der Gesamtheit aller Zahlen auffinden; es müßten da nämlich die beiden ersten Zahlen eine Differenz haben, die der größeren von beiden gleich ist, was unmöglich ist. Wenn man daher die Null anstelle der ersten Zahl annimmt, dann werden danach zwei beliebige Zahlen jener Proportionalität entsprechen, wie man aus folgenden Beispielen zureichend sehen kann:

1 1 2 1 2 4

0 1 2 0 2 3 0 2 6

Die Vollständigkeit der Proportionalitäten scheint sodann **[64r]** eine andere Art von Proportionalitäten erforderlich zu machen, nämlich jene, die die Proportion beider zusammen genommenen Differenzen zur hinteren Differenz der Proportion der größeren Außenzahl zum Mittelglied gleichsetzt. Doch sehen wir, dass eine solche Proportionalität von Boethius und anderen ebenso vernachlässigt, ja verworfen wurde, und zwar verdientermaßen. Diese Arten halten sich nämlich nur schlecht innerhalb ihrer Grenzen und vermischen sich mit anderen Arten, wie wir aus den folgenden und ähnlichen Beispielen ersehen:

	3		6			5		10	
9		12		18	15		20		30

Obschon sie nämlich harmonisch sind, entsprechen sie dennoch der von mir bereits beschriebenen Proportionalität.

Von diesen habe ich bereits genug gesagt und habe weiter oben auch verschiedene Progressionen hingesetzt, unter denen ich mich besonders über folgende zwei wundere:

$$1\tfrac{1}{3} \quad 2\tfrac{2}{5} \quad 3\tfrac{3}{7} \quad 4\tfrac{4}{9} \quad 5\tfrac{5}{11} \text{ usw.}$$

$$1\tfrac{7}{8} \quad 2\tfrac{11}{12} \quad 3\tfrac{15}{16} \quad 4\tfrac{19}{20} \quad 5\tfrac{23}{24} \text{ usw.}$$

Dies sind weder arithmetische noch geometrische Progressionen, und doch kann man sehen, dass sie entsprechend der Methode arithmetischer Progressionen voranschreiten. Sie zeigen aber sehr schön und vorzüglich, dass man in der gesamten Art der vielfachen Proportionen keine Proportion finden kann, nach der zwei Seiten eines rechtwinkligen Dreiecks gegeben wären, die einen rechten Winkel einschließen und zugleich eine dritte Seite zuließen, die die Figur des rechten Winkels mit einer rationalen Zahl abschlösse. Weiterhin zeigen sie, dass man in der gesamten Art vielfacher überteiliger Proportionen keine Proportion finden kann, nach der geschehen kann, was ich oben sagte.

Ebenso zeigen sie an, dass in der gesamten Art übergeteilter Proportionen nur eine Proportion gefunden werden kann, die dies vermag. Ebenso zeigen sie an, dass in der gesamten Art überteiliger Proportionen nur eine Proportion gefunden wird, die das Gesagte vermag. Weiterhin zeigen sie an, dass man unendlich viele Proportionen unter der Art der vielfachen überteilenden Proportionen finden kann, die das Gesagte vermögen. Und weil sich zeigt, dass diese Proportionen in einer gewissen Ordnung aufgestellt sind, sind es natürlich in der doppelten überteilenden Art zwei Proportionen, sind auch in der dreifachen überteilenden Art zwei und in der vierfach überteilenden Art zwei Proportionen und so der Reihe nach ins Unendliche. **[64v]**

VON DER ASTRONOMISCHEN PROGRESSION UND IHREM NUTZEN

Kapitel VIII.

Daß die Proportionalitäten und Progressionen keineswegs müßige oder unfruchtbare Überlegungen sind, wollte ich im vorangehenden Kapitel in Kürze dartun. Das folgende Kapitel indes nötigt mich, ein großartiges Beispiel für solchen Nutzen darzustellen, und dass ich das leistete, wird niemand leugnen können, wenn ich die astronomische Progression als Muster und Zeugnis dafür aufgeboten und vorgestellt haben werde.

Übernommen ist die astronomische Progression aus jener geometrischen Progression, die mit der Eins beginnt und mit sechzigfachen Proportionen durchgehend ins Minus voranschreitet, wie man hier sieht:

$$1,\quad \frac{1}{60},\quad \frac{1}{3600},\quad \frac{1}{216000},\quad \frac{1}{12960000},\quad \frac{1}{777600000}$$

Und jene obenstehende geometrische Progression in gemeinen Brüchen hat man mithilfe einer ausgezeichneten Kunst der Astronomen in die folgende Progression physikalischer Brüche umgewandelt, denn so nennt man die astronomischen Brüche.

0	1	2	3	4	5	6	7
1	1	1	1	1	1	1	1

Diese Glieder der physikalischen Brüche aber bezeichnen in dieser astronomischen Progression dasselbe wie die Glieder von gemeinen Brüchen in jener obenstehenden geometrischen Progression. Zuerst nämlich wird die Eins hingestellt mit der darüber stehenden Null; diese bedeutet die volle Einheit, die man entweder auf die Zeit einer Stunde oder auf die Bewegung eines Grades beziehen muß, usw. Und weil die Null darüber gestellt wird, bedeutet dies, dass in dem Glied an diesem Ort kein Bruch enthalten ist. Wenn also jene Progression gebraucht wird und für ihren Bezug eine Benennung erhält wie hier:

Grad.	Minut.	2^m	3^m	4^m
1	1	1	1	1

oder hier:

Stund.	Minut.	2^m	3^m	4^m
1	1	1	1	1 **[65r]**

dann lassen Multiplikation und Division an jener ersten Stelle keine andere Bezeichnung des Nenners zu als 0. Auch an zweiter Stelle lassen sie kein anderes Zeichen zu als die Eins, wie ich ein wenig weiter unten an Beispielen nachweisen werde.

Also nimmt den ersten Ort der astronomischen Progression die Eins ein. Am zweiten Ort steht ein Bruch, nämlich ein Teil der in sechzig einander gleiche Teile geteilten Eins, und hier spricht man vom ersten Bruch. Deshalb werden auch Brüche unter dem Nenner Minute Erste Brüche genannt. Was sich dann mit dem Nenner 2 findet, nennt man Zweite Brüche. Es sind dies ja Bruchstücke einer sekundären Division, nämlich wo ein erster Bruch sich wiederum in sechzig weitere Teilchen unterteilt findet. Und in dieser Weise muß man alle weiteren Divisionen verstehen, zu denen die dritten, vierten, fünften usw. Minuten gehören. Doch nennen wir gewöhnlich die ersten Minuten einfach Minute und nennen auch die zweiten Minuten einfach Sekunden usw. So nämlich sprechen wir klarer und einfacher und werden besser verstanden.

Du siehst aber leicht, dass die Zahl 60, also die Sechzig, die Begrenzung des ganzen Geschäftes mit solchen Brüchen ist, ganz wie 10, also die Zehn, die Begrenzung der gewöhnlichen Rechenvorgänge ist. Davon kommt es, dass jeder Nenner, der physikalische Brüche benennt, jede Zahl zwischen eins und sechzig aufnehmen kann; man sieht ja bei der folgenden Darstellung, dass nicht Einheiten, sondern Zahlen aufgestellt werden:

Stund.	Minut.	2.m	3.m usw.
6	20	40	59

Und dadurch haben wir eine vollständige und vollkommene Methode, physikalische Brüche darzustellen.

Wie aber die Glieder in einer astronomischen Progression einfacher dargestellt und ausgesprochen werden als die Glieder jener geometrischen Progression, die der astronomischen im Wert der Glieder entspricht, so werden die Glieder der astronomischen Progression leichter multipliziert und dividiert als **[65v]** die Glieder der geometrischen Progression. Ebenso lassen sich die astronomischen Glieder leichter und bequemer addieren und subtrahieren als die geometrischen; so ist $\frac{5.Min}{1}$ und $\frac{6.Min}{1}$ in der astronomischen Darstellung in der geometrischen $\frac{1}{777600000}$ und $\frac{1}{466560000000}$, und deren Multiplikation miteinander ergibt $\frac{1}{362797905600000000000}$, während $\frac{5.m}{1}$ mal $\frac{6.m}{1}$ dann $\frac{11.m}{1}$ ergibt; und so geht es bei allen anderen Arten von Operationen.

Siehe aber, dass man nicht nur aus Bequemlichkeit, sondern auch aus Notwendigkeit die geometrische Darstellung in die astronomische umgewandelt hat. Was sollte nämlich ein Hersteller astronomischer Tabellen (um alles andere zu übergehen) machen, wenn er Glieder entsprechend der geometrischen Progression vorzuführen versuchte?

Sieh aber, wie leicht die Arten der Operationen nach der Darstellung der astronomischen Progression fallen!

Rechenverfahren einfacher physikalischer Brüche

Ich nenne (der Lehre halber) die physikalischen Brüche einfache Brüche, die nur unter einem einfachen Nenner hingestellt werden, wie z.B. $\frac{3}{2}$ Min. zwei dritte M. darstellt. Doch kommt es nicht vor, dass ein Nenner hingestellt wird ohne Setzung vorhergehender Nenner; im Gebrauch werden ja zwei dritte M. so dargestellt:

	Stund. 0	Minut. 0'	0"	2"'
oder so:	Grad. 0	Minut. 0	0	2
oder so:	0	1.m	2.m	3.m
	0	0	0	2

Und auf diese Weise erfolgen in eleganter Weise Addition, Subtraktion, Multiplikation oder Division. Doch laß mich das Rechenverfahren einfacher Brüche in einfacher Weise vortragen! 1. Die Addition ist so leicht, dass sie sich beinahe mit ihrer Darstellung deckt. Z.B. ergeben zwei Sekunden, addiert zu vier fünften M., $\frac{2m}{2}$ und $\frac{5m}{4}$. Ebenso machen vier dritte M. und sieben dritte M. $\frac{3m}{11}$, nämlich elf dritte M. usw.

2. Die Subtraktion scheint fast nichts anderes zu sein, als die Aufhebung der dargestellten Brüche. Setzt man nämlich $\frac{2m}{2}$ und $\frac{5m}{4}$ und zieht zwei Sekunden ab, **[66r]** so bleiben vier fünfte M. übrig. Ebenso, wenn man drei fünfte M. von vier fünften M. abzieht, bleibt eine fünfte M. übrig.

Gewiß werden Additionen und Subtraktionen von Gliedern der geometrischen Progression nicht mit solcher Einfachheit durchgeführt; es ist wirklich wunderbar und erfreulich zu sehen, wie die gleichen Dinge in verschiedenen Figuren eine derartige Verschiedenheit gewinnen. Doch wollen wir die restlichen Arten der Operationen ansehen.

3. Multiplikation. Addiere die Nenner, dann hast du den Nenner der von dir zu gewinnenden Summe. Die Zähler jedoch werden miteinander multipliziert, wie das gewöhnliche Rechenverfahren lehrt. Z.B. ${}^{2m}_{4}$ mal ${}^{4m}_{6}$ macht ${}^{6m}_{24}$, und ebenso ergeben ${}^{1m}_{3}$ mal ein ${}^{5m}_{8}$ auch ${}^{6m}_{24}$. Ich stelle aber 3 Minut. unter die herrschende Einheit, damit du den Nenner des Produktes wie aus einer Ursache deutlicher siehst, usw. So machen ${}^{0}_{4}$ mal ${}^{m}_{7}$ dann ${}^{m}_{28}$. Du siehst, dass hier ganze 4 mit sieben Minuten multipliziert sind. Ebenso: ${}^{0}_{4}$ mal ${}^{3m}_{7}$ macht ${}^{3m}_{28}$. Die Null ändert nämlich bei ihrer Addition nichts, wie auch die Eins nichts ändert, wenn sie multipliziert. Aber wenn sie addiert wird, ändert sie gewiß und wird geändert, wie bei ${}^{1m}_{8}$ mal sich selbst ergibt ${}^{m}_{1}$ ${}^{2m}_{4}$. Ebenso ergibt ${}^{m}_{8}$, in die dritte Potenz erhoben ${}^{2m}_{8}$ ${}^{'''}_{32}$.

4. Division. Ziehe den kleineren Nenner vom größeren ab, dann bleibt der Nenner deines Restes übrig. Die Zähler hingegen dividiere, wie der gewöhnliche Algorithmus lehrt. So lassen ${}^{6m}_{24}$, geteilt durch ${}^{4m}_{6}$, dann ${}^{2m}_{4}$ übrig. Und ${}^{6m}_{24}$, geteilt durch ${}^{m}_{3}$, lassen ${}^{5m}_{8}$ übrig. Ebenso lassen ${}^{3m}_{28}$, dividiert durch ${}^{\text{ganze}}_{7}$ dann ${}^{3m}_{4}$ übrig.

5. Das Ziehen der Quadratwurzel stellt vom Nenner die Hälfte auf. So ergibt ${}^{2m}_{36}$ die Quadratwurzel ${}^{m}_{6}$. Und die Quadratwurzel von ${}^{m}_{15}$ macht ${}^{m}_{30}$. Wenn nämlich der Bruch, aus dem du die Quadratwurzel suchst, nicht unter dem Nenner einer geraden Zahl steht, dann führe ihn auf eine solche zurück. So machen ${}^{m}_{15}$ dann ${}^{2m}_{900}$, und davon ist die Quadratwurzel ${}^{m}_{30}$.

Und wenn du die Kubikwurzel suchst, siehe zu, dass du den Bruch auf einen Nenner zurückführst, der durch drei teilbar ist. So macht die Kubikwurzel aus ${}^{m}_{72}$ ${}^{2''}_{30}$ dann ${}^{3''}_{30}$. Die Reduktion macht nämlich ${}^{3m}_{2700}$, und davon die Kubikwurzel macht ${}^{3''}_{30}$.

So wird die zensizensische [4.] Wurzel aus einem Nenner gezogen, der durch 4 teilbar ist, und die surdesolide [5.] Wurzel aus einem Nenner, der durch 5 teilbar ist, und so auch weiter. **[66v]**

Allgemeines Rechenverfahren physikalischer Brüche

Wenn man den Inhalt der oben angeführten Regeln dieses Kapitels richtig versteht, braucht man keinen allgemeinen Algorithmus physikalischer Brüche, sondern nur Beispiele.

Beispiel für Addition

Ganze	Minut.	2.m	3.m	4.m	5.m	6.m	7.m
2	0	0	50	40	36	28	50
0	30	0	9	20	50	0	10
2	30	1	0	1	26	29	0

Wenn aus zwei addierten Zahlen eine Zahl herauskommt, die größer ist als sechzig, dann wird jener Überschuß über die Zahl sechzig geschrieben, die Zahl sechzig aber wird zu einer Eins, die man dem Aggregat der folgenden zu addierenden Zahlen nach links hinzufügt. Du siehst aber, dass wir hier nach derselben Methode beginnen von rechts zu addieren, zu subtrahieren und zu multiplizieren, wie dies auch beim gewöhnlichen Rechenverfahren geschieht, dass wir rechts beginnen, usw.

Beispiel für Subtraktion

Ganze	Minut.	2.m	3.m	4.m	5.m	6.m	7.m
2	30	1	0	1	26	29	0
2	0	0	50	40	36	28	50
0	30	0	9	20	50	0	10

Zuerst ziehe ich 50 siebte M. ab, über die ich die Null schreibe und erhalte daher umgekehrt eine sechste M., was 60 siebte M. macht; von diesen ziehe ich jene 50 siebte M. ab, wobei 10 siebte M. übrig bleiben. Dann ziehe ich 28 sechste M. von ebenso vielen sechsten M. ab (denn eine sechste M. ging ja zu den siebten M. fort), wobei kein Rest bleibt. Dann können 36 fünfte M. nicht von 26 fünften M. abgezogen werden, weshalb ich wiederum eine vierte M. borge, die 60 fünfte M. beträgt. Also werden es 86 fünfte M., von denen ich nun 26 fünfte M. abziehe, wobei 50 fünfte M. übrig bleiben. Wenn ich dann 40 vierte M. abziehen will, finde ich nur eine vierte M., die vorher zur Verfügung gestellt wurde. Und an Stelle der dritten M. finde ich ebenfalls nichts, weshalb ich mir eine Sekunde leihe, die 59 dritte M. und 60 vierte M. ersetzt, usw. **[67r]**

Beispiel für Multiplikation

Ganze	Minut.	2.m	3.m	4.m	5.m	6.m
2	5	10	4 Zu multiplizieren			
6	3	8	7 Multiplizierend			
			14	36	10	28
		16	41	20	32	
	6	15	30	12		
12	31	0	24			
12	37	32	50	8	42	28

Zuerst multipliziere ich 7 dritte M. mit 4 dritten M., was 28 sechste M. macht, die unter ihren Nenner gestellt werden, nämlich unter 6.m. Und so wird man jene 7 dritte M. mit den einzelnen zu multiplizierenden Brüchen multiplizieren. Und die Ordnung selbst wird dich nicht leicht nach der ersten Multiplikation einen Fehler machen lassen.

An die begrenzende Zahl brauche ich dich nicht zu erinnern, denn du weißt ja sattsam, was zu tun ist, denn wenn du 8 zweite M. mit 10 Sekunden multiplizierst, kommen 80 vierte M. heraus. Du wirst jedoch 20 vierte M. hinstellen, denn 60 vierte M. gehen in eine dritte M. über usw.

Beispiel für Division

Ganze Minut. 2.m 3.m Ort des Quotienten
2 0
Ganze Minut. 2.m 3.m 4.m 5.m 6.m
~~1~~2 ~~3~~7 ~~3~~2 ~~5~~0 8 42 28
~~6~~ ~~3~~ ~~8~~ ~~7~~ Divisor
2 Zahlzeichen des Quotienten

~~1~~2 ~~6~~ ~~1~~6 ~~1~~4	Multiplizierend
31 16 36	Rest

Ich folge aber an dieser Stelle jener meiner Methode des Dividierens, die ich in Kapitel I unter den drei Buchstaben Q.M.S. lehrte; die Bedeutung der drei Buchstaben kann man dort aufsuchen.

Zweitens wird das Beispiel so angeordnet:

Ganze	Minut.		2.m	3.m			Ort des Quotienten
2	5						[67v]
Ganze	Minut.	2.m	3.m	4.m	5.m	6.m	
0	~~3~~1	~~1~~6	~~3~~6	~~8~~	42	28	
	~~6~~	~~3~~	~~8~~	~~7~~			
				5	Zahlzeichen des Quotienten		
	~~3~~0	~~1~~5	~~4~~0	~~3~~5			
	1	0	55	33	Rest		

Und auf diese Weise wird nach jeder Erneuerung des Divisors dieser selbst verschoben, bis die Division vollendet ist. So wird ja auch in der Division nach dem üblichen Rechenverfahren der Divisor so lange verschoben, bis sein erstes Zahlzeichen unter dem ersten Zahlzeichen des Dividenden steht.

Drittens wird das Beispiel so angeordnet:

Ganze	Minut.		2.m	3.m			Ort des Quotienten
2	5		10				
Ganze	Minut.	2.m	3.m	4.m	5.m	6.m	
~~0~~	~~1~~	0	~~5~~5	~~3~~3	~~4~~3	28	
		~~6~~	~~3~~	~~8~~	~~7~~		Divisor
					10		Zahlzeichen des Quotienten
	~~1~~	0	~~3~~1	~~2~~1	~~1~~0		
			24	12	32		Rest

An dieser Stelle fragst du zuerst nach, wie vielmal der Divisor in der Zahl über ihm enthalten ist, dann löse 1 Minute auf, damit du siehst, dass 6 zehnmal in 60 enthalten ist.

Vierte und letzte Anordnung dieses Beispiels:

Ganze	Minut.		2.m			3.m	Ort des Quotienten
2	5		10			4	
Ganze	Minut.	2.m	3.m	4.m	5.m	6.m	
0	0	0	~~2~~4	~~1~~2	~~3~~2	~~2~~8	
			~~6~~	~~3~~	~~8~~	~~7~~	
						4	
			~~2~~4	~~1~~2	~~3~~2	~~2~~8	

Du siehst, dass die Division vollständig ist und kein Rest bleibt, du siehst den an seinem Orte vollständigen Quotienten, usw. **[68r]**

Ein höchst breites Übungsfeld liefern uns die aufgelösten Tabellen, die Schöner aufs getreueste berichtigt und uns zum Nutzen angefertigt hat. Man wird aber Beispiele für die Addition in beliebiger Menge entsprechend seiner ersten Darstellung zusammenstellen. Auch kann man unendlich viele Beispiele für die Subtraktion aus seiner zweiten Darstellung zusammenstellen, ebenso auch nach seiner dritten, vierten und fünften Darstellung. Auch will ich in aller Kürze zeigen, dass man unendlich viele Beispiele für Multiplikation und Division allein aus den Tabellen der mittleren Bewegungen zusammenstellen kann. Zum Beispiel:

Nehmen wir an, dass die mittlere Bewegung der Sonne in dreißig Stunden genau einen Grad, dreizehn Minuten und 55 Sekunden vollendet, denn diese Bewegung zeigt die Tabelle an. Nun möchte ich aber aus dieser Bewegung die Bewegung von genau einem Tag gewinnen; da stelle ich das Beispiel nach der Dreisatz-Regel so auf:

Stund.	Grad.	Minut.	2.m	Stund.
30	1	13	55	24

Man kann aber auch so anordnen:

Stund.	Grad.	Minut.	2.m	Stund.
5	1	13	55	4

Man hat, wie man deutlich sieht, an jedem beliebigen Beispiel dieser Art ein Beispiel sowohl für Multiplikation wie für Division.

Es kommen aber nach der Dreisatz-Regel genau heraus:

Grad.	Minut.	2.m
0	59	8,

und die Tabelle bestätigt die Berechnung.

Ebenso will ich aus der früheren mittleren Bewegung der Sonne, die die Tabelle für 30 Stunden angibt, ihre Bewegung in dreißig Minuten einer Stunde herausfinden. Das Beispiel stellt sich so dar:

Stund.	Grad.	Minut.	2.m	Minut.	
30	1	13	55	30	**[68v]**

Man kann aber auch so anordnen:

Stund.	Grad.	Minut.	2.m	Minut.
1	1	13	55	1

Aus dieser Rechnung ergeben sich aber:

Grad.	Minut.	2.m	3.m
0	1	13	55

Aus diesem Beispiel wird man leicht erkennen, wie es kommt, dass die Tabellen mittlerer Bewegungen, für Stunden gegeben, auch für beliebige Brüche von Stunden ausreichen. Man wird nämlich auf folgende Weise herausfinden, dass die Bewegung von 30 Sekunden einer Stunde genau betragen:

Grad.	Minut.	2.m	3.m	4.m
0	0	1	13	55

und dass die Bewegung von 30 dritten M. einer Stunde beträgt:

Grad.	Minut.	2.m	3.m	4.m	5.m
0	0	0	1	13	55

Sollte es aber geschehen, dass deine Rechnung mit der Tabelle nicht genau übereinstimmt, wirst du erkennen, weshalb der Verfasser der Tabelle entweder zum kleineren Wert herabgeht oder sich nach dem größeren Wert richtet. Wenn ich nämlich aus der Bewegung eines Tages die Bewegung einer Stunde herausfinden will, so finde ich genau:

Grad.	Minut.	2.m	3.m
0	2	27	50

Die Tabelle indes stellt für eine Stunde nur auf:

Grad.	Minut.	2.m
0	2	28

Also war dies Absicht des Verfassers. Weil er nämlich dritte M. aufstellen wollte, hielt er es für besser, wenn 10 dritte M. übrig blieben, als wenn 50 dritte M. fehlten.

Es steht aber fest, dass die durch die Dreisatz-Regel gefundene Zahl der Wirklichkeit näher steht als jene Zahl, die in der Tabelle steht. Nach der in der Tabelle aufgestellten Bewegung kommen nämlich für ein Jahr nur heraus: 364 Tage, 20 Stunden, 45 Minuten usw. **[69r]**

Nach der durch die Dreisatz-Regel gefundenen Zahl aber kommen für ein Jahr heraus: 365 Tage, 6 Stunden, 37 Minuten usw.

Das Beispiel stellt sich aber nach der Dreisatz-Regel so dar:

Grad.	Minut.	2.m	3.m	Stund.	Grad.
0	2	27	50	1	360

Der Divisor macht 8870 dritte M., und der Dividend macht 77760000 dritte M., so dass aus jener Division 8766 Stunden herauskommen. Der Rest der Division beträgt aber 5580, und dieser Rest, aufgelöst durch 60, ergibt das Produkt, das durch den früheren Divisor geteilt wird, wodurch 37 Minuten entstehen, usw.

Das Beispiel stellt sich aber nach der Zahl in der Tabelle so dar:

Grad.	Minut.	2.m	Stund.	Grad.
0	2	28	1	360

Der Divisor macht 148 Sekunden, und der Dividend macht 1296000 Sekunden, so dass sich aus jener Division 8756 Stunden ergeben, das sind 364 Tage, 20 Stunden. Es blieben aber bei der Division 112 Stunden übrig, die man in Minuten auflöst, dann durch den früheren Divisor teilt, nämlich durch 138, woraus sich 45 Minuten ergeben, usw.

Daher nimmt man ein Schaltjahr lieber entsprechend der Zahl in meiner Operation an als nach der Zahl in der Tabelle.

Weiterhin siehst du, dass die Zahl in meiner Rechnung dem Jahr mehr zuteilt als das Schaltjahr bringt. Das Schaltjahr bringt nämlich für jedes Jahr genau 6 Stunden bei. Die Bewegung entsprechend meiner angeführten Rechnung aber teilt einem Jahr zu:

Tage	Stund.	Min.	2.m	3.m	4.m	5.m	6.m	7.m	8.m	9.m	10.m	11.m	12.m	13.m	14.m
365	6	37	44	42	45	3	2	38	13	10	53	26	18	48	17

15.m	16.m	17.m	18.m	19.m	20.m	usw.
51	28	36	47	53	30	

Wir sehen aber an dieser Stelle, was Nicolaus von Kues zur **[69v]** Berichtigung des Kalenders machte. Als er nämlich gesehen hatte, dass man zu der Bewegung einer Stunde

Grad.	Minut.	2.m	3.m
0	2	27	50

etwas hinzufügen müsse und dass die Addition eines Drittels das Maß sprengen würde, weil der Divisor, vermehrt um ein ganzes Drittel, dem Jahr mehr wegnähme als billig, fand er heraus, dass man 7059 Teile eines Drittels unter dem Nenner 43829 abziehen müsse, das heißt also, man müsse $\frac{7059}{43829}$ eines Drittels von einem Drittel abziehen; den Rest dieser Subtraktion, nämlich $\frac{36770}{43829}$ eines Drittels, müsse man der Bewegung hinzufügen, durch die eine Stunde ergibt:

Grad.	Minut.	2.m	3.m
0	2	27	50

So nämlich rät mir die Rechenmethode, sein Verfahren durch Vermutung zu gewinnen, weil ich seine Bücher nicht lange einsehen konnte. Es nimmt aber jenes kleine Bißchen Bewegung vom Jahr alle jene Brüche weg, die ich kurz zuvor oben aufstellte, gemeinsam mit einer Fünftel-Stunde. Davon kommt es, dass für ein Sonnenjahr genau übrig bleiben: 365 Tage; 5 Stunden 48 Minuten, und ich weiß, dass Nicolaus von Kues diese Zahl angesetzt hat.

Nun sieht man aus dem Vorgeführten zur Genüge, dass man sich dort nicht nur Übungsbeispiele für das Rechenverfahren mit physikalischen Brüchen in endloser Zahl holen kann, sondern man sieht ebenso, wie man zahllose astronomische Erfahrungen machen kann.

Auch bietet die umgekehrte Dreisatz-Regel ihnen Nutzen für astronomische Rechnungen dieser Art, was ich hier durch ein Beispiel werde anzeigen müssen. Wir wollen übungshalber annehmen, das Fest der Geburt Christi sei von den Aposteln eingerichtet worden, und dies sei bald nach dem Jahr geschehen, in dem Christus litt und starb, also im Jahre des Herrn 34. Wir wollen ebenfalls annehmen, die Wintersonnwende habe am Tag von Christi Geburt begonnen, also am 25. Dezember; im Jahre des Herrn 1474 aber habe die Wintersonnwende am 13. Dezember begonnen, nämlich am Fest der Hl. Lucia. **[70r]** Bei solchen Annahmen will ich untersuchen, um wie viel unser Schaltjahr täuscht. Das Beispiel wird nach der umgekehrten Dreisatz-Regel so aussehen:

4 Jahre ; 6 Stunden; 120 Jahre; macht: 12 Minuten.

Man muß das Beispiel aber so verstehen: 6 Stunden berichtigen 4 Jahre. Wie viel an Zeit also braucht man, um 120 Jahre zu berichtigen? So aber berichtigen 6 Stunden 4 Jahre, weil sechs Stunden in jedem Jahr von der Berechnung der Astronomen verloren gingen, wenn nicht das Schaltjahr diese Zeit wieder einbrächte. Also machen 6 Stunden in vier Jahren einen Tag aus, der, wie bekannt, immer im vierten Jahr eingeschaltet wird. Es müssten aber eigentlich sechs Stunden, abzüglich einer kleinen Zeitspanne, eingeschaltet werden, und ich suche daher, wie groß diese Zeitspanne ist, die von den sechs Stunden hätte abgezogen werden müssen. Ich habe hier bereits angesetzt, dass die Wintersonnwende innerhalb von 1440 Jahren um 12 ganze Tage zurückging (vom 13.

Dezember nämlich bis zum 25. Dezember sind es 12 Tage und vom Jahre 34 bis zum Jahr 1474 sind es 1440 Jahre), so schließe ich zuerst nach der Dreisatz-Regel:

12 Tage   1440 Jahre   1 Tag   machen   120 Jahre

Sodann schließe ich nach der umgekehrten Dreisatz-Regel:

4 Jahre   6 Stunden   120 Jahre   machen   12 Minuten.

Man müsste also 12 Minuten von den 6 Stunden abgezogen haben, so dass 5 Stunden und 48 Minuten über 365 Tage hinaus berechnet würden. Dies ginge recht schön, wenn man immer in jedem 120. Jahr ein Schaltjahr einschöbe, so daß, wie jedes vierte Jahr ein Schaltjahr ist, jedes dreißigste Schaltjahr jedoch niemals ein Schaltjahr sein dürfte.

VON DEN MUSIKALISCHEN PROGRESSIONEN.

Kapitel IX.

Jetzt erst will ich von den musikalischen Progressionen sprechen, also von der Anordnung von Zahlen, die nach Tonleitern aufgestellt sind. Die Musiker aber stellen zuerst die Tonleiter der echten Musik auf; dann erst kommt die Tonleiter der [70v] erfundenen Musik. Also wollen wir die Anordnung beider Tonleitern untersuchen.

Von der Zahlenprogression nach der Tonleiter der echten Musik

Wer die Progression nach der Tonleiter der echten Musik erstellen will, muß von der Proportion der Verdopplung ausgehen. Diese aber ist von allen Proportionen die erste, wenn man ihren Ursprung aus den Zahlen betrachtet. Es sind ja ihre eigenen Glieder die kleinsten unter den Zahlen. Die Zahl Zwei nämlich erstellt, bezogen auf die Eins, die Proportion der Verdopplung dar, und unter dieser findet man das Intervall der Oktave selbst, wie man hier sieht:

Γsol/re/ut   1 \
                   > Oktave
Γut   2 /

Es ist aber dieses Intervall der Skala das vollkommenste, das alle übrigen Intervalle in sich begreift, so dass alles, was sich außerhalb davon auf der Skala findet, nur als eine Wiederholung dessen gelten darf, was innerhalb dieses Intervalls niedergelegt ist. So nämlich passen die menschlichen Stimmen und die Musikinstrumente nach erfreulichem Urteil der Ohren zur Natur der Zahlen.

Wenn man nun beide Glieder [1, 2] verdoppelt, dann wird zwischen die verdoppelten Glieder [2, 4] die Drei fallen, die die Oktave in Quinte und Quarte unterteilt. Die beiden Intervalle sind jedoch erfundene Maße, mit Hilfe deren man alle Intervalle beider Skalen finden kann, darüber hinaus Kommata und Abschnitte, usw. Es ist aber eine wunderbare Teilung, dass eine Proportion, die in ihrer Art die kleinste von allen ist, in zwei Proportionen geteilt wird, die in ihrer Art die größten von allen sind und, was die

Skala betrifft, auch die vollkommensten sind, besonders die Hauptteile der Division, usw. Das Intervall aber sieht, geteilt, so aus:

G	2	
		Quinte
C	3	
		Quarte
Γ	4	

Alle übrigen Intervalle beider Skalen wirst du (wie ich sagte) durch Quinte und Quarte finden, und dafür gibt es vier Regeln. **[71r]** Zwei davon betreffen die Anspannung beider Maße und zwei davon das Nachlassen. All dies wird nämlich entweder durch Anspannung oder durch Nachlassen von Quinte oder Quarte gefunden.

Erste Regel von der Anspannung der Quinte

Multipliziere die einzelnen Zahlen deiner Tasten mit 3; dann multipliziere die Zahl der Taste, von der aus du anspannst, mit 2 und teile das Produkt durch 3; dann kommt die Zahl der Taste heraus, die du suchtest.

Zweite Regel vom Nachlassen der Quinte

Multipliziere die einzelnen Zahlen deiner Tasten mit 2; dann multipliziere die Zahl der Taste, von der aus du nachlässt, mit 3 und dividiere das Produkt durch 2. Dann kommt unter den übrigen die Zahl deiner Taste heraus.

Dritte Regel von der Anspannung der Quarte

Multipliziere die einzelnen Zahlen deiner Tasten mit 4; dann multipliziere die Zahl der Taste, von der aus du anspannst, mit 3 und teile das Produkt durch 4. Dann kommt die Zahl der Taste heraus, die du suchtest.

Vierte Regel vom Nachlassen der Quarte

Multipliziere die einzelnen Zahlen deiner Tasten durch 3; dann multipliziere jene Zahl der Taste, von der aus du nachlässt, mit 4 und dividiere das Produkt durch 3. Dann kommt die Zahl deiner Taste heraus, die du suchtest.

Du wirst zahlreichen Beispielen für diese Regeln begegnen.

Von der Zahl, die du bei der letzten Anordnung gefunden hast, nämlich von einer ungeraden, spanne die Quarte an (du siehst ja, dass man es so machen muß; du würdest nämlich nichts ausrichten, wenn du die Quarte nachließest, wie du aus der Division des Intervalls selbst siehst; würdest du aber die Quinte anspannen, würdest du G überspringen, und ließest du die Quinte nach, würdest du unter Gamma fallen). Durch jene Anspannung aber der Quarte findet man die Zahl jener Taste F, und die gefundene Zahl beträgt 9. Daher sieht die Division so aus:

G	8	
		Ton
F	9	
		Quarte
C	12	
		Quarte
Γ	16	

[71v] Nun lasse von der ungeraden Zahl die Quint nach, dann wird die Zahl des runden B gefunden (dies wird nicht in die Skala gesetzt; dies ist nur gebräuchlich, wenn sein Abstieg über Gamma hinausgeht); die gefundene Zahl aber des runden B macht 27. Daher sieht die Anordnung der Tasten nun so aus:

G	16	
		Ton
F	18	
		Quarte
C	24	
		Ton
Bfa	27	
		Halber Doppelton
Γ	32	

Du mußt aber von Gamma aus die Quinte anspannen, und dann wirst du finden, daß D die Zahl 64 hat, wie du hier siehst :

G	48	
		Ton
F	54	
		Halber Doppelton
D	64	
		Ton
C	72	
		Ton
Bfa	81	
		Halber Doppelton
Γ	96	

Von der gefundenen Zahl [72r] aber laß die Quart nach (ließest du nämlich die Quint nach, würdest du nichts ausrichten, usw.), dann wirst du die Zahl jener Taste A finden, die 256 beträgt, wie du aus der folgenden Anordnung siehst:

G	144	
		Ton
F	162	
		Halber Doppelton
D	192	
		Ton
C	216	
		Ton
Bfa	243	
		Kleinerer Halbton
A	256	
		Ton
Γ	288	

Von der gefundenen Zahl oder von der Taste A spanne die Quinte (du würdest nämlich nichts ausrichten, wenn du die Quarte anspanntest, weil du auf die Taste D kämest, die zuvor gefunden wurde), und du wirst die Zahl der Taste E finden, die 512 beträgt, wie die folgende Anordnung zeigt:

G	432	
		Ton
F	486	
		Kleinerer Halbton
E	512	
		Ton
D	576	
		Ton
C	648	
		Ton
Bfa	729	
		Kleinerer Halbton
A	768	
		Ton
Γ	864	

[72v] Von der gefundenen Taste, nämlich von E, laß die Quarte nach, und du wirst die Taste von ♮mi finden, die die Zahl 2048 hat. Und dann hast du die Oktave mit den einzelnen Tasten und vier Saiten und die vollständige musikalische Progression, die du ins Unendliche fortsetzen kannst, indem du Oktave aus Oktave entstehen lässt. Und es geschieht jene Ausdehnung oder Progression nur durch Verdopplung, wie du an der Skala schön wirst sehen können:

G	1296	
		Ton
F	1458	
		Kleinerer Halbton
E	1536	
		Ton
D	1728	
		Ton
C	1944	
		Kleinerer Halbton
♮mi	2048	
		Größerer Halbton
Bfa	2187	
		Kleinerer Halbton
A	2304	
		Ton
Γ	2592	

Auch wenn man die Haupt- oder Moll-Tasten vertauschte in hervorragende oder verdoppelnde, bleibt nichts anderes übrig, als dass man aus jenen verdoppelten Einzelzahlen eine Oktave aus Dur-Tasten erstellt; und dann macht man aus der Oktave der Dur-Tasten eine Oktave von Moll-Tasten oder Großbuchstaben, was allein durch die Verdopplung geschieht, wie ich sagte. Hat man das getan, wird man die hervorragenden gg und ff streichen können, ebenso auch Bfa, und dann wird die vollkommene Skala dastehen, in ihren kleinsten oder eigenen Gliedern. [73r]

ee	1536	
		Ton
dd	1728	
		Ton
cc	1944	
		Kleinerer Halbton
♮♮	2048	
		Größerer Halbton
bb	2187	
		Kleinerer Halbton
aa	2304	
		Ton
g	2592	
		Ton
f	2916	
		Kleinerer Halbton
e	3072	
		Ton
d	3456	
		Ton
c	3888	
		Kleinerer Halbton
♮	4096	
		Größerer Halbton
b	4374	
		Kleinerer Halbton
a	4608	
		Ton
G	5184	
		Ton
F	5832	
		Kleinerer Halbton
E	6144	
		Ton
D	6912	
		Ton
C	7776	
		Kleinerer Halbton
♮	8192	
		Ton
A	9216	
		Ton
Γ	10368	

Willst du aber unter Gamma Γut herabsteigen, dann mußt du das runde B auch bei den Moll-Tönen aufbewahren, und zwar auf Grund des Zwanges, dass das runde b zu den Dur-Tönen gerechnet wird, bb dagegen zu den hervorragenden. So wird nämlich jene Unsauberkeit entfernt, die das Ohr beleidigt, indem nämlich der größere Halbton vom Dreiton weggenommen wird. Die Natur aber der Zahlen und das Verhältnis der Töne erzeugt stets, wie bereits gesagt, eine Oktave aus der anderen.

Vom Beweis der musikalischen Progression, die man bei den Tasten hinzugesetzt sieht

Willst du wissen, ob ein Ton zwischen ee und dd ist, also zwischen 1536 und 1728, dann nimm die kleinsten Zahlen jener Proportion, nämlich 8 und 9. Dividiere also die kleinere Zahl durch die kleinere und die größere durch **[73v]** die größere, und wenn dieselbe Zahl herauskommt, dann wird der Beweis geführt sein; 1536 durch 8 ergibt ja 192, und so viel ergibt auch 1728, geteilt durch 9. Oder multipliziere die kleinere Zahl der Skala mit der größeren Zahl der Proportion und die größere Zahl der Skala mit der kleineren Zahl der Proportion.

Wie aber der Ton durch 8 und 9 bewiesen wird, so wird der größere Halbton durch 2048 und 2187 bewiesen, ebenso der kleinere Halbton durch 243 und 256 und der halbe Doppelton durch 27 und 32 und der Doppelton durch 64 und 81. Die Quarte wird durch 3 und 4 bewiesen, der Dreiton durch 512 und 729, die Halbquinte durch 729 und 1024, die Quinte durch 2 und 3, der Halbton mit der Quinte durch 81 und 128, der Ton mit der Quinte durch 16 und 27, der halbe Doppelton mit der Quinte durch 9 und 16, der Doppelton mit der Quinte durch 128 und 243, die Halboktave durch 2187 und 4096, die Oktave wird durch 1 und 2 bewiesen.

Sieh aber, wie sich innerhalb einer Oktave, deren Grenzen bb und b sind, die Intervalle der Oktave selbst in bester Ordnung aufgestellt finden, wie die folgende Figur anzeigt:

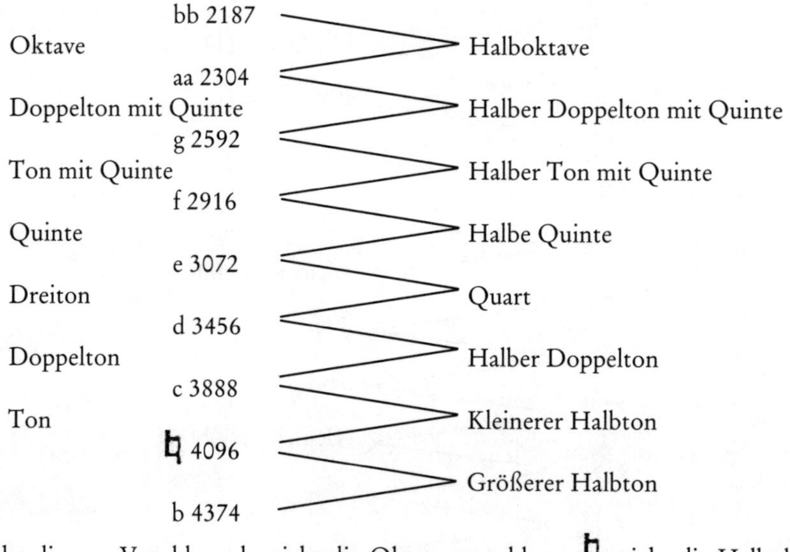

Verstehe dies so: Von bb zu b reicht die Oktave, von bb zu ♮ reicht die Halboktave, von aa zu b reicht der Doppelton mit Quinte, von aa zu ♮ reicht der halbe Doppelton mit der Quinte. Und so verhält es sich mit allen anderen. **[74r]**

Von der Progression entsprechend der Skala der erfundenen Musik

Die Progression, die entsprechend der Skala der erfundenen Musik entsteht, verhält sich vollkommen wie die bisher besprochene Skala der echten Musik. Die Skala der echten Musik schreitet nämlich entsprechend der Progression der vier Saiten im Klavier voran, wobei stets auf zwei ganze Töne ein kleinerer Halbton folgt. Damit aber der Dreiton nicht hinderlich wird, zeigt sich ein Ton an seinem Ort geteilt in einen kleineren und größeren Halbton, wie sattsam gezeigt, und jene ist die eigentliche musikalische Progression.

Die musikalische, der erfundenen Skala entsprechende Progression nun hat grundsätzlich dieselben Proportionen, jedoch in der Weise, dass sie einer weiteren Division unterliegen, und zwar so, dass kein Ton übrig bleibt, der nicht in einen kleineren und größeren Halbton unterteilt wird, wie man bei der folgenden Teilung einer Oktave sehen kann:

gg	165888	
		Größerer Halbton
	177147	
		Kleinerer Halbton
ff	186624	
		Kleinerer Halbton
ee	96608	
		Größerer Halbton
	209952	
		Kleinerer Halbton
dd	221184	
		Größerer Halbton
	236196	
		Kleinerer Halbton
cc	248832	
		Kleinerer Halbton
♮♮	262144	
		Größerer Halbton
bb	279936	
		Kleinerer Halbton
aa	294912	
		Größerer Halbton
	314928	
		Kleinerer Halbton
g	331776	

Du wirst schon an Hand dieser herausragenden oder Paartasten oder Tastenzahlen die ganze Skala leicht vollenden können, indem du natürlich die einzelnen Zahlen verdoppelst, wie oben angegeben ist.

Diese Teilung aber dieser Oktave ist gemacht wie die obere, nämlich durch Quinte und Quarte. Und aus jener oberen ist, natürlich von einer ungeraden Zahl aus, die du bei Bfa stehen siehst, die Anspannung der Quart selbst gemacht, usw. Und so geht es der Reihe nach immer weiter, **[74v]** so dass du mit der ungeraden Zahl beginnst. Überall jedoch wirst du *eine* ungerade Zahl allein haben. Ebenso geht dies immer der Reihe nach, dass die Quarte angespannt und niemals entspannt wird, während die Quinte entspannt und niemals angespannt wird. Wenn du dich an diese Regeln hältst, kannst du niemals in die Irre gehen.

Du siehst hier auch, nach welcher Methode die Musiker FA mit Tasten spielen, deren Bezeichnungen FA gar nicht enthalten. Ebenso siehst du, aus welchem Grunde MI bei einzelnen Tasten nicht zugelassen wird, FA jedoch zugelassen wird, usw.

Ebenso siehst du, aus welchem Grunde man bei der erfundenen Musik von erfundener Musik spricht. Man darf die Sache nämlich nicht so verstehen, als ob diese der echten Musik gegenübergestellt würde, etwa als Fiktion einer Sache, die es nicht gibt. Jedoch erfordert die erfundene Musik über die allgemeine Skala hinaus eine andere Einteilung der Oktave und hat eine andere Anordnung der Skala. Wenn man also auf die Silben oder Töne der Tasten achtet, erscheint diese Musik als Fiktion; sieht man jedoch auf das Verhältnis der Zahlen, ist es eine wirkliche Sache und eine Kunst, die den Regeln der Musik keineswegs entgegensteht, als ob es sich um die Erfindung einer nicht existierenden Sache handelte.

Du siehst auch aus dem Verhältnis der Zahlen, dass ein Ton nicht härter oder weicher ist als ein anderer oder irgend ein Intervall härter oder weicher als ein anderes Intervall, wenn das Verhältnis der Zahlen besagt, dass es ihm gleich ist; höchstens kann man Härte und Weichheit nach dem leiseren Anschlag des Tones beurteilen. Das vorliegende Zahlenverhältnis beurteilt jedoch Moll und Dur. Wie wir aber nach verschiedenem Verhältnis der Zahlen zwischen langen und kurzen Tönen unterscheiden, so urteilen wir nach anderem Zahlenverhältnis zwischen einem lauten und leisen Ton, und es gibt hier keine Erscheinung, die nicht ihr Verhältnis in Zahlen hätte. Es steht aber zur Genüge fest, dass die dünneren Saiten der Zither nicht nur schärfere Töne geben als die dickeren, sondern auch feinere. Anlaß zu dieser Abschweifung gab mir aber jene Einteilung der Musiker, bei der sie sechs musikalische Töne in drei Quarten einteilen, und zwar so:

La	♮ dur
Sol	natürlich
Fa	b moll
Mi	♮ dur
Re	natürlich
Ut	b moll. **[75r]**

Man nennt aber den schärferen Ton des kleineren Halbtones weich (moll), den schwereren Ton hingegen hart (dur), und dies auch deshalb, weil keine Tastenbenennung, die la hat, den Ton fa oder ut zulässt, sehr wohl hingegen den Ton mi. Ebenso lässt keine Benennungsweise, die den Ton ut enthält, den Ton mi oder la zu, sehr wohl hingegen das fa. Aus diesem Grund hielt man den Ton la für hart, weil er eine gewisse Verwandtschaft mit dem Ton mi zu haben scheint, ganz wie auch der Ton ut mit dem Ton fa verwandt erscheint. So nennt man auch die Töne sol und re natürliche Töne, denn sie vermeiden weder die Freundschaft mit den harten noch mit den weichen ♮, mag auch sol sich mehr den weichen b - Tönen zuneigen. Mag es sich auch niemals mit dem Ton mi vermischen, mischt es sich doch mit dem Tone la. Und so mischt sich auch re niemals mit dem Ton fa, sehr wohl jedoch mit dem Ton ut. Du siehst gewiß, dass diese Spekulation der Musiker nichts mit den Zahlenverhältnissen zu tun hat, sondern mit den Silben der Benennungen der Tonleiter selbst, usw.

Andere Progression, nämlich andere Einteilung der Oktave in Kommata und kleinere Halbtöne

gg	42467328	
		Komma
	43046721	
		Kleinerer Halbton
	45349632	
		Kleinerer Halbton
ff	47775744	
		Kleinerer Halbton
ee	50331648	
		Komma
	51018336	
		Kleinerer Halbton
	53747712	
		Kleinerer Halbton
dd	56623104	
		Komma
	57395628	
		Kleinerer Halbton
	60466176	
		Kleinerer Halbton
cc	63700992	
		Kleinerer Halbton
♮♮	67108864	
		Komma
	68024448	
		Kleinerer Halbton
bb	71663616	
		Kleinerer Halbton
aa	75497472	
		Komma
	76527504	
		Kleinerer Halbton
	80621568	
		Kleinerer Halbton
g	84934656	

[75v] Du kannst auch diese Progression der Kommata und kleineren Halbtöne bis zu Γut ausdehnen, indem du die einzelnen Zahlen verdoppelst.

Es ist aber ein Komma die Differenz, um die der größere Halbton den kleineren Halbton übertrifft.

Du könntest auch eine Progression der Abschnitte und Kommata aufstellen. Es gibt aber dreifache Abschnitte: manche sind die ersten, manche die zweiten und manche die dritten. Der erste Abschnitt ist aber die Differenz des kleineren Halbtones über dem Komma, z.B.:

134217728
129140163

Und der zweite Abschnitt ist die Differenz, um die der erste Abschnitt das Intervall überschreitet, z.B. 1899942885796928
1852997966631841

Der dritte Abschnitt ist die Differenz, um die der zweite Abschnitt das Komma überschreitet, z.B.:
99611725570869978726 4
98475909238479221288 1

Daraus wird klar, dass man auch sonst noch musikalische Progressionen ansetzen könnte, jedenfalls von Kommata und Halbtönen, ebenso von Kommata und ersten Abschnitten, ebenso von Kommata und zweiten Abschnitten und ebenfalls von Kommata und dritten Abschnitten.

Und es haben alle diese ein und dieselbe Methode der Erfindung; man nimmt nämlich die Progression der Kommata und Halbtöne von der Progression der kleineren und größeren Halbtöne, und man nimmt den Anfang von einer ungeraden Zahl und lässt die Quinte nach, wie du leicht siehst. Die Quint wird aber niemals angespannt, es sei denn, man sucht nach der Progression der Töne und Halbtöne, also wenn man die Tonleiter der echten Musik aufbaut. So wird die Quarte niemals nachgelassen, es sei denn, man sucht jene Progression von Tönen und Halbtönen. Ebenso erfolgt niemals der Beginn bei einer geraden Zahl, es sei denn bei jener ersten Progression von Tönen und Halbtönen. Auch wirst du leicht überall sehen, wo man nachlassen und wo man anspannen muß, so dass bei derartigen Operationen weiter nichts vermißt werden kann. **[76r]**

Eine sehr schöne Übung auf Grund der Tonleiter und des Rechenverfahrens der Proportionen wird in der folgenden Abbildung angezeigt.

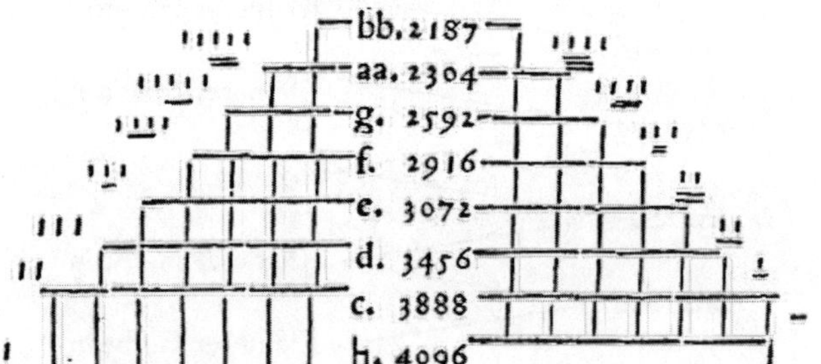

Ich will nun die Behandlung der vollkommenen rationalen Zahlen mit dieser hübschen Erfindung solcher Sätze beenden, aus denen manche ganze Bücher gemacht haben. Wollte ich nach ihrem Vorgang spielen, könnte ich leicht viele Bücher schreiben. Den Anlaß dazu gab mir der Vergleich der Glieder der astronomischen Progression mit den Gliedern jener geometrischen Progression, aus der die astronomische Progression hervorging, wie ich oben darlegte. In derselben Leichtigkeit nämlich, mit der die Operationsmethode mit astronomischen Minuten die Operationsmethode mit dem gewöhnlichen Rechenverfahren übertrifft, übertrifft auch die Operationsmethode, die ich lehren werde, die Operationsmethode, die ich oben lehrte, jene nämlich, die durch das Rechenverfahren der Proportionen erfolgt.

Man muß aber wissen, dass ich zur Darstellung dieses meines Rechenverfahrens einen Ton so bezeichne: I also mit dem Zahlzeichen der Eins. Daher wird man den Doppelton so anzeichnen: II und den Dreiton mit den Zeichen von drei Einheiten, also: III. Einen Halbton aber weniger so: –. Daher wird der Halbton so dargestellt: $\frac{I}{-}$ und die Quarte so $\frac{II}{-}$ und die Quinte so: $\frac{III}{-}$ und die Oktave so: $\frac{IIIII}{=}$. Das Komma aber wird als Bezeichnung die Null erhalten, weshalb der größere Halbton (der aus dem kleineren Halbton und dem Komma besteht) so dargestellt wird: $\overline{0}$.

Weil aber die Musiker auch von gewissen irrationalen Proportionen sprechen, etwa vom Intervall Schisma und vom Diaschisma und von einigem anderen, so will ich auch deren Darstellung anzeigen. Das Schisma nämlich, das **[76v]** man die Hälfte eines Kommas nennt, bezeichne ich so: $\cup$; das Diaschisma aber so: ⌉. Es ist aber das Diaschisma die Hälfte eines kleineren Halbtones. Daher wird die Hälfte eines Tones so dargestellt: $\overline{\cup}$; es ist nämlich der Halbton eine irrationale Proportion, bestehend aus einem Schisma und einem kleineren Halbton. So wird die Hälfte eines größeren Halbtones so dargestellt: $\frac{⌉}{\cup}$; es besteht nämlich die Hälfte eines größeren Halbtones aus einem Schisma und einem Diaschisma. Und die Hälfte einer Oktave wird man so darstellen: $\frac{II}{\overline{\overline{\cup}}}$; sie besteht nämlich aus einer Oktave und einem halbierten Ton.

Von der Addition

Von der Addition der Proportionen gibt es mehrere Lehrsätze von Jordanus und auch anderen Gelehrten; hier folgt ein Lehrsatz des Jordanus.

Man weiß aus Erfahrung, dass die Konsonanz der Quarte selbst fünf Dieses und zwei Kommata enthält. Es wird aber ein kleinerer Halbton Diesis genannt.

Fünf kleinere Halbtöne werden so angeordnet:

256	256	256	256	256
243	243	243	243	243

Zwei Kommata aber werden so angeordnet:

531441	531441
524288	524288

Und gemäß der Regel des Rechenverfahrens für Proportionen, die zur Addition gegeben wird, wirst du erst nach einer mühevollen Multiplikation endlich folgende Proportion der Quarte fertig bringen, nämlich:

3105345593882454 84896256
23290091954118 4113672192

Nun aber sieh, mit welcher Leichtigkeit und mit welcher Kürze aus fünf kleineren Halbtönen und zwei Kommata eine Quarte entsteht! Ich habe ja gelehrt, dass man fünf Halbtöne mit zwei Kommata so darstellen muß: $\frac{\equiv}{00}$; zwei kleinere Halbtöne aber mit einem Komma machen einen Ton. Daraus ersieht man leicht, wie aus dann wird und umgekehrt, usw. [77r]

Weiterer Lehrsatz von Jordanus

Ein Intervall von zwei wird aus den zwei größten überteiligen Proportionen verbunden. Es besteht nämlich das Intervall der Oktave selbst aus dem Intervall 3:2 und 4:3, also aus und wird . Nun sieh, wie leicht es fällt, unzählige Lehrsätze dieser Art aufzustellen, z.B.:

Eine Quarte besteht aus zwei Tönen und einem kleineren Halbton, also .

Eine Quinte besteht aus einer Quarte und einem Ton oder aus drei Tönen und einem kleineren Halbton, also .

Eine Oktave besteht aus fünf Tönen und zwei kleineren Halbtönen oder aus zwölf kleineren Halbtönen und fünf Kommata.

Ein Schisma, einer Halbquinte beigegeben, macht die Hälfte einer Oktave aus, nämlich hinzugegeben zu macht . Und so geht es in unendlich vielen anderen Fällen.

Von der Subtraktion

Es gibt auch Lehrsätze von Jordanus zur Subtraktion, etwa diesen: Ein Intervall 4 : 3, abgezogen von einem Intervall 3:2, lässt ein Intervall 9:8 übrig; z.B. macht weniger dann .

Auch folgender Satz: Wenn man eine Konsonanz von einer Quinte von der Konsonanz einer Oktave abzieht, bleibt die Konsonanz der Quarte übrig; z.B. macht weniger dann .

Man kann Jordanus auch hier leicht nachahmen und folgenden Satz aufstellen: Ein Intervall von 9:8, abgezogen von einem Intervall von 4 : 3, lässt ein Intervall von einem halben Doppelton übrig; z.B. macht weniger dann .

Ebenso: Ein Ton, abgezogen von einem Halbton, lässt einen kleineren Halbton übrig; so macht weniger dann .

Ebenso: Wenn ein kleinerer Halbton von einem Ton abgezogen wird, lässt er einen größeren Halbton übrig; so läßt , abgezogen von , übrig.

Ebenso: Wenn ein kleinerer Halbton von einem größeren Halbton abgezogen wird, lässt er ein Komma übrig; so lässt , abgezogen von , übrig. [77v]

Ebenso: Wenn man die Hälfte eines Tones von der Hälfte einer Oktave abzieht, bleibt eine Quarte übrig; so lässt , abgezogen von , übrig.

In allen diesen Fällen stimmen die musikalischen Tonleitern mit dem Rechenverfahren der Proportionen überein und zeigen eine erfreuliche und wunderbare Übereinstimmung mit diesem meinem Rechenverfahren.

Ebenso: Der dritte Teil eines Tones, abgezogen von der Summe zweier Terzen eines kleineren Halbtones und eines Diaschisma und von dem dritten Teil eines Diaschisma und eines Schisma mit dem dritten Teil eines Schisma, lässt den dritten Teil eines Tones übrig. Und so verläuft es bei allen anderen unzähligen schönen Beispielen.

Lehrsätze zur Multiplikation

Erster Satz: Ein halber Doppelton mit Schisma und Diaschisma, multipliziert mit 4, ergibt eine Doppelquinte.

Die zu multiplizierenden Posten werden so bezeichnet:

Man multipliziere jeden beliebigen Posten einzeln mit 4; dann ergibt sich und und und ; vier kleinere Halbtöne mit vier Schismata ergeben nämlich zwei Töne, und wenn man diese mit vier Tönen und vier Diaschismata (nämlich zwei kleineren Halbtönen) zusammennimmt, ergeben sie eine Doppelquinte, wie der Satz behauptet.

Zweiter Satz: Ein kleinerer Halbton mit Schisma, multipliziert mit 6, ergibt einen Dreiton.

Die zu multiplizierenden Posten werden so bezeichnet:

Dritter Satz: Eine Halbquinte mit Schisma, multipliziert mit 4, ergibt eine Doppeloktave.

Die zu multiplizierenden Posten werden so bezeichnet:

Und so wird auch sonst verfahren.

Von der Division

1. Wenn man eine Doppelquint durch 4 dividiert, dann ergibt sich ein halber Doppelton mit Schisma und Diaschisma, und so wird jener erste Lehrsatz bewiesen, der weiter oben bezüglich der Multiplikation aufgestellt wurde.

Die zu dividierenden Posten werden so bezeichnet: .

Sechs Töne, jeder einzeln durch 4 dividiert, ergeben 1 ½ Töne, also . Dann [78r] ergeben 2 kleinere Halbtöne, dividiert durch 4, einen kleinen halben Ton, also .

2. Wenn ein Tritonus durch 6 geteilt wird, dann ergibt sich ein kleinerer Halbton mit einem Schisma; das ist ein halber Ton und macht:

3. Wenn eine doppelte Oktave durch 4 geteilt wird, dann ergibt sich eine halbe Quinte mit einem Schisma. Zuerst nämlich machen zehn Töne, geteilt durch 4, dann 2 ½ Töne, also . Dann ergibt der Rest, nämlich 4 kleinere Halbtöne, geteilt durch 4, dann - , und dies ist ein kleinerer Halbton. Die Summe von allen macht . Und so verfährt man in allen anderen ähnlichen Fällen.

Multiplikation mit Brüchen

Wenn man eine halbe Quinte mit ¾ multipliziert, dann ergibt sich ein Halbton mit einem kleineren Halbton, dazu ein Schisma und ein Diaschisma, und dies ist .

Die zu multiplizierenden Posten werden so bezeichnet:

Zuerst multipliziere 2 Töne mit dem Zähler des Bruches, nämlich mit 3; das macht 6 Töne, und diese ergeben, dividiert durch den Nenner, nämlich durch 4, $1\frac{1}{2}$ Töne, also .

Zweitens multipliziere 2 kleinere Halbtöne mit dem Zähler und dividiere das Produkt durch den Nenner, und dies macht $1\frac{1}{2}$ kleinere Halbtöne, also .

Probe durch Multiplikation des Produktes mit $\frac{4}{3}$.

Zuerst macht die Multiplikation des Produktes (nämlich) mit 4 dann 4 Töne und 8 kleinere Halbtöne, dazu 4 Diaschismata und vier Schismata. Wenn man all dieses addiert, ergibt es 6 Töne und 6 kleinere Halbtöne. Wenn man diese nun durch 3 dividiert, machen sie 2 Töne und 2 kleinere Halbtöne, also oder eine halbe Quinte.

Aus diesem geht klar hervor, dass zwei Drittel eines kleineren Halbtones mit einem Diaschisma und einem Drittel eines Diaschisma und einem Schisma und einem Drittel eines Schisma zusammen zwei Drittel eines Tones ergeben. Dies zeigt sich so: 4 Töne, dividiert durch 3, ebenso 8 kleinere Halbtöne, geteilt durch 3, ebenso 4 Diaschismata, geteilt durch 3, ebenso 4 Schismata, geteilt durch 3, machen (wie ich kurz zuvor bewies) . Wenn man aber von diesen Quotienten $1\frac{1}{3}$ Ton mit zwei kleineren Halbtönen abzieht, dann bleiben $\frac{2}{3}$ eines kleineren Halbtones und $\frac{4}{3}$ eines Diaschisma und dazu $\frac{4}{3}$ eines Schisma übrig. Und alles dieses wird 2 Dritteln eines Tones gleichgesetzt. Also ist alles klar. [78v] Wenn man nämlich $\frac{2}{3}$ eines Tones zu $1\frac{1}{3}$ eines Tones addiert, dann werden zwei ganze Töne herauskommen, die zusammen mit zwei kleineren Halbtönen eine halbe Quinte ergeben. Du wirst die Probe aber auch durch Rechnung so machen: Nimm die Zähler der Quotienten als Ganze entsprechend der gewöhnlichen Benennung jeden Bruches. Nimm nämlich 2 kleinere Halbtöne und 4 Diaschismata mit 4 Schismata zusammen: Wenn man alle diese addiert, ergeben sie 2 Töne, und diese dividiere nun durch 3, nämlich den gemeinsam Nenner der Quotienten. So werden $\frac{2}{3}$ eines Tones herauskommen, wenn man die vorgenannten Quotienten zueinander addiert.

Teilung durch Brüche

Die Proportion einer Oktave mit einer Quinte, geteilt durch $1\frac{3}{5}$, macht eine Oktave minus den achten Teil eines kleineren Halbtones.

Hier muß man 8 Töne und 3 kleinere Halbtöne durch $\frac{8}{5}$ teilen, oder (was dasselbe ist) man muß 8 Töne und 3 kleinere Halbtöne mit $\frac{5}{8}$ multiplizieren. Diese Operation ergibt 5 Töne und $\frac{15}{8}$ von kleineren Halbtönen. Du siehst hier deutlich, dass $\frac{1}{8}$ eines kleineren Halbtones zur Vollendung einer Oktave fehlt. Auf diese Weise also werden die Proportionen irrationaler Glieder und irrationale Zahlen durch rationale Zahlen in einem schönen Verfahren berechnet.

Zur Frage, ob man einen Ton halbieren kann

Jene, die behaupten, man könne einen Ton und Proportionen ähnlicher Art (nämlich Quarte, Quinte, Oktave usw.) nicht halbieren (sie lassen sich durch die Autorität von Jordanus und anderer Kapazitäten seiner Art verleiten), mögen bedenken, dass die gleichen Männer, auf deren Autorität sie sich stützen, nicht ohne Grund ein Schisma und ein Diaschisma ansetzen. Wer aber ein Schisma annimmt, nämlich die Hälfte eines Kommas, der setzt gewiß eben dadurch auch einen halben Ton an, denn ein Schisma zusammen mit einem kleineren Halbton ist ja gewiß die Hälfte eines Tones. Das ist ja klar. Zwei Schismata nämlich ergeben ein Komma. Nimmt man aber ein Komma mit zwei kleineren Halbtönen zusammen, ergibt sich ein ganzer Ton, denn und machen , das heißt einen Ton.

So aber stellt man die Halbierung eines Kommas und die Aufstellung der Schismata dar:

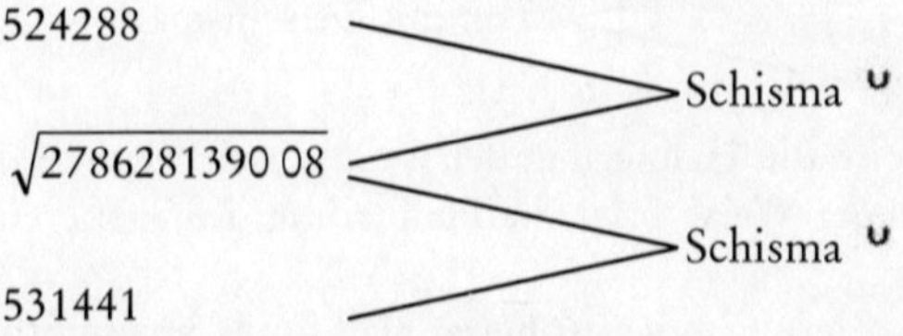

[79r] Und die Halbierung eines Tones wird genau so dargestellt:

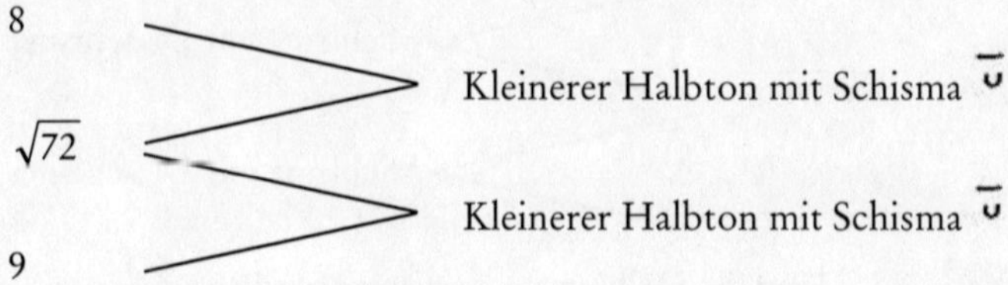

Du wirst aber die Probe machen, dass diese Halbierung genau ist, indem du die Teile verdoppelst, denn es muß jeder der beiden Teile, mit sich selbst verdoppelt, genau einen Ton ergeben.

So macht die Proportion $\frac{8}{\sqrt{72}}$, verdoppelt, $\frac{64}{72}$ oder $\frac{8}{9}$.

Ebenso macht die Proportion $\frac{\sqrt{72}}{9}$, verdoppelt, $\frac{72}{81}$ oder $\frac{8}{9}$.

Ebenso lässt jemand, der einen Halbton ansetzt, notwendigerweise auch die Halbierung einer Oktave zu, da eine Oktave aus zwei kleineren Halbtönen und fünf Tönen besteht, also: . So aber stellt sich die Halbierung der Oktave selbst dar:

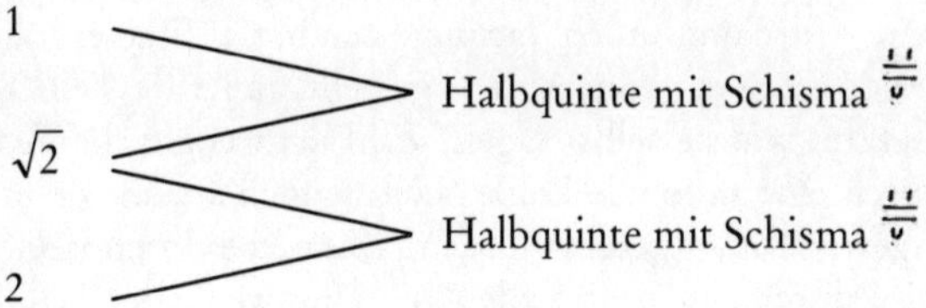

Wer weiterhin ein Diaschisma ansetzt (das ist die Hälfte eines kleineren Halbtones), der ist sicher überzeugt, dass man auch die Halbierung der Quarte selbst zugeben muß. Man nimmt aber die Halbierung eines kleineren Halbtones so an, indem man kleine Diaschismata ansetzt:

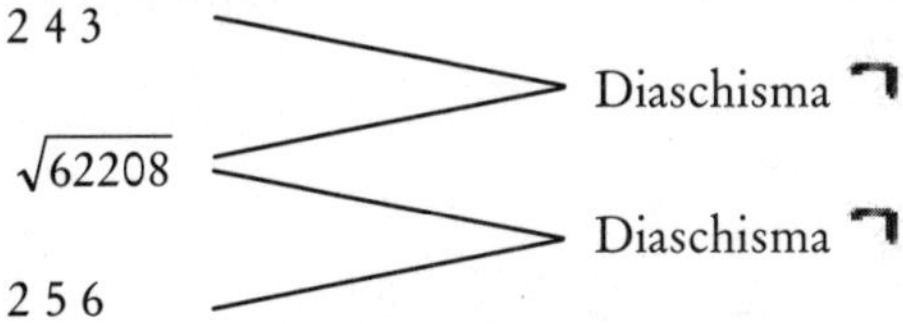

Und die Halbierung einer Quarte wird so angesetzt:

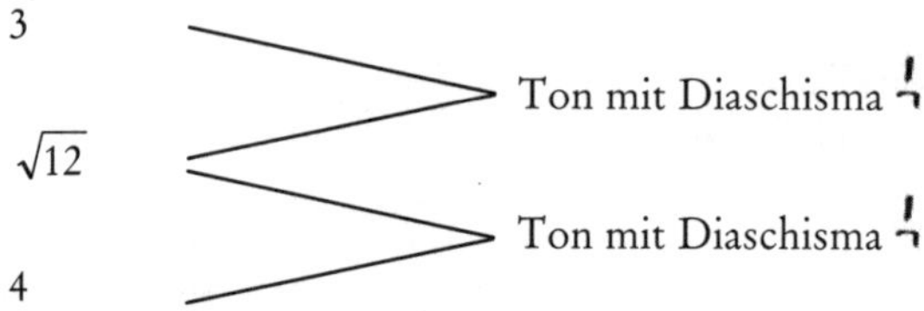

So folgt in ähnlicher Weise die Halbierung der Quinte selbst dem Ansatz von Schisma und Diaschisma. In gleicher Weise folgt die Halbierung des größeren Halbtones demselben Ansatz. [**79v**]

So aber wird die Halbierung eines größeren Halbtones angesetzt:

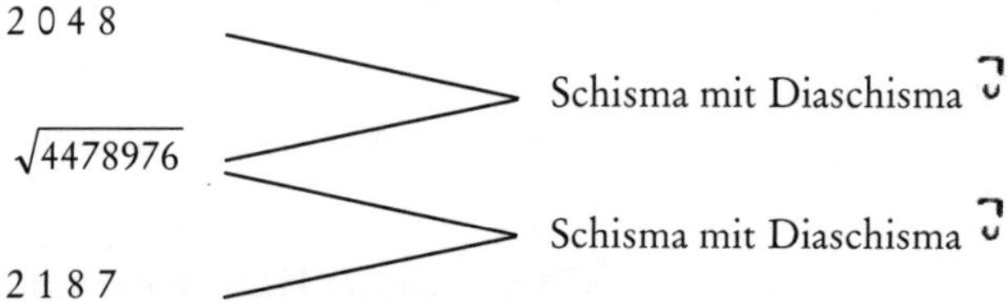

Und die Halbierung der Quint wird so angesetzt:

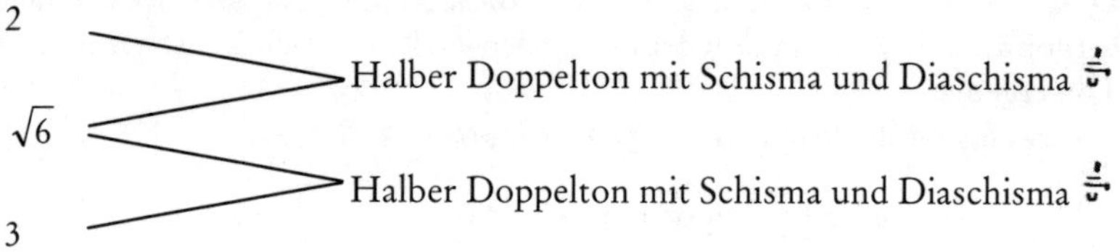

Diese einzelnen Ergebnisse erhalten ihre Probe durch die Addition der Teile zu sich selbst oder (was dasselbe ist) durch die Verdoppelung des anderen Teiles.

Es sind aber diese Halbierungen viel zu gesichert, als dass jemand sie abstreiten könnte. Auch hat weder Jordanus noch Jacques Lefèbre d'Etaples oder irgend ein Gelehrter bezüglich dieser Frage etwas in Abrede gestellt, außer dass ein Ton durch eine bestimmte und festgesetzte (wie sie selbst sagen) Zahl in zwei gleiche Teile geteilt werden könne, nämlich durch eine rationale Zahl. Nicht jedoch stellen sie in Abrede, dass ein Ton durch eine ungewisse Zahl geteilt werden könne, die durch kein Aggregat von Einheiten erstellt ist, also durch eine irrationale Zahl. Und weil jeder Teil der eben angeführten Halbierungen aus einem bestimmten oder rationalen Glied besteht und aus einem unbestimmten und unbekannten oder irrationalen Glied, deshalb sind auch alle jene einzelnen Teile unbestimmte und unbekannte oder irrationale Proportionen. Über irrationale Zahlen und irrationale Proportionen aber werde ich an gegebener Stelle mehr sagen; was aber die Musik angeht, so mag das hier Ausgeführte genügen.

ÜBER GEWÖHNLICH BENANNTE ZAHLEN UND VOM ITALIENISCHEN VERFAHREN

Kapitel X.

Gewöhnlich benannte Zahlen sind Zahlen, die man auf natürliche oder künstliche Dinge bezieht und die ihre Benennungen von den Dingen erhalten, auf die sie sich beziehen. Diese Benennungen hängen jedenfalls durch kein Gesetz der Proportionen untereinander zusammen, wie z.B. 18 Gulden, 3 Hölzer, 4 Töne usw. Das letzte Stückchen dieser Beschreibung aber ist wegen der **[80r]** cossischen Zahlen und der physikalischen Minuten hingestellt. Deren Benennungen sind nämlich durch ein festes proportionales Gesetz miteinander verbunden, und deshalb rechnet man die cossischen Zahlen und die physikalischen Minuten nicht unter die gewöhnlich benannten Zahlen.

Von Addition und Subtraktion gewöhnlich benannter Zahlen

Wie Brüche, die frei von den gewöhnlichen Benennungen sind, nicht zueinander addiert und auch nicht von einander subtrahiert werden, es sei denn, sie hätten gleiche Nenner, so werden auch gewöhnlich benannte Zahlen nicht zueinander addiert und nicht voneinander subtrahiert, es sei denn, sie wären zuvor auf denselben Nenner gebracht worden. Wenn jedoch Zahlen dieselben Benennungen haben, dann werden (ähnlich wie bei der Addition unbenannter Brüche) diese Zahlen in der Summe einer einzigen Zahl zusammengefasst, und zu dieser Summe fügt man die gewöhnliche Benennung bei, wie es allen Menschen bekannt ist; so machen 10 Bäume und 16 Bäume 26 Bäume.

Von der Reduktion der Benennungen

Wenn gewöhnlich benannte Zahlen reduzierbare Benennungen haben wie z.B. 900 Brandenburgische Groschen und 400 Sächsische Groschen (bei manchen sind hingegen die Benennungen der Zahlen nicht reduzierbar, z.B. 10 Weizenkörner und 16 Pferde oder Esel), dann nimm von einer beliebigen Zahl eine Einheit mit der Benennung ihrer Zahl (z.B. 1 Groschen Brandenburgisch und 1 Groschen Sächsisch) und sieh nach, wie sich das Wertverhältnis zwischen beiden darstellt (z.B. ist ein Brandenburgischer Groschen 8 Pfennige wert, und ein Sächsischer Groschen ist 12 Pfennige der gleichen Valuta wert; daher besteht zwischen beiden Groschen die Proportion 3:2); die ermittelte Proportion in ihren kleinsten Gliedern und in Form eines reinen Bruches gebracht entsprechend der Forderung der zu reduzierenden Benennung (wenn also Brandenburger zu reduzieren sind, lautet der Bruch $\frac{2}{3}$, sind aber Sächsische auf Brandenburgische zu reduzieren, wird er $\frac{3}{2}$ lauten) multipliziere nun mit der zu reduzierenden Zahl, woraus die reduzierte Zahl entstehen wird. So ergeben 900 Brandenburgische Groschen, multipliziert mit $\frac{2}{3}$, 600 Sächsische Groschen, gleichwertig mit 900 Brandenburgischen Groschen. So werden aus 400 Sächsischen, multipliziert mit $\frac{3}{2}$, unter Annahme des gleichen Wertes, 600 Brandenburger. **[80v]** Willst du also 900 Brandenburgische Groschen mit 400 Sächsischen Groschen addieren, dann addiere, nachdem du die eine der beiden Zahlen reduziert hast; man muß also entweder 600 Sächsische zu 400 Sächsischen Groschen addieren oder 900 Brandenburgische zu 600 Brandenburgischen Groschen addieren;

natürlich machen 900 Brandenburgische, addiert zu 400 Sächsischen Groschen, entweder 1000 Sächsische oder 1500 Brandenburgische Groschen, und wenn man 400 Sächsische von 1500 Brandenburgischen abzieht, bleiben entweder 900 Brandenburgische oder 600 Sächsische Groschen übrig.

In ähnlichen Fällen wird man ähnlich vorgehen. So machen 32 Gulden Rheinisch, addiert zu 4200 Groschen Sächsisch, entweder 232 Gulden oder 4872 Groschen. Wenn man nämlich das Verhältnis gefunden und in Form eines Bruches gebracht hat, wird dieser entweder $\frac{21}{1}$ oder $\frac{1}{21}$ lauten. Es macht ja 1 Gulden 21 Groschen. Also ist die Proportion zwischen 1 Gulden und 1 Groschen die Proportion von 21 zu eins.

Von der Multiplikation gewöhnlich benannter Zahlen

Eine gewöhnlich benannte Zahl kann nicht mit einer anderen gewöhnlich benannten Zahl multipliziert werden, wenn nicht eine der beiden Zahlen ihre Benennung ablegt und abstrakt wird. Eine abstrakte Zahl aber kann jede beliebige benannte Zahl multiplizieren. Z.B. machen 12 Gulden, multipliziert mit 10, dann 120 Gulden. Und so nimmt stets die produzierte Summe die Bezeichnung der multiplizierten oder der multiplizierenden Zahl an. Doch werden 12 Gulden nicht mit 10 Gulden multipliziert, auch nicht mit 10 Groschen usw., weil eine Multiplikation verlangt, dass ein Ganzes mit einem Ganzen multipliziert wird, so dass also nicht nur Zahl mit Zahl, sondern auch Benennung mit Benennung multipliziert wird, wie man an den cossischen und allen beliebigen Brüchen ersehen kann. Gewöhnliche Benennungen aber hängen untereinander nicht unter dem Gesetz irgendeiner Proportionalität zusammen wie cossische Benennungen. Also können sie nicht miteinander so multipliziert werden, wie cossische Benennungen miteinander multipliziert werden. Was aber bei der Dreisatz-Regel geschieht, werde ich etwas weiter unten an seinem Ort darlegen.

Von der Division gewöhnlich benannter Zahlen

Mag auch eine gewöhnlich benannte Zahl eine andere gewöhnlich benannte Zahl nicht multiplizieren können (sei es, dass beide **[81r]** verschiedene Bezeichnungen haben, sei es, dass sie dieselbe haben), so kann aber doch die eine durch die andere geteilt werden, jedenfalls wenn sie dieselbe Bezeichnung haben. Wenn sie aber verschiedene Bezeichnungen haben, dann muß man sie, vor der Division, reduzieren. So sind 462 Groschen Sächsisch durch 4 Gulden Rheinisch zu teilen. Hier muß man entweder die vier Gulden reduzieren, so dass sie 84 Groschen werden, oder 462 Groschen sind so zu reduzieren, dass sie 22 Gulden werden. Ob aber nun 462 Groschen durch 84 Groschen geteilt werden oder 22 Gulden durch 4 Gulden geteilt werden, es wird der Quotient $5\frac{1}{2}$ hergestellt, also eine absolute oder abstrakte Zahl. Wenn nämlich eine gewöhnlich benannte Zahl durch eine gewöhnlich benannte Zahl dividiert wird, dann hebt die eine Benennung die andere auf wie Gleichwertiges das Gleichwertige. Und so muß auch der Quotient ohne jene Bezeichnung herauskommen. Wird jedoch eine gewöhnlich benannte Zahl durch eine abstrakte Zahl geteilt, dann muß der Quotient die Bezeichnung der geteilten Zahl beibehalten. Wird nämlich eine gewöhnlich benannte Zahl durch eine abstakte Zahl geteilt, dann wird die zu teilende Zahl in so viele unter sich gleiche Teilchen zerlegt, wie viele Einheiten der Divisor besitzt. Und so wird gefragt, wie groß jeder beliebige Teil der geteilten Sache ist. Deshalb ist es notwendig, dass jeder Teil die Bezeichnung seiner ungeteilten Sache beibehält. Wenn jedoch eine andere gewöhnlich bezeichnete Zahl eine gewöhnlich bezeichnete Zahl teilt, dann fragt man, wie oft jene teilende Zahl in der zu teilenden Zahl enthalten ist. Daher fällt die Antwort auf diese Frage adverbial aus: Ich finde nämlich, dass 9 Groschen in 36 Groschen viermal enthalten sind, und diese Antwort drücke ich durch die Zahl des Quotienten aus. Hier hat man nun einen weiteren Grund, weshalb in diesem Falle der Quotient ohne die Benennung der zu teilenden Zahl angeführt wird. Füge noch einen dritten Grund hinzu: Da die Multiplikation die Probe für die Division darstellt, muß entweder der Divisor (wenn eine gewöhnlich benannte Zahl dividiert wird) oder der Quotient eine abstrakte Zahl sein, damit die Multiplikation des Quotienten mit dem Divisor stattfinden kann. Wird also der Divisor gewöhnlich benannt, dann muß notwendigerweise der Quotient rein oder abstrakt sein. An dieser Stelle sehe man, dass alles, was über benannte Zahlen gesagt ist, **[81v]** auch seinen Platz in reinen oder abstrakten Brüchen hat wegen deren Nennern. Doch mag es genügen, hier daran erinnert zu haben: Eine gewöhnlich benannte Zahl teilt niemals eine abstrakte Zahl.

Von gewöhnlich benannten Brüchen

Ein gewöhnlich benannter Bruch entsteht aus der Division einer gewöhnlich benannten Zahl durch eine abstrakte Zahl, die diese dividiert, aber nicht misst. Wenn ich z.B. 15 Gulden durch 8 teile, entsteht, weil 8 die Zahl 15 nicht misst, daher aus jener Division ein Bruch; und weil ein reiner Divisor einen benannten dividiert, muß der entstehende Bruch benannt sein. Natürlich entstehen aus der Division von 15 Gulden durch 8 dann $1\,{}^{7}\!/_{8}$ Gulden. Aus dem bereits angeführten Grund geschieht also, dass der Nenner eines gewöhnlich benannten Bruches stets als abstrakte Zahl gilt und so die gewöhnliche Benennung sich nur auf den Zähler bezieht.

Vom Rechenverfahren gewöhnlich benannter Brüche

Das Rechenverfahren gewöhnlich benannter Brüche besteht aus den Regeln des Rechenverfahrens mit abstrakten Brüchen und aus den Regeln der Berechnung gewöhnlich benannter Brüche; daher muß man hier nichts Neues lehren, sondern nur mit einigen Beispielen diese Regeln wieder ins Gedächtnis rufen.

Erstes Beispiel für Addition

$\frac{2}{3}$ Gulden zu $\frac{5}{7}$ Gulden macht $1\frac{8}{21}$ Gulden.

Zweites Beispiel für Addition

$\frac{2}{3}$ Brandenburgischer zu $\frac{2}{3}$ Sächsischer Groschen macht $1\frac{2}{3}$ Brandenburgischer Groschen oder $1\frac{1}{9}$ Sächsische Groschen.

Zuerst muß man die gewöhnlichen Benennungen reduzieren, bevor man die Nenner der Brüche reduziert, jedenfalls wenn Beispiele vorkommen, die diese doppelte Reduktion erfordern. So macht im folgenden Beispiel $\frac{2}{3}$ Brandenburgisch addiert zu $\frac{3}{4}$ Sächsisch $1\frac{19}{24}$ Brandenburgischer Groschen oder es macht $1\frac{7}{36}$ Sächsischer Groschen.

Dazu die Probe: Reduziere $1\frac{7}{36}$ Sächsisch auf Brandenburgisch, dann wirst du die Summe der Addition unter der Benennung des Brandenburgischen Geldes sehen. **[82r]** Oder man reduziere $1\frac{19}{24}$ Brandenburgisch, so dass du die Summe der Addition unter der Benennung der Sächsischen Währung sehen wirst.

Beachte auch, wie diese Reduktion der gewöhnlichen Benennungen sich auf die Dreisatz-Regel stützt:

Brandenburgisch	Sächsisch	Brandenburgisch		Sächsisch
3	2	$\frac{2}{3}$	macht	$\frac{4}{9}$

Ebenfalls:

Sächsisch	Brandenburgisch	Sächsisch		Brandenburgisch
2	3	$\frac{3}{4}$	macht	$\frac{9}{8}$

Beispiel für Subtraktion

$\frac{2}{3}$ Brandenburgisch von $1\frac{7}{36}$ Sächsisch lässt übrig $\frac{3}{4}$ Sächsische oder $1\frac{1}{8}$ .Brandenburgische Groschen.

Anderes Beispiel

$\frac{3}{4}$ Sächsisch von $1\frac{19}{24}$. Brandenburgisch lassen übrig $\frac{2}{3}$ Brandenburgische oder $\frac{4}{9}$ Sächsische Groschen. Und so in allen ähnlichen Fällen.

Beispiel für Multiplikation

$1\frac{7}{36}$ Sächsische Groschen mal 1 ½ macht $1\frac{19}{24}$ Sächsische Groschen.

Anderes Beispiel

$1\frac{19}{24}$ Brandenburgische Groschen mal $\frac{2}{3}$ macht $1\frac{7}{36}$ Brandenburgische Groschen.

Erstes Beispiel für Division

$\frac{9}{28}$ Gulden durch $\frac{3}{4}$ Groschen macht 9. Ich beziehe zuerst $\frac{9}{28}$ Gulden auf $\frac{189}{28}$ Groschen und teile dann $\frac{189}{28}$ Groschen durch $\frac{3}{4}$ Groschen oder teile $\frac{9}{28}$ Gulden durch $\frac{1}{28}$ Gulden.

Zweites Beispiel für Division

$1\frac{7}{36}$ Groschen durch $\frac{2}{3}$ macht $1\frac{19}{24}$ Groschen.

Vom Gebrauch gewöhnlich bezeichneter Zahlen unter der Dreisatz-Regel

Über die Dreisatz-Regel kann man nachlesen, was ich oben im Kapitel sechs gesagt habe. Ich will hier aber nur das lehren, was ich kurz zuvor versprach, nämlich dass die Bezeichnungen zu multiplizierender Zahlen sich unter der Dreisatz-Regel nicht behindern, und will wiederholen, wie aus drei benannten Zahlen eine vierte gewonnen wird.

Zuerst also setze man die gefragte Zahl auf die rechte Seite, so dass sie in der Reihe die dritte ist. Es ist aber die gefragte Zahl jene, **[82v]** die beim Vorlesen des Beispieles auf eines der Wörter dieser Art folgt: Wie teuer, wie viel, wie viele, wie oft, wie lange usw.

Zweitens wird die teilende Zahl auf die linke Seite gesetzt, so dass sie die erste Zahl in der Reihe bildet. Es ist aber die teilende Zahl jene, die die gleiche Bezeichnung hat wie die gefragte Zahl, und wenn es nicht ganz dieselbe Bezeichnung ist, dann wird es eine solche sein, die man darauf zurückführt.

Drittens wird die restliche Zahl in die Mitte gesetzt, so dass sie in der Reihe der Zahlen die zweite ist.

Es versteht sich aber, dass die teilende Zahl die gefragte Zahl teilt, und da beide Zahlen die gleiche gewöhnliche Benennung haben, ergibt es sich, dass der Nenner der einen den Nenner der anderen nach der Regel der Division aufhebt, und auf diese Weise geschieht es, dass ein abstrakter Quotient herauskommt, der endlich das zweite Glied multiplizieren kann, das gewöhnlich benannt ist. So kann dann das vierte Glied entstehen, das die Bezeichnung des zweiten Gliedes tragen wird.

Beispiel

Sieben Pfund Safran kosten 40 Gulden. Wie viel Safran kann ich also für zwölf Groschen kaufen? Das Beispiel stellt sich nach der Regel so dar, wenn man die Groschen auf Gulden reduziert:

fl	lb	fl	
40	7	$\frac{4}{7}$	macht $\frac{1}{10}$ lb.

Oder stellt sich so dar, wenn man die Gulden auf Groschen bezieht:

Groschen	lb	Groschen	
840	7	12	macht $\frac{1}{10}$ lb.

Anderes Beispiel

Sieben Pfund Safran erhält man für 40 Gulden; was kosten 11 Pfund?

Das Beispiel stellt sich so dar:

lb	fl	lb	
7	40	11	macht $62\frac{6}{7}$ fl.

Beispiel für Brüche

Für $62\ ^6/_7$ Gulden kaufe ich 11 Pfund Safran; was machen 7 Pfund? **[83r]**

Das Beispiel stellt sich nach der Regel so dar:

lb	fl	lb	
$\frac{11}{1}$	$\frac{440}{7}$	$\frac{7}{1}$	macht 40 Gulden.

Wenn man nämlich einen Bruch bei einem Glied gefunden hat, werden alle ganzen Zahlen in Brüche verwandelt. So wird 62 in Siebtel gebrochen (das heißt in den Nennern des beigefügten Bruches), und wenn jene ganze Zahl gebrochen ist, werden die beigefügten Brüche addiert, und so werden aus $62\frac{6}{7}$ dann $\frac{440}{7}$. Die übrigen zwei Zahlen aber jenes Beispieles werden nur durch die bei beiden untenstehende Eins gebrochen, und zwar deshalb, weil jenen kein Bruch beigefügt ist.

Gehe so vor:

Vertausche die Glieder des teilenden oder ersten Bruches, d.h. mache den Zähler zum Nenner und mache aus dem Nenner den Zähler. Dann multipliziere die einzelnen Zahlen, die oben stehen, miteinander und multipliziere ähnlich die einzelnen unten stehenden Zahlen miteinander, wie du es in der folgenden Anordnung siehst:

lb	fl	lb	
$\frac{1}{11}$	$\frac{440}{7}$	$\frac{7}{1}$	macht $\frac{3080}{77}$ Gulden.

Nun mache aus dem entstandenen Bruch eine ganze Zahl, und es ergeben sich 40 Gulden.

Beispiel mit Gliedern, die aus verschiedenen ganzen Zahlen zusammengesetzt sind

Wieviel kosten 7 Pfund Safran, wenn man 11 Pfund um 62 Gulden, 18 Groschen kauft?

Der erste Teil des Beispieles stellt sich so dar:

lb	fl	lb	
11	62	7	macht 39 fl, $9\frac{6}{11}$ Groschen

Zweiter Teil des Beispieles:

lb	Groschen	lb	
11	18	7	macht $11\frac{5}{11}$ Groschen

Wenn man jene beiden Produkte der Beispiel-Teile addiert, ergeben sich 40 Gulden.

Eine schöne Aufgabe:

Während 11 Pfunde für 62 Gulden und 18 Groschen gekauft werden, werden 7 Pfund für 40 Gulden gekauft; nun wird gefragt, wie viele Groschen für einen **[83v]** Gulden angenommen wurden. Gehe so vor: Multipliziere das vierte Glied mit dem ersten und das zweite Glied mit dem dritten, worauf sich folgende zwei Produkte ergeben: Erstens 440 Gulden, zweitens 434 Gulden und 126 Groschen. Nun ziehe die Gulden voneinander ab, nämlich 434 von 440, es bleiben 6 übrig. Und durch diese Zahl dividiere die 126 Groschen, was 21 Groschen ergibt. So viele Groschen sind auch für einen Gulden angenommen worden. In ähnlichen Fällen wirst du ähnlich vorgehen.

In vielen Fällen aber gelingt eine abgekürzte Operation bezüglich der Dreisatz-Regel, so wie hier:

lb	fl	lb	
11	$\frac{440}{7}$	7	macht 40 Gulden.

Ich dividiere $\frac{440}{7}$ durch 11, was $\frac{40}{7}$ ergibt. Dann hebt die eine Sieben die andere Sieben auf, weil die eine der Nenner des zu multiplizierenden Bruches ist, die andere sozusagen der Zähler des multiplizierenden; und so bleibt dann das vierte Glied übrig, nämlich 40 Gulden.

Italienische Methode

Die Methode, von der wir vermuten, dass sie aus Italien zu uns gekommen ist, stellt ein elegantes Verfahren dar, das vierte Glied der Dreisatz-Regel aus drei Gliedern zu finden, und zwar mittels einer verschiedenen Trennung derselben Glieder, weiter aus der Anordnung der getrennten Glieder in einer Proportion und aus der Übertragung der gewöhnlichen Nenner. Diese Methode beruht also hauptsächlich auf folgenden drei Verfahren: Trennung der Glieder der Dreisatz-Regel, Anordnung der getrennten Glieder in Proportionen und Übertragung der gewöhnlichen Nenner. Dies werden wir in den folgenden Beispielen deutlich sehen.

1. Die Methode der Trennung wird entsprechend dem ersten Lehrsatz des Euklid in seinem zweiten Buch gewonnen:

4	16	32	48
	4	8	12

Diese Regel lehrt, dass 4, **[84r]** einzeln multipliziert mit 4 und mit 8 und mit 12, ebenso viel ergibt wie 4, multipliziert mit der Summe aus 4 und 8 und 12, also mit 24. So auch in ähnlichen Fällen.

2. Die Anordnung aber der Teile der durchgeführten Trennung in einer Proportion erfolgt durch die Erfindung einer Gleichung zwischen einem Teil jener Trennung und einer Zahl oder einem Bruch mit anderer gewöhnlicher Benennung. So z.B., wenn ich herausfinde, dass 7 Groschen dem Bruch $\frac{1}{3}$ Gulden gleichgesetzt werden, usw.

3. Die Übertragung der Nenner geschieht ganz leicht. Man weiß ja, dass der Nenner des dritten Gliedes der Dreisatz-Regel stets durch den Nenner des ersten Gliedes aufgehoben wird. Ja, beide heben sich gegenseitig auf, so dass man leicht den Nenner des zweiten Gliedes auf das dritte Glied übertragen kann, usw. Doch wollen wir dies an den folgenden Beispielen sehen.

Erstes Beispiel von der Währung der Fürsten von Sachsen, in der ein Gulden 21 Groschen macht und ein Groschen 12 Pfennige

Eine Elle wird für 15 Groschen und 10 Pfennige und einem Obolus verkauft. Wie viel kosten 48 Ellen vom gleichen Tuch?

Elle	Gulden	Groschen	Pfennige	Ellen	
1	0	15	$10\frac{1}{2}$	48	
		7	6		Ort der geteilten Stücke
		7	3		
		1	$1\frac{1}{2}$		
	16				
	16				
	2	6			Ort der Produkte
	1	3			
		12			
		6			
macht	36 fl	6 Grosch.			Summe der Produkte

Zuerst zerlege ich die fünfzehn Groschen in 7 und 7 und 1 Groschen. Der Grund dieser **[84v]** Zerlegung ist der, weil ein Gulden 21 Groschen macht, woraus hervorgeht, dass sieben Groschen ein Drittel eines Gulden ausmachen, und so erhalte ich sogleich die Hauptsache der in diesem Beispiel zu suchenden Proportionalisierung, usw. Weil 7 Groschen einem $\frac{1}{3}$ Gulden gleichwertig sind, erhalte ich also anstelle der 7 Groschen $\frac{1}{3}$ Gulden, und nachdem ich die Benennung der Gulden auf das dritte Glied übertragen habe (nämlich auf die Zahl 48), multipliziere ich 48 Gulden mit $\frac{1}{3}$, was 16 Gulden macht. Ebenso viel macht auch die zweite Siebenzahl der Zerlegung. Und 1 (dies ist der dritte Teil der Zerlegung, nämlich der 7. Teil von 7) macht ein Produkt, das der siebte

Teil des Produktes aus der Siebenzahl ist. Daher erhalte ich für das Produkt eines Groschen den siebten Teil von 16 Gulden, nämlich 2 Gulden, 6 Groschen.

Es folgt die Zerlegung der Pfennige

Die $10\frac{1}{2}$ Pfennige zerlegte ich in 6 und 3 und $1\frac{1}{2}$ Pfennige, wobei ich auf den letzten Teil der zerteilten Groschen sah, nämlich auf den einen Groschen, dessen Hälfte 6 Pfennige macht. Und die Hälfte von 6 Pfennigen macht 3 Pfennige, und davon die Hälfte macht $1\frac{1}{2}$ Pfennige. Und so kommt es, dass die restliche Operation in diesem Beispiel durch beständige Halbierungen erfolgt, macht doch die Hälfte von 2 Gulden und 6 Groschen 1 Gulden und 3 Groschen, und davon die Hälfte macht (da 1 Gulden und 3 Groschen 24 Groschen betragen) 12 Groschen, wovon die Hälfte dann 6 Groschen macht.

Endlich erfolgt die Addition der Produkte, nämlich 6, 3, 12, 6 Groschen machen 1 Gulden und 6 Groschen. So schreibe ich also 6 Groschen hin und bewahre 1 Gulden auf, um ihn den übrigen beizufügen, usw.

Zweite Anordnung des oberen Beispieles

Bei der folgenden Anordnung sieht man, dass das dritte Glied zerlegt wurde, nachdem man die Bezeichnung Groschen darauf übertragen hatte. Und weil 21 Groschen 1 Gulden machen, kann man sattsam aus der früheren Anordnung und deren Erklärung lernen, weshalb ich 48 Groschen in 21 und 21 und 3 und 3 Groschen zerlegte. Für 21 Groschen erhalte ich 1 Gulden, und diesen multipliziere ich mit 15, was 15 Gulden macht. Daher macht das dritte Teilchen der Zerlegung, nämlich 3 Groschen, den siebten Teil von 15 Gulden (ist doch 3 der siebte Teil von 21), also 2 Gulden und 3 Groschen, usw.
[85r]

Elle	Gulden	Groschen	Pfennige	Ellen
1	0	15	$10\frac{1}{2}$	48
				21
				21
				3
				3
	15			
	15			
	2	3		
	2	3		
	2			
macht	36 Gulden	6 Groschen		

Wenn nun die Produkte aus den Teilchen der Zerlegung in 15 vollständig sind, folgen die $10\frac{1}{2}$ Pfennige, die mit 48 zu multiplizieren sind. Übertrage die Benennung Pfennige auf 48, und es ergeben sich 4 Groschen. Übertrage wiederum die Benennung Groschen auf $10\frac{1}{2}$, macht $10\frac{1}{2}$ Groschen, das heißt $\frac{1}{2}$ Gulden, und dieser macht, multipliziert mit 4, dann 2 Groschen, nämlich das letzte Produkt.

Dritte Anordnung des ersten Beispieles

Elle	Gulden	Groschen	Pfennige	Ellen
1	0	15	$10\frac{1}{2}$	48
		10	6	42
		5	3	6
			$1\frac{1}{2}$	
	20			
	10			
	1			
	0	10	6	
	0	5	3	
	3	0	0	
	1	10	6	
			9	
macht	36 Gulden	6 Groschen	0 Pfennige **[85v]**	

Zuerst zerlegte ich das dritte Glied in 42 und 6. Wenn man nämlich die Benennung Groschen auf 42 überträgt, ergeben sich 2 Gulden. Wenn man diese mit 10 multipliziert, ergeben sie 20 Gulden, und mit 5 multipliziert machen sie 10 Gulden. Dann machen 6 Pfennige $\frac{1}{2}$ Groschen, und dieser, multipliziert mit 42, ergibt 1 Gulden. Also machen 3 Pfennige mal 42 dann $\frac{1}{2}$ Gulden, also 10 Groschen und 6 Pfennige. Und $1\frac{1}{2}$ macht 5 Groschen und 3 Pfennige, und so sind 42 beigebracht. Nun fehlt noch, dass auch 6 mit den einzelnen Teilen der Zerlegung des zweiten Gliedes multipliziert wird. Es machen aber 10 Groschen, 6 Pfennige dann $\frac{1}{2}$ Gulden, der, multipliziert mit 6, drei Gulden ergibt. Also machen 5 Groschen, 3 Pfennige, mit 6 multipliziert, 1 Gulden, 10 Groschen, 6 Pfennige. Nun fehlt noch die Multiplikation 6 mal $1\frac{1}{2}$ Pfennige, was 9 Pfennige ergibt. Daraus ersieht man deutlich, weshalb ich das zweite Glied so zerlegte, nämlich in 10 und 5 Groschen und 6, 3, $1\frac{1}{2}$ Pfennige.

Vierte Anordnung des ersten Beispieles

Elle	Gulden	Groschen	Pfennige	Ellen
1	0	15	$10\frac{1}{2}$	48
		7	6	42
		7	3	6
		1	$1\frac{1}{2}$	
	14			
	14			
	2			
	2			
	2			
	1			
	0	10	6	
		5	3	
		6	0	

		4	0
		1	6
			9
macht	36 Gulden	6 Groschen	0 Pfennige

Bei dieser Anordnung zerlegte ich 48 (aus demselben Grund, den ich bei der oberen Anordnung darlegte) in 42 und 6. Nun multipliziere ich 42, **[86r]** also 2 Gulden mit 7 und 7 und 1. Zweitens multipliziere ich 7 Groschen, nämlich $\frac{1}{3}$ Gulden, mit 6, was 2 Gulden ergibt, und wiederum mache ich dasselbe, weil 7 ja zweimal dasteht. Drittens multipliziere ich 42 mit 6, 3, 1$\frac{1}{2}$ Pfennigen, denn 6 Pfennige machen $\frac{1}{2}$ Groschen, und dieser macht, multipliziert mit 42, dann 1 Gulden. Also ergeben 3 dann 10 Groschen, 6 Pfennige; das macht $\frac{1}{2}$ Gulden, und 1$\frac{1}{2}$ macht 5 Groschen, 3 Pfennige. Viertens multipliziere ich 1 Groschen mit 6, was 6 Groschen ergibt; dann 6 Pfennige (d.h. $\frac{1}{2}$ Groschen), macht 3 Groschen, und 3 Pfennige machen 1 Groschen, 6 Pfennige, und 1$\frac{1}{2}$ macht 9 Pfennige.

Fünfte Anordnung des ersten Beispieles

Elle	Gulden	Groschen	Pfennige	Ellen
1	0	15	10$\frac{1}{2}$	48
		8	6	42
		4	3	6
		2	1$\frac{1}{2}$	
		1		
	16			
	8			
	4			
	2			
	1			
	0	10	6	
	0	5	3	
	2	6	0	
	1	3	0	
		12	0	
		6	0	
		3	0	
		1	6	
			9	
macht	36 Guld.	6 Grosch.	0 Pfennige	

Man sieht, dass hier das zweite Glied in sieben fortlaufend proportionale Glieder zerlegt wurde. Es werden aber 42, das sind 2 Gulden, mit den einzelnen Gliedern multipliziert. Dann wird auch 6 mit den einzelnen Gliedern multipliziert, usw. **[86v]**

Sechste Anordnung des ersten Beispieles

Elle	Gulden	Groschen	Pfennige	Ellen
1	0	15	10 ½	48
		8	6	
		4	3	
		2	1 ½	
		1		
		6		
		12		
	1	3		
	2	6		
	4	12		
	9	3		
	18	6		
macht	36 Guld.	6 Groschen		

Das kleinste Teilchen der Zerlegung ist $1\frac{1}{2}$ Pfennige. Übertrage die Benennung Pfennig auf 48, es ergeben sich 4 Groschen; diese multipliziere mit $1\frac{1}{2}$, und es ergeben sich 6 Groschen, die man als erstes Produkt nimmt. Dann gehe weiter so vor, dass deine Progression sieben Glieder hat (es ergaben sich ja sieben Teilchen bei der Zerlegung), und diese sind entsprechend der geometrischen Proportion der doppelten Proportionalität angeordnet. Für 24 Groschen setzt man 1 Gulden und 3 Groschen an, und so setzt man für 8 Gulden, 24 Groschen dann 9 Gulden, 3 Groschen.

Es folgt ein Beispiel, das für das erste Beispiel die Probe macht

Man sieht, dass 36 Gulden in 24 und 12 Gulden zerlegt sind. Sodann sind 6 Groschen zerlegt in zehnmal 48 und 24. Bei jeder Zerlegung nämlich musste ich ja auf den Divisor achten, dieser ist 48. Daher machen 24 Gulden, geteilt durch 48, dann $\frac{1}{2}$ Gulden, das sind 10 Groschen und 6 Pfennige. Also ergeben 12 Gulden dann 5 Groschen und 3 Pfennige. So machen 48 Pfennige, geteilt durch 48, dann 1 Pfennig, und folglich ergeben 24 Pfennige dann $\frac{1}{2}$ Pfennig.

[87r] Ellen	Gulden	Groschen	Pfennige	Elle
48	36	6	0	1
	24		48	
	12		24	
		10	6	
		5	3	
			1	
			$\frac{1}{2}$	
macht		15 Groschen	$10\frac{1}{2}$ Pfennige	

Weiteres Beispiel zur Probe für das erste Beispiel

Ellen	Gulden	Groschen	Pfennige	Elle	
48	36	6	0	1	
		9			
		4	6	12	8
		2	3	6	4
			1	3	
			$\frac{1}{2}$		
macht		15 Groschen	$10\frac{1}{2}$ Pfennige		

Bei dieser Anordnung ist zuerst die Benennung Gulden auf das dritte Glied übertragen, und man sieht daher, dass 1 Gulden in 12, 6, 3 Groschen zerlegt ist. So machen 12 Groschen, dividiert durch 48, dann $\frac{1}{4}$ Groschen, und dieser Bruch, multipliziert mit 36, ergibt 9 Groschen. Wenn man diese (entsprechend dem zweiten Teilchen der Zerlegung) halbiert, ergeben sie 4 Groschen und 6 Pfennige, weshalb die weitere Halbierung 2 Groschen und 3 Pfennige ergibt. So habe ich dann 36 Gulden beigebracht. Es folgen die 6 Groschen im zweiten Glied des Beispiels. Ich übertrage also die Bezeichnung Groschen auf das dritte Glied, und so gibt es 1 Groschen (anstelle einer Elle). Nun zerlege ich also 1 Groschen in 8 und 4 Pfennige. 8 Pfennige aber, geteilt durch 48, ergeben $\frac{1}{6}$ Pfennig, und dieser Bruch, mit 6 multipliziert (nämlich durch jene 6, die im zweiten Glied des Beispiels steht), ergibt 1. Also macht 4 (nämlich das zweite Teilchen dieser zweiten Zerlegung) dann $\frac{1}{2}$ Pfennig. **[87v]**

Zweites Beispiel nach der Währung des Herzogs von Württemberg, wobei ein Gulden 28 Schillinge und ein Schilling sechs Pfennige macht

Man gibt ein Pfund Safran für 5 Gulden, 22 Schillinge, 5 Pfennige. Was kosten 36 Pfund?

Erste Anordnung des zweiten Beispieles

Pfund	Gulden	Schillinge	Pfennige	Pfunde
1	5	22	5	36
	2	14	3	
	2	7	$1\frac{1}{2}$	
	1	1	$\frac{1}{2}$	
	72			
	72			
	36			
	18			
	9			
	0	36		
		18		
		9		
		3		
macht	209 Guld.	10 Schillinge		

Zuerst zerlegte ich die 5 Gulden in 2, 2, 1 Gulden. Sodann zerlegte ich 22 Schillinge in 14, 7, 1 Schillinge, machen doch 14 Schillinge $\frac{1}{2}$ Gulden. Weiter wird anstelle der 14 Schillinge $\frac{1}{2}$ Gulden mit 36 multipliziert, und das ergibt 18 Gulden. Daher ergeben 7 Schillinge 9 Gulden. Ebenso wird 1 Schilling mit 36 multipliziert, was 36 Schillinge ergibt. Drittens zerlegte ich die 5 Pfennige in 3, $1\frac{1}{2}$ und $\frac{1}{2}$ Pfennige. Weil nämlich 3 Pfennige $\frac{1}{2}$ Schilling ergeben, ist leicht zu ersehen, dass sich aus der Multiplikation von $\frac{1}{2}$ Schilling mit 36 18 Schillinge ergeben. Weiterhin ist $1\frac{1}{2}$ die Hälfte von 3, und so ergeben $1\frac{1}{2}$ Pfennige 9 Schillinge, und $\frac{1}{2}$ Pfennig macht 3 Schillinge, ist doch $\frac{1}{2}$ der dritte Teil von $1\frac{1}{2}$.

[88r] *Zweite Anordnung des zweiten Beispieles*

Pfunde	Gulden	Schillinge	Pfennige	Pfunde
1	5	22	5	36
				28
				7
				1
	180			
	22			
	5	14		
		22		
		30		
macht	209 Guld.	10 Schillinge		

Die Zerlegung des dritten Gliedes bezieht sich auf jene 22 Schillinge, die man innerhalb des dritten Gliedes dieses Beispieles findet. Man überträgt aber die Benennung Schillinge von 22 auf 36, und daher ergeben 28 Schillinge 1 Gulden, der, multipliziert mit 22, dann 22 Gulden ergibt. Daher machen 7 Schillinge den vierten Teil jenes Produktes, also 5 Gulden, 14 Schillinge. Ein Schilling aber wird einfach mit 22 multipliziert und ergibt 22 Schillinge. So wurden zuallererst 5 Gulden einfach mit 36 multipliziert, und es kamen 180 Gulden heraus. Ganz am Ende aber wurden 5 Pfennige mit 36 multipliziert, nachdem man natürlich die Benennung Pfennige auf 36 übertragen hatte; es ergeben sich dann 6 Schillinge, die, mit 5 multipliziert, 30 Schillinge ergeben.

Dritte Anordnung des zweiten Beispieles

Zuerst werden 5 Gulden mit 36 multipliziert und ergeben 180 Gulden, und schließlich ergeben 5 Pfennige, multipliziert mit 36, dann 30 Schillinge, wie ich in der oberen Anordnung gezeigt habe. Es bleiben also 22 Schillinge, die mit 36 zu multiplizieren sind. Ich zerlegte aber jene 22 Schillinge in Teilchen, die entsprechend der Progression der zweifachen Proportionalität voranschreiten, nämlich in 1, 2, 4, 8, 16 Schillinge. Jene Glieder jedoch, die überschießen, habe ich mit einem kleinen Strich bezeichnet, nämlich 1 und 8. Die übrigen machen 22 Schillinge, wenn man sie zueinander addiert. [88v]

Pfund	Gulden	Schillinge	Pfennige	Pfunde
1	5	22	5	36
		1		
		2		

			4	
			~~8~~	
			16	
	180			
	~~1~~		~~8~~	
	2		16	
	5		4	
	~~10~~		~~8~~	
	20		16	
			30	
macht	209	Guld.	10	Schillinge

Wenn man aber das erste Teilchen multipliziert, nämlich 1 Schilling mit 36, ergeben sich 36 Schillinge, das heißt 1 Gulden und 8 Schillinge, und so machen zwei Schillinge das Doppelte des früheren Produktes. Gehe also voran, bis du, entsprechend den fünf Teilchen der Zerlegung, fünf Glieder einer doppelten Progression hast. Und wie die Teilchen, das erste und vierte, mit einem Strich angezeichnet sind, so muß man auch ihre Produkte anzeichnen; es müssen also das erste und vierte Produkt mit einem Strich versehen werden, damit sie nicht mit anderen Produkten zur Summe des Aggregates hinzugenommen werden.

Vierte Anordnung des zweiten Beispieles

Diese Anordnung wird man leicht aus der dritten Anordnung dieses zweiten Beispieles verstehen. Wenn man aber die Benennung Schillinge auf das erste Teilchen der Zerlegung des dritten Gliedes übertragen hat, ergibt sich ein Gulden, der, mit 16, 8, 4, 2, 1 multipliziert, dann 16, 8, 4, 2, 1 Gulden ergibt. So muß auch die 8 mit jenen einzelnen Teilchen multipliziert werden, und während 8 mit 16 Schillingen multipliziert wird (nämlich mit dem ersten Teilchen), müssen die 16 in 14 und 2 Schillinge zerlegt werden. Es machen nämlich 14 Schillinge $\frac{1}{2}$ Gulden. **[89r]**

Pfund	Gulden	Schillinge	Pfennige	Pfunde
1	5	22	5	36
		2 16 14		28
		~~8~~		8
		4		
		2		
		~~1~~		
	180			
	16			
	~~8~~			
	4			
	2			
	~~1~~			
	4	16		
	~~2~~	~~8~~		
	1	4		
		16		
		~~8~~		

		30
macht	209 Guld.	10 Schillinge

Und man sieht so, dass 8 mal 14 (nämlich mal $\frac{1}{2}$ Gulden) 4 Gulden ergeben. Weiter machen 8 mal 2 Schillinge dann 16 Schillinge. So macht also 8 mit 8 multipliziert dann 2 Gulden, 8 Schillinge. Und so muß man der Reihe nach durch die Halbierung voran gehen. Davon sind jene Teilchen 2 und 14, die bei der Zerlegung um 16 stehen, neben das zweite Teilchens des zerlegten dritten Gliedes gestellt, natürlich, damit man sieht, aus welchem Grunde 8 mit 16 multipliziert werden muß. Es ist aber bekannt, dass 5 mal 36 Gulden jene 180 Gulden ergeben, die man an die Spitze der Produkte gestellt sieht. Ebenso weiß man, dass 5 Pfennige mal 36 jene 30 Schillinge ergeben, die bei den Produkten ganz am Schluß stehen.

Nun folgt ein Beispiel, das für das zweite Beispiel und hauptsächlich für die erste Anordnung desselben Beispieles die Probe bildet [89v]

Pfunde	Gulden	Schillinge	Pfennige	Pfunde
36	209	10	0	1
	9	36		
	18	18		
	36	9		
	72	3		
	72			
		7		
		14		
	1	0		
	2	0		
	2	0		
		1	0	
			3	
			$1\frac{1}{2}$	
			$\frac{1}{2}$	
macht	5 Guld.	22 Schillinge	5 Pfennige	

Zuerst achtete ich beim Zerteilen der 209 Gulden auf den Divisor; daher machen 9 Gulden, geteilt durch 36, $\frac{1}{4}$ Gulden, das sind 7 Schillinge. Also werden aus 18 Gulden 14 Schillinge, und aus 36 Gulden wird 1 Gulden, und 72 Gulden machen 2 Gulden, usw. So machen 36 Schillinge 1 Schilling, und aus 18 Schillingen werden ½ Schilling, das sind 3 Pfennige, und 9 Schillinge machen $1\frac{1}{2}$ Pfennige, und 3 Schillinge werden zu $\frac{1}{2}$ Pfennig.

Es macht aber die Summe der Zerlegten, die unter 209 Gulden gefunden wurde, nur 207 Gulden. Zwei Gulden nämlich wurden in Pfennige zerlegt, die mit 10 Pfennigen, unter denen sie gerechnet werden, angenommen und zerteilt wurden, wie man hinreichend sieht.

Andere Anordnung des Beispiels, das zum Beweis für das zweite Beispiel dient

In der folgenden Anordnung wird die Benennung Gulden auf das dritte Glied übertragen, so dass man anstelle von 1 Pfund annehmen muß, dass 1 Gulden gesetzt wird, und dieser wird zuerst in 18, 9 und 1 Pfennig geteilt. 18 Schillinge aber, geteilt durch 36, machen $\frac{1}{2}$ Schilling, dieser ergibt, multipliziert mit 209, dann 3 Gulden, 20 Schillinge, 3 Pfennige. Also machen 9 Schillinge die Hälfte jenes Produktes, nämlich 1 Gulden, 24 Schillinge, $1\frac{1}{2}$ Pfennige, und davon der 9. Teil ergibt 1 Schilling, nämlich 5 Schillinge und $4\frac{5}{6}$ Pfennige. [90r]

Zweitens wird auch die Bezeichnung Schillinge auf das dritte Glied übertragen, so dass man schon sehen kann, dass 1 Schilling an die Stelle eines Pfundes gesetzt wird. Da dies bewirkt, dass 6 Pfennige durch 36 geteilt werden müssen, wird man auf diese Weise finden, dass $\frac{1}{6}$ Pfennig mit 10 zu multiplizieren ist und $1\frac{4}{6}$ Pfennige ergibt. Daher wird jene Anordnung aussehen, wie folgt:

Pfunde	Gulden	Schillinge	Pfennige	Pfunde
36	209	10	0	1
				18 6
				9
				1
	3	20	3	
	1	24	$1\frac{1}{2}$	
		5	$4\frac{5}{6}$	
			$1\frac{4}{6}$	
macht	5 Gulden	22 Schillinge	5 Pfennige	

Drittes Beispiel nach der Währung des Kurfürsten von der Pfalz, bei der ein Gulden 26 Weißpfennige und ein Weißpfennig 8 Pfennige macht.

Ein Pfund Pfeffer wird verkauft um 20 Weißpfennige und 5 Pfennige. Wie viel kosten 52 Pfund?

Erste Anordnung dieses Beispieles

Pfunde	Gulden	Weißpfennige	Pfennige	Pfunde
1	0	20	5	52
		13	4	
		$6\frac{1}{2}$	1	
		$\frac{1}{2}$		
	26			
	13			
	1			
	1			
	0	6	4	
macht	41 Gulden	6 Weißpfennige	4 Pfennige	[90v]

13 Weißpfennige machen $\frac{1}{2}$ Gulden, der, multipliziert mit 52, dann 26 Gulden macht. Also macht die Hälfte von 13, nämlich $6\frac{1}{2}$, dann 13 Gulden. Ebenso ergibt ½ Weißpfennig, multipliziert mit 52, dann 25 Weißpfennige, also 1 Gulden. In ähnlicher Weise machen 4 Pfennige (die ja $\frac{1}{2}$ Weißpfennig ergeben), multipliziert mit 52, dann 1 Gul-

den. Also macht 1 Pfennig ein Viertel dieses Produktes, nämlich 6 Weißpfennige, 4 Pfennige.

Andere Anordnung dieses dritten Beispieles

Pfunde	Gulden	Weißpfennige	Pfennige	Pfunde
1	0	20	5	52
			4	26
			1	26
	20			
	20			
	1			
	0	6	4	
macht	41 Gulden	6 Weißpfennige	4 Pfennige	

Die Benennung Weißpfennige wird auf das dritte Glied übertragen, so dass 26 Weißpfennige 1 Gulden ergeben; dieser macht, multipliziert mit 20, dann 20 Gulden, usw. Ebenso machen 4 Pfennige $\frac{1}{2}$ Weißpfennig, der, multipliziert mit 52, einen Gulden ergibt. Also macht 1 Pfennig $\frac{1}{2}$ Gulden und natürlich 6 Weißpfennige 4 Pfennige.

Dritte Anordnung dieses dritten Beispiels

Pfunde	Gulden	Weißpfennige	Pfennige	Pfunde
1	0	20	5	52
		16		
		~~8~~		
		4		
		~~2~~		
		~~1~~		
		$\frac{1}{2}$, das sind 4 Pfennige		
		$\frac{1}{4}$		
		$\frac{1}{8}$, das ist 1 Pfennig		
[91r]	32			
	~~16~~			
	8			
	~~4~~			
	~~2~~			
	1			
	0	~~13~~		
		6	4	
macht	41 Gulden	6 Weißpfennige	4 Pfennige	

Das ganze zweite Glied, nämlich 20 Weißpfennige und 5 Pfennige, wurde in acht Glieder einer zusammenhängenden Proportionalität unterteilt. Also werden die Produkte derselben Proportionalität unterliegen. Es wird aber die Benennung Weißpfennige auf das dritte Glied übertragen, und es werden aus 52 Pfunden 52 Weißpfennige, also 2 Gulden, die mit den einzelnen Teilen der Zertrennung multipliziert werden müssen, usw. Die Brüche beziehen sich auf 5 Pfennige, wie man leicht sehen kann.

Beispiel, das für dieses dritte Beispiel die Probe bildet

Pfunde	Gulden	Weißpfennige		Pfennige		Pfunde
52	41	6		4		1
	26	52		52		
	13					
		13				
		6		4		
		1		0		
		0		1		
macht		20	Weißpfennige	5	Pfennige	

Die Zerlegung fand überall statt in Hinblick auf den Divisor, machen doch 26 Gulden, geteilt durch 52, dann $\frac{1}{2}$ Gulden, also 13 Weißpfennige. Also machen 13 Gulden ¼ Gulden, nämlich 6 Weißpfennige und 4 Pfennige. So werden aus 52 Weißpfennigen 1 Weißpfennig, und 52 Pfennige machen 1 Pfennig. Zwei Gulden wurden übertragen und in 52 Weißpfennige aufgelöst, und 6 Weißpfennige, die 48 Pfennige machen, sind zu 4 Pfennigen zusammengefasst. Jenes Aggregat macht aber 52 Pfennige, usw. **[91v]**

Andere Anordnung des Beispieles, das für dieses dritte Beispiel die Probe bildet

Pfunde	Gulden	Weißpfennige		Pfennige		Pfunde
52	41	6		4		1
						26
		20		4		
				1		
macht		20	Weißpfennige	5	Pfennige	

Die Benennung Weißpfennige wird auf das dritte Glied übertragen, und so machen 26 Weißpfennige (die einen Gulden betragen), dividiert durch 52, dann $\frac{1}{2}$ Weißpfennig; dieser macht, multipliziert mit 41, 20 Weißpfennige und 4 Pfennige. Dann werden die 6 Weißpfennige und 4 Pfennige, die im zweiten Glied stehen, zueinander addiert und ergeben 52 Pfennige; diese müssen durch 52, nämlich den Divisor, geteilt werden, und heraus kommt 1 Pfennig.

Viertes Beispiel nach der Straßburger Währung, die aus 1 Gulden 20 Blaffert und aus einem Blaffert 6 Pfennige macht.

Drei Krüge Wein werden für 21 Gulden und 5 Blaffert und 2 Pfennige verkauft. Wie viel kosten $34\frac{4}{11}$ Krüge?

Das erste Glied teile durch 3, und ebenfalls das dritte Glied, dann wird sich das Beispiel so darstellen:

Krug	Gulden	Blaffert	Pfennige	Krüge
1	21	5	2	$11\frac{5}{31}$

Dann nimm den Zähler des dritten Gliedes, laß den Nenner weg, und damit ist das dritte Glied durch 11 geteilt. Du musst also das zweite Glied durch 11 teilen, damit nicht die notwendig sich ergebende Summe der Multiplikation eine Änderung erleidet. Ist dies geschehen, wird das Beispiel sich so darstellen: **[92r]**

Krug	Gulden	Blaffert	Pfennige	Krüge
1	1	18	4	126

Daher wird sich in der Anordnung der italienischen Methode das Beispiel so darstellen:

Krug	Gulden	Blaffert	Pfennige	Krug
1	1	18	4	126
		10	1	
		5		
		$2\frac{1}{2}$		
		1		
	126			
	63			
	31	10		
	15	15		
	6	6		
	1	1		
macht	243 Gulden	12 Blaffert.		

Die Zerlegung erfolgte durch drei Halbierungen. Es sind 10 Blaffert die Hälfte von einem Gulden, und 5 Blaffert sind die Hälfte von 10 Blaffert, und $2\frac{1}{2}$ sind die Hälfte von 5. Es ist aber dieser Bruch $\frac{1}{2}$ genommen von der Zerlegung der 4 Pfennige. Ein halber Blaffert macht nämlich 3 Pfennige, deshalb sieht man unter den 4 Pfennigen nur einen Pfennig angeschrieben. Alles Weitere ist ganz klar.

Nun folgt ein Beispiel, das die Probe bildet

Krüge	Gulden	Blaffert	Pfennige	Krug
126	243	12	0	1
	126	126	126	
	63			
	$31\frac{1}{2}$			
	$15\frac{3}{4}$			
	1	0		
		10		
		5		
		2	3	
		1	0	
			1	
macht	1 Gulden	18 Blaffert	4 Pfennige [92v]	

Es liegen auch hier drei Halbierungen bei der Zerteilung der Gulden vor. Jene Teile aber, nämlich 126, 63, $31\frac{1}{2}$, $15\frac{3}{4}$, ergeben keine vollen 243 Gulden, sondern es fehlen $6\frac{3}{4}$ Gulden. Jene nun wurden auf die Blaffert übertragen und ergeben mit den 12 Blaffert zusammen 147 Blaffert. Von diesen werden 21 Blaffert darüber hinaus in 126 Pfennige aufgelöst, und diese stehen, wie man sieht, unter der Benennung Pfennige.

Ich meine aber, dass hiermit die italienische Regel genügend erklärt ist. Wer nämlich meine vorliegenden Beispiele versteht, wird sich leicht aus Eigenem beliebig viele weitere Beispiele bilden können.

Von den Regeln, die man auf die Dreisatz-Regel reduziert, werde ich (so Gott will) in meiner Algebra sprechen. Und mehrere andere zur Dreisatz-Regel werde ich an mehreren Orten der beiden folgenden Bücher ausführen.

ENDE DES ERSTEN BUCHES VON DEN RATIONALEN ZAHLEN.

[93r] ANHANG ÜBER DIE REGULA FALSI

Michael Stifel grüßt seinen Gönner, Herrn Adolf Glauburg, Patrizier in Frankfurt

Als vor kurzem der Nürnberger Drucker Petreius meine gesamte Arithmetik erhalten hatte, bat er mich bald darauf brieflich um eine Erklärung der Regula falsi, und zwar aus dem Anlaß, daß jenes Buch den Titel „Vollständige Arithmetik" trage. Jener Brief war mir wegen der Sorgfalt des Mannes höchst willkommen, der sich so sehr bemüht, die Künste zu fördern, und großartige Buchtitel ablehnt, denen der Inhalt und die behandelten Gegenstände nicht so recht entsprechen. Zudem verehre ich Dich, lieber Adolf, auch deshalb sehr und schätze Dich, weil Du von Schminke nichts wissen willst, redlich durchgeführte Werke hingegen aufrichtig schätzest. Also musste ich, so ermahnt, den Titel meines Werkes rechtfertigen, musste ich doch fürchten, ich könnte Dir vielleicht anmaßender erscheinen, als erlaubt. Nun: Jener Titel (den indessen nicht ich dem Buche gab, sondern Dr. Milich) verspricht nicht eine solche Arithmetik, die alles bietet, was je über Zahlen gesagt und gelehrt wurde, oder was andere darüber finden können. Eine solche Arithmetik wird niemand geben. Nein, das Buch erhielt seinen Titel deshalb, weil es die rationalen und irrationalen Zahlen behandelt, weil es die absoluten und bezogenen Zahlen behandelt, weil es die abstrakten und benannten Zahlen behandelt, weil es die entweder nach Proportionen oder nicht nach Proportionen benannten Zahlen behandelt, weil es arithmetische, geometrische, musikalische, astronomische und cossische Rechenverfahren lehrt, weil es die vollkommenste Methode der Algebra vorträgt. Wenn dies nicht genügt, um angemessen von einer vollständigen Arithmetik sprechen zu können, dann mag Dr. Milich zusehen, der mein Buch mit so hohem Titel gerühmt hat. Allerdings könnte es sein, dass irgend ein Künstler in fünfzehn [93v] oder noch mehr Büchern über die Arithmetik noch nicht einmal so viel lehrt wie ich in jenen drei Teil-Büchern.

Um aber auf die Forderung von Petreius einzugehen, so denke ich, dass die Regula falsi oder Regel der falschen Ansätze an Hand kleiner Zahlen gefunden wurde, und zwar bei ganz leichten und schon bekannten Aufgaben. So nämlich fand ich früher zumeist verschiedene Regeln und verschiedene Sätze über Zahlen heraus. Davon könnte ich mehr Beispiele geben, doch mag das eine oder andere genügen. Zum Beispiel dieses erste: 2 und 3 machen 5, und ebensoviel macht die Differenz des Quadrates von 3 zum Quadrat von 2. Noch aber habe ich keinen Satz, den ich aufstellen kann; also nehme ich 2 und 4, deren Addition 6 ergibt. Doch übersteigt das Quadrat von 4 das Quadrat von 2 nicht um sechs, sondern es übersteigt dieses um zwölf, also gerade um so viel, wie 2 und 4 ergeben, multipliziert mit ihrer Differenz. Und weil in gleicher Weise die beiden zuvor genommenen Zahlen dazu stimmen, vermute ich bereits, einen Satz gefunden zu haben. Um aber hier sicher zu gehen, nehme ich zwei weitere Zahlen, nämlich 2 und 5. Und weil ich bei diesen dasselbe finde, ziehe ich einen Schluß und sage: Wenn man die Differenz zweier beliebiger Zahlen mit ihrem Aggregat multipliziert, ergibt diese Zahl die Differenz, die zwischen deren Quadraten vorliegt.

Ein anderes Beispiel: Die Zahlen 2, 3, 4 ergeben eine arithmetische Progression. Es macht aber die Multiplikation des Mittelgliedes mit sich selbst ebenso viel wie die Multiplikation der Außenglieder miteinander, wobei eine Eins, genommen von der Differenz der drei Glieder zueinander, hinzugefügt wird. Hier habe ich weiter noch nichts. Also mache ich weiter und nehme die Zahlen 2, 4, 6. Hier sehe ich, dass die Multiplikation des Mittelgliedes mit sich selbst ebenso viel macht wie die Multiplikation der Außenglieder miteinander, wobei die beiden Differenzzahlen addiert werden. Da ich nun sehe, dass die Addition nichts bringt, versuche ich es mit der Multiplikation <der Differenzzahlen>, und bei dieser sehe ich, dass sie nützt. Nun nehme ich eine andere Progression, nämlich 2, 5, 8. Und weil auch hier die Multiplikation passt, ziehe ich einen Schluß und trage den von mir gefundenen Satz so vor: Wenn drei Zahlen gegeben sind, die nach einer arithmetischen Progression angeordnet sind, dann ergibt die Multiplikation des Mittelgliedes mit sich selbst ebenso viel wie die Multiplikation der Außenglieder mit einander mit der Multiplikation der Differenzen mit einander. Und so verfährt man bei allen weiteren Findungen dieser Art. **[94r]**

In ähnlicher Weise (um zur begonnenen Darlegung zurückzukehren), meine ich, hat nun auch ihr erster Urheber jene „Regel vom Falschen“ gefunden. Höre nur die Geschichte oder das Märchen von ihrer Auffindung.

Der Urheber der regula falsi tat so, als wisse er nicht jene Zahl, von der nach Abzug von 2 die Zahl 3 übrig bliebe. So nahm er zuerst 4 an Stelle jener Zahl an, und als er die Probe machte, sah er nach dem Abzug von 2, dass statt 3 nur 2 übrig blieb. Daher merkte er, dass eine Eins fehlte, und notierte diese Zahl mit ihrem Mangel eigens. Dann nahm er die 6, und als er diese Zahl prüfte, indem er 2 abzog, sah er, dass statt 3 die Zahl 4 übrig blieb. Also sah er, dass eine Eins überzählig war, und notierte also eigens eine Sechs mit der überzähligen Eins. Und so erforschte er dann, wie aus den notierten Zahlen die Fünf gewonnen würde, die natürlich nach Abzug von 2 noch 3 übrig lässt. Es war aber leicht zu sehen, wie das ginge; aus der Addition der angenommenen Zahlen (nämlich 4 und 6) ergab sich die Zahl 10. Und aus der Addition der Fehler-Zahlen, nämlich 1 und 1, ergab sich 2. Daher kam bei der Division von 10 durch 2 die Zahl 5 heraus, nämlich die gesuchte Zahl.

Abbildung der angeführten Stellen

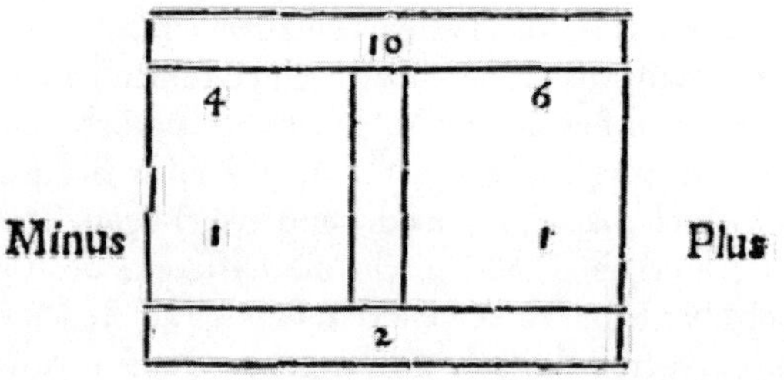

Danach nahm er 4 und 7 und versuchte damit die Zahl fünf in ähnlicher Weise zu finden. Und als er sah, dass sich das Bild dieser Erfindung so darstelle, wie folgt, sah er deutlich, dass hier wie dort eine einfache Addition **[94v]** wie bei der ersten Findung nicht genüge.

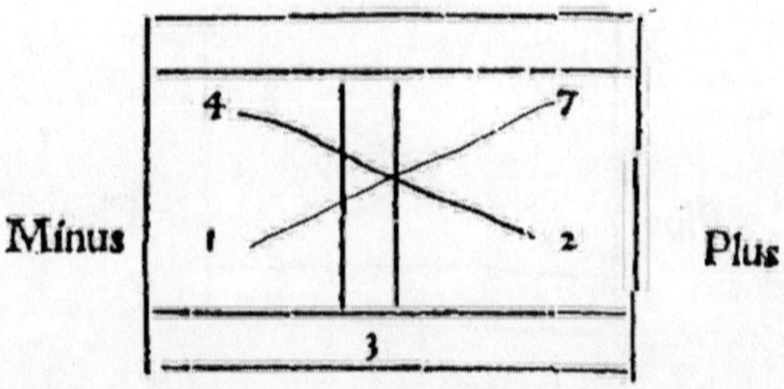

Daher versuchte er alle möglichen Arten des Findens, bis er herausbekam, dass eine Addition mittels kreuzweiser Multiplikation passe; es ergeben ja zweimal 4 und einmal 7 (also 8 und 7) zusammen 15, was, geteilt durch 3, die Zahl 5 ergibt.

Darstellung der vorgenannten Erfindung

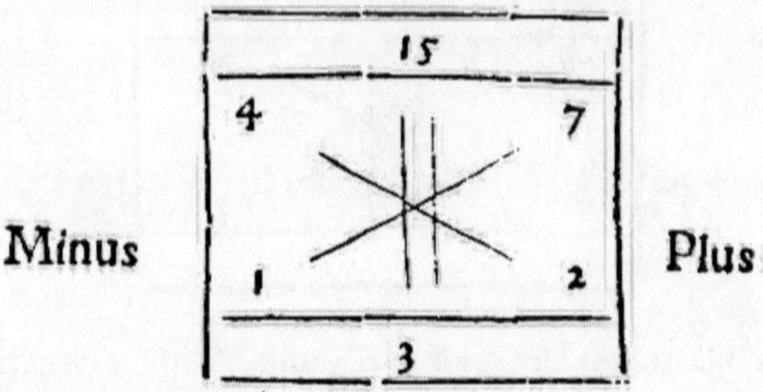

Später versuchte er, um einen Schluß ziehen zu können, die Findung derselben Zahl (nämlich 5) mit Hilfe von 4 und 100, und es ergab sich nach der vorgenannten Methode folgendes Bild der Findung, das der Sache gerecht wurde:

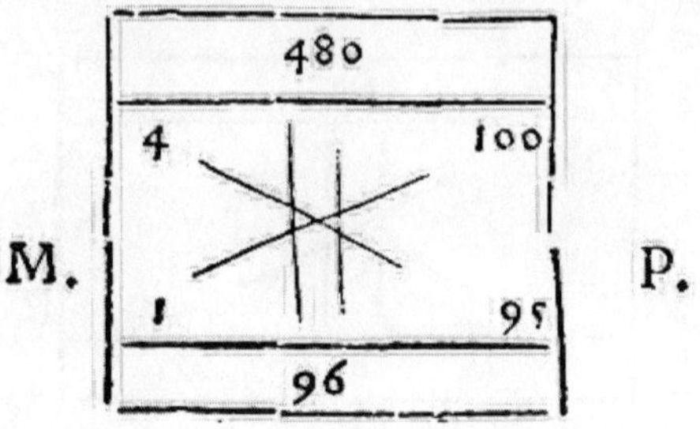

Also zog er den Schluß, Findungen dieser Art seien durchwegs richtig, wenn die eine falsche Zahl nicht reicht oder im Minus ist und die andere überfließt **[95r]** oder im Plus ist. Dann wandte er sich zur Rechten und versuchte solche Findungen zu gewinnen durch falsche Zahlen, die hier wie dort zu groß wären. So nahm er also versuchsweise 7 und 8, mit Hilfe deren er die Fünf auf die zuvor geschilderte Weise finden wollte, wobei sich folgende Darstellung der Erfindung ergab:

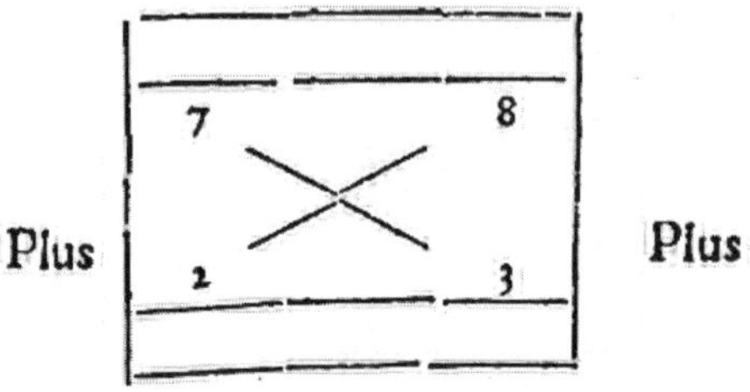

Als er jedoch sah, dass durch die Addition nichts gewonnen sei, versuchte er es mit der Subtraktion. Und dabei sah er, dass sein Vorgehen erfolgreich sei und der Sache entspreche.

Darstellung dieses Verfahrens:

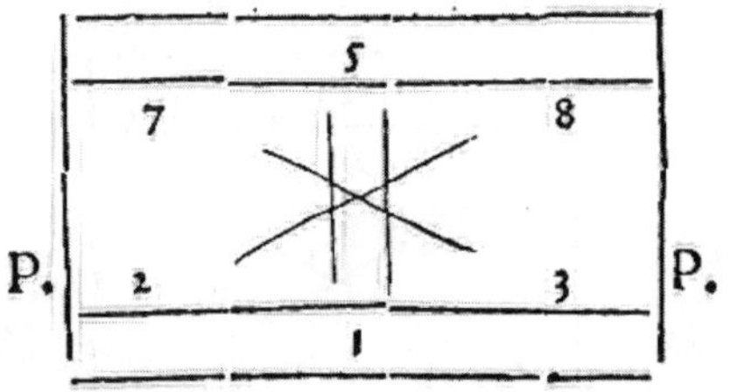

Das bedeutet: 2 von 3 lässt den Divisor 1 übrig, und 3 mit 7 multipliziert macht 21, und 2 mal 8 macht 16. Diese 16 aber lassen, abgezogen von 21, dann 5 übrig, was durch den Divisor 1 zu dividieren ist.

Schließlich, um auch bezüglich der Findung von rechts einen Schluß ziehen zu können, nahm er 7 und 100, um auf die vorgenannte Weise aus diesen beiden Zahlen die Fünf hervorzubringen, und es ergab sich die folgende Darstellung der Erfindung: **[95v]**

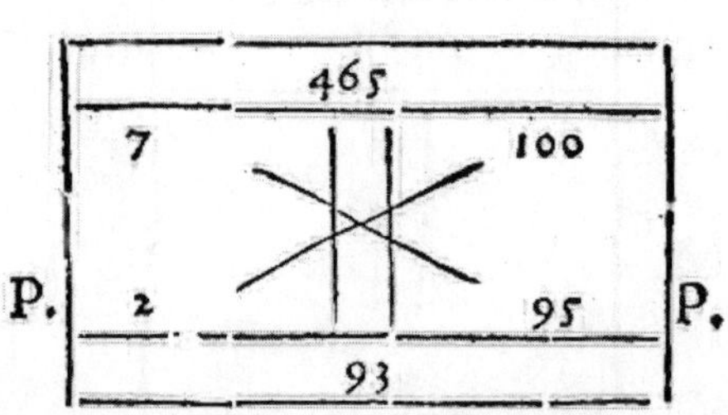

Später sah er, dass er solchen Erfolg auf der rechten Seite hatte, und wandte sich, um denselben Versuch zu machen, auch zur linken Seite. Also nahm er 3 und 4, nämlich jene Zahlen, von denen er wusste, dass sie falsche Zahlen ergeben würden, die nach beiden Seiten zu klein wären. Dann versuchte er, mit ihrer Hilfe die Fünf hervorzubringen wie zuvor, und fand folgende Darstellung:

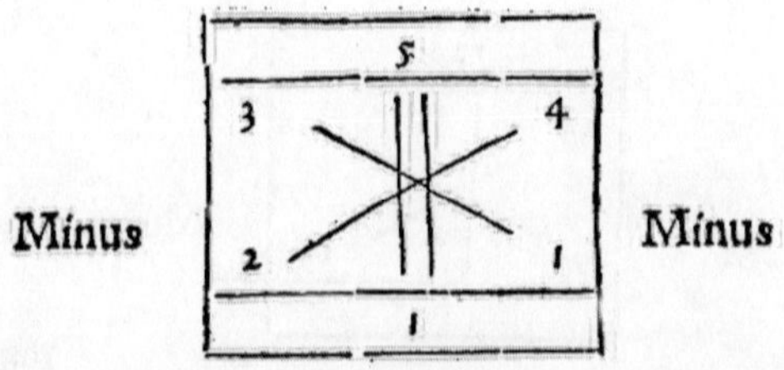

Natürlich, wenn man 1 von 2 abzieht, bleibt der Divisor 1 übrig, und 2 mal 4 ergeben 8, und bei 1 mal 3 bleibt es bei 3. Also bleibt bei einer Subtraktion der 3 von 8 die Zahl 5 übrig, die durch den Divisor 1 zu teilen ist. Und so auch sonst.

Nach so großen Erfolgen bei den vorgeführten eher spielerischen Aufgaben begann der Urheber, sein Verfahren auf nicht überblickbare Aufgaben zu übertragen, und zwar auf solche mit abstrakten und benannten Zahlen. Da er nun die ungeheure Geltung seines Verfahrens fühlte, war er hocherfreut, glaubte er doch, einen unvergleichlichen Kunst-Schatz gefunden zu haben. Also faßte er diese Operationen in eine Regel, wie folgt.

Text der regula falsi:

Nimm zwei beliebige Zahlen, kleine oder große, und prüfe beide entsprechend dem Wortlaut des vorgelegten Beispiels, um zu sehen, wie weitgehend es bei jeder von beiden fehlt, so dass das **[96r]** Gesuchte nicht herauskommen kann. Du wirst aber immer und überall beachten, ob die fehlerhafte Differenz oder Falschheit größer oder kleiner als die gesuchte Zahl ist. Wenn nämlich beide Male entweder ein Plus oder ein Minus herauskommt, dann erfolgt eine Subtraktion, nicht aber eine Addition. Wenn aber aus einer Zahl ein Plus herauskommt und bei der anderen ein Minus, dann erfolgt eine Addition und keine Subtraktion. Es erfolgt aber die erste Addition (oder Subtraktion) zwischen falschen Zahlen; natürlich wird entweder die eine zur anderen addiert oder die eine von der anderen subtrahiert. Sodann erfolgt die Multiplikation über Kreuz, wobei die eine der falschen Zahlen die dastehende andere falsche Zahl multipliziert. Ist dies geschehen, erfolgt die zweite Addition (oder Subtraktion), und natürlich wird ein Produkt zum anderen hinzuaddiert oder vom anderen Produkt abgezogen, ganz wie es die vorstehende Regel vorschreibt. Und so erfolgt schließlich die Division, bei der entweder das Aggregat der Produkte oder deren Rest dividiert wird, und zwar entweder durch das Aggregat der falschen Zahlen oder durch deren Rest.

Es folgen nun einige Beispiele für jene Regel. Erstens:

Man suche die Zahl, von deren Hälfte ihr Drittel und Viertel, abgezogen, 300 übrig lassen.

Ich nehme zuerst 24, eine Zahl, die mir hier gefällt, weil ihre Hälfte die in der Angabe genannten Teile besitzt, nämlich Drittel und Viertel, und dies ohne irgendwelchen Bruch. Die Arbeit mit Brüchen ist nämlich mühevoller und unangenehmer als die mit ganzen Zahlen. Meide also Brüche, wenn man sie vermeiden kann!

Zum Zweiten nehme ich das Doppelte der ersten Zahl, nämlich 48; so nämlich kann ich leichter arbeiten, und dann wird sich das Beispiel so darstellen:

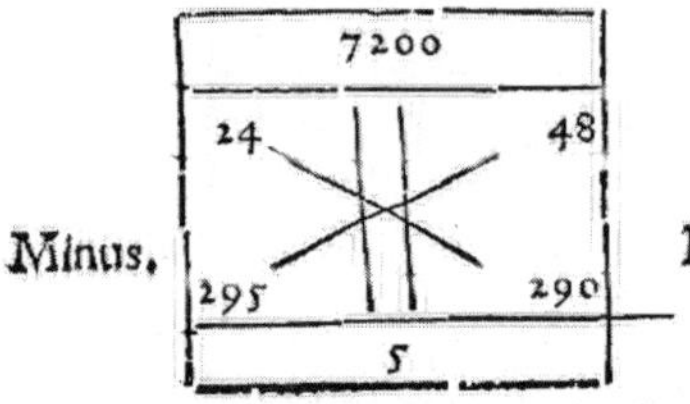

[96v]

Zuerst prüfe ich die erste angenommene Zahl, nämlich 24. Davon die Hälfte beträgt 12, wovon 4 der dritte Teil ist und der vierte Teil 3. Diese beiden Teile addiere ich (zu 7) und ziehe sie von 12 ab, wobei 5 übrig bleibt, die eigentlich (entsprechend der Angabe des Beispiels) 300 sein müssten. Also fehlt es bei der angenommenen Zahl um 295, und sie steht im Minus.

Zweitens prüfe ich die zweite angenommene Zahl, nämlich 48. Davon die Hälfte ist 24. Der dritte und vierte Teil dieser Hälfte ergeben 14, die, wenn man sie von 24 abzieht, 10 übrig lassen, doch auch hier müssten es 300 sein. Daher fehlt es jener angenommenen Zahl um 290, und auch sie steht im Minus. Also ziehe ich 290 von 295 ab, wobei 5 übrig bleibt und Divisor wird. Sodann multipliziere ich überkreuz, nämlich 290 mal 24, was 6960 ergibt. Ich multipliziere auch 295 mit 48, was 14160 ergibt. Nun ziehe ich 6960 von 14160 ab, und es bleiben 7200 übrig, die durch 5 zu teilen sind. Also ist 1440 die wirkliche Zahl, die ich suchte. Deren Hälfte nämlich macht 720, und deren Drittel und Viertel machen zusammen 420, und zieht man beide von 720 ab, bleiben 300 übrig. So kommt an dieser Stelle eine richtige und keine falsche Zahl heraus.

Zweites Beispiel

Es sollen drei Zahlen gesucht werden, deren erste, zu 73 hinzugefügt, das Doppelte der beiden anderen ergibt. Die zweite Zahl, zu 73 hinzugefügt, soll das Dreifache der beiden übrigen ergeben. Die dritte Zahl, zu 73 hinzugefügt, soll das Vierfache der beiden anderen ergeben. Die Positionen dieses Beispiels stellen sich so dar:

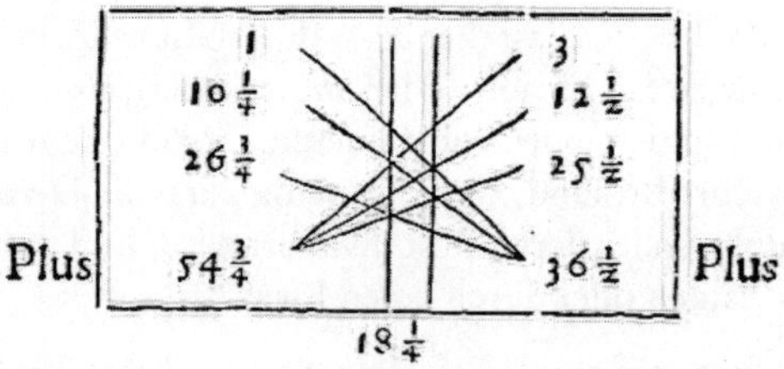

Man sieht hier deutlich, dass $18\frac{1}{4}$ der einzige gemeinsame Divisor ist und dass $54\frac{3}{4}$ und $36\frac{1}{2}$ zwei gemeinsam multiplizierende Zahlen sind, weil sie beide falsch sind. Da aber beide falschen Zahlen Plus-Zahlen sind, entsteht [97r] der gemeinsame Divisor aus der Subtraktion der einen Zahl von der anderen.

Zuerst also wird 1 mit $36\frac{1}{2}$ multipliziert, wobei sich, wie bekannt, am Multiplikanten nichts ändert. Auch wird 3 mit $54\frac{3}{4}$ multipliziert, woraus sich 164 ¼ ergeben. Also ziehe ich $36\frac{1}{2}$ von $164\frac{1}{4}$ ab, wobei $127\frac{1}{4}$ übrig bleiben. Dieser Rest wird durch den gemeinsamen Divisor geteilt, wobei sich die erste Zahl dieses Beispieles ergibt, nämlich 7.

Zweitens wird $10\frac{1}{4}$ mit $36\frac{1}{2}$ multipliziert, was $374\frac{1}{8}$ ergibt. Und $12\frac{1}{2}$, multipliziert mit $54\frac{3}{4}$ ergibt $684\frac{3}{8}$, ich ziehe also $374\frac{1}{8}$ von $684\frac{3}{8}$ ab, wobei $310\frac{1}{4}$ übrig bleiben. Dieser Rest wird durch den gemeinsamen Divisor, nämlich durch $18\frac{1}{4}$ dividiert, woraus sich die zweite Zahl des Beispieles ergibt, nämlich 17.

Drittens wird $26\frac{3}{4}$ mit $36\frac{1}{2}$ multipliziert, und es ergibt sich $976\frac{3}{8}$. Und $25\frac{1}{2}$ wird mit $54\frac{3}{4}$ multipliziert, was $1396\frac{1}{8}$ ergibt. Ich ziehe also $976\frac{3}{8}$ von $1396\frac{1}{8}$ ab, und es bleibt $419\frac{3}{4}$ übrig. Dieser Rest wird durch den gemeinsamen Divisor, nämlich $18\frac{1}{4}$, geteilt und ergibt die dritte Zahl des Beispiels, nämlich 27.

Erste Zahl des Beispiels	7.
Zweite Zahl des Beispiels	17.
Dritte Zahl des Beispiels	23.

Von den zwei oberen Ansätzen des Beispiels

Es ist dringend nötig, dass ich den Grund für die beiden oberen Ansätze des vorliegenden Beispiels erläutere. Es hat aber jedes beliebige Beispiel der *regula falsi* in der Regel zwei Ansätze, wie man hinreichend dem Wortlaut der Regel selbst und den Operationen der Beispiele entnimmt. Operationen jedoch, die durch nur einen Ansatz erfolgen, geschehen mehr nach der Dreisatz-Regel (wenn zuvor Divisor und Multiplikant festgelegt wurden) als nach der Regel vom Falschen. Doch wollen wir die Ansätze betrachten.

Als ersten Ansatz wollten wir zuerst die Eins setzen, weil sie mit 73 (diese Zahl setzt der Wortlaut des Beispiels an) zusammen eine gerade Zahl ergibt, deren Hälfte eine ganze Zahl ist. Wenn man nämlich auch Brüche nicht überall vermeiden kann, so vermeide ich sie doch, wenn ich ihnen ohne große Mühe entgehen kann. Es besagt aber der Wortlaut des Beispiels, [97v] dass die erste Zahl zusammen mit 73 das Doppelte der beiden übrigen Zahlen ergeben muß. Da also 73 und 1 zusammen 74 ergeben, müssen (dementsprechend) die beiden übrigen 37 betragen, nämlich die Hälfte von 74.

Also muß (gemäß dem Wortlaut des Beispiels) 37 in zwei Teile zerlegt werden, deren erster, zusammen mit 73, das Dreifache des anderen Teiles (zusammen mit der Eins) ergibt. Und so setzt unser Beispiel schon ein weiteres Teilbeispiel voraus, dessen beide Ansätze sich so darstellen:

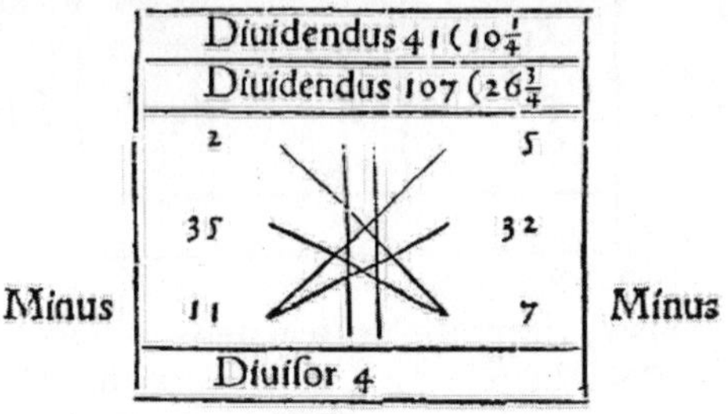

Ich nahm aber zuerst 2, weil 2 zusammen mit 73 eine Zahl ergibt, die durch drei messbar ist, und aus demselben Grunde nahm ich hernach 5 usw.

Von dem zweiten Ansatz des Gesamtbeispiels, der folgende drei Zahlen enthält: 3, $12\frac{1}{2}$, $25\frac{1}{2}$.

In welcher Absicht ich jedoch 3 nahm, geht genügend klar aus der Erklärung des ersten Ansatzes hervor, der die Zahlen 1, $10\frac{1}{4}$, $20\frac{3}{4}$ enthielt. Ich nahm also zuerst 3, was, addiert zu 73, dann 76 ergibt; die Hälfte davon macht 38, und dies ist die Summe der beiden Reste entsprechend der Angabe des Gesamtbeispieles.

Also muß man entsprechend der Angabe desselben Gesamtbeispieles 38 in zwei Teile zerlegen; deren erster soll, zusammen mit 73, das Dreifache des zweiten Teiles einschließlich der Drei betragen. Und dies ist bereits das zweite Teilbeispiel, das im Gesamtbeispiel vorausgesetzt ist, dessen beide Ansätze so dargestellt werden können. [98r]

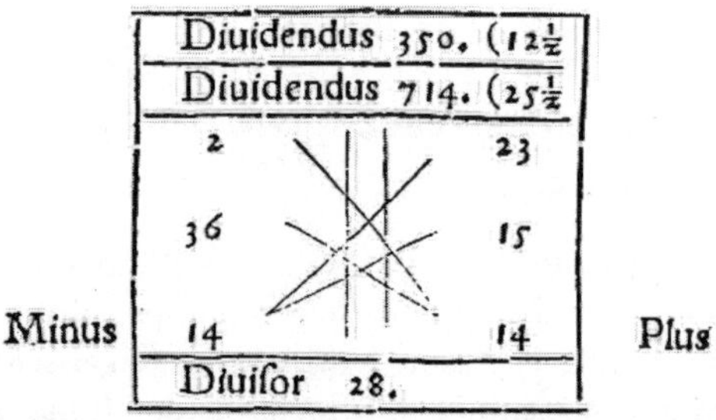

Die gefundenen Quotienten $12\frac{1}{2}$ und $25\frac{1}{2}$ werden zum zweiten Ansatz des oben aufgestellten Gesamtbeispieles gestellt Alles weitere ist aus dem weiter oben Stehenden klar.

Es folgen Beispiele der erweiterten Regel vom Falschen
nach Gemma aus Friesland; es handelt sich um eine vorzügliche Erfindung

Gesucht werden sollen zwei Zahlen in der Proportion 3:2, die, miteinander multipliziert, 864 ergeben sollen.

Der erste Teil der erweiterten Regel besteht darin, die falschen Zahlen gemäß der oben genannten Regel zu suchen, wie man es in der folgenden Figur gemacht sieht:

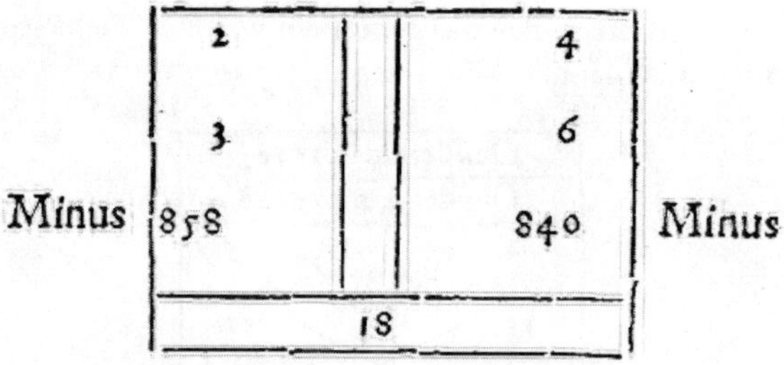

2 mal 3 macht natürlich 6, was eigentlich 864 sein müsste; es fehlen also 858 usw.

Der zweite Teil der Regel besteht darin, dass (wegen der Multiplikation der Zahlen miteinander) anstelle der angenommenen Zahlen die Quadrate der angenommenen Zahlen hingesetzt werden, wobei die früheren falschen Zahlen mit dem aus ihnen gewonnenen Divisor bestehen bleiben, wie es der frühere Teil der Regel verlangt. [98v] Und dann werden die Zahlen nach der Regel vom Falschen sich so darstellen:

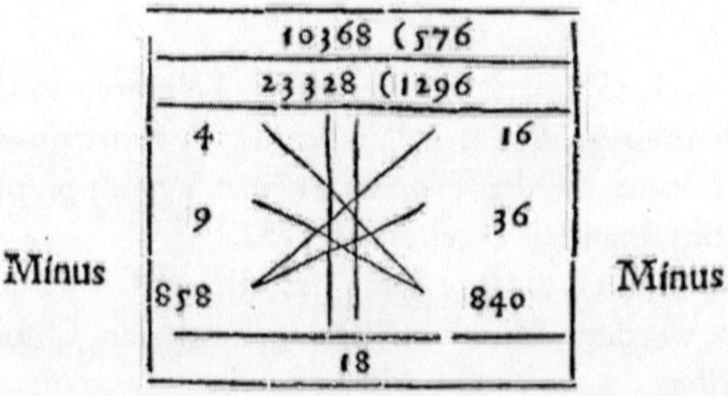

Der dritte Teil der Regel besteht also darin, dass man nach Auffindung der Quotienten entweder die Quadratwurzel zieht (wie hier, wo nur eine Multiplikation von zwei Zahlen miteinander stattfindet) oder dass man die Kubikwurzel zieht, wenn eine Multiplikation von drei Zahlen miteinander stattfindet. Daher werden, da hier die Quotienten 576 und 1296 sind, die Zahlen für das Beispiel 24 und 36 sein. Dies zeigt die Probe: Multipliziert man sie nämlich miteinander, ergibt es 864, ganz wie es die Angabe des Beispiels zeigt.

Weiteres Beispiel

Gesucht werden sollen drei Zahlen in doppelter Proportion, die, miteinander multipliziert, 2744 ergeben.

Die erste Figur des Beispiels sieht so aus:

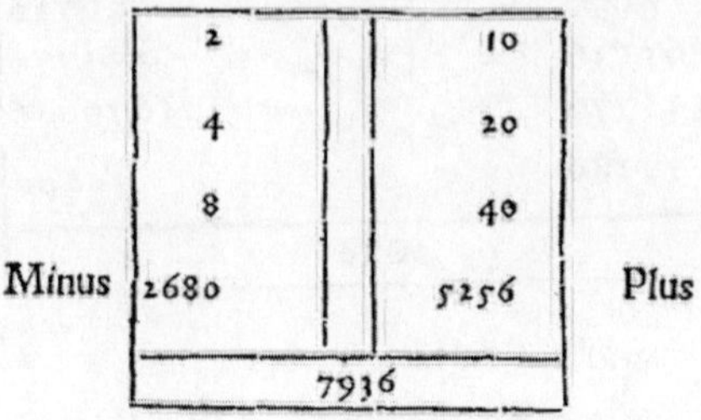

Die zweite Figur des Beispiels sieht so aus: [99r]

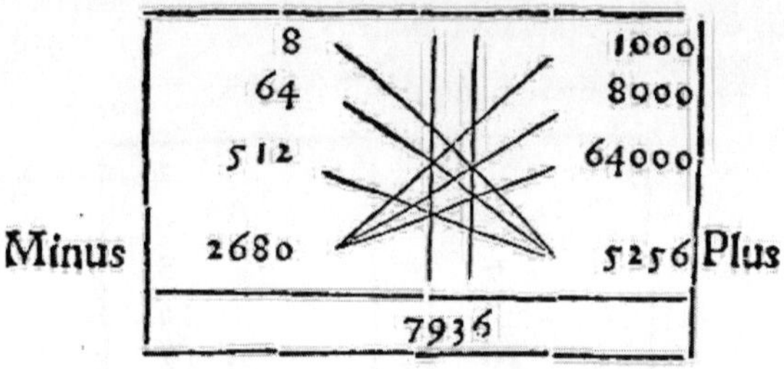

Du siehst, wie hier anstelle der angenommenen Zahlen, die an ihre Positionen gestellt wurden, nun ihre Kubikzahlen genommen werden. Dann werden aus den gefundenen Quotienten ihre Kubikwurzeln gezogen. Und dies geschieht so, weil drei Zahlen miteinander multipliziert werden, wie es die Angabe des Beispiels vorgibt. Die Zahlen sind 7, 14, 28.

Anderes Beispiel

Gesucht werden sollen vier Zahlen, von denen die kleineren in der Proportion 4:3 stehen sollen, und die beiden größeren sollen in der Proportion 3:2 stehen. Die beiden mittleren Zahlen aber sollen in der Proportion der Verdopplung stehen. Multipliziert man jene vier Zahlen miteinander, ergeben sie 1152.

Nachdem hier die Zahlen an ihre Orte gestellt sind, wird man sehen, dass ihre 4. Potenzen genommen werden. Und von den gefundenen Quotienten werden die 4. Wurzeln gezogen werden.

Es folgt die erste Figur dieses Beispieles:

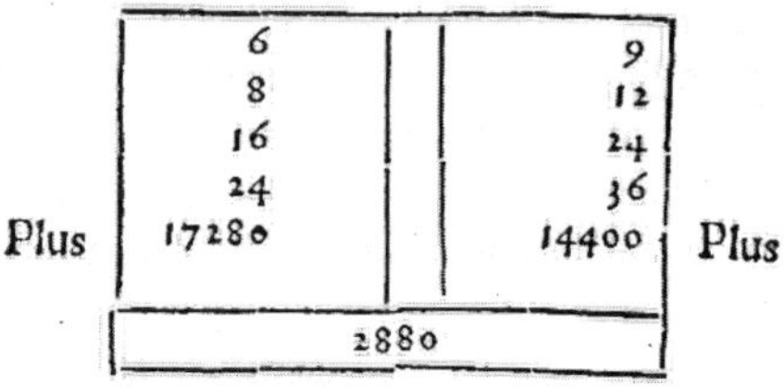

Es folgt die zweite Figur des Beispieles: **[99v]**

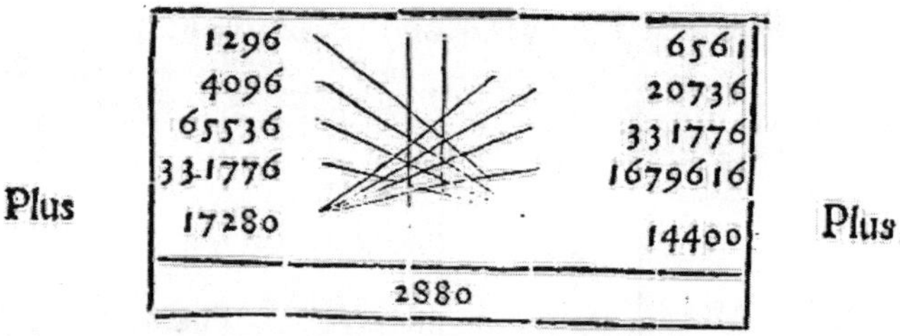

Die Zahlen des Beispieles sind 3, 4, 8, 12.

Weiteres Beispiel der erweiterten Regel vom Falschen

Es sollen fünf Zahlen in der Proportion der Verdoppelung gesucht werden; multipliziert man sie miteinander, soll 248832 herauskommen.

Erste Figur des Beispieles:

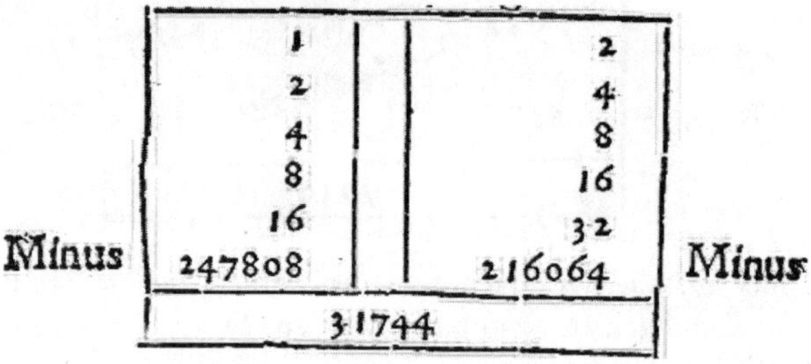

Es folgt die zweite Figur des Beispieles:

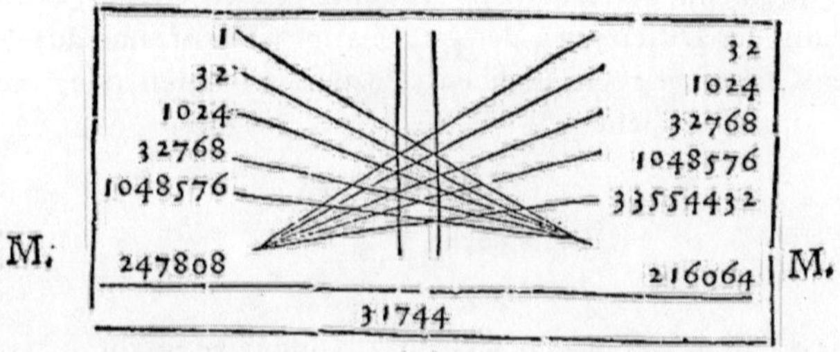

Die Zahlen des Beispieles sind 3, 6, 12, 24, 48.

Man sieht aber, wie in diesem Beispiel die 5. Potenzen der Zahlen verwendet werden, [100r] die man in der ersten Figur einsetzte. Und die 5. Wurzeln der gefundenen Quotienten ergeben die Zahlen für das gegenwärtige Beispiel.

Und so macht man es mit allen weiteren Beispielen bis ins Unendliche, da wir ja begreifen, dass es unendlich viele Regeln gibt, ganz wie Christoph die vier Regeln der Algebra ansetzte, nach denen jener Frisius mit seiner bewundernswerten Erweiterung die Regel vom Falschen ins Unermessliche ausbaute, wie man es ja sieht.

Diese Ausführungen zur regula Falsi, die ich in Kurzform auf Ansuchen von Petreius machte, mögen genügen, bis ich weiteres gebe.

Von der Regel der Anbindung

Nach der Regel vom Falschen ist auch die Regel von der Anbindung sehr geschätzt, die sich nur mit benannten Zahlen befaßt. Ihre Art kann mit wenigen Beispielen mehr als ausreichend dargestellt werden. Wir wollen also das eine oder andere Beispiel dieser Regel sehen.

Erstes Beispiel von der Regel der Anbindung

Ich habe Weine verschiedenen Wertes. Ein Maß billigeren Weines kostet 6 Pfennige. Ein Maß eines anderen Weines aber kostet 13 Pfennige. Ich will aber ein Maß Wein haben, der gemischt ist aus diesen beiden Weinen und 8 Pfennige kostet.

Nun lautet die Frage:
Wieviel von beiden Weinen muß man nehmen?

Die Regel besagt, dass man zuerst die anzubindenden Zahlen in einer Reihe hinstellt. Dann soll man, wie hier zu sehen, jene Zahl, an die angebunden wird, eigens hinstellen.

6		13	Anzubindende Zahlen
	8		Zahl, an die angebunden wird.

Wenn man aber die Zahlen in dieser Weise angeordnet hat, werden die Differenzen zwischen jener Zahl, an die angebunden wird, und den Zahlen, die anzubinden sind, genommen und über Kreuz vertauscht, wie man hier sieht. Eine solche Operation nennt man Anbindung.

6		13	Anzubindende Zahlen
	8		Zahl, an die angebunden wird
5		2	Differenzen [100v]

Das weitere wird nach der Dreisatz-Regel abgewickelt, in der Weise, wie es bei Gesellschaften zugeht und beim Verteilen von Geld unter Gesellschafter; es entsteht nämlich aus der Anbindung der Differenzen der gemeinsame Divisor, und aus den Differenzen selbst, die eigens angeschrieben sind, entstehen die zweiten oder multiplizierenden Glieder usw., wie man hier sieht:

	5			$\frac{5}{7}$
7		1	macht	
	2			$\frac{2}{7}$

Das bedeutet, dass 7 Maß von beiden Weinen, zusammengemischt, 5 Maß vom schlechteren Wein enthalten. Also enthält ein Maß, gemischt aus beiden Weinen, $\frac{5}{7}$ eines Maßes vom schlechteren Wein.

Ebenso enthalten 7 Maß, gemischt aus beiden Weinen, zwei Maß vom teureren Wein. Daher enthält 1 Maß, aus beiden Weinen so gemischt, $\frac{2}{7}$ eines Maßes vom teureren Wein.

Ich mache die Probe auf folgende Weise:

Ein Maß vom billigeren Wein macht 6 Pfennige. Also machen $\frac{5}{7}$ Maß desselben Weines $4\frac{2}{7}$ Pfennige. In gleicher Weise macht 1 Maß vom kostbareren Wein 13 Pfennige. Also macht $\frac{2}{7}$ Maß desselben Weines $3\frac{5}{7}$ Pfennige. Es machen aber (damit du die Probe erkennst) $4\frac{2}{7}$ Pfennige und $3\frac{1}{7}$ Pfennige zusammen 8 Pfennige.

Beispiel von drei Weinen

Ich will von drei Weinen 1 Maß zusammenmischen, das 7 Pfennige kostet. Vom ersten Wein kostet ein Maß 4 Pfennige, vom zweiten Wein kostet 1 Maß 6 Pfennige, und 1 Maß vom dritten Wein kostet 9 Pfennige.

So stellt sich das Beispiel zur Anbindung dar:

4	6		9	Anzubindende Zahlen
		7		Zahl, an die angebunden wird
2	2		1	Differenzen
			3	

So stellt sich das Beispiel nach der Dreisatz-Regel dar:

	2			$\frac{1}{4}$
8	2	1	macht	$\frac{1}{4}$
	4			$\frac{1}{4}$

[101r] So stellt sich das Beispiel zur Probe dar:

	4	$\frac{1}{4}$		1 Pfennig
1	6	$\frac{1}{4}$	macht	$1\frac{1}{2}$ Pfennige
	9	$\frac{1}{4}$		$4\frac{1}{2}$ Pfennige

Und so wirst du leicht über die anderen Operationen der Regel von der Anbindung und über die Beispiele urteilen, die bereits angeführt wurden. Andere Regeln (nämlich über die Gleichheit, Vermehrung, Abnahme usw.) wirst du in meiner Algebra erwähnt finden.

Über eine Regel des Geronimo Cardano

Geronimo Cardano stellt eine Regel über die Arten der Kombinationen von beliebigen hingestellten Sachen vor, die mich sehr hübsch dünkt. Ich sehe auch, dass sie sehr nützlich bei jenen Regeln ist, die ich im ersten Buch darstellte, nämlich bezüglich der Findung echter Teiler und beliebiger Zahlen. Daher will ich für jene Regel ein Beispiel hersetzen.

Aus den vorgegebenen vier Zahlen 2, 3, 5, 7 will ich auf kürzestem Weg die Anzahl der Zahlen finden, die sich aus der Multiplikation dieser Zahlen miteinander ergeben. Ich will also wissen, wie oft eine Multiplikation stattfinden kann, um jene neue Zahl hervorzubringen.

Regel:

Stelle die geometrische Progression doppelter Proportionalität hin, beginnend mit der Eins und mit insgesamt vier Gliedern (weil ja die gestellte Aufgabe vier Glieder hat). So viele Einheiten die Glieder dieser Progression, in eine Summe gebracht, haben (abzüglich von vier, weil diese Progression vier Glieder hat), ebenso viele Zahlen können durch die Multiplikation dieser Zahlen 2, 3, 5, 7 (die miteinander auf jede Weise multipliziert werden) entstehen, nämlich 6, 10, 14, 15, 21, 35, 30, 42, 70, 105, 210. Und diese einzelnen Zahlen messen die größte Zahl unter ihnen, nämlich 210, als deren echte Teiler. Daher kann man dieses Beispiel auch so variieren: **[101v]**

Man stellt die vier Zahlen 2, 3, 5, 7 hin, erzeugt die größte Zahl aus der Multiplikation dieser Zahlen mit einander (diese größte Zahl ist 210); ich will nun auf kurzem Wege die Zahl ihrer echten Teiler herausfinden.

Regel

Wie viele Einheiten die geometrische Progression 1, 2, 4, 8 hat, ebenso viele echte Teiler enthält die Zahl 210.

Diese Progression 1, 2, 4, 8 enthält aber fünfzehn Einheiten. Deshalb hat auch die Zahl 210 ebenso viele echte Teiler, nämlich 1, 2, 3, 5, 7, 6, 10, 14, 15, 21, 35, 30, 42, 70, 105.

So hat die Zahl 2310, zusammengesetzt aus den nicht zusammengesetzten Zahlen 2, 3, 5, 7, 11 einunddreißig echte Teiler, ganz wie die Progression 1, 2, 4, 8, 16 einunddreißig Einheiten hat.

So verfährt man auch bei anderen Beispielen.

Um nun endlich diesen Anhang abzuschließen, stelle ich fest, dass es unmöglich ist, dass eine solche Arithmetik von einem Menschen geschrieben werden kann, die alle derartigen Regeln und Überlegungen enthält, ohne dass man dieser Kunst nicht noch etwas Großartiges hinzufügen könnte.

Ende.

[102r] ZWEITES BUCH

Michael Stifel grüßt den hochgelehrten und gütigsten Herrn Jakob Milich, Doktor der Medizin, seinen verehrungswürdigen Gönner

Ich bin überzeugt, dass Du, freundlichster Gönner, mir glaubst, dass ich mit dieser meiner Arbeit niemandem mehr zu Gefallen sein wollte als Dir. Dies bezeugt zur Genüge jenes große Buch, das Gelegenheit schuf, jene meine Arithmetik endlich herauszugeben. Ich hatte jenes ja für Dich geschrieben, ohne dass Du mich darum batest oder es fordertest; nein, ich schrieb es aus eigenem Antrieb, um Dir die Sorgfalt zu beweisen, mit der ich aus den wenigen arithmetischen Lehrsätzen, die ich von Dir erhalten hatte, mit Gottes Hilfe eine solche Menge hervorbringen konnte. Du kannst nämlich sehen, in welcher Fülle ich jene einzige Regel von dir über das Auffinden der Ziffern beim Ziehen der Kubikwurzeln im ersten Buch vermehrt habe, wobei es außer dieser Regel nichts gab, was mir geholfen hätte, das Ziehen der 5. und 7. Wurzeln zu erfinden. Zwar sah ich, dass Apian jenes wußte, doch jener lehrte schlechthin nichts darüber, es sei denn, dass er auf die zu setzenden Punkte hinwies.

Wieviel ich aber nun in diesem zweiten Buch an Fortschritten vorweise, das zu entscheiden überlasse ich Deinem Urteil. Als ich aber das kurz zuvor erwähnte Buch schon verfasst hatte und indes an nichts weniger dachte, als wie meine Studien dieser Art einmal veröffentlicht würden, traf es sich, dass Herr Doktor Justus Jonas einmal zu mir ins Nachtquartier kam; dieser Mann besitzt eine Freundlichkeit und Leichtigkeit im Umgang mit niedriger als er Gestellten, dass ich ihn nicht genug bewundern kann. Und als ich ihm in meiner Freude über einen so großartigen Gast von jenem Buch sprach, verhieß er seine Mithilfe beim Druck, sah er doch, dass es voller verschiedener Rechenverfahren und vieler beweisender Beispiele war. Später erfüllte er auch sein Versprechen mit großem Eifer und hoher Zuverlässigkeit. Daher schreibe ich Dir die erste Hauptursache zu, [102v] dass meine Arithmetik verfasst wurde, während ich die Ursache für den Druck dem erwähnten Doktor Jonas zuweise, der damals mein Bischof war.

Und als später der Druck meines Werkes von den Druckern auf die lange Bank geschoben wurde, so dass ich mich nicht mehr darum kümmerte und zufrieden war, dass ich von einem Buchhändler das für meine Arbeit versprochene Honorar erhalten hatte, fügte es sich, dass meine Gattin so jämmerlich krank wurde, dass sie die Nachbarinnen häufig zum Weinen brachte, wenn diese sie aus Mitleid eifrig besuchten. Als dann Christus sie hilfreich durch deine Medikamente und Ratschläge wieder hergestellt hatte und ich meine Schuld begleichen wollte, wiesest du es zurück und betontest, Du habest mir nur eine geringe Gefälligkeit erwiesen. Da ich mich aber nicht überzeugen konnte, die Heilung meiner gefälligen, treuen und im Unglück standhaft erprobten Gattin als ein Geringes anzusehen, besann ich mich wieder auf den alten Weg des Dankes an Dich durch die Arithmetik. So versprach ich denen, die diese weder nicht drucken noch drucken wollten, eine Belohnung, um ihnen das so lange zurückgehaltene Werk zu entreißen, um es bei dieser Gelegenheit einem anderen Drucker zu übergeben, der mehr Sorgfalt auf die Pflege solcher wissenschaftlicher Studien verwendete. Endlich gelang es uns, einen solchen Mann nach Wunsch zu finden, der sich nicht (wie die anderen) über die fremdartigen Zeichen beklagte, sondern der Sache gewachsen war und auch wollte und konnte. Und so habe ich dieses zweite Buch endlich mit dem zehnten Buch des Euklid mutig bereichert, damit das Werk aus seiner Gefangenschaft nicht nutzlos zu mir und von mir zu Petreius heimkehrt. Lebe wohl und glücklich!

[103r] MICHAEL STIFEL

ZWEITES BUCH DER ARITHMETIK VON DEN IRRATIONALEN ZAHLEN

Vom Wesen der irrationalen Zahlen

Kapitel I.

Man diskutiert mit Recht darüber, ob die irrationalen Zahlen echte oder erdichtete Zahlen sind. Weil nämlich beim Beweis geometrischer Figuren dann, wenn uns die rationalen Zahlen im Stich lassen, irrationale nachrücken und das genau beweisen, was die rationalen Zahlen nicht beweisen konnten, sehen wir uns gewiss aus den Beweisen, die sie uns führen, veranlasst und gezwungen zuzugeben, dass es sie wirklich gibt, und zwar auf Grund ihrer Wirkungen, die wir als real, sicher und konstant erkennen.

Anderes jedoch führt uns zu einer gegenteiligen Behauptung, dass wir uns nämlich gezwungen sehen zu verneinen, die irrationalen Zahlen seien Zahlen. Wenn wir nämlich versuchen, sie einer Zählung zu unterwerfen und mit rationalen Zahlen in ein Verhältnis zu bringen, finden wir, dass sie uns andauernd entwischen, so dass man keine von ihnen als solche genau fassen kann. Dies sehen wir auch an ihren Auflösungen, wie ich weiter unten an passender Stelle vielleicht zeigen werde. Man kann aber keine Zahl als wirklich bezeichnen, die so beschaffen ist, dass sie der Genauigkeit entbehrt und mit echten Zahlen keine bekannte Proportion eingehen kann. Wie also eine unendliche Zahl keine Zahl ist, so ist eine irrationale Zahl keine echte Zahl, weil sie unter einem gewissen Nebel der Unendlichkeit verborgen ist und weil das Verhältnis einer irrationalen Zahl zu einer rationalen nicht weniger unsicher ist als das einer unendlichen zu einer endlichen.

Wenn weiter die irrationalen Zahlen echte Zahlen wären, dann wären sie entweder ganze Zahlen oder Brüche. Bruchzahlen aber nenne ich (um, wie geschuldet, eine Definition zu geben) solche, die aus einem Zähler und einem Nenner **[103v]** bestehen, so dass sie zwischen irgend zwei ganze und unmittelbar einander folgende Zahlen fallen; so fällt z.B. 8 $\frac{7}{9}$ und $\frac{79}{9}$ zwischen 8 und 9. Dagegen nehme ich $\frac{12}{3}$ oder $\frac{12}{4}$ unter die Brüche nicht auf, sondern unter die ganzen Zahlen, usw.

Dass aber die irrationalen Zahlen keine ganzen Zahlen sind, wird leicht bewiesen. Jede beliebige irrationale Zahl nämlich liegt zwischen irgend zwei einander unmittelbar folgenden Zahlen. Zum Beispiel fällt $\sqrt{6}$ zwischen 2 und 3, und $\sqrt{10}$, $\sqrt{11}$, $\sqrt{12}$, $\sqrt{13}$, $\sqrt{14}$, $\sqrt{15}$ liegen zwischen 3 und 4, und so auch sonst. Es steht aber sattsam fest, dass zwischen zwei ganze, einander unmittelbar folgende Zahlen keine andere ganze Zahl fällt, was ja die Art der Bezeichnung deutlich erweist. Also kann keine irrationale Zahl eine ganze Zahl sein, weil die einzelnen irrationalen Zahlen zwischen einander unmittelbar folgende Zahlen fallen.

Ebenso kann keine irrationale Zahl eine Bruchzahl sein. Es ist ja unmöglich, dass aus der Multiplikation eines Bruches mit sich selbst eine ganze Zahl entsteht. Irrationale Zahlen hingegen, mit sich selbst multipliziert, erzeugen ganze Zahlen. So macht z.B. $\sqrt{6}$ mit sich quadriert 6, und $^3\sqrt{6}$ in der dritten Potenz macht 6 usw. Also sind irrationale Zahlen keine Brüche. Vorstehendes ist klar. Wenn nämlich der Nenner den Zähler nicht misst, wird erst recht nicht das Quadrat des Nenners das Quadrat des Zählers messen. Erst recht nicht wird die Kubikzahl des Nenners die Kubikzahl des Zählers messen, so dass daraus eine ganze Zahl entstehen könnte usw. Wie also keine ganze Zahl, mit sich selbst multipliziert, eine gebrochene Zahl hervorbringen kann, so kann auch keine gebrochene Zahl durch Multiplikation mit sich selbst eine ganze Zahl hervorbringen.

In gleicher Weise hat jede gebrochene Zahl eine bestimmte und bekannte Proportion zu jeder beliebigen ganzen Zahl; jedoch hat keine irrationale Zahl eine bestimmte und bekannte Proportion zu irgendeiner ganzen oder gebrochenen Zahl, wie ich eben ausführte. Wie also eine irrationale Zahl keine ganze Zahl sein kann, so kann sie auch nicht eine gebrochene Zahl sein.

Ebenso können unendlich viele Bruch-Zahlen zwischen zwei beliebige, unmittelbar aufeinander folgende Zahlen fallen, ganz wie auch unendlich viele irrationale Zahlen zwischen zwei beliebige, aufeinander unmittelbar folgende Zahlen fallen. **[104r]** Doch kann man aus den Ordnungen beider leicht erkennen, dass keine Zahl von ihnen aus ihrer Ordnung in die andere überwechseln kann. Es ist also sinnlos, wenn man meint, eine irrationale Zahl könnte wegen der Unendlichkeit von Brüchen mit irgendeiner gebrochenen Zahl zusammenfallen. Doch wollen wir die erwähnten Ordnungen betrachten.

Ordnung der Brüche zwischen 2 und 3

$2\frac{1}{2}$, $2\frac{1}{3}$, $2\frac{1}{4}$, $2\frac{3}{4}$, $2\frac{1}{5}$, $2\frac{2}{5}$, $2\frac{3}{5}$, $2\frac{4}{5}$, $2\frac{1}{6}$, $2\frac{5}{6}$, $2\frac{1}{7}$, $2\frac{2}{7}$, $2\frac{3}{7}$. Und so weiter bis ins Unendliche.

Ordnung der zwischen 2 und 3 fallenden Medialen

$\sqrt{5}$, $\sqrt{6}$, $\sqrt{7}$, $\sqrt{8}$, $\sqrt[3]{9}$, $\sqrt[3]{10}$, $\sqrt[3]{11}$, $\sqrt[3]{12}$, $\sqrt[3]{13}$, $\sqrt[3]{14}$, $\sqrt[3]{15}$, $\sqrt[3]{16}$, $\sqrt[3]{17}$, $\sqrt[3]{18}$, $\sqrt[3]{19}$, $\sqrt[3]{20}$, $\sqrt[3]{21}$, $\sqrt[3]{22}$, $\sqrt[3]{23}$, $\sqrt[3]{24}$, $\sqrt[3]{25}$, $\sqrt[3]{26}$, $\sqrt[4]{17}$, $\sqrt[4]{18}$, $\sqrt[4]{19}$, $\sqrt[4]{20}$, $\sqrt[4]{21}$, $\sqrt[4]{22}$, $\sqrt[4]{23}$, $\sqrt[4]{24}$, $\sqrt[4]{26}$.
Und so weiter bis ins Unendliche.

Es darf dich an jenen Ordnungen nicht stören, dass hier kein Gesetz der Proportionalitäten oder Progressionen eingehalten wird. Die Dinge erfordern die Ordnungen so.

ANSICHT EUKLIDS ÜBER DIE IRRATIONALEN ZAHLEN

Kapitel II.

Euklid leugnet im fünften Lehrsatz seines zehnten Buches schlankweg, dass irrationale Zahlen Zahlen seien. Er sagt: *Bei allen zwei Größen, die in Beziehung stehen, liegt eine Proportion vor wie von einer Zahl zu einer anderen.* Daraus geht gewiss hervor, dass die Proportion zweier Größen, die kein Verhältnis haben, nicht wie die einer Zahl zu anderen ist. Wie z.B. die Proportion $\sqrt{24}$ zu $\sqrt{6}$ wie die Proportion einer Zahl zu einer Zahl ist (nämlich wie 4 zu 2), so ist die Proportion $\sqrt{24}$ zu $\sqrt{8}$ wie die Proportion einer Nicht-Zahl zu einer Zahl, nämlich wie $\sqrt{12}$ zu 2. So ist $\sqrt{28}$ zu $\sqrt{24}$ wie die Proportion einer Zahl zu einer Nicht-Zahl, **[104v]** nämlich wie 2 zu $\sqrt{12}$. Es ist also hinreichend klar, dass Euklid leugnet, dass irrationale Zahlen Zahlen sind. Daher hat Campanus, der Euklid begriff, behauptet, der elfte Lehrsatz in zweiten Buch Euklids könne durch Zahlen nicht bewiesen werden. Doch war Campanus zu klug, um nicht zu wissen, dass jener elfte Lehrsatz durch irrationale Zahlen bewiesen werden kann. Allerdings leugnete er, was auch Euklid leugnet, nämlich dass irrationale Zahlen Zahlen sind.

Euklid wollte jedoch nicht, dass irrationale Zahlen gar nichts seien, hat er sie doch schön verwendet, sozusagen als Zahlenbilder, und dies besonders in seinem zehnten Buch, wo er sie in doppelter Hinsicht behandelte. In den ersten Lehrsätzen nämlich behandelte er sie wie abstrakte Zahlen, und zwar unter der Bezeichnung Größen, und in den übrigen Sätzen jenes Buches behandelte er sie wie benannte Zahlen, und zwar in richtiger und schöner Ordnung.

Dass Euklid nämlich an dieser Stelle mit der Bezeichnung Größe nicht Strecken, Flächen und Körper allgemein behandeln wollte, sondern vielmehr abstrakte irrationale Zahlen, die er hernach als benannte behandeln wollte, scheint er selbst anzuzeigen, und zwar zuerst in den Definitionen. Anders nämlich spricht er von der Kommensurabilität und Nicht-Kommensurabilität von Größen und anders von der Kommensurabilität und Nicht-Kommensurabilität von Strecken, scheint also absichtlich angedeutet zu haben, dass hier Strecken nicht unter die Bezeichnung Größe fallen. Will er jedoch Strecken nicht unter diesem Namen begriffen sehen, was will er dann? Etwa Körper und Flächen? Doch erwähnt er im ganzen zehnten Buch niemals Körper, und nicht einmal Flächen will er im zehnten Buch behandeln, es sei denn insoweit, als die Methode ihn selbst zwingt, über Strecken zu sprechen.

Zum Zeichen dafür übergeht er absichtlich die Arten irrationaler Flächen und vernachlässigt sie derart, dass er sie nicht einmal erwähnen wollte. So nämlich spricht er im Lehrsatz 65: *Wenn zwei Flächen miteinander verbunden werden, von denen die eine rational ist, die andere jedoch medial ist* usw. Er hätte aber sagen können: Wenn eine Fläche binomial ist usw. Und während er im folgenden Lehrsatz hätte sagen können: Wenn eine binomiale Fläche dritter oder sechster Art gegeben ist, sagte er so: *Wenn zwei mediale Flächen verbunden sind* **[105r]** (nur diese, nämlich mediale, nennt er unter den irrationalen), *sind sie inkommensurabel*, usw. So wollte er auch im Lehrsatz 103 mit ähnlichem Übergehen die restlichen Flächen der ersten und vierten Art nicht benennen. Und im folgenden Lehrsatz wollte er die restlichen Flächen der dritten und fünften Art nicht nennen, obschon er von diesen Arten sprach. Ähnlich wollte er im Lehrsatz 105 die restlichen Flächen der dritten und sechsten Art nicht nennen, und so weiß man genau, dass er im zehnten Buch die Flächen nicht behandeln wollte, es sei denn, inwieweit es die Darstellung irrationaler Strecken erforderte. Doch will ich darüber auch anderswo am rechten Ort handeln.

VON DEN DEFINITIONEN IM ZEHNTEN BUCH EUKLIDS

Kapitel III.

Zur vollständigen Behandlung der irrationalen Zahlen gehört das zehnte Buch der Elemente der Geometrie Euklids. Daher will ich dieses Buch hier mit verwenden und seine vermeintliche Schwierigkeit (mit Gottes Hilfe) überwinden und mit seinen Definitionen beginnen.

In den Definitionen deutet er aber den Inhalt seiner Lehrsätze mit wenigen Worten an und scheint sie dennoch anstelle von Argumenten verwendet zu haben, weil er der Reihe nach Größen, Strecken, Flächen erwähnt und später von den Flächen zu den Strecken zurückgekehrt ist.

Zuerst erwähnt er die Größen und sagt: *Größen, zu denen es eine Größe gibt, die diese misst, nennt man kommensurabel. So misst* $\sqrt{24}$ $\sqrt{216}$ *und* $\sqrt{600}$ *usw. – Größen jedoch, für die es keine gemeinsame Größe gibt, die diese misst, nennt man inkommensurabel, wie z.B.* $\sqrt{218}$ *und* $\sqrt[4]{162}$.

Ich will hier zu Beginn dieser meiner Darlegung eine Figur hinstellen (siehe nächste Seite), an der man alles, was man über die Definitionen sagen muss, wie in einem Spiegel abnehmen kann. [105v]

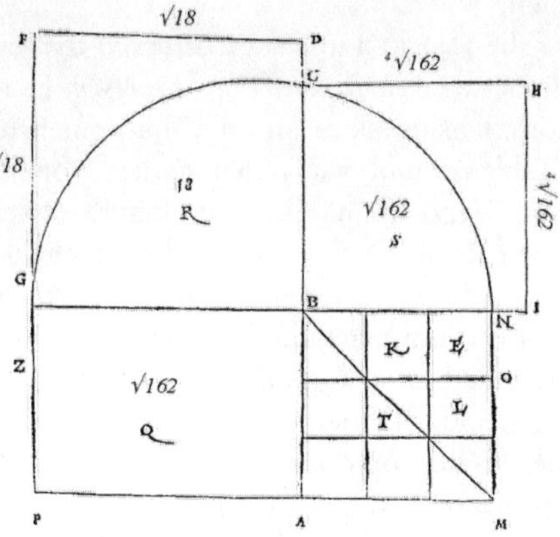

Jenes kleine Quadrat, das mit E bezeichnet wird, ist das gemeinsame Maß des Quadrates der Strecke AB und des Quadrates der Strecke BD. Also sind die Quadrate der genannten Strecken kommensurabel.

Es misst aber das Quadrat E jene eben genannten Quadrate, ganz wie die Eins jede beliebige rationale Zahl misst. Und wenn freilich E das größere Quadrat misst, ergibt das die Zahl 18, während sich aus dem kleineren Quadrat 9 ergibt.

Verdreifacht man E, misst es ebenfalls jene beiden Quadrate usw. Und wenn man (z.B.) die Größe $\sqrt{6}$ auf das Quadrat E bezieht, **[106r]** wird das Quadrat der Strecke AB $\sqrt{486}$ ergeben, und das Quadrat der Strecke BD wird $\sqrt{1944}$ ergeben. Nun weiß man, dass die Größe $\sqrt{6}$ ein gemeinsames Maß beider Größen ist. Auch weiß man, dass $\sqrt{54}$, nämlich die Dreifache von $\sqrt{6}$, beide Größen misst. Auf diese Weise wird man leicht beliebig viele Beispiele kommensurabler Größen angeben.

Dies habe ich deshalb gesagt, damit man erkennt, wie leicht es ist, Zahlen zu betrachten, seien sie nun abstrakt oder seien sie benannt. Und obschon diese Sache ein Rechenverfahren erfordert, das ich später in Kapitel 6 geben werde, möchte ich dennoch hier fortfahren, um die Definitionen klar zu machen.

Man wird aber in folgender Weise beurteilen, ob Größen kommensurabel sind oder inkommensurabel. Wenn man zwei Größen annimmt, die eine durch die andere teilt und dann ein rationaler Quotient herauskommt, dann werden jene beiden Größen kommensurabel sein oder (was dasselbe ist) in Beziehung stehen. Wenn ich z.B. $\sqrt{72600}$ durch $\sqrt{2904}$ dividiere, dann kommt $\sqrt{25}$ heraus, also 5. Also sind jene beiden Größen unter einander kommensurabel. Ebenso wenn ich $\sqrt{72600}$ durch $\sqrt{46464}$ dividiere, ergibt sich $\sqrt{1\frac{9}{16}}$, d.h. $1\frac{1}{4}$, also sind auch jene Größen kommensurabel. Ergibt sich jedoch aus der Division der einen Größe durch die andere ein irrationaler Quotient, werden jene beiden Größen inkommensurabel sein oder (was dasselbe ist) nicht in Beziehung stehen. Wenn ich z.B. $\sqrt{48}$ durch $\sqrt{8}$ dividiere, kommt jener irrationale Quotient $\sqrt{6}$ heraus. Also sind jene Größen inkommensurabel.

Wie man aber gemeinsame Maße findet, werden wir beim dritten Satz des 10. Buches [Euklids] sehen.

Zweitens erwähnt er die Strecken und sagt: *Strecken werden quadriert kommensurabel genannt, deren Quadrate eine gemeinsame Fläche messen*. Es ist, als sagte er: Wir sprechen anders über die Kommensurabilität und die Inkommensurabilität abstrakter Größen (d.h. irrationaler Zahlen), und wir reden anders von denselben, wenn sie auf Strecken bezogen werden. Wenn wir nämlich von der Kommensurabilität von Größen reden, dann verwenden wir keine Festlegung der Unterscheidung, sondern behaupten einfach, dass zwei **[106v]** Größen entweder kommensurabel sind oder inkommensurabel. Wenn wir dann von der Kommensurabilität von Strecken sprechen, dann gebrauchen wir eine unterscheidende Festlegung und sprechen nicht so einfach. So (z.B.) nennen wir die Strecken AB und BD der obigen Figur kommensurabel, jedoch nicht einfach, sind sie doch gegenseitig inkommensurabel, doch nennen wir sie im Quadrat kommensurabel. Strecken nämlich, deren Quadrate eine gemeinsame Fläche misst (wie die Fläche E die Quadrate der Strecken AB und BD misst und ebenso auch die Fläche KEL beide misst, wie ja die Drei die Zahlen 9 und 18 misst), nennt man quadriert kommensurabel (auch wenn sie untereinander selbst inkommensurabel sind).

Sodann nehmen wir noch eine weitere Einschränkung vor. Da nämlich alle Strecken von rationaler Länge zueinander quadriert wie auch in der Länge kommensurabel sind (wie AB zu ABN usw.), ebenso sind viele nur quadriert rationale Strecken zueinander quadriert und in der Länge kommensurabel (wie etwa BD zu BDF, nämlich $\sqrt{18}$ zu $\sqrt{72}$, ebenso BDF zu BDFG, nämlich $\sqrt{72}$ zu $\sqrt{162}$ usw.). In gleicher Weise sind auch viele andere an Länge und Quadrat irrationale Strecken gegenseitig kommensurabel (wie etwa BC zu BCH, nämlich $\sqrt[4]{162}$ zu $\sqrt[4]{2592}$ usw.); manche aber sind durch sich selbst gegenseitig inkommensurabel, mögen auch ihre Quadrate kommensurabel sein (so die Strecken AB und BD, nämlich 3 und $\sqrt{18}$); daher nennen wir manche Strecken nach Länge und Quadrat kommensurabel, also einfach kommensurabel, während wir andere nur im Quadrat kommensurabel nennen, nämlich kommensurabel in einer Hinsicht.

Daraus folgt:

Im Quadrat kommensurable Strecken nennt man solche, deren Quadrate nicht eine gemeinsame Fläche misst. So etwa die Strecken AB und BC, ebenso BD und BC der oben stehenden Figur. Es ist aber unmöglich, dass zwei Strecken, die im Quadrat inkommensurabel sind, in der Länge kommensurabel sein können, wie es auch notwendig ist, dass zwei Strecken, [107r] die in der Länge kommensurabel sind, auch im Quadrat kommensurabel sind.

Alle Strecken jedoch der dreizehn irrationalen Arten, die Euklid aufstellt, sind im Quadrat inkommensurabel gegenüber jeder beliebigen rationalen Strecke. So sind auch alle Strecken, die nur im Quadrat rational sind, nur im Quadrat kommensurabel zu rationalen Strecken der Länge nach.

Daher folgt bei Euklid: *Da dies so ist, ist es klar, dass zu jeder beliebigen angenommenen Strecke viele weitere Strecken inkommensurabel sind, manche davon nur in der Länge, manche aber in Länge und und Quadrat* [Buch 10, Def. 3]. Eine angenommene Strecke nennt er eine solche, mit der wir (wie er bald darauf sagt) rechnen. Und dies ist keine andere Strecke als die der Länge nach rationale. Alle Strecken aber, die zu einer der Länge nach rationalen Strecke kommensurabel sind, dies aber nur im Quadrat (wie alle Strecken, die nur im Quadrat rational sind, wie ich kurz zuvor sagte), sind zu dieser nur in der Länge inkommensurabel, wie ja klar ist. Und alle Strecken, die zu einer in der Länge rationalen Strecke im Quadrat inkommensurabel sind (es sind alle Strecken der dreizehn Arten, wie ich kurz zuvor sagte), sind auch zu dieser in der Länge inkommensurabel. Also sind zu einer gegebenen Strecke der oben stehenden Figur, nämlich AB, die Strecke BD und die Strecke BDF und die Strecke BDFG und die Strecke BDFGB in der Länge inkommensurabel. Und zur selben gegebenen Strecke ist nach Länge und Quadrat die Strecke BC und die Strecke BCH und die Strecke BCHI und die Strecke BCHIB und die Strecke GBN inkommensurabel, wie auch die Strecke GBI, usw.

Daraus folgt:

Jede gegebene Strecke aber, mit der wir rechnen, soll rational heißen. Auch die Strecken, die ihr kommensurabel sind, werden rational genannt. Strecken jedoch, die zu ihr inkommensurabel sind, werden irrational genannt.

Eine gegebene Strecke nennt Euklid eine solche, von der aus wir zu rechnen beginnen und die in der Länge rational sein muss. Eine Rechnung beginnt ja mit etwas sinnenhaft Bekanntem. Kein Sinn jedoch merkt, dass eine Strecke irrational ist. Eine irrationale Strecke wird erst als solche durch eine Rechnung erkannt, [107v] die von einer rationalen Größe ausgeht. Es gibt aber sehr verschiedene Arten von Rechnungen, um, ausgehend von rationalen Strecken und Flächen, zu irrationalen Strecken und Flächen zu kommen; eine davon will ich entsprechend der obigen Figur als Beispiel hinsetzen. Gegeben sei die Strecke AB der obigen Figur; da sie in drei untereinander gleiche Teile unterteilt ist, rechne ich von ihr zum Durchmesser so: Dieses Stückchen NO teilt die Strecke AB, entsprechend dem Quotienten 4, und dasselbe Stückchen NO teilt den Durchmesser BM entsprechend dem Quotienten $\sqrt{18}$. Wie also für die Strecke AB die Zahl 3 steht, so wird für die Strecke BM oder BD (es sind nämlich dieselben) die Größe $\sqrt{18}$ angesetzt. Und die Strecke BD wird keine andere Größe aufnehmen können, es sei denn, es würde die Teilung der Strecke AB verändert. Auch die Strecke BC (zu der ich später weiter vorrücke) kann keine andere Größe aufnehmen außer $\sqrt[4]{162}$, usw. Wenn jedoch die Einteilung der gegebenen Strecke, nämlich AB, verändert wird, dann wird sich wohl alles verändern. Wenn man z.B. AB in acht Teile zerlegt, dann wird BD diese Größe $\sqrt{128}$ haben, und ihr Quadrat wird 128 enthalten. Die Strecke BC aber wird diese Größe $\sqrt[4]{8192}$ haben, und ihr Quadrat wird $\sqrt{8192}$ enthalten. Die gleiche Größe wird auch die Fläche haben, die von AB und BG umschlossen wird. Und so hängt alles von der Teilung der gegebenen Strecke ab.

Euklid sagt später, dass man kommensurable oder in Beziehung stehende Strecken gegebene Strecken nennt und dass man auch eine solche, die man (als Grund der Grundlage) rational nennt (da sie natürlich nach Länge und Quadrat rational ist), rational nennt, während dieselben, wenn sie inkommensurabel sind oder nicht in Beziehung stehen, irrational genannt werden. Ich jedoch argumentiere (gemäß dem oben in Kapitel 2 Gesagten) so: Die Strecke BD der obigen Figur ist inkommensurabel zur angegebenen Strecke AB (beide haben ja kein gemeinsames sie messendes Maß), ganz wie $\sqrt{18}$ mit dieser Zahl 3 wirklich inkommensurabel ist. Also wird man BD nicht rational, sondern irrational nennen, und das oben Gesagte, dem Widersprechende (weil ja Strecken dieser Größen rational heißen) ist falsch. Euklid sagt hier ja, dass Strecken, die einer fest gegebenen, also in der Länge rationalen Strecke inkommensurabel sind, irrational genannt werden. [108r] Ich antworte darauf (dem entsprechend, was ich oben in Kapitel 2 ausführte): Mag auch die Stecke AB in der Länge zur gegebenen Strecke BD inkommensurabel sein, so ist sie ihr dennoch nicht im Quadrat inkommensurabel, und dies genügt schon, um die Strecke BD selbst rational zu nennen. Jene Strecken jedoch, die weder der Länge nach noch im Quadrat der angegebenen Strecke kommensurabel sind (wie es BC und MP sind), werden bei Euklid allein als irrational bezeichnet.

Drittens erwähnt Euklid die Flächen nur, um sie zu einem für die Strecken günstigen Zweck zu verwenden und mit ihrer Hilfe für die Strecken zu rechnen, wie ich gleich darlegen will. Er sagte deshalb: *Jede quadratische Fläche, mit der wir in der Annahme rechnen, wird rational genannt, und die ihr kommensurablen Flächen heißen rational. Flächen, die aber nicht mit ihr in Beziehung stehen, heißen irrational. Die Seiten aber, die quadriert jene quadratischen Flächen ergeben, heißen irrational.*

Im fünfzehnten Lehrsatz seines zehnten Buches beginnt Euklid seinen Hauptrechenkurs und geht von einer rationalen Fläche aus, die in der Länge von rationalen Strecken umschrieben ist, wie wir an gegebenem Ort sehen werden. Er muss ja (um auch diese Sache hier kurz zu berühren) die Strecke des Quadrates ABNM (der obigen Figur), die man Costa (Seite) nennt, rational nennen, und ebenso nennt er die Strecke des Quadrates BDFG rational, ist doch jede der beiden Strecken die Seite eines rationalen Quadrates. Mögen aber auch diese beiden Quadrate sich in ihrer Art nicht unterscheiden (ist doch das eine ebenso rational wie das andere), so zeigt sich doch, dass die Strecken jener Quadrate sich in ihrer Art unterscheiden. Und so rechnet er mit zwei quadratischen rationalen Flächen und erhält schließlich seine beiden Arten rationaler Strecken. Wie er dann weiter die Strecke BD rational nennt wegen ihres rationalen Quadrates, dessen Seite sie ist, so nennt er die Strecke BC medial nach ihrem medialen Quadrat, dessen Seite sie bildet. Und auf diese Weise bildet sich Euklid aus solchen Strecken, nämlich medialer Quadrate, seine erste Art irrationaler Strecken.

Alles Weitere in Euklids Definitionen ist zu leicht, **[108v]** als dass es einer Erklärung bedarf. Es wird einfach das Quadrat der Strecke AB für eine derartige Rechnung vorausgesetzt, wie Euklid ja alles findet, was er voraussetzte, angefangen beim fünfzehnten Satz bis zum Ende jenes Buches usw.

Und die Flächen, fährt er fort, *die mit jenem* [Quadrat über der Ausgangsstrecke] *kommensurabel sind* (wie das Quadrat der Strecke BD), *nennt man rational. Die mit ihm aber inkommensurablen nennt man irrational* (z.B. das Quadrat der Strecke BC, ebenso das Quadrat der Strecke MP oder PF, das aus zwei rationalen Quadraten unserer Figur und der verdoppelten Fläche besteht). *Die Seiten aber* (so nämlich kehrt er von den Flächen zu den Strecken zurück, um zu zeigen, dass er alles, was er von den Flächen sagt, wegen der Strecken vorbringt), *die quadriert jene Flächen ergeben* (z.B. die Strecke BC, ebenso die Strecke MP), *nennt man irrational*. Sie sind ja, wie es sein muss, in Länge und Quadrat irrational.

VON DEN ARTEN IRRATIONALER ZAHLEN

Kapitel IIII.

Um jedoch nichts von dem zu versäumen, was zu meiner vorgenommenen Behandlung gehört, will ich (bevor ich Euklids Sätze zur Hand nehme) von den Arten der abstrakten irrationalen Zahlen handeln. Es gibt aber einige Hauptarten, einige weniger bedeutende. Ich will zuerst von den Hauptarten sprechen, dann werde ich von den übrigen Arten sprechen.

Von den Hauptarten der abstrakten irrationalen Zahlen
Es gibt aber fünf Arten von abstrakten irrationalen Zahlen

Die erste Art nennt man die einfachen, und diese umfasst die medialen. Mediale Zahlen sind aber einige irrationale Wurzeln rationaler Zahlen, und sie werden in unendlich viele Arten unterteilt.

Die erste Art der medialen Zahlen umfasst die quadriert medialen, **[109r]** deren Zeichen √ ist. Wenn man nämlich dieses Zeichen vor eine rationale Zahl stellt, die keine

Quadratwurzel besitzt, wird sie sogleich aus einer rationalen Zahl zu einer medial quadrierten.

Die zweite Art medialer Zahlen enthält mediale Zahlen in dritter Potenz [kubisch mediale], deren Zeichen $^{3}\surd$ ist. Wenn man dieses vor eine rationale Zahl stellt, die keine Kubikwurzel besitzt, dann wird aus einer rationalen Zahl eine kubisch mediale, z.B. $\sqrt[3]{16}$. Wird das Zeichen aber vor eine rationale Zahl gestellt, die eine Kubikwurzel hat, dann bleibt die Zahl rational, wie z.B. $\sqrt[3]{64}$ 4 ergibt. Und wenn man einmal das Zeichen für quadriert mediale Zahlen vor eine rationale quadrierte Zahl stellt, dann bleibt eine rationale Zahl übrig, wie z.B. $\sqrt{16}$ 4 ergibt.

Die dritte Art medialer Zahlen nennt man medial in 4. Potenz, deren Zeichen $^{4}\surd$ ist. Wenn man dieses Zeichen vor eine Zahl stellt, die keine Wurzel der 4. Potenz hat, auch keine der dritten und keine Quadratwurzel, dann ergibt sich eine mediale Zahl in 4. Potenz, wie z.B. $\sqrt[4]{24}$. Wenn man es aber vor eine Zahl setzt, die keine Wurzel der 4. Potenz hat, dafür aber eine Quadratwurzel, dann entsteht eine mediale Quadratzahl, wie z.B. $\sqrt[4]{64}$ $\sqrt{8}$ ergibt. Stellt man das Zeichen jedoch vor eine rationale Zahl mit einer Wurzel der 4. Potenz, dann bleibt eine rationale Zahl übrig, wie z.B. $\sqrt[4]{1296}$ 6 ergibt.

Die vierte Art der medialen Zahlen ist die medialer Zahlen der 5. Potenz. Ihr Zeichen ist $^{5}\surd$. Wenn man dieses vor eine rationale Zahl stellt, die nicht in der 5. Potenz ist, dann ergibt sich eine mediale Zahl 5. Potenz, wie z.B. $\sqrt[5]{12}$. Aber $\sqrt[5]{32}$ macht 2 usw.

Die fünfte Art nennt man die medialen der 6. Potenz, und ihr Zeichen ist $^{6}\surd$, wie $\sqrt[6]{12}$. Aber $\sqrt[6]{36}$ ergibt $\sqrt[3]{6}$ und $\sqrt[6]{216}$ ergibt $\surd 6$ und $\sqrt[6]{46656}$ ergibt 6.

Ein Beispiel für die sechste Art ist $\sqrt[7]{12}$, es ist nämlich eine mediale Zahl der 7. Potenz.

Ein Beispiel für die siebte Art ist $\sqrt[8]{12}$, es ist nämlich eine mediale Zahl der 8. Potenz.

Ein Beispiel für die achte Art ist $\sqrt[9]{12}$, es ist nämlich eine mediale Zahl der 9. Potenz.

Ein Beispiel für die neunte Art ist $\sqrt[10]{12}$, es ist nämlich eine mediale Zahl der 10. Potenz. **[109v]**

Ein Beispiel für die zehnte Art ist $\sqrt[11]{12}$, es ist nämlich eine mediale Zahl der 11. Potenz.

Beispiel der elften Art: $\sqrt[12]{12}$.

Beispiel der 12. Art: $\sqrt[13]{12}$. Und so bei allen weiteren Arten.

Aus diesen Arten wird man über die anderen urteilen können. Die Erfindung dieser Zeichen aber werde ich in meiner Algebra lehren.

Mag man auch sagen, diese Arten seien einfach, so findet sich doch sehr häufig, dass ihre Zeichen zusammengesetzt sind. So sind folgende Zeichen zusammengesetzt: $^{4}\surd$, $^{6}\surd$, $^{8}\surd$, $^{9}\surd$, $^{10}\surd$, $^{12}\surd$, $^{14}\surd$, $^{15}\surd$, $^{16}\surd$, $^{18}\surd$, usw.

Die folgenden Zeichen jedoch sind einfache Zeichen: $\surd$, $^{3}\surd$, $^{5}\surd$, $^{7}\surd$, $^{11}\surd$, $^{13}\surd$, usw.

Man erkennt aber hinreichend gut, wie die Bezeichnung des Zeichens und die Gestalt des Zeichens sich gegenseitig bedingen.

Ich meine aber (um über den Grund der Benennung zu sprechen), dass man die Zahlen medial nennt wegen der mittleren Proportionalen, die mithilfe der medialen Zahlen gefunden werden. Man wird nämlich mithilfe der medialen Zahlen zwischen beliebigen zwei Zahlen die mittleren Proportionalen erstellen können, und zwar in beliebiger Zahl. Von dieser Erfindung will ich jedoch weiter unten am rechten Ort handeln.

Wenn man aber rationale Zahlen auf die Zeichen der Medialen zurückführt (über diese Reduktion werde ich beim Rechenverfahren mit Medialen sprechen), haben sie ihre Anwendungen. So oft nämlich eine mediale Zahl durch eine rationale Zahl zu multiplizieren oder zu dividieren ist, dann wird jene rationale Zahl auf das Zeichen dieser medialen zurückgeführt. Doch gehört dies zum Rechenverfahren. Ebenso bestätigen rationale Zahlen, wenn man sie unter die Zeichen der medialen zurückführt, in schönster Weise alle beliebigen Regeln der Rechenverfahren, die man für irrationale Zahlen geben kann. Dies geschieht natürlich immer, wenn man sie als Beispiel zum Beweis einer Regel hernimmt usw. Doch gehört dies zu den Rechenverfahren.

Die zweite Art der irrationalen Zahlen nennt man die zusammengesetzten, und diese haben zwei Unterarten

Die erste Art nennt man bimedial, und sie entsteht aus der Addition einer medialen Zahl zu einer medialen Zahl derselben Art medialer Zahlen. So steht es mit $\sqrt{12}+\sqrt{8}$ ebenso mit $\sqrt[3]{12}+\sqrt[3]{6}$, ebenso $\sqrt[4]{18}+\sqrt[4]{6}$, ebenso $\sqrt[5]{28}+\sqrt[5]{12}$ usw.

Die zweite Art der zusammengesetzten ‹irrationalen Zahlen› nennt man binomial, und sie entsteht aus der Addition einer medialen Zahl zu einer rationalen oder medialen Zahl, **[110r]** die jedoch zu einer anderen Art medialer Zahlen gehört. Ein Beispiel für die erste Zahl: $6+\sqrt{12}$, ebenso $\sqrt{12}+2$. Ein Beispiel für die zweite Zahl: $\sqrt{12}+\sqrt[3]{12}$, ebenso $\sqrt{12}+\sqrt[4]{12}$ usw.

Über jene beiden Zeichen + und –

Wenn zwei inkommensurable Zahlen zu addieren sind oder irgend zwei Zahlen, deren Proportion man nicht kennt (wie bei den cossischen Zahlen fast überall geschieht), dann setzen wir das Zeichen + zu den zu addierenden Zahlen selbst und sagen, so sei die Addition vollständig. Und daher spricht man auch vom Additionszeichen.

In gleicher Weise nennen wir das Zeichen – das Zeichen der Subtraktion; wenn wir nämlich irgendetwas von einem anderen, ihm inkommensurablen abziehen wollen oder auch von dem, dessen Proportion zum Abzuziehenden unbekannt ist, dann verwenden wir dieses Zeichen, wie man bei dem Beispiel für gleichsam zusammengesetzte Zahlen etwas weiter unten sehen wird.

Die dritte Art der irrationalen Zahlen nennt man die Art der zusammengesetzten Wurzelzahlen. Es sind nämlich die Quadratwurzeln zusammengesetzter Zahlen irrationale Zahlen jener Art, z.B. $\sqrt{\sqrt{12}+\sqrt{8}}$, ebenso $\sqrt{6}+\sqrt{12}$ usw.

Die vierte Art der irrationalen Zahlen nennt man gleichsam zusammengesetzt. Wenn nämlich die Zahlen dieser Art (um das Wort zu erklären) auch nicht durch Addition gleichsam zusammengesetzt werden, sondern durch Subtraktion, so sind sie doch in allem den zusammengesetzten Zahlen ähnlich, wie Euklid ausführlich nachweist. Daher wird auch diese Art in zwei Unterarten geteilt.

Die erste Art nennt man restlich bimedial, und sie entsteht durch Subtraktion einer medialen Zahl von einer medialen Zahl aus der gleichen Art medialer Zahlen. Z.B. $\sqrt{12} - \sqrt{6}$, ebenso $\sqrt[3]{24} - \sqrt[3]{18}$. Und so auch bei den übrigen.

Die zweite Art irrationaler gleichsam zusammengesetzter Zahlen wird die der restlich binomialen genannt und entsteht durch Subtraktion. Zuerst wird eine mediale Zahl von einer rationalen Zahl abgezogen, wie z. B. $12 - \sqrt{140}$. Zweitens wird eine rationale Zahl von einer medialen abgezogen, etwa $\sqrt{200} - 12$. Drittens wird eine mediale Zahl von einer medialen Zahl anderer Art abgezogen, etwa $\sqrt{12} - \sqrt[3]{60}$, ebenso $\sqrt[3]{12} - \sqrt[4]{18}$, ebenso $\sqrt{12} - \sqrt[4]{80}$. Und so bei den übrigen. **[110v]**

Die fünfte Art irrationaler Zahlen nennt man gleichsam zusammengesetzte Wurzelzahlen. Es sind nämlich Zahlen folgender Art: Wurzeln von gleichsam zusammengesetzten Zahlen. Z.B.: $\sqrt{\sqrt{12} - \sqrt{8}}$, ebenso $\sqrt{6 - \sqrt{6}}$, ebenso $\sqrt{\sqrt{12} - 2}$, ebenso $\sqrt[3]{60 - \sqrt[4]{200}}$. Und so bei den übrigen.

Von weniger ursprünglichen Arten

Ich werde versuchen, die irrationalen Zahlen weniger ursprünglicher Arten (deren Gebrauch man vielleicht auch in meiner Algebra sehen wird) so kurz wie möglich, jedenfalls im Allgemeinen, zusammenzufassen. Nämlich:

Erstens: Manche von ihnen entstehen durch Addition, nämlich dreimediale, viermediale usw. Ebenso dreinomiale, viernomiale usw.

Beispiel für dreimediale Zahlen:

$$\sqrt{24} + \sqrt{12} + \sqrt{8}.$$

Beispiel für viermediale Zahlen:

$$\sqrt[3]{24} + \sqrt[3]{8} + \sqrt[3]{5} + \sqrt[3]{2}.$$

Beispiel für dreinomiale Zahlen:

$$12 + \sqrt{12} + \sqrt[3]{12}.$$

Beispiel für viernomiale Zahlen:

$$\sqrt[4]{200} + \sqrt[5]{1000} + \sqrt[6]{10} + \sqrt[7]{2}.$$

Zweitens: Manche dieser Zahlen entstehen durch Subtraktion, so die dreimedial Restlichen und die viermedial Restlichen usw. Ebenso die dreinomial Restlichen und die viernomial Restlichen usw.

Beispiel für dreimedial restliche Zahlen:

$$\sqrt{24} - \sqrt{8} - \sqrt{6}.$$

Beispiel für viermedial restliche Zahlen:

$$\sqrt[4]{20} - \sqrt[4]{17} - \sqrt[4]{8} - \sqrt[4]{2}.$$

Beispiel für dreinomial restliche Zahlen:

$$\sqrt{20} - \sqrt[3]{20} - \sqrt[5]{20}.$$

Beispiel für viernomial restliche Zahlen:

$$16-\sqrt{18}-\sqrt[5]{7}-\sqrt[6]{2}\,.$$

Drittens: Manche von ihnen entstehen durch Addition und Subtraktion, deren Arten niemand zählen wird. [111r]

Beispiele dieser Art sind: $\sqrt{60}+\sqrt{20}-8$.

Ebenso $6+\sqrt{28}+\sqrt[3]{10}-\sqrt{14}-5$. Und so bei unzähligen weiteren Beispielen.

Viertens: Manche von diesen Zahlen entstehen durch das Ziehen irgendeiner Wurzel aus einer Zahl aus den oben vorgestellten Arten.

Beispiele dieser Art sind folgende und ähnliche:

$$\sqrt[3]{\sqrt{20}+4+\sqrt[3]{6}}$$

$$\sqrt{\sqrt{20}-4-\sqrt[5]{8}}$$

$$\sqrt[5]{8-\sqrt[3]{10}-\sqrt{200}}$$

Was auch immer noch übrig bleibt an irrationalen Zahlen, wird von einer der vier vorgenannten Arten erfasst.

Zum Beispiel: $\sqrt{6+\sqrt{8}}+\sqrt[3]{\sqrt{20}-2}$ gehört zur ersten Art.

Und das Beispiel $\sqrt[4]{\sqrt{6}+2}-\sqrt[6]{\sqrt[3]{8}+\sqrt[4]{12}}$ gehört zur zweiten Art.

Und das Beispiel $6+\sqrt{20+\sqrt{12}}-\sqrt{8}$ gehört zur dritten Art

Und das Beispiel $\sqrt[3]{\sqrt{\sqrt{20}-\sqrt{10}}+\sqrt{\sqrt{8}-\sqrt{2}}}$ gehört zur vierten Art.

So ist es auch bei allen anderen [irrationalen] Zahlen. Es kann aber keine Zahl übrig bleiben, die nicht von einer der vorgenannten Arten erfasst würde.

SCHLÜSSE EUKLIDS AUS DEN VORGENANNTEN ARTEN UND GEBRAUCH JENER SCHLÜSSE

Kapitel V.

Ich werde Euklids zehntes Buch (das viele für viel schwerer als die anderen Bücher seiner Elemente halten, wie es ja auch viel ausführlicher ist als jene übrigen) im folgenden Kapitel ganz kurz, ganz leicht und vollständig darstellen, bevor ich die Sätze jenes Buches behandle, so dass auch dieses Kapitel als eine Art Inhaltsangabe vorausgeschickt wird. [111v]

Als erstes unterteilte Euklid alle rationalen Zahlen in quadrierte und nicht quadrierte. Und so bezog er aus jenen seinen beiden Arten die Zahlen auf quadratische Flächen. Und so fand er bald jene seine beiden Arten rationaler Strecken, wie z.B. 9 und 18 (der Figur, die ich in Kapitel 3 ansetzte), bezogen auf die Flächen TR, die Seiten 3 und

$\sqrt{18}$ ergeben. Daher erhielt er (auf diese Weise) zuerst von allen aus den Arten der irrationalen Zahlen die Art der quadriert medialen Zahlen, um aus dieser die zweite Art der rationalen Strecken zu erhalten, nämlich die Art der nur quadriert rationalen Strecken.

Zweitens bezog er die Zahlen, die er aus jener Art quadriert medialen Zahlen erhielt, auf quadratische Flächen (wie man auf unserer Figur sieht, dass die mediale Zahl $\sqrt{162}$ sich auf die Fläche bezieht, die mit dem Buchstaben S bezeichnet wird), und er sah, dass die Seite des Quadrates eine mediale Zahl in 4. Potenz ergibt (nämlich $\sqrt[4]{162}$), und so erhielt er jene zweite Art medialer Zahlen, so dass aus dieser die erste Art irrationaler Strecken aufgestellt wurde. Und so wurden aus unendlich vielen Arten Medialer nur zwei Arten aufgenommen, nämlich die Art quadriert Medialer, um aus ihr die zweite Art rationaler Strecken zu erhalten, und die Art der Medialen in 4. Potenz, um aus dieser die erste Art irrationaler Strecken zu erstellen.

Drittens ging er zur zusammengesetzten Art irrationaler Zahlen über. Und zuerst erhielt er aus den bimedialen Zahlen jene, die quadriert bimedial waren, doch wollte er sie nicht bimedial nennen, sondern nannte sie binomial [Lehrsatz 36]. Alle übrigen Arten bimedialer Zahlen jedoch verwarf er, wobei er allerdings die bimedialen der 4. Potenz überging, wie du weiter unten einsehen wirst. Zweitens gewann er aus den Binomialen einige, nämlich jene, von denen er sah, dass sie zusammengesetzt waren, und zwar aus einer rationalen Zahl und einer zweiten quadriert medialen. Die übrigen Arten der Binomialen aber überging und verwarf er sämtlich. Und so wählte er aus der gesamten Art der zusammengesetzten Zahlen nur zwei Arten aus (wie ich bereits sagte) und wollte sie Binomiale nennen, mochten sie auch quadriert Bimediale sein.

Jene seine Binome zerlegte Euklid zuerst in zwei Gattungen. Zur ersten Gattung stellte er alle Binome, die quadriert waren **[112r]** (weiter unten werde ich ihnen ein ganzes Kapitel widmen); solche aber, die nicht quadriert binomisch waren, brachte er in der zweiten Gattung von Binomen unter.

Beide Gattungen von Binomen zerlegte er in drei Arten: Eine erste, die Binome enthielt, die aus einem größeren rationalen Teil und einem kleineren medialen Teil bestanden. Die zweite Art enthielt Binome, die aus einem kleineren rationalen Teil und aus einem größeren medialen Teil bestanden. Die dritte Art enthielt Binome, die aus zwei medialen Teilen bestanden. Und auf diese Weise entstanden sechs Arten von Binomen.

1. Die binomialen Zahlen aber der ersten Art bezog er auf quadratische Flächen und sah, dass die Seiten jener Quadrate binomiale Strecken waren, und zwar bald der ersten, bald der zweiten, bald der dritten, bald der vierten, bald der fünften, bald der sechsten Art.

So wird aus $97+\sqrt{2352}$ dann $7+\sqrt{48}$. Und aus $34+\sqrt{1152}$ wird $\sqrt{18}+4$. Und aus $98+\sqrt{9600}$ wird $\sqrt{50}+\sqrt{48}$.

Und aus $7+\sqrt{48}$ wird $2+\sqrt{3}$. Und aus $30+\sqrt{876}$ wird $\sqrt{21}+3$. Und aus $32+\sqrt{768}$ wird $24+\sqrt{8}$.

Wie dies aber vor sich geht, werde ich unten an seinem Ort schön lehren.

Und dies sind die sechs Unterarten binomialer Strecken, begriffen unter der zweiten Art der irrationalen Strecken Euklids.

2. Bei den binomialen Zahlen der zweiten Art, bezogen auf quadratische Flächen, sah er, dass sie Seiten bildeten, die bimediale Zahlen der 4. Potenz ergaben. Und solche ergeben (als Teile einer Zusammenstellung) mit einander multipliziert stets eine einfach rationale Zahl.

So wird aus $\sqrt{18}+4$ dann $\sqrt[4]{8}+\sqrt[4]{2}$.

Aus solchen Strecken also erstellte er die dritte Art seiner irrationalen Strecken.

3. Bei den binomialen Zahlen der dritten Art, bezogen auf quadratische Flächen, sah er, dass sie Seiten hatten, die bimediale Zahlen der 4. Potenz ergaben. Und solche, deren Teile miteinander multipliziert sind, ergeben stets eine quadriert mediale Zahl.

So wird aus $\sqrt{50}+\sqrt{48}$ dann $\sqrt[4]{18}+\sqrt[4]{8}$.

Aus solchen Strecken also erstellte er die vierte Art irrationaler Strecken und nannte diese Strecken zweite Bimediale; die früheren nämlich nannte er erste Bimediale. **[112v]**

Es gibt außerdem gewisse bimediale Zahlen in 4. Potenz, deren Teile miteinander multipliziert weder eine rationale Zahl ergeben noch eine quadriert mediale, sondern mediale Zahlen in 4. Potenz. Und solche verbannte er aus den Arten seiner irrationalen Strecken, weil sie aus keiner Unterart seiner Binomialen hervorgehen.

Man kann also diese dritte Art der Bimedialen die verworfene Art der Bimedialen nennen. Und so zeigt sich Folgendes: Mag er auch keine der medialen Zahlen in der 4. Potenz aus den Arten seiner irrationalen Strecken ausschließen, so schließt er doch viele der bimedialen Zahlen der 4. Potenz aus, wie wir bereits sahen.

4. Bei den binomialen Zahlen der vierten Art, bezogen auf quadratische Flächen, sah er, dass sie Seiten haben, die Wurzeln der vierten Binomialen ergeben. Und solche Strecken nannte er größere Strecken und bildete aus ihnen die fünfte Art seiner irrationalen Strecken.

So wird aus $6+\sqrt{2}$ dann $\sqrt{6+\sqrt{2}}$

5. Bei den binomialen Zahlen der fünften Art sah er, dass sie, bezogen auf quadratische Flächen, Seiten hatten, die Wurzeln der fünften Binome ergeben.

So wird aus $\sqrt{6}+2$ dann $\sqrt{\sqrt{6}+2}$

Und solche Strecken nannte er „in der Potenz etwas Rationales und Mediales ergebend“. Auch ist der Grund für diese Benennung deutlich genug, sogar aus dem Zahlenbild selbst, ergibt doch $\sqrt{\sqrt{6}+2}$ mit sich selbst quadriert $\sqrt{6}+2$. Man sieht jedenfalls, dass diese Potenz die rationale Zahl 2 und die mediale Zahl $\sqrt{6}$ enthält. Euklid erstellte aber die sechste Art seiner Stecken aus Strecken von Zahlen dieser Art.

6. Bei den binomialen Zahlen der sechsten Art, bezogen auf quadratische Flächen, sah er, dass sie Seiten haben, die Wurzeln der sechsten Binome ergeben.

So wird aus $\sqrt{6}+\sqrt{2}$ dann $\sqrt{\sqrt{6}+\sqrt{2}}$.

Und aus den Strecken mit solchen Zahlen erstellte er die siebte Art seiner irrationalen Strecken. Er nannte Strecken dieser Art „in der Potenz zwei Mediale ergebend“. Der Grund für diese Benennung ist ähnlich dem Grund für die Benennung der Strecken der vorangehenden Art. **[113r]**

Dies nun ist so ziemlich alles, was Euklid in seinem zehnten Buch lehrt, bis auf die Sätze über die Reste. Was er aber in jenen Sätzen der Reste lehrt, ist sehr leicht aus dem Vorhergehenden zu begreifen und lässt sich ganz kurz darstellen.

Reste nennt man gleichsam Zusammengesetzte. Diese sind nämlich wie Zusammengesetzte, wie die Rechenverfahren und die Sätze Euklids sattsam beweisen. Man wird sie aber aus den Binomen auf folgende Weise hervorbringen können: An Stelle des Additionszeichen setze das Subtraktionszeichen, wobei die Zahlen deiner zusammengesetzten Strecke bestehen bleiben; so hast du eine zusammengesetzte Strecke in eine gleichsam zusammengesetzte ähnlicher Art verwandelt.

So wird aus $7+\sqrt{48}$ dann $7-\sqrt{48}$, also wird aus dem ersten Binom der erste Rest und aus $\sqrt{18}+4$ wird $\sqrt{18}-4$, d.h. aus einem Binom der zweiten Art wird ein Rest der zweiten Art.

Und aus $\sqrt{50}+\sqrt{48}$ wird $\sqrt{50}-\sqrt{48}$, d.h. aus binomialen Strecken der dritten Art werden restliche Strecken der dritten Art.

Und aus $6+\sqrt{2}$ wird $6-\sqrt{2}$, d.h. aus einem vierten Binom wird ein vierter Rest.

Und aus $\sqrt{6}+2$ wird $\sqrt{6}-2$, d.h. aus einem fünften Binom wird ein fünfter Rest.

Und aus $\sqrt{6}+\sqrt{2}$ wird $\sqrt{6}-\sqrt{2}$, d.h. aus einem sechsten Binom wird ein sechster Rest.

Wie also in der Art der Binome (und diese ist die zweite Art irrationaler Strecken) sechs Unterarten von Binomen enthalten sind, so sind auch in der Art der Reste (diese ist die achte Art irrationaler Strecken) sechs Unterarten von Resten enthalten.

Ebenso wird aus $\sqrt[4]{8}+\sqrt[4]{2}$ dann $\sqrt[4]{8}-\sqrt[4]{2}$, d.h. aus der ersten bimedialen Zahl wird die erste bimediale Restzahl. Und aus solchen Strecken erstellte Euklid die neunte Art seiner irrationalen Strecken.

So wird auch aus $\sqrt[4]{18}+\sqrt[4]{8}$ dann $\sqrt[4]{18}-\sqrt[4]{8}$, d.h. aus der zweiten bimedialen Zahl wird die zweite bimediale Restzahl. Und aus solchen Strecken erstellte Euklid die zehnte Art seiner irrationalen Strecken. **[113v]**

Ebenso wird aus $\sqrt[4]{6}+\sqrt[4]{2}$ dann $\sqrt[4]{6}-\sqrt[4]{2}$. Wie aber die frühere Zahl verworfen wird, so dass sie nicht unter die Arten der bimedialen Strecken gerechnet wird, so wird auch die spätere Zahl verworfen, so dass sie nicht unter die Arten der bimedialen Restlichen aufgenommen wird. Und wie die frühere Zahl nicht von irgendeinem Binom herkommt, dessen Quadratwurzel sie wäre, so kann die spätere keine Quadratwurzel eines Restes auf binomiale Weise sein.

Ebenso sind die folgenden Zahlen $\sqrt[4]{32}+\sqrt[4]{2}$ und $\sqrt[4]{32}-\sqrt[4]{2}$ gegeneinander in ihrer Länge kommensurabel und gehören auch zur gleichen Art. Beide sind nämlich Mediale der vierten Potenz. Natürlich ergibt die erste $\sqrt[4]{162}$, die zweite aber (nämlich $\sqrt[4]{32}-\sqrt[4]{2}$) ergibt nichts anderes als $\sqrt[4]{2}$. So ist es überall, dass, wenn die Teile einer Zusammenstellung in der Länge kommensurabel sind, sie sich zu einem Medialen zusammenschließen usw.

Sodann wird auch aus $\sqrt{6}+\sqrt{2}$ dann $\sqrt{6}-\sqrt{2}$, d.h. aus der größeren Strecke wird die kleinere Strecke, natürlich durch den Tausch von + in -. Und es gehören die kleineren Strecken zur elften Art der irrationalen Strecken.

Und aus $\sqrt{\sqrt{6}+2}$ wird $\sqrt{\sqrt{6}-2}$, d.h. aus dem, was quadriert etwas Rationales und Mediales ergibt, wird eine Zahl, die aus einem Medialen mit einem Rationalen zusammengesetzt ist. Solche Strecken aber stellen die zwölfte Art der irrationalen Strecken dar. Der Grund für diese Benennung ist der, dass die Quadrate solcher Strecken (etwa $\sqrt{6}-2$) eine mediale Fläche ergeben mit einer rationalen Fläche, die ihr beigefügt ist; wenn also 2 zu $\sqrt{6}-2$ addiert wird, entsteht die mediale Zahl $\sqrt{6}$.

Schließlich entsteht aus $\sqrt{\sqrt{6}+\sqrt{2}}$ dann $\sqrt{\sqrt{6}-\sqrt{2}}$, d.h. aus dem, was quadriert zwei Mediale ergibt, wird die Zusammensetzung einer Medialen mit einer Medialen. Also erhellt sich der Grund für diese Benennung aus dem Grund für die Benennung der Strecken der oberen Art. Und aus jenen Strecken erstellt sich endlich die dreizehnte Art irrationaler Strecken.

Dies sind die Dinge, die Euklid in seinem zehnten [Buch] der Elemente lehrt. **[114r]**

VOM RECHENVERFAHREN DER MEDIALEN

Kapitel VI.

Man muss aber zur genauen Kenntnis des bisher und im Folgenden Gesagten einige Rechenverfahren durchmustern, von denen ich drei für notwendig erachte. Erstens natürlich bezüglich medialer Zahlen; zweitens bezüglich irrationaler zusammengesetzter und gleichsam zusammengesetzter Zahlen; drittens bezüglich der Wurzeln zusammengesetzter und gleichsam zusammengesetzter [Zahlen].

Rechenverfahren der Medialen

Von der Darstellung irrationaler Zahlen und von ihrer Benennung ist in den früheren Kapiteln sattsam gesprochen. Es bleibt also nun übrig, dass wir die Arten weiterer Rechenoperationen durchsehen und an Hand passender Beispiele das zehnte [Buch] Euklids mit der gesamten Behandlung irrationaler Zahlen erleichtern und begreiflich machen.

Von Multiplikation und Division.

Multiplikation und Division gehen in diesem Rechenverfahren (nach der Lehrmethode) der Addition und Subtraktion voran.

Erste Regel

Wenn eine Mediale als Multiplikator und Multiplikand bei Multiplikation (und bei der Division als medialer Divisor und Dividend) das gleiche Wurzelzeichen haben, dann werden die Zahlen, die bei den Wurzelzeichen stehen, gänzlich gemäß den Regeln des gewöhnlichen Rechenverfahrens multipliziert oder dividiert, und das jeweilige Ergebnis erhält grundsätzlich (gleich, ob nach Multiplikation oder Division) das gleiche Wurzelzeichen.

Beispiele für die Regel

Die mediale Zahl $\sqrt{248}$, multipliziert mit $\sqrt{6}$, ergibt $\sqrt{1488}$. Ebenso ergibt $\sqrt{1488}$, dividiert durch $\sqrt{6}$, dann $\sqrt{248}$.

Ebenso macht $\sqrt[3]{1296}$, multipliziert mit $\sqrt[3]{14}$, dann $\sqrt[3]{18144}$. Ebenso ergibt wiederum $\sqrt[3]{18144}$, dividiert durch $\sqrt[3]{1296}$, dann $\sqrt[3]{14}$.

Ebenso macht $\sqrt[4]{12}$, multipliziert mit $\sqrt[4]{13}$, dann $\sqrt[4]{156}$. Ebenso ergibt $\sqrt[4]{156}$, dividiert durch $\sqrt[4]{13}$, dann $\sqrt[4]{12}$. Und so verfährt man mit allen anderen Medialen. **[114v]**

Zweite Regel

Wenn Mediale, die zu multiplizieren oder dividieren sind, nicht dasselbe Zeichen haben, dann werden sie auf dasselbe Zeichen zurückgeführt. Ist dies geschehen, dann erfolgt der Rechenvorgang entsprechend der vorhergehenden Regel.

Von der Zurückführung verschiedener Wurzelzeichen auf das gleiche Wurzelzeichen.

Die Methode der Zurückführung verschiedener Wurzelzeichen auf dasselbe Zeichen (dies erwähnt die zweite Regel der Multiplikation und Division von Medialen) ist irgendwie mit jener Zurückführung verwandt, bei der Brüche auf denselben Nenner zurückgeführt werden.

Man wird aber so vorgehen:

Setze das Zeichen einer jeden Zahl unter die Zahl, die ihm beigefügt ist, so wie man den Nenner eines Bruches unter seinem Zähler anzuordnen pflegt. Und was dann zu tun ist, wirst du leicht aus der bildlichen Darstellung des Beispieles erkennen, die ich geben werde. Wenn ich z.B. $\sqrt{5}$ und $\sqrt[3]{4}$ auf dasselbe Zeichen zurückführen will, dann wird sich das Beispiel nach der Regel so darstellen:

Nach der Bedeutung des Zeichens $^3\surd$ wirst du 5 kubisch multiplizieren, was 125 ergibt; durch diese Zahl ersetze die 5. Dann multipliziere 4 zensisch oder quadratisch nach der Bedeutung des Zeichens $\surd$; dies ergibt 16, und diese Zahl setze an die Stelle von 4. Schließlich füge die Zeichen bei (diese Addition der Zeichen ist ja eine Art Multiplikation), dies ergibt dann $^6\surd$ als gemeinsames Zeichen für beide Zahlen, denn $\sqrt[6]{125}$ und $\sqrt[6]{16}$ ergeben dasselbe wie $\sqrt{5}$ und $\sqrt[3]{4}$. Multipliziert ergibt also $\sqrt{5}$ mit $\sqrt[3]{4}$ dann $\sqrt[6]{2000}$. So ergibt jene mediale Zahl $^6\surd 2000$ dividiert durch $\sqrt{5}$ dann $\sqrt[3]{4}$.

Das Beispiel stellt sich nach der Regel der Rückführung so dar:

Wenn man 5 zur sechsten Potenz multipliziert, ergibt es 15625, und 2000 in der zweiten Potenz ergibt 4000000. Vor beide stelle das gemeinsame Zeichen **[115r]** nämlich $^{12}\sqrt{}$. Dividiere also $\sqrt[12]{4000000}$ durch $\sqrt[12]{15625}$, dies ergibt $\sqrt[12]{256}$. Dies aber ist nichts anderes als $\sqrt[3]{4}$, wie ich weiter unten noch ausführen werde.

Weiteres Beispiel.

Ich will $\sqrt[4]{12}$ mit 6 multiplizieren. Das Beispiel wird sich nach der Regel der Rückführung so darstellen:

Ich multipliziere 6 zur 4. Potenz (wegen des zensizensischen Zeichens oder $^{4}\sqrt{}$), das macht 1296. Aber 12 multipliziere ich nicht wegen des Zeichens $\sqrt{0}$, weil dieses angibt, dass keine Multiplikation notwendig ist. Also multipliziere ich $\sqrt[4]{12}$ mit $\sqrt[4]{1296}$, dies ergibt $\sqrt[4]{15552}$. Wenn ich dann $\sqrt[4]{15552}$ durch $\sqrt[4]{12}$ dividiere, kommt $\sqrt[4]{1296}$ heraus, dies ist 6. So geht es auch in allen weiteren Fällen. So macht $\sqrt{6}$ multipliziert mit 3 dann $\sqrt{54}$; es wird nämlich $\sqrt{6}$ mit $\sqrt{9}$ multipliziert.

So ergibt $\sqrt{6}$ multipliziert mit 3 $\sqrt[3]{162}$. Es wird nämlich $\sqrt[3]{6}$ mit $\sqrt[3]{27}$ multipliziert usw. Jene Reduktionen aber (ich spreche bereits von ihnen als von solchen, die zu Multiplikation und Division Medialer verschiedener Arten notwendig sind) haben ihre eigenen kurzen Wege bei Operationen, die bald im Weglassen eines Zeichens bestehen, bald im Hinzunehmen eines Zeichens.

Beispiel vom Weglassen eines Wurzelzeichens.

Ich will die beiden Zahlen $\sqrt[10]{1024}$ und $\sqrt[6]{216}$ auf dasselbe Zeichen zurückführen. Also verwende ich folgende Regel:

Wenn man vor eine Zahl ein Wurzelzeichen setzt, das die Wurzel anzeigt, die die Zahl hat, dann wird jene Wurzel gezogen, die das Zeichen angab, und das Zeichen selbst gestrichen. Also ziehe ich die 5. Wurzel von 1024, was 4 ergibt, und wenn ich das Zeichen streiche, das die 5. Wurzel anzeigt, wird $\sqrt{4}$ übrig bleiben. Und von der anderen Zahl streiche ich das Zeichen, das die Kubikwurzel anzeigt, nachdem ich zuvor die Kubikwurzel gezogen habe. Also bleibt $\sqrt{6}$ übrig, und so stehen beide Zahlen zurückgeführt auf das gleiche Zeichen da: $\sqrt{4}$ und $\sqrt{6}$.

[115v] Anderes Beispiel vom Hinzufügen eines Wurzelzeichens.

Ich will $\sqrt[3]{2}$ und $\sqrt[6]{6}$ zurückführen. Ich multipliziere die Zahl der vorderen Mediale mit sich selbst und füge das Zeichen einer Quadratwurzel hinzu. So werden die Zahlen zurückgeführt dastehen: $\sqrt[6]{4}$ und $\sqrt[6]{6}$.

Quadrierte und kubische usw. Multiplikationen von Medialen.

Eine quadriert Mediale, die quadratisch zu multiplizieren ist, ergibt, wenn man das Zeichen tilgt, ein Produkt; z.B. macht $\sqrt{6}$ im Quadrat mit sich multipliziert 6. So hinterlässt eine kubisch Mediale, die kubisch zu multiplizieren ist, nach Streichung des Zeichens ein Produkt, wie etwa $\sqrt[3]{6}$ mit sich selbst kubisch [multipliziert] 6. Und so ist es bei den Medialen der anderen Arten.

Aber $\sqrt{6}$ kubisch mit sich multipliziert ergibt $\sqrt{216}$. Dann zieht man die Kubikwurzel von $\sqrt{216}$, was $\sqrt{6}$ ergibt, usw.

So ergibt $\sqrt[3]{6}$ mit sich quadratisch [multipliziert] $\sqrt[3]{36}$. Dann zieht man die Quadratwurzel aus $\sqrt[6]{36}$, was $\sqrt[3]{6}$ ergibt.

Und wie $\sqrt[6]{6}$ kubisch mit sich [multipliziert] $\sqrt{6}$ ergibt, so ergibt die Kubikwurzel von $\sqrt{6}$ dann $\sqrt[6]{6}$.

Und wie $\sqrt[4]{6}$ mit sich quadratisch [multipliziert] $\sqrt{6}$ ergibt, so macht die Quadratwurzel aus $\sqrt{6}$ dann $\sqrt[4]{6}$. So auch bei den übrigen.

All dies ergibt sich aus der Kenntnis obiger Regeln, und so wollte ich den Leser hier nicht zwecklos mit mehr Regeln belästigen.

Von Addition und Subtraktion Medialer.

Oben ist genug dargestellt, wie inkommensurable Größen durch Einfügung des Additionszeichens addiert werden und wie die eine Größe von der anderen durch die Einfügung des Subtraktionszeichens abgezogen wird. So macht $\sqrt{12}$ addiert zu $\sqrt{6}$ dann $\sqrt{12}+\sqrt{6}$. Ebenso bleibt beim Abziehen von $\sqrt[3]{12}$ von $\sqrt{12}$ dann $\sqrt{12}-\sqrt[3]{12}$ übrig.

Und zudem steht die Regel von zu addierenden oder abzuziehenden unter einander gleichen Medialen genügend fest. Zieht man nämlich das Gleiche vom Gleichen ab, bleibt nichts übrig. Und ein Gleiches, addiert zu einem Gleichen, fällt mit dem Doppel eines jeden der beiden zusammen. So ergibt $\sqrt{6}$ verdoppelt oder mit 2 multipliziert das Aggregat aus $\sqrt{6}$ und $\sqrt{6}$, also $\sqrt{24}$ usw. **[116r]**

Nun bleibt noch übrig, die Regel über Addition und Subtraktion wechselnd kommensurabler und ungleicher Medialen anzuführen. Dies sind etwa $\sqrt{18}$ und $\sqrt{8}$. Dass sie nämlich kommensurabel sind, geht aus der Division des einen durch das andere hervor, denn $\sqrt{18}$ durch $\sqrt{8}$ ergibt $\sqrt{2\frac{1}{4}}$, das ist $1\frac{1}{2}$ oder $\frac{3}{2}$. Daher verhält sich die Proportion $\sqrt{18}$ zu $\sqrt{8}$ wie 3 zu 2. Wie also das Aggregat von 3 und 2 (nämlich 5) zur Eins (das ist ja der dritte Teil von 3 und die Hälfte von 2) die fünffache Proportion ausmacht, so muss auch das Aggregat von $\sqrt{18}$ und $\sqrt{8}$ das Fünffache zur Hälfte von $\sqrt{8}$ machen oder (was dasselbe ist) zum dritten Teil von $\sqrt{18}$. Da also die Hälfte von $\sqrt{8}$ die $\sqrt{2}$ ist, ist hinreichend klar, dass aus der Multiplikation von $\sqrt{2}$ mit 5, also mit $\sqrt{25}$ notwendigerweise das Aggregat der Addition von $\sqrt{18}$ und $\sqrt{8}$ hervorgeht, denn $\sqrt{50}$ ergibt soviel wie $\sqrt{18}$ und $\sqrt{8}$. Und es ist recht erstaunlich, dass es eine genaue Rechnung gibt bei Dingen, die an sich keine genaue Größe besitzen. Doch wollen wir auch einen geometrischen Beweis hinzufügen.

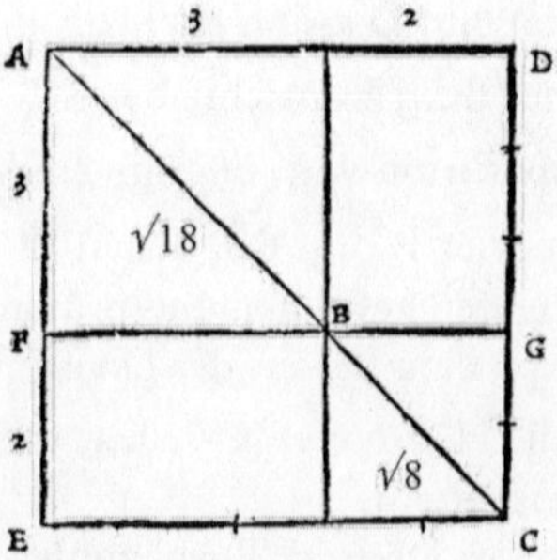

So ist das Quadrat des Durchmessers AB gleich den beiden Quadraten der Seiten AF und FB, wie Satz 46 des ersten [Buches Euklids] besagt.

So ist auch das Quadrat des Durchmessers BC gleich den zwei Quadraten der beiden Seiten BG und GC. Man sieht aber, wie aus beiden Durchmessern **[116v]** der eine Durchmesser AC geworden ist, dessen Quadrat den beiden Quadraten der beiden Seiten gleich ist, nämlich AE und EC.

Da aber der Durchmesser AB in seiner Länge $\sqrt{18}$ ergibt und der Durchmesser BC $\sqrt{8}$ ergibt und das Aggregat aus diesen $\sqrt{50}$ ergibt (entsprechend dem oben Gesagten), wird man schon sehen können, ob die Zeichnung dazu passt, nämlich ob der Durchmesser AC aus den Seiten AE und EC $\sqrt{50}$ ergibt.

Auch das, was man von der Subtraktion kommensurabler Medialen ausführen muss, ist dem in der Regel ähnlich, was bereits gesagt wurde, lässt doch $\sqrt{8}$ abgezogen von $\sqrt{18}$ dann $\sqrt{2}$ übrig. Ihre Proportion ist ja $\frac{3}{2}$, wie wir sahen. Wenn man nun 2 von 3 abzieht, bleibt Eins über, und dies ist die Hälfte von 2. Daher bleibt auch die Hälfte von $\sqrt{8}$ übrig, wenn man $\sqrt{8}$ von $\sqrt{18}$ abzieht. Es verhält sich nämlich 2 zu $\sqrt{8}$ wie kleiner zu kleiner. Und 3 verhält sich zu $\sqrt{18}$ wie größer zu größer, bleibt doch $\sqrt{2}$ übrig. Es ist nämlich $\sqrt{2}$ die Hälfte von $\sqrt{8}$ und der dritte Teil von $\sqrt{18}$. Wenn man daher BC der oberen Figur von AB abschneidet, dann bleibt AI der unteren Figur über, und AI macht (wie man hinreichend sieht) $\sqrt{2}$. Das Ergebnis lautet: Suche die Proportion der zu addierenden oder subtrahierenden Medialen; hast du diese gefunden, ersiehst du hinreichend aus dem Anblick ihrer Glieder, was zu tun ist, nämlich ob man die Medialen addieren oder subtrahieren soll.

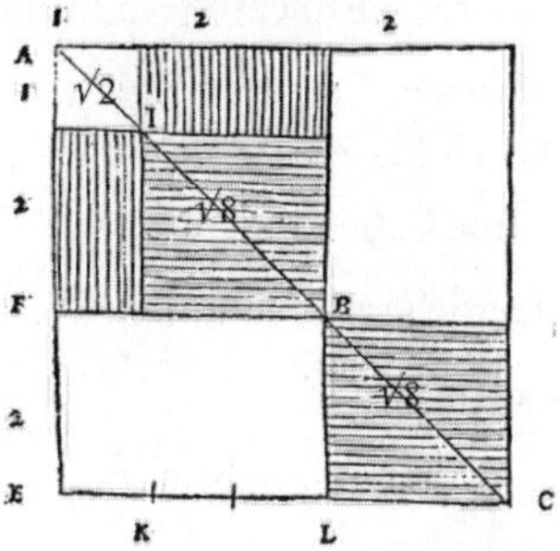

[**117r**] Man kann Multiplikation und Division ebenfalls mit dieser Figur erläutern. [IC] ist nämlich doppelt so groß wie [BC]. Es macht aber BC $\sqrt{8}$. Und die Regel der Multiplikation lehrt, dass die Multiplikation von $\sqrt{8}$ mit 2 oder mit $\sqrt{4}$ als Ergebnis $\sqrt{32}$ hat. Siehe also, ob der Durchmesser IC aus den Seiten IK und KC $\sqrt{32}$ ergibt. So wird man aus der Verdreifachung Figuren gewinnen und prüfen können usw.

Ebenso ergibt (um auch von dem Beweis der Division zu sprechen) der Durchmesser IC die $\sqrt{32}$. Und BC ist die Hälfte von IC selbst, was $\sqrt{8}$ ergibt. Siehe nun an den Seiten BG und GC, ob BC soviel ergibt.

Man kann aber auch nach der Dreisatz-Regel an der gleichen Figur Multiplikation und Division vorführen. Wenn LC soviel macht wie BC, wie viel macht dann FB? Das heißt: 2 macht $\sqrt{8}$; wie viel macht 3? Oder: Wie viel macht EC, das ist 5? Oder so: BC ist so viel wie GC; wie viel macht dann AB? Das heißt: $\sqrt{8}$ macht 2; wie viel macht dann $\sqrt{18}$? Usw.

Man kann sogar an Hand der Dreisatz- Regel kommensurable Mediale addieren und subtrahieren. Es wird reichen, dies an einigen Beispielen vorzuführen.

Erstes Beispiel für Addition.

Ich will $\sqrt{8}$ *und* $\sqrt{18}$ *addieren.* Zuerst suche ich die Proportion zwischen jenen Medialen, und diese ist $3/2$. Nun addiere ich die Glieder dieser Proportion, was 5 ergibt. Daher schließe ich so:

2 ergibt 5; also ergibt $\sqrt{8}$ dann $\sqrt{50}$.

Oder ich stelle so und beweise:

3 ergibt 5; also ergibt $\sqrt{18}$ dann $\sqrt{50}$.

Beispiel für Subtraktion.

Ich will $\sqrt{8}$ von $\sqrt{50}$ abziehen. Die Proportion ist $5/2$. Also ziehe ich 2 von 5 ab, und es bleibt 3 übrig. So nun stelle ich die Zahlen nach der Dreisatz-Regel:

2 ergibt 3; also ergibt $\sqrt{8}$ dann $\sqrt{18}$.

Oder ich stelle so und beweise:

5 ergibt 3; also ergibt $\sqrt{50}$ dann $\sqrt{18}$.

Zweites Beispiel für Addition.

Ich will $\sqrt[3]{162}$ *und* $\sqrt[3]{2058}$ *addieren.* Die Proportion ist $7/3$. Ich addiere die Glieder, [**117v**] was 10 ergibt. Nun stelle ich die Zahlen nach der Dreisatz-Regel:

3 ergibt 10; also ergibt $\sqrt[3]{162}$ dann $\sqrt[3]{6000}$.

Oder ich stelle so und beweise:

7 ergibt 10; also ergibt $\sqrt[3]{2058}$ dann $\sqrt[3]{6000}$.

Beispiel für Subtraktion.

Ich will $\sqrt[3]{162}$ von $\sqrt[3]{6000}$ abziehen. Die Proportion ist $10/3$. Daher bleiben nach Abzug der 3 von 10 noch 7 übrig. Nun stelle ich die Zahlen nach der Regel hin:

3 ergibt 7; also ergibt $\sqrt[3]{162}$ dann $\sqrt[3]{2058}$.

Oder ich stelle so:

10 ergibt 7; also ergibt $\sqrt[3]{6000}$ dann $\sqrt[3]{2058}$.

Oder ich ordne das Beispiel so an:

Ich will $\sqrt[3]{2058}$ von $\sqrt[3]{6000}$ abziehen. Die Proportion ist $^{10}/_{7}$. Nun ziehe ich 7 von 10 ab, und es bleiben 3 übrig. So aber werden die Zahlen nach der Regel dastehen:
7 ergibt 3, also ergibt $\sqrt[3]{2058}$ dann $\sqrt[3]{162}$.

Oder ich stelle so hin und beweise:

10 macht 3; also ergibt $\sqrt[3]{6000}$ dann $\sqrt[3]{162}$.

Drittes Beispiel für Addition.

Ich will $\sqrt[4]{243}$ zu $\sqrt[4]{3888}$ addieren. Die Proportion ist $^{2}/_{1}$. Ich addiere die beiden Glieder, was 3 ergibt. Also wird sich das Beispiel so darstellen:
1 macht 3; also macht $\sqrt[4]{243}$ dann $\sqrt[4]{19683}$.

Oder man verfährt so:

2.3. $\sqrt[4]{3888}$ ergibt $\sqrt[4]{19683}$.

Beispiel für Subtraktion.

Ich will $\sqrt[4]{243}$ von $\sqrt[4]{19683}$ abziehen. Die Proportion ist $^{3}/_{1}$. Ich ziehe 1 von 3 ab, und es bleibt 2 übrig. Daher stellt sich das Beispiel so dar:
1.2. $\sqrt[4]{243}$ ergibt $\sqrt[4]{3888}$.

Oder man verfährt so:

3.2. $\sqrt[4]{19683}$ macht $\sqrt[4]{3888}$.

Oder ich verändere das Beispiel so:

Ich will $\sqrt[4]{3888}$ von $\sqrt[4]{19683}$ abziehen. Die Proportion ist $^{3}/_{2}$. Ich ziehe 2 von 3 ab, und es bleibt 1 über. Daher stellt sich das Beispiel so dar:
2.1. $\sqrt[4]{3888}$, ergibt $\sqrt[4]{243}$.

[118r] Oder man verfährt so:

3.1 $\sqrt[4]{19683}$ macht $\sqrt[4]{243}$.
Und so wird man bei der Addition und Subtraktion anderer Arten von Medialen Ähnliches tun.

VOM GEBRAUCH JENER MEDIALEN, DIE EUKLID IN SEINEM ZEHNTEN BUCH NICHT ERWÄHNT, UND VON DER VERDOPPELUNG DES WÜRFELS

Kapitel VII.

Wenn auch Euklid in seinem zehnten [Buch] nur zwei Arten medialer Zahlen anwendet, darf man doch nicht glauben, die medialen Zahlen anderer Arten seien so unfruchtbar, dass sie keinen Nutzen bieten und keinen Beitrag zu arithmetischen und geometrischen Forschungen leisten.

Wie viel sie jedoch zu jenen beitragen, erfahren wir dann am ehesten, wenn wir das, was wir von den rationalen Zahlen gelernt haben, auch auf irrationale Zahlen zu übertragen versuchen, zum Beispiel auf arithmetische, geometrische, harmonische und contraharmonische Folgen. Dies gilt auch für die Divisionen von Proportionen, über die wir hier um der Beispiele willen einiges sehen werden, und zwar zuerst bezüglich der Teilung von Proportionen.

Teilungen von Proportionen.

Zu den Teilungen von Proportionen gehört die Kunst, beliebig viele mittlere Proportionalen zwischen beliebigen Zahlen zu erstellen. Diese Kunst aber will ich nun mit kurzen Worten lehren.

Erstens. Wenn man ein Mittleres zwischen irgend zwei rationalen Zahlen erstellen soll, muss man Mediale der ersten Art anwenden, nämlich quadratisch Mediale wie $\sqrt{2}$, $\sqrt{3}$, $\sqrt{5}$, usw.

Wenn jedoch zwei mittlere Proportionale zu erstellen sind, wird man Mediale der zweiten Art brauchen, nämlich kubisch Mediale, wie $\sqrt[3]{2}$, $\sqrt[3]{3}$, $\sqrt[3]{4}$, $\sqrt[3]{5}$, usw.

Will man aber drei mittlere Proportionale erstellen, braucht man Mediale der dritten Art, nämlich Mediale der 4. Potenz, wie $\sqrt[4]{2}$, $\sqrt[4]{3}$, $\sqrt[4]{5}$, $\sqrt[4]{6}$, , usw. **[118v]**

Und muss man vier mittlere Proportionale erstellen, muss man die vierte Art der Medialen anwenden, nämlich Mediale der 5. Potenz, wie $\sqrt[5]{2}$, $\sqrt[5]{3}$, $\sqrt[5]{4}$, usw. Und so verfährt man immer weiter.

Zweitens. Wenn man erkannt hat, welche Art der Medialen anzuwenden ist, lege man die geometrische Folge fest, deren erstes Glied die Eins sei und deren zweites Glied der Quotient der Division jener Zahlen sei, zwischen denen die mittleren Proportionalen zu erstellen sind, wobei natürlich die kleinere Zahl die größere teilt. Gehe daher entsprechend jener Wurzel der Folge vor, bis du so viele mittlere Proportionale hast, wie viel zu erstellen waren. Es ist aber bekannt, dass die Zahl der Glieder stets die Zahl der Mittleren um zwei übersteigt, denn wo es mittlere Zahlen gibt, muss es auch äußerste geben.

Drittens. Stelle vor jedes Glied der erstellten Folge das Wurzelzeichen jener Medialen, deren Art du verwenden musst, wie ich oben darlegte. Wenn also nur ein Mittleres zu erstellen ist, muss man dieses Zeichen $\sqrt{}$ aufnehmen, muss man zwei Mittlere erstellen, nehme man dieses Zeichen $\sqrt[3]{}$, und so geht es weiter der Reihe nach.

Viertens. Wenn die zu ziehenden Wurzeln der Zeichen gezogen sind, streiche die Zeichen, deren Wurzeln gezogen werden.

Wenn du z.B. das Wurzelzeichen für Quadrate vor eine Quadratzahl gestellt siehst, dann setze jene gezogene Wurzel-Zahl ohne das Wurzelzeichen hin. Und verstehe: bei allen anderen Zeichen musst du ähnlich verfahren.

Fünftens: Als die äußersten deiner erstellten Folge stelle die Zahlen hin, zwischen denen die Mittleren zu erstellen sind, und multipliziere die einzelnen Mittelzahlen mit der kleineren davon. Die Einzelheiten aber wird dich das gleich zu gebende Beispiel genauer in seiner Ordnung lehren.

Beispiel.

Ich will fünf mittlere Proportionale zwischen 6 und 18 erstellen.

Zuerst nehme ich dieses Zeichen für Mediale der fünften Art, nämlich das Wurzelzeichen $\sqrt[6]{\ }$, und bewahre es für den Gebrauch auf, den man gleich sehen wird.

Zweitens erstelle ich eine Folge, die mit der Eins beginnt; die Wurzel dieser **[119r]** Folge sei der Quotient der Division 18 durch 6, also 3. Und weil ich fünf Mittlere suche, deshalb muss ich insgesamt sieben Glieder der Folge aufstellen, nämlich

$$1, \quad 3, \quad 9, \quad 27, \quad 81, \quad 243, \quad 729.$$

Drittens setze ich vor die einzelnen Glieder das Wurzelzeichen, das ich mir anfangs aufbewahrte, worauf die Folge so aussehen wird:

$$\sqrt[6]{1},\ \sqrt[6]{3},\ \sqrt[6]{9},\ \sqrt[6]{27},\ \sqrt[6]{81},\ \sqrt[6]{243},\ \sqrt[6]{729}.$$

Viertens: Wenn ich die Wurzeln der zu tilgenden Zeichen gezogen habe, wird die Folge so aussehen:

$$1, \quad \sqrt[6]{3}, \quad \sqrt[3]{3}, \quad \sqrt{3}, \quad \sqrt[3]{9}, \quad \sqrt[6]{243}, \quad 3.$$

Fünftens: Multipliziere diese einzelnen Glieder mit 6 (dies ist die kleinere Zahl derer, zwischen denen die mittleren Proportionalen zu erstellen sind); dann wirst du deine beiden äußersten Glieder haben, wobei die gefundenen mittleren Proportionalen dazwischenstehen, nämlich:

$$6,\ \sqrt[6]{139968},\ \sqrt[3]{648},\ \sqrt{108},\ \sqrt[3]{1944},\ \sqrt[6]{11337408}, 18.$$

Dass es sich aber um eine zusammenhängende Proportionalität bei diesen sieben Gliedern handelt, wirst du mit Hilfe dessen beweisen können, was ich im 1. Buch bezüglich der geometrischen Proportionalität ausgeführt habe. Wenn du nämlich beweisen willst, dass das Glied $\sqrt[6]{139968}$ proportional mittelt zwischen 6 und $\sqrt[3]{648}$, dann multipliziere $\sqrt[3]{648}$ mit 6 (das ist mit $\sqrt[3]{216}$), dies ergibt $\sqrt[3]{139968}$, wovon man die Quadratwurzel ziehe, dies ergibt $\sqrt[6]{139968}$. – So verfährt man auch bei den anderen Aufgaben.

Von der Verdoppelung des Würfels.

Damit aber der Nutzen jener medialen Zahlen, die Euklid im zehnten Buch seiner Elemente überging, sich deutlicher abhebt, will auch ich kubisch mediale Zahlen auf Strecken beziehen und mit deren Hilfe das Problem der Verdoppelung des Würfels lösen, das, wie ich sehe, von manchen ängstlich und mühselig behandelt wurde, wobei sie ganze Wälzer darüber verfassten.

Es habe also der zu verdoppelnde Würfel eine Höhe von sechs Fuß. Ich nehme zuerst eine Strecke, die dem Maß der Höhe des zu verdoppelnden Würfels entspricht. Zweitens nehme ich eine Strecke, die das Doppelte jener Höhe des zu verdoppelnden Würfels [119v] sei (und wenn der Würfel verdreifacht werden müsste, müsste man eine Strecke wählen, die das Dreifache der Höhe des zu verdreifachenden Würfels wäre, und so weiter). Und so finde ich zwischen jenen beiden angenommenen Strecken zwei andere Strecken, die proportional die Mitten zwischen diesen bilden. Es wird aber die erste Stecke (die so proportional mittelt) zum Maß des zu erstellenden Kubus, der doppelt so groß werden soll wie der gegebene und zu verdoppelnde Kubus.

Die auf die Strecken zu beziehenden Zahlen stellen sich so dar:

$$6, \qquad \sqrt[3]{432}, \qquad \sqrt[3]{864}, \qquad 12.$$

Die Kuben dieser Wurzeln sind folgende:

216, 432, 864, 1728.

Man sieht jedenfalls, dass der zweite Kubus das Doppelte zum ersten Kubus darstellt. Und 6 ist die Kubikwurzel des ersten Kubus, und $\sqrt[3]{432}$ ist die Kubikwurzel zum zweiten Kubus. Also muss $\sqrt[3]{432}$ eine Strecke erhalten, die die passende Länge besitzt, um das Maß des zu erstellenden Kubus zu bilden, der in seiner Räumlichkeit 432 ausfüllt.

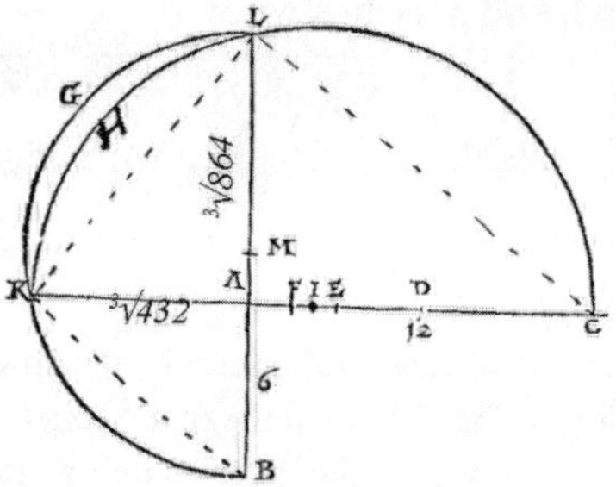

Man wird aber jene Strecken ganz bequem auf folgende Weise finden:

Zuerst ziehe man zwei dünne Strecken, die sich in vier rechten Winkeln schneiden; dies sind die durchlaufenden Strecken LB und KC. Nun bezeichne die Strecke des kleineren Außengliedes vom Schnittpunkt [120r] nach unten über der dünnen, so wie du die kleine Strecke AB bezeichnet siehst. Dann bezeichne die Strecke des größeren Außengliedes über der anderen dünnen Strecke vom gleichen Schnittpunkt aus nach rechts, so wie du die Strecke AC bezeichnet siehst. Dann schneide mit der Länge AB die Strecke AD von AC ab, und zwar so, dass AD und AB gleich lang sind. Sodann unterteile AD in zwei gleich lange Strecken, und zwar im Punkt E. Weiterhin unterteile AE in zwei gleich lange Strecken, und zwar im Punkte F. Drittens teile FE in zwei gleich lange Strecken, und zwar im Punkt I. Und dann setze die unbewegliche Zirkelspitze im Punkt I ein und ziehe den anderen Schenkel des Zirkels bis zum Punkt C hinaus, will sagen bis zum Ende der Strecke des größeren Außengliedes. Dann beschreibe einen Halbkreis, wie du KHLC über dem Durchmesser KC beschrieben siehst. Auf diese Weise gewinnst du die beiden mittleren Proportionalen, nämlich KL und LA, gestellt zwischen die beiden Außenglieder BA und AC. Dies kann man aus der Figur leicht ersehen, wenn man den neunten Satz Euklids des sechsten Buches der Elemente versteht, ist doch natürlich KA die mittlere Proportionale zwischen AB und AL. Und aus diesem Grunde (nämlich wegen der Probe) habe ich den Halbkreis über der Strecke LB gezogen, nämlich den Halbkreis BKGL. In derselben Art nämlich, wie KA zwischen BA und AL proportional mittelt, mittelt auch LA proportional zwischen KA und AC.

Ich sehe aber, dass es hier einen gewissen Disput über irrationale Zahlen, bezogen auf Strecken, gibt, doch will ich diesen den Streitlustigen überlassen.

Im Übrigen verschiebe ich das, was über die Teilung von Proportionen noch zu sagen gibt, auf das folgende Kapitel.

Von der geometrischen Folge der Medialen usw.

Nützlich sind auch die medialen Zahlen (die Euklid in seinem zehnten Buch überging), um verschiedene Folgen auf leichteste Art zu erstellen, nämlich:

Wenn man eine beliebige geometrische Folge rationaler Zahlen annimmt und vor jedes Glied dasselbe Wurzelzeichen setzt, dann ist daraus sogleich eine geometrische Folge von Medialen geworden, z.B.:

6,	12,	24,	48,	96,	macht
$\sqrt[3]{6}$,	$\sqrt[3]{12}$,	$\sqrt[3]{24}$,	$\sqrt[3]{48}$,	$\sqrt[3]{96}$.	Und so auch sonst.

[120v]

Wenn die geometrische Folge quadratisch Medialer mit der Eins beginnt, dann fällt stets zwischen zwei rationale Zahlen eine mediale, wie man hier sieht:

$$1,\ \sqrt{2}\ ,\ 2,\ \sqrt{8}\ ,\ 4,\ \sqrt{32}\ ,\ 8,\ \sqrt{128}\ ,\ 16.$$

Wenn die geometrische Folge kubisch Medialer mit der Eins beginnt, dann fallen stets zwischen zwei rationale Glieder zwei mediale, wie man hier sieht:

$$1,\ \sqrt[3]{2}\ ,\ \sqrt[3]{4}\ ,\ 2,\ \sqrt[3]{16}\ ,\ \sqrt[3]{32}\ ,\ 4.$$

Wenn einmal die geometrische Progression von Medialen der vierten Potenz mit der Eins beginnt, dann bilden stets zwischen zwei rationalen Gliedern drei mediale Zahlen die Mitte; und so geht es bei den anderen ins Unendliche. Und natürlich bilden bei einer geometrischen Folge von Medialen in der 5. Potenz immer vier Mediale die Mitte zwischen zwei rationalen Zahlen, usw.

Allgemein von den Folgen medialer Zahlen.

Wenn man eine arithmetische Folge rationaler Glieder aufstellt und deren Glieder mit irgendeiner medialen Zahl multipliziert werden, dann entsteht eine arithmetische Folge von Medialen.

Wenn man eine geometrische Folge rationaler Glieder aufstellt und diese Glieder mit irgendeiner medialen Zahl multipliziert werden, dann entsteht eine geometrische Folge medialer Zahlen.

Wenn man eine harmonische Folge rationaler Glieder aufstellt und diese Glieder mit einer medialen Zahl multipliziert, dann entsteht eine harmonische Folge medialer Zahlen.

Folgen rationaler Zahlen, die mit $\sqrt{2}$ zu multiplizieren sind

20,	50,	80,	Arithmetische	[Folge].
20,	40,	80,	Geometrische	[Folge].
20,	32,	80,	Harmonische	[Folge].

Folgen medialer Zahlen

$\sqrt{800}$,	$\sqrt{5000}$,	$\sqrt{12800}$,	Arithmetische	[Folge].
$\sqrt{800}$,	$\sqrt{3200}$,	$\sqrt{12800}$,	Geometrische	[Folge].
$\sqrt{800}$,	$\sqrt{2048}$,	$\sqrt{12800}$,	Harmonische	[Folge]. **[121r]**

Beachte auch, wie die geometrische Folge zwischen der arithmetischen und der harmonischen Folge die Mitte bildet, bilden doch auch die Mittel der drei Folgen die geometrische Folge. Doch war dies an anderer Stelle zu beachten.

VON DEN IRRATIONALEN PROPORTIONEN

Kapitel VIII.

Nun steht noch eine kurze Behandlung der Proportionen aus, neben dem, was darüber im ersten Buche gesagt ist. Ich spreche von kurz, weil fast alle Regeln über die Proportionen rationaler Zahlen auf die Proportionen der Medialen passen, über die ich nun in diesem kurzen Kapitel kurz handeln muss.

Ich lehrte aber im ersten Buche, dass Proportionen entweder rational oder irrational sind. Es sind aber alle jene Proportionen rational, die kommensurable Glieder besitzen. Solche jedoch, die inkommensurable Glieder haben, sind irrational. Daher hat jede beliebige mediale Zahl zu einer rationalen Zahl eine irrationale Proportion. Nicht jedoch hat jede mediale Zahl zu einer medialen Zahl eine irrationale Proportion. Natürlich hat $\sqrt{6}$ zu $\sqrt{24}$ eine rationale Proportion, nämlich eine doppelte.

Wenn ein Glied einer rationalen Proportion irrational ist, dann muss das restliche Glied derselben Proportion irrational sein. Dies ist aber allzu bekannt, als dass man hier Beispiele bräuchte.

Wenn ein Glied einer irrationalen Proportion irrational ist, dann kann das restliche Glied rational sein.

Wenn ein Glied einer irrationalen Proportion rational ist, dann muss das restliche Glied irrational sein.

Es sind aber die irrationalen Proportionen Brüche rationaler Proportionen. So ist etwa $\sqrt{6}$ zu $\sqrt{2}$ der Bruch einer dreifachen Proportion, nämlich die Hälfte des Dreifachen. Und so ist 6 zu $\sqrt[3]{432}$ der dritte Teil einer doppelten Proportion, wie aus dem hervorgeht, was ich im vorhergehenden Kapitel zur Verdoppelung des Würfels sagte. Dies geht auch aus der Regel hervor, **[121v]** die lehrt, die Proportionen zu benennen. Es wird ja bei Teilung des größeren Gliedes durch das kleinere die Proportion selbst nach jenem Quotienten der Division benannt. Wenn also $\sqrt[3]{432}$ durch 6 geteilt wird oder durch $\sqrt[3]{216}$, dann wird jener Quotient $\sqrt[3]{2}$ gewonnen. Und die Zweizahl weist auf die doppelte Proportion, das Wurzelzeichen aber weist auf den dritten Teil der benannten Proportion hin.

Wenn man also beliebige rationale Zahlen annimmt und bei jedem der beiden Glieder das Zeichen der Quadratwurzel vorne hin stellt, dann wird diese Proportion (die zwischen jenen beiden rationalen Zahlen bestand) bald in zwei gleiche Teile geteilt sein und der eine Teil jener Division durch jene so bezeichneten Zahlen dargestellt sein. So ergibt 3 zu 2 dann 1 ½.

$\sqrt{3}$ zu $\sqrt{2}$ macht aber die Hälfte der 1 ½-Proportion. Und so muss man bei ähnlichen Fällen Ähnliches annehmen, wie z.B. $\sqrt[3]{3}$ zu $\sqrt[3]{2}$ den dritten Teil der Proportion 1 ½ ergibt. Ebenso ergibt $\sqrt[4]{3}$ zu $\sqrt[4]{2}$ den vierten Teil der Proportion 1½. Und so macht $\sqrt[5]{3}$ zu $\sqrt[5]{2}$ den fünften Teil der Proportion 1 ½. Und so geht es weiter, sodass es leicht ist, eine irrationale Proportion von Medialen unter jeder gewünschten Benennung zu geben, wie es auch leicht ist, eine gegebene Proportion zu benennen, wie ich bereits lehrte. Wenn man z.B. den sechsten Teil einer dreifachen Proportion zu geben hat, die Fünftel dreifach überteilt, dann finde ich entsprechend dem Quotienten, der die Proportion selbst benennt, nämlich $3\frac{3}{5}$, diese beiden Zahlen 8 und 5 (wie ich im 1. Buch über die Proportionen lehrte). Und wenn ich diese Glieder gefunden habe, so stelle ich das Zeichen der Medialen der sechsten Art vorne hin, nämlich $\sqrt[6]{}$. So ist $\sqrt[6]{8}$ zu $\sqrt[6]{5}$ der sechste Teil einer dreifachen Proportion, die Fünftel dreifach überteilt, usw.

Von den Proportionen gebrochener Medialen.

Die Regel, die man über die Benennung von Proportionen gibt, kennt überhaupt keine Ausnahme. Muss man also Proportionen gebrochener medialer Zahlen benennen, dividiere den größeren Bruch durch den kleineren oder, wenn du zweifelst, welcher der beiden Brüche der größere ist, führe beide auf denselben Nenner zurück, tilge dann die Nenner, dividiere die Zähler. So ist die Proportion zwischen $\sqrt{\frac{2}{3}}$ und $\sqrt{\frac{4}{3}}$ die zwischen $\sqrt{8}$ und 3, nämlich die Proportion der Hälfte von $1\frac{1}{8}$.

[122r] Von rationalen Proportionen irrationaler Zahlen.

Die rationalen Proportionen irrationaler Glieder unterscheiden sich in nichts von rationalen Proportionen rationaler Glieder. Es ist herrscht ja grundsätzlich dieselbe Proportion zwischen 6 und 3 wie zwischen $\sqrt{24}$ und $\sqrt{12}$. Doppelt ist nämlich doppelt, gleich wie man es bezeichnet oder darstellt, usw.

Von Proportionen, die nach einem Quotienten zu benennen sind, der ein Additions- oder Subtraktionszeichen hat.

Jene Proportionen, deren kleineres Glied (indem es das größere teilt) einen Quotienten mit dem Zeichen + oder – hervorbringt, haben eine doppelte Benennung; so wird etwa die Proportion, die $10 + \sqrt{75}$ zu 5 bildet (ihr sie benennender Quotient ist $2 + \sqrt{3}$), entweder doppelt plus halb die dreifache genannt oder sie heißt halb die zwölffache.

Man sieht dies hinreichend aus dieser Darstellung $2 + \frac{\sqrt{3}}{1}$, denn es macht die doppelte, hinzugefügt zu der halben dreifachen Proportion die Hälfte der zwölffachen, macht doch $\frac{2}{1}$ zu $\frac{\sqrt{3}}{1}$ dann $\frac{\sqrt{12}}{1}$. So hat auch die Proportion $10 - \sqrt{75}$ zu 5 eine doppelte Benennung, wie man aus folgender Darstellung der Proportion ersieht: $2 - \frac{\sqrt{3}}{1}$, nämlich die Hälfte der dreifachen Proportion, abgezogen von der doppelten, lässt die Hälfte von $1\frac{1}{3}$ übrig, usw.

Vom Rechenverfahren mit irrationalen Proportionen.

Das Rechenverfahren irrationaler Proportionen besteht grundsätzlich aus den gleichen Regeln, aus denen das Rechenverfahren mit rationalen Proportionen besteht, so dass hier keine weitere Regel notwendig ist. Wenn jedoch irgendein Leser Beispiele wünscht, will ich ungesäumt außer den kurz zuvor gegebenen folgende Beispiele anführen:

Beispiel für Addition

$\frac{\sqrt{18}}{2}$ zu $\frac{6}{\sqrt{2}}$ macht $\frac{9}{1}$

Beispiel für Multiplikation

$\frac{\sqrt{18}}{2}$ verdoppelt macht $\frac{9}{2}$

Beispiel für Subtraktion

$\frac{6}{\sqrt{2}}$ von $\frac{9}{1}$ bleibt $\frac{\sqrt{18}}{2}$ oder $\frac{3}{\sqrt{2}}$

Beispiel für Division

$\frac{9}{2}$ halbiert macht $\frac{\sqrt{9}}{2}$ oder $\frac{\sqrt{18}}{2}$

[122v] VOM RECHENVERFAHREN BEI ZUSAMMENGESETZTEN UND GLEICHSAM ZUSAMMENGESETZTEN IRRATIONALEN ZAHLEN

Kapitel IX

Aus dem Rechenverfahren der Medialen und aus dem Rechenverfahren addierter und subtrahierter Zeichen ergibt sich das Rechenverfahren zusammengesetzter und gleichsam zusammengesetzter irrationaler [Zahlen]. Das Rechenverfahren aber der Medialen hatten wir schon in Kapitel sechs. Nun bleibt übrig, dass ich auch das Rechenverfahren bei den Zeichen + und – vorführe.

Von der Darstellung und Aussprache

Dieses Zeichen + (das das Zeichen Addierter heißt) bedeutet plus, so dass man $6 + \sqrt{12}$ so ausspricht: Sechs plus Quadratwurzel von 12.

Dieses Zeichen – aber (das das Zeichen Subtrahierter heißt) bedeutet minus, so dass man $\sqrt{12} - \sqrt{8}$ so ausspricht: Quadratwurzel von 12 minus Quadratwurzel von 8. Und so auch sonst.

Regeln für Addition und Subtraktion.

1. Gleiche Zeichen führen zu gleichen Zeichen, es sei denn, dass bei der Subtraktion die Zeichen verkehrt gesetzt werden.

2. Verschiedene Zeichen verändern die Arten, und A führt zu M, S aber zu S.

Regeln für Multiplikation und Division.

1. Gleiche Zeichen führen zu Zeichen von addierten Zahlen.

2. Verschiedene Zeichen führen zu Zeichen von subtrahierten Zahlen.

Man kann aber nicht genug betonen, welche Bedeutung diese beiden Zeichen + und – durch jene vier Regeln besitzen. Sie sind nämlich nicht nur dienlich bei irrationalen Zahlen, sondern auch bei cossischen, wie ich an gegebenem Ort ausführlich darstellen werde. Es sind aber in der ganzen Arithmetik kaum andere Regeln vorhanden, die man sich besser merken soll als diese vier. Und aus diesem Grund habe ich sie auch mit Absicht in solcher Kürze zusammengefasst, dass diese sogar eine Unklarheit einschloss. Doch muss man diese Unklarheit durch Erklärungen und Beispiele erhellen, insoweit die vorgenannte Kürze dabei ihre Bequemlichkeit behält. **[123r]**

Erstens: Man sagt, dass gleiche Zeichen zu gleichem Zeichen führen, wenn das + Zeichen aus dem gleichen zweimal gesetzten Zeichen hervorgeht. So sieht man bei den beiden Beispielen für Addition, wie aus Addiertem und Addiertem dann Addiertes wird. Und bei den beiden anderen Beispielen für Addition sieht man, wie aus Subtrahiertem und Subtrahiertem dann Subtrahiertes wird.

Beispiele für Addition.

Erstes Beispiel	Zweites Beispiel
$6 + \sqrt{18}$	$\sqrt{27} + \sqrt{8}$
$4 + \sqrt{8}$	$\sqrt{12} + \sqrt{2}$
$10 + \sqrt{50}$	$\sqrt{75} + \sqrt{18}$

Drittes Beispiel	Viertes Beispiel
$\sqrt{162} - 2$	$\sqrt[4]{243} - \sqrt[4]{162}$
$\sqrt{200} - 3$	$\sqrt[4]{48} - \sqrt[4]{32}$
$\sqrt{722} - 5$	$\sqrt[4]{1875} - \sqrt[4]{1250}$

Man nennt aber Addiertes, was auf das Zeichen für Addiertes folgt; so nennt man Subtrahiertes, was auf das Zeichen – folgt. Die Zahlen nämlich, die auf das Zeichen + oder – folgen, gehören zu diesem Zeichen selbst. Zahlen jedoch, die vor dem Zeichen + oder vor dem Zeichen – stehen, gehören nicht zu diesem Zeichen. Es folgen aber Zahlen, die nicht mit dem Zeichen + oder dem Zeichen – bezeichnet sind, den Regeln der Zahlen, die mit dem Zeichen + bezeichnet sind, wie man aus gewissen Beispielen ersieht, die nun folgen.

Beispiele für Subtraktion.

$\sqrt[4]{1875} + \sqrt[4]{1250}$	$\sqrt{50} - 5$
$\sqrt[4]{243} + \sqrt[4]{162}$	$\sqrt{8} - 2$
$\sqrt[4]{48} + \sqrt[4]{32}$	$\sqrt{18} - 3$

Ich denke nicht, dass es nötig ist, dich weiter auf die Subtraktion oder Addition von Medialen hinzuweisen. Es ist wohl auch unnötig, mehrere Arten medialer [Zahlen] als Beispiel anzuführen, da du hinreichend weißt, dass alles, was ich über die Zahlen und Zeichen sage, die man setzt, ähnlich für diese gilt, die man nicht setzt. **[123v]**

Zweitens: Nun folgt eine Ausnahme in den Beispielen der Subtraktion, es sei denn (sagt die Regel), bei der Subtraktion würden die Zahlen verkehrt gesetzt. Man spricht aber von verkehrter Zahlensetzung, wenn bei der Subtraktion die größere Zahl unter die kleinere gesetzt wird, ganz als könnte man die größere von der kleineren Zahl abziehen. In diesem Falle setzen die gleichen Zeichen nicht das gleiche Zeichen, sondern sie setzen das entgegengesetzte, so dass aus + und + nicht + entsteht, sondern minus entsteht. Ebenso wird aus – und – nicht –, sondern +, wie man in den folgenden Beispielen sieht.

Beispiele zur Ausnahme bei der Subtraktion.

$\sqrt{50} + 2$	$\sqrt{50} - 2$
$\sqrt{18} + 4$	$\sqrt{18} - 4$
$\sqrt{8} - 2$	$\sqrt{8} + 2$

Nur von der Subtraktion kann man Beispiele für Ausnahmen geben, denn bei der Addition führen die gleichen Zeichen zum gleichen Zeichen, und zwar ohne jede Ausnahme. Man sieht aber deutlich, dass die Zahlen + 2 und + 4, ebenso – 2 und – 4 verkehrt gestellt werden, denn es wird die größere Zahl, die abgezogen werden musste, nach unten unter die kleinere gesetzt. Und aus dieser verkehrten Stellung geht auch eine verkehrte Operation hervor, wobei natürlich die obere Zahl von der unteren abgezogen wird. Also macht + 2 von + 4 dann – 2, und – 2 von – 4 macht + 2.

Es folgen weitere Beispiele zur Ausnahme.

$\sqrt{50} + 6$	$\sqrt{72} + 2$
$\sqrt{72} + 2$	$6 + \sqrt{18}$
$4 - \sqrt{2}$	$\sqrt{18} - 4$

Beim oberen Beispiel werden die vorderen Zahlen verkehrt gestellt, so wird aus ihnen – $\sqrt{2}$. Im späteren Beispiel aber werden 6 und 2 verkehrt gestellt, und so wird aus ihnen – 4 usw.

Drittens: Nun folgt die zweite Regel, die besagt: Verschiedene Zeichen verändern die Arten. Dabei spricht die Regel von Operationsarten des Rechenverfahrens, und ich sage dies, damit man nicht meint, man müsse irgendeine Art der medialen Zahlen verändern. Die Arten zu ändern **[124r]** (im Sinne einer Regel) bedeutet bei Beispielen von Addition soviel wie abziehen und bei Beispielen von Subtraktion soviel wie addieren, wie man sehen wird.

Beispiele von Addition für die zweite Regel.

$\sqrt{50} + 3$	$\sqrt{50} - 3$
$\sqrt{32} - 5$	$\sqrt{32} + 5$
$\sqrt{162} - 2$	$\sqrt{162} + 2$

Man sieht, wie in diesen Beispielen für Addition eine Subtraktion bei den Zahlen stattfindet, für die verschiedene Zeichen gelten. Zeichen gelten aber nicht nach rückwärts, weil bei solchen Zahlen, die jenen verschiedenen Zeichen vorangehen, keine Subtraktion stattfindet, sondern eine Addition.

Beispiele von Subtraktion für die gleiche zweite Regel

$\sqrt{162} + 2$	$\sqrt{162} - 2$
$\sqrt{50} - 3$	$\sqrt{50} + 3$
$\sqrt{32} + 5$	$\sqrt{32} - 5$

Man sieht auch hier, dass in Beispielen für Subtraktion Additionen bei Zahlen stattfinden, auf die sich die Zeichen + und – beziehen.

Viertens: Die Regel spricht vom Setzen der Zeichen + und –.

A, sagt sie, setzt M. Das heißt, dass bei einer Addition (die durch den Buchstaben A bezeichnet wird) das Zeichen der größeren Zahl gesetzt wird (was der Buchstabe M bezeichnet). Und S setzt S. Das bedeutet, dass bei einer Subtraktion (die durch den Buchstaben S bezeichnet wird) das Zeichen für die obere Zahl gesetzt wird, und dies bedeutet das zweite S. Ein Beispiel dafür kann man in den letzten vier oberen Beispielen sehen, von denen zwei die Addition betreffen und zwei die Subtraktion. Bei den Beispielen für Addition muss man sich nicht darum kümmern, ob die größere Zahl (deren Zeichen man setzen muss) oben oder unten steht. Und bei der Subtraktion muss man sich nicht darum kümmern, ob die obere Zahl (deren Zeichen man setzen muss) größer ist oder kleiner. **[124v]**

Weitere Beispiele für Addition.

$8 - \sqrt{50}$	$\sqrt{50} + 6$
$\sqrt{242} - 12$	$24 - \sqrt{242}$
$\sqrt{72} - 4$	$30 - \sqrt{72}$

Zuerst addiere ich + 8 zu – 12 (das heißt, ich ziehe ab wegen der verschiedenen Vorzeichen + und –), es ergibt sich – 4. Dann addiere ich in ähnlicher Weise + $\sqrt{242}$ zu – $\sqrt{50}$ (das heißt, ich subtrahiere), und es ergibt sich + $\sqrt{72}$.

Zweitens addiere ich im zweiten Beispiel + $\sqrt{50}$ zu – $\sqrt{_z}$ 242 (das heißt, ich subtrahiere), es ergibt sich – $\sqrt{72}$. Auch macht + 24 addiert zu + 6 dann + 30.

Beispiele für Subtraktion.

$\sqrt{72} - 4$	$30 - \sqrt{72}$
$8 - \sqrt{50}$	$\sqrt{50} + 6$

$\sqrt{242} - 12$ $\qquad\qquad$ $24 - \sqrt{242}$

Zuerst subtrahiere ich + 8 von – 4 (das heißt, ich addiere wegen der verschiedenen Vorzeichen + und -), es ergibt sich -12. Dann ziehe ich – $\sqrt{50}$ von + $\sqrt{72}$ ab (das heißt, ich addiere), es ergibt sich + $\sqrt{242}$.

Zweitens, im zweiten Beispiel, ziehe ich + $\sqrt{50}$ von – $\sqrt{7}$ ab (das heißt, ich addiere) und erhalte – $\sqrt{242}$, dann ziehe ich + 6 von + 30 ab, es bleiben + 24 übrig.

Wie man aber umsonst eine Null vor eine bezeichnende Ziffer stellt (wie hier 08), so würde man auch umsonst das Zeichen + vor die anfänglichen oder fundamentalen Zahlen (wie hier + $\sqrt{7}$ – 4) setzen. Dennoch wird immer stillschweigend das Zeichen + vor jeder anfänglichen oder fundamentalen Zahl vorausgesetzt, es sei denn, sie hätte ausdrücklich das Zeichen der Subtrahierten davor.

Nützliche Warnung für bestimmte Subtraktionen

Wenn in einer oberen Zeile eine leere Stelle vorkommt, dann stelle an diesen Ort eine Null, die stets mit diesem Zeichen + bezeichnet ist, und dann kannst du entsprechend den gegebenen Regeln für Addition und Subtraktion verfahren. **[125r]**

Beispiele für die Warnung.

$\sqrt{0} + 16$	$\sqrt{180} + 0$
$\sqrt{320} - 8$	$\sqrt{320} - 8$
$24 - \sqrt{320}$	$8 - \sqrt{20}$

Du siehst im oberen Beispiel, dass ich $\sqrt{320}$ – 8 von 16 abgezogen habe und dass ich $\sqrt{0}$, also das Zeichen für Null, an die leere Stelle gesetzt habe, wobei das Zeichen der Addierten stillschweigend vorausgesetzt war.

So habe ich im folgenden Beispiel $\sqrt{320}$ – 8 von $\sqrt{180}$ abgezogen und 0 an die leere Stelle gesetzt, ausdrücklich mit dem + Zeichen.

Oder man benütze anstelle der Warnung folgende Regel: Vertausche die Zeichen + und – bei den Zahlen, die man abziehen muss (wo du also + vorfindest, setze dafür –, und wo du – vorfindest, dort setze +), und schreibe so alles in einer Ordnung, natürlich nach jenen Zahlen, von denen abgezogen werden muss. Dann reduziere, was zu reduzieren ist.

Beispiel.

Ich will $\sqrt{180}$ – 8 von $\sqrt{320}$ abziehen.

So werden sich die Teile darstellen:

$$\sqrt{320} - \sqrt{180} + 8$$

Wenn man den Teil zurückführt (also $\sqrt{180}$ von $\sqrt{320}$ abzieht), wird sich der Rest der Subtraktion so darstellen: $8 + \sqrt{20}$.

Weiteres Beispiel für jene Regel.

Ich will $8 - \sqrt{12}$ von $\sqrt{72} - 4$ abziehen.

Die Reihe wird sich so darstellen: $\sqrt{72} - 4 - 8 + \sqrt{12}$.

So wird sich die reduzierte Reihe darstellen: $\sqrt{72} + \sqrt{12} - 12$.

Ich pflege bei derartigen Zahlenbeispielen alles so hinzustellen, dass sich alles auf die fundamentale oder anfängliche Zahl bezieht. Wenn man nämlich eine derartige Beziehung ändert, müsste man oft auch manche Regeln ändern, und dies erscheint nicht ratsam zu sein.

Von der Multiplikation.

Die erste Regel der Multiplikation und Division besagt Folgendes: Gleiche Zeichen führen zum Zeichen der Addierten. Ob man also plus mit plus oder minus mit minus **[125v]** multipliziert, immer muss man das Zeichen + setzen. So macht + 8 mal + 6 dann + 48, wie -8 mal -6 dann +48 ergibt.

Die zweite Regel besagt Folgendes:

Verschiedene Zeichen führen zum Zeichen der Subtrahierten. Wenn man z.B.+ 8 mit – 6 multipliziert, wird man – 48 erhalten. Und – 5 mal + 7 macht – 35 usw.

Beispiel für Multiplikation.

$6 - \sqrt{20}$

$8 - \sqrt{45}$

$48 + 30 - \sqrt{1280} - \sqrt{1620}$

All dies, addiert oder auf sich zurückgeführt, ergibt $78 - \sqrt{5780}$.

Weiteres Beispiel.

$\sqrt[4]{288} - \sqrt[4]{648}$

$\sqrt[4]{128} - \sqrt[4]{162}$

$\sqrt{192} + 18 - \sqrt{288} - \sqrt{216}$.

Und so geht es auch bei weiteren Beispielen.

Von der Division.

Division prüft Multiplikation, wie auch die Multiplikation die Division. Beispiel:

$$48 - \sqrt{1280} - \sqrt{1620} + 30 \quad (8 - \sqrt{45}.$$
$$6 - \sqrt{20} \quad \sqrt{64} - \sqrt{20}$$

Man sieht hier, wie die Summe der Multiplikation aus dem ersten Beispiel durch den Multiplikanden dividiert wurde und im Quotienten multiplizierend wiederkehrte.

So erzeugt die Summe der Multiplikation des zweiten Beispiels, geteilt durch die multiplizierende Zahl, die zu multiplizierende Zahl, z.B:

$$\sqrt{192} - \sqrt{288} - \sqrt{216} + 18\ (\sqrt[4]{288} - \sqrt[4]{648}\ .$$
$$\sqrt[4]{288} - \sqrt[4]{162}\quad \sqrt[4]{128} - \sqrt[4]{162}\ .$$

Solche Beispiele nennt man aber künstlich oder konstruiert, und ich wollte sie hier auch nur deshalb geben, um den Regeln gerecht zu werden, die ich für Multiplikation und Division aufstellte. Du wirst nämlich in der Algebra später sehen, dass eine solche Kenntnis der Zeichen von Vorteil ist. Man muss sich aber an die Regeln erinnern, die (bezüglich der Division der Medialen) gegeben wurden. **[126r]** Wenn du z.B. den Quotienten in $\sqrt{192}$ mit Hilfe des Divisors $\sqrt[4]{288}$ suchen willst, dann musst du den Dividenden selbst auf ein Zeichen zurückführen, das jenem ähnlich ist, das der Divisor hat; multipliziere nämlich die Zahl beim Zeichen mit sich quadratisch, und dann wird das Produkt jenes zensizensische Zeichen erhalten; es wird nämlich aus $\sqrt{192}$ dann $\sqrt[4]{36864}$, und aus $\sqrt{288}$ wird $\sqrt[4]{82944}$, und aus $\sqrt{216}$ wird $\sqrt[4]{46656}$, und aus 18 wird $\sqrt[4]{104976}$. Wenn ich aber die medialen Zahlen im Quadrat für Mediale im Doppelquadrat setzte, so tat ich es um der Kürze willen; ich wollte nämlich mit wenigen Zeichen vieles anzeigen, und in einer Ordnung sollte der ganze Dividend mit dem Quotienten umfasst werden.

Und wenn du im gegebenen Beispiel noch nicht siehst, dass diese Regeln stets zur Division passen, dann verfahre so: Wende das gegebene Beispiel ein wenig um, und zwar so:

$$-\sqrt{288} + \sqrt{192} + 18 - \sqrt{216} \qquad (\sqrt[4]{288}\ .$$
$$-\sqrt[4]{162} + \sqrt[4]{288}\ .$$

Und so fahre fort im Dividieren wie zuvor, denn es wird $-\sqrt[4]{162}$, die $-\sqrt[4]{82944}$ teilt, den Quotienten $+\sqrt[4]{288}$ hervorbringen usw.

So wirst du etwas Ähnliches auch beim zweiten Beispiel sehen, das ich hinstellte, wenn du es umwendest wie folgt:

$$-\sqrt{1280} + 48 + 30 - \sqrt{1620} \qquad (8$$
$$-\sqrt{20} + 6$$

Und doch kann der Regel nach nichts Divisor sein, was nicht von den Zeichen + oder − frei ist, wie es eine rationale oder mediale Zahl ist.

Wenn dir also ein Divisor begegnet, der das Zeichen + oder − bei sich hat, dann müssen nach einer gewissen Regel die Glieder der Proportion zwischen Divisor und Dividend vertauscht werden, sodass das teilende Glied entweder eine rationale oder eine mediale Zahl wird.

Regel nach Satz XVIII des siebten [Buches] Euklids.

Schreibe deinen Divisor zweimal hin, und beim einen davon vertausche das Zeichen der Addierten oder Subtrahierten in das entgegen gesetzte Zeichen (das heißt, wenn er das Zeichen + hat, setze dafür − ; hat er aber −, setze dafür +); die so zum entgegengesetzten Zeichen veränderte Summe multipliziere mit jedem der beiden Glieder deiner Proportion, also mit deinem Divisor und mit deinem Dividenden. **[126v]** So wird es nämlich kommen, dass aus dem zusammengesetzten oder gleichsam zusammengesetzten Divisor ein rationaler oder medialer Divisor wird, und dennoch wird die vorige Proportion unbeschädigt bleiben, sodass der erforderliche Quotient aus der so zubereiteten Division herauskommen muss.

Diese Regel ist genommen vom achtzehnten Satz des siebten Buches Euklids, und dieser besagt Folgendes: Wenn man eine Zahl mit zwei Zahlen multipliziert, wird von den beiden daraus hervorgehenden Zahlen sich die eine zur anderen verhalten wie sich die eine der beiden multiplizierten Zahlen zur anderen verhielt.

Erstes Beispiel für Division.

Ich will $66 - \sqrt{2000}$ durch $8 - \sqrt{45}$ dividieren. Ich multipliziere beide Glieder (also den Divisor wie auch den Dividenden) mit $8 + \sqrt{45}$. Dann wird aus dem Divisor, nämlich aus $8 - \sqrt{45}$, durch diese Multiplikation 19, der neue Divisor. Und aus dem Dividenden, nämlich $66 - \sqrt{2000}$, wird durch diese Multiplikation $228 + \sqrt{7220}$, nämlich der neue Dividend. Es ergibt sich aber aus jener Division der Quotient $12 + \sqrt{20}$.

Probe: Multipliziere $12 + \sqrt{20}$ mit $8 - \sqrt{45}$; dann wird $66 - \sqrt{2000}$ herauskommen.

Zweites Beispiel für Division.

Ich will 6 durch $\sqrt{12} + \sqrt{6}$ dividieren. Also multipliziere ich beide Glieder mit $\sqrt{12} - \sqrt{6}$, dann ergibt sich aus $\sqrt{12}$ und $\sqrt{6}$ die Zahl 6 als neuer Divisor, und aus den zu dividierenden 6 ergibt sich $\sqrt{432} - \sqrt{216}$, natürlich als neuer Dividend. Also dividiere, und du erhältst $\sqrt{12} - \sqrt{6}$.

Die Probe wird durch die Multiplikation des Quotienten mit dem Divisor gemacht, nämlich $\sqrt{12} - \sqrt{6}$ mal $\sqrt{12} + \sqrt{6}$ ergibt 6.

Weiteres Beispiel.

Ich will $\sqrt[4]{23328} - \sqrt[4]{10368}$ durch 6 dividieren; jene Division ergibt $\sqrt[4]{18} - \sqrt[4]{8}$. Und so auch sonst. **[127r]**

VON DEN BINOMEN UND RESTEN UND VOM ZIEHEN IHRER QUADRATWURZELN.

Kapitel X.

Das Ziehen der Wurzeln aus Binomen und Resten ist eine solche und so bedeutende Sache, dass sie allein schon genügt, um alle Schwierigkeiten des zehnten [Buches] des Euklid aus dem Wege zu räumen. Und wenn du willst, dass ich in kurzen Worten ausdrücke, was jenes zehnte [Buch] enthält, so höre: Es enthält zuerst die quadratisch

Medialen und deren Wurzeln. Es enthält zweitens die Binome und deren Wurzeln. Es enthält drittens die Reste und deren Wurzeln. Damit hast du das ganze zehnte [Buch].

Die Wurzeln aber der quadratisch Medialen sind Mediale in vierter Potenz. So ist die Quadratwurzel (und nur um diese handelt es sich hier) von $\sqrt{6}$ dann $\sqrt[4]{6}$, wie ich auch oben beim Rechenverfahren der Medialen lehrte.

Die Wurzeln aus den Binomen der ersten Art sind Binome. Ich will aber – wie Euklid – nur von den Arten der irrationalen Zahlen sprechen, nämlich von solchen, die auf Strecken bezogen sind.

Die Wurzeln aus den Binomen der zweiten und dritten Art sind Bimediale; so sind die Wurzeln aus den Resten der ersten Art Reste.

Die Wurzeln aus den Resten der zweiten und dritten Art sind bimedial restlich.

Wie also bei rationalen Zahlen manche Quadratzahlen sind und manche nicht, so sind auch von den binomialen Zahlen manche quadratisch und manche nicht quadratisch. Ebenso sind manche von den Restzahlen quadratisch und manche nicht quadratisch.

Binomiale quadratische Zahlen von binomialen nichtquadratischen Zahlen, ebenso quadratische Restzahlen von nichtquadratischen Restzahlen wird man auf folgende Weise sicher unterscheiden: Wenn die Differenz quadrierter Teile in einer Proportion zum Quadrat des größeren Teiles steht wie die Proportion einer Quadratzahl zu einer Quadratzahl, dann wird das Binom (oder der Rest) derartiger Teile ohne Zweifel ein Quadrat sein. Wenn aber eine solche Proportion keine Proportion darstellt (wie die Proportion einer Quadratzahl zu **[127v]** einer Quadratzahl), dann wird ein solches Binom kein Quadrat sein, und auch ein solcher Rest wird kein Quadrat sein.

Beispiel.

Ich will wissen, ob folgendes Binom: $\sqrt{75}+\sqrt{72}$ ein Quadrat ist. Die Quadrate der Teile sind 75 und 72, und ihre Differenz beträgt 3. Also teile ich 75 durch 3 und erhalte die Quadratzahl 25. Also muss das vorgenannte Binom eine Quadratwurzel haben.

Anderes Beispiel.

Ich will wissen, ob folgender Rest ein Quadrat ist: $\sqrt{1458}-36$. Die Quadrate der beiden Teile sind 1458 und 1296, und ihre Differenz beträgt 162. Also teile ich 1458 durch 162 und erhalte einen quadratischen Quotienten, nämlich 9. Also muss der angenommene Rest ein Quadrat sein und eine Wurzel haben, die man ziehen kann.

Weiteres Beispiel.

Ich will wissen, ob $44+\sqrt{1152}$ eine Wurzel hat. Die Quadrate der Teile sind 1936 und 1152, die Differenz beträgt 784. Wenn diese 1936 teilt, ergibt dies einen quadratischen Quotienten, nämlich $2\frac{23}{49}$. Also muss das angesetzte Binom eine Quadratwurzel haben.

Wenn das Binom oder der Rest zur ersten Art gehört und die Differenz der Quadrate eine Quadratzahl ist, dann muss jenes Binom oder jener Rest eine Wurzel haben, wie aus dem letzten Beispiel hervorgeht. Gehört jedoch das Binom oder der Rest zu einer anderen Art als der ersten und ist die Differenz der Quadrate der Teile eine Quadratzahl, dann ist unmöglich das angenommene Binom oder der angenommene Rest eine Quadratzahl.

Das Wurzelziehen aber geht so vor sich:

Erstens. Setze anstelle des Binoms oder deines Restes (von dem man die Wurzel ziehen muss) deren Hälfte.

Zweitens. Nimm von jener so angesetzten Hälfte die Quadrate der Teile, ziehe diese Quadrate voneinander ab und bewahre die Wurzel des so erhaltenen Restes auf.

Drittens. Nimm den größeren Teil der Hälfte (deines Binoms oder deines zuerst an Stelle seines Ganzen angesetzten Restes) **[128r]** und addiere ihn zuerst zu der zuvor aufbewahrten Wurzel; dann wird die Quadratwurzel jenes Aggregates der erste Teil der Wurzel sein, die du suchst.

Viertens. Dieselbe Wurzel des Restes, die du zuvor aufbewahrt hast, ziehe von jenem vorigen größeren Teil ab (von jener Hälfte, die du zuerst an Stelle ihres Ganzen angenommen hattest, als du dein Binom oder deinen Rest halbiertest). Und die Quadratwurzel dieses zuletzt erzeugten Restes wird der zweite Teil der Wurzel sein, die du suchst.

Zwischen die beiden Teile nun der von dir gefundenen Wurzel setze das Zeichen der Addierten oder Subtrahierten. Ist es nämlich die Wurzel eines Binoms, muss man das Zeichen + setzen, ist es jedoch die Wurzel eines Restes, muss man das Zeichen – dazwischensetzen.

Erstes Beispiel.

Es sei die Wurzel aus folgendem ersten Binom zu ziehen: $38+\sqrt{288}$.

Zuerst setze ich an Stelle des Ganzen dessen Hälfte, also $19+\sqrt{72}$.

Zweitens nehme ich die Quadrate der Teile jener Hälfte, nämlich 361 und 72, und ziehe diese von einander ab, wobei dann 289 übrig bleibt. Von diesem Rest ziehe ich die Quadratwurzel und bewahre sie auf; es ist 17.

Drittens. Ich nehme 19 (das ist der größere Teil der Hälfte meines zuerst anstelle seines Ganzen angesetzten Binoms) und addiere es zu der Wurzel des Restes, die ich vorhin aufbewahrte. Also addiere ich 19 zu 17, und dies ergibt 36. Aus diesem Aggregat ziehe ich die Quadratwurzel, was 6 ergibt, dies ist natürlich der erste oder größere Teil der zu suchenden Wurzel.

Viertens. Den kleineren Teil der zu suchenden Wurzel suche ich folgendermaßen: Ich ziehe die Wurzel des Restes, die ich zuvor aufbewahrte, nämlich 17, vom größeren Teil jener Hälfte ab, die zuerst anstelle ihres Ganzen angesetzt war, d.h. ich subtrahiere 17 von 19, wobei 2 übrig bleibt. Also ist die Wurzel dieses letzten Restes (dies ist $\sqrt{2}$) der zweite Teil der von mir zu suchenden Wurzel.

Da ich nun die beiden Teile der von mir zu suchenden Wurzel gefunden habe, nämlich 6 und $\sqrt{2}$, setze ich das Additionszeichen dazwischen, weil es sich um die Wurzel eines Binoms handelt.

Also wird sich die gefundene Wurzel so darstellen:

$$6+\sqrt{2}.$$

[128v] Die Operation wird durch die Multiplikation der Wurzel mit sich selbst überprüft:

$$6+\sqrt{2}$$
$$6+\sqrt{2}$$
$$36 + 2 + \sqrt{72}+\sqrt{72}$$
$$\text{Summe: } 38+\sqrt{288}\,.$$

Zweites Beispiel.

Ich will die Quadratwurzel aus folgendem Rest der zweiten Art ziehen: $\sqrt{18}-4$.

1. An Stelle jenes Ganzen setze ich dessen Hälfte, also $\frac{\sqrt{18}}{2}-2$.

2. Ich ziehe die Quadrate der einzelnen Teile, nämlich $^{18}/_{4}$ und 4 voneinander ab, wobei $^{2}/_{4}$ übrig bleibt. Und die Quadratwurzel dieses Restes macht $\sqrt{^{2}/_{4}}$, die ich aufbewahre, oder $\sqrt{^{1}/_{2}}$.

3. Ich nehme $\sqrt{^{18}/_{4}}$ (nämlich den größeren Teil der Hälfte des halbierten Binoms) und addiere es zu $\sqrt{^{2}/_{4}}$ (nämlich zur Wurzel des Restes, die ich zuvor aufbewahrte), und dies ergibt $\sqrt{^{32}/_{4}}$, also $\sqrt{8}$. Also wird $\sqrt[4]{8}$ der frühere Teil sein usw.

4. Die gleiche Wurzel des Restes, die ich früher aufbewahrte (nämlich $\sqrt{^{2}/_{4}}$), ziehe ich von $\sqrt{^{18}/_{4}}$ ab, und es bleibt von dieser Subtraktion $\sqrt{^{8}/_{4}}$ oder $\sqrt{2}$ übrig, wovon die Quadratwurzel $\sqrt[4]{2}$ macht. Und dies ist der zweite Teil der Wurzel, die ich finden muss.

Daher sind die Teile meiner Wurzel $\sqrt[4]{8}$ und $\sqrt[4]{2}$. Zwischen diese beiden setze ich das Zeichen der Subtrahierten, weil es sich um die Wurzel des Restes handelt. Und die gefundene Wurzel wird sich so darstellen: $\sqrt[4]{8}-\sqrt[4]{2}$.

Die Operation wird geprüft durch die Multiplikation der Wurzel mit sich auf quadratische Weise, nämlich:

$$\sqrt[4]{8}-\sqrt[4]{2}$$
$$\sqrt[4]{8}-\sqrt[4]{2}$$
$$\sqrt{8}+\sqrt{2}-2-2\,.$$
$$\text{Summe: } \sqrt{18}-4\,.$$

Drittes Beispiel.

Es soll die Wurzel aus folgendem dritten Binom gezogen werden.

$$\sqrt{32}+\sqrt{24}\,.$$

[129r] Ich stelle zuerst die Hälfte hin, diese beträgt $\sqrt{8}+\sqrt{6}$.

Zweitens: Der Rest aus den voneinander abgezogenen Quadraten ist 2, wovon $\sqrt{2}$ die Wurzel ist.

Drittens addiere ich $\sqrt{8}$ zu $\sqrt{2}$, was $\sqrt{18}$ ergibt, dessen Quadratwurzel beträgt $\sqrt[4]{18}$, und dies ist der erste Teil meiner Wurzel.

Viertens ziehe ich $\sqrt{2}$ von $\sqrt{8}$ ab (das ist die zuvor aufbewahrte Wurzel des Restes vom größeren Teil von dem, was zuerst als Hälfte des ganzen Binoms angesetzt war), die Subtraktion ergibt $\sqrt{2}$, deren Quadratwurzel $\sqrt[4]{2}$ ist, und dies ist der zweite Teil meiner Wurzel, die sich (als gefunden) so darstellt: $\sqrt[4]{18}+\sqrt[4]{2}$. Die Probe ist:

$$\sqrt[4]{18}+\sqrt[4]{2}$$
$$\sqrt[4]{18}+\sqrt[4]{2}$$
$$\sqrt{18}+\sqrt{2}+\sqrt{6}+\sqrt{6}$$
$$\text{Summe: } \sqrt{32}+\sqrt{24}\,.$$

Ich will nun versuchen, die Erklärung für solche Operationen zu geben, indem ich die Zahlen (die ich als Beispiele verwandte) auf quadratische Flächen beziehe. So wird das Binom 38 + $\sqrt{288}$ in folgender Weise auf quadratische Flächen bezogen:

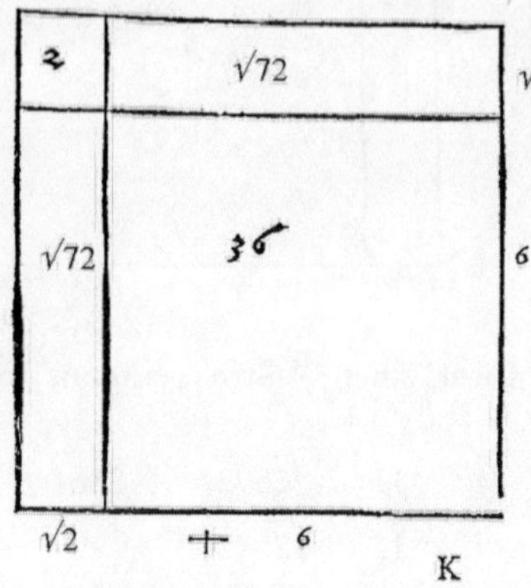

[129v] Du siehst sicher, dass seine Wurzel $6+\sqrt{2}$ durch die Multiplikation mit sich selbst diese Fläche ergibt, die in ihre Teile zerlegt wird; zwei Teile davon (die rational sind) schließen sich in der abstrakten Zahl zusammen und bilden deren größeren Teil; aber auch die beiden restlichen Teile schließen sich zusammen und bilden deren irrationalen Teil.

Als ich nun die Regel über das Ziehen von Wurzeln dieser Art bedachte, blickte ich auf die Teile einer solchen Zusammenstellung:

$$2 \qquad \sqrt{72} \qquad 36$$
$$\sqrt{72}$$

Ich wusste, dass diese auch Teile der Lösung sein müssten und dass man sie proportional so stellen könne, dass die Hälfte des kleineren Teiles des Binoms (oder des Restes) immer die mittlere Proportionale zwischen den zwei Teilen des größeren Teiles von Binom oder Rest sei. Ich sah nun, dass es nur eine solche Regel brauche, durch die jede beliebige Zahl (rational oder medial) in zwei Teile geteilt werden könne, zwischen die irgendeine angenommene Zahl gestellt werden könne. Zum Beispiel bei einer solchen

Aufgabe: Jene Zahl 38 soll in zwei Teile zerlegt werden, die miteinander multipliziert 72 ergeben. Also ist die Frage, wie groß sind diese Teile? Weil es aber sehr leicht ist, solche Regeln mit Hilfe der Algebra zu formulieren (die ja sehr fruchtbar ist im Bilden von Regeln), nahm ich Zuflucht zu dieser und erstellte mit ihrer Hilfe jene viergliedrige Regel, die ich in diesem Kapitel aufstellte, wobei ich so vorging, wie ich bereits geschildert habe.

Wenn nun einer der Studenten nach meinem Beispiel eine Regel zur Findung der Kubikwurzel aus einem kubischen Binom oder einem kubischen Rest erstellen will, so nehme er irgendein kubisches Binom, etwa $252+\sqrt{242000}$; die Kubikwurzel davon ist $6+\sqrt{2}$. **[130r]**

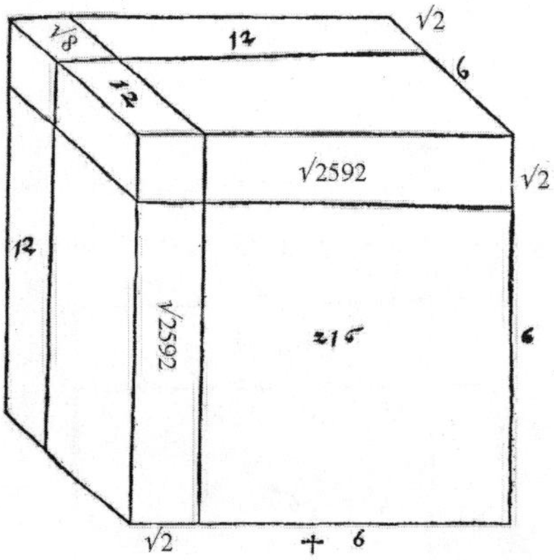

Jenes Binom aber, bezogen auf einen Würfel, erkennt man aus diesen Teilen der Zusammenstellung:

$\sqrt{8}$	12	$\sqrt{2592}$	216
	12	$\sqrt{2592}$	
	12	$\sqrt{2592}$	

Wer also eine Regel über das Ziehen von Kubikwurzeln aus Binomen und Resten erstellen will, mag auf die vorgeführte Zerlegung der Teile achten und mag wissen, dass es eine fortlaufende Proportionalität zwischen den 4 letzten Teilen gibt, nämlich zwischen $\sqrt{8}$ und 216 sind 12 und $\sqrt{2592}$ die beiden mittleren Proportionalen. Er muss auch wissen, dass die medialen Teile, zueinander addiert, die kleinere Proportion des **[130v]** kubischen Binoms ergeben, ganz so wie die rationalen Teile dessen größere Proportion ergeben.

Wenn man also die Teile, die die größere Proportion des kubischen Binoms ergeben, auf diese Weise angeordnet hat:

0	1x	0	252 – 3x
	1x	0	
	1x	0	

dann muss man untersuchen, wie oder nach welcher Regel man $\sqrt{242000}$ (dies ist der kleinere Teil des kubischen Binoms) in zwei Teile zerlegt, sodass der dritte Teil des größeren Teiles die mittlere Proportionale zwischen 1x und 252 – 3 x ergibt. Eine solche Regel wird nämlich das ganze Geschäft der zu ziehenden Kubikwurzel bei Binomen und Resten usw. erledigen. Der Zensizensus [4. Potenz] hat sechzehn Teile, der Surdesolidus [5. Potenz] hat 32, wie ich auch in Buch 1 darlegte, usw.

Vom zweiten Beispiel.

Dieser Rest $\sqrt{18}-4$ war das zweite Beispiel.

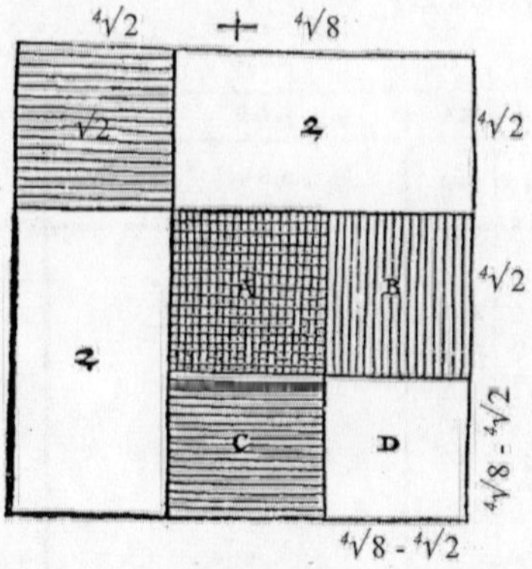

Es wird aber zuerst das Binom dieses Beispiels auf die Quadrat-Fläche bezogen. **[131r]** Deren Binom ist aber $\sqrt{128}+4$. Daher unterscheidet sich das Ziehen der Wurzel des Restes in nichts vom Ziehen der Binom-Wurzel, jedenfalls was jene Operation entsprechend der Regel betrifft; allerdings wird das Zeichen – bei Resten gesetzt, während bei Binomen das + Zeichen gesetzt wird. Wer aber eine quadratische Multiplikation versteht, der kann auch eine Wurzel ziehen.

Die Multiplikation sieht aber so aus:

$$\sqrt[4]{8}-\sqrt[4]{2}$$
$$\sqrt[4]{8}-\sqrt[4]{2}$$
$$\sqrt{8}+\sqrt{2}-2-2.$$

Durch die erste Multiplikation (nämlich $\sqrt[4]{8}$ mal $\sqrt[4]{8}$) wird die Fläche ABCD erstellt, die $\sqrt{8}$ ergibt. Durch die zweite Multiplikation (nämlich – $\sqrt[4]{2}$ mal – $\sqrt[4]{2}$) wird die Quadratfläche + $\sqrt{2}$ erstellt. Durch die dritte Multiplikation (nämlich + $\sqrt[4]{8}$ mal – $\sqrt[4]{2}$) wird die Fläche E erstellt, die von den beiden zuvor erstellten Flächen abzuziehen ist, nämlich von ABCD und $\sqrt{2}$. Daher hebt die Fläche E die Fläche AB auf. Ebenso hebt die Fläche F, die aus der vierten Multiplikation entsteht, auch die ihr gleiche Fläche, nämlich AC, auf. Doch war A bereits durch die Fläche E aufgehoben, weshalb man verstehen muss, dass die Fläche $\sqrt{2}$ an Stelle von A getreten ist, da ja $\sqrt{2}$ und A gleich sind. Daher zieht die Fläche F dann C und $\sqrt{2}$ ab. Und so bleibt schließlich nur mehr die Fläche D übrig, die $\sqrt{18} - 4$ beträgt. Und dies ist die Fläche, aus der die Wurzel gezogen wird, wobei die binomiale Fläche $\sqrt{2}$ EFABCD eine mittlere ist.

Vom dritten Beispiel muss man nichts weiter sagen, ist es doch in allem dem ersten Beispiel gleich. Allerdings sind im dritten Beispiel alle Teile irrational und die Wurzel ist bimedial.

Fragt aber jemand nach den Wurzeln der dreimedialen und dreinomialen Zahlen usw., so antworte ich ihm mit dem Hinweis auf die folgende Figur, denn niemand kann alles im Einzelnen ausführen. [131v]

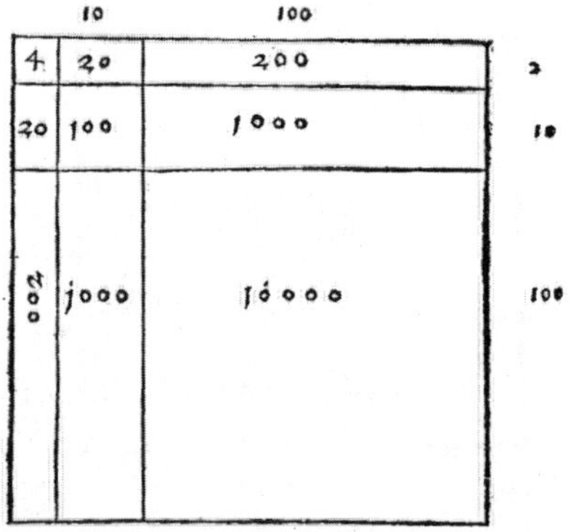

Multipliziert ist, wie man sieht, die Zahl 112 quadratisch, diese besitzt drei Figuren, ganz wie drei Teile einer Wurzel, usw.

VOM RECHENVERFAHREN MIT IRRATIONALEN BRÜCHEN UND VON EINER PROBE BEI SOLCHEN RECHENVERFAHREN.

Kapitel XI.

Jene Operation des zweiten Beispiels im vorausgehenden Kapitel (über das Ziehen der Wurzel aus einem Rest) mahnt mich daran, nicht zu versäumen, das Rechenverfahren bei irrationalen Brüchen darzustellen, weil dieses Beispiel nach jener Regel des Wurzelziehens bei irrationalen Brüchen vorgeht. Es besteht aber jenes Rechenverfahren **[132r]** aus den Regeln des Rechenverfahrens mit gemeinen Brüchen und aus den Regeln für ganze irrationale Zahlen, wie wir sehen werden.

Über Darstellung und Aussprache.

Wenn ein Wurzelzeichen zur Mitte eines Bruches gestellt wird, dann bezieht sich jenes Zeichen auf beide Glieder. Wird jedoch irgendein Nenner zur Mitte eines Bruches gestellt, dann bezieht er sich nicht auf beide Glieder, sondern nur auf den Zähler.

Ein Beispiel für beides: $\sqrt{4/9}$ Gulden macht $2/3$ Gulden.

Ein Bruch, der unter irgendeiner ganzen Zahl, hinzugefügt zu einem Bruch, dargestellt wird, wird unter dem Bruch der ganzen Zahl ausgesprochen, die mit jenem Bruch zusammen einen einzigen Bruch bildet. So wird $\sqrt[3]{1\,67/125}$ entsprechend dieser Darstellung als $\sqrt[3]{192/125}$ ausgesprochen, also: Kubikwurzel von 192, geteilt durch die Kubikwurzel von 125. Oder er wird nach folgender Darstellung $\frac{\sqrt[3]{192}}{5}$ so ausgesprochen: Kubikwurzel von 192, dividiert durch 5. Er kann aber auch nach folgender Darstellung ausgesprochen werden: $\frac{192}{\sqrt[3]{4608000}}$ usw.

Irrationale Brüche, die nicht in ihren kleinsten Gliedern dastehen, werden auf diese kleinsten Glieder reduziert nach der Regel, nach der man gemeine Brüche reduziert; diese Regel habe ich ja in Buch 1, Kap. 1 vorgeführt. Also sind $\sqrt[6]{4/8}$ und $\sqrt[6]{1/2}$ dasselbe. Dasselbe ist auch $\sqrt[3]{2} / \sqrt{2}$, wie aus der Zurückführung auf dasselbe Wurzelzeichen hervorgeht.

Von Addition und Subtraktion.

Dass aber jenes Rechenverfahren mit irrationalen Brüchen aus dem Rechenverfahren mit gemeinen Brüchen besteht wie auch aus dem Rechenverfahren ganzer irrationaler Zahlen, dies geht schön aus folgenden beiden zu addierenden oder subtrahierenden Brüchen hervor:

$$\frac{\sqrt{50}+\sqrt[3]{3}}{5} \qquad \frac{\sqrt[3]{24}+\sqrt{8}}{2}$$

Zuerst werden die Brüche auf gleiche Nenner zurückgeführt, indem man sie über Kreuz multipliziert, wie es das Rechenverfahren mit gemeinen Brüchen erfordert. Allerdings wirken auch die Regeln des Rechenverfahrens mit Medialen mit ein, wie man hinreichend an den vorgenannten Nennern und aus den oben genannten Rechenverfahren ersieht.

Die Brüche stellen sich aber so dar, wenn sie auf den gleichen Nenner gebracht sind:

$$\frac{\sqrt{200}+\sqrt[3]{24}}{10} \qquad \frac{\sqrt[3]{600}+\sqrt{200}}{10}$$

[132v] Nun kann man addieren oder subtrahieren.

Die Addition ergibt:

$$\frac{\sqrt{800}+\sqrt[3]{5184}}{10}$$

Die Subtraktion ergibt:

$$\frac{\sqrt[3]{1536}}{10}$$

Bei Additionen und Subtraktionen dieser Art werden die Nenner so lange aufbewahrt, bis die Zähler ermittelt sind, und dann wird der Nenner wieder unten hingesetzt. Die vorgeführten Beispiele beweisen und erklären dies zur Genüge.

Von der Multiplikation.

Zähler (sagt die allgemeine Regel des Rechenverfahrens) sollen miteinander multipliziert werden, und Nenner sollen miteinander multipliziert werden. Doch soll dies so geschehen, dass die Wurzelzeichen auf dasselbe Wurzelzeichen zurückgeführt werden, wie die Regel für die ganzen irrationalen Zahlen besagt. Die Gleichheit der Nenner aber, die bei der Addition erforderlich ist, wird bei der Multiplikation nicht erfordert.

Beispiel.

Ich will miteinander multiplizieren

$$\frac{\sqrt{800}+\sqrt[3]{5184}}{10} \qquad \frac{\sqrt[3]{1536}}{10}$$

Zuerst werden die Zahlen auf gleiche Zeichen zurückgeführt, bevor sie miteinander multipliziert werden. Das Beispiel der Zurückführung geht aber so vor sich:

Diese Zurückführung ergibt:

$$\frac{\sqrt[6]{512000000}+\sqrt[6]{26873856}}{10} \text{ und } \frac{\sqrt[6]{2359296}}{10}$$

[**133r**] Schon wird man multiplizieren oder dividieren können.

Die Multiplikation ergibt $\frac{\sqrt[6]{1207959552}}{10}+\frac{\sqrt[3]{7962624}}{100}$, denn $\frac{\sqrt[6]{235296}}{10}$ mal $\sqrt[6]{512}$ (denn $\sqrt[6]{512}$ und $\sqrt[6]{512000000}$ sind dasselbe) macht $\sqrt[6]{1207959552}$. Weiter
10
ergibt $\frac{\sqrt[6]{2359296}}{10}$ mal $\frac{\sqrt[6]{26873856}}{10}$ dann $\frac{\sqrt[6]{63403380965375}}{100}$. Dies ist $\frac{\sqrt[3]{7962624}}{100}$.

Von der Division.

Die Division erfordert beide Male die Zurückführung, nämlich die Zurückführung auf die gleichen Nenner. Ebenso erfordert sie die Zurückführung auf die gleichen Wurzelzeichen. Wenn aber die Zurückführung auf die gleichen Nenner erfolgt ist, werden die Nenner fortgeworfen, und die Division erfolgt durch die Zähler.

Ich will z.B. $\frac{\sqrt[6]{512000000}+\sqrt[6]{26873856}}{10}$ durch $\frac{\sqrt[6]{2359296}}{10}$ dividieren.

Nachdem ich nun die Nenner fortgeworfen habe, dividiere ich

$$\sqrt[6]{512000000}+\sqrt[6]{26873856} \text{ durch } \sqrt[6]{2359296}.$$

Die Division ergibt:

$$\sqrt[6]{217\,1/72}+1\,1/2 \text{ oder } \sqrt{5/72}+1\,1/2.$$

Von der Probe für die Regeln bei irrationalen Zahlen.

Man wird finden, dass alle Regeln der Rechenverfahren ganzer irrationaler Zahlen wie auch deren Brüche richtig sind, und zwar mittels rationaler, unter die Wurzelzeichen gesetzter Zahlen, wie an jenem Beispiel gezeigt wird, usw.:

$$\frac{\sqrt{49}+\sqrt[3]{8}}{5} \qquad \frac{\sqrt[3]{125}-\sqrt{9}}{5}$$

Wenn man diese Brüche auf gleiche Nenner bringt, werden sie sich so darstellen:

$$\frac{\sqrt{196}+\sqrt[3]{64}}{10} \qquad \frac{\sqrt[3]{15625}-\sqrt{225}}{10}$$

[133v] *Nun addieren wir die Zähler zueinander* und setzen unter das Aggregat den gemeinsamen Nenner, also:

$$\sqrt[3]{64}+\sqrt{196}$$
$$\sqrt[3]{15625}-\sqrt{225}$$
$$\frac{\sqrt[3]{24389}-\sqrt{1}}{10}$$

So werden bei der Subtraktion die Zähler voneinander abgezogen, und unter den Rest wird der gemeinsame Nenner gesetzt, also:

$$\sqrt[3]{64}+\sqrt{196}$$
$$\sqrt[3]{15625}-\sqrt{225}$$
$$\frac{\sqrt{841}-\sqrt[3]{9261}}{10}$$

Nun will ich jene Zahlen (die ich zueinander addierte und voneinander subtrahierte) auch multiplizieren. Ich führe sie aber zuerst auf dieselben Wurzelzeichen zurück.

Zurückführung auf dasselbe Wurzelzeichen:

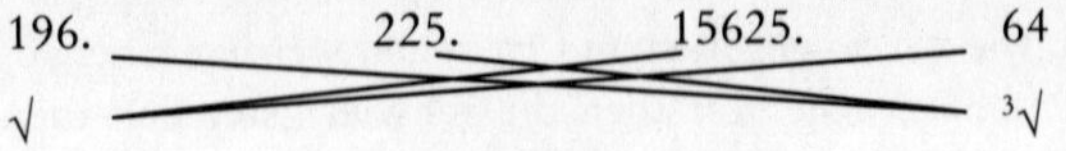

macht

$$\frac{\sqrt[6]{7529536}-\sqrt[6]{4096}}{10}$$

$$\frac{\sqrt[6]{244140625}-\sqrt[6]{11390625}}{10}$$

Die Multiplikation ergibt ebensoviel wie die Division der oberen Zahl durch die untere; in beiden Fällen wird man nämlich $1\frac{4}{5}$ finden. **[134r]**

VON DEN STUMMEN WURZELN VON BINOMEN UND RESTEN UND VON IHREM RECHENVERFAHREN.

Kapitel XII.

Ganz so, wie die Quadratwurzeln von Binomen und Resten aus den Binomen und Resten der ersten, zweiten und dritten Art hervorgehen, so gehen die stummen Wurzeln von Binomen und Resten aus den Binomen und Resten der vierten, fünften und sechsten Art hervor.

Stumme Wurzeln von Binomen der vierten Art nennt man größere, wie etwa $\sqrt{6+\sqrt{12}}$.

Stumme Wurzeln von Resten der vierten Art nennt man kleinere, wie etwa $\sqrt{6-\sqrt{12}}$.

Stumme Wurzeln von Binomen der fünften Art nennt man „quadriert Mediales und Rationales ergebend", wie etwa $\sqrt{\sqrt{6}+2}$.

Stumme Wurzeln von Resten der fünften Art nennt man solche, die Mediales mit Rationalem zusammenstellen, wie etwa $\sqrt{\sqrt{6}-2}$.

Stumme Wurzeln von Binomen der sechsten Art nennt man „quadriert zwei Mediale ergebend", wie etwa $\sqrt{\sqrt{60}+\sqrt{24}}$.

Stumme Wurzeln von Resten der sechsten Art nennt man solche, die Mediales mit Medialem zusammenstellen, wie etwa $\sqrt{\sqrt{60}-24}$.

Vom Auflösen stummer Wurzeln.

Das Rechenverfahren bei stummen Wurzeln umfasst besonders eine bestimmte Art von Operationen, die wir Auflösung nennen. Dieser steht eine andere Art von Operationen gegenüber, die man Zusammenstellung nennt. Auf die Auflösung beziehen sich Sätze 39, 40, 41 des zehnten Buches. Auf die Zusammensetzung hingegen beziehen sich die drei Sätze 33, 34, 35, wie wir an gegebenem Ort sehen werden. Ebenso beziehen sich auf jene Operationen jene Sätze, die von allen die schwierigsten scheinen, nämlich 27, 28, 29, ebenso 71, 72, 73 und 77, 78, 79.

Es sind aber unter jeder größeren Wurzel zwei andere Wurzeln verborgen, die der Regel 27 des zehnten [Buches] entsprechen, in die sich die größere Wurzel selbst auflöst. Jene wird aber nach eben derselben Regel aufgelöst, **[134v]** die ich oben im zehnten Kapitel über das Ziehen von Quadratwurzeln aus Binomen und quadratischen Resten aufstellte. Also muss man jene Regel in diesem Kapitel bei den einzelnen Beispielen des Auflösens stummer Wurzeln wiederholen. Z.B. liegen unter dieser größeren Wurzel $\sqrt{24+\sqrt{552}}$ die beiden folgenden Wurzeln verborgen: $\sqrt{\sqrt{12}+\sqrt{6}}$ und $\sqrt{\sqrt{12}-\sqrt{6}}$. Diese beiden Wurzeln, sage ich, sind in der Potenz inkommensurabel (wie der 27. Satz [in Buch 10] besagt) und umfassen eine mediale Fläche, deren Quadrate, in gleicher Weise genommen, etwas Rationales ergeben.

Diese Wurzeln aber wird man mit Hilfe der vorgenannten Regel so finden:

Zuerst nimm die Hälfte des Quadrates deiner Wurzel; dies ergibt $12+\sqrt{138}$.

Zweitens ziehe die Quadrate der Teile von einander ab und bewahre die Quadratwurzel des Restes auf. Z.B. bleibt, wenn man 138 von 144 abzieht, 6 übrig, deren Quadratwurzel ist $\sqrt{6}$, die ich aufbewahre.

Drittens addiere ich den größeren Teil der Hälfte, die zuerst angesetzt war, also 12, zu der aufbewahrten Wurzel, dies ergibt $12+\sqrt{6}$. Und davon die Quadratwurzel, nämlich $\sqrt{12+\sqrt{6}}$, ist die größere Wurzel, in die die gegebene Wurzel aufgelöst wird.

Viertens ziehe ich dieselbe Wurzel, die ich zuvor aufbewahrte (nämlich $\sqrt{6}$), vom früheren größeren Teil ab, den ich von der ersten angesetzten Hälfte abnahm (nämlich von 12), dies ergibt $12-\sqrt{6}$. Und die Quadratwurzel dieses Restes, nämlich $\sqrt{12-\sqrt{6}}$, ist die kleinere Wurzel, in die $\sqrt{24+\sqrt{552}}$ aufgelöst wird.

Wie aber jene beiden Wurzeln $\sqrt{12+\sqrt{6}}$ und $\sqrt{12-\sqrt{6}}$ (in die jene größere Wurzel $\sqrt{24+\sqrt{552}}$ aufgelöst wurde) dem Satz 27 des 10. [Buches Euklids] entsprechen, zeigt schön die im Folgenden vorgeführte Figur, sind doch die Lösungsteile quadriert inkommensurabel. Es ist nämlich $12+\sqrt{6}$ zu diesem $12-\sqrt{6}$ inkommensurabel, weil beides irrationale Zahlen verschiedener Arten sind, sodass sie quadriert inkommensurabel sein müssen. Dies wird auch aus der Division der einen Zahl durch die andere deutlich, bringt doch eine solche Division einen irrationalen Quotienten hervor. **[135r]**

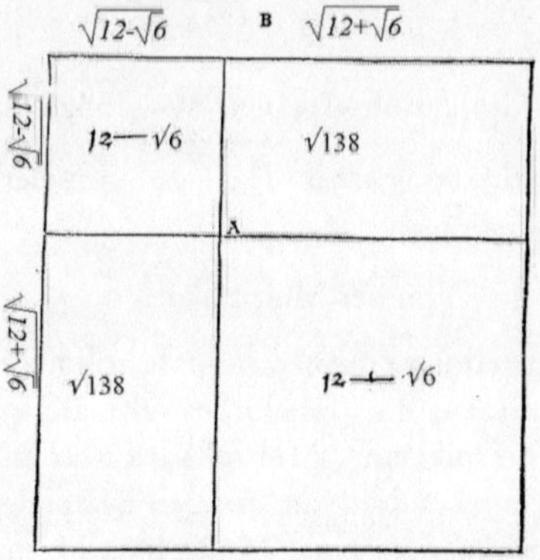

Zweitens enthalten jene beiden Teile der Auflösung eine mediale Fläche (wie sie jener Satz 27 fordert). Man sieht nämlich, dass die Fläche $\sqrt{138}$ unter AB (was $\sqrt{12-\sqrt{6}}$ macht) und unter BC (was $\sqrt{12+\sqrt{6}}$ macht) enthalten ist.

Drittens sieht man, dass die in gleicher Weise angenommenen (wie der Satz besagt), d.h. mit einander addierten Quadrate eine rationale Fläche bilden; nämlich $12-\sqrt{6}$, addiert zu $12+\sqrt{6}$ macht 24.

Von der Zusammensetzung aufgelöster Teile, d.h. von der Addition.

Wie aber jene so aufgelösten Teile wiederum zusammengesetzt oder zueinander addiert werden, und wie sie durch diese Zusammensetzung oder Addition **[135v]** die frühere Wurzel wiederherstellen, nämlich $24+552$, auch dies zeigt dieselbe Figur in schöner Weise. Addiere nämlich (um es möglichst kurz zu machen) die Teile des Quadrates zueinander, was $24+\sqrt{552}$ ergibt, und davon macht $\sqrt{24+\sqrt{552}}$ ebensoviel wie $\sqrt{12+\sqrt{6}}+\sqrt{12-\sqrt{6}}$.

Damit man aber die Sache genauer begreift: Multipliziere dieses Aggregat (gleichsam die Wurzel des angenommenen Quadrates) quadratisch mit sich selbst und setze vor das Produkt das Wurzelzeichen von Quadraten, also √, dann hast du wirklich jenes addiert, was du so mit sich selbst multipliziert hattest. Es besagt nämlich die Regel (deren Begründung man leicht aus der vorgeführten Figur verstehen und auch mit verschiedenen Beispielen bestätigen kann) Folgendes: Wenn man zwei beliebige Zahlen addiert und das aus ihrer Zusammensetzung erhaltene Aggregat quadratisch multipliziert, dann wird die Quadratwurzel des Produktes gleich dem vorherigen Aggregat sein. Besser aber kann man die Addition derartiger Zahlen nicht lehren als mittels der Multiplikation.

Wenn aber folgendes Beispiel zur Multiplikation ansteht

$$\sqrt{12+\sqrt{6}+\sqrt{12-\sqrt{6}}}$$
$$\sqrt{12+\sqrt{6}+\sqrt{12-\sqrt{6}}}$$
$$12+\sqrt{6}+12-\sqrt{6}$$
$$\sqrt{144-6}+\sqrt{144-6}$$

Diese Teile aber dieser Multiplikation ergeben $24+\sqrt{552}$, und davon ist $\sqrt{24+\sqrt{552}}$ das Aggregat der Addition dieser Wurzel $\sqrt{12+\sqrt{6}}$ mit der Wurzel $\sqrt{12-\sqrt{6}}$. Diese Ausführungen zur Addition genügen.

Von der Multiplikation.

Die Multiplikation benötigt jedoch eine etwas ausführlichere Erklärung für solche, die nicht genügend Übung besitzen, um das vorgestellte Beispiel zu verstehen. Ich will ihnen daher ein gegebenes Beispiel einer Multiplikation in ihren einzelnen Teilen erläutern, damit sie auf Grund von jenen über die übrigen Beispiele urteilen können.

Es ist aber bekannt, dass man zu einer Multiplikation ins Quadrat die zu multiplizierende Zahl zweimal hinschreibt, also:

$$\sqrt{12+\sqrt{6}}+\sqrt{12-\sqrt{6}}$$
$$\sqrt{12+\sqrt{6}}+\sqrt{12-\sqrt{6}}$$

Zuerst nun multipliziere ich $\sqrt{12+\sqrt{6}}$ mit sich selbst, also mit $\sqrt{12+\sqrt{6}}$, dies ergibt $12+\sqrt{6}$. Weil das Zeichen nur gestrichen wird, entsteht sogleich ein Quadrat. So multipliziere ich auch $\sqrt{12-\sqrt{6}}$ mit sich selbst, d.h. nach Streichung des Zeichens erziele ich das Produkt $\sqrt{12-\sqrt{6}}$. Diese beiden Quadrat-Produkte aber, nämlich $12+\sqrt{6}$ und $12-\sqrt{6}$, ergeben, wenn man sie zusammen addiert, dann 24, wie genügend aus dem Rechenverfahren mit diesen Zeichen + und – hervorgeht.

Sodann folgt die Multiplikation über Kreuz, nämlich es werden $\sqrt{12}$ und $\sqrt{6}$ mit $\sqrt{12-\sqrt{6}}$ multipliziert. Dies ist mit Sicherheit keine Quadrat-Multiplikation, sind doch die zu multiplizierenden Zahlen nicht gleich:

$$\sqrt{12+\sqrt{6}}$$
$$\sqrt{12-\sqrt{6}}$$

Übersieh einstweilen das erste Wurzelzeichen, das auf beide Teile seine Kraft erstreckt, und multipliziere die Quadrate miteinander anstelle der Wurzeln, also 12 mal 12 macht 144. Dann – $\sqrt{6}$ mal + $\sqrt{6}$ macht – 6. Wird 6 von 144 abgezogen, bleibt 138 übrig.

Also ergibt diese ganze Multiplikation $\sqrt{138}$.

Denn 12 mal + $\sqrt{6}$ ergibt jedenfalls + $\sqrt{864}$, während 12 mal – $\sqrt{6}$ dann – $\sqrt{864}$ ergibt. Und so hebt ein Glied das andere auf, weil die verschiedenen Vorzeichen die Art verändern usw. Also bleibt von der Multiplikation $\sqrt{12+\sqrt{6}}$ mal $\sqrt{12-\sqrt{6}}$ nur noch $\sqrt{144-6}$ übrig, dies ist $\sqrt{138}$. Man darf nämlich das Wurzelzeichen, das man anfangs übersehen hatte, nicht vergessen.

Dann wird wiederum multipliziert $\sqrt{12+\sqrt{6}}$ mit $\sqrt{12-\sqrt{6}}$ (damit die Multiplikation über Kreuz durchgeführt wird), dies ergibt wiederum $\sqrt{138}$. Also muss man $\sqrt{138}$ verdoppeln, und dies ergibt $\sqrt{552}$. Dies wird aus der Figur klar.

Aus der Erklärung dieses Beispiels, sage ich, wird man das Übrige leicht beurteilen. Ich will aber trotzdem noch ein anderes Beispiel für die Multiplikation aufstellen; es soll nämlich die Wurzel $\sqrt{12+\sqrt{6}}$ mit 6 multipliziert werden. Das Beispiel sieht so aus:

$$\sqrt{12+\sqrt{6}}$$
$$\sqrt{36} \quad \sqrt[4]{1296}$$
$$\sqrt{432+\sqrt{7776}}$$

Da nämlich das erste Wurzelzeichen das gemeinsame Zeichen für die Multiplikation beider Teile darstellt, ergibt sich, dass 12 gleichsam als medial quadratisch multipliziert wird und dass $\sqrt{6}$ gleichsam als medial in 4. Potenz multipliziert wird. **[136v]**

Diese Operation wird durch rationale Zahlen bewiesen.

$$\sqrt{13+\sqrt{144}}$$
$$\sqrt{36} \quad \sqrt[4]{1296}$$
$$\sqrt{468+\sqrt{186624}}$$

Hier wird 5 mit 6 multipliziert, das ergibt 30. Siehe also, ob die Summe der Multiplikation 30 ergibt. Wirklich macht $\sqrt{186624}$ dann 432, und 432 und 468 machen zusammen $\sqrt{900}$, also 30.

Weiteres Beispiel.

Ich will $\sqrt{12+\sqrt{6}}$ mit $\sqrt{12}+\sqrt{6}$ multiplizieren. Ich reduziere die multiplizierende Zahl so, dass sie in der Form einer stummen Wurzel dasteht, nämlich in ihrem eigenen Quadrat, also $\sqrt{18+\sqrt{288}}$. So wird sich das Beispiel zur Multiplikation so darstellen:

$$\sqrt{12+\sqrt{6}}$$
$$\sqrt{18}+\sqrt{288}$$
$$\sqrt{216+\sqrt{1728}+\sqrt{41472}+\sqrt{1944}}$$

Indem man nämlich das gemeinsame Vorzeichen weglässt, wird das Quadrat des einen Gliedes mit dem Quadrat des anderen multipliziert, und danach wird das gemeinsame Wurzelzeichen wieder zur erzielten Summe gesetzt.

Von der Division.

Nach dem, was oben in Kapitel neun von der Division gesagt wurde, und nach dem, was bereits über die Multiplikation ausgeführt wurde, kann man leicht über die Division des vorliegenden Rechenverfahrens urteilen. Es mag genügen, mit wenigen Beispielen daran zu erinnern.

Beispiel für Division.

Ich will $\sqrt{432+\sqrt{7776}}$ durch 6 dividieren. Das Beispiel stellt sich so dar:

$$\sqrt{432+\sqrt{7776}} \qquad \sqrt{12+\sqrt{6}}$$
$$\sqrt{36} \qquad \sqrt[4]{1296}$$

Ein weiteres schönes Beispiel.

Ich will $\sqrt{588+\sqrt{34848}}$ durch $\sqrt{12+\sqrt{8}}$ dividieren.

Zuerst multipliziere ich den Divisor mit $\sqrt{12-\sqrt{8}}$ (entsprechend der Regel, die ich in Kapitel 9 über die Division vortrug), dies ergibt $\sqrt{136}$ als neuen Divisor.

Zweitens multipliziere ich auch den Dividenden mit $\sqrt{12-\sqrt{8}}$ **[137r]**, dies ergibt die folgende neue zu dividierende Zahl $\sqrt{6528+\sqrt{332928}}$. Also teile ich $\sqrt{6528}$ durch $\sqrt{136}$, und $\sqrt{\sqrt{332928}}$ dividiere ich durch $\sqrt[4]{18496}$. Dann ergibt sich folgender Quotient: $\sqrt{48+\sqrt{18}}$. Es ist aber $\sqrt[4]{18496}$ dasselbe wie $\sqrt{136}$.

Ich mache die Probe auf folgende Weise:

Ich multipliziere jenen Quotienten $\sqrt{48+\sqrt{18}}$ mit dem Divisor $\sqrt{12+\sqrt{18}}$; dann ergibt sich jene stumme Wurzel $\sqrt{588+\sqrt{34848}}$, und jene wurde zuerst angenommen, um durch $\sqrt{12+\sqrt{18}}$ dividiert zu werden.

Von der Subtraktion und der sonstigen Aufgabe dieses Kapitels.

Vielleicht wundert sich jemand, warum ich entgegen der Gewohnheit aller Verfasser von Rechenverfahren Multiplikation und Division zwischen Addition und Subtraktion gestellt habe. Der Grund für dieses Verfahren liegt aber darin, dass man die Addition nicht ohne die Multiplikation lehren kann. Weil sich also Addition und Multiplikation trafen und weil jene beide Arten von Operationen zu jener Figur passten, mit Hilfe deren ich den 27. Satz des zehnten [Buches] erläuterte, und weil die Sache schon so weit gediehen war, dass es für die Division nur ein paar Beispiele brauchte (die, wenn man sie an eine andere Stelle vorgezogen hätte, die Wiederholung vieler Regeln erfordert hätte), wollte ich sie an die Multiplikation anschließen (und dabei die Subtraktion vorerst übergehen). Daher habe ich der Kürze wegen und um jenes Rechenverfahren völlig und ganz an einem Ort vorzuführen, diese Anordnung eingehalten.

Bei Subtraktion aber und Addition jener stummen Wurzeln, die gegenseitig kommensurabel sind (also solchen, die zueinander eine rationale Proportion haben), muss man die Regel anwenden, die ich in Kapitel 6 bezüglich der Addition und Subtraktion von Medialen gab. Zieht man also $\sqrt{\sqrt{6}-\sqrt{2}}$ von $\sqrt{\sqrt{486}-\sqrt{162}}$ ab, bleibt $\sqrt{\sqrt{96}-\sqrt{32}}$ übrig. Da sie nämlich in dreifacher Proportion stehen, zeigen sie sich so zur Dreisatz-Regel:

1. 2. $\sqrt{\sqrt{6}-\sqrt{2}}$ macht $\sqrt{\sqrt{96}-\sqrt{32}}$.

Oder ich stelle so und mache die Probe:

3. 2. $\sqrt{\sqrt{486}-\sqrt{162}}$ macht $\sqrt{\sqrt{96}-\sqrt{32}}$.

[137v] Oder ich mache die Probe mit Hilfe der Addition in folgender Weise:

1. 3. $\sqrt{\sqrt{6}-\sqrt{2}}$ macht $\sqrt{\sqrt{486}-\sqrt{162}}$.

Ebenso:

2. 3. $\sqrt{\sqrt{96}-\sqrt{32}}$ macht $\sqrt{\sqrt{486}-\sqrt{162}}$.

Und so auch sonst.

Bezüglich aber der Subtraktion stummer Wurzeln, wie sie zum Satz 71 des zehnten Buches Euklids gehört (ebenso zum Satz 77), verwende die Multiplikation nach folgender Regel:

Wenn man irgendeine Zahl von einer anderen abgezogen hat und den Rest quadratisch multipliziert, wird die Quadratwurzel des Produktes dem vorigen Rest gleich sein.

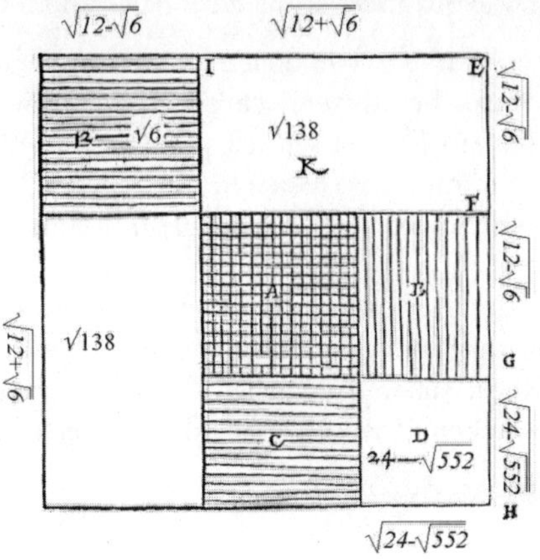

[**138r**] Wenn man diese stumme Wurzel $\sqrt{12-\sqrt{6}}$ von dieser Wurzel $\sqrt{12+\sqrt{6}}$ abziehen soll (sie sind nämlich quadriert inkommensurabel und zusammenhängend medial, und ihre Quadrate ergeben, in gleicher Weise genommen, etwas Rationales, wie der Satz 71 fordert), dann ziehe diese zuerst ab, indem du das Zeichen der Subtrahierten einsetzt, und zwar so:

$$\sqrt{12-\sqrt{6}} - \sqrt{12+\sqrt{6}}$$

Und dann multipliziere diesen ganzen Rest quadratisch, nämlich so:

$$\sqrt{12+\sqrt{6}} - \sqrt{12-\sqrt{6}}$$
$$\sqrt{12+\sqrt{6}} - \sqrt{12-\sqrt{6}}$$
$$12+\sqrt{6}+12-\sqrt{6}-\sqrt{138}-\sqrt{138}\,.$$

Wenn man diese Teile addiert oder auf eine Zahl zurückführt, ergeben sie $24-\sqrt{552}$. So groß ist offenbar die Fläche D, deren Quadratwurzel $24-\sqrt{552}$ ist. Und man nennt die Wurzel dieser Fläche „kleinere Strecke“ (Linea minor), wie der Satz 71 besagt. Es heißt da: Wenn man eine Strecke von einer Strecke abzieht (wenn man also EF, also $\sqrt{12-\sqrt{6}}$, von FH abzieht, nämlich von $\sqrt{12+\sqrt{6}}$) und sie quadriert inkommensurabel sind (wenn EF die „kleinere Strecke“ ist und FH die „größere Strecke“ und diese Strecken dadurch verschiedenen Arten angehören, dann müssen sie inkommensurabel sein, nicht nur in der Länge, sondern auch im Quadrat) und etwas Mediales enthalten (wie man auf der Figur sieht, dass die Fläche K unter EF und EI einbegriffen ist, welche eine mediale Fläche ist), und wenn ihre Quadrate, beide in gleicher Weise genommen, etwas Rationales ergeben (wie das Quadrat der Strecke EF, nämlich $\sqrt{12-\sqrt{6}}$, und das Quadrat der Strecke FH, nämlich die Fläche ABCD, die $\sqrt{12+\sqrt{6}}$ macht, gleich genommen 24 ergeben), dann wird die übrig gebliebene Strecke irrational sein und „kleinere Strecke“ genannt, ganz wie die Strecke GH, die $\sqrt{24-\sqrt{552}}$ beträgt. Darüber werde ich jedoch mehr in den Sätzen sagen.

Von Wurzeln, die quadriert etwas Rationales und Mediales ergeben

Zwischen jenen stummen Wurzeln, von denen ich bereits sprach, und jenen, von denen ich nun noch sprechen muss, besteht ein schöner Unterschied. Jene Wurzeln nämlich, von denen ich oben in diesem Kapitel schrieb (nämlich die Wurzeln, die von Binomen und Resten der vierten Art kommen), haben keine weiteren Unterarten. Diese Wurzeln jedoch, von denen ich nun handeln will, haben alle ihre Unterarten, wie ich in den Sätzen darlegen werde. [**138v**]

Ich muss aber von der Auflösung der Wurzeln sprechen, die quadriert Mediales und Rationales ergeben, mag auch die Art derartiger Auflösungen nicht von der im Kapitel 10 gegebenen Regel (über das Ziehen der Quadratwurzeln aus Binomen und quadrierten Resten) abweichen. Z.B. soll folgende Wurzel aufgelöst werden, die Rationales und Mediales quadriert: $\sqrt{\sqrt{208}+8}$.

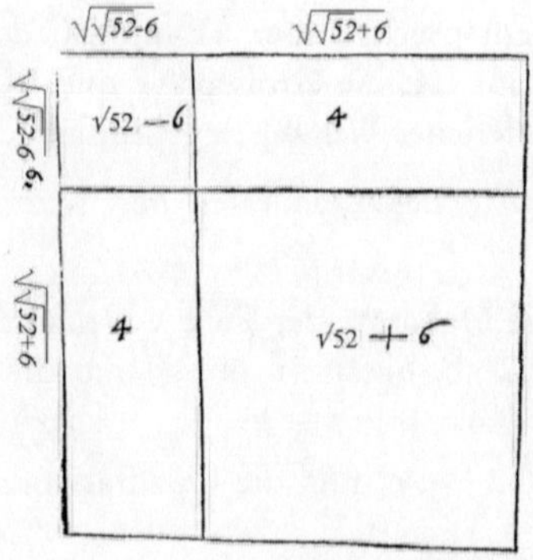

1. Die Hälfte des Quadrates der aufzulösenden Wurzel macht $\sqrt{52}+4$.

2. Wenn man die Quadrate der Teile voneinander abzieht, bleibt 36 über, denn 52 – 16 ergibt 36. Die Wurzel davon (nämlich 6) bewahre ich auf.

3. Ich addiere $\sqrt{52}$ zu 6 (nämlich zur aufbewahrten Wurzel), und dies ergibt $\sqrt{52}+6$. Und davon die Quadratwurzel, nämlich $\sqrt{\sqrt{52}+6}$, ist der größere Teil der Auflösung. **[139r]**

4. Ich ziehe die aufbewahrte Wurzel von $\sqrt{52}$ ab, was $\sqrt{52}-6$ macht. Davon die Quadratwurzel, nämlich $\sqrt{\sqrt{52}-6}$, ist der kleinere Teil der Auflösung.

Diese Teile der Auflösung entsprechen aber dem euklidischen Lehrsatz 28, wie man an der Figur erkennt. Sie sind nämlich quadriert inkommensurabel, weil sie von verschiedener Art sind; und sie enthalten eine rationale Fläche, weil sie, miteinander multipliziert, 4 ergeben. Und wenn man ihre beiden Quadrate in gleicher Weise nimmt, sind sie medial, denn $\sqrt{52}+6$ addiert zu $\sqrt{52}-6$ ergeben $\sqrt{52}$.

Wenn man aber diese Teile zusammensetzt, stellen sie die frühere Wurzel wieder her, nämlich $\sqrt{208}+8$.

Multipliziert man sie nämlich mit einander, stellen sie sich so dar:

$$\sqrt{\sqrt{52}+6}+\sqrt{\sqrt{52}-6}$$
$$\sqrt{\sqrt{52}+6}+\sqrt{\sqrt{52}-6}$$
$$\sqrt{52}+6+\sqrt{52}-6+4+4\,.$$

Wenn man diese multiplizierten Zahlen zueinander addiert, ergeben sie $\sqrt{208}+8$, wovor man das Zeichen √ setzen muss.

Von Wurzeln, die Mediales mit Rationalem zusammensetzen.

Wurzeln, die Mediales mit Rationalem zusammensetzen, entstehen (nach Euklids Lehrsatz 72) aus der Subtraktion von Teilen, wie sie Lehrsatz 28 beschreibt. Es soll also $\sqrt{\sqrt{208}-8}$ ein Mediales mit einem Rationalen zusammensetzen. Jene Wurzel entsteht aus der Subtraktion von $\sqrt{\sqrt{52}-6}$ von $\sqrt{\sqrt{52}+6}$; wenn man nämlich AB von BC abzieht, bleibt BD übrig. Es entsprechen aber AB und BC dem Satz 28, ebenso 72. Und nach dem Satz 78 muss man aus DC die Größen AB und BC herausfinden können. Du wirst sie aber aus DC mit Hilfe jener Wurzel-Regel finden, die ich schon häufig wiederholte, nämlich dass die Hälfte des Quadrates der Wurzel $\sqrt{\sqrt{208}-8}$ die Wurzel $\sqrt{52}-4$ ergibt.

Zweitens. Wenn man die Quadrate der Teile voneinander abzieht, bleibt 36 übrig; zieht man nämlich 16 von 52 ab, bleibt 36 übrig, und die Wurzel davon, nämlich 6, bewahre ich auf.

Drittens. Ich addiere $\sqrt{52}$ zu 6, und die Quadratwurzel dieses Aggregates ergibt mir BC. [139v]

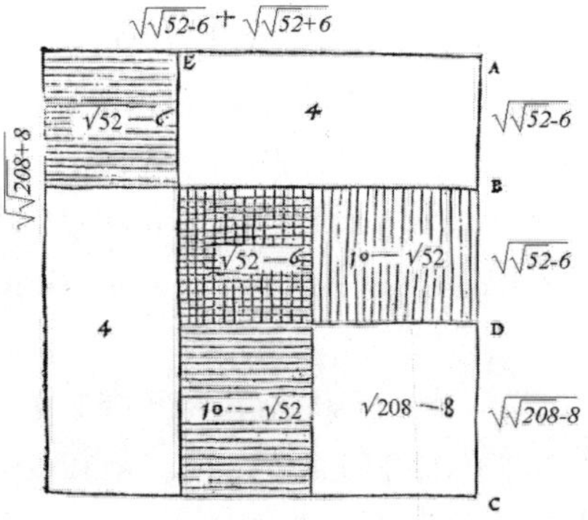

Viertens. Ich ziehe 6 von $\sqrt{52}$ ab, und der Rest von dieser Subtraktion ergibt mir AB.

Ich mache die Probe mit Subtraktion auf folgende Weise:

$$\sqrt{\sqrt{52}+6}-\sqrt{\sqrt{52}-6}$$
$$\sqrt{\sqrt{52}+6}-\sqrt{\sqrt{52}-6}$$
$$\sqrt{52}+6+\sqrt{52}-6-4-4.$$

Wenn man diese miteinander multipliziert und die Ergebnisse addiert, ergibt sich $\sqrt{208}$-8 , und davon die Wurzel ist $\sqrt{\sqrt{208}-8}$. – [140r]

Von Wurzeln, die quadriert zwei Mediale ergeben

Bei der Auflösung von Wurzeln, die von Binomen der sechsten Art kommen (man nennt sie quadriert zwei Medialen ergebend), muss man den Lehrsatz 29 im zehnten Buch Euklids beachten. Diesem Satz nämlich müssen die Teile der Auflösung entsprechen. So soll folgende Wurzel aufgelöst werden, die quadriert zwei Mediale ergibt: $\sqrt{\sqrt{128}+\sqrt{92}}$. Die Teile jener Auflösung werden folgende sein: $\sqrt{\sqrt{32}+3}$ und $\sqrt{\sqrt{32}-3}$.

Es sind aber diese Teile entsprechen dem Lehrsatz 29 zuerst quadriert inkommensurabel, weil sie irrational sind und von verschiedener Art.

Zweitens enthalten sie die mediale Fläche $\sqrt{32}$, wie man in der folgenden Figur sieht:

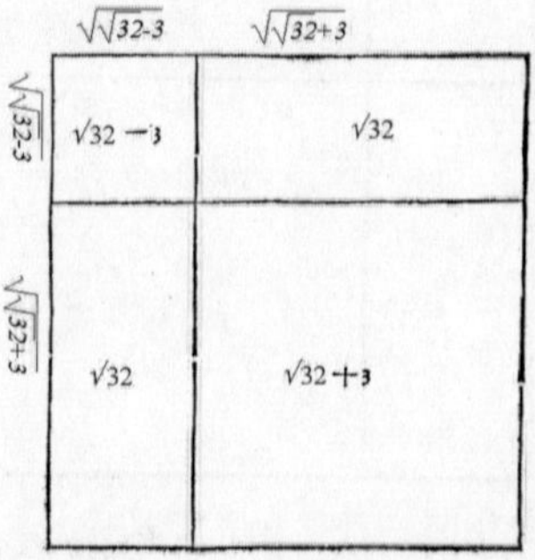

[140v] Drittens. Die Quadrate dieser Teile, ergeben zueinander addiert die Mediale $\sqrt{128}$. Und es sind diese beiden Medialen inkommensurabel, wie es sein muss; ebenfalls müssen $\sqrt{92}$ (nämlich das Doppelte von $\sqrt{32}$) und $\sqrt{128}$ untereinander inkommensurable Mediale sein. Es sagt ja der Lehrsatz 29: Man soll zwei Strecken finden, die quadriert inkommensurabel sind und eine mediale Fläche enthalten; ihre Quadrate, in gleicher Weise genommen, sollen das inkommensurable doppelte Mediale der Fläche, einer Strecke mal einer anderen, bilden.

Die Art der Auflösung aber weicht nicht von der schon öfters wiederholten Regel ab, nämlich:

Die Hälfte des Quadrates der Wurzel selbst, die ich als Beispiel hinstellte, macht $\sqrt{32}+\sqrt{23}$.

Ebenfalls bleibt nach Subtraktion der Quadrate der Teile voneinander 9 übrig, wovon die Wurzel 3 ist.

Dann addiere ich 3 zu $\sqrt{32}$, dies macht $\sqrt{32}+3$. Die Wurzel davon ergibt $\sqrt{\sqrt{32}+3}$, und dies ist der größere Teil der Auflösung.

Schließlich ziehe ich 3 von $\sqrt{32}$ ab, es bleibt $\sqrt{32}-3$ übrig, wovon die Wurzel $\sqrt{\sqrt{32}-3}$ ist, und dies ist der kleinere Teil der Auflösung.

Ich mache die Probe mit Addition auf folgende Weise:

$$\sqrt{\sqrt{32}+3} + \sqrt{\sqrt{32}-3}$$
$$\sqrt{\sqrt{32}+3} + \sqrt{\sqrt{32}-3}$$
$$\sqrt{32} + 3 + \sqrt{32} - 3 + \sqrt{23} + \sqrt{23}$$

Diese Teile ergeben, wenn man sie zueinander addiert, $\sqrt{128} + \sqrt{92}$, davon die Quadratwurzel $\sqrt{\sqrt{128}+\sqrt{92}}$ macht.

Weiteres Beispiel für Auflösung

Im folgenden Beispiel ist die aufgelöste Wurzel, die quadriert zwei Mediale ergibt, $\sqrt{\sqrt{92}+\sqrt{40}}$. [141r]

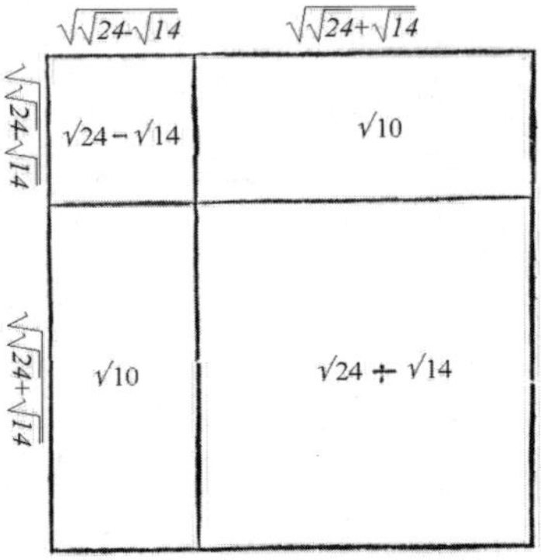

Es folgt ein weiteres Beispiel

In diesem Beispiel sieht man die folgende Wurzel, die quadriert ein Mediales und ein Rationales ergibt, nämlich $\sqrt{\sqrt{56}+6}$, in eine Wurzel aufgelöst, die quadriert zwei Mediale ergibt und Mediales mit Medialem verbindet. **[141v]**

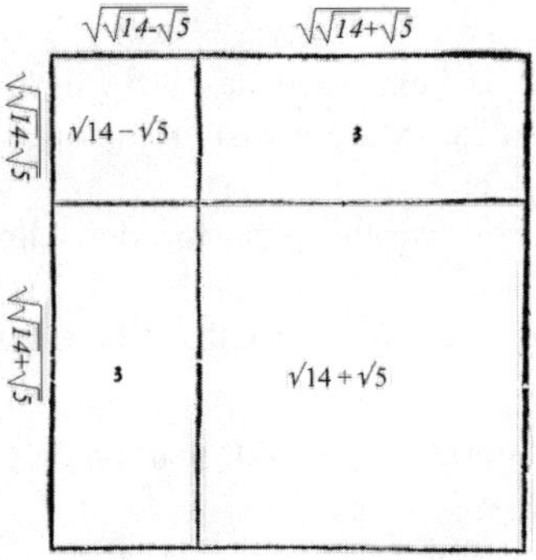

Über Wurzeln, die eine Mediale mit einer Medialen verbinden

Endlich kommt die letzte Art stummer Wurzeln heran (unter denen, die Euklid behandelt) und muss der Ordnung nach besprochen werden. Man nennt sie die Art von Wurzeln, die Mediales mit Medialem verbinden.

Der Grund für diese Benennung wird genügend klar aus dem Vorhergegangenen; es ist die letzte Art irrationaler Strecken bei Euklid. Es entstehen aber Strecken jener Art aus der Subtraktion einer stummen Wurzel von einer stummen Wurzel, und darauf passt jenes, was der Lehrsatz 29 und der Lehrsatz 73 enthalten, nämlich dass sie quadriert inkommensurabel sind, dass sie eine mediale Fläche beinhalten und dass ihre Quadrate zueinander addiert eine mediale Fläche bilden, **[142r]** die zu der inkommensurabel ist, die die Wurzeln selbst einschließen, wie unsere Figur jenes alles deutlich vorführt.

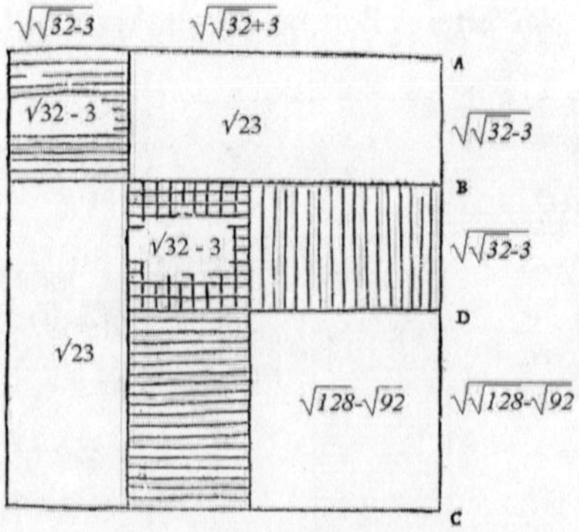

Als Beispiel aber ist der Figur bezüglich der Wurzel, die das Mediale mit dem Medialen zusammensetzt, $\sqrt{\sqrt{128}-\sqrt{92}}$ eingeschrieben. Diese entsteht, wenn $\sqrt{\sqrt{32}-3}$ von $\sqrt{\sqrt{32}+3}$ abgezogen wird, wie man im Bild sieht, dass AB von BC abgezogen wird und nach dieser Subtraktion DC übrig bleibt.

Zu finden aber sind (nach dem Lehrsatz 79) die Strecken AB und BC durch die Strecke DC. Die Regel dazu ist diese, die man sehr häufig in den Beispielen dieses Kapitels wiederholt sieht, wie auch im Kapitel zehn. **[142v]**

1. Die Hälfte des Quadrates der Wurzel, das als Beispiel hingestellt ist, ist $\sqrt{32}-\sqrt{23}$.

2. Wenn man die Quadrate der Teile voneinander abzieht, bleibt 9 übrig, wovon die Wurzel 3 ist.

3. Ich addiere 3 zu $\sqrt{32}$, dies ergibt $\sqrt{32}+3$, wovon die Wurzel $\sqrt{\sqrt{32}+3}$ ist, und dies ist BC.

4. Ich ziehe 3 von $\sqrt{32}$ ab, was $\sqrt{32}-3$ ergibt, wovon die Wurzel $\sqrt{\sqrt{32}-3}$ ist, und dies ist AB.

Die Probe erfolgt durch Subtraktion in folgender Weise:

$$\sqrt{\sqrt{32}+3}-\sqrt{\sqrt{32}-3}$$
$$\sqrt{\sqrt{32}+3}-\sqrt{\sqrt{32}-3}$$
$$\sqrt{32}+3+\sqrt{32}-3-\sqrt{23}-\sqrt{23}$$

Weiteres Beispiel dieser Art.

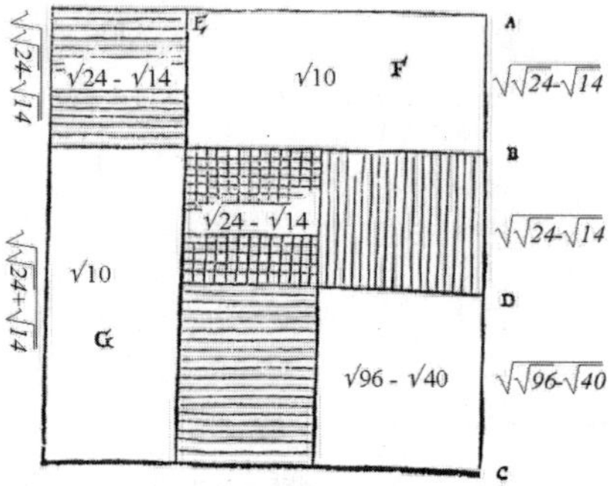

[143r] Im vorhergehenden Beispiel wird diese Wurzel $\sqrt{\sqrt{24}-\sqrt{14}}$, die ein Mediales mit einem Medialen zusammenstellt, von der Wurzel $\sqrt{\sqrt{24}+\sqrt{14}}$, die quadriert zwei Mediale ergibt, abgezogen, und es bleibt folgende Wurzel übrig, die ein Mediales mit einem Medialen zusammensetzt: $\sqrt{\sqrt{96}-\sqrt{40}}$.

Es folgt ein Beispiel, in dem eine Wurzel, die ein Mediales mit einem Medialen zusammenstellt, von einer Wurzel abgezogen wird, die quadriert zwei Mediale ergibt, wobei eine Wurzel übrig bleibt, die ein Mediales mit einem Rationalen zusammenstellt.

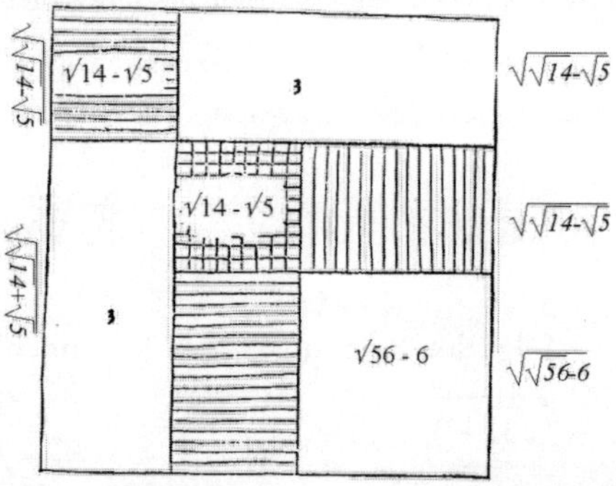

Darüber wird man in den Lehrsätzen Ausführlicheres sehen. **[143v]**

ÜBER LEHRSÄTZE EUKLIDS, IN DENEN ER ANSCHEINEND SELBST IRRATIONALE ZAHLEN IN ABSTRAKTER BETRACHTUNG BEHANDELT HAT.

Kapitel XIII.

Die Anordnung der Lehrsätze bei Euklid, wie er selbst diese gab, kann, wie ich meine, kaum mehr jemand befriedigend herstellen; sogar die griechischen Fassungen schwanken. Mag ich auch selbst die griechische Sprache nicht kennen, so habe ich diesen Sachverhalt doch von höchst ehrsamen und vorzüglich gelehrten Männern erfahren, dem Magister Dionys Roner aus Esslingen und dem Magister Johann Heinrich Mayer aus Bern und von dem Herrn Adolph von Glauburg aus Frankfurt, die mich auf Grund ihrer Kenntnisse schön unterstützten. Während sie nämlich die griechischen Worte der Lehrsätze des zehnten Buches verstanden und ich meinerseits die Sache selbst, ergab es sich, dass wir uns bei angenehmster Unterhaltung und im Austausch gegenseitig unterstützten. So haben sie mir das ganze zehnte Buch Euklids erläutert und legten mir mit trefflichen Gründen dar, dass die Beweise der Lehrsätze im griechischen Codex nicht von Euklid stammen, sondern von Theon. Dasselbe habe auch ich durch die Behandlung der Lehrsätze selbst vielfach als wahr erfunden, wie ich nun ausführlich darlegen will.

Vom ersten Lehrsatz.

Recht und schön begann Euklid mit einem Verfahren, durch das er anzeigen wollte, dass es ein Kleinstes in einer irrationalen Zahl nicht geben kann. Er beginnt nämlich auch in seinem siebten Buch bei Behandlung der rationalen Zahlen mit dem Kleinsten, was es in einer rationalen Zahl gibt, nämlich mit der Eins, indem er sagt: Einheit ist dies, wonach jedes Ding eines genannt wird, usw. Ebenso beginnt er an unserer Stelle [im zehnten Buch] vom Kleinsten zu lehren, was es in einer irrationalen Größe oder Zahl gibt. Dass er aber mit der Bezeichnung „Größen" die irrationalen Zahlen bezeichnen wollte, habe ich oben gezeigt und will es auch im Folgenden tun, **[144r]** ohne dass mich Theons Beweise daran hindern können, der das, was Euklid von den irrationalen Zahlen lehrte, auf zusammenhängende Größen übertrug.

Euklid aber lehrt so:

Nimmt man bei Vorliegen zweier ungleicher Größen von der größeren ein Stück größer als die Hälfte des größeren weg und vom Rest wiederum ein Stück größer als die Hälfte dieses Restes und wiederholt dies immer, dann muss einmal eine Größe übrig bleiben, die kleiner als die angenommene Ausgangsgröße ist.

Hierzu äußere ich mich so: Also ist, bei gegebener beliebiger Größe, so klein sie auch sein mag, eine andere Größe angebbar, die kleiner ist als diese, sodass es unmöglich ist, eine anzugeben, ohne dass nicht eine noch kleinere angegeben werden kann. Was also andere von der stetigen Größe sagen, nämlich dass sie in immer wieder teilbare Stücke geteilt werden kann, dies will Euklid besonders für die irrationalen Zahlen verstanden wissen, wie wir deutlicher bei Lehrsatz zwei erkennen werden. Wir wollen auch beachten, dass er in diesem ersten Lehrsatz eher von Teilen spricht, die größer als die Hälfte sind, als von den Hälften selbst, wobei freilich aus den Hälften nach seinem

Lehrsatz dasselbe folgt. Ganz deutlich jedenfalls zeigt Euklid, dass er hier nicht von Strecken spricht oder von Flächen, sondern speziell von irrationalen Zahlen. Von irrationalen Zahlen kann man nämlich nicht immer die Hälfte erhalten, auch nicht von deren Teilen usw., weil das Verfahren der Theorie bei solchen Abstrakta ebenso wenig Brüche zulässt wie bei abstrakten rationalen Zahlen. Von Strecken jedoch und ihren Teilen kann man immer eine Hälfte erhalten, wie Lehrsatz 10 des ersten Buches Euklids darlegt.

So wollte also Euklid den Leser sogleich zu Beginn vor der Ansicht warnen, dass er von Strecken und Flächen rede usw., wenn er von irrationalen Zahlen rede. Er sah nämlich sehr genau, wie schicklich es sei, wenn er mit einigen Lehrsätzen die abstrakten Zahlen ausstatte, die er in seinem so großen Buch zusammengefasst auszeichnen wollte.
[144v]

Vom zweiten Lehrsatz ‹Euklids›

Auf den ersten Lehrsatz folgt passend der zweite, und zwar weil dieser folgende Satz den ersten vorzüglich bestätigt, und zwar in einer ausgezeichneten Handreichung mit Hilfe einer Rechnung, die im gegebenen Fall durch fortlaufende Division oder Subtraktion eines Teiles vom anderen ins Unendliche führt. Da aber eine stetige Größe eine wirkliche Division über die Atome hinaus nicht zulässt, geht auch aus diesem zweiten Lehrsatz deutlich hervor, dass Euklid in diesen ersten Lehrsätzen besonders von den abstrakten irrationalen Zahlen sprechen wollte.

Er lehrt aber so:

Wenn man zwei ungleiche Größen hat (eine gleiche würde nämlich die gleiche bald aufheben) und man immer die eine von der übrigen und den Rest der einen vom Rest der anderen abzieht und wenn in einer solchen Subtraktion niemals ein Rest vorkommt, der den vorangegangenen Rest misst, dann werden jene Größen inkommensurabel sein.

Aus dem sechsten Lehrsatz werden wir ersehen, dass Euklid in diesem zweiten Lehrsatz ganz besonders auf die unendliche Fortsetzung der Subtraktionen hinweisen wollte, die man im Beispiel passend vorführt. Nehmen wir an, es seien die beiden Größen $\sqrt{6}$ rund $\sqrt{8}$ gegeben.

Ich ziehe zuerst $\sqrt{6}$ von $\sqrt{8}$ ab, und es bleibt $\sqrt{8}-\sqrt{6}$ übrig. Man sieht also, dass $\sqrt{8}$ in $\sqrt{6}$ und $\sqrt{8}$ -$\sqrt{6}$ geteilt ist.

Zweitens ziehe ich $\sqrt{8}-\sqrt{6}$ von $\sqrt{6}$ ab, und übrig bleibt $\sqrt{24}-\sqrt{8}$.

Drittens ziehe ich $\sqrt{8}-\sqrt{6}$ von $\sqrt{24}-\sqrt{8}$ ab, und es bleibt $\sqrt{54}-\sqrt{32}$ übrig.

Viertens ziehe ich wiederum $\sqrt{8}-\sqrt{6}$ von $\sqrt{54}-\sqrt{32}$ ab, es bleibt $\sqrt{96}-\sqrt{72}$ übrig.

Fünftens ziehe ich $\sqrt{8}-\sqrt{6}$ von $\sqrt{96}-\sqrt{72}$ ab, und übrig bleibt $\sqrt{150}-\sqrt{128}$.

Sechstens ziehe ich $\sqrt{8}-\sqrt{6}$ von $\sqrt{150}-\sqrt{128}$ ab, und übrig bleibt $\sqrt{216}-\sqrt{200}$.

Siebtens ziehe ich $\sqrt{8}-\sqrt{6}$ von $\sqrt{216}-\sqrt{200}$ ab, und übrig bleibt $\sqrt{294}-\sqrt{288}$.
[145r]

Achtens ziehe ich $\sqrt{294}-\sqrt{288}$ von $\sqrt{8}-\sqrt{6}$ ab, und übrig bleibt $\sqrt{392}-\sqrt{384}$.

Neuntens ziehe ich $\sqrt{294}-\sqrt{288}$ von $\sqrt{392}-\sqrt{384}$ ab, und übrig bleibt $\sqrt{1352}-\sqrt{1350}$.

Und so geht es weiter ins Unendliche.

Man erhält nämlich stets mit Ausnahme der Zahl, von der abgezogen wurde, zwei Zahlen als Rest, wobei dann die kleinere von der größeren abgezogen wird.

In der vorgenannten Fortsetzung sahen wir, dass $\sqrt{8}-\sqrt{6}$ sechsmal in $\sqrt{6}$ enthalten ist, und daher wurde $\sqrt{8}-\sqrt{6}$ sechsmal fortlaufend abgezogen. Hätte ich aber versucht, die Subtraktion zum siebten Mal durchzuführen, dann hätte ich eben dies von $\sqrt{294}-\sqrt{288}$ abgezogen, und es wäre $\sqrt[4]{384}-\sqrt{392}$ herausgekommen. Weil aber der Teil, der beim Subtraktionszeichen steht, größer ist als der restliche Teil, ist dies ein sicheres Anzeichen dafür, dass man $\sqrt{8}-\sqrt{6}$ nicht von $\sqrt{294}-\sqrt{288}$ abziehen konnte. Es wird dies auch durch die Division $\sqrt{6}$ durch $\sqrt{8}-\sqrt{6}$ offenbar. Der Quotient dieser Division macht nämlich $\sqrt{12}+3$, und dieser ergibt, aufgelöst in eine ganze rationale Zahl, 6, usw.

Vom dritten Lehrsatz ‹Euklids›

Siehe nun, wie der dritte Lehrsatz auf den zweiten folgt, wobei jedoch das Gegenstück zum zweiten die Vermittlung bildet, was so lautet: Wenn man zwei ungleiche Größen hat und man immer die eine Größe von der anderen abzieht und wiederum den Rest der einen Größe vom Rest der anderen, und wenn bei solcher Subtraktion ein Rest begegnet, der den vorhergehenden Rest misst, dann werden jene Größen kommensurabel sein. Darauf folgt daher der dritte Lehrsatz, der so lautet:

Man soll zu zwei gegebenen ungleichen kommensurablen Größen die größte diese messende Größe finden.

Gehe entsprechend dem Gegensatz zum zweiten Lehrsatz vor, dann wirst du die größte Größe finden, die die gegebenen Größen misst. Es wird aber die größte Größe von ihnen jener Rest sein, der bei einer Subtraktion seiner selbst nichts übrig lässt.

Beispiel

Wenn die beiden Größen $\sqrt{15552}$ und $\sqrt{43200}$ gegeben sind, ziehe ich $\sqrt{15552}$ von $\sqrt{43200}$ ab, dann bleibt $\sqrt{6962}$ übrig. Ich ziehe zweitens $\sqrt{6912}$ von $\sqrt{15552}$ ab, dann bleibt $\sqrt{1728}$ übrig. **[145v]** Ich ziehe drittens $\sqrt{1728}$ von $\sqrt{6912}$ ab, dann bleibt $\sqrt{1728}$ übrig. Ich ziehe viertens $\sqrt{1728}$ von $\sqrt{1728}$ ab, dann bleibt kein Rest übrig. Daher ist $\sqrt{1728}$ das höchste gemeinsame Maß der gegebenen Größen.

Vierter Lehrsatz ‹Euklids›

Von drei gegebenen kommensurablen Größen soll man die größte diese gemeinsam messende Größe finden.

Wir wollen diesen Lehrsatz mit Folgendem fortführen: Da es nämlich notwendig ist, dass zwischen kommensurablen Größen rationale Proportionen vorliegen (die sich wie Zahlen zu einer Zahl verhalten, wie die unmittelbar folgenden Lehrsätze besagen), suche diese durch Division, wie du aus dem bisher Gesagten weißt. Sobald du aber die rationalen Glieder dieser Proportionen angesehen hast, wirst du sehen, was zu tun ist.

Beispiel.

Bei gegebenen drei Größen $\sqrt{15552}$, $\sqrt{27648}$ und $\sqrt{43200}$ sehe ich, dass die Glieder ihrer Proportionen rational sind, nämlich 3, 4, 5; auch sehe ich bald, dass die Eins das größte Maß ist, das die einzelnen Größen misst. Es ist aber die Eins der dritte Teil der ersten Größe und der vierte Teil der zweiten und der fünfte Teil der dritten Größe. So wird der dritte Teil der kleinsten der gegebenen drei Größen die größte Quantität sein, die jede einzelne der drei gegebenen Größen misst. Und diese wird auch der vierte Teil der zweiten Größe sein und der fünfte Teil der dritten Größe. Ob man also $\sqrt{15552}$ durch 3 (oder durch $\sqrt{9}$) dividiert oder $\sqrt{27648}$ durch 4 (oder durch $\sqrt{16}$) teilt oder $\sqrt{43200}$ durch 5 teilt, immer wird ihr größtes Maß herauskommen.

So ist nun die größte Größe, die zwei, drei oder noch mehr Größen teilt, sozusagen eine eingeführte Einheit, die die kommensurablen irrationalen Zahlen genau auf die Zählung zurückführt. Schon aus diesem Grunde stand es Euklid wohl an, dass er die irrationalen Zahlen in abstrakter Betrachtung nicht überging.

Zur Zählung gehört aber ein Zähler, der den Quotienten zu einem macht, der nach der Methode der Theorie geprüft wurde, nämlich eine Zahl, die rational und zugleich eine ganze Zahl ist. Die Methode der Theorie aber bestätigt (zum Beispiel) nicht **[146r]** einen Quotienten, der aus der Division von $\sqrt{96}$ durch $\sqrt{8}$ hervorgeht, bestätigt auch nicht einen Quotienten, der aus der Division von $\sqrt{18}$ durch $\sqrt{8}$ hervorgeht. Doch genügt zur gemeinsamen Messung ein rationaler Quotient, sei er nun eine ganze Zahl oder ein Bruch.

Von Euklids fünftem Lehrsatz und von dessen Entgegensetzung

Weiter oben wurde mehrfach der fünfte Lehrsatz erwähnt, der ganz offen bestreitet, dass irrationale Zahlen wirklich Zahlen sind.

Der Satz lautet aber:

Jegliche zwei kommensurablen Größen haben zueinander ein Verhältnis wie eine Zahl zu einer Zahl.

Zum Beispiel verhalten sich $\sqrt{180}$ und $\sqrt{80}$ zueinander wie 3 zu 2. Also bestehen manche Proportionen aus dem Verhältnis einer Zahl zu einer Zahl, wie 3 zu 2; manche Proportionen bestehen aus einem Verhältnis von gleichsam einer Zahl zu einer Zahl, wie $\sqrt{180}$ zu $\sqrt{80}$; manche Proportionen aber bestehen aus einem Verhältnis einer Zahl zu einer Nicht-Zahl oder einer Nicht-Zahl zu einer Zahl, wie 12 zu $\sqrt{48}$ oder $\sqrt{12}$ zu 2. Und weil das Verhältnis von 12 zu $\sqrt{48}$ nach Euklid nicht die Proportion einer Zahl zu einer Zahl ist und auch nicht die Proportion gleichsam einer Zahl zu einer Zahl, ist also nach Euklid selbst $\sqrt{48}$ keine Zahl, usw.

Dasselbe besagt auch der Gegen-Satz zum fünften Lehrsatz, den Theon zum siebten Lehrsatz Euklids gemacht hat; er lautet so:

Zwei inkommensurable Größen haben zueinander nie ein Verhältnis wie eine Zahl zu einer Zahl.

Zum Beispiel ist die Proportion $\sqrt{24}$ zu $\sqrt{8}$ gleichsam wie 12 zu $\sqrt{48}$, oder sie ist gleichsam wie $\sqrt{12}$ zu 2, also wie einer Zahl zu einer Nicht-Zahl oder gleichsam einer Nicht-Zahl zu einer Zahl, wie ich kurz zuvor sagte. Daher ist $\sqrt{12}$ keine Zahl, sondern eine irrationale Zahl, wie auch ein gemalter Mensch kein Mensch ist, sondern nur ein gemalter.

Von Euklids sechstem Lehrsatz und seinem Gegen-Satz

Der sechste Lehrsatz Euklids ist die Umkehrung seines fünften Satzes, wie auch der Gegensatz zum sechsten Satz die Umkehr des Gegensatzes zu Satz fünf darstellt. Und Theon machte den Gegensatz zu Satz sechs zum achten Satz Euklids. **[146v]**

Der sechste Lehrsatz Euklids aber lautet so:

Haben zwei Größen zu einander ein Verhältnis gleichsam wie eine Zahl zu einer Zahl, dann müssen beide kommensurabel sein.

Weil also das Verhältnis von $\sqrt{180}$ zu $\sqrt{80}$ so ist wie das Verhältnis einer Zahl zu einer Zahl (ist es doch eine rationale Proportion), müssen jene Glieder kommensurabel sein. Ebenso müssen, weil das Verhältnis von $\sqrt{24}$ zu $\sqrt{8}$ nicht ein Verhältnis darstellt gleichsam wie von einer Zahl zu einer Zahl (das heißt, weil es irrational ist), jene Glieder inkommensurabel sein.

So sagt der folgende, dem sechsten entgegen gesetzte Lehrsatz:

Wenn bei zwei Größen das Verhältnis der einen zur anderen Größe nicht ist wie das Verhältnis einer Zahl zu einer Zahl, dann müssen diese beiden Größen inkommensurabel sein.

Hier wird man beobachten, dass diese beiden Lehrsätze, nämlich der sechste und sein Gegen-Satz, nicht nur zum fünften und dessen Gegen-Satz in Beziehung stehen, sondern sich darüber hinaus auch auf den zweiten Lehrsatz beziehen. Da nämlich der zweite Satz betont, wenn niemals bei fortlaufender Subtraktion ein Rest begegnet, der den vorhergehenden Rest misst, dass ich dann endlich von zwei gegebenen Größen wissen kann, ob sie inkommensurabel sind, werde ich gezwungen zu bedenken, dass ich dies niemals wissen kann wegen der unendlichen Fortsetzung. Hier aber kommt mir der sechste Lehrsatz mit seinem Gegenstück zu Hilfe, und sie lehren mich eben dies, was mich der zweite Lehrsatz zu lehren schien. Weil nämlich $\sqrt{180}$ zu $\sqrt{80}$ dasselbe Verhältnis hat wie 3 zu 2, deshalb müssen beide Größen auch kommensurabel sein. Weil aber $\sqrt{24}$ zu $\sqrt{8}$ kein rationales Verhältnis herstellt (denn $\sqrt{24}$ geteilt durch $\sqrt{8}$ ergibt ja $\sqrt{3}$), deshalb müssen beide Größen inkommensurabel sein, und es muss sich jene Fortsetzung der Subtraktionen (von der der Lehrsatz zwei spricht) ins Unendliche fortsetzen.

Vom Lehrsatz, den Campanus als siebten hinstellt

Jenen Lehrsatz, den Campanus als siebten hinstellt, macht Theon zum neunten. Doch ist die Benennung der Flächen, die Campanus bringt, und die Benennung der Strecken, **[147r]** die Theon hat, in beiden Fällen unangebracht. Vielleicht aber hat Euklid selbst diese Benennungen hingestellt, um hartnäckig zu leugnen, was er schon in den vorhergehenden Lehrsätzen bestritten hatte, nämlich dies, dass die irrationalen Zahlen Zahlen sind; er scheint nun noch heftiger zu bestreiten, dass es sich um Zahlen handelt, sodass er sie lieber Flächen nennt oder irgend etwas anderes dieser Art. Dies tut er, weil er wohl sah, dass sie keine genaue Größe besitzen noch dass sie ein Maß haben, das allen irrationalen Zahlen gemeinsam wäre (wie es bei den rationalen Zahlen die Eins ist). Und dies sind ja Eigenschaften, die besonders zu Zahlen passen. Auch sah er, dass eben die kommensurablen Zahlen irrationale haben, wie es besonders zu Flächen gehört, nämlich Seiten, die zueinander proportional sind. In gleicher Weise nennt er im 24. Lehrsatz des achten Buches ähnliche rationale Zahlen Flächenzahlen, und im Lehrsatz 16 des achten Buches nennt er die Quadratwurzeln solcher Zahlen Seiten oder Strecken. Vielleicht wollte Euklid, dieser Satz solle (mit den ihm ähnlichen) ein Elementarsatz sein, wie sie das folgende Kapitel bietet.

Der Lehrsatz aber lautet so:

Von allen zwei Größen, deren Seiten (d.h. ihre Quadratwurzeln) in der Länge kommensurabel sind, ist das Verhältnis der einen Zahl zur anderen gleich dem einer Quadratzahl zu einer Quadratzahl.

Weil sich also $\sqrt[4]{243}$ zu $\sqrt[4]{48}$ wie 3 zu 2 verhält, deshalb ist $\sqrt{243}$ zu $\sqrt{48}$ gleichsam wie eine Quadratzahl zu einer Quadratzahl, nämlich 9 zu 4. So nämlich wird dieser Lehrsatz an die vorhergehenden Lehrsätze angeschlossen. Die vorhergehenden Lehrsätze sprechen nämlich von einfachen Verhältnissen irrationaler Zahlen. Der jetzige aber spricht von ihren zusammengesetzten Verhältnissen und von den Teilen ihrer Zusammensetzung; diese sind aber ihre Wurzeln, die miteinander kommensurabel sind, und so umfasst Euklid zugleich das ganze Rechenverfahren der Proportionen in kürzester Form. Wenn man nämlich die kommensurablen Wurzeln von Größen zweimal hinstellt und die gegebenen Proportionen miteinander zusammenfügt, so ergibt sich eine zusammengesetzte Proportion, und diese verhält sich wie eine Quadratzahl zu einer Quadratzahl. **[147v]**

Wie		$\sqrt[4]{243}$	zu	$\sqrt[4]{243}$	$\sqrt{243}$	macht,
wie		$\sqrt[4]{48}$	zu	$\sqrt[4]{48}$	$\sqrt{48}$	macht,
ebenso	macht	$\sqrt[4]{243}$	von	$\sqrt{243}$	$\sqrt[4]{243}$,	
ebenso	macht	$\sqrt[4]{48}$	von	$\sqrt{48}$	$\sqrt[4]{48}$.	

Und weil die Verdoppelung eine Multiplikation mit 2 darstellt, ist die Halbierung auch eine Division durch 2. An dieser Stelle ist auch Multiplikation und Division eingeschlossen.

Wie	$\sqrt[4]{243}$	verdoppelt	$\sqrt{243}$	ergibt,
wie	$\sqrt[4]{48}$	verdoppelt	$\sqrt{48}$	ergibt,
ergibt auch	$\sqrt{243}$	halbiert	$\sqrt[4]{243}$,	
ergibt auch	$\sqrt{48}$	halbiert	$\sqrt[4]{48}$.	

Von dem Lehrsatz, der zum vorhergehenden den Gegen-Satz bildet

Nicht ohne Grund erstellt man auch den Gegen-Satz zum vorhergehenden Lehrsatz. Wie aber der vorhergehende Lehrsatz das Rechenverfahren mit rationalen Proportionen, die irrationale Glieder haben, umfasst, so schließt dieser Gegen-Satz das Rechenverfahren mit irrationalen Proportionen ein.

Er lautet aber so:

Von allen zwei Größen, deren Seiten der Länge nach inkommensurabel sind, verhält sich die Proportion der einen Größe zur anderen nicht wie die Proportion einer Quadratzahl zu einer Quadratzahl.

Weil also $\sqrt[4]{18}$ zu $\sqrt[4]{8}$ nicht das Verhältnis beinhaltet wie eine Zahl zu einer anderen, deshalb hat auch $\sqrt{18}$ zu $\sqrt{8}$ nicht das Verhältnis, das eine Quadratzahl zu einer Quadratzahl hat. Dass aber dieser Satz das Rechenverfahren irrationaler Proportionen einschließt, kann man aus der Ähnlichkeit zu dem sehen, was über die vorhergehende Proportion gesagt ist.

Nämlich	$\sqrt[4]{18}$	mal	$\sqrt[4]{18}$	macht $\sqrt{18}$.
Und	$\sqrt[4]{8}$	mal	$\sqrt[4]{8}$	macht $\sqrt{8}$.
Ebenso	$\sqrt[4]{18}$	von	$\sqrt{18}$	macht $\sqrt[4]{18}$.
Und	$\sqrt[4]{8}$	von	$\sqrt{8}$	macht $\sqrt[4]{8}$.
Ebenso	$\sqrt[4]{18}$	verdoppelt		macht $\sqrt{18}$.
Und	$\sqrt[4]{8}$	verdoppelt		macht $\sqrt{8}$.
Ebenso	$\sqrt{18}$	halbiert		macht $\sqrt[4]{18}$.
Und	$\sqrt{8}$	halbiert		macht $\sqrt[4]{8}$.

[148r] Von den umgekehrten Sätzen der beiden vorhergehenden Lehrsätze

Auf die beiden unmittelbar vorhergehenden Lehrsätze folgen zwei andere Sätze, von denen der eine der Gegen-Satz zum ersten der beiden vorhergehenden Lehrsätze ist und der zweite der Gegen-Satz zum zweiten der beiden vorhergegangenen Lehrsätze.

Der erste [umgekehrte] Lehrsatz aber lautet so:

Wenn sich die Proportion einer Größe zur anderen so verhält wie das Verhältnis einer Quadratzahl zu einer Quadratzahl, dann werden ihre Seiten der Länge nach kommensurabel sein.

Da zum Beispiel die Proportion $\sqrt{243}$ zu $\sqrt{48}$ so ist wie die Proportion einer Quadratzahl zu einer Quadratzahl, deshalb ist $\sqrt[4]{243}$ zu $\sqrt[4]{48}$ der Länge nach kommensurabel. Wie also der sechste Lehrsatz und sein Gegen-Satz ein Urteil darüber lehren, ob die beiden gegebenen Größen kommensurabel sind oder nicht kommensurabel, so lehrt der hier eben aufgestellte Satz, kommensurable Größen zu geben. Weil also 24 zu 6 diese Proportion enthält, die ein Quadrat zu einem Quadrat enthält, so ist auch $\sqrt{24}$ zu $\sqrt{6}$ der Länge nach kommensurabel, und auch $\sqrt[4]{24}$ zu $\sqrt[4]{6}$ ist quadriert dennoch kommensurabel. Dies aber besagt der Gegen-Satz zu diesem Satz, der bereits behandelt wurde.

Und wenn sich die Proportion einer Größe zur anderen nicht so verhält wie das Verhältnis einer Quadratzahl zu einer Quadratzahl, dann werden ihre Seiten der Länge nach inkommensurabel sein.

Da also $\sqrt{24}$ zu $\sqrt{6}$ nicht die Proportion einer Quadratzahl zu einer Quadratzahl haben, deshalb ist $\sqrt[4]{24}$ zu $\sqrt[4]{6}$ der Länge nach nicht kommensurabel. Es stiftet also dieser Lehrsatz einen hervorragenden Nutzen, weil mit ihm binomiale und Rest-Zahlen erzeugt werden. Nimmt man nämlich zwei rationale Zahlen an, deren keine eine Quadratzahl ist und deren Proportion nicht wie die einer Quadratzahl zu einer Quadratzahl ist, dann werden deren Wurzeln, addiert mit dem Additionszeichen, eine binomiale Größe der dritten oder sechsten Art ergeben. Ist aber die kleinere Zahl der beiden eine Quadratzahl (wie 18 und 9), dann werden ihre Wurzeln eine binomiale Größe der 2. oder 5. Art ergeben. Und wenn die größere Zahl von ihnen eine Quadratzahl ist (wie 36 und 18), dann werden ihre Wurzeln eine binomiale Größe der ersten oder vierten Art ergeben. **[148v]**

Von jenen Lehrsätzen, die aus den zuletzt vorhergehenden vier Lehrsätzen abgeleitet werden

Von jenen vier Sätzen, die zuletzt aufgestellt wurden, folgen weitere vier Sätze, die sich an Hand der gegebenen Proportions-Beispiele schön darstellen lassen. Theon stellt sie sehr klug zu den Strecken.

Erster Satz

Kommensurable Wurzeln haben kommensurable Quadrate.

Anwendung Theons

Strecken, die der Länge nach kommensurabel sind, sind auch dem Quadrat nach kommensurabel.

Da z.B. $\sqrt[4]{1944}$ und $\sqrt[4]{24}$ wechselseitig kommensurabel sind, müssen auch $\sqrt{1944}$ und $\sqrt{24}$ wechselseitig kommensurabel sein. Dies ist aus der siebten Regel des Campanus klar.

Ebenso ist auch Folgendes klar: Das Verhältnis kommensurabler Glieder ist rational (so lehrt der Satz 6 in dessen zehntem Buch). Ein rationales Verhältnis ist aber ein ganzes Verhältnis, eine irrationale Proportion aber ist ein Bruch. Es ist aber unmöglich, dass ein Ganzes zum Bruch wird, wenn man es verdoppelt. Also ist es unmöglich, dass rationale Glieder einer Proportion inkommensurabel werden, wenn man die ganze Proportion verdoppelt; dies geschieht, wenn man an Stelle der Wurzeln deren Quadrate setzt.

Zweiter Satz

Kommensurable Größen erbringen nicht notwendigerweise kommensurable Wurzeln.

Anwendung

Strecken, die quadriert kommensurabel sind, sind nicht notwendigerweise auch der Länge nach kommensurabel.

So sind $\sqrt{54}$ und $\sqrt{24}$ kommensurabel. Ihre Wurzeln jedoch erbringen die inkommensurabeln Werte $\sqrt[4]{54}$ und $\sqrt[4]{24}$. Dies wird auch aus der Anwendung der Proportionen klar. Wie nämlich ganze Zahlen irgendwann einmal durch Halbierung einen Bruch erstellen, so wird eine ganze Proportion einmal eine Bruch-Proportion, wenn man sie halbiert, usw.

Dritter Satz

Kommensurable Wurzeln erstellen nicht notwendig **[149r]** inkommensurable Quadrate.

Anwendung

Strecken, die der Länge nach inkommensurabel sind, sind nicht notwendigerweise auch dem Quadrat nach inkommensurabel.

Zwar sind $\sqrt[4]{54}$ und $\sqrt[4]{24}$ gegenseitig inkommensurabel, und doch erbringen sie die folgenden Quadrate, die gegenseitig nicht inkommensurabel sind, nämlich $\sqrt{54}$ und $\sqrt{24}$.

Dies wird auch klar aus der Anwendung der Proportionen. Wie es nämlich geschehen kann, dass eine Bruchzahl durch ihre Verdopplung ganz wird, so kann auch eine Bruch-Proportion (also eine irrationale) durch ihre Verdopplung ganzzahlig oder rational werden.

Vierter Satz

Inkommensurable Größen haben notwendigerweise inkommensurable Wurzeln.

Anwendung

Strecken, die im Quadrat inkommensurabel sind, müssen notwendigerweise auch der Länge nach inkommensurabel sein.

Da nämlich $\sqrt{8}$ und $\sqrt{6}$ inkommensurabel sind, müssen auch ihre Wurzeln inkommensurabel sein, nämlich $\sqrt[4]{8}$ und $\sqrt[4]{6}$.

Dies wird auch aus der Anwendung der Proportionen deutlich. Wie nämlich keine Bruchzahl durch ihre Halbierung zur ganzen Zahl wird, so wird keine irrationale Proportion durch ihre Halbierung rational.

Vom Lehrsatz, den Campanus als achten hinstellt

Folgenden Lehrsatz, den Theon zum zwölften macht, macht Campanus zum achten. Er hat aber drei begleitende Lehrsätze, und deren Behandlung entspricht in etwa dem, was Euklid in seinem siebten Buch behandelt hat.

Wenn nämlich der vordere Lehrsatz besagt:

Wenn zwei Größen einer Größe kommensurabel sind, dann müssen sie auch gegenseitig kommensurabel sein,

dann ist er folgendem ähnlich:

Wenn zwei Zahlen gegen eine Zahl zusammengesetzt sind, dann müssen sie selbst auch gegeneinander zusammengesetzt sein.

Weil also beide folgenden Zahlen: 343 und 56 gegen 21 zusammengesetzt sind, müssen sie **[149v]** auch selbst gegeneinander zusammengesetzt sein.

Und weil jede der beiden folgenden Größen: $\sqrt{72}$ und $\sqrt{98}$ folgender dritter Zahl: $\sqrt{8}$ kommensurabel sind, müssen sie notwendigerweise auch untereinander kommensurabel sein.

In gleicher Weise ist folgendem Lehrsatz:

Wenn zwei Größen, von denen die eine einer dritten kommensurabel ist, die andere jedoch derselben dritten Größe inkommensurabel ist, dann werden jene beiden Größen inkommensurabel sein,

folgender Lehrsatz ähnlich:

Wenn es zwei Zahlen gibt, deren eine gegen eine andere zusammengesetzt ist und die andere gegen dieselbe Zahl nicht zusammengesetzt ist, dann werden jene beiden Zahlen gegeneinander nicht zusammengesetzt sein.

Weil nämlich von den beiden Zahlen 9 und 8 die eine gegen 4 zusammengesetzt ist, die andere Zahl jedoch gegen dieselbe Zahl nicht zusammengesetzt ist, dann müssen diese beiden gegebenen Zahlen gegen sich nicht zusammengesetzt sein.

Weil also die zweite der folgenden Größen, nämlich $\sqrt{72}$ und $\sqrt{54}$, zur folgenden dritten Größe, nämlich $\sqrt{24}$, kommensurabel ist, deshalb müssen die beiden gegebenen Zahlen zu einander inkommensurabel sein.

In gleicher Weise ist folgendem Lehrsatz:

Wenn zwei Größen kommensurabel sind und eine davon einer anderen Größe inkommensurabel ist, dann wird auch die andere Größe derselben Zahl inkommensurabel sein,

folgender Lehrsatz ähnlich:

Wenn zwei Zahlen gegen sich zusammengesetzt sind und eine davon gegen eine weitere Zahl nicht zusammengesetzt ist, dann muss auch die restliche Zahl gegen diese weitere Zahl nicht zusammengesetzt sein.

Wenn z.B. die beiden Zahlen 6 und 8 gegen sich zusammengesetzt sind und die eine der beiden Zahlen gegen 5 nicht zusammengesetzt ist, dann muss auch die restliche Zahl gegen dieselbe Zahl nicht zusammengesetzt sein.

Und weil die beiden Größen $\sqrt{72}$ und $\sqrt{98}$ kommensurabel sind und die eine davon mit $\sqrt{24}$ inkommensurabel ist, dann muss auch die restliche Zahl zu derselben Zahl inkommensurabel sein. **[150r]**

Vom Lehrsatz, den Campanus als neunten aufstellt.

Zu diesem Lehrsatz, den Campanus als neunten und Theon als 16. aufstellt, passen auch ähnliche Sätze aus dem siebten Buche Euklids.

Wenn Euklid nämlich sagt:

Wenn zwei Größen kommensurabel sind, dann wird auch das Ganze, was aus ihnen hergestellt wird, jeder der beiden Größen kommensurabel sein,

dann ist dies folgendem Satze ähnlich:

Wenn zwei Zahlen gegen einander zusammengesetzt sind, dann wird auch das Ganze, das man aus ihnen herstellt, gegenüber jeder von beiden Zahlen zusammengesetzt sein.

Wenn man z.B. 98 und 21 addiert, ergibt sich 119. Und weil 98 und 21 gegen einander zusammengesetzt sind, wird auch 119 gegen jede der beiden Zahlen zusammengesetzt sein.

Und weil $\sqrt{72}$ und $\sqrt{162}$ kommensurabel sind, wird auch $\sqrt{450}$ jeder von beiden Zahlen kommensurabel sein, weil es das Aggregat von $\sqrt{72}$ und $\sqrt{162}$ darstellt.

In gleicher Weise ist folgendem, der zum vorhergehenden der Gegen-Satz ist: Wenn zwei Größen inkommensurabel sind, dann wird ihr Aggregat jeder von beiden Größen inkommensurabel sein,

der Satz ähnlich:

Wenn zwei Zahlen gegen einander nicht zusammengesetzt sind, dann wird die Zahl, die man aus beiden anhäuft, gegenüber jeder der beiden nicht zusammengesetzt sein.

10 und 17 ergeben zusammen 27, dann muss, weil 10 und 17 gegeneinander nicht zusammengesetzt sind, notwendigerweise 27 gegen beide Zahlen nicht zusammengesetzt sein.

Ebenso muss, weil $\sqrt{8}$ und $\sqrt{12}$ inkommensurabel sind, auch $\sqrt{12}+\sqrt{8}$ gegen beide inkommensurabel sein.

Ebenso ist folgender Satz, der den Gegen-Satz zum Lehrsatz neun bei Campanus bildet:

Wenn es zwei Größen gibt und ihr Aggregat jenen beiden Teilen kommensurabel ist, dann werden auch die beiden Teile zueinander kommensurabel sein,

folgendem Satz ähnlich:

Wenn eine Zahl, die aus zwei Zahlen gebildet ist, gegen jede einzelne davon zusammengesetzt ist, dann müssen notwendigerweise jene beiden Zahlen, aus denen die Anhäufung gebildet ist, gegeneinander zusammengesetzt sein. [150v]

Weil also 119 das Aggregat von 98 und 21 bildet und gegen beide Zahlen zusammengesetzt ist, muss notwendigerweise 98 gegen 21 zusammengesetzt sein.

Ebenso muss, weil $\sqrt{450}$ das Aggregat aus $\sqrt{72}$ und $\sqrt{162}$ bildet und zu beiden kommensurabel ist, deshalb auch $\sqrt{72}$ zu $\sqrt{162}$ kommensurabel sein.

In gleicher Weise ist folgender Gegen-Satz zum unmittelbar vorhergehenden Satz:

Wenn es zwei Größen gibt und das Aggregat aus jenen beiden Teilen inkommensurabel ist, dann werden auch jene Teile unter sich inkommensurabel sein,

folgendem Satze ähnlich:

Wenn eine Zahl, die aus zwei Zahlen gebildet ist, gegen jede von beiden nicht zusammengesetzt ist, dann müssen jene beiden Zahlen, aus denen die Anhäufung gebildet ist, gegen einander nicht zusammengesetzt sein.

Weil also 27 aus 10 und 17 zusammengehäuft ist und gegen jede von beiden Zahlen nicht zusammengesetzt ist, muss auch 17 gegen 10 nicht zusammengesetzt sein.

Ebenso müssen, weil $\sqrt{12}+\sqrt{8}$ zu seinen Teilen $\sqrt{12}$ und $\sqrt{8}$ inkommensurabel ist, deshalb auch jene Teile gegenseitig inkommensurabel sein.

Vom Lehrsatz, der bei Campanus der zehnte ist

Aus diesem Lehrsatz, den Campanus zum zehnten macht und Theon zum elften, gewinnen wir eine schöne Übungsaufgabe für Multiplikation und Division mit beliebigen irrationalen Zahlen, ganz, wie wir auch aus dem vorhergehenden Lehrsatz, den Campanus zum neunten (mit seinen Beifügungen) macht, ein Übungsbeispiel für Addition und Subtraktion mit denselben Zahlen gewinnen, sodass diese beiden Lehrsätze mit ihren Beifügungen ein vollständiges Rechenverfahren sämtlicher irrationaler Zahlen ergeben.

Der Satz lautet aber so:

Wenn von allen vier proportionalen Größen die erste der zweiten kommensurabel ist, dann wird auch die dritte der vierten kommensurabel sein.

Ein Beispiel dafür kann man in folgenden vier Gliedern der Regel DeTri erkennen:

$$\sqrt{8}, \quad \sqrt{18}, \quad \sqrt{12}, \quad \sqrt{27}.$$

[151r] *Wenn aber die erste Größe zur zweiten inkommensurabel ist, dann wird auch die dritte Größe zur vierten inkommensurabel sein.* Zum Beispiel:

$$\sqrt{8}, \quad \sqrt{12}, \quad \sqrt{18}, \quad \sqrt{27}.$$

Wir wollen nun übungshalber sehen, ob das, was Euklid im siebten Buch über rationale Zahlen lehrte, mit den irrationalen Zahlen übereinstimmt, über die er hier sprach.

Wenn es vier proportionale Zahlen gibt (sagt er in Satz 20 des siebten Buches), dann ist das Produkt der ersten Zahl mit der letzten gleich dem Produkt der zweiten Zahl mit der dritten. Und wenn das Produkt der ersten Zahl mit der letzten gleich ist dem Produkt der zweiten Zahl mit der dritten, dann sind diese vier Zahlen proportional.

Wenn vier Zahlen in Proportion stehen (sagt er im Lehrsatz 14 des siebten Buches), dann werden sie auch vertauscht proportional sein.

Wenn es vier proportionale Zahlen gibt (nach dem Lehrsatz 11 im siebten Buch), dann wird die Division der zweiten Zahl durch die erste ebenso viel ergeben wie die Division der vierten Zahl durch die dritte. Und wenn die zweite Zahl, geteilt durch die erste, dasselbe ergibt wie die vierte Zahl, geteilt durch die dritte, dann werden die vier Zahlen proportional sein.

Wenn es vier Zahlen gibt, deren zweite die erste ebenso oft enthält wie die vierte Zahl die dritte, dann wird (nach Satz 9 und 10 des siebten Buches) die dritte Zahl die erste ebenso oft enthalten wie die vierte Zahl die zweite.

Und wenn es vier Zahlen gibt, deren zweite die erste ebenso oft enthält wie die vierte die dritte, dann werden (nach Satz 5 und 6 des siebten Buches) die zweite und vierte Zahl, in gleicher Weise genommen, die erste und dritte Zahl, in gleicher Weise genommen, ebenso oft enthalten wie oft die zweite Zahl die dritte enthält, usw.

Euklid wollte auch durch dieses Zeichen andeuten, dass er hier von eigentlich irrationalen Zahlen spreche (wie im siebten Buch von rationalen), weil er an beiden Stellen mit gleichen Lehrsätzen begann. So ist nämlich der erste Lehrsatz im Buch sieben ganz ähnlich dem zweiten Satz des zehnten Buches, und der zweite Lehrsatz des siebten Buches ist ganz ähnlich dem dritten Satz des zehnten Buches; ebenso ist der dritte Satz des siebten Buches dem vierten Lehrsatz des zehnten Buches höchst ähnlich. **[151v]**

VON DEN LEHRSÄTZEN, DIE EUKLID GEWISSERMASSEN ALS ELEMENTE FÜR DIE ZUSAMMENSTELLUNG SEINER DREIZEHN ARTEN VERWENDETE.

Kapitel XIIII.

Campanus sah als kenntnisreicher Mann, dass gewisse Lehrsätze im zehnten Buch Euklids, verglichen mit den übrigen, grundlegend sind. Also stellte er sie, indem er die sehr schöne Ordnung beibehielt, zwischen den zehnten und den fünfzehnten Lehrsatz seiner Anordnung. Sie sollten einen Zwischenraum bilden, der die Sätze über abstrakte irrationale Zahlen (wie ich es sehe) von den Sätzen über irrationale Strecken, also über bezogene irrationale Zahlen, trennen sollte. Aus diesem Grund aber nenne ich sie elementare Lehrsätze, weil nach ihnen Strecken erzeugt werden, die ohne Unterschied nützlich und nutzlos für die Lehrsätze über grundlegende Dinge sind, die in Euklids Buch zehn überliefert werden, sind sie doch so allgemein, dass sie zu keinem festen Gebrauch eingerichtet erscheinen, es sei denn, man berichtigt sie durch bestimmte Einschränkungen, so dass sie nach Eliminierung der nutzlosen Strecken nur mehr nützliche Strecken erzeugen. Dies, betone ich, sah Campanus, wenn er auch die Sätze nicht grundlegend nannte; dass er dies aber sah, erkenne ich an seiner Anordnung.

Vom ersten elementaren Lehrsatz

Der erste elementare Lehrsatz ist eine Aufgabe und erfordert eine Art der Lösung, die mit rechtwinkligen Vierecken arbeitet, denn nur solche Figuren gebraucht Euklid in seinem zehnten Buch, es sei denn, dass er sie irgendwo durch Diagonalen geteilt sein lässt, so dass rechtwinklige Dreiecke entstehen. Er sagt aber so:

Wenn eine beliebige gerade Strecke gegeben ist, sollen zwei ihr inkommensurable Strecken gefunden werden, die eine der Länge nach, die andere nach Länge und Quadrat.

Ist eine beliebige Strecke gegeben, so erstelle nach ihrem Maß ein Quadrat, dann wird dessen Durchmesser notwendigerweise nur der Länge nach inkommensurabel zu der gegebenen Strecke sein. Die mittlere Proportionale aber zwischen Seite und Durchmesser des Quadrates wird zu derselben gegebenen Strecke nach Länge und Quadrat inkommensurabel sein. **[152r]**

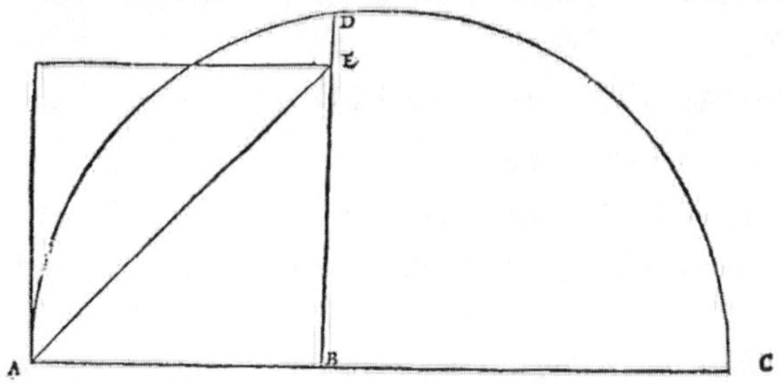

Ist die Strecke AB gegeben, dann wird ihr der Länge nach die Strecke AE oder BC inkommensurabel sein. Und derselben Strecke AB wird nach Länge und Quadrat die Strecke BD inkommensurabel sein.

Beispiele

Wenn z.B. AB 6 beträgt, wird BC $\sqrt{72}$ ergeben, und BD wird $\sqrt[4]{2592}$ ergeben.

Ebenso wenn AB $\sqrt[4]{6}$ ergibt, wird BC $\sqrt[4]{24}$ ergeben, und BD wird $\sqrt[4]{12}$ ergeben.

Ebenso wird, wenn AB $4 + \sqrt{12}$ ergibt, BC $\sqrt{32} + \sqrt{24}$ ergeben, und BD wird $\sqrt[4]{512} + \sqrt[4]{288}$ ergeben. Und so auch in allen anderen Fällen.

Jedoch bleibt bei Beispielen dieser Art stets die gleiche Proportion der gefundenen Strecken zu der gegebenen Strecke erhalten, weil der Durchmesser zur Seite desselben Quadrates die Proportion des halbierten Doppels hat, usw. Willst du also die Proportionen verändern, wie es sich gehört, dann musst du rechtwinklige Vierecke nehmen, die auf der einen Seite länger sind, wie du auf der nächsten Seite sehen wirst.

Nimmt man die gegebene Strecke AB als erste Seite des rechteckigen Viereckes und nimmt als zweite Seite die Strecke BD, die die Proportion 1 ½ zu AB aufweist, dann wird die Strecke BC nur der Länge nach zu AB inkommensurabel sein, und BE wird nach Länge und Quadrat zu AB inkommensurabel sein.

Und wenn AB 6 beträgt, dann wird BD 9 betragen, und BC wird $\sqrt{117}$ sein und BE wird $\sqrt[4]{4212}$ betragen. **[152v]**

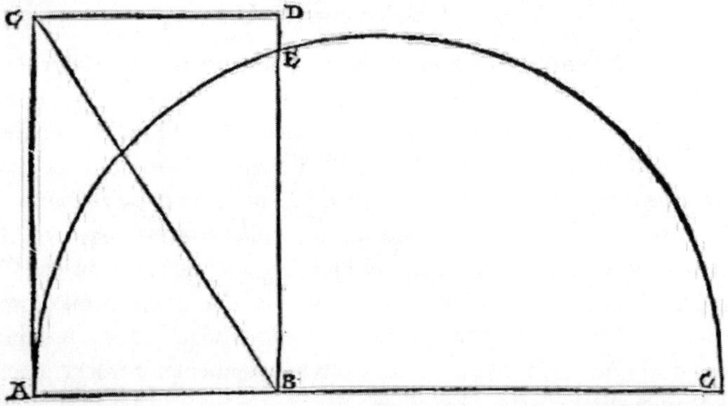

Ebenso: Wenn AB $\sqrt[4]{32}$ beträgt, wird BD $\sqrt[4]{162}$ betragen, und BC wird $\sqrt[4]{338}$ betragen, und BE wird $\sqrt[4]{104}$ betragen.

Ebenso: Wenn AB $\sqrt{32}$ beträgt, wird BD $\sqrt{72}$ betragen, und BC wird $\sqrt{104}$ betragen, und BE wird $\sqrt[4]{3328}$ betragen.

Ebenso: Wenn AB $4 + \sqrt{12}$ beträgt, dann wird BD $6 + \sqrt{27}$ betragen, und BC wird $\sqrt{52} + \sqrt{39}$ betragen, und BE wird dir $\sqrt[4]{832} + \sqrt[4]{468}$ betragen. Und so auch in allen anderen Fällen.

Doch gibt es auch einige Proportionen, die dich, wenn du nicht aufpasst, täuschen werden. Es ist aber in der ganzen Gattung der vielfachen Proportionen und in der ganzen Gattung der vielfach übergeteilten Proportionen keine, die dich täuschen könnte.

Und in der gesamten Gattung der übergeteilten Proportionen gibt es eine einzige Proportion, bei der du vorsichtig sein musst, nämlich die Proportion 4:3. Wenn nämlich BD zu AB die Proportion 4:3 ergibt, wird BC zu AB nach Quadrat und Länge kommensurabel sein, und BE wird zu AB nur dem Quadrat nach kommensurabel sein. Wenn z.B. AB $6+\sqrt{27}$ macht, dann wird BD $8+\sqrt{48}$ machen, und BC wird $10+\sqrt{75}$ machen, und BE wird $\sqrt{60}+\sqrt{45}$ machen.

Ebenso wird es bei der gesamten Gattung der überteilenden keine andere Proportion geben, die dich täuschen könnte, wenn du nur auf die Proportion achtest, die die Achtel siebenmal überteilt [$1-\frac{7}{8}:1$]. **[153r]**

Bei der Gattung aber der vielfachen überteilenden gibt es unendlich viele Proportionen, bei denen man Acht geben muss. Doch kommen jene in einer derart wunderbaren Ordnung daher, dass man sich leicht vor ihnen hüten kann. Denn in jeder beliebigen Gattung von Proportionen dieser Art gibt es immer nur zwei Proportionen, bei denen man aufpassen muss.

So muss man natürlich bei der doppelt überteilenden Gattung bei der doppelten Proportion vorsichtig sein, die die Fünftel zweifach überteilt [$2\frac{2}{5}:1$], ebenso bei der doppelten Proportion, die die Zwölftel elfmal überteilt [$2\frac{11}{12}:1$].

Bei der dreifach überteilenden Art muss man bei der dreifachen Proportion aufpassen, die die Siebtel dreimal überteilt [$3\frac{3}{7}:1$]. Ebenso bei der dreifachen Proportion, die die Sechzehntel fünfmal überteilt [$3\frac{5}{16}:1$].

Bei der vierfach überteilenden Art der Proportion muss man bei der vierfachen vorsichtig sein, die die Neuntel viermal überteilt [$4\frac{4}{9}:1$], und bei der vierfachen, die die Zwanzigstel neunzehnmal überteilt [$4\frac{19}{20}:1$]. Und so weiter der Reihe nach ins Unendliche.

Weshalb aber dieser Satz verlangt, eher Strecken zu suchen, die in beider Hinsicht inkommensurabel sind, als kommensurable (also vom Nutzen des Satzes), werde ich weiter unten erläutern.

Vom zweiten elementaren Lehrsatz

Dieser Satz bezieht sich auf den zehnten Lehrsatz im sechsten Buch Euklids, ganz wie sich der vorige auf den neunten Lehrsatz im sechsten Buch bezog. Er nimmt nämlich ein durch die Diagonale halbiertes rechteckiges Viereck an, das in zwei rechtwinkelige Teil-Dreiecke unterteilt ist, und nach dieser Teilung gewinnt er vier Glieder nach der Dreisatz-Regel, wie man aus der Erklärung dieses Lehrsatzes ersehen wird. Dieser Lehrsatz besagt Folgendes:

Wenn von allen vier proportionalen Strecken die erste im Quadrat um so viel mehr ergibt als die zweite, als das Quadrat einer ihr der Länge nach kommensurablen Strecke, dann muss auch die dritte Strecke im Quadrat um so viel mehr ergeben als die vierte, als das Quadrat einer ihr der Länge nach kommensurablen Strecke.

Wenn also die erste Strecke $\sqrt{48}$ ist und die zweite Strecke 6, dann wird die erste im Quadrat 48 ergeben und die zweite 36. Und da die Differenz der Potenzen 12 beträgt, wird die überschießende Strecke $\sqrt{12}$ betragen und mit der längeren Strecke der Länge nach übereinstimmen. Wie nun immer die als dritte Strecke angesetzte Linie zu den anderen als vierte Strecke der Proportion angesetzt wird (dies geschieht nach der Dreisatz-Regel), **[153v]** dann wird auch die dritte Strecke selbst quadriert die vierte um jene Größe übertreffen, wie die Strecke ihrer Quadratur mit der dritten Strecke in der Länge nach übereinstimmt, wie man aus der Figur ersieht.

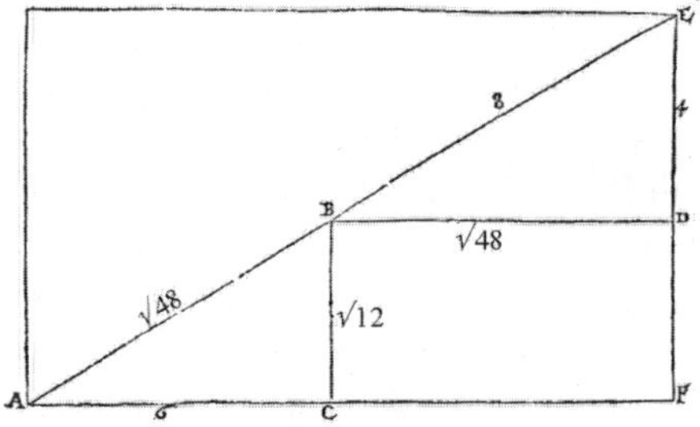

AB erstellt AC; also erstellt BE dann BD.

Und AB erstellt BC; also erstellt BE dann ED.

Man sieht deutlich aus der Zeichnung selbst die Begründung dieses Lehrsatzes: Wie sich nämlich BC zu AB verhält, so wird sich auch ED zu BE verhalten müssen.

Insbesondere ist aber zu beachten, dass die erste und zweite (das heißt AB und AC) nur der Länge nach inkommensurabel oder nur im Quadrat kommensurabel sind; sonst würde der Lehrsatz diese Strecken als für das zehnte Buch untauglich einführen. Über den Gebrauch dieser elementaren Strecken jedoch will ich erst gegen Ende dieses Kapitels sprechen.

Gegen-Satz zum vorausgehenden Lehrsatz:

Wenn von allen vier proportionalen Strecken die erste im Quadrat mehr ergibt als die zweite um das Quadrat einer ihr der Länge nach inkommensurablen Strecke, dann wird auch die dritte Strecke im Quadrat um so viel mehr ergeben als die vierte Strecke um das Quadrat einer ihr der Länge nach inkommensurablen Strecke. **[154r]**

Beispiel

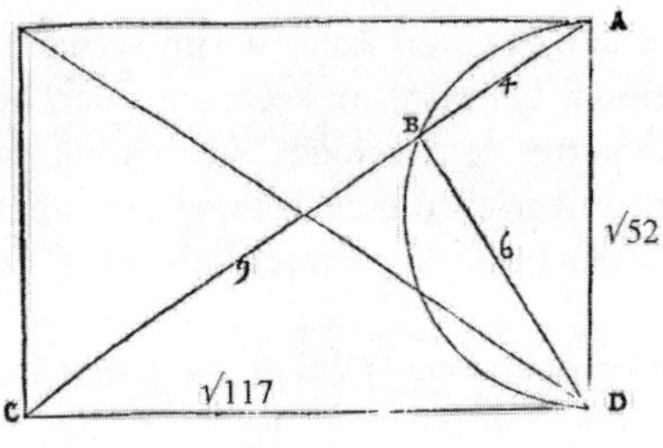

Weil die rechtwinkligen Dreiecke ABD und DBC einander ähnlich sind, müssen sie auch proportionale Seiten besitzen, denn:

AD erstellt DB; also erstellt DC dann CB.

Ebenso erstellt AD auch AB; also erstellt DC dann DB.

Das heißt: $\sqrt{52}$ erstellt 4, eine ihr der Länge nach inkommensurable Strecke; also erstellt $\sqrt{117}$ dann 6, eine ihr der Länge nach inkommensurable Strecke.

Übernommen wurde aber die Zeichnung zum achten Lehrsatz des sechsten Buches bei Euklid anstelle der Zeichnung zum zehnten Lehrsatz des sechsten Buches, um die Sache etwas breiter darzustellen.

Der Beweis für die Ähnlichkeit der Winkel ist zwar geometrisch, doch will ich mir ihn vornehmen, weil er in wenigen Worten ausgeführt werden kann.

Der Winkel A ist dem Gesamt-Dreieck ADC und dem Teil-Dreieck ABD gemeinsam; also muss der Winkel C dem Winkel ADB gleich sein. Also ist es ebenfalls notwendig, dass der Winkel BDC dem Winkel DAB gleich ist, usw.

So wird durch diese Figur die Proportionalität der Strecken geometrisch aus der Ähnlichkeit der Dreiecke leicht bewiesen. Es gehört nämlich der Winkel E des gesamten Dreieckes auch dem Teil-Dreieck EDB. In gleicher Weise gehört der Winkel A des Gesamt-Dreieckes ebenso dem Teil-Dreieck ABC. Also usw. **[154v]**

Vom dritten elementaren Lehrsatz und von seiner Umkehrung

In kurzer Zusammenfassung werden zugleich die vier folgenden elementaren Lehrsätze erklärt, die man sonst sehr wortreich vorstellt. Es sei also eine Fläche, die eine längere Strecke teilt, E genannt (wie man in der Zeichnung weiter unten sehen wird), und das Quadrat, das die längere Strecke vollendet, heiße F. Die längere Strecke heiße AB, und die kürzere heiße AD. Und die überschießende Strecke heiße BD. Die abgeteilten Stücke der längeren Strecke sollen heißen AC und CB. Nach diesen Voraussetzungen lautet die Zusammenfassung aller übrigen elementaren Lehrsätze so:

Kurze Zusammenfassung

Wenn die Fläche E der vierte Teil des Quadrates der kürzeren Strecke ist und wenn die Fläche F ein Quadrat bildet, das mit E zusammen ein Viereck bildet, und wenn CB mit AC selbst kommensurabel ist, dann muss auch DB mit AB selbst kommensurabel sein (wie der dritte Elementarsatz besagt). Und andererseits (wie dessen Umkehr-Satz besagt), wenn DB mit AB kommensurabel ist, dann muss auch CB mit AC selbst kommensurabel sein. Wenn im Gegensatz dazu (wie der vierte Elementarsatz besagt, der zum dritten in Gegensatz steht) CB mit AB selbst inkommensurabel ist, dann muss auch DB mit AB inkommensurabel sein. Und wiederum (wie die Umkehrung dazu besagt), wenn DB mit AB selbst inkommensurabel ist, dann muss auch BC mit AC selbst inkommensurabel sein.

Der dritte Elementar-Satz lautet aber so:

Wenn es zwei ungleich lange Strecken gibt, deren längere eine ihr angefügte Fläche in zwei kommensurable Teile zerlegt, und wenn diese Fläche dem vierten Teil des Quadrates der kürzeren der beiden Strecken gleich ist (und dieser Fläche fehle eine quadratische Fläche, sodass sie die längere Strecke nicht ganz ausfüllen kann), dann muss die längere Strecke selbst um so viel mehr im Quadrat ergeben als es die kürzere Strecke im Quadrat ergibt, wie groß das Quadrat irgendeiner der längeren Strecke der Länge nach kommensurablen Strecke ist.

Die Umkehrung dazu:

Wenn es zwei ungleich lange Strecken gibt, deren längere im Quadrat größer ist als die kürzere, vermehrt durch das Quadrat einer der längeren Strecke der Länge nach kommensurabeln Strecke, **[155r]** *und wenn man zur längeren Strecke eine Fläche beifügt, die dem vierten Teil des Quadrates der kürzeren Strecke gleich ist (und dieser Fläche fehle eine quadratische Fläche, sodass sie die längere Linie nicht ganz ausfüllt), dann muss die längere Strecke die ihr beigefügte Fläche in zwei inkommensurable Teile zerlegen.*

Beispiel:

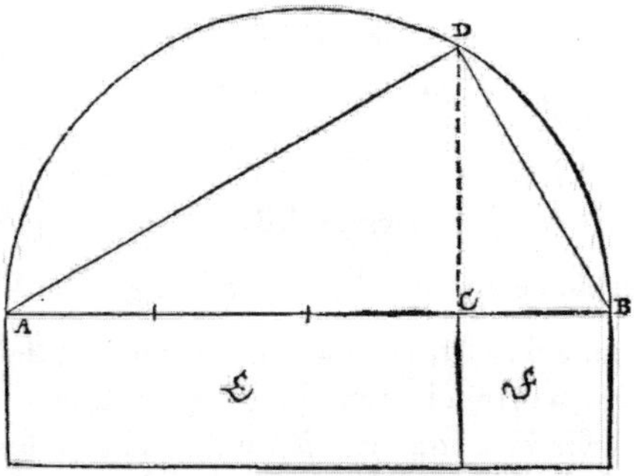

Die längere Strecke ist AB, die in ihrer Länge $\sqrt{208}$ ergibt. Diese teilt die Fläche E in AC und CB. Und CB ist die Seite des Quadrates F, das in seiner Länge $\sqrt{13}$ ergibt. Die längere Seite aber der Fläche E, nämlich AC, ergibt $\sqrt{117}$. Die Fläche E aber ergibt mit ihrem Inhalt 39.

Die kürzere Seite des Beispiels (nämlich AD) ergibt in ihrer Länge $\sqrt{156}$, wodurch ihr Flächeninhalt 156 ergibt, und davon der vierte Teil ist gleich der Fläche E.

Die überschießende Strecke, nämlich DB, ergibt $\sqrt{52}$, und $\sqrt{52}$ ist mit der längeren Strecke selbst kommensurabel, nämlich mit $\sqrt{208}$ der Länge nach. Es ergibt nämlich die längere Strecke zur überschießenden Strecke eine doppelte Proportion. Also ist CB der Länge nach kommensurabel mit AC, denn AC ergibt zu CB eine dreifache Proportion. [155v]

Dass aber DB die Strecke des Überschusses ist, geht deutlich aus der vorletzten Regel des ersten ‹Euklid-›Buches hervor, ist doch 52 die Differenz zwischen 208 und 156.

Bei diesem Lehrsatz muss man die Proportionen der Quadratzahlen zu den Quadratzahlen beachten und dabei Vorsicht walten lassen. Wenn nämlich CB zu AC eine derartige Proportion aufweist, dann werden zwar die Strecken diesem dritten Lehrsatz und seiner Umkehrung entsprechen, doch werden jene Strecken für das zehnte Buch Euklids unnütz sein, weil sie alle rein rational sind. Ich aber habe aus diesem Satz und den dazugehörigen Beispiel-Figuren jene Proportionen beobachtet, die ich zum ersten Elementar-Satz stellte und die ich auch im Kapitel 2 des ersten Buches erwähnte.

Vom letzten Elementar-Satz und seiner Umkehrung

Der letzte Elementarsatz ist der Gegensatz zum dritten Elementarsatz, und seine Umkehrung ist der Gegensatz zur Umkehrung von Lehrsatz drei. Es erfordern aber dieser letzte Satz und seine Umkehrung eine rationale oder mediale Zahl für die längere Strecke des Beispiels. Anders nämlich würden die Strecken der Beispiele selbst keinen Nutzen für das zehnte Euklid-Buch stiften. Daher wird man eine rationale oder mediale Strecke, die man als längere Strecke im Beispiel genommen hat, durch die Fläche E in zwei inkommensurable Teile zerlegen müssen. Wie dies geschieht, werde ich gleich darlegen, nachdem ich die Lehrsätze selbst aufgestellt habe.

Letzter Elementarsatz

Wenn es zwei ungleiche Strecken gibt, deren längere in zwei inkommensurable Teile durch eine Fläche zerlegt wird, die dem vierten Teil des Quadrates der kürzeren Strecke entspricht, und also zu ihrer Vervollständigung eine quadratische Fläche fehlt, dann wird die längere Strecke im Quadrat mehr ergeben als die kürzere um die Verlängerung des Quadrates einer Strecke, die der längeren Strecke selbst in der Länge inkommensurabel ist.

Umkehrung dieser letzten Elementarregel

Wenn es zwei ungleiche Strecken gibt, deren längere mächtiger ist als die kürzere Strecke um die Vermehrung des Quadrates einer Strecke, die zur längeren Strecke in der Länge inkommensurabel ist, und wenn man dieser Strecke eine Fläche hinzufügt, die dem vierten Teil des Quadrates der kürzeren Strecke gleich ist, und wenn eine quadratische **[156r]** *Fläche fehlt, dann muss die Fläche selbst, hinzugefügt, eben die längere Strecke in zwei inkommensurable Teile zerlegen.*

Beispiel

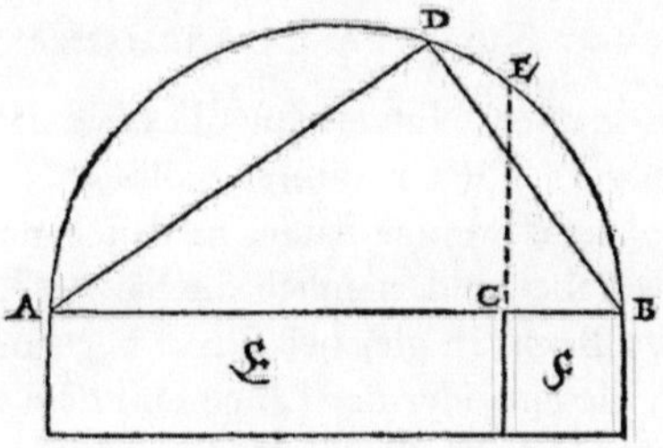

Strecke AB, 12. AC, $6 + \sqrt{12}$.
CB, $6 - \sqrt{12}$ AD, $\sqrt{96}$.
DB, $\sqrt{48}$ CB, $\sqrt{24}$.

Die Beispiele dieser Lehrsätze werden so geformt oder figürlich dargestellt: Vor allem stellt man zuerst das Quadrat F hin, dessen Seite ein binomialer oder bimedialer Rest sein soll. Dann wird die längere Seite der Fläche E eine binomiale oder bimediale Strecke sein (bei den oben vorgeführten Satz-Beispielen wird eine rationale oder mediale Seite des Quadrates F gut passend sein, zu der die längere Seite der Fläche E die Proportion einer Zahl zu einer Zahl hat, wenn nur jene Zahlen keine Quadratzahlen sind). Und da aus den beiden Flächen E und F eine gemeinsame Fläche wird, beschreibe darüber einen Halbkreis, um die kürzere Strecke des Beispieles und die überschießende Strecke bequem anzeichnen zu können. Beide davon wirst du aber zuerst anzeichnen können.

Willst du zuerst die kürzere Strecke des Beispieles anzeichnen, so nimm die Strecke, die das Doppel darstellt zur mittleren Proportionalen zwischen der Seite des Quadrates F und der längeren Seite der Fläche E; eine solche Strecke wird nämlich das Maß der kürzeren Strecke in deinem Beispiel darstellen. Das ist ja klar. Denn eine solche **[156v]** mittlere Proportionale ist die Vierecks-Seite der Fläche E (dies nach dem letzten Satz in Euklids Buch zwei). Und weil das Quadrat der zu bezeichnenden Strecke das Vierfache jener Fläche darstellt, wie die Lehrsätze besagen, so muss sie auch die doppelte Proportion zu der Strecke haben (dies nach Satz 10 des achten Buches Euklids). Ist aber die kürzere Strecke des Beispiels angezeichnet (wie man ja AD bezeichnet sieht), dann wird der Umfang der zu bezeichnenden Überschuss-Strecke klar werden und ohne größere Mühe gesucht sein.

Wenn du jedoch die Strecke des Überschusses oder der Vermehrung zuerst bezeichnen möchtest, dann ziehe die Seite des Quadrates F von der längeren Seite der Fläche E ab; dann wird dir das Maß der zu bezeichnenden Überschuss-Strecke bzw. Vermehrung übrig bleiben. Daher muss, wenn CB mit AC selbst kommensurabel ist, auch DB mit AB selbst kommensurabel sein. Wird nämlich etwas Kommensurables von dem ihm Kommensurablen abgezogen, dann muss der Rest mit dem Ganzen wie auch mit den einzelnen Teilen des Ganzen, die dem Ganzen selbst kommensurabel sind (dies nach Satz acht im zehnten Buch), kommensurabel sein. Auch wenn DB kommensurabel mit AB selbst ist, muss CB mit CA selbst kommensurabel sein, wie oben bezüglich zum dritten Elementarsatz ausgeführt ist. Aus dem gleichen Grund wird, wenn CB zu AC inkommensurabel ist (dies bezieht sich auf die beiden eben besprochenen Sätze), notwendigerweise auch DB zu AB inkommensurabel sein. Und andererseits, wenn DB zu AB inkommensurabel ist, dann muss auch CE zu AC inkommensurabel sein.

Vom Nutzen der Elementarsätze

Die Elementarsätze haben großen Nutzen für alles, was im zehnten Buch Euklids behandelt wird, was ich hier gerne kurz ausführen wollte.

Es begegnen nämlich nicht wenige Sätze, in denen man Strecken sucht, die an Länge einander inkommensurabel sind, nämlich die Sätze 17, 18, 24, 25, 26, 30, 31, 32 und viele andere im zehnten Buch. In gleicher Weise begegnen nicht wenige Sätze, bei denen man Strecken sucht, die einander der Länge und dem Quadrat nach inkommensurabel sind, nämlich die Sätze 27, 28, 29, 33, 34, 35 und manche anderen, und so ist es nicht zu verwundern, dass der erste Elementarsatz (um die weiteren der Kürze halber hier zu übergehen) Strecken zu suchen verlangt, die in beiden Hinsichten inkommensurabel sind, usw. **[157r]**

Ebenso (um auch vom zweiten Elementarsatz zu sprechen) kann man sehr schön sehen, wie aus ersten Binomen zweite Binome hervorgehen, und wie wiederum aus zweiten Binomen erste werden, wie man in Folgendem sieht:

8 ergibt $\sqrt{48}$, also ergibt $\sqrt{48}$ dann 6.

Ebenso $\sqrt{48}$, 6, 8, $\sqrt{48}$.

In gleicher Weise entstehen aus vierten Binomen fünfte Binome, und wiederum werden aus fünften vierte.

Auch ist der zweite Elementarsatz wunderbar nützlich, um Strecken zu finden, wie es die Sätze 24, 25, 26 [bei Euklid X.] verlangen, wie wir am gegebenen Ort sehen werden.

Aus dem dritten Elementarsatz gehen Binome hervor und besonders Reste der ersten Ordnung; alles Weitere werde ich am rechten Ort erläutern.

Aus dem vierten Elementarsatz gewinnt Campanus Strecken, die mir zu Beginn (als ich Euklids zehntes Buch sorgsamer überdachte) besonders schwer fielen, bis ich begonnen hatte, diese zu begreifen. Diese sind die Strecken der Sätze 27, 28, 29. Von den restlichen werde ich handeln, wie sie an ihrem Ort auftreten.

ÜBER EUKLIDS SÄTZE IM ZEHNTEN BUCH, DIE ER BEZÜGLICH DER ZWEIFACHEN ART RATIONALER STRECKEN AUFSTELLTE.

Kapitel XV.

Euklid wollte die zweifache Art rationaler Strecken in zwei Lehrsätzen erläutern, bevor er die Arten der irrationalen Strecken anging. So wollte er die einleitende Darlegung in seinem zehnten Buch mit diesen zwei Sätzen beginnen, deren erster nach der Ordnung bei Campanus der fünfzehnte, nach der Ordnung bei Theon jedoch der zwanzigste ist; der zweite Satz aber ist nach der Anordnung bei Campanus der sechzehnte, bei Theon hingegen der einundzwanzigste. **[157v]**

Vom ersten Satz, der bei Campanus der 15. ist.

Sieh, wie Euklid mit rationalen Flächen beginnt, die von rationalen Strecken der ersten Art umschlossen sind! Dabei erinnerte er sich natürlich an seine Definitionen, mit deren Hilfe er anzeigte, dass jede beliebige Behandlung irrationaler Dinge ihren Ausgangspunkt von etwas Rationalem nehmen muss. Er lehrt aber Folgendes:

Jede beliebige rechtwinklige Fläche, die zwei Strecken umschließen, die in der Länge rational sind, ist auch ihrerseits rational.

Man sieht deutlich, wie er die erste Art rationaler, also einfach rationaler Strecken oder (wie sein Text besagt) Strecken, die in der Länge rational sind, durch einen eigenen Lehrsatz herausstellen wollte; sonst hätte er nämlich gesagt:

Jede beliebige rechtwinklige Fläche, die von zwei rationalen Strecken umschlossen ist, die in der Länge kommensurabel sind, ist eine rationale Fläche.

Inwieweit aber diese beiden Propositionen (von denen die erste jedoch von Campanus, die andere von Theon stammt) sich unterscheiden, dies lehrt die folgende Skizze deutlich:

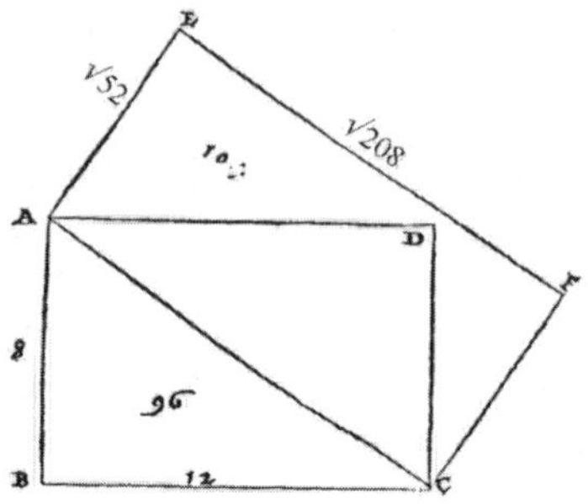

Natürlich bezieht sich das Viereck ABCD auf den ersten Lehrsatz, während sich das Viereck ACFE auf den zweiten der vorher angeführten Lehrsätze bezieht. **[158r]**

Der Text des Lehrsatzes unterscheidet jedoch nicht Flächen, die auf einer Seite länger sind, von quadratischen Flächen, und zwar um anzudeuten, dass beide rechtwinkligen Flächen für ihn zweckdienlich sind. Dies erweist er auch in den folgenden Lehrsätzen deutlich, bei denen er ausdrücklich von beiden Flächen spricht. Wollte nun jemand von mir im Besonderen den Grund für diesen Lehrsatz hören, so wird man, denke ich, antworten müssen, dass aus beiden Arten rechtwinkliger Rechtecke jene rationalen Strecken der zweiten Art hervorgehen (nämlich Strecken, die nur im Quadrat rational sind), und zwar durch rationale Strecken der ersten Art. Jede quadratische Fläche nämlich, die Strecken umschließen, die in der Länge rational sind, hat einen Durchmesser in Form einer rationalen Strecke der zweiten Art, nämlich einer Strecke, die nur im Quadrat rational ist. Und dieser Satz trifft immer. Wenn jedoch eine rationale quadratische Fläche von rationalen Strecken der zweiten Art umschlossen ist (also von Strecken, die nur im Quadrat rational sind), dann wird der Durchmesser bald eine Strecke der ersten Art rationaler Strecken, bald eine Strecke der zweiten Art sein. Beträgt nämlich die Seite eines Quadrates $\sqrt{48}$, wird ihr Durchmesser $\sqrt{96}$ betragen; ist jedoch die Seite $\sqrt{50}$, wird der Durchmesser 10 betragen.

Eine rationale Fläche aber, die von ungleichen rationalen Strecken der ersten Art (also Strecken, die in der Länge rational sind) umschlossen ist, ergibt einen rationalen Durchmesser der zweiten Art, wenn man sich vor Seitenproportionen hütet, wie ich sie im vorhergehenden Kapitel bezüglich des ersten elementaren Lehrsatzes vorstellte. Denn unter den dort hingestellten Proportionen werden diese Strecken einen Durchmesser oder eine Diagonale der ersten Art ergeben, usw.

Vom zweiten Satz, der bei Campanus der 16. ist.

In dem Satz, der bei Campanus der 16. ist, bei Theon jedoch der 21., gefällt mir der Wortlaut bei Theon besser als der bei Campanus, so wie weiter oben der Text des Campanus dem bei Theon vorzuziehen war. Bei diesem Verfahren scheinen nämlich beide Arten rationaler Strecken schön dargestellt.

Der Text in Theons Satz aber lautet so:

Wenn einer rationalen Strecke eine rechtwinklige rationale Fläche hinzugefügt wird, dann wird ihre zweite Seite rational sein und der ersten Seite kommensurabel. **[158v]**

Campanus jedoch fasst seinen sechzehnten Satz so, dass er die Umkehrung zu seinem fünfzehnten bildet, wie auch Theon seinen 21. Satz so gestaltet, dass er die Umkehrung seines zwanzigsten wird.

Der Satz des Campanus aber lautet so:

Wenn man einer in der Länge rationalen Strecke eine rationale rechteckige Fläche anschließt, dann wird deren zweite Seite rational in der Länge sein und zur ersten Seite in der Länge kommensurabel.

Bei diesem Unterschied halte ich (mit gutem Grund) die Mitte ein und meine, dass Euklid seine Sätze so angeordnet hat, wie ich sagte. Es konnte ja geschehen, dass die Sätze Euklids, die Theon nach mehreren Jahrhunderten in die Hand kamen, irgendwo verändert waren, was auch immer es sein mag, was wir von den Exemplaren des Campanus mutmaßen. Es erleichtert mir auch die Tatsache das Urteil, dass Euklids Sätze ja nicht das Evangelium Christi sind. So ist es.

Zwei rationale in der Länge kommensurable Strecken (ob sie nun in der Länge rational sind oder irrational), können keine andere als eine rationale Fläche umschließen. Dies gilt allgemein, mögen die Flächen nun quadratisch sein oder an einer Seite länger. Für Flächen mit einer längeren Seite hat man ein Beispiel im vorhergehenden Satz.

Hier jedoch will ich für Quadrate das nun folgende Beispiel hinstellen. Es ist aber jedes beliebige Ding dem ihm gleichen kommensurabel, so z.B. die eine Seite in demselben Quadrat der anderen usw.

Eine quadratische Fläche, die den Inhalt einer Quadratzahl umfasst, hat eine in der Länge rationale Seite. Umfasst die Fläche aber den Inhalt einer nicht quadratischen Zahl, hat sie eine in der Länge irrationale Seite, wie man aus dem folgenden Beispiel ersieht: **[159r]**

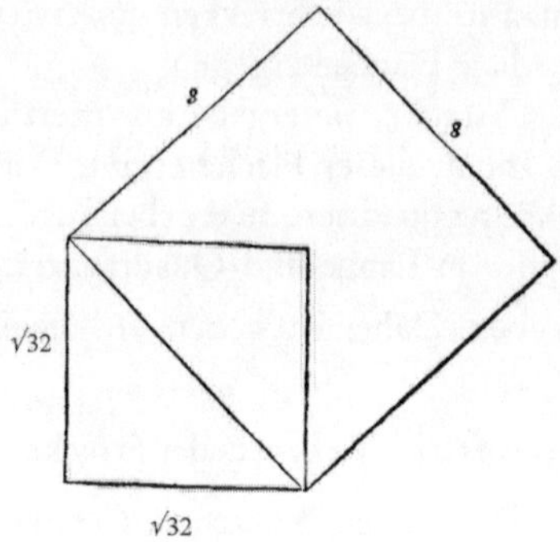

Um aber zu meiner Erörterung zurückzukehren, siehe Folgendes im Text des Lehrsatzes von Campanus: Da sich sein Satz auf in der Länge rationale Strecken bezieht, die eine Fläche umschließen, also nur von Strecken der ersten Art handelt, wozu brauchte er noch hinzufügen: *und der ersten Seite der Länge nach kommensurabel*? Als ob es möglich wäre, dass zwei in der Länge rationale Strecken inkommensurabel wären! Du siehst gewiss, dass jener Satz sich selbst bricht, ohne es zu wissen, und dem Lehrsatz Theons Platz machen muss. Mit Recht zwar und ganz passend erwähnte er die Kommensurabilität, doch nicht mit Recht bestimmt er die Strecken mit dem Wort Länge. Ist doch jede beliebige in der Länge rationale Strecke jeder beliebigen rationalen Strecke **[159v]** in der

Länge kommensurabel, wie ich kurz zuvor darlegte. Nicht jedoch stimmt jede beliebige Strecke, die nur im Quadrat rational ist, mit jeder beliebigen Strecke überein, die nur im Quadrat rational ist, so wie $\sqrt{12}$ mit $\sqrt{48}$ zusammenstimmt, nicht jedoch mit $\sqrt{24}$. Und (damit du nicht zweifelst) *zusammenstimmen und kommensurabel sein* bedeutet grundsätzlich dasselbe. In gleicher Weise ist es unmöglich, dass eine in der Länge rationale Strecke mit einer Strecke zusammenstimmt, die nur im Quadrat rational ist.

Zwei rationale inkommensurable Strecken aber können eine rationale Fläche nicht umschließen. Wenn daher zwei rationale Strecken von beider Art der rationalen Strecken eine rechtwinklige viereckige Fläche umschließen, dann wird die Strecke, die diese Fläche im Quadrat ergibt, medial sein, wie der nächste Lehrsatz aussagen wird, den ich an die richtige Stelle setzen werde. All dies umfasst in wunderbarer Kürze Theons Lehrsatz, bei dessen Betrachtung ich dazu neige, ihn Euklid zuzuschreiben, diesen und nicht den Satz, den Campanus aufstellt.

VON EUKLIDS LEHRSÄTZEN BEZÜGLICH MEDIALER STRECKEN, DIE STRECKEN DER ERSTEN ART SEINER IRRATIONALEN STRECKEN SIND.

Kapitel XVI.

Die erste Art irrationaler Strecken nennt man Mediale. Wie man aber nur in der Länge irrationale Strecken als nur quadriert rational bezeichnet, weil sie quadriert rationale Flächen ergeben, so nennt man irrationale Strecken der ersten Art irrationaler Strecken Mediale, weil sie quadriert mediale Flächen ergeben.

Man sagt aber von einer Strecke, sie ergebe quadriert eine Fläche, wenn sie, mit sich selbst multipliziert, den Inhalt dieser Fläche ergibt. Daher sagt man, eine Strecke, die der Länge nach 6 ergibt, könne quadriert 36 ergeben, usw.

Mediale Strecken sind aber in Länge und Quadrat irrationale Strecken, die quadriert eine mediale Fläche ergeben. Daher ist weder $\sqrt{6}$ medial noch $\sqrt[8]{6}$, sondern $\sqrt[4]{6}$ usw. **[160r]**

Vom ersten Satz medialer Strecken

Nun endlich sieht man den eigentlichen Nutzen des ersten Elementarsatzes aus dem ersten Lehrsatz über mediale Strecken; dieser handelt von der Findung medialer Strecken, so dass er verdientermaßen in dieser Reihe als erster steht. Der Satz aber, der bei Campanus der XIX. ist, ist bei Theon der XXII.

Er lautet aber so:

Jede beliebige Fläche, die zwei rationale Strecken umschließen, die nur dem Quadrat nach kommensurabel sind, ist irrational, und man nennt sie eine mediale Fläche. Ihre Vierecksseite, die im Quadrat diese Fläche erzeugt, ist irrational und wird mediale Strecke genannt.

Es ist, als ob er sagte: So wirst du eine mediale Strecke finden, wenn du zwei rationale Strecken, die nur im Quadrat kommensurabel sind, in gerader Richtung verbindest (denn rechtwinklig verbundene umschließen eine mediale Fläche) und nach Satz 9 des sechsten Buches das proportionale Mittel zwischen den beiden verbundenen Strecken anordnest, dann wird jenes proportionale Mittel eine mediale Strecke sein. Es ist nämlich jene mittlere Vierecksseite, die im Quadrat jene mediale Fläche hervorbringt. Eine mediale Fläche ist aber bei Euklid nur eine solche, auf die sich die mediale Zahl im Quadrat bezieht, das heißt, es ist eine Zahl dieses Zeichens: √.

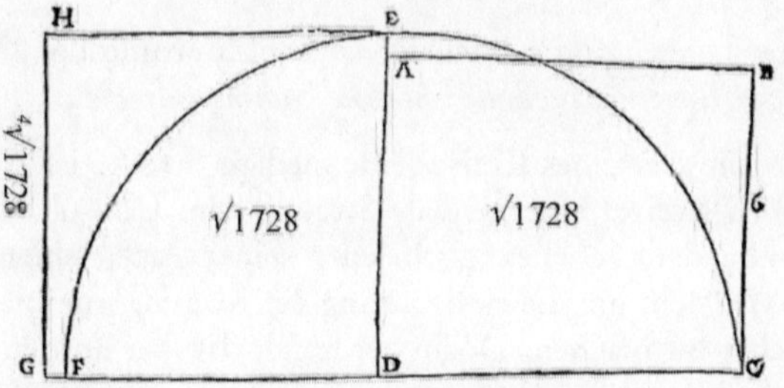

Man sieht hier, dass die Fläche AECD medial ist und umschlossen von den rationalen Strecken AB und BC, die nur im Quadrat kommensurabel sind. AB nämlich macht $\sqrt{48}$ und [160v] ergibt im Quadrat 48, und BC macht 6 und ergibt im Quadrat 36. Es ist aber eine mediale Fläche, da sie $\sqrt{1728}$ ergibt. Weiterhin sieht man, wie diese beiden Strecken AB und BC geradewegs verbunden sind und FDC ergeben und wie zwischen ihnen das proportionale Mittel ED errichtet ist, das in seiner Länge $\sqrt[4]{1728}$ ergibt. Das Zeichen $^4\surd$ ist aber das besondere Zeichen für mediale Strecken.

Vom zweiten Satz über Mediale, der bei Campanus der XX. ist.

Campanus hatte (im vorhergehenden Lehrsatz) instrumentale Teile der medialen Strecken angesprochen, nämlich die rationalen Strecken, die nur im Quadrat kommensurabel sind. Daher zeigt er nun (in diesem Lehrsatz) die Methode an, wie man die Medialen auf solche instrumentalen Teile zurückführt, indem er sagt:

Wenn einer in der Länge rationalen Strecke eine Fläche hinzugefügt wird, die dem Quadrat der medialen Strecke gleich ist, dann wird deren zweite Seite nur im Quadrat rational und der ersten Seite in der Länge inkommensurabel sein.

Sicher legt Euklid nicht viel Wert darauf, dass dieser Satz der Umkehrsatz zum vorhergehenden ist, sonst hätte er der rationalen Strecke nicht die Bestimmung in der Länge beigefügt. Und dies bestätigt meine Ansicht über die beiden Lehrsätze über rationale Strecken, die ich ein wenig weiter oben anführte. Jene nämlich mussten nicht wechselseitig genaue Umkehrsätze bilden. Darum jedoch bemüht sich Euklid und strebt danach, diese Art irrationaler (nämlich medialer) Strecken durch Lehrsätze herbeizuschaffen, die jenen Sätzen ähnlich sind, die er über die einzelnen weiteren Arten vorstellen wollte. So aber wirst du sehen, dass er die einzelnen restlichen Arten irrationaler

Strecken so behandelt, dass er (da alle weiteren Arten außer dieser ersten zusammengesetzte oder gleichsam zusammengesetzte Strecken beinhalten) nach der Behandlung ihrer zusammengesetzten Teile ihre instrumentalen Teile zu bearbeiten beginnt; und dies macht er nicht anders als hier, nämlich indem er an einem Lehrsatz die Findung jeglicher Art lehrt. Mit einem anderen Satz aber bezeichnet er die Rückführung auf dieselben instrumentalen Teile mittels einer in der Länge rationalen Strecke, der die Fläche eines rechtwinkligen Vierecks angefügt ist, usw. **[161r]**

Jener Lehrsatz ist aber leicht, besonders wenn man ein Beispiel anwendet: Wir nehmen also noch einmal das Beispiel zum vorhergehenden Lehrsatz her. Natürlich ist die Fläche ABCD (die dem Quadrat EDGH gleich ist, und es ist dies das Quadrat der medialen Strecke HG) an die in der Länge rationale Strecke BC angefügt. Also muss die andere Seite der Fläche ABCD, nämlich AB, nur im Quadrat rational und der Strecke BC inkommensurabel sein.

Dritter Lehrsatz über Mediale, der bei Campanus der 21. ist.
Jede Strecke, die einer medialen Strecke kommensurabel ist, ist medial.

Wenn also der Durchmesser eines Kreises eine mediale Strecke ist, dann muss auch der Halbmesser desselben Kreises eine mediale Strecke sein. Und obschon dies allgemein zutrifft, wollte Euklid dennoch bezüglich jeder seiner Arten einen eigenen Lehrsatz darüber aufstellen, vielleicht um die Betrachtung der Kommensurablen und Inkommensurablen annehmlicher zu machen. Doch werde ich darüber an den passenden Stellen sprechen.

Ist also eine mediale Strecke gegeben, dann werden dieser manche Mediale in der Länge kommensurabel sein, wie etwa zu $\sqrt[4]{6}$ die Strecke $\sqrt[4]{96}$. Und manche werden nur im Quadrat kommensurabel sein, wie $\sqrt[4]{24}$ zu $\sqrt[4]{6}$. Und manche Strecken werden dieser Strecke in keiner der beiden Weisen kommensurabel sein, wie etwa $\sqrt[4]{12}$ zu $\sqrt[4]{6}$.

Vom vierten Lehrsatz über mediale Strecken, der bei Theon Nr. 25 ist.

Nach diesem kurzen Lehrsatz überschreitet eine Mediale nicht eine Mediale, wenn man einen Augenblick die rationale Strecke vergisst, bis diese ihren passenden anderen Ort findet; an Stelle dieses Satzes wollen wir nun den Lehrsatz ansehen, den Theon als fünfundzwanzigsten aufstellt.

Jede beliebige Fläche, die von zwei medialen Strecken eingefasst wird, die in der Länge kommensurabel sind, ist medial.

Beispiel

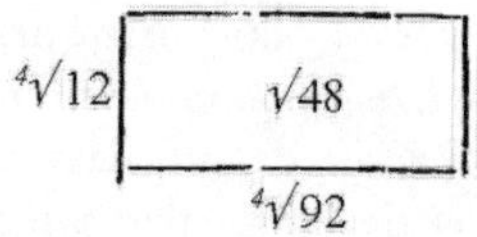

[161v] Erkenne hier aber die wunderbare Natur der Strecken auf Grund des Vergleiches der medialen und der nur im Quadrat rationalen Strecken.

Mediale Strecken, die nur im Quadrat kommensurabel sind, umschließen irgendwann eine rationale Fläche, wie der folgende Lehrsatz besagt. Sind sie aber in der Länge kommensurabel, dann können sie nie eine rationale Fläche umschließen, wie der vorliegende Lehrsatz aussagt.

Wenn jedoch Strecken, die nur im Quadrat rational sind, nur im Quadrat kommensurabel sind, dann können sie keine rationale Fläche umschließen. Sind sie jedoch in der Länge kommensurabel, dann werden sie stets eine rationale Fläche umschließen.

Daher werden zwei mediale Strecken, deren Zahlen, eine durch die andere geteilt, eine rationale Zahl ergeben, niemals eine rationale Zahl ergeben, wenn eine mit der anderen multipliziert wird, wie der vorliegende Lehrsatz aussagt.

Und zwei mediale Strecken, deren Zahlen, eine mit der anderen multipliziert, eine rationale Zahl ergeben, werden, wenn eine durch die andere dividiert wird, niemals eine rationale Zahl ergeben, wie der folgende Lehrsatz besagt.

Zwei Strecken jedoch, die nur im Quadrat rational sind und deren Zahlen, wenn man die eine durch die andere dividiert, eine rationale Zahl ergeben, werden auch bei der Multiplikation der einen Zahl mit der anderen eine rationale Zahl ergeben.

Und zwei Strecken, die nur im Quadrat rational sind und deren Zahlen, wenn man eine mit der anderen multipliziert, keine rationale Zahl ergeben, werden auch bei der Division einer Zahl durch die andere keine rationale Zahl ergeben.

Vom fünften Lehrsatz über mediale Strecken

Euklid beginnt mit dem folgenden Lehrsatz die Zusammensetzung bimedialer Strecken aus medialen Strecken zu berücksichtigen. Und darauf beziehen sich die beiden Aufgaben, aus denen Theon seine Lehrsätze 28 und 29 bildet, die ich an anderer Stelle bringen werde.

So aber spricht ‹Euklid› in seinem fünften Lehrsatz:

Jede beliebige Fläche, die zwei mediale Strecken umschließen, die nur im Quadrat kommensurabel sind, ist entweder rational oder medial. **[162r]**

Beispiel

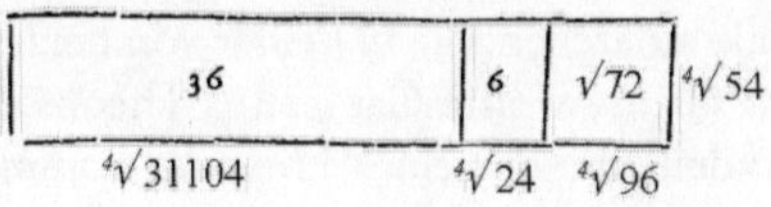

Zuerst sind $\sqrt[4]{96}$ und $\sqrt[4]{54}$ nur im Quadrat kommensurabel und umschließen die mediale Fläche $\sqrt{72}$. Zweitens umschließen $\sqrt[4]{54}$ und $\sqrt[4]{24}$ die Fläche 6 und sind nur im Quadrat kommensurabel. Drittens enthalten $\sqrt[4]{54}$ und $\sqrt[4]{31104}$ die Zahl 36, usw.

Also ist die mittlere Proportionale zwischen zwei medialen Strecken, die nur im Quadrat kommensurabel sind, entweder eine mediale Strecke, indem jene Strecken eine mediale Fläche umschließen, oder sie ist nur im Quadrat rational, indem jene Medialen eine rationale Fläche einer nicht quadrierten Zahl umschließen, oder sie ist in der Länge rational, indem jene medialen Strecken die rationale Fläche einer quadrierten Zahl umschließen.

Von zwei medialen Strecken, die in Länge und Quadrat inkommensurabel sind.

Wenn zwei mediale Stecken in Länge und Quadrat inkommensurabel sind, dann werden jene Strecken eine irrationale Fläche umschließen, die Euklid nicht aufgenommen hat. Und wie er solche Flächen nicht aufnimmt, so lässt er auch Strecken, die quadriert solche Flächen ergeben, nicht zu. Nimmt man nun eine Strecke des genannten Quadrates an, dann wird man mit der anderen Seite der Fläche eine weitere Art irrationaler Flächen aufstellen und eine andere Art irrationaler Strecken aus der Quadrierung derartiger Flächen gewinnen, und dieses Verfahren kann endlos fortgesetzt werden.

Es folgt ein Beispiel. **[162v]**

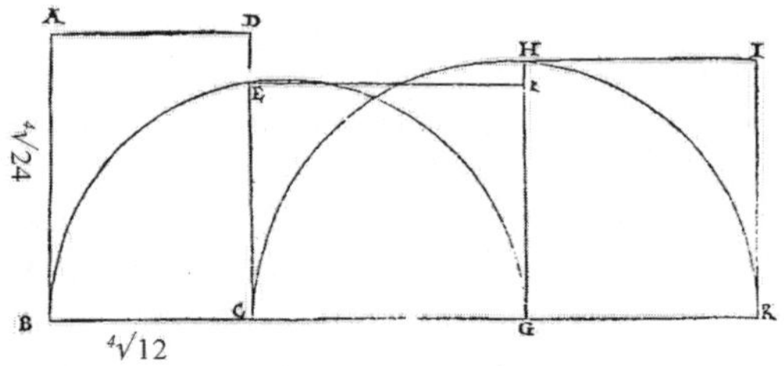

Da die Strecke AB $\sqrt[4]{24}$ ergibt und BC $\sqrt[4]{12}$ ergibt, beträgt die Fläche ABCD $\sqrt[4]{288}$; und diese Fläche bringt die Strecke EC im Quadrat hervor; die Strecke beträgt $\sqrt[8]{288}$.

Sodann beträgt die von EC und EF (da CG gleich CD ist) umschlossene Fläche $\sqrt[8]{217728}$, und die Strecke HG ergibt quadriert jene Fläche, die $\sqrt[16]{217728}$ beträgt.

Sodann beträgt die Fläche, die von HG und HI umschlossen ist (da die Strecke GK gleich der Strecke GF ist), dann $\sqrt[16]{18059231232}$, und die Strecke, die quadriert jene Fläche ergibt, beträgt $\sqrt[32]{18059231232}$. Und so immer endlos weiter.

Man muss an dieser Stelle auch beachten, dass aus zwei Medialen, die in Länge und Quadrat inkommensurabel sind, nicht die von Euklid angenommene bimediale Strecke zusammengesetzt werden kann. Auch entsteht nicht durch Subtraktion der einen Zahl von der anderen bimedial eine Restzahl, wie sie Euklid in seine Arten aufnimmt. Daher wollte er auch nicht (und wenn Euklid selbst es wollte, Theon jedenfalls wollte es nicht) einen Lehrsatz über Mediale aufstellen, die in keiner von beiden Weisen kommensurabel sind. Aus einem ähnlichen Grund wollte Campanus Theons 25. Lehrsatz nicht aufstellen, der von Medialen handelt, die in beider Hinsicht kommensurabel sind, und zwar deshalb, weil solche Strecken **[163r]** keine bimedialen Strecken ergeben, wenn man sie verbindet, und auch keine bimedialen Reststrecken ergeben, wenn man sie voneinander abzieht. Es ist aber bekannt, dass aus der Verbindung oder Trennung solcher Strecken nichts entsteht oder übrig bleibt als eine mediale Strecke.

VON DEN LEHRSÄTZEN EUKLIDS ÜBER DIE ZWEITE ART SEINER IRRATIONALEN STRECKEN, NÄMLICH ÜBER BINOMIALE STRECKEN.

Kapitel XVII.

Zuallererst entstehen Strecken, die nur im Quadrat rational sind, aus Strecken, die in der Länge rational sind (d.h., die zweite Art entsteht aus der ersten), und dies geschieht auf Grund des ersten Elementarsatzes. Wenn man nämlich zwei Strecken hat, die in der Länge rational sind und gerade miteinander verbunden, und wenn zwischen ihnen die Proportion einer Quadratzahl zu einer anderen Quadratzahl besteht, dann wird die mittlere Proportionale zwischen beiden Strecken eine rationale Strecke der zweiten Art sein, was bedeutet, dass jene Strecke nur im Quadrat rational sein wird.

Zweitens entstehen mediale Strecken, nämlich Strecken der ersten Art irrationaler Strecken, aus je zwei rationalen Strecken, die aus beiden Arten rationaler Strecken genommen sind, oder aus der zweiten Art rationaler Strecken, wenn sie zueinander inkommensurabel sind. Es geschieht dies auch, wie bereits gesagt, natürlich auf Grund des ersten Elementarsatzes, wird doch die proportionale Mitte zwischen derartigen Strecken stets eine mediale Strecke sein.

Drittens entstehen binomiale Strecken (das sind Strecken der zweiten Art irrationaler Strecken) aus rationalen Strecken, nämlich wenn man zwei rationale Strecken aus jeder der beiden Arten rationaler Strecken nimmt oder auch zwei inkommensurable Strecken aus der zweiten Art rationaler Strecken und wenn man diese beiden Strecken gerade miteinander verbindet (wenn also aus zwei Geraden eine einzige Gerade wird), dann wird stets aus einer derartigen Verbindung oder Zusammenstellung eine einzige binomiale Strecke entstehen. Und dies ist es, was dieser erste folgende Satz über Binomiale aussagt, der bei Campanus der 30. ist:

Wenn zwei rationale Strecken, die nur im Quadrat zusammenstimmen, **[163v]** zu einer langen Geraden verbunden werden, dann wird die gesamte Strecke, die aus diesen zusammengesetzt ist, irrational sein und wird Binomium genannt werden.

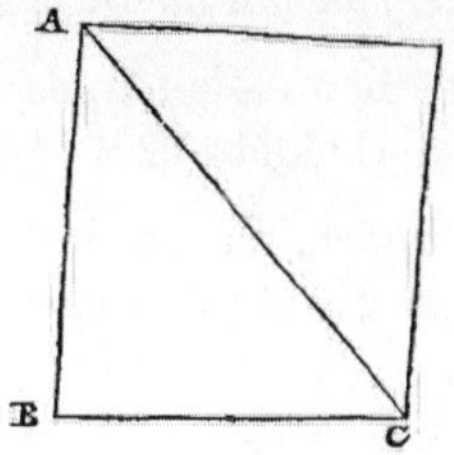

Wenn etwa aus der Seite eines rationalen Quadrates und aus dem Durchmesser desselben Quadrates eine gerade Linie gemacht wird, dann wird jene notwendigerweise binomial sein.

Wenn also AB 12 ist, dann wird AC $\sqrt{288}$ sein. Wenn daher aus AB und aus AC eine gerade Linie gemacht wird, dann wird ($\sqrt{288}+12$) zusammengesetzt eine binomiale Strecke ergeben.

Und wenn AB $\sqrt{288}$ macht, wird AC dann 24 ergeben. Daher wird aus AB und AC die binomiale Strecke $24+\sqrt{288}$ entstehen.

Und wenn AB $\sqrt{24}$ ergibt, wird AC $\sqrt{28}$ ergeben. Daher wird aus AB und AC die binomiale Strecke $\sqrt{48}+\sqrt{24}$ entstehen.

Sodann entstehen aus binomialen Strecken der übrigen irrationalen Arten Strecken. Wie dies geschieht, werden am jeweils gegebenen Ort die Lehrsätze erklären, die Euklid dazu aufgestellt hat.

Und da es bei den Gegen-Sätzen dasselbe Verfahren gibt, stellt man die Auflösung der Zusammensetzung schön gegenüber, und zwar mit einem weiteren folgenden Lehrsatz Euklids, der bei Campanus Nr. 36 ist. Er lautet so:

Es ist unmöglich, ein Binomium in zwei andere Strecken zu teilen als in jene, aus denen es zusammengesetzt und nach deren Ausdruck es benannt ist.

Man beachte hier, dass von der ersten Art irrationaler Strecken (also medialen) kein derartiger Satz für Zusammensetzung und Auflösung aufgestellt ist, und dass solche Sätze auch nicht aufgestellt werden können. Von den einzelnen restlichen Arten jedoch hat Euklid einige Sätze dieser Art aufgestellt. Auf diese Weise ist also die Art der medialen Strecken von den übrigen Arten abgetrennt, ganz wie die einfache Art von Zusammengesetzten und von Arten, die Zusammengesetzten ähnlich sind. Ich denke, darüber in den früheren Kapiteln schon mehr ausgeführt zu haben.

Daher wird eine binomiale Strecke in jene zwei Strecken aufgelöst, aus denen sie zusammengesetzt ist, und dies sind natürlich rationale, nur im Quadrat **[164r]** kommensurable Strecken. So wird z.B. $12+\sqrt{48}$ in 12 und $\sqrt{48}$ geteilt, und es ist unmöglich, dass jenes Binom in zwei andere Strecken zerlegt wird, die rational und nur im Quadrat kommensurabel sind. Es sind aber jene beiden gegebenen Teile 12 und $\sqrt{48}$, nach denen dieses Binom $12+\sqrt{48}$ benannt ist, und zwar nach deren Ausdruck oder Bezeichnung, wie sie der vorhergehende Lehrsatz enthält, nämlich der erste Lehrsatz dieses Kapitels.

Freilich kann $12+\sqrt{48}$ in 6 und $6+\sqrt{48}$ geteilt werden, ebenfalls in $12+\sqrt{12}$ und $\sqrt{12}$, ebenso in $6+\sqrt{12}$ und $6+\sqrt{12}$. Und so weiter. Doch entstehen aus solchen Teilungen nicht zwei rationale Strecken, die nur im Quadrat kommensurabel sind.

Es folgt der dritte Lehrsatz dieses Kapitels, der bei Campanus Nr. 17 ist [Euklid 10,29].

Man soll zwei rationale Strecken finden, die nur im Quadrat kommensurabel sind; die längere Strecke soll die kleinere um das Quadrat einer zu ihr in der Länge kommensurablen Strecke übertreffen.

Nachdem wir zwei Lehrsätze vorausgeschickt haben, die allgemein über Binome handeln, folgen nun zwei weitere, die von Binomen im Besonderen handeln. Der erste davon ist der, den wir nun behandeln und der bei Campanus Nr. 17 Euklids und bei Theon Nr. 30 Euklids ist. Der Satz stellt aber die Findung binomialer Strecken erster Ordnung oder erster Art vor; diese werden wieder in drei weitere Arten unterteilt, nämlich in erste, zweite und dritte Binome.

Die Findung aber, die dieser Lehrsatz fordert, wird sehr gut entsprechend dem dritten Elementar-Satz erreicht, und zwar auf folgende Weise:

Regel dieser Findung:

Nimm zwei rationale kommensurable Strecken, deren Proportion nicht der einer Quadratzahl zu einer Quadratzahl entspricht, und erstelle die mittlere Proportionale zwischen ihnen; dann wird die verdoppelte Strecke jenes Mittels der kürzere Teil des Binoms sein. Die Strecke aber, die aus den beiden angenommenen Strecken zusammengesetzt ist, wird die längere Strecke des Binoms sein. **[164v]**

Ein Beispiel:

Genommen werden sollen 8 und 6, die mittlere Proportionale zwischen beiden wird $\sqrt{48}$ sein. Daher wird der kleinere Teil des Binoms $\sqrt{192}$ sein, und 14 wird sein größerer Teil sein. Also wird sich das gefundene Binom so darstellen: $14+\sqrt{192}$.

Binome dieser Ordnung, nämlich die ersten, zweiten und dritten, sind Quadrate. Von ihrer Findung handeln die folgenden drei Aufgaben.

Ein erstes Binom zu finden.

Nimm zwei Strecken, die in der Länge rational sind, deren Proportion nicht die einer Quadratzahl zu einer Quadratzahl sein darf, und verfahre nach der letzten oben hingestellten Regel.

Wenn man z.B. 6 und 18 nimmt, wird die Figur des dritten Elementarsatzes passen (der oben auf Seite 155 steht). AD wird natürlich $\sqrt{432}$ machen und der kleinere Teil des Binoms sein, und AB wird 24 betragen. Also wird das erste auf diese Weise gefundene Binom $24+\sqrt{432}$ sein.

Findung des zweiten Binoms

Findung des dritten Binoms

Nimm zwei Strecken, die nur im Quadrat rational sind und so kommensurabel, dass sie nicht zueinander die Proportion haben wie eine Quadratzahl zu einer Quadratzahl; dann verfahre nach der oben gegebenen Regel. Und wenn zwischen die beiden angenommenen Strecken die mittlere Proportionale fällt, die in der Länge rational sei, dann wirst du das zweite Binom hervorbringen. Ist aber die mittlere Proportionale nur im Quadrat rational, dann wirst du das dritte Binom hervorbringen.

Beispiel für das erste.

Nimm zuerst die Skizze auf Seite 155 und dann nimm für die Seite AC $\sqrt{243}$ und für CB nimm $\sqrt{27}$; dann wird DC 9 machen. Also wird AD 18 machen, und AB wird $\sqrt{432}$ machen. Daher wird sich das zweite Binom in den Zahlen $\sqrt{432}+18$ darstellen; natürlich wird BAD nun das zweite Binom bilden.

Beispiel für das zweite.

Wenn man die oben angezeigte Figur genommen hat, nehme man für die Strecke AC $\sqrt{54}$, **[165r]** und für CB nehme man $\sqrt{6}$; dann wird DC $\sqrt{18}$ ergeben. Also wird AD $\sqrt{72}$ ergeben, und AB wird $\sqrt{96}$ ergeben. Daher wird nun BAD das dritte Binom ergeben, nämlich $\sqrt{96}+\sqrt{72}$.

Es folgt der vierte Lehrsatz dieses Kapitels, der bei Campanus Nr. 18 ist [Euklid 10,30] Man soll zwei rationale Strecken finden, die nur im Quadrat kommensurabel sind, deren längere die kürzere im Quadrat um soviel übertrifft, wie das Quadrat der ihr in der Länge inkommensurablen Strecke beträgt.

Diese Aufgabe lehrt die Findung von Binomen der zweiten Ordnung, nämlich von nicht quadrierten Binomen, also solchen der vierten, fünften und sechsten Art. Und die Regel dieser Findung wird aus dem vierten Elementarsatz genommen.

Regel.

Nimm eine rationale Strecke, teile diese in zwei in der Länge irrationale und im Quadrat inkommensurable Strecken; zwischen diesen erstelle die mittlere Proportionale, und die verdoppelte Strecke zu jenem Mittel wird die kürzere Strecke des zu findenden Binoms sein. Die Strecke aber, die man zuerst annahm, wird den längeren Teil desselben Binoms darstellen.

Beispiel

Angenommen sei eine Strecke, die 24 macht; diese teile ich in $12+\sqrt{12}$ und $12-\sqrt{12}$. Die mittlere Proportionale zwischen den Stücken jener Teilung macht $\sqrt{132}$. Also wird der kürzere Teil des Binoms $\sqrt{528}$ betragen, und der längere Teil davon wird 24 betagen. So wird sich das gefundene Binom so darstellen: $24+\sqrt{528}$.

Das vierte Binom zu finden

Man nehme die Figur zum vierten Elementarsatz (die oben auf Seite 156 dargestellt ist) und nehme für AB eine in der Länge rationale Strecke. Wenn etwa AB 24 macht, teile ich die Strecke in $12+\sqrt{48}$ und $12-\sqrt{48}$, also in AC und CB. So wird die mittlere Proportionale zwischen den Stücken dieser Teilung $\sqrt{528}$ sein. Also wird AD (das ist der kürzere Teil des zu findenden Binoms) $\sqrt{2112}$ machen, der längere Teil aber wird AB sein und 24 betragen. **[165v]**

Das fünfte Binom zu finden.

Das sechste Binom zu finden.

Man nehme für AB eine nur im Quadrat rationale Strecke. Wenn etwa AB $\sqrt{96}$ macht, dann teile die Strecke in $\sqrt{24}+\sqrt{8}$ und $\sqrt{24}-\sqrt{8}$, nämlich in AC und CB. Also wird die mittlere Proportionale zwischen den Stücken dieser Teilung 4 machen. Also wird die Strecke AD 8 machen und ist der kleinere Teil des Binoms. Daher wird BAD (das ist $\sqrt{96}+8$) das fünfte Binom sein.

Wenn jedoch die mittlere Proportionale eine nur im Quadrat rationale Strecke, die zur Strecke AB inkommensurabel ist, sein sollte, dann wird das sechste Binom herauskommen. Wenn also AB $\sqrt{48}$ macht und in AC (das $\sqrt{12}+\sqrt{5}$ macht) und CB (das $\sqrt{12}-\sqrt{5}$ macht) geteilt wird, dann wird die mittlere Proportionale $\sqrt{7}$ ergeben, und die Strecke AD wird $\sqrt{28}$ ergeben. Also wird BAD (das ist $\sqrt{48}+\sqrt{28}$) das sechste Binom ergeben.

Wäre jedoch die mittlere Proportionale der Strecke AB kommensurabel, dann entstünde aus BAD kein Binom, sondern eine nur im Quadrat rationale Strecke. Wenn etwa AB $\sqrt{96}$ beträgt und in $\sqrt{24}+\sqrt{18}$ und $\sqrt{24}-\sqrt{18}$ geteilt wird, dann wird die mittlere Proportionale $\sqrt{6}$ betragen, und AD wird $\sqrt{24}$ betragen. Also wird BAD $\sqrt{216}$ machen, natürlich eine nur im Quadrat rationale Strecke.

Definitionen von Binomen nennt Theon sekundäre Definitionen wegen jener ersten, die am Beginn des zehnten Buches [Euklids] aufgestellt werden, mögen sie vielleicht auch von ihm stammen und nicht von Euklid.

Erste Definition

Wenn es ein Binom gibt, dessen längerer Teil den kürzeren im Quadrat um das Quadrat einer Strecke übertrifft, die diesem längeren Teil in der Länge kommensurabel ist, und wenn dieselbe längere Strecke einer in der Länge rationalen Strecke in der Länge kommensurabel ist, dann wird man vom ersten Binom sprechen.

Es ist dies das quadratische Binom, dessen längerer Teil eine in der Länge rationale Stecke sein wird, es wird erstes Binom heißen.

Zweite Definition

Wenn es ein Binom gibt, dessen längerer Teil den kürzeren im Quadrat **[166r]** um das Quadrat einer Strecke übertrifft, die diesem längeren Teil in der Länge kommensurabel ist, und wenn der kleinere Teil in der Länge einer rationalen Strecke kommensurabel sein wird, dann spricht man vom zweiten Binom.

Es ist dies ein quadratisches Binom, dessen kürzerer Teil eine in der Länge rationale Strecke sein wird, und es wird zweites Binom heißen.

Dritte Definition

Wenn es ein Binom gibt, dessen längerer Teil den kürzeren im Quadrat um das Quadrat einer Strecke übertrifft, die dem längeren Teil in der Länge kommensurabel ist, und wenn keiner der beiden Teile einer rationalen Strecke in der Länge kommensurabel ist, dann wird man vom dritten Binom sprechen.

Dies ist ein quadratisches Binom, von dem keiner der beiden Teile in der Länge rational ist, es wird drittes Binom genannt.

Daher sind alle jene Binome Quadrate, bei denen die überschießende Strecke dem längeren Teil in der Länge kommensurabel ist. Wenn daher die überschießende Strecke der längeren Strecke in der Länge inkommensurabel ist, dann wird dies kein quadratisches Binom sein, wie es die Binome der drei folgenden Definitionen sind.

Vierte Definition

Wenn es ein Binom gibt, dessen längerer Teil den kürzeren im Quadrat um das Quadrat einer Strecke übertrifft, die jenem längeren Teil in der Länge inkommensurabel ist, und wenn dieselbe längere Strecke in der Länge einer in der Länge rationalen Strecke kommensurabel ist, dann wird man vom vierten Binom sprechen.

Es ist dies ein nicht quadratisches Binom, dessen längerer Teil in der Länge rational ist, und das viertes Binom heißen wird.

Fünfte Definition

Wenn es ein Binom gibt, dessen längerer Teil den kürzeren im Quadrat um das Quadrat einer Strecke übertrifft, die jenem längeren Teil in der Länge inkommensurabel ist, und wenn der kürzere Teil in der Länge einer in der Länge rationalen Strecke kommensurabel ist, dann wird man dies fünftes Binom nennen. **[166v]**

Es ist dies ein nicht quadratisches Binom, dessen kürzerer Teil eine der Länge nach rationale Strecke sein wird, und wird fünftes Binom heißen.

Sechste Definition

Wenn es ein Binom gibt, dessen längerer Teil den kürzeren im Quadrat um das Quadrat einer Strecke übertrifft, die jenem längeren Teil in der Länge inkommensurabel ist, und ist keiner der beiden Teile einer in der Länge rationalen Strecke in der Länge kommensurabel, dann wird man dies sechstes Binom nennen.

Es ist dies ein nicht quadratisches Binom, von dem keiner der beiden Teile der Länge nach rational sein wird, und wird sechstes Binom heißen.

Es sollen in einem Kreis sämtliche Arten von Binomen eingezeichnet werden.

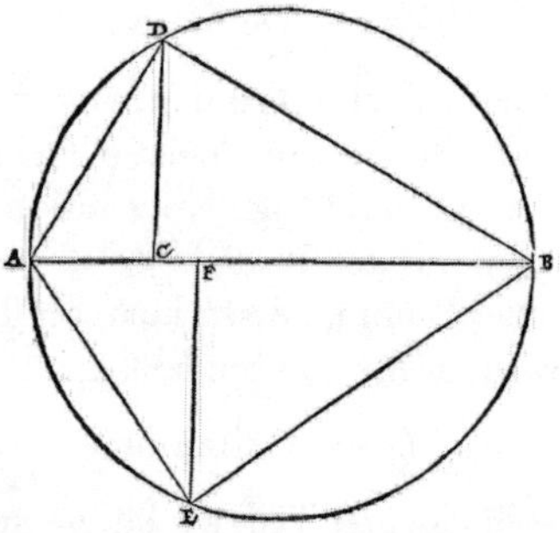

[167r] Nimm einen Kreis mit einem in der Länge rationalen Durchmesser und stelle zuerst die mittlere Proportionale zwischen dem vierten Teil des Durchmessers und dessen restlichem Teil her, wie man sieht, dass CD zwischen AC und CB gestellt wird. Zweitens erstelle die mittlere Proportionale zwischen dem dritten Teil des Durchmessers und dessen restlichem Teil, wie man sieht, dass FE zwischen AF und FB gestellt wird. Drittens vollende die rechten Winkel, nämlich ziehe die geraden Linien ADBEA.

Das erste Binom ergeben ADC.
Das zweite Binom ergeben DBC.
Das dritte Binom ergeben DBE.
Das vierte Binom ergeben ABE.
Das fünfte Binom ergeben EBF.
Das sechste Binom ergeben AEF.

Wenn also der Durchmesser des Kreises 12 beträgt, wird ADC dann $6+\sqrt{72}$ ergeben.

Und DBC wird $\sqrt{108}+9$ machen.

Und DBE wird $\sqrt{108}+\sqrt{96}$ machen.

Und ABE wird $12+\sqrt{96}$ machen.

Und EBF wird $\sqrt{96}+8$ machen.

Und AEF wird $\sqrt{48}+\sqrt{32}$ machen.

Fünfter Lehrsatz dieses Kapitels; es ist der 48. nach Euklid [10,54] bei Campanus. Wenn eine Fläche von einem ersten Binom und von einer Strecke umfasst ist, die in der Länge rational ist, dann muss die Seite, die im Quadrat jene Fläche bildet, ein Binom sein.

Es ist also die Fläche ABCD eine Fläche, die von den beiden Strecken AB und BC eingefasst wird. Nun betrage AB $19+\sqrt{72}$ (nämlich AH betrage 19, und HB betrage $\sqrt{72}$), und BC betrage 9; dann wird BE $\sqrt{162}+3$ betragen, denn FK macht 3, und KG macht $\sqrt{162}$. Es ist aber EB oder FG die Seite, die quadriert die Fläche ABCD ergibt, das heißt, BE ergibt ein Quadrat, dessen Fläche gleich sei dem der Fläche ABCD, wie man auch sieht, dass das Quadrat EBGF gleich ist der Fläche ABCD. Beider Inhalt beträgt nämlich $171+\sqrt{5832}$. Wie viel nämlich **[167v]** die Fläche E beträgt, ebensoviel müssen die Flächen A und D betragen; und wie viel F beträgt, soviel müssen B und C betragen. Es muss aber der Inhalt von A selbst 9 betragen und die Fläche D 162 und die Fläche B $\sqrt{1458}$, und ebensoviel muss auch C betragen.

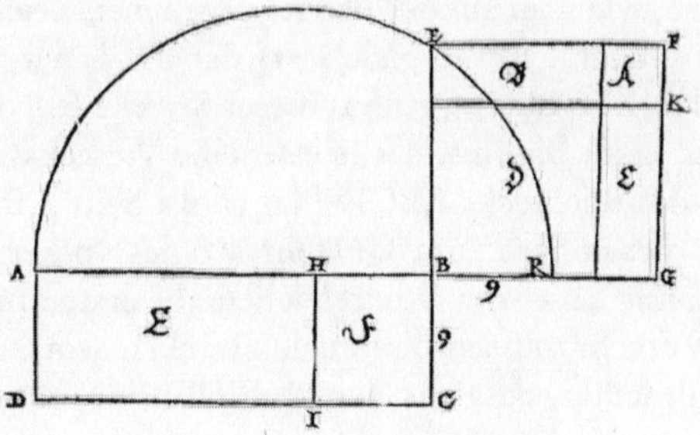

Da aber die Strecke AB eine erste Binomiale und die Strecke BC in der Länge rational ist, muss die Fläche EF eine erste binomiale Fläche sein, wie aus dem Lehrsatz abgeleitet wird, der in diesem Kapitel der siebte oder letzte sein wird.

Der Inhalt dieses Lehrsatzes ist also folgender: Eine viereckige rechteckige Fläche, die von einer in der Länge rationalen und einer ersten binomialen Strecke umfasst ist, ist eine erste binomiale Fläche. Und wenn man jene Fläche quadriert, dann muss die Strecke jener Quadrierung eine binomiale Strecke sein. Und weil eine solche Strecke bald ein erstes Binom ist, bald ein zweites Binom, bald ein drittes, bald ein viertes, bald ein fünftes, bald ein sechstes, deshalb wird am Ende des Lehrsatzes dem Wort Binom keine irgendwie geartete Bestimmung beigefügt. Wenn AB also $19+\sqrt{72}$ und BC dann 9 beträgt, dann wird die Strecke, die quadriert die Fläche EF bildet (nämlich die Strecke EB), das fünfte Binom sein. Beträgt jedoch BC **[168r]** 8 (wobei AB $19+\sqrt{72}$ beträgt), dann wird die Strecke EB das vierte Binom bilden. Macht aber BC 6, wird die Strecke EB das sechste Binom sein, usw.

So wird aus der Fläche $97+\sqrt{2352}$ eine Vierecksseite, die ein erstes Binom ist; sie wird nämlich $7+\sqrt{48}$ betragen.

Ebenso wird aus der Fläche $34+\sqrt{1152}$ eine Vierecksseite, die ein zweites Binom ist; die Quadratwurzel jener Fläche beträgt nämlich $\sqrt{18}+4$.

Ebenso erstellt bei $98+\sqrt{9600}$ die Quadratwurzel ein drittes Binom, nämlich $\sqrt{50}+\sqrt{48}$, usw.

Dieser Lehrsatz ist also so beschaffen, dass er das Ziehen von Quadratwurzeln aus ersten Binomen erfordert.

Ebenso erfordert der Satz, der bei Campanus folgt, nämlich Nr. 49, das Ziehen von Wurzeln aus zweiten Binomen. Und ein weiterer Lehrsatz, der folgt (bei Campanus Nr. 50), erfordert das Ziehen von Wurzeln aus dritten Binomen. Weiterhin erfordert der Satz 51 bei Campanus das Ziehen von Wurzeln aus vierten Binomen. Und Satz 52 des Campanus erfordert das Ziehen von Wurzeln aus fünften Binomen. Und Satz 53 des Campanus erfordert das Ziehen von Wurzeln aus sechsten Binomen. Diese Lehrsätze werden jedoch an anderen Orten behandelt.

Vom Ziehen von Wurzeln aus Binomen handelt Kapitel zehn dieses Buches.

Sechster Lehrsatz dieses Kapitels, der bei Campanus die Nr. 54 hat

Wenn einer Strecke, die in der Länge rational ist, ein Viereck angefügt wird, das dem Quadrat eines Binoms gleich ist, dann wird dessen zweite Seite ein erstes Binom sein.

Zum Beispiel wird, wie man auf der bereits gegebenen Zeichnung sieht, das Rechteck ABCD (das dem Quadrat EFGB gleich ist) der der Länge nach rationalen Strecke BC angefügt. Es ist aber EFGB das Quadrat dieser Strecke EB, die ein Binom ist. Daher ist EFGB das Quadrat eines Binoms, das heißt, seine Vierecksseite ist ein Binom. Also muss die andere Seite des Rechtecks ABCD (das ist die Seite AB) ein erstes Binom sein.

Und wenn man diesen Satz zum Umkehrsatz des vorhergehenden Satzes macht und dieser vorhergehende Satz vom Wurzelziehen aus ersten binomialen Flächen handelt **[168v]** (solche Wurzeln müssen binomiale Strecken sein), dann wird durch diesen vorliegenden Satz angedeutet, dass aus der Multiplikation oder aus der quadratischen Anordnung einer binomialen Strecke ein Quadrat entsteht, das einer ersten binomialen Fläche gleich ist. Wenn man nun ein solches Quadrat in eine rechteckige Fläche umwandelt, die auf einer Seite länger ist (wobei die eine Seite in der Länge rational sei), dann muss (wie der vorstehende Satz lehrt) die andere Seite dieser viereckigen Fläche (mit einer längeren Seite) eine erste binomiale Fläche sein.

Ob aber nun ein Binom ein erstes, ein zweites, ein drittes, ein viertes, ein fünftes oder sechstes ist, stets erzeugt es, wenn man es mit sich selbst multipliziert, ein erstes Binom.

Auf diesen Satz folgen (in der Ordnung bei Euklid) fünf weitere Sätze, die an anderer Stelle behandelt werden. Der erste Satz erfordert eine solche quadrierende Multiplikation, die ein zweites Binom hervorbringt. Der zweite Satz erfordert eine quadrierende Multiplikation, die ein drittes Binom hervorbringt. Der dritte Satz erfordert eine quadrierende Multiplikation, die ein viertes Binom hervorbringt. Der vierte Satz erfordert eine quadrierende Multiplikation, die ein fünftes Binom hervorbringt. Der fünfte Satz erfordert eine quadrierende Multiplikation, die ein sechstes Binom hervorbringt. Doch werden diese Sätze, wie gesagt, an anderen passenden Orten behandelt.

Es folgt der siebte oder letzte Satz dieses Kapitels, den Campanus zum 60. in der Reihe macht.

Es wird bewiesen, dass jede einem der Binome kommensurable Strecke ein Binom derselben Art ist.

Das besagt, dass eine Strecke, die einer ersten binomialen Strecke kommensurabel ist, eine binomiale Strecke der ersten Art ist. Ebenso ist eine Strecke, die einer binomialen Strecke der zweiten Art kommensurabel ist, eine binomiale Strecke der zweiten Art. Und eine Binomiale, die einer Binomiale der dritten Art kommensurabel ist, eine Binomiale der dritten Art; und so weiter. Also ist eine Strecke, die einer vierten Binomiale kommensurabel ist, eine der vierten Art, und eine der fünften kommensurable ist eine der fünften und eine sechste eine der sechsten Art.

Außerdem bildet dieser Satz eine gewisse **[169r]** Probe für die beiden früheren Sätze. Wenn es nämlich eine Fläche gibt, deren eine Seite eine in der Länge rationale Strecke ist, während die andere Seite eine erste Binomiale ist, dann muss die Fläche eine erste Binomiale sein. Was nämlich der Satz über binomiale Strecken lehrt, gilt auch für Flächen und binomiale Zahlen. Kommensurabel ist aber eine binomiale Zahl einer Strecke, einer Zahl, einer binomialen Fläche, deren eine Seite eine in der Länge rationale Strecke ist. Wenn daher das eine von diesen beiden ein erstes Binom sein wird, dann wird auch der Rest ein erstes Binom sein, usw.

VON EUKLIDS SÄTZEN, DIE ERSTE BIMEDIALE BEHANDELN, DAS HEISST DIE DRITTE ART IRRATIONALER STRECKEN.

Kapitel XVIII.

Im Kapitel sechzehn wurde eine gewisse Proportion medialer Strecken übergangen, mit der dieses Kapitel achtzehn beginnen muss. Da es von ersten Bimedialen handelt und eine erste Bimediale nichts anderes ist als die Zusammensetzung zweier Medialen durch deren Addition (doch dürfen es nicht beliebige sein, sondern sie dürfen nur im Quadrat kommensurabel sein und miteinander multipliziert dürfen sie nur eine einfache Rationale ergeben), wird mit Recht gefragt, was aus der Zusammensetzung zweier Medialen wird, die im Quadrat inkommensurabel oder in der Länge kommensurabel sind.

So aber lautet der erste Lehrsatz unseres Kapitels:

Es wird bewiesen, dass jegliche Differenz, um die eine Mediale eine Mediale übertrifft, irrational ist.

Dieser Satz erfordert den Vergleich beliebiger Medialen miteinander, insoweit wir dessen Hinreichendheit erklärt haben.

1. Wenn man eine Mediale mit einer Medialen vergleicht und sie miteinander der Länge nach kommensurabel sind, dann wird die Differenz, um die die größere Zahl **[169v]** die kleinere übertrifft, medial sein.

Wenn man also diese beiden Medialen $\sqrt[4]{2754}$ und $\sqrt[4]{34}$ vergleicht, wird, da sie in der Länge kommensurabel sind, ihre Differenz notwendigerweise medial sein. Ihre Differenz ist aber $\sqrt[4]{544}$, und diese ist offenbar irrational in Länge und Quadrat.

2. Ebenso wenn man Mediale mit Mediale vergleicht und sie zueinander nur im Quadrat kommensurabel sind, dann wird die Differenz, um die die eine Zahl die andere übertrifft, in Länge und Quadrat irrational sein. Sie wird nämlich entweder ein Rest der ersten Bimediale sein oder ein Rest der zweiten Bimediale. – Beispiel für die erste Bimediale:

Wenn man diese beiden Medialen $\sqrt[4]{450}$ und $\sqrt[4]{18}$ vergleicht, wird die größere Zahl die kleinere übertreffen, und zwar um folgenden ersten bimedialen Rest: $\sqrt[4]{72} - \sqrt[4]{18}$.

Beispiel für die zweite Bimediale:

Wenn man die beiden Medialen $\sqrt[4]{450}$ und $\sqrt[4]{18}$ vergleicht, wird der Überschuss der größeren über die kleinere in folgendem zweiten bimedialen Rest bestehen: $\sqrt[4]{450} - \sqrt[4]{18}$; und auch diese Differenz ist irrational in beiden Hinsichten, nämlich nach Länge und Quadrat.

3. Wenn man dann Mediale mit Mediale vergleicht und sie zueinander in beiden Hinsichten inkommensurabel sind, dann ist in gleicher Weise der Überschuss der einen Zahl über die andere in beiden Hinsichten irrational und hat keinen Platz in den dreizehn Arten irrationaler Strecken. Wenn man also die beiden Medialen $\sqrt[4]{216}$ und $\sqrt[4]{18}$ vergleicht, dann wird ihre Differenz folgende sein: $\sqrt[4]{216} - \sqrt[4]{18}$.

1. Wenn nun zwei mediale Strecken zusammengesetzt werden, deren Differenz medial ist, dann ändert diese Zusammensetzung nicht ihre Art. Eine Strecke nämlich, die aus solchen Teilen zusammengesetzt ist, bleibt medial.

2. Wenn aber zwei mediale Strecken zusammengesetzt werden, deren Differenz keinen Platz in den dreizehn Arten irrationaler Strecken findet, dann wird auch die Zusammensetzung solcher Strecken ebenso verworfen, wie in jene dreizehn Arten solche Strecken nicht aufgenommen werden.

3. Wenn jedoch zwei mediale Strecken zusammengesetzt werden, deren Differenz die Art verändert, und sie finden in den dreizehn Arten Platz, dann findet auch die Zusammensetzung derartiger Strecken in jenen 13 Arten Platz. Die zusammengesetzten Strecken sind nämlich von der Art, von der dieses Kapitel und das folgende handeln. **[170r]**

Der zweite Satz dieses Kapitels ist bei Theon Nr. 28, fehlt jedoch bei Campanus.

Es sind zwei mediale Strecken zu finden, die nur im Quadrat kommensurabel sind und eine rationale Fläche umschließen.

Dies bedeutet, zwei Teile zu finden, die eine erste bimediale Stecke bilden. Daher enthält dieser Satz Teile, durch die erste bimediale Strecken beschrieben werden.

Das Finden solcher Teile ist aber leicht: Man nimmt nämlich eine beliebige binomiale Strecke, und zwischen deren beiden Teilen wird die mittlere Proportionale erstellt, die einen Teil der zu findenden bimedialen Strecke bilden wird. Der zweite Teil aber wird entsprechend Satz 10 im sechsten Buch [Euklids] gefunden.

Die Figur für diese Findung hat folgende Gestalt:

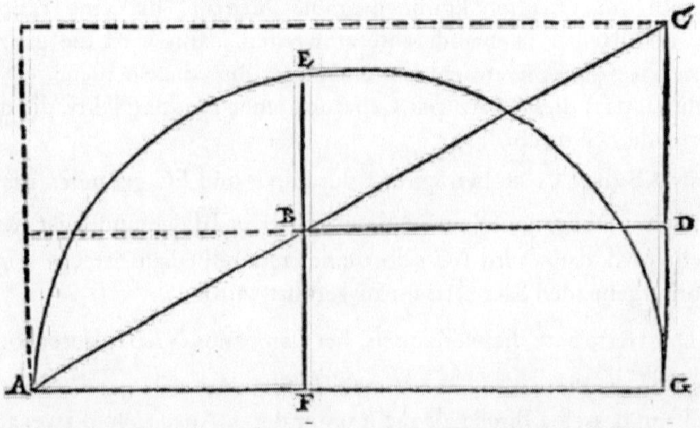

AG sei eine binomiale Strecke, die $\sqrt{12}+3$ beträgt. AF aber soll 3 betragen, und FG soll $\sqrt{12}$ betragen. Dann wird die mittlere Proportionale zwischen diesen beiden Teilen errichtet, nämlich FB, und diese wird $\sqrt[4]{108}$ betragen. Zur Menge dieser Mitte zähle ich AB hinzu, so dass AB der Strecke FE selbst gleich sei. Daher wird die Strecke AB entsprechend dieser Annahme mit Hilfe des Zirkels gewonnen und dann fortgesetzt, bis sie von der rechtwinklig aufgestellten Strecke GC abgeschnitten wird. Und so wird AC die erste Bimediale erstellen, deren zusammengesetzte Teile [170v] AB und BC sind. Da nämlich AF die Strecke AB ermöglicht, ist es notwendig (nach dem zehnten Satz in Buch sechs), dass FG oder BD die Strecke BC ermöglicht.

Jene Strecken in Zahlen werden sich nach der Dreisatz-Regel so darstellen:

$$3, \quad \sqrt[4]{108}, \quad \sqrt{12}, \quad \sqrt[4]{192}.$$

Man sieht gewiss, dass das zweite und vierte Glied das erste Bimediale bilden. Da nämlich diese vier Glieder fortlaufend proportional sind, muss bei der Multiplikation des zweiten Gliedes mit dem vierten ebensoviel herauskommen wie bei der Multiplikation des dritten Gliedes mit sich selbst. $\sqrt{12}$ aber ergibt, mit sich multipliziert, 12. Also ergibt $\sqrt[4]{108}$ mal $\sqrt[4]{192}$ ebenfalls 12, und dies beweist, dass diese gefundenen Teile die erste Bimediale bilden. Mediale Strecken aber, die eine rationale Fläche umschließen (da ihre Zahlen, miteinander multipliziert, eine rationale Zahl erzeugen), sind notwendigerweise nur im Quadrat kommensurabel, wie ich oben in Kapitel 16 bewiesen habe.

Weiteres Beispiel.

$$\sqrt{6}, \quad \sqrt[4]{216}, \quad 6, \quad \sqrt[4]{7776}.$$

Man sieht sicher, dass das vierte Glied multipliziert mit dem zweiten 36 macht, also eine rationale Zahl, da das dritte, mit sich selbst multipliziert, ebensoviel ergibt und da jene vier Glieder durchgehend proportional sind. Da also das zweite und vierte Glied Zahlen medialer Strecken sind, müssen auch die Strecken selbst, wenn man sie zusammensetzt, eine Bimediale der ersten Art bilden; dies lehrt der folgende Satz, der

Dritte Satz dieses Kapitels, der bei Campanus die Nr. 31 trägt und so lautet: Wenn zwei nur im Quadrat kommensurable Mediale, die eine rationale Fläche umschließen, unmittelbar aneinandergesetzt werden, dann wird die ganze aus ihnen zusammengesetzte Strecke irrational sein und erstes Bimediale heißen.

Man sieht ja, dass dieser Satz den Gebrauch jener Findung lehrt, die der vorhergehende Satz erforderlich macht.

Wenn aus AB (das $\sqrt[4]{108}$ beträgt und durch AF und FG gefunden ist) und aus BC (das $\sqrt[4]{192}$ macht und durch AF und AB und FG oder BD gefunden ist) jene eine Strecke AC erstellt wird, dann wird AC selbst eine erste bimediale Strecke sein, **[171r]** wie oben beim vorhergehenden Satz sattsam ausgeführt wurde.

Der vierte Satz dieses Kapitels, bei Campanus Nr. 37, lautet so:

Wenn man ein erstes Bimediale in zwei mediale Strecken teilt (nach seiner Ausdrucksweise), dann kann dasselbe Bimediale nicht unter deren Ausdruck in zwei andere mediale Strecken geteilt werden.

Dies besagt, dass eine erste bimediale Strecke nur auf eine einzige Art geteilt werden kann, und zwar so, dass die Teile der Division eine mediale Fläche umschließen.

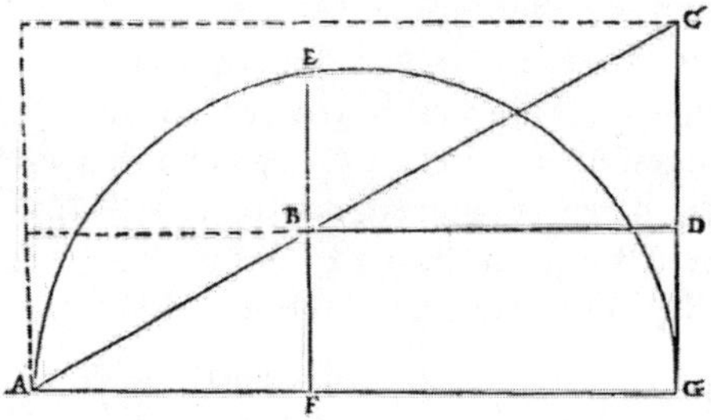

Wenn nun AC (das $\sqrt[4]{108} - \sqrt[4]{192}$ beträgt) in AB und BC aufgelöst wird, dann werden jene beiden Teilstrecken eine rationale Fläche umschließen (wenn man sie an den rechten Winkel anlegt), die 12 beträgt. Und es ist (außer dieser einzigen Teilung) unmöglich, dass AC in zwei andere Teile zerlegt wird, die, angelegt an den rechten Winkel, eine rationale Fläche hervorbringen.

Der fünfte Satz dieses Kapitels, bei Campanus Nr. 24, besagt:

Man soll zwei mediale Strecken finden, die nur im Quadrat kommensurabel sind und eine rationale Fläche umschließen; **[171v]** die längere Strecke übertreffe im Quadrat die kürzere um das Quadrat einer Strecke, die eben der längeren Strecke in der Länge kommensurabel ist.

Nun teilt Euklid die Art der ersten bimedialen Strecken in zwei weitere Arten auf, deren erste durch den vorliegenden Satz beschrieben wird, und die zweite durch den folgenden Lehrsatz.

Es sind also erste bimediale Strecken in der ersten Art solche, dass jene Teile von ihnen, die eine rationale Fläche umschließen, eine Überschuß-Strecke an Quadraten haben, die der Länge nach dem längeren Teil selbst kommensurabel sein soll.

Solche Teile aber findet man nach dem zweiten Elementarsatz, wenn man nämlich irgendeine binomiale Strecke der ersten Ordnung nimmt, also entweder eine erste binomiale oder eine zweite binomiale, oder eine dritte binomiale Strecke und dann nach der Art und Weise der Findung verfährt, wie sie zum Lehrsatz 2 dieses Kapitels aufgestellt wurde.

Wenn man z.B. dieses zweite Binom $\sqrt{12}+3$ nimmt und aus AF 3 macht und aus FG $\sqrt{12}$, dann wird AC eine bimediale Strecke dieser ersten Unterart ergeben, nämlich $\sqrt[4]{192}+\sqrt[4]{108}$. Das Quadrat aber des größeren Teiles ist $\sqrt{192}$, und das Quadrat des kleineren Teiles ist $\sqrt{108}$. Es überschreitet aber das größere Quadrat das kleinere Quadrat um die Differenz $\sqrt{12}$, aber diese Überschuß-Strecke ist dem längeren Teil selbst kommensurabel. Das ist klar, denn wenn man $\sqrt[4]{192}$ durch $\sqrt[4]{12}$ dividiert, ergibt dies den rationalen Quotienten 4. Also ist sie in der Länge kommensurabel, usw.

Satz sechs dieses Kapitels, der bei Campanus Nr. 25 ist.

Man soll zwei mediale Strecken finden, die nur im Quadrat kommensurabel sind und eine rationale Fläche umschließen und deren längere die kürzere im Quadrat um das Quadrat einer Strecke übertrifft, die derselben längeren Strecke der Länge nach inkommensurabel ist.

Durch diesen Satz werden die Teile einer ersten bimedialen Strecke zweiter Unterart beschrieben. Die Strecken dieser Unterart werden in Teile zerlegt, die eine rationale Fläche umschließen, doch ist die Überschuß-Strecke **[172r]** ihrer Quadrate dem längeren Teil nur im Quadrat kommensurabel. Die Teile selbst aber werden nach dem zweiten Elementarsatz gefunden.

Angenommen aber wird ein Binom der zweiten Art oder ein viertes Binom oder ein fünftes oder ein sechstes Binom. Bei diesen ist nämlich die Überschuß-Strecke dem längeren Teil in der Länge inkommensurabel. Daher müssen solche Überschuß-Strecken von Medialen, die man durch Teile solcher Binomialen findet, solche sein (nach dem zweiten Elementarsatz), die eine Überschuß-Strecke haben, die in der Länge dem längeren Teil der bimedialen Strecke inkommensurabel sind.

Nimmt man z.B. folgendes vierte Binom $6+\sqrt{6}$ und macht aus AF $\sqrt{6}$ und aus FG dann 6, dann wird FE oder AF $\sqrt[4]{216}$ machen, und BC wird $\sqrt[4]{7776}$ ergeben nach jener Weise, die ich zum zweiten Satz dieses Kapitels erstellt habe. Der Unterschied der Quadrate beträgt $\sqrt{5400}$, und daher beträgt die Überschuß-Strecke dazu $\sqrt[4]{5400}$, und diese ist nur im Quadrat dem längeren Teil kommensurabel, nämlich $\sqrt[4]{7776}$. Die Division der einen Strecke durch die andere ergibt nämlich $\sqrt{1\frac{1}{5}}$, usw.

Siebter Lehrsatz dieses Kapitels, der bei Campanus Nr. 49 ist.

Wenn es eine Fläche gibt, die durch eine in der Länge rationale Strecke und durch ein zweites Binom umschlossen ist, dann wird deren viereckige Seite eine erste Bimediale sein.

Dies besagt Folgendes: Wenn eine viereckige rechtwinklige Fläche eine zweite Binomiale sein wird, dann wird ihre Quadratwurzel eine erste Bimediale sein.

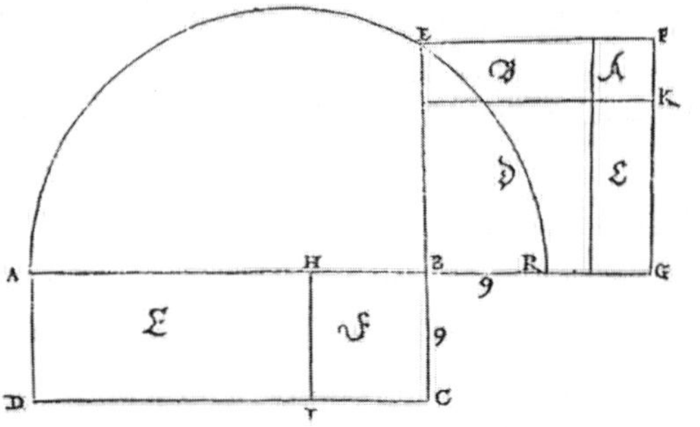

Wenn also AB $\sqrt{294}+12$ macht (wobei AH $\sqrt{294}$ und HB 12 macht), und wenn BC 9 macht, dann wird die Fläche EF eine zweite Binomiale sein, denn sie wird $\sqrt{23814}+108$ betragen. Deren Quadratwurzel (nämlich die mittlere Proportionale zwischen AB und BC oder BK, was BE ist) wird $\sqrt[4]{17496}+\sqrt[4]{486}$ betragen. Es wird ja die kleine Strecke FK $\sqrt[4]{486}$, und die Strecke KG wird $\sqrt[4]{17496}$ betragen. Wenn man aber FK mit KG multipliziert, wird die Fläche C oder (was dasselbe ist) die Fläche B erzeugt. Beide Flächen aber, nämlich C und B, müssen der Fläche F gleich sein. Und auf diese Weise wirst du deine Rechenoperation **[172v]** beweisen können. Da nämlich die Fläche F 108 beträgt, muß die Fläche C dann 54 betragen.

Und so haben wir bereits eine andere Methode, um erste bimediale Strecken herzustellen, nämlich, indem wir die Quadratwurzel aus dem zweiten Binom ziehen.

Achter Lehrsatz dieses Kapitels, der bei Campanus Nr. 55 ist.

Wenn einer in der Länge rationalen Strecke eine Fläche hinzugefügt wird, die dem Quadrat der ersten Bimediale gleich ist, dann wird ihre restliche Seite ein zweites Binom sein müssen.

Dieser Satz ist der Umkehrsatz zum vorhergehenden und besagt, dass eine erste bimediale Strecke folgende Fläche im Quadrat ergibt: Wenn man sie an einer Seite länger macht, wobei ihre eine Seite eine in der Länge rationale Strecke bilden soll, dann muß die andere Seite eine zweite binomiale Strecke darstellen. Eine solche Fläche muß nämlich eine zweite Binomiale sein. Da aber die eine der beiden Seiten in der Länge rational ist, muß die Zahl jener Fläche **[173r]** der Zahl der restlichen Seite kommensurabel sein; wenn man nämlich die Zahl der Fläche durch die Zahl jener restlichen Seite dividiert, entsteht eine rationale Zahl, nämlich jene, die die rationale Seite selbst in der Länge hat. Daher muß (gemäß der letzten Vorschrift des vorhergehenden Kapitels) jene zweite Strecke eine zweite binomiale Strecke sein, da ja auch die Fläche eine zweite Binomiale ist.

Wenn also EB (wie man auf der bereits gegebenen Figur sieht) eine Strecke ist, die durch ihre Länge $\sqrt[4]{17496}+\sqrt[4]{486}$ macht und eine erste Bimediale ist, ergibt sie im Quadrat eine zweite binomiale quadratische Fläche, die folgende Zahl beträgt: $\sqrt{23814}+108$. Wenn also das Quadrat BADC in die Fläche EF überführt wird, so dass BC eine rationale Zahl ergibt (wie es 9 ist), dann muß die Strecke AB eine zweite

Binomiale sein, weil EF eine zweite binomiale Fläche ist. Wenn man also $\sqrt{23814}+108$ durch 9 dividiert, wird aus dieser Division $\sqrt{294}+12$ herauskommen.

Zusammenfassung:

Wie das Ziehen einer Wurzel aus einem zweiten Binom eine erste Bimediale erzeugt (wie der vorangehende Satz will), so erzeugt die Multiplikation einer ersten Bimediale im Quadrat ein zweites Binom; und wenn dieses eine in der Länge rationale Seite erhält, dann wird die andere Seite eine zweite Binomiale sein. Und wenn eine Seite eine zweite Binomiale ist, dann wird die andere Seite in der Länge rational sein müssen.

Letzter Lehrsatz dieses Kapitels (bei Campanus Nr. 61).

Es wird bewiesen, dass jede beliebige Strecke, die einer von beiden Bimedialen kommensurabel ist, in der gleichen Art bimedial ist.

Man sieht, dass sich dieser Satz zum Teil auf das folgende Kapitel bezieht. Er besagt nämlich folgendes: Wenn man zwei bimediale Strecken vorgibt, die in der Länge kommensurabel sind, und wenn die eine davon eine erste bimediale Strecke ist, dann muß auch die andere eine erste bimediale Strecke sein. Und wenn die eine Strecke eine zweite bimediale ist, dann muß auch die andere eine zweite bimediale sein.

Zusatz:

Wenn die eine Strecke zur früheren Art der ersten bimedialen gehört, dann wird auch die andere zur ersten Art der ersten bimedialen gehören. Gehört jedoch **[173v]** die eine Strecke zur zweiten Art der ersten bimedialen Strecken, dann muß auch die andere zur zweiten Art der ersten bimedialen Strecken gehören.

Ebenso: Wenn die eine Strecke zur ersten Art zweiter bimedialer Strecken gehört, dann wird auch die andere zur ersten Art zweiter bimedialer Strecken gehören. Gehört jedoch die eine Strecke zur zweiten Art zweiter bimedialer Strecken, dann wird auch die andere zur zweiten Art zweiter bimedialer Strecken gehören. Beispiele dafür wird man leicht in beliebiger Menge bilden können.

VON DEN SÄTZEN, DIE DIE ZWEITEN BIMEDIALEN BEHANDELN UND DIE VIERTE ART IRRATIONALER STRECKEN BILDEN.

Kapitel XIX.

Die Zahlen von Teilen, die man für bimediale Strecken gebraucht, ermöglichen uns ein vorzügliches Urteil über ihre Arten. Denn da sie durch ihre Multiplikation miteinander eine rationale Zahl ergeben, kündigen sie ohne weitere Diskussion an, dass die Strecke, die zusammengesetzt ist aus jenen Teilen, deren Zahlen sie selbst sind, eine erste Bimediale ist; daher muß man der Beschreibung der Art dieser Strecke nicht den kleinen Zusatz beifügen, dass diese Teile nur im Quadrat kommensurabel sein müssen, ist es doch unmöglich, dass die Teile einer bimedialen Strecke eine rationale Fläche umschließen und dass sie nicht nur im Quadrat kommensurabel sein können. Doch müssen wir über bimediale Strecken (von ihnen handelt das gegenwärtige Kapitel) urteilen, und zwar nicht nur auf Grund der Multiplikation der Zahlen (die den Teilen zugeteilt sind) miteinander, sondern auch auf Grund ihrer Division durch einander. Wenn man nämlich zwei mediale Strecken unter Zuweisung ihrer Zahlen ansetzt, deren Multiplikation miteinander eine mediale Zahl im Quadrat ergibt (was bedeutet, dass die Strecken selbst eine mediale Fläche umschließen), dann bin ich nicht sogleich bezüglich der angesetzten Strecken sicher, dass sie Teile **[174r]** einer zweiten bimedialen Strecke sind, weil mediale Strecken, die eine mediale Strecke erstellen, auch eine mediale Fläche umschließen. Also werde ich die Sache weiter durch die Division der einen Zahl durch die andere klären müssen, und wenn dann auch so ein Quotient herauskommt, der im Quadrat medial ist, dann bin ich endlich sicher, dass ich Strecken angesetzt habe, die eine zweite Bimediale erstellen. So machen $\sqrt[4]{216}$ und $\sqrt[4]{384}$, miteinander multipliziert, $\sqrt{288}$, und die Division der größeren Zahl durch die kleinere ergibt $\sqrt{1\frac{1}{3}}$. Also bin ich nunmehr sicher, dass jene Zahlen eine zweite Bimediale darstellen. Daher wird bei den Sätzen dieses Kapitels dieser kleine Zusatz nicht überflüssig dastehen: Nur im Quadrat kommensurabel, aber er war bei den Lehrsätzen des vorhergehenden Kapitels überflüssig.

Erster Satz dieses Kapitels, der bei Theon die Nr. 29 trägt, bei Campanus aber übergangen ist.

Zu finden sind zwei mediale Strecken, die nur im Quadrat kommensurabel sind und eine mediale Fläche umschließen.

Dies heißt, die Teile einer zweiten bimedialen Strecke zu finden.

Von solchen Strecken aber wird dieses Kapitel handeln, da sie die vierte Art irrationaler Strecken bei Euklid darstellen. Ich habe aber kurz zuvor genugsam ausgeführt, dass diese Zugabe im Lehrsatz (nur im Quadrat kommensurabel) in den Sätzen des vorhergehenden Kapitels überflüssig ist, während sie in den Sätzen dieses Kapitels nicht überflüssig ist.

Zur Findung aber von Strecken dieser Art muß man folgende Bedingung der Medialen beachten:

Wenn es vier mediale Strecken gibt, die untereinander proportional sind, und wenn die beiden vorderen Medialen solche sind, dass sie eine erste Bimediale erstellen, während die beiden mittleren Strecken solche Mediale sind, dass sie die von Euklid in seine Arten nicht aufgenommene Bimediale darstellen, dann müssen die beiden hinteren Medialen eine zweite Bimediale darstellen.

Dementsprechend nehme ich die beiden Teile der ersten Bimediale **[174v]** als die beiden Glieder der Regel DeTri, und als drittes Glied nehme ich die Mediale, die zum zweiten Glied in jeder der beiden Weisen inkommensurabel ist, nämlich im Quadrat und in der Länge. So nun suche ich nach der Regel DeTri (also nach Satz 10 des sechsten Buches bei Euklid) das vierte Glied. Und es werden die beiden hinteren Glieder solche Strecken sein, die eine zweite Bimediale bilden.

Figur zu dieser Findung.

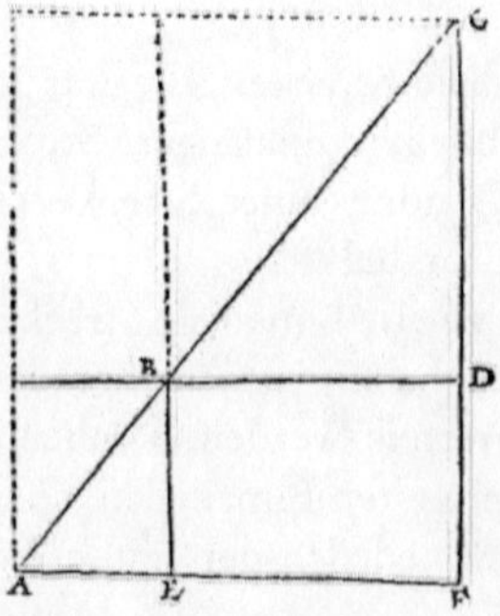

Wenn man für AE $\sqrt[4]{108}$ und für EF $\sqrt[4]{192}$ annimmt und für AB $\sqrt[4]{216}$, dann wird für BC $\sqrt[4]{384}$ herauskommen. Denn:

AE ergibt BD (oder EF), also ergibt AB dann BC. Das heißt:

$$\sqrt[4]{108} \qquad \sqrt[4]{192} \qquad \sqrt[4]{216} \qquad \sqrt[4]{384}$$

Daher wird die Strecke AC, nämlich $\sqrt[4]{216}+\sqrt[4]{384}$, das zweite Bimediale sein. Es sind ja ihre Teile nur im Quadrat kommensurabel und ergeben eine mediale Fläche, wenn man sie mit einem rechten Winkel verbindet. **[175r]**

Zweiter Satz dieses Kapitels, der bei Campanus Nr. 32 ist.

Wenn zwei mediale Strecken, die nur im Quadrat kommensurabel sind und eine mediale Fläche umschließen, unmittelbar verbunden werden, dann wird die gesamte Strecke irrational sein und wird zweites Bimediale genannt werden.

Jener Satz wiederholt die Beschreibung zweiter Bimedialen und beweist den Nutzen jener Findung, die beim vorhergehenden Satz benötigt wird. Der vorhergehende Satz erfordert ja die stofflichen Teile zweiter bimedialer Strecken, und so folgt der jetzige Satz in rechter Ordnung, der lehrt, die gefundenen Teile direkt zusammenzusetzen und so erste Bimediale herzustellen. Dies geschieht, wenn aus AB und BC in der obigen Figur AC entsteht.

Dritter Satz dieses Kapitels, der bei Campanus Nr. 38 ist.

Ein zweites Bimediale kann unter seinem Ausdruck nur in zwei Strecken geteilt werden.

Wie der vorhergehende Satz von der Zusammenstellung der zweiten Bimediale aus ihren stofflichen Teilen handelt, so spricht dieser Satz von der Auflösung einer bimedialen Strecke in jene seine stofflichen Teile. Hat doch jede beliebige bimediale Strecke nur zwei stoffliche Teile, die diesem Ausdruck unterliegen, wie ihn der vorhergehende Satz bietet: Sie sind nämlich nur im Quadrat kommensurabel und enthalten eine mediale Fläche; solche Teile sind folgende: $\sqrt[4]{216}$, $\sqrt[4]{384}$, die die bimediale Strecke $\sqrt[4]{384}+\sqrt[4]{216}$ bilden. Daher kann jene zweite bimediale Strecke nicht geteilt werden, es sei denn in diese beiden Strecken $\sqrt[4]{216}$ und $\sqrt[4]{384}$. Außer diesen Teilen, so betone ich, hat die gegebene bimediale Strecke keine anderen solchen, die nur im Quadrat inkommensurabel sind und eine mediale Fläche bilden.

Der vierte Satz dieses Kapitels ist bei Campanus übergangen; wenn er ihn zwar auch aufstellt, würdigt er ihn doch keiner Ordnungszahl. Bei Theon hingegen ist es der 32. Satz. **[175v]**

Zu finden sind zwei mediale Strecken, die nur im Quadrat kommensurabel sind und eine mediale Fläche umschließen; die längere Strecke soll die kürzere um so viel im Quadrat überragen wie das Quadrat einer Strecke beträgt, die der längeren Strecke selbst der Länge nach kommensurabel ist.

Das heißt, man muß eine zweite bimediale Strecke finden, die in der ersten Art der zweiten bimedialen Strecken enthalten ist. Wie nämlich die ersten bimedialen Strecken in zwei weitere Unterarten unterteilt werden, nämlich in die erste Art der ersten Bimedialen und in die zweite Art der ersten Bimedialen, so werden dann die zweiten Bimedialen unterteilt in die zweiten Bimedialen der ersten Art und in die zweiten Bimedialen der zweiten Art.

Die Art dieser Findung (dieser Strecken) ist jene, die ich beim ersten Lehrsatz dieses Kapitels aufstellte. Doch müssen dabei die beiden ersten Medialen eine erste Bimediale der ersten Art ergeben; dann nämlich (wenn man die dritte Mediale angenommen hat, die der zweiten Medialen an Länge und Quadrat inkommensurabel sei) wird die vierte, gefunden durch die Regel DeTri oder durch den zehnten Satz des sechsten Buches Euklids, mit der dritten Mediale zusammengesetzt, eine zweite bimediale Strecke der ersten Art bilden, nämlich eine solche Strecke, die dem Satz entspricht, den ich nun behandle.

Nimm also das oben aufgestellte Beispiel bezüglich des ersten Satzes dieses Kapitels. Also nimm für AE $\sqrt[4]{108}$ und für EF nehme man $\sqrt[4]{192}$. Es bilden aber diese beiden aufgestellten Strecken eine erste bimediale Strecke der ersten Art. Wenn man dann als dritte Strecke (nämlich für AB) $\sqrt[4]{216}$ genommen hat, die zu den beiden ersten in beider Hinsicht inkommensurabel ist (ist sie es nämlich zur einen, ist sie es auch zur anderen), dann muß jene dritte angenommene Strecke und jene vierte, die zu suchen ist (nämlich AB und BC), eine zweite Bimediale der ersten Art bilden. Denn nach dem zweiten Elementarsatz muß jene vierte Strecke, also BC oder $\sqrt[4]{384}$, um so viel größer sein als AB oder $\sqrt[4]{216}$ um wie viel das Quadrat der Strecke größer ist, die der Strecke $\sqrt[4]{384}$ in der Länge kommensurabel ist. Es sind ja die beiden ersten Strecken solche, denn es ist $\sqrt[4]{192}$ im Quadrat größer als $\sqrt[4]{108}$ um das Quadrat der Strecke, die der Strecke $\sqrt[4]{192}$ in der Länge kommensurabel ist.

Fünfter Lehrsatz dieses Kapitels, der bei Campanus Nr. 26 ist.

Zu finden sind zwei Strecken, die nur im Quadrat kommensurabel sind und eine mediale Fläche umfassen, deren längere Seite der kürzeren quadriert um so viel überlegen ist wie das Quadrat einer Strecke beträgt, die zur längeren Seite in der Länge inkommensurabel ist.

Es heißt dies, eine Strecke der zweiten Unterart der zweiten Bimedialen zu finden. Die Art der Findung ist beim vorhergehenden Lehrsatz sattsam dargestellt. Es müssen aber zwei mediale Strecken (durch die jene beiden gefunden werden) von der Art sein, dass sie eine erste Bimediale der zweiten Art darstellen. So nämlich geschieht es, dass die beiden zu findenden Medialen eine zweite Bimediale der zweiten Unterart bilden.

Wenn man also für AE $\sqrt[4]{54}$ annimmt und für EF oder für BD $\sqrt[4]{1944}$ annimmt und für AB $\sqrt[4]{108}$ annimmt, dann wird man für BC $\sqrt[4]{3888}$ annehmen müssen. Da nun die beiden ersten, nämlich $\sqrt[4]{54}$ und $\sqrt[4]{1944}$ eine rationale Fläche umfassen, nämlich 18, so müssen die beiden weiteren (nämlich $\sqrt[4]{108}$ und $\sqrt[4]{3888}$) eine mediale Fläche umfassen, weil die dritte Strecke, nämlich $\sqrt[4]{108}$, den beiden vorhergehenden auf beide Arten inkommensurabel ist. Ebenso ist es auf Grund des zweiten Elementarsatzes notwendig, dass die beiden folgenden Strecken nur im Quadrat kommensurabel sind und dass die größere der kleineren quadriert um so viel überlegen ist wie das Quadrat der Strecke beträgt, die der größeren Strecke selbst in der Länge inkommensurabel ist; dies, betone ich, ist notwendig, weil die beiden vorderen Medialen so geartet sind.

Sechster Lehrsatz dieses Kapitels, der bei Campanus Nr. 50 ist.

Wenn eine Fläche durch ein drittes Binom und eine in der Länge rationale Strecke umschlossen ist, dann wird eine Strecke, die diese im Quadrat ergibt, ein zweites Bimediale sein.

Durch diesen Satz wird eine von jener oben stehenden (beim ersten Lehrsatz dieses Kapitels) abweichende Art angedeutet, mit deren Hilfe zweite bimediale Strecken gefunden werden. **[176v]**

Wenn nämlich die Fläche eine dritte Binomiale ist, dann muß ihre Quadratwurzel (dies ist eine Strecke, die im Quadrat eine dritte Binomiale ergibt) eine zweite bimediale Strecke sein. Auch muß die Fläche, die einerseits von einer in der Länge rationalen Strecke umschlossen ist und andererseits von einer dritten Binomialen, auch selbst eine dritte Binomiale sein, wie ich bei früheren Beispielen zeigte.

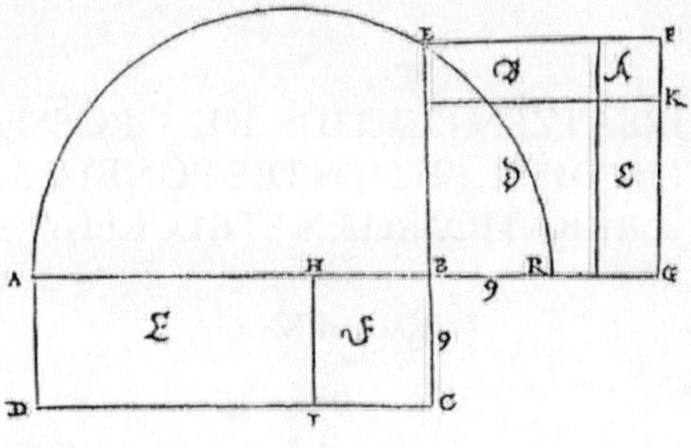

Wenn also AB $\sqrt{27}+\sqrt{24}$ macht und BC 8 macht, dann wird die Fläche ABCD $\sqrt{1728}+\sqrt{1536}$ machen, und dies muß eine dritte binomiale Fläche sein, weil zu ihrer Zahl die irrationale Zahl ihrer Seite kommensurabel ist. Daher wird die mittlere Proportionale zwischen AB und BC, also BE, eine zweite bimediale Strecke sein, weil sie quadriert eine Fläche erzeugt, die der Fläche ABCD gleich ist.

Letzter Lehrsatz dieses Kapitels, der bei Campanus Nr. 56 ist.

Wenn einer Strecke, die in der Länge rational ist, eine rechteckige Fläche angefügt wird, die gleich ist dem Quadrat eines zweiten Bimedials, dann muß die zweite Seite <des Rechtecks> ein drittes Binom sein.

Dieser Satz ist der Umkehrsatz zum vorhergehenden. Wie daher der vorhergehende Satz lehrt, [177r] man müsse die Quadratwurzel vom dritten Binom ausziehen, und diese sei eine zweite bimediale Strecke, so zeigt dieser Satz an, dass durch die Multiplikation des zweiten Bimedials mit sich selbst ein drittes Binom hervorgebracht wird.

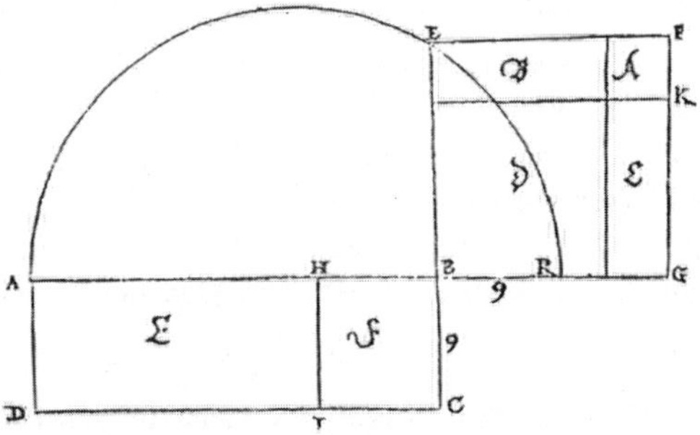

Natürlich kann die Strecke BE im Quadrat die Fläche EFGB erzeugen, die aus BA und DC zusammengesetzt ist. Da also BE $\sqrt[4]{768}+\sqrt[4]{192}$ macht, macht der Teil BA der quadratischen Fläche $\sqrt{384}+\sqrt{192}$, und ihr Teil DC macht $\sqrt{768}+\sqrt{384}$. Und mag auch jeder von beiden Teilen eine sechste Binomiale sein, so werden doch, miteinander so addiert, dass sie unter einer rationalen Strecke in der Länge umfasst werden wie unter einer Seite, beide Teile, so zusammengesetzt, eine dritte binomiale Fläche ergeben. Denn die andere Seite wird eine dritte binomiale Strecke sein, so dass auch jene Fläche eine dritte Binomiale sein muß. [177v]

VON DEN LEHRSÄTZEN EUKLIDS, DIE GRÖSSERE STRECKEN BEHANDELN; DIESE BILDEN DIE FÜNFTE ART SEINER IRRATIONALEN STRECKEN.

Kapitel XX.

Die bisherigen Arten zusammengesetzter Strecken sind solche, dass die Teile ihrer Zusammensetzung oder Stoffe einfach sind. Alle Arten jedoch der folgenden Strecken haben zusammengesetzte stoffliche Teile, denn jede Strecke, die unter einer der folgenden Arten zusammengesetzt ist, hat zwei Teile ihrer Zusammensetzung; davon ist eine die Strecke eines Quadrates, das einen Zusatz mithilfe des Pluszeichens hat, und die andere Strecke ist die Strecke eines Quadrates, das mithilfe eines Minuszeichens einen Abzug hat, wie man aus den Beispielen zu den Sätzen über jene Arten ersehen wird.

Die erste aber dieser Arten umfasst in sich Strecken, die man größere nennt, und solche Strecken ergeben, wie wir sehen werden, quadriert eine vierte binomiale Fläche.

Erster Satz dieses Kapitels, der bei Campanus Nr. 27 ist.

Man soll zwei Strecken finden, die im Quadrat inkommensurabel sind und eine mediale Fläche umschließen, deren Quadrate, in gleicher Weise genommen, rational sind.

Dies bedeutet, man soll zwei stoffliche Teile finden, die zusammen eine größere Strecke erstellen.

Die Weise dieser Findung leitet Campanus aus dem vierten Elementarsatz ab, und zwar in folgender Weise: Er selbst nimmt zwei Strecken des vierten Elementarsatzes (wie die Figur auf Seite 156 zeigt), eine längere und eine kürzere, die zusammen eine binomiale Strecke der zweiten Art ergeben, das heißt entweder eine vierte oder fünfte oder sechste binomiale Strecke. **[178r]**

Zum Beispiel macht die längere Strecke AB 12 und die kürzere Strecke AD √ 96. Es sei aber AB in AC und CB geteilt (wobei AC $6+\sqrt{12}$ macht und CB $6-\sqrt{12}$ macht), denn so wird die mittlere Proportionale CE zwischen AC und CB dann $\sqrt{24}$ ergeben. Deren Verdopplung sei eine kürzere Elementarstrecke $\sqrt{96}$. Wenn man nun zwei Vierecke erstellt, die auf der einen Seite länger sind und deren größeres von AC und der mittleren Proportionale CE umschlossen wird, während das andere Viereck von der gleichen mittleren Proportionale und von CB umschlossen wird, dann werden beide Diagonallinien jener beiden Vierecke in der Zusammensetzung eine größere Strecke herstellen, und es sind dies jene Strecken, die diesem unserem ersten Lehrsatz entsprechen. Daher wird die folgende Figur als Beispiel zum diesem Lehrsatz dienen.

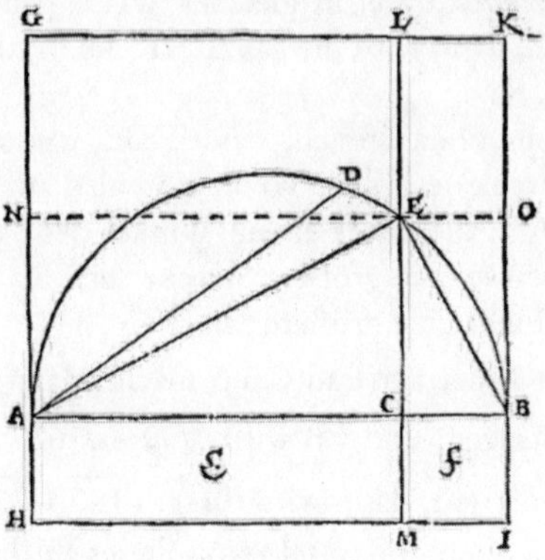

Da also AD $\sqrt{96}$ macht, wird CE $\sqrt{24}$ machen, und AC wird $6+\sqrt{12}$ machen, und CB wird $6-\sqrt{12}$ machen. Daher wird AE dann $\sqrt{72+\sqrt{1728}}$ machen, und EB wird $\sqrt{72-\sqrt{1728}}$ machen. Also sind AE und EB Strecken, die nach dem vorliegenden Lehrsatz gefunden sind. Sie sind nämlich im Quadrat inkommensurabel wie alle Strecken, die unter verschiedenen Arten **[178v]** jener dreizehn irrationalen Strecken gefunden werden. Und sie umschließen eine mediale Fläche der Zahl $\sqrt{3456}$, und wenn man die Quadrate in gleicher Weise nimmt, erstellen sie eine Fläche dieser Zahl 144. Es ist dies das Quadrat GHIK, dessen Quadratwurzel AB oder HI ist. Daraus folgt, daß das Quadrat der Strecke EB dem Viereck LKIM gleich ist und das Quadrat der Strecke AE dem Viereck GLMH gleich ist. Weiterhin folgt daraus, dass die Strecke AE die mittlere

Proportionale zwischen GH und HM darstellt und ebenso, dass die Strecke EB die mittlere Proportionale zwischen KI und IM ist.

Ebenso: Wenn man einem Kreis mit einem rationalen Durchmesser ein gleichwinkliges Fünfeck einzeichnet, dann wird eine Seite dieses Fünfecks mit der unter einen der Winkel gezogenen Strecke unserem vorliegenden Lehrsatz entsprechen.

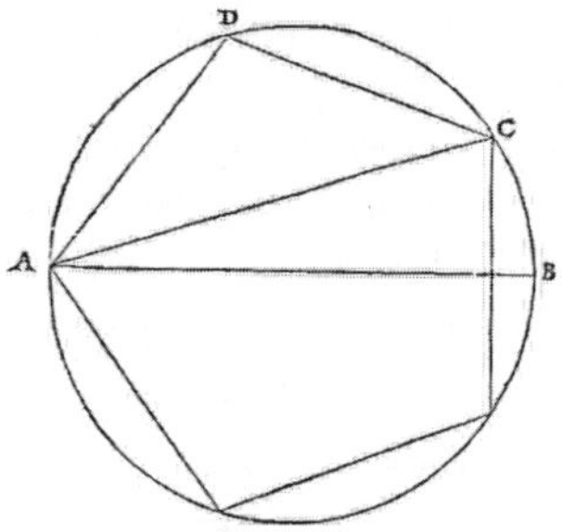

Wenn also der Durchmesser AB 24 beträgt, wird die Seite AD $\sqrt{360} - \sqrt{25920}$ betragen, und die Strecke AC wird $\sqrt{360} + \sqrt{25920}$ betragen. Also sind die Strecken CA und AD solche, wie sie der erste Satz dieses Kapitels erfordert. **[179r]**

Zweiter Satz dieses Kapitels, der bei Campanus der 33. ist.

Wenn zwei Strecken, die im Quadrat inkommensurabel sind, eine bimediale Fläche umschließen und deren beide Quadrate, in gleicher Weise genommen, etwas Rationales ergeben, verbunden werden, dann wird die ganze Strecke irrational sein und wird größere Strecke genannt werden.

Es ist dies, wovon ich oben sprach, dass Teile, wie sie hier beschrieben sind, zusammen eine größere Strecke ergeben. Wenn man also aus der Seite eines Fünfeckes AD und aus der Strecke AC, die unter einem Winkel des Fünfecks gespannt ist, eine Strecke macht, dann wird diese eine größere Strecke sein. So erzeugen die Strecken AE und EB der hier erstellten Figur eine größere Strecke.

Wenn also AC $\sqrt{45} + 3$ beträgt und CB 3 macht, dann wird CE 6 betragen, und AE wird $\sqrt{90} + \sqrt{1620}$ betragen, und EB wird $\sqrt{90} - \sqrt{1620}$ betragen. Und wenn aus AE und EB eine Strecke entsteht, dann wird diese $\sqrt{180} + \sqrt{25920}$ betragen. Über die Weise dieser Addition siehe oben in Kapitel zwölf dieses Buches nach.

Jegliche größere Strecke also wird zusammengesetzt aus einer größeren Strecke und aus einer zweiten, die man kleinere Strecke nennt. Von den kleineren Strecken aber werde ich weiter unten am rechten Ort sprechen.

Dritter Satz dieses Kapitels, der bei Campanus Nr. 39 ist.

Eine größere Strecke kann nur in die zwei Strecken, aus denen sie besteht, unter deren Term geteilt werden.

Wie der vorhergehende Lehrsatz von der Zusammensetzung der größeren Strecke aus ihren stofflichen Teilen handelte, so handelt dieser Satz von der Auflösung einer größeren Strecke in die Teile ihrer Zusammensetzung. Jegliche größere Strecke also wird in eine größere Strecke und in eine zweite aufgelöst, die man kleinere Strecke nennt.

Wenn AC und CB (wie man in der vorhergehenden Figur sieht) $\sqrt{24}+\sqrt{12}$ machen und $\sqrt{24}-\sqrt{12}$, dann wird CE $\sqrt{12}$ machen, und AE wird $\sqrt{48}+\sqrt{1152}$ machen, und EB wird $\sqrt{48}-\sqrt{1152}$ machen. Wenn aber aus AE und EB eine Strecke entsteht, dann wird diese $\sqrt{96}+\sqrt{4608}$ betragen. **[179v]**

Doch kann $\sqrt{96}+\sqrt{4608}$ nicht in zwei andere Teile geteilt oder aufgelöst werden, die im Quadrat inkommensurabel sind und eine mediale Fläche umschließen und deren Quadrate, miteinander addiert, eine rationale Fläche ergeben, es sei denn in die beiden Teile $\sqrt{48}+\sqrt{1152}$ und $\sqrt{48}-\sqrt{1152}$, aus denen die Strecke besteht. Außer diesen beiden Teilen also wird man unmöglich zwei andere Strecken oder Teile finden können, auf die der vorgenannte Term oder die vorgegebene Beschreibung zutrifft und in die die Strecke $\sqrt{96}+\sqrt{4608}$ aufgelöst werden kann oder aus denen sie besteht.

Bezüglich der Auflösung aber derartiger Strecken ziehe Kapitel zehn und zwölf dieses Buches zu Rate.

Vierter Satz dieses Kapitels, der bei Campanus der 51. ist.

Wenn eine Fläche von einer in der Länge rationalen Strecke und von einem vierten Binom umschlossen ist, dann ist die Strecke, die im Quadrat diese Fläche ergibt, eine größere Strecke.

Hier wird eine weitere Methode angezeigt, um größere Strecken zu finden. Nimmt man nämlich eine vierte binomiale Fläche an, dann wird deren Quadratwurzel eine größere Strecke sein. Wird also eine vierte binomiale Fläche von zwei Seiten umschlossen, deren eine eine in der Länge rationale Strecke ist und die andere ein viertes Binom, dann wird die mittlere Proportionale zwischen diesen beiden Seiten eine größere Strecke sein.

Fünfter Satz dieses Kapitels, der bei Campanus Nr. 57 ist.

Wenn zu einer in der Länge rationalen Strecke ein Rechteck angefügt wird, das dem Quadrat einer größeren Strecke gleich ist, dann wird die andere Seite des Rechtecks ein viertes Binom sein.

Es ist dies der Umkehrsatz zum vorhergehenden. Er lehrt also, dass aus der Anbringung einer größeren Strecke eine quadratische Fläche entsteht, deren Zahl eine vierte binomiale Zahl ist und also auf eine auf einer Seite längere Fläche zurückgeführt werden kann, dessen eine Seite mit der Fläche selbst kommensurabel ist. Da dies so ist, muß die andere Seite in der Länge rational sein. All dies ersieht man leicht man aus der folgenden Figur. **[180r]**

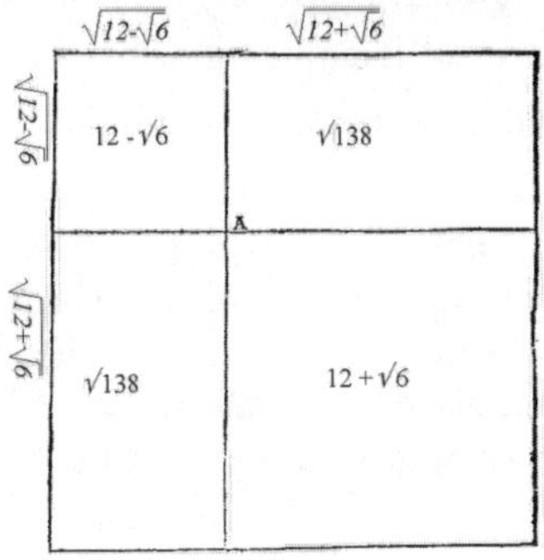

An diesem Bild zeigt sich auch schön, was in den beiden ersten Sätzen dieses Kapitels vorgetragen wurde; es werden nämlich die kleinen Teile, mit denen die Strecken beschrieben werden, die stofflich eine größere Strecke zusammensetzen, hier schön abgebildet.

Letzter Satz dieses Kapitels, der bei Campanus der 62. ist.

Jede Strecke, die zu einer größeren Strecke kommensurabel ist, ist auch selbst eine größere Strecke.

Wenn etwa der Durchmesser irgend eines Kreises eine größere Strecke ist, dann muß die Seite eines Sechseckes, das diesem Kreis einzuschreiben ist, eine größere Strecke sein. [180v]

Es wird durch diesen Satz angezeigt, dass eine größere Strecke andere Teile hat außer denen, die ich in den beiden ersten Sätzen dieses Kapitels beschrieb. Da jedoch jene vorher erwähnten und beschriebenen Teile stoffliche Teile genannt werden, können jene Teile (von denen der gegenwärtige Satz zu handeln scheint) als Teile bezeichnet werden, die dem Ganzen selbst kommensurabel sind. Zudem gibt es hier auch weitere Teile davon, die man instrumentale Teile nennen kann. Doch gehen diese Teile keine Zusammensetzung von Strecken ein, deren Teile sie genannt werden. Doch gehört dies zu den beiden vorherigen Lehrsätzen.

VON DEN LEHRSÄTZEN EUKLIDS, DIE STRECKEN BEHANDELN, DIE IM QUADRAT MEDIALE UND RATIONALE BILDEN. DIESE STRECKEN ERSTELLEN DIE SECHSTE ART IRRATIONALER STRECKEN.

Kapitel XXI.

Nur die Art, die wir in diesem Kapitel behandeln werden, wird als Art von Strecken bezeichnet, die im Quadrat Rationale und Mediale ergeben. Es sind jedoch zwei solche, nämlich Arten größerer Strecken und die Art, die ich jetzt behandeln werde. Es ist dies ja eine größere Strecke $\sqrt{12}+\sqrt{36}$; diese ergibt im Quadrat die Fläche $12+\sqrt{6}$, also das Rationale 12 und das Mediale $\sqrt{6}$. Die Strecke $\sqrt{\sqrt{12}+2}$ bezieht sich aber auf das gegenwärtige Kapitel und wird quadrierend rational und medial genannt, weil sie im Quadrat die Fläche $\sqrt{12}+2$ ergibt, das heißt, sie ergibt im Quadrat das Rationale 2 und das Mediale $\sqrt{12}$.

Man konnte aber die Unterscheidung einhalten, dass Strecken der ersten Art „im Quadrat Rationale und Mediale ergebend“ genannt wurden. Strecken aber der hier besprochenen Art würden „im Quadrat Mediale und Rationale ergebend“ genannt werden. Doch muß uns die Autorität der Alten gefallen, nach der Strecken der früheren Art größere Strecken genannt wurden und es uns frei steht, Strecken dieser anderen Art ohne Unterschied Quadrierend Mediale und Rationale ergebend zu nennen oder auch Quadrierend Rationale und Mediale ergebend. **[181r]**

Der erste Satz dieses Kapitels ist bei Campanus der 28. und besagt:

Man soll zwei Strecken finden, die im Quadrat inkommensurabel sind und eine rationale Fläche umschließen; ihre beiden Quadrate, in gleicher Weise genommen, seien medial.

Dies bedeutet, man solle stoffliche Teile finden, die zusammengesetzt Strecken dieser sechsten Art irrationaler Strecken ergeben und die wir besonders „Quadriert Rationale und Mediale ergebend" nennen, wie ich kurz zuvor sagte.

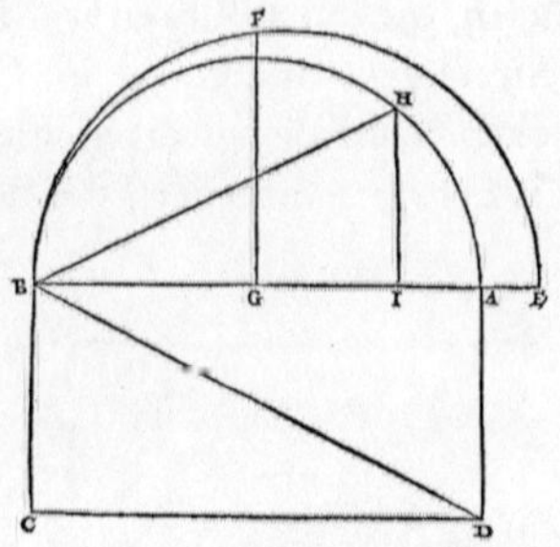

Z

Nimm ein rechtwinkliges Viereck, das von zwei Strecken umschlossen ist, die in der Länge rational sind und gegenseitig doppelt proportional sind (wie man beim Viereck ABCD sieht, das von den Strecken AB und BC umschlossen ist); die längere Strecke aber verlängere bis **[181v]** zum Maß der Diagonale jenes Viereckes (so dass BE der Strecke BD gleich ist). Dann errichte zwei mittlere Proportionale von der Strecke BE aus, die eine vom Mittelpunkt der Strecke AB, die die mittlere Proportionale zwischen BG und GE bilden soll, und die andere mittlere Proportionale soll vom Mittelpunkt der Strecke GE errichtet werden, die zwischen BI und IA die mittlere Proportionale bilden soll.

Die Strecke AB soll 12, und BC soll 6 betragen.

Die Strecken aber, die der Satz erfordert, sind BH und GF. BH aber macht $\sqrt{\sqrt{6480}+36}$, und GF $\sqrt{\sqrt{6480}-36}$.

Diese Findung wird dich nie im Stich lassen; den Grund dafür will ich hernach darlegen.

Zahlen der übrigen Strecken:

BG macht 6 GE macht $\sqrt{180}-6$.

BI macht $\sqrt{45}+3$ IA macht $9-\sqrt{45}$

Zweiter Satz dieses Kapitels, bei Campanus Nr. 34.

Wenn zwei Strecken, die im Quadrat inkommensurabel sind und eine rationale Fläche umschließen und deren beide Quadrate, in gleicher Weise genommen, Mediale sind, dann wird die ganze zusammengesetzte Strecke irrational sein und wird „Quadriert rational und medial" heißen.

Wenn man nun aus BH und GF der zunächst obenstehenden Figur eine einzige Strecke herstellt, dann wird sie quadriert rational 144 und das Mediale $\sqrt{25920}$ sein, weil jene Zusammensetzung die Strecke $\sqrt{\sqrt{25920}+144}$ ergibt. Und weil diese Strecke stets die mittlere Proportionale zwischen ABD und AB darstellt (sie ist ja die Strecke der Quadratur der fünften binomialen Fläche, die von der rationalen Strecke AB in der Länge umschlossen wird wie auch von der fünften binomialen Strecke, die aus DB und BA zusammengesetzt ist), daher muß sie auf Grund des vierten Satzes dieses Kapitels „quadriert rational und medial“ sein.

Die Darlegung bei Campanus aber ist (bei allem Respekt vor dem großen Mann) nicht solide, was aus den Beispielen, die ich anführen werde, sattsam hervorgeht. Indem Campanus nämlich lehrt, eine Strecke zu finden, die im Quadrat ein Rationale und ein Mediale ergibt, nimmt er Strecken nach dem vierten Elementarsatz und schreibt der Strecke AC Teile zu, die sein 25. Lehrsatz erfordert, der der sechste in Kapitel 18 dieses Buches ist, usw. **[182r]**

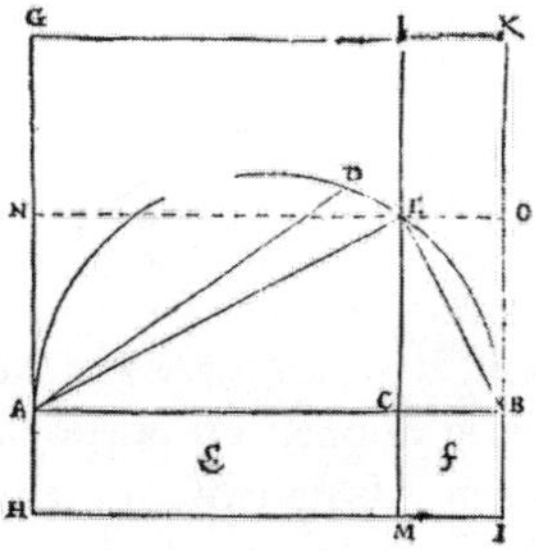

Wenn nun AC $\sqrt[4]{8}+\sqrt[4]{2}$ beträgt und CB $\sqrt[4]{8}-\sqrt[4]{2}$ macht, dann wird CE $\sqrt[4]{2}$ betragen, und AD (nämlich die kürzere Strecke des vierten Elementarsatzes) wird $\sqrt[4]{32}$ betragen. Daher wird AE $\sqrt{\sqrt{32}+4}$ betragen, und EB wird $\sqrt{\sqrt{32}-4}$ machen. Und es sind AE und EB Strecken, die unserem gegenwärtigen und dem früheren Satz entsprechen, der die Findung derartiger Strecken erfordert. Auf diese Weise ergeben sich viele, ja zahllose Beispiele. Doch wirkt diese Findung nicht durchgehend und andauernd, wie ich gleich im folgenden Beispiel zeigen werde.

Man nehme nämlich für AC $\sqrt[4]{54}+\sqrt[4]{24}$ (die Teilchen $\sqrt[4]{54}$ und $\sqrt[4]{24}$ entsprechen aber dem Satz 25 bei Campanus und dem sechsten Satz dieses Kapitels 18, ganz wie die beiden Zahlen $\sqrt[4]{8}$ und $\sqrt[4]{2}$, die die Teilchen des unmittelbar vorhergehenden Beispiels bilden), und für CB soll man $\sqrt[4]{54}-\sqrt[4]{24}$ annehmen; dann wird für AD (nämlich die kürzere Strecke des vierten Elementarsatzes) $\sqrt[4]{96}$ herauskommen, da für CE (nämlich der mittleren Proportionale zwischen AC und CB) $\sqrt[4]{6}$ herauskommt. Also wird AE $\sqrt{\sqrt{216}+12}$ ergeben, und EB wird $\sqrt{\sqrt{216}-12}$ machen. **[182v]**

Doch Vorsicht! Die beiden Strecken AE und EB sind nach der Lehre des Campanus als allgemein gefunden und setzen doch nicht eine Zahl zusammen, die quadriert rational und medial ist, sondern setzen eine Zahl zusammen, die im Quadrat zwei Mediale ergibt, also eine Strecke der folgenden Art, nämlich $\sqrt{\sqrt{864}+\sqrt{288}}$.

Es folgt die Darstellung der beschriebenen Strecken:

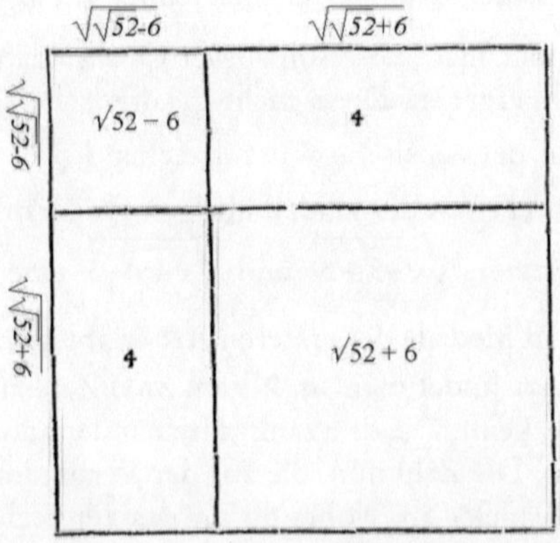

Diese Darstellung aber und ähnliche werden oben in Kapitel 12 ausreichend erklärt.

Dritter Lehrsatz dieses Kapitels, der bei Campanus Nr. 40 ist.

Eine Strecke, die im Quadrat Rationale und Mediale ergibt, wird nur in zwei Strecken unter dem Term geteilt.

So ist $\sqrt{\sqrt{6480}+36}$ das im Quadrat Rationale 36 und Mediale $\sqrt{6480}$. Diese wird in $\sqrt{\sqrt{1620}+36}$ und $\sqrt{\sqrt{1620}-36}$ geteilt, also [**183r**] in eine im Quadrat rationale und mediale Zahl und in eine, die eine Mediale mit einer Rationalen zusammensetzt. Und diese beiden Teile fallen unter den Begriff, den die beiden vorhergehenden Sätze beinhalten, nämlich sie sind im Quadrat inkommensurabel und umschließen eine rationale Fläche; auch sind ihre Quadrate, in gleicher Weise aufgefasst, eine Mediale.

Ebenso ist $\sqrt{\sqrt{864}+24}$ gewiß im Quadrat eine Rationale und Mediale. Diese wird in $\sqrt{\sqrt{216}+\sqrt{72}}$ und $\sqrt{\sqrt{216}-\sqrt{72}}$ geteilt. Ebenso auch eine, die im Quadrat zwei Mediale ergibt, wie auch in eine, die Mediale und Mediale zusammensetzt. Trotzdem fallen diese Teile unter den Begriff, den die beiden vorhergehenden Sätze dieses Kapitels beschreiben.

Bei dieser Sache muß man beachten, dass diese Art von Zahlen, die im Quadrat Rationale und Mediale ergeben, in zwei weitere Arten unterteilt wird; die erste Art umfasst Strecken, die man in zwei Teile, die sie zusammensetzen, auflösen kann, wobei der längere Teil in der Art verbleibt, die im Quadrat Rationale und Mediale ergibt, wie etwa $\sqrt{\sqrt{6480}+36}$. Der zweite Teil jedoch umfasst Strecken, die man in zwei Teile auflösen kann, die sie zusammensetzen, wobei aber der größere davon nicht in dieser Art verbleibt, sondern in die Art von Strecken übergeht, die im Quadrat zwei Mediale ergeben; von diesen wird das folgende Kapitel handeln, nämlich Zahlen wie $\sqrt{\sqrt{864}+24}$.

Regeln.

Zahlen beider Arten lassen sich jedoch leicht finden.

Zahlen der ersten Art findet man so: Nimm zwei Quadratzahlen an, die, miteinander addiert, keine Quadratzahl ergeben. Diese nicht quadratische Zahl nimm als ersten Teil des Beispiels, indem du ihr das zensische Wurzelzeichen [$\sqrt{\ }$] voranstellst. Als zweiten Teil nimm die Quadratwurel eines der beiden übrigen Quadrate, wie z.B. 36 und 9 dann 45 ergeben, usw. Daher setzen $\sqrt{\sqrt{45}+3}$ und $\sqrt{\sqrt{45}-3}$ eine Zahl zusammen, die im Quadrat eine Rationale und Mediale der ersteren Art ergibt, nämlich $\sqrt{\sqrt{180}+12}$.

Zahlen der zweiten Art findet man so: Nimm zwei Zahlen, deren erste eine Quadratzahl sei und die andere keine Quadratzahl; miteinander addiert sollen sie eine nicht quadratische Zahl ergeben. Die Zahl nun, die aus der Verbindung hervorgeht, nimm als ersten Teil des **[183v]** Beispieles an, wobei du ihr das zensische Wurzelzeichen voranstellst. Als zweiten Teil nimm jene nicht quadratische Zahl an, die zuerst zum Quadrat hinzugefügt wurde, und stelle auch ihr dasselbe Wurzelzeichen voran, usw. Z.B. machen 234 und 144 zusammen 378. Also setzen $\sqrt{\sqrt{378}+\sqrt{234}}$ und $\sqrt{\sqrt{378}+\sqrt{234}}$ eine Zahl zusammen, die im Quadrat eine Rationale und Mediale der zweiten Art ergibt, nämlich $\sqrt{\sqrt{1512}+24}$.

Vierter Satz dieses Kapitels, der bei Campanus Nr. 52 ist.

Wenn die Fläche einer Strecke von einer Rationalen und einem fünften Binom umschlossen ist, dann wird bewiesen, dass die Strecke, die im Quadrat diese Fläche ergibt, im Quadrat eine Mediale und eine Rationale ergibt.

Ein Beispiel dafür ist oben beim Satz 2 dieses Kapitels auf Grund der Figur zum ersten Satz dieses Kapitels vorgestellt.

Es ist ja die Strecke ABD jener Figur ein fünftes Binom, das 12 + $\sqrt{180}$ beträgt. Wenn also aus AB und BD eine gerade Strecke entsteht und mit dieser im rechten Winkel eine zweite Strecke verbunden wird, die gleich der Strecke AB ist, dann entsteht eine fünfte binomiale Fläche, die $\sqrt{25920}+144$ beträgt. Deren Quadratwurzel nun macht $\sqrt{\sqrt{25920}+144}$, das ist eine Zahl, die im Quadrat eine Rationale und Mediale ergibt, wie es die Strecke ist, die in der vorgenannten Zeichnung aus BH und GF zusammengesetzt ist.

Also lehrt Euklid mit diesem Satz die beste und sicherste Art, Strecken zu finden, die im Quadrat Rationale und Mediale ergeben.

Fünfter Satz dieses Kapitels, der bei Campanus Nr. 58 ist.

Wenn man mit einer in der Länge rationalen Strecke ein Viereck verbindet, das auf einer Seite länger ist und das dem Quadrat einer Strecke gleich ist, die im Quadrat eine Rationale und Mediale ergibt, dann muß die andere Seite dieses Viereckes ein fünftes Binom sein.

Es ist dies der Umkehrsatz zum vorhergehenden; er lehrt, dass das Quadrat einer Strecke, die im Quadrat eine Rationale und Mediale ergibt, in eine fünfte binomiale Fläche verwandelt werden kann. Dies geschieht, wenn man zur Strecke selbst jenes Quadrates (einer Strecke, die im Quadrat eine Rationale und Mediale ergibt) zwei äußerste

Strecken findet (sozusagen zur mittleren Proportionale), von denen die eine in der Länge rational ist und die andere eine fünfte Binomiale. [184r]

Das geschieht also, wenn zu der Strecke, die aus BH und FG (in der Figur zum ersten Satz dieses Kapitels) zusammengesetzt ist, folgende zwei Strecken gefunden werden sollen: Erstens AB und zweitens ABD oder jene erste BC und jene zweite ABD, aber verdoppelt, usw.

Letzter Satz dieses Kapitels, der bei Campanus Nr. 63 ist.

Wenn eine Strecke einer anderen Strecke, die im Quadrat eine Rationale und Mediale hervorbringt, kommensurabel ist, dann ist damit bewiesen, dass auch sie im Quadrat Rationale und Mediale ergibt.

Ist also eine Strecke gegeben, die im Quadrat Rationale und Mediale hervorbringt, dann wird auch deren Hälfte, ihr dritter Teil, ihr vierter, ihr fünfter usw. im Quadrat Rationale und Mediale hervorbringen. Ebenso gilt dies für ihre Verdopplung, ihr Dreifaches, Vierfaches, Fünffaches usw. Ebenso gilt es für ihr Drittel, Viertel, Fünftel usw.

Also lehrt dieser Satz, aus einer einzigen Strecke dieser Art unendlich viele Strecken derselben Art hervorzubringen, nämlich durch Vervielfachung oder durch Teilung.

VON DEN SÄTZEN, DIE IRRATIONALE STRECKEN DER SIEBTEN ART BEHANDELN UND IM QUADRAT ZWEI MEDIALE HERVORBRINGEN.

Kapitel XXII.

Diese Art der Strecken, die im Quadrat zwei Mediale ergeben, bildet das Ende der zusammengesetzten Strecken. Diese Art soll nun in zwei Unterarten geteilt werden, ganz wie jene obere, von der ich im vorhergehenden Kapitel gesprochen habe.

Zuerst nämlich gibt es manche Strecken, die im Quadrat zwei Mediale ergeben, die in die Teile ihrer Zusammensetzung aufgelöst werden, so dass der längere Teil davon in dieser Art bleibt, wie etwa die Strecke der Zahl $\sqrt{\sqrt{56}+\sqrt{32}}$ in $\sqrt{\sqrt{14}+\sqrt{6}}$ und $\sqrt{\sqrt{14}-\sqrt{6}}$ aufgelöst wird. Es bleibt aber der längere Teil (nämlich $\sqrt{\sqrt{14}+\sqrt{6}}$ in dieser Art, was besagt, dass er auch im Quadrat zwei Mediale ergibt.

Zweitens gibt es manche Stecken, die im Quadrat zwei Mediale ergeben, die in die Teile ihrer Zusammensetzung aufgelöst werden, wobei der längere Teil [184v] nicht in dieser Art verbleibt, sondern in die Art des vorhergehenden Kapitels übergeht. So wird z.B. $\sqrt{\sqrt{68}+\sqrt{8}}$ in $\sqrt{\sqrt{17}+3}$ und in $\sqrt{\sqrt{17}-3}$ aufgelöst. Es geht aber der längere dieser Teile (nämlich $\sqrt{\sqrt{17}+3}$) in die Art über, die im Quadrat Rationale und Mediale ergeben, wie man sattsam sieht.

Erster Satz dieses Kapitels, der bei Campanus Nr. 29 ist.

Man soll zwei Strecken finden, die im Quadrat inkommensurabel sind und eine mediale Fläche umschließen; ihre Quadrate, in gleicher Weise genommen, sollen medial sein und inkommensurabel mit dem Doppel der Fläche der einen Strecke nach der anderen.Dies bedeutet, zwei Strecken zu finden, die eine Strecke zusammensetzen, die im Quadrat zwei Mediale ergibt, wie es der nächstfolgende Satz lehren wird.

Von der Methode aber, Strecken zu finden, wie sie dieser Satz vorschreibt, muß man ähnliches sagen wie das, was zu den zwei ersten Sätzen des vorhergehenden Kapitels gesagt wurde. An dieser Stelle ist nämlich die Findungsmethode von Campanus und anderen, solche Strecken mit Hilfe des fünften Satzes von Kapitel 19 (bei Campanus 26) zu finden, nicht konsequent. Dies will ich wiederum durch Beispiele belegen.

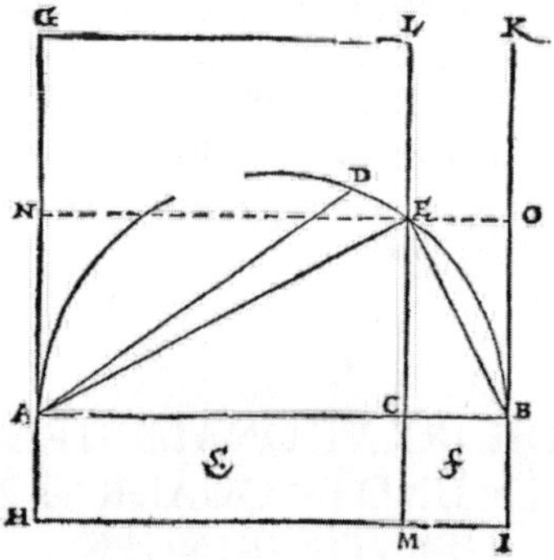

[185r] So sei AC $\sqrt[4]{18}+\sqrt[4]{8}$ (gewiß entsprechen $\sqrt[4]{18}$ und $\sqrt[4]{8}$ jenem vorher erwähnten Satz); dann wird CB $\sqrt[4]{18}-\sqrt[4]{8}$ sein, und CE wird $\sqrt[4]{2}$ machen, und die kürzere Strecke AD (nach dem vierten Elementarsatz) wird $\sqrt[4]{32}$ betragen. Also wird AE $\sqrt{\sqrt{72}+\sqrt{48}}$ betragen, und EB wird $\sqrt{\sqrt{72}-\sqrt{48}}$ betragen. Diese Strecken (jedenfalls richtig nach der Lehre des Campanus) ergeben zusammengesetzt eine Strecke, die im Quadrat zwei Mediale ergibt, nämlich $\sqrt{\sqrt{288}+\sqrt{96}}$.

Wenn man jedoch anstelle von AC $\sqrt[4]{54}$ und $\sqrt[4]{6}$ annimmt, die ebenfalls dem eben erwähnten Satz 26 bei Campanus entsprechen, dann wird CB $\sqrt[4]{54}-\sqrt[4]{6}$ machen, und CE wird $\sqrt{24}$ ergeben (und AD $\sqrt{96}$), und es wird AE $\sqrt{\sqrt{216}+\sqrt{72}}$ ergeben, und EB wird $\sqrt{\sqrt{216}-\sqrt{72}}$ ergeben. Doch entsprechen diese Teile nicht dem gegenwärtig behandelten Satz. Sie ergeben nämlich in der Zusammensetzung nicht eine im Quadrat zwei Mediale ergebende Strecke, sondern setzen eine im Quadrat Rationale und Mediale zusammen, nämlich sie erstellen $\sqrt{\sqrt{864}+24}$. Also ist die Findung nicht konsequent, die mit Hilfe des vierten Elementarsatzes gelehrt wird, wobei man für AC die Strecken des Satzes annimmt, der bei Campanus N. 26 ist.

Also muß man eine andere Methode der Findung ansetzen, die niemals in die Irre führt, wie aus der Skizze oben auf Seite 181 offenbar wird.

Nimm für BC eine mediale Strecke an, und wenn BC $\sqrt[4]{48}$ ergibt, dann wird BA $\sqrt[4]{768}$ ergeben, weil AB das Doppelte von BC ist, und BD wird $\sqrt[4]{1200}$ machen. Daher wird BH $\sqrt{\sqrt{240}+\sqrt{48}}$ ergeben, und GF wird $\sqrt{\sqrt{240}-\sqrt{48}}$ machen. Und jene beiden Strecken sind so beschaffen, wie sie unser gegenwärtiger Satz fordert. Den Grund aber, weshalb jene Skizze nicht in die Irre führen kann, wenn BC eine mediale Strecke ist, wird man leicht aus dem erschließen können, was im vorhergehenden Kapitel bezüglich Satz 4 jenes Kapitels gesagt wurde.

Die Zahlen der übrigen Strecken.

BG macht $\sqrt[4]{48}$. GE macht $\sqrt[4]{1200}-\sqrt[4]{48}$.

Diese beiden Strecken machen, miteinander multipliziert, das Quadrat von GF selbst, das heißt der kürzeren Strecke der beiden, die unser Satz erfordert. Man sieht aber auch hier bald, wie die verlängerte Strecke die längere Strecke ergibt, die notwendigerweise im Quadrat zwei Mediale ergibt. Jene längere Strecke aber ist ebenfalls die mittlere Proportionale zwischen GBD und BC. Die Strecke aber, die aus den beiden gefundenen zusammengesetzt ist, nämlich aus BH und GF, ist die mittlere Proportionale zwischen ABD und AB, wie oben auch angezeigt. **[185v]**

So kann man auf diese Weise leicht sehen, dass notwendigerweise eine Strecke, die in dieser Weise aus solchen Zahlen zusammengesetzt wurde, im Quadrat zwei Mediale ergibt. Und dies ist es, was ich sagte: Mit dieser Skizze kannst du nicht in die Irre gehen.

Siehe weiter:

BI macht $\sqrt[4]{75}+\sqrt[4]{3}$. Und IA macht $\sqrt[4]{243}-\sqrt[4]{75}$.

Diese beiden Zahlen ergeben, miteinander multipliziert, das Quadrat der Strecke HI. Wenn man dieses Quadrat hinzufügt zum Quadrat der Strecke BI, ergibt sich das Quadrat der Strecke BH.

Zweiter Satz dieses Kapitels, der bei Campanus Nr. 35 ist.

Wenn zwei Strecken verbunden sind, die im Quadrat inkommensurabel sind und eine mediale Fläche umfassen, und deren beide Quadrate, in gleicher Weise genommen, das inkommensurable Mediale zum Doppel der von jenen Strecken eingefaßten Fläche darstellen, dann wird die ganze daraus zusammengesetzte Strecke irrational sein und wird heißen: Im Quadrat zwei Mediale erzeugend.

Von solchen Strecken aber bilden manche eine solche, die im Quadrat zwei Mediale unter der früheren Art hervorbringt, und die Zahlen jener Strecken werden so gefunden:

Nimm zwei Zahlen, die nicht Quadratzahlen sind, und die, miteinander addiert, eine Zahl erzeugen, die keine Quadratzahl ist. Dann füge die Wurzel dieses Aggregates zur Wurzel der anderen angenommenen Strecke, und die Wurzel dieses Aggregates wird eine längere Strecke sein; und wenn diese gegeben ist, wirst du leicht die kürzere Strecke geben können. So machen 6 und 8 dann 14, und deshalb stellen $\sqrt{\sqrt{14}+\sqrt{18}}$ und $\sqrt{\sqrt{14}-\sqrt{8}}$ eine Strecke her, die im Quadrat zwei Mediale der ersten Art erzeugt, nämlich $\sqrt{\sqrt{56}+\sqrt{24}}$.

Sodann stellen manche solche Strecken, wie sie der hier vorliegende Satz beschreibt, eine Strecke zusammen, die im Quadrat zwei Mediale der zweiten Art erzeugt. Und die Zahlen dieser Strecken werden so gefunden:

Nimm eine Quadratzahl an und eine Zahl, die keine Quadratzahl ist; addiert man diese beiden, erzeugen sie eine nicht quadratische Zahl. Und füge die Wurzel dieses Aggregates zur Wurzel jener angenommenen Zahl, die eine Quadratzahl ist, hinzu, dann wird die Quadratwurzel dieses Aggregates eine längere Strecke sein, und wenn diese feststeht, wird man leicht auch die dazugehörige kürzere Strecke angeben. So machen 9 und 8 dann 17, und daher $\sqrt{\sqrt{17}+3}$ und $\sqrt{\sqrt{17}-3}$ eine Zahl her, die im Quadrat zwei **[186r]** Mediale der zweiten Art erzeugt, nämlich hier $\sqrt{\sqrt{68}+\sqrt{32}}$.

Die Figur aber zur Beschreibung solcher Strecken, die zusammengesetzt eine Strecke ergeben, die im Quadrat zwei Mediale der ersten Art hervorbringt, ist folgende:

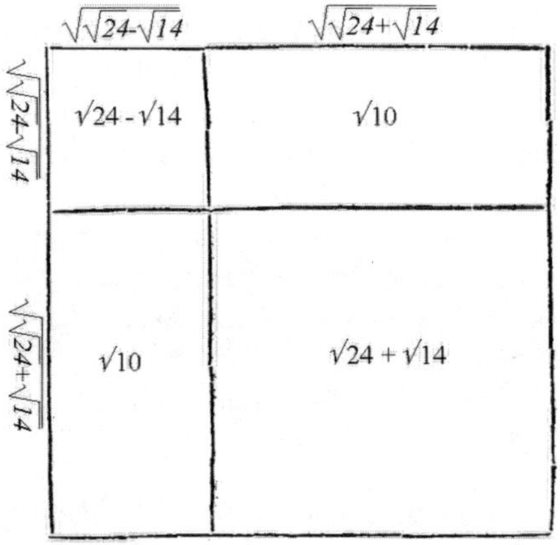

Du siehst gewiß, dass $\sqrt{\sqrt{24}+\sqrt{14}}$ und $\sqrt{\sqrt{24}-\sqrt{14}}$ im Quadrat inkommensurabel sind. Weiterhin siehst du, dass sie die Fläche $\sqrt{10}$ umfassen sollen. Drittens siehst du, dass ihre Quadrate, in gleicher Weise genommen, nämlich $\sqrt{24}+\sqrt{14}$ und $\sqrt{24}-\sqrt{14}$, dann $\sqrt{96}$ ergeben. Du siehst auch, dass $\sqrt{96}$ zu $\sqrt{10}$ selbst inkommensurabel ist und ebenso zu dessen Doppeltem, nämlich $\sqrt{40}$.

Es folgt die Figur für Strecken, die zusammengesetzt eine Strecke der zweiten Art von Strecken ergeben, die im Quadrat zwei Mediale erzeugen. **[186v]**

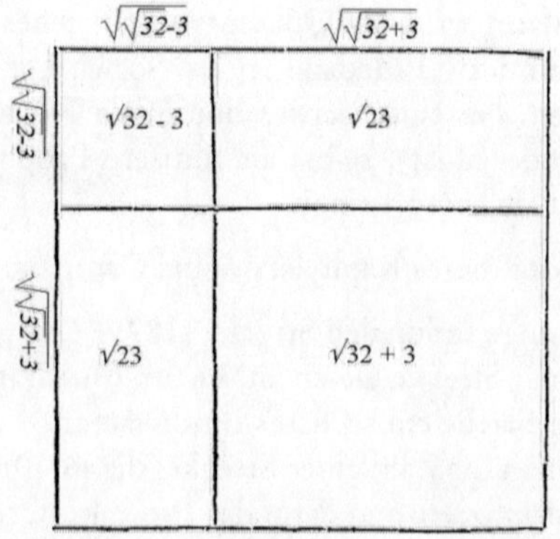

Bei diesem Satz sehen wir hinreichend klar, dass Euklid sich besonders den Zahlen zuwandte, mögen dies jene auch noch so vertuschen, die Kommentare zu seinen Sätzen schrieben. Warum nämlich hat er bei den ähnlichen Sätzen zu den beiden früheren Arten (nämlich zu größeren Strecken und zu Strecken, die im Quadrat Rationale und Mediale ergeben) nicht Ähnliches gesagt, wo dazu doch Ähnliches erforderlich ist? Darauf antworte ich: Bei Strecken, die größere Strecken zusammenstellen, ist nicht zu befürchten, wovor Euklid in diesem Satze warnt, ebenso wenig wie bei Strecken, die Strecken zusammensetzen, die im Quadrat Rationale und Mediale ergeben. Bei diesen nämlich ist der eine Teil eine rationale Zahl, und der andere eine Mediale im Quadrat. Was braucht es hier eine Warnung? Dann aber, wenn beide Zahlen Mediale im Quadrat sind und es eintritt, **[187r]** dass solche Zahlen manchmal kommensurabel sind, manchmal jedoch inkommensurabel, da mahnt Euklid mit Recht, vor den kommensurabeln auf der Hut zu sein, um nicht anstelle einer Strecke, die im Quadrat zwei Mediale ergibt, eine mediale Strecke anzusetzen.

Dritter Satz dieses Kapitels, der bei Campanus Nr. 41 ist.

Eine Strecke, die im Quadrat zwei Mediale ergibt, kann nicht unter dem Ausdruck derjenigen, aus denen sie zusammengefügt ist, in zwei andere Strecken geteilt werden; sie ist nur teilbar in ihre beiden Strecken, aus denen sie zusammengesetzt ist.

So wird $\sqrt{\sqrt{56}+\sqrt{24}}$ nur in $\sqrt{\sqrt{14}+\sqrt{38}}$ und $\sqrt{\sqrt{14}-\sqrt{8}}$ unter jenem Term geteilt, der durch die obenstehenden Sätze dieses Kapitels umschrieben ist.

So wird auch $\sqrt{\sqrt{68}+\sqrt{32}}$ nur in die beiden sie bildenden $\sqrt{\sqrt{17}+3}$ und $\sqrt{\sqrt{17}-3}$ geteilt. Dies allein sind die Teile ihrer Zusammensetzung, wie sie durch die obenstehenden Sätze dieses Kapitels umschrieben sind.

Vierter Satz dieses Kapitels, der bei Campanus Nr. 53 ist.

Wenn eine Fläche durch eine rationale Strecke und ein sechstes Binom umfaßt wird, dann ist eine Strecke, die im Quadrat diese Fläche ergibt, irrational und heißt „Im Quadrat zwei Mediale ergebend“.

Bei diesem Satz wird man leicht erkennen, dass all jenes, was zum vierten Satz des vorigen Kapitels gesagt wurde, hier mit ähnlichen Worten wiederholt werden kann. Wenn also die Zahl einer sechsten binomialen Strecke mit einer beliebigen rationalen

Zahl multipliziert wird, dann wird die Quadratwurzel jenes Produktes die Zahl einer Strecke sein, die im Quadrat zwei Mediale ergibt. So wird auch die mittlere Proportionale zwischen zwei Seiten, die eine sechste binomiale Fläche umschließen (wenn die eine Seite in der Länge rational ist), selbst als mittlere Proportionale eine Strecke sein, die im Quadrat zwei Mediale hervorbringt.

Fünfter Satz dieses Kapitels, der bei Campanus N. 59 ist.

So oft man einer in der Länge rationalen Strecke **[187v]** eine rechwinklige Fläche hinzufügt, die dem Quadrat einer Strecke gleich ist, die im Quadrat zwei Mediale ergibt, wird die zweite Seite derselben Fläche ein sechstes Binom sein.

Dies besagt: Wenn man die Zahl einer Strecke, die im Quadrat zwei Mediale ergibt, zuerst mit sich selbst multipliziert und dann das Produkt durch eine rationale Zahl dividiert, kommt nichts anderes heraus als eine Zahl des sechsten Binomials. Alles weitere zu diesem Satz entnehme man den ähnlichen Sätzen der vorhergehenden Kapitel.

Letzter Satz dieses Kapitels, der bei Campanus Nr. 64 ist.

Jede beliebige Strecke, die einer Strecke kommensurabel ist, die im Quadrat zwei Mediale ergibt, ergibt auch selbst im Quadrat zwei Mediale.

Dies besagt: Wenn man die Zahl einer Strecke ansetzt, die im Quadrat zwei Mediale ergibt und diese Zahl mit einer ganzen rationalen Zahl oder einem solchen Bruch multipliziert, wird sich stets die Zahl einer Strecke ergeben, die im Quadrat zwei Mediale ergibt. Dasselbe geschieht, wenn die angesetzte Zahl durch eine ganze rationale Zahl oder einen solchen Bruch dividiert wird. Alles Weitere entnehme man den letzten Sätzen der vorhergehenden Kapitel.

VON SÄTZEN, DIE BINOMIALE RESTE BEHANDELN. DIES IST DIE ACHTE ART IRRATIONALER STRECKEN.

Kapitel XXIII.

Nachdem alle Arten zusammengesetzter Strecken behandelt sind, folgen nun die Arten gleichsam zusammengesetzter oder zerlegter Strecken. Deren erste Art ist die achte Art irrationaler Strecken. Man spricht aber von zerlegten Strecken, weil diese aus zusammengesetzten Strecken entstehen, wobei die einzige Änderung im Austausch des Pluszeichens gegen das Minuszeichen besteht, wie jedermann aus den folgenden Sätzen leicht erkennen kann. Mag aber auch durch diesen Tausch eines Zeichens in ein anderes zugleich die Art in eine andere Art verwandelt werden, **[188r]** so bleibt doch in der neuen Art eine gewisse Ähnlichkeit zur früheren Art erhalten, so dass die ganze Beschäftigung mit den folgenden Arten durch diesen einen Satz umfasst scheint:

Alles, was zusammengesetzte Strecken bewirken oder im Quadrat hervorbringen, das bewirken und bringen auch deren zerlegte Strecken im Quadrat hervor.

Es müssen jedoch einzelne Arten zerlegter Strecken mit ihren Sätzen in echter Ordnung behandelt werden, damit ich nicht die vielen von Euklid aufgestellten Sätze zu mißachten scheine. Die erste dieser Arten nun umfasst binomiale Reste; zu dieser Art werden Sätze gestellt, die jenen ähnlich sind, die man über Binome aufgestellt hat, wie wir sehen werden.

Erster Satz dieses Kapitels, der bei Campanus Nr. 68 ist.

Wenn man eine Strecke von einer Strecke abtrennt und beide Teile rational sind und nur im Quadrat kommensurabel, dann wird die übrig gebliebene Strecke irrational sein und Rest genannt werden.

Dieser Satz wiederholt die Beschreibung der Binome, um anzudeuten, dass die Reste ihren Ursprung von den Binomen nehmen. Daher nennt man sie mit Recht binomiale Reste.

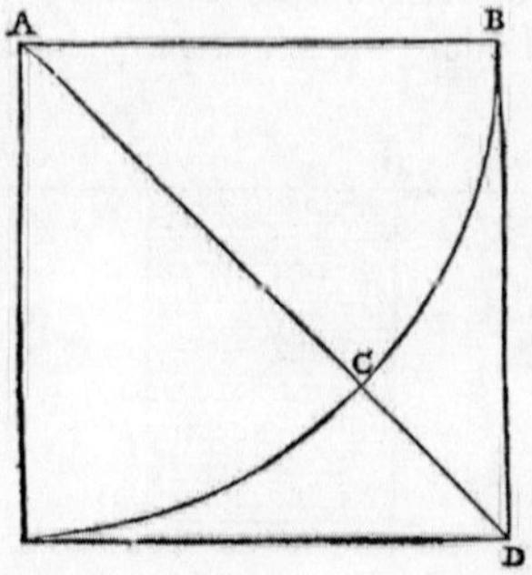

Wenn man ein Quadrat mit einer rationalen Seitenlänge erstellt, [188v] dann wird die angenommene Seite mit dem Durchmesser ein Binom ergeben. Schneidet man jedoch die Seite vom Durchmesser ab, dann wird die übrig bleibende Strecke ein binomialer Rest sein. Wenn also die Seite AB 12 beträgt, dann wird der Durchmesser AD $\sqrt{288}$ betragen. Schneidet man aber AB von AD ab, so bleibt CD als Rest übrig, der $\sqrt{288}-12$ beträgt. Wenn man nämlich bei einem angenommenen Binom $\sqrt{288}+12$ vom übrig bleibenden größeren Teil 12 abzieht, bleibt $\sqrt{288}-12$ übrig.

Zweiter Satz dieses Kapitels, der bei Campanus Nr. 74 ist.

Nur eine einzige Strecke kann mit einem Rest so verbunden werden, dass beide zusammen unter den Ausdruck derjenigen fallen, die sie vor der Trennung waren.

Man nimmt die Strecke CD (wie man auf der oben gebotenen Zeichnung sieht), die $\sqrt{288}-12$ beträgt und aus $\sqrt{288}$ und 12 besteht; der Ausdruck dieser Teile wird nach dem vorhergehenden Satz beschrieben, nämlich weil es die Betrachtung zweier rationaler Strecken ist, die nur im Quadrat kommensurabel sind. Nur eine einzige Strecke kann mit derselben Strecke CD verbunden werden, nämlich AC, so dass sie beide eben diese Strecken sind, die sie vor ihrer Teilung waren, nämlich AB und AD oder 12 und $\sqrt{288}$. Diese, so betone ich, unterliegen dem beschriebenen Ausdruck. Und demselben Ausdruck unterliegen auch AC und AD. Du siehst nämlich, dass vor der Trennung AD oder $\sqrt{288}$ sozusagen eine Strecke war, von der eine Abtrennung geschehen mußte, und dass AB (oder 12) sozusagen der Teil sein musste, der von AD oder von $\sqrt{288}$ abgetrennt werden musste; auch unterlagen beide dem vom oberen Satz beschriebenen Ausdruck. Nach der Trennung aber blieb die Strecke CD übrig oder $\sqrt{288}-12$. Und es ist unmöglich, dass mit CD selbst unmittelbar eine andere Strecke verbunden wird, außer AC oder 12, so dass das Ergebnis der Addition (wie es AD oder $\sqrt{288}$ ist) mit dem Hinzugefügten oder Verbundenen (wie es AC oder 12 ist) dem gleichen Ausdruck unterliegt, wie er im vorhergehenden Satz beschrieben wurde. Man kann nämlich $\sqrt{288}-12$ in $\sqrt{72}-6$ und $\sqrt{72}-6$ teilen. Doch sind diese beiden Teile nicht rational und sind auch nicht nur im Quadrat kommensurabel.

Es folgen die Definitionen der Reste.

Da die binomialen Reste der Natur und der Ähnlichkeit der Binome folgen, deshalb wird auch die Art der Reste in sechs Arten unterteilt, **[189r]** deren uns überlieferte Definitionen, sei es von Euklid oder (wie ich meine) von Theon, ich nun vorführen und erläutern will.

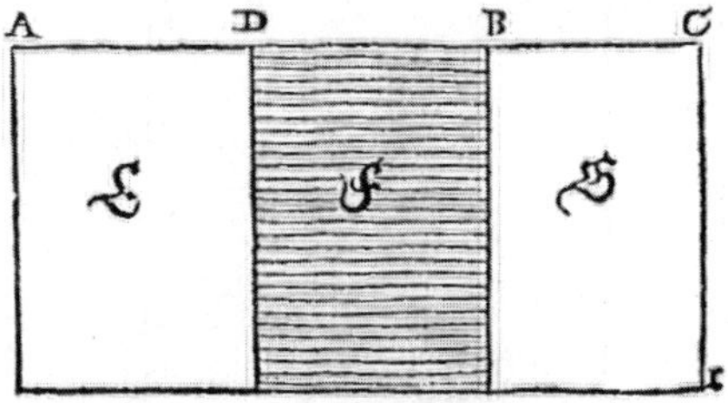

Erste Definition

Wenn man zwei Strecken aufstellt, deren eine in der Länge rational (wie CI, wenn es 4 beträgt) ist, die andere aber ein Rest (wie BC, wenn es $6-\sqrt{32}$ beträgt), und wenn dem Rest selbst eine andere Strecke beigefügt wird (etwa AD, wenn es $\sqrt{32}$ beträgt) entsprechend ihrem Ausdruck (also eine solche, die, da sie dem aufgestellten Rest angefügt ist, dem vom ersten Satz dieses Kapitels beschriebenen Ausdruck unterliegt, wie bald folgen wird), wenn also die ganze Zusammensetzung aus BC und AD (die DC ergibt, nämlich 6) im Quadrat größer ist als die hinzugefügte Strecke (es ergibt ja DC im Quadrat 36 und AD ergibt im Quadrat 32, so dass DC im Quadrat um so viel größer ist als AD, als eine Strecke der Zahl 2 im Quadrat ergibt) im Quadrat einer Strecke, die dem Ganzen selbst in der Länge kommensurabel ist (so wie die Strecke der Zahl 2 der ganzen zusammengesetzten Strecke kommensurabel ist, nämlich der Strecke DC, die 6 in der Länge beträgt, da sie beide in der Länge rational sind, wie es solche sein müssen, die in der Länge kommensurabel sind), und wenn eben dieses Ganze (nämlich DC oder 6) in der Länge der aufgestellten Strecke in rationaler Länge kommensurabel ist (wie es CI ist, das 4 beträgt), dann wird das, was aufgestellt war (nämlich BC), erster Rest genannt werden.

Dies besagt: Wenn man ein erstes Binom aufgestellt hat und man für das + Zeichen das – Zeichen setzt, dann wird das Aufgestellte erster Rest genannt werden. **[189v]**

Oder: Wenn man die Strecke CDA aufstellt, die ein erstes Binom sein soll, und wenn CD ein in der Länge rationaler Teil ist, und wenn DA nur im Quadrat rational ist, und wenn man AD von DC abtrennt, dann wird BC als erster Rest übrig bleiben.

Zweite Definition.

Wenn man zwei Strecken aufstellt, von denen die eine in der Länge rational ist, die andere für den Rest (wie CI und BC, und wenn CI dann 4 macht und BC $\sqrt{18}-4$, und wenn man dem Rest selbst eine weitere Strecke entsprechend seinem Ausdruck beifügt (etwa DA, das 4 im Quadrat beträgt), und wenn das zusammengesetzte Ganze (nämlich DC) im Quadrat größer ist als die hinzugefügte Strecke (nämlich AD) im Quadrat einer Strecke, die dem Ganzen in der Länge kommensurabel ist, und wenn die hinzugefügte Strecke (nämlich AD) in der Länge der aufgestellten rationalen Strecke (nämlich CI) kommensurabel ist, dann wird man das, was aufgestellt war, (nämlich BC) als zweiten Rest bezeichnen.

Dies ist ein quadratischer Rest; wenn dessen abgetrennte Strecke in der Länge rational ist, wird sie zweiter Rest genannt werden.

Dritte Definition.

Wenn man zwei Strecken annimmt, die eine rational in der Länge, die andere für den Rest (wie CI, das 4 beträgt, und BC, das $\sqrt{50}-\sqrt{48}$ macht), und wenn zu dem Reste selbst eine weitere Strecke entsprechend seinem Ausdruck hinzugefügt wird (wie AD, das $\sqrt{48}$ macht), und wenn das zusammengesetzte Ganze im Quadrat größer sein wird als die hinzugefügte Strecke (also DC größer als AD) im Quadrat einer Strecke, die dem Ganzen in der Länge kommensurabel sein wird, und wenn beide Strecken (also AD und DC) in der Länge zur aufgestellten rationalen Strecke (nämlich CI) in der Länge inkommensurabel sind, dann wird man vom dritten Rest sprechen.

Vierte Definition.

Wenn man zwei Strecken aufstellt, die eine rational in der Länge, die andere für den Rest (wie CI, das 4 macht, und BC, das $6-\sqrt{5}$ macht), und wenn man zu dem Rest selbst eine weitere Strecke entsprechend ihrem Ausdruck hinzufügt (nämlich AD, das $\sqrt{5}$ macht), und wenn das zusammengesetzte Ganze im Quadrat um so viel größer ist als die hinzugefügte Strecke (also DC größer als AD) als das Quadrat der Strecke, die dem Ganzen in der Länge inkommensurabel ist, und wenn dieselbe ganze Strecke in der Länge der aufgestellten Strecke (nämlich CI) kommensurabel ist, dann wird man vom vierten Rest sprechen.

Es ist dies ein nichtquadratischer Rest, dessen Strecke, **[190r]** von der aus die Abtrennung stattfand, in der Länge rational sein wird und vierter Rest heißen wird.

Fünfte Definition.

Wenn man zwei Strecken aufstellt, die eine rational, die andere für den Rest (wie CI 14 macht und BC, das $\sqrt{12}-2$ macht), und wenn man zu dem Rest selbst eine weitere Strecke entsprechend ihrem Ausdruck hinzufügt (etwa AD, was 2 macht), und wenn das zusammengesetzte Ganze (das heißt DC) im Quadrat größer ist als die hinzugefügte Strecke (das heisst AD) im Quadrat der Strecke, die dem Ganzen selbst in der Länge inkommensurabel ist, und wenn die hinzugefügte Strecke (also AD) in der Länge der aufgestellten Strecke (nämlich CI) selbst kommensurabel ist, dann wird sie fünfter Rest genannt werden.

Sechste Definition.

Wenn man zwei Strecken aufstellt, die eine rational in der Länge, die andere für den Rest (also CI, das 4 beträgt, und BC, das $\sqrt{}\ 12-\sqrt{6}$ macht), und wenn man zu dem Rest selbst eine weitere Strecke entsprechend ihrem Ausdruck hinzufügt (also AD, das $\sqrt{6}$ beträgt), und wenn die ganze Zusammensetzung (nämlich DC) im Quadrat größer ist als die hinzugefügte Strecke (also AD) im Quadrat der Strecke, die dem Ganzen selbst in der Länge inkommensurabel ist, und wenn beide Strecken (also AD und DC) in der Länge der aufgestellten Strecke (nämlich CI) inkommensurabel sind, dann spricht man vom sechsten Rest.

Dritter Lehrsatz dieses Kapitels, in dem sechs Sätze in einem zusammengefaßt sind.

Man finde einen ersten, zweiten, dritten, vierten, fünften oder sechsten Rest.

Wenn man ein erstes Binom ansetzt und anstelle des Pluszeichens eine Minuszeichen setzt, dann hat man mithilfe des ersten Binoms den ersten Rest gefunden. Also wird man durch das erste Binom $6+\sqrt{32}$ den ersten Rest $6-\sqrt{32}$ finden.

Ebenso wird man durch das zweite Binom $\sqrt{18}+4$ diesen zweiten Rest $\sqrt{18}-4$ finden.

Ebenso wird man durch das dritte Binom $\sqrt{50}+8$ diesen dritten Rest $\sqrt{50}-\sqrt{48}$ finden.

Ebenso wird man durch das vierte Binom $6+\sqrt{5}$ diesen vierten Rest $6-\sqrt{5}$ finden. **[190v]**

Ebenso wird man durch das fünfte Binom $\sqrt{12}+2$ diesen fünften Rest $\sqrt{12}-2$ finden.

Ebenso wird man durch das sechste Binom $\sqrt{12}+\sqrt{6}$ diesen sechsten Rest $\sqrt{12}-\sqrt{6}$ finden.

Arbeite auch mit Strecken, wie das Verfahren durch den ersten Lehrsatz dieses Kapitels vorgeführt ist.

So hat man ein Beispiel für die erste Definition der Reste.

Und wie die Binome der sechs Arten in zwei Ordnungen von Binomen übergehen, deren erste quadratische Binome umfasst und die zweite nicht quadratische Binome, so gehen die Reste der sechs aufgezählten Arten in zwei Ordnungen über, nämlich in die Ordnung der quadratischen Reste und in die Ordnung der nicht quadratischen Reste. Die ersten Reste aber und die zweiten und die dritten, bilden die Ordnung der quadratischen Reste. Die Ordnung aber der nicht quadratischen Reste bilden die vierten, fünften und sechsten Reste.

Vierter Lehrsatz dieses Kapitels, der bei Campanus Nr. 86 ist.

Wenn eine Fläche von einer Strecke, die in der Länge rational ist, und von einem ersten Rest umfasst wird, dann wird ihre Vierecksseite notwendigerweise ein Rest sein.

Manchmal aber ist eine solche Vierecksseite ein erster Rest. Wenn etwa OL (wie in der folgenden Figur gezeigt sieht) $14-\sqrt{180}$ beträgt und LR 4 macht, dann wird jene Vierecksseite LS $6-\sqrt{20}$ betragen, einen ersten Rest. Es ist aber LS die mittlere Proportionale zwischen OL und LR. Es ist auch die Quadratfläche der Strecke LS gleich der Fläche I.

Manchmal ist eine solche Seite ein zweiter Rest; wenn also OL $14-\sqrt{192}$ macht und LR 6 macht, dann wird LS $\sqrt{48}-6$ machen, einen zweiten Rest.

Manchmal ist die Seite LS ein dritter Rest; wenn also OL $14-\sqrt{180}$ macht und LR 6 macht, dann wird LS $\sqrt{54}-\sqrt{30}$, einen dritten Rest, machen. **[191r]**

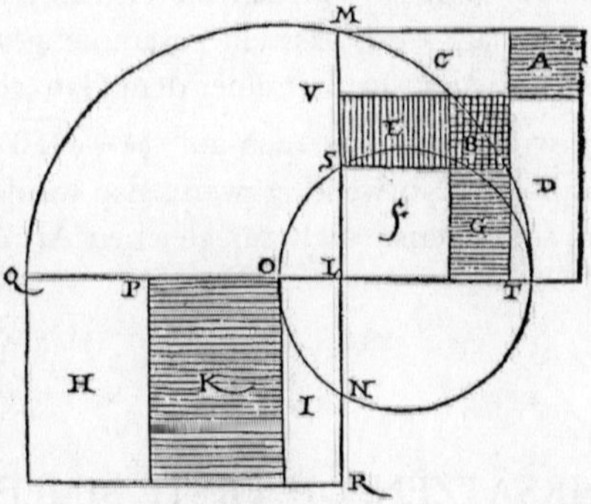

Manchmal ist eine solche Vierecksseite ein vierter Rest; wenn also OL $10-\sqrt{24}$ macht und LR 6 macht, dann wird LS $6-\sqrt{24}$ machen, einen vierten Rest.

Manchmal ist eine solche Vierecksseite ein fünfter Rest; wenn also OL $6-\sqrt{32}$ macht und LR 8 macht, dann wird LS $\sqrt{32}-4$ machen, einen fünften Rest.

Manchmal ist eine solche Vierecksseite ein sechster Rest; wenn also OL $6-\sqrt{27}$ macht und LR 8 macht, dann wird LS diesen sechsten Rest $6-\sqrt{12}$ machen.

Fünfter Satz dieses Kapitels, der bei Campanus Nr. 92 ist.

Wenn zu einer rationalen Strecke eine Fläche angefügt wird, die dem Quadrat eines Restes gleich ist, dann muß die andere Seite notwendigerweise ein erster Rest sein. **[191v]**

Dies ist der Umkehrsatz zum vorhergehenden.

Wenn also die Fläche F $56-\sqrt{2880}$ macht und ebenso viel die Fläche I macht, LR hingegen 4 macht, dann wird OL $14-\sqrt{180}$ machen. Es ist aber die Fläche F (deren Inhalt $56-\sqrt{2880}$ macht) das Quadrat des Restes LS, der $6-\sqrt{20}$ beträgt, und deshalb muß dann OL ein erster Rest sein.

Ebenso, wenn LS in der Länge $\sqrt{48}-6$ macht und LR 6, dann wird OL $14-\sqrt{192}$ machen, und dies wird notwendigerweise ein erster Rest sein. Daher muß $\sqrt{48}-6$, mit sich selbst multipliziert, dasselbe ergeben wie $14-\sqrt{192}$ mit 6 multipliziert.

Aus diesen Beispielen geht hervor, dass jeglicher Rest (jeglicher Art), mit sich selbst multipliziert, einen ersten Rest ergibt. Multipliziert man also $\sqrt{54}-\sqrt{30}$ mit sich, macht dies $84-\sqrt{6480}$, was notwendigerweise ein erster Rest ist. Wenn man diesen durch irgend eine rationale Zahl dividiert, dann muß das Ergebnis ebenfalls einen ersten Rest ergeben, wie aus dem folgenden Satz hervorgeht. Und so ist es auch bei anderen Resten.

Letzter Satz dieses Kapitels, der bei Campanus Nr. 98 ist.

Jegliche Strecke, die einem Rest kommensurabel ist, ist auch in Ausdruck und Ordnung derselbe Rest.

Weil also $84-\sqrt{6480}$ ein Rest ist, auf den dieser Teil der Beschreibung zutrifft, durch den in der Definition gesagt wird, dass ein zusammengesetztes Ganze im Quadrat größer sei als eine Strecke, die im Quadrat einer dem Ganzen in der Länge kommensurablen Strecke beigefügt wird, wird dies auch auf $14-\sqrt{180}$ deshalb zutreffen, weil dies dem Rest kommensurabel ist. Notwendigerweise also werden jene beiden Reste zur gleichen Ordnung gehören und ebenso auch zur gleichen Art der Reste. Und so ist es auch bei anderen Resten. [192r]

VON DEN LEHRSÄTZEN, DIE ERSTE BIMEDIALE RESTE BEHANDELN. DIESE BILDEN DIE NEUNTE ART IRRATIONALER STRECKEN.

Kapitel XXIIII.

Alles jenes, was über die bimedialen Strecken in Kapitel 18 dieses Buches und in Kapitel 19 gesagt ist, könnte auch in diesem und dem folgenden Kapitel wiederholt werden, ganz wie auch alles, was in Kapitel 17 gesagt wurde, im vorhergehenden Kapitel hätte wiederholt werden können, usw. Also muß der Leser dorthin verwiesen werden, damit ich nicht gezwungen bin, dasselbe mehrmals zu wiederholen, und damit ein kurzer Gang durch die Sätze über zerlegte Strecken genügt. Doch darf man dies nicht übergehen, dass natürlich die ersten bimedialen Reststrecken in zwei Arten unterteilt werden, nämlich in die erste Art der ersten und in die zweite Art der ersten Strecken. Weil jedoch die Findung derartiger Reststrecken mit Hilfe der ersten bimedialen Strecken erfolgt, so dass durch die ersten bimedialen Strecken der ersten Art erste bimediale Reste der ersten Art entstehen und durch erste Bimediale der zweiten Art erste bimediale Reste der zweiten Art entstehen (natürlich durch Umtausch der Plus- in Minuszeichen), genügt es daher, wenn von jeder der beiden Unterarten das eine und andere Beispiel vorgeführt wird.

Beispiel für die erste Unterart erster bimedialer Reste.

$\sqrt[4]{648}-\sqrt[4]{512}$ entsteht aus $\sqrt[4]{648}+\sqrt[4]{512}$.

Ebenso: $\sqrt[4]{2592}-\sqrt[4]{2048}$ entsteht aus $\sqrt[4]{2592}+\sqrt[4]{2048}$.

Beispiel für die zweite Unterart erster bimedialer Reste.

$\sqrt[4]{288}-\sqrt[4]{72}$ entsteht aus $\sqrt[4]{288}+\sqrt[4]{72}$.

Ebenso: $\sqrt[4]{432}-\sqrt[4]{48}$ entsteht aus $\sqrt[4]{432}+\sqrt[4]{48}$, usw. **[192v]**

Erster Satz dieses Kapitels, der bei Campanus Nr. 69 ist.

Wenn man von einer Strecke eine Strecke abschneidet und beide Stücke mediale sind und nur im Quadrat kommensurabel, und wenn diese Strecken eine rationale Fläche umschließen, dann wird die übrig gebliebene Strecke irrational sein und erster medialer Rest genannt werden.

Bei Zahlen ist es leicht, derartige Mediale zu finden, auf die jene Beschreibung passt, die der obige Satz gibt. Man muß nur eine Zahl in der 4. Potenz hinstellen und sie dann durch eine Zahl dividieren, die dieselbe Zahl in der 4. Potenz misst. Hat man nun jenen Divisor gefunden, muß man ihm das Zeichen $\sqrt[4]{\ }$ voranstellen, dann wird man ein Mediale haben. Ein zweites wird dir der Quotient jener Division liefern, wenn man ihm das Zeichen $\sqrt[4]{\ }$ voranstellt. Wenn also die 4. Potenz 1296 gegeben ist, dann teile sie durch 72, dann wird der Quotient 18 sein. Ebenso werden $\sqrt[4]{72}$ und $\sqrt[4]{18}$ Mediale sein, wie sie der vorliegende Satz verlangt und beschreibt. Wenn dann die eine Zahl von der anderen abgetrennt ist, wird $\sqrt[4]{72}-\sqrt[4]{18}$ übrigbleiben, dieser ist ein erster bimedialer Rest. Daß nämlich $\sqrt[4]{72}$ und $\sqrt[4]{18}$ nur im Quadrat kommensurabel sind, kannst du durch die Division der einen Zahl durch die andere erkennen. Daß sie auch weiter eine rationale Fläche umschließen, wirst du aus der Multiplikation beider miteinander erkennen können. Die Teilung der einen Zahl durch die andere ergibt $\sqrt{2}$, die Multiplikation aber ergibt 6.

Zweiter Satz dieses Kapitels, der bei Campanus Nr. 75 ist.

Nur eine einzige Strecke kann mit einem ersten medialen Rest so verbunden werden, dass beide unter dem Ausdruck der Strecken stehen, die sie vor der Trennung waren.

Wenn man nämlich den ersten bimedialen Rest $\sqrt[4]{72}-\sqrt[4]{18}$ hinstellt, kann mit ihm nichts unter der Bedingung verbunden werden, dass das Hinzugefügte mit dem Ergebnis jener Hinzufügung jene Beschreibung erfährt, wie sie jene beiden Zahlen hatten, aus denen der erste bimediale Rest durch Trennung der einen Strecke von der anderen entstand. Wenn man nun $\sqrt[4]{18}$ zu $\sqrt[4]{72}-\sqrt[4]{18}$ hinzufügt, dann entsteht $\sqrt[4]{72}$. Also haben $\sqrt[4]{18}$ und $\sqrt[4]{72}$ die Beschreibung **[193r]** des vom vorliegenden Lehrsatz beschriebenen Ausdruckes, und dieselbe Beschreibung traf auch zu vor der Trennung der einen Strecke von der anderen.

Dritter Satz dieses Kapitels, der bei Campanus Nr. 87 ist.

Wenn eine Fläche von einer rationalen Strecke in der Länge und von einem zweiten Rest umschlossen wird, dann wird die Strecke, die im Quadrat dieselbe Fläche ergibt, ein erster medialer Rest sein.

Der Sinn ist: Die Quadratwurzel einer binomialen Restfläche muß notwendigerweise ein erster bimedialer Rest sein.

Dieser Satz lehrt also, die ersten bimedialen Reste auf eine andere Weise zu finden als auf die im ersten Satz dieses Kapitels gelehrte. $\sqrt{162}-12$ ist natürlich ein zweiter binomialer Rest. Suche davon die Quadratwurzel, und wenn du sie gefunden hast, dann hast du auch den ersten bimedialen Rest gefunden. Denn die Quadratwurzel aus $\sqrt{162}-12$ macht $\sqrt[4]{72}-\sqrt[4]{18}$.

Vierter Satz dieses Kapitels, der bei Campanus Nr. 93 ist.

Wenn eine Fläche, die gleich ist dem Quadrat eines ersten medialen Restes, einer rationalen Strecke hinzugefügt ist, dann wird die zweite Seite dieser Fläche ein zweiter Rest sein.

Dies besagt: Wenn man einen ersten bimedialen Rest mit sich selbst multipliziert, dann wird die Fläche eines zweiten binomialen Restes erzeugt; diese ist so beschaffen, dass, wenn sie von zwei Strecken umschlossen wird, deren eine in der Länge rational ist, notwendigerweise die andere ein zweiter binomialer Rest ist. So macht $\sqrt[4]{72}-\sqrt[4]{18}$, mit sich selbst multipliziert, $\sqrt{162}-12$. Wenn man aber diesen zweiten binomialen Rest durch irgend eine rationale Zahl dividiert, muß ein Quotient entstehen, der auch ein zweiter binomialer Rest ist.

Letzter Satz dieses Kapitels, der bei Campanus Nr. 99 ist.

Jede beliebige Strecke, die jedem beliebigen medialen Rest kommensurabel ist, ist unter dessen Ausdruck und Ordnung ein medialer Rest.

Da $\sqrt[4]{162}-\sqrt[4]{128}$ der Rest eines ersten Bimediale der ersten Art ist, **[193v]** deshalb ist auch $\sqrt[4]{2592}-\sqrt[4]{2048}$ der Rest eines ersten Bimediale der ersten Art, da es das Doppel davon ist.

Ebenso: Weil $\sqrt[4]{27}-\sqrt[4]{3}$ der Rest eines ersten Bimediale der zweiten Unterart ist, deshalb ist auch $\sqrt[4]{432}-\sqrt[4]{48}$ der Rest eines ersten Bimediale der zweiten Unterart.

Ebenso: Weil $\sqrt[4]{96}-\sqrt[4]{54}$ der Rest eines zweiten Bimediale der ersten Art ist, deshalb ist auch $\sqrt[4]{7776}-\sqrt[4]{4374}$ der Rest eines zweiten Bimediale der ersten Art.

Ebenso: Weil $\sqrt[4]{108}-\sqrt[4]{48}$ der Rest eines zweiten Bimediale der zweiten Art ist, deshalb ist auch $\sqrt[4]{1728}-\sqrt[4]{768}$ (da es sein Doppel ist) der Rest eines zweiten Bimediale der zweiten Art.

Es lehrt also dieser Satz, zu einem gegebenen bimedialen Rest jeglicher Art oder Unterart mehrere andere Reste derselben Art und Unterart hervorzubringen. Und so sind in diesem Kapitel (wie auch in anderen ähnlichen) drei Arten der Findung erster Bimedialen dargeboten: Die erste führt der erste Satz dieses Kapitels vor, die zweite der dritte Satz und die dritte Art dieser letzte Satz.

VON DEN SÄTZEN DER ZEHNTEN ART IRRATIONALER STRECKEN.

Kapitel XXV.

Alle zwei medialen Zahlen der vierten Potenz, die sowohl durch ihre Multiplikation miteinander wie auch durch ihre Division quadratisch mediale Zahlen erzeugen, gehören zu diesem fünfundzwanzigsten Kapitel. Die Trennung nämlich der einen Zahl von der anderen erzeugt einen zweiten bimedialen Rest. Und jene Zahlen werden so gefunden:

Nimm eine Quadratzahl, die nicht vierte Potenz ist; vor zwei ihrer echten Teiler, die, miteinander multipliziert, die Zahl ergeben, setze das Wurzelzeichen $\sqrt[4]{\ }$. Dies bedeutet: Dividiere die Quadratzahl durch irgend eine Zahl (die nicht vierte Potenz ist), **[194r]** die die Quadratzahl misst, und vor beide, nämlich vor den Divisor und vor den Quotienten, stelle das Wurzelzeichen $\sqrt[4]{\ }$. Wenn ich die zensische oder quadrierte Zahl 144 erhalten habe, dividiere ich sie durch 9, wobei 18 herauskommt. Also gehören $\sqrt[4]{18}$ und $\sqrt[4]{8}$ zu diesem Kapitel, denn deren Trennung voneinander macht $\sqrt[4]{18}-\sqrt[4]{8}$, also einen zweiten bimedialen Rest. Ebenso: Wenn man 144 durch 6 teilt, wird man nach der eben geschilderten Methode $\sqrt[4]{24}-\sqrt[4]{6}$ herausbringen.

Alle zwei medialen Zahlen der vierten Potenz aber, deren Multiplikation miteinander eine rationale Zahl ergibt, gehören zum vorhergehenden Kapitel. Deren Findung ist in jenem vorangehenden Kapitel vorgeführt.

Sodann gehören alle zwei medialen Zahlen der vierten Potenz, deren Division der einen Zahl durch die andere eine rationale Zahl ergibt, zu Kapitel 16. Ihre Zusammenstellung und Trennung ergibt ja nichts anderes als eine Mediale. Deren Findung ist im Lehrsatz fünf des Kapitels 16 ausreichend vorgeführt.

Schließlich kommen alle zwei medialen Zahlen der vierten Potenz, deren Multiplikation miteinander eine mediale Zahl der vierten Potenz hervorbringt. Deren Zusammenstellung und Trennung wird abgelehnt. Und solche Mediale bringen auch durch die Division der einen Zahl durch die andere eine mediale Zahl der vierten Potenz hervor. Doch sind auch sie nützlich, wie ich im Kapitel 19 dieses Buches darlegte. Und alle zwei rationalen Zahlen (um auch von deren Findung zu sprechen), deren Verhältnis nicht das einer Quadratzahl zu einer Quadratzahl ist, erzeugen, wenn jede der beiden das Wurzelzeichen der vierten Potenz erhält, zwei Mediale dieser Art.

Erster Satz dieses Kapitels, der bei Campanus Nr. 70 ist.

Wenn man eine Strecke von einer Strecke abschneidet und beide Mediale sind und nur im Quadrat kommensurabel und eine Mediale umschließen, dann wird die übrig gebliebene Strecke irrational sein und zweiter medialer Rest heißen.

Man setze die beiden Medialen $\sqrt[4]{96}$ und $\sqrt[4]{54}$ an, die durch diesen Satz beschrieben sind; wenn dann $\sqrt[4]{54}$ von $\sqrt[4]{96}$ abgeschnitten wird, **[194v]** bleibt $\sqrt[4]{96}-\sqrt[4]{54}$ übrig, und dies ist ein zweiter bimedialer Rest. Doch achte auch auf Folgendes: $\sqrt[4]{96}$ ist im Quadrat größer als $\sqrt[4]{54}$ im Quadrat der durch jene Zahl darzustellenden Strecke $\sqrt[4]{6}$, und eine solche Strecke ist der längeren Mediale in der Länge kommensurabel; es sind ja $\sqrt[4]{6}$ und $\sqrt[4]{96}$ in jeder der beiden Arten der Kommensurabilität kommensurabel. Daher gehört $\sqrt[4]{96}-\sqrt[4]{54}$ zur ersten Art der zweiten bimedialen Reste.

Ein anderes Beispiel, das zur zweiten Art der zweiten bimedialen Reste gehört; hier ist der längere Teil im Quadrat größer als jener andere, der abgezogen wurde, und zwar im Quadrat der Strecke, die der längeren Strecke selbst in der Länge inkommensurabel ist (von der abgezogen wurde). Es sind ja $\sqrt[4]{108}$ und $\sqrt[4]{48}$ mediale Zahlen, die Strecken darstellen, wie sie dieser vorliegende Satz beschreibt. Denn $\sqrt[4]{108}$, geteilt durch $\sqrt[4]{48}$, ergibt $\sqrt{1\frac{1}{2}}$, und die eine Zahl ergibt, multipliziert mit der anderen, $\sqrt{72}$. Wenn daher die eine Zahl von der anderen abgezogen wird, wird ein zweiter bimedialer Rest übrigbleiben, nämlich $\sqrt[4]{108}-\sqrt[4]{48}$.

Zweiter Satz dieses Kapitels, der bei Campanus Nr. 76 ist.

Keine Strecke kann mit einem zweiten medialen Rest so verbunden werden, dass beide unter deren Ausdruck kommen, es sei denn allein jene, die zuvor von ihr abgetrennt war.

Wenn man also den zweiten bimedialen Rest $\sqrt[4]{108}-\sqrt[4]{48}$ ansetzt, dann kann damit nur die Mediale $\sqrt[4]{48}$ so verbunden werden, dass $\sqrt[4]{108}$ entsteht. Und so kommen nach dieser Verbindung das Verbundene und das, was aus der Verbindung entstand, unter den Ausdruck der Strecken, die vor der Trennung bestanden. Vor der Trennung aber wurde $\sqrt[4]{108}$ als jene Größe angesetzt, von der abgezogen werden sollte, und $\sqrt[4]{48}$ als jene Größe, die abgezogen werden sollte.

Dritter Satz dieses Kapitels, der bei Campanus Nr. 88 ist.

Wenn eine (Fläche) von einer in der Länge rationalen Strecke und einem dritten Rest umschlossen ist, dann wird die im Quadrat darüber gleiche Strecke ein zweiter medialer Rest sein. **[195r]**

Dies besagt: Zweite bimediale Reststrecken werden auch auf andere Weise gefunden, als es die Trennung einer Medialen von einer Medialen ist. Wenn man nämlich eine Fläche aus einem dritten binomialen Rest angesetzt hat, suche ich davon die Quadratwurzel, und diese wird notwendigerweise ein zweiter bimedialer Rest sein. So wie die Quadratwurzel von $\sqrt{192}-\sqrt{180}$ dann $\sqrt[4]{75}-\sqrt[4]{27}$ ergibt.

Wenn so eine Fläche von einer rationalen Strecke umschlossen ist, die 2 beträgt, und von einem dritten binomialen Rest, der $\sqrt{48}-\sqrt{45}$ beträgt, dann suche ich die mittlere Proportionale zwischen jenen beiden Seiten, und dies wird die Strecke sein, die im Quadrat größer ist als jene umschlossene Fläche. Es ergibt ja 2, mit $\sqrt{48}-\sqrt{45}$ multipliziert, $\sqrt{192}-\sqrt{180}$. Davon die Quadratwurzel ist jene Strecke, die im Quadrat jene Fläche übertrifft, wie wir sahen.

Letzter Satz dieses Kapitels, der bei Campanus Nr. 94 ist.

Wenn man eine Fläche, die gleich ist dem Quadrat eines zweiten bimedialen Restes an eine Strecke anschließt, die in der Länge rational ist, dann wird ihre andere Seite ein dritter Rest sein.

Wenn, sagt er, eine Fläche, die gleich ist dem Quadrat eines zweiten bimedialen Restes, an eine Strecke angeschlossen wird, die in der Länge rational ist. Dies bedeutet: Das Quadrat einer zweiten bimedialen Reststrecke ist eine solche Fläche, die, geteilt durch eine rationale Zahl, eine dritte binomiale Rest-Zahl erzeugt. Also macht $\sqrt[4]{75}-\sqrt[4]{27}$, multipliziert mit sich selbst, $\sqrt{192}-\sqrt{180}$. Diese nun, geteilt durch 2, ergibt $\sqrt{48}-\sqrt{45}$.

Ebenso ergibt $\sqrt[4]{108}-\sqrt[4]{48}$, mit sich selbst multipliziert, $\sqrt{300}-\sqrt{288}$. Diese (Fläche) ergibt, dividiert durch 2, $\sqrt{75}-\sqrt{72}$, und dies ist ein dritter binomialer Rest.

VON DEN KLEINEREN STRECKEN.

Kapitel XXVI.

Aus Zahlen, die größere Strecken darstellen, werden leicht Zahlen, die kleinere Strecken darstellen. Dies geschieht natürlich, wenn man das vorgefundene Pluszeichen tilgt und an seine Stelle das Minuszeichen setzt. So wird aus $\sqrt{6+\sqrt{12}}$, das eine größere Strecke darstellt, $\sqrt{6-\sqrt{12}}$, was eine kleinere Strecke darstellt. **[195v]**

Kleinere Strecken aber werden nicht, wie auch größere Strecken nicht, in andere Arten unterteilt.

Erster Lehrsatz dieses Kapitels, der bei Campanus Nr. 71 ist.

Wenn man eine Strecke von einer anderen abzieht und beide im Quadrat inkommensurabel sein sollten und eine Mediale umfassen, und wenn ihre beiden Quadrate, in gleicher Weise genommen, eine Rationale sein sollten, dann wird die übrig gebliebene Strecke irrational sein und kleinere Strecke genannt werden.

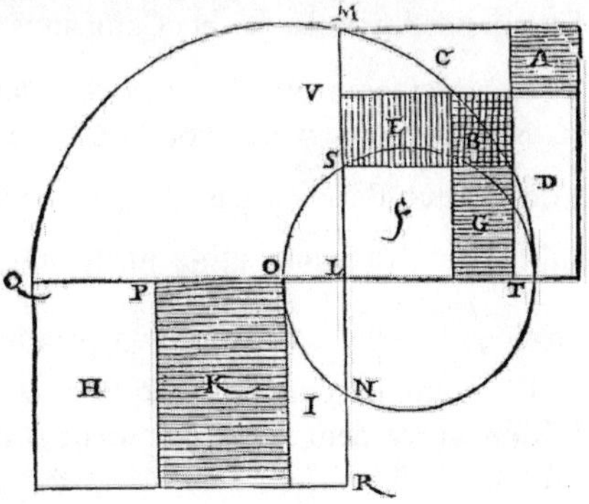

Wenn also VL $\sqrt{6+\sqrt{12}}$ macht und MV $\sqrt{6-\sqrt{12}}$ macht, dann sind VL und MV solche Strecken, wie sie dieser Lehrsatz beschreibt. Sie sind nämlich im Quadrat inkommensurabel, sieht man doch deutlich, dass das Quadrat der größeren Strecke dem Quadrat der kleineren Strecke (nämlich $\sqrt{6+\sqrt{12}}$ im Verhältnis zu $\sqrt{6-\sqrt{12}}$), inkommensurabel ist. Beide umschließen aber die Mediale $\sqrt{24}$, **[196r]** und ihre Quadrate ergeben zusammengenommen die Rationale 12.

Wenn man daher MV (also die Seite des kleinsten Quadrates, nämlich A selbst) von VL abzieht (also von der Seite des Quadrates EBFG), also $\sqrt{6-\sqrt{12}}$ von $\sqrt{6+\sqrt{12}}$, dann bleibt SL übrig, also $\sqrt{12-\sqrt{96}}$, und dies ist eine kleinere Strecke.

Die Methode dieser Subtraktion hat man in Kapitel 12 dieses Buches. Und damit man die Sache klarer sieht, nimm die dort hingestellte Figur für das Beispiel einer solchen Subtraktion:

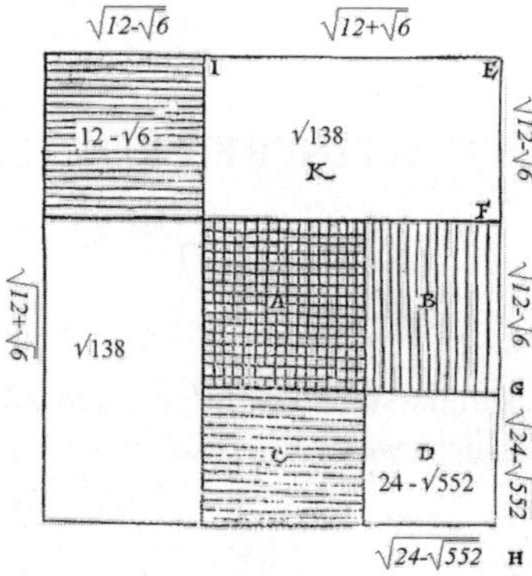

In jenem Beispiel wird EF von FH abgezogen, und GH bleibt übrig; es beträgt aber EF $\sqrt{12}-\sqrt{6}$, und FH beträgt $\sqrt{6+\sqrt{12}}$, und FH ist gleich **[196v]** der Strecke IE. Man sieht also, dass EF und FH die Mediale $\sqrt{138}$ umschließen. Und ihre Quadrate, in gleicher Weise genommen, machen 24. Denn das Quadrat EF macht $12-\sqrt{6}$, und das Quadrat FH (also ABCD) macht $12+\sqrt{6}$, und wenn man diese beiden zueinander addiert, ergeben sie 24, usw.

Zweiter Satz dieses Kapitels, der bei Campanus Nr. 77 ist.

Keine Strecke kann mit einer kleineren Strecke so verbunden werden, dass sie unter ihren Ausdruck kommen, es sei denn, sie wurde vor ihrer Trennung verbunden.

Bei der Behandlung des oberen Beispiels hast du gesehen, wie $\sqrt{6-\sqrt{12}}$ abgezogen wurde von $\sqrt{6+\sqrt{12}}$, und dass $\sqrt{12-\sqrt{96}}$ übrig blieb. Also kann allein die Strecke $\sqrt{6-\sqrt{12}}$ zu dieser Strecke $\sqrt{12-\sqrt{96}}$ so hinzugefügt werden, dass die größere Strecke entsteht, die vor der Trennung bestand. Und so wird auch das Hinzugefügte mit dem Ergebnis jener Addition unter dem Ausdruck stehen, der vom vorhergehenden Lehrsatz beschrieben wird.

Zu diesem Zweck aber wirst du $\sqrt{6-\sqrt{12}}$ zu $\sqrt{12-\sqrt{96}}$ addieren.

Zuerst löse $\sqrt{12-\sqrt{96}}$ (wie Kapitel 12 lehrt), dann wirst du erhalten: $\sqrt{6+\sqrt{12}}-\sqrt{6-\sqrt{12}}$. Wie viel aber $\sqrt{12-\sqrt{96}}$ macht, ebenso viel macht auch $\sqrt{6+\sqrt{12}}-\sqrt{6-\sqrt{12}}$. Wenn also jene Auflösung geschehen ist, wirst du auch leicht addieren können, denn + $\sqrt{6-\sqrt{12}}$ hebt – $\sqrt{6-\sqrt{12}}$ auf, wie du aus Obigem weißt. So bleibt aus dieser Addition also $\sqrt{6+\sqrt{12}}$.

Und so wird jede beliebige kleinere in eine größere und eine kleinere aufgelöst, wie jede beliebige größere in eine größere und eine kleinere aufgelöst wird, jedoch mittels des Pluszeichens, während eine kleinere Strecke mittels des Minuszeichens aufgelöst wird.

Dritter Satz dieses Kapitels, der bei Campanus Nr. 89 ist.

Wenn eine Fläche durch eine in der Länge rationale Strecke und den vierten Rest umschlossen wird, dann wird die Strecke, die im Quadrat die Fläche ergibt, eine kleinere Strecke sein.

Wenn z.B. LR 12 macht und QL $10+\sqrt{40}$ macht (wobei QP $\sqrt{40}$ macht und PL 10 macht; so nämlich kommt es, dass OL dann $10-\sqrt{40}$ macht), dann bleibt nach Abzug von QP von PL als vierter Rest OL übrig. **[197r]**

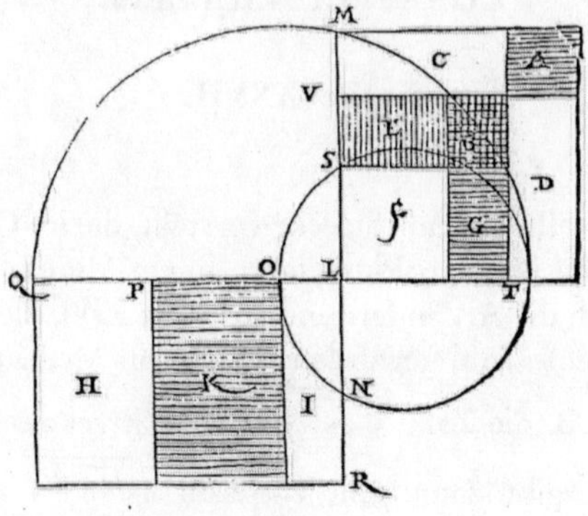

Wenn man daher die mittlere Proportionale zwischen OL und LR (diese umschließen die Fläche I) anordnet, ergibt sich LS, nämlich die mittlere Proportionale zwischen OL und LR; und diese ist die Strecke, die im Quadrat die Fläche I ergibt, da deren Quadrat F gleich der Fläche I ist. Es macht aber die Fläche I $120-\sqrt{5760}$, während die Fläche HKI $120-\sqrt{5760}$ beträgt. Daher macht LS $\sqrt{120-\sqrt{5760}}$; ebenso macht LM $\sqrt{120+\sqrt{5760}}$. Es ist aber LS oder LN eine kleinere Strecke.

Vierter Satz dieses Kapitels, der bei Campanus Nr. 95 ist.

Wenn zu einer rationalen Strecke eine Fläche hinzugefügt wird, die gleich ist dem Quadrat der kleineren Strecke, dann wird deren zweite Seite ein vierter Rest sein. **[197v]**

Wenn also der Strecke LR (in der bereits gegebenen Figur), die 12 beträgt, die Fläche I hinzugefügt wird, die dem Quadrat F gleich ist (dessen Strecke oder Seite LS ist, natürlich eine kleinere Strecke, die $\sqrt{120-\sqrt{5760}}$ beträgt), dann ist notwendigerweise die kleine Strecke OL ein vierter binomialer Rest. So macht nämlich der Betrag der Fläche F oder I, der $120-\sqrt{5760}$ beträgt, durch 12 geteilt, dann $10-\sqrt{40}$. Daher stellt dieser Satz den Umkehrsatz zum vorhergehenden dar. Wie nämlich der obere Satz lehrt, die Strecke LS aus OL zu finden, so lehrt der vorliegende Satz, die Strecke OL aus der Strecke LS zu finden.

Letzter Satz dieses Kapitels, der bei Campanus Nr. 100 ist.

Wenn eine Strecke einer kleineren Strecke kommensurabel ist, dann wird auch sie selbst eine kleinere Strecke sein.

Da also diese Strecke $\sqrt{240-\sqrt{23040}}$ eine kleinere Strecke ist, muß ihr dritter Teil, nämlich $\sqrt{80-\sqrt{2760}}$, eine kleinere Strecke sein. Ebenso steht es mit ihrem vierten Teil, nämlich $\sqrt{60-\sqrt{1440}}$, usw.

VON STRECKEN, DIE EIN MEDIALE MIT EINEM RATIONALE ZUSAMMENSETZEN.

Kapitel XXVII.

Wenn man eine Zahl aufstellt, die eine Strecke vorstellt, die im Quadrat ein Mediale und Rationale bildet, und wenn man das Pluszeichen in ein Minuszeichen verwandelt, wird man sofort sehen, wie sich die Art ändert und aus einer Zahl, die im Quadrat ein Mediale und Rationale bildet, eine Zahl geworden ist, die ein Mediale mit einem Rationalen zusammenstellt. Wenn z.B. die Zahl $\sqrt{\sqrt{48}+4}$ eine Strecke darstellt, die im Quadrat ein Medial und Rational ergibt, dann stellt jene Zahl $\sqrt{\sqrt{48}-4}$ eine Strecke dar, die ein Mediale mit einem Rationale zusammensetzt.

Es zielt aber jene Benennung von Strecken dieser Art mehr auf ihre Quadrate als auf die Strecken selbst, denn sie trifft eher auf die Quadrate der Strecken zu als auf die Strecken selbst. Es ist ja das Quadrat der Strecke $\sqrt{\sqrt{48}-4}$ die Zahl $\sqrt{48}-4$. Dieses Quadrat setzt, sage ich, mit diesem Rationale 4 jenes Mediale $\sqrt{48}$ zusammen. Fügt man ihr nämlich 4 hinzu, **[198r]** wird man sehen, wie $\sqrt{48}$ daraus wird. Und in ähnlicher Weise hätte man die kleineren Strecken, wie bekannt, als Zusammensetzung von Rationale mit Mediale bezeichnen können.

Diese Art aber wird in zwei Unterarten geteilt.

Manche von diesen Strecken sind nämlich solche, von denen jede beliebige in eine Strecke aufgelöst wird, die im Quadrat Mediale und Rationale ergibt, und in solche, die Mediale mit Rationale zusammensetzt. Und solche sind erste, die Mediale und Rationale zusammensetzen; so wird z.B. $\sqrt{\sqrt{6480}-36}$ aufgelöst in

$$\sqrt{\sqrt{1620}+36}-\sqrt{\sqrt{1620}-36}\,.$$

Manche dieser Strecken aber sind solche, dass jede beliebige von ihnen in eine Strecke aufgelöst wird, die im Quadrat zwei Medialen gleich ist, und in eine zweite, die Mediale mit Mediale verbindet. Und dies sind zweite Strecken, die Mediale mit Mediale verbinden. Z.B.: $\sqrt{\sqrt{864}-24}$ wird aufgelöst in $\sqrt{\sqrt{216}+\sqrt{72}}-\sqrt{\sqrt{216}-\sqrt{72}}$.

Erster Satz dieses Kapitels, der bei Campanus Nr. 72 ist.

Wenn man eine Strecke von einer Strecke wegnimmt, beide im Quadrat inkommensurabel sein sollten und eine rationale Fläche umfassen, und wenn ihre Quadrate, in gleicher Weise genommen, eine Mediale sind, dann wird die übrig gebliebene Strecke irrational sein und wird heißen: Mediale mit Rationale Zusammensetzend.

Wenn man eine Strecke BC aufstellt (wie man in der folgenden Zeichnung sieht), die $\sqrt{\sqrt{52}+6}$ macht, und wenn man von dieser die Strecke AB wegnimmt, die $\sqrt{\sqrt{52}-6}$ beträgt, dann bleibt die Strecke DC übrig, die irrational ist und genannt wird: Mediale mit Rationale verbindend. DC beträgt nämlich $\sqrt{\sqrt{208}-8}$.

Man sieht aber die Beschreibung der Strecken AB und BC vorzüglich in der quadratischen Figur selbst dargestellt; man sieht ja, dass das Quadrat AB $\sqrt{52}-6$ ist, und das Quadrat BC $\sqrt{52}+6$ ist. Diese nun sind gewiß im Quadrat inkommensurabel.

Weiterhin sieht man in der Figur, daß AB und BC (da BC ja AE gleich ist) diese rationale Fläche 4 enthalten.

Schließlich (da sich + 6 und − 6 gegenseitig aufheben) sieht man, dass ihre Quadrate $\sqrt{52}+6$ und $\sqrt{52}-6$, zueinander addiert, $\sqrt{208}$ ergeben. **[198v]**

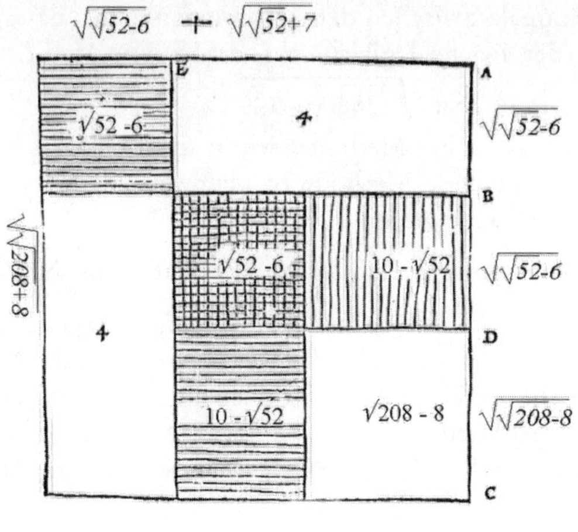

Zweiter Satz dieses Kapitels, der bei Campanus Nr. 78 ist.

Eine Strecke, die ein Mediale mit einem Rationale zusammensetzt, kann nur mit einer Strecke verbunden werden, wenn die Teile unter demselben Ausdruck stehen sollen, den sie vor ihrer Trennung hatten.

So kann die Strecke DC (auch in dieser Zeichnung), die $\sqrt{\sqrt{208}-8}$ beträgt und ein Mediale mit einem Rationale verbindet, nur der Strecke AB oder BD, die $\sqrt{\sqrt{52}-6}$ macht, in der Weise hinzugefügt werden, dass das Hinzugefügte und das, was aus der Addition entsteht, unter dem Ausdruck stehen, der im obigen Satz beschrieben ist und unter dem jene beiden Strecken standen, deren eine abgezogen wurde, nämlich AB, während die andere, nämlich BC, diese Strecke war, von der abgezogen wurde. **[199r]**

Zusammengefasst: Wenn man die Zahl $\sqrt{208}-8$ ansetzt, dann wirst du nur die Zahl $\sqrt{\sqrt{52}-6}$ hinzugeben, damit das Aggregat (das aus der Addition beider Zahlen entsteht) mit $\sqrt{\sqrt{52}-6}$ eine rationale Fläche umschließt und aus der Addition von deren Quadraten eine Zahl entsteht, die im Quadrat medial ist.

Man muß sie aber so addieren:

Zuerst muß man $\sqrt{\sqrt{208}-8}$ auflösen, und zwar in der Art, die das zwölfte Kapitel dieses Buches lehrt. Dann wirst du sehen, dass sie so aufgelöst ist: $\sqrt{\sqrt{52}+6}-\sqrt{\sqrt{52}-6}$. Und wenn man dann $\sqrt{\sqrt{52}-6}$ hinzufügt, dann wird jene Zahl $\sqrt{\sqrt{52}+6}$ entstehen, die mit der addierten Zahl (nämlich mit $\sqrt{\sqrt{52}-6}$) unter dem Ausdruck steht, der vom ersten Satz dieses Kapitels beschrieben ist.

Dritter Satz dieses Kapitels, der bei Campanus Nr. 90 ist.

Wenn es eine Fläche gibt, die von einer in der Länge rationalen Strecke und einem fünften Rest umschlossen ist, dann wird ihre Viereckseite eine Strecke sein, die ein Mediale mit einem Rationale zusammensetzt.

Gegeben sei die Fläche I (wie die Figur auf Seite 197 zeigt); sie sei umschlossen von der Strecke LR, die 12 beträgt, und von LO, die $\sqrt{200}-10$ beträgt. Dann wird LS (die mittlere Proportionale zwischen den genannten Seiten), da es die Viereckseite des Quadrates F bildet, der Fläche I gleich sein, da LS eine Mediale mit einer Rationale zusammensetzt. LS beträgt aber $\sqrt{\sqrt{28800}-120}$.

Also zeigt dieser Satz eine Methode, wie man Strecken findet, die Mediale mit Mediale zusammensetzen; diese Methode ist aber verschieden von der, die im ersten Satz dieses Kapitels vorgeführt wurde.

Vierter Satz dieses Kapitels, der bei Campanus Nr. 96 ist.

Wenn man zu einer rationalen Strecke eine Fläche anfügt, die gleich ist dem Quadrat einer Strecke, die Mediale mit Rationale bildet, dann wird ihre zweite Seite ein fünfter Rest sein.

Wenn man also zur Strecke LR (in der oben angegebenen Figur) die Fläche I hinzufügt, sozusagen zu ihrer einen Seite (es ist aber die Fläche I gleich der Fläche F, und die Strecke oder Seite von F selbst **[199v]** ist eine Strecke, die Mediale mit Rationale bildet bzw. zusammensetzt), und wenn LR rational ist, dann muß notwendigerweise OL ein fünfter binomialer Rest sein.

Es ist also dieser Satz der Umkehrsatz des vorhergehenden und lehrt, die Größe OL aus LS zu finden, so wie der vorhergehende Satz lehrte, die Größe LS aus der Größe OL zu finden. Wenn daher LS $\sqrt{\sqrt{28800}-120}$ macht, wird die Fläche I dann $\sqrt{28800}-120$ machen, ist sie doch dem Quadrat F gleich. Wenn also LR 12 beträgt, dann wird OL $\sqrt{200}-10$ betragen, und dies ist ein fünfter binomialer Rest. Dies geht aus der Division $\sqrt{28800}-120$ durch 12 hervor.

Letzter Satz dieses Kapitels, der bei Campanus Nr. 101 ist.

Jede Strecke, die kommensurabel einer Strecke ist, die ein Mediale mit einem Rationale zusammensetzt, ist eine Strecke, die ein Mediale mit einem Rationale zusammensetzt.

Wenn also irgendeine Strecke in der Länge $\sqrt{\sqrt{28800}-120}$ beträgt (diese Zahl stellt eine Zahl her, die ein Mediale mit einem Rationale zusammenstellt), dann muß notwendigerweise jeder ihrer Teile, der diese Strecke misst, eine Strecke sein, die ein Mediale mit einem Rationale zusammensetzt. Ebenso muß jede Strecke, die von der Strecke oder einem echten Teil von ihr gemessen wird, eine Strecke sein, die Mediale mit Rationale zusammensetzt.

Es wird aber nicht jede Strecke unter einer figurierten Zahl nach Ähnlichkeit mit jener Mediale und Rationale zusammensetzen. Denn jene Zahl $\sqrt{\sqrt{1152}-32}$ bildet keine Zahl, die Mediale und Rationale zusammenstellt; nein, sie bildet einen Rest der ersten Bimediale der ersten Unterart, nämlich $\sqrt[4]{512}-\sqrt[4]{128}$.

VON STRECKEN, DIE MEDIALE MIT MEDIALE ZUSAMMENSETZEN.

Kapitel XXVIII.

Endlich muß noch die letzte Art irrationaler Strecken mit eigenen Sätzen behandelt werden. Sie wird genannt: Art von Strecken, die Mediale mit Mediale zusammensetzen, und wird der Art gegenübergestellt, die im Quadrat zwei Mediale ergibt, so wie man die obige Art der Art gegenüberstellt, die im Quadrat Mediale und Rationale ergibt. Und wie jene obige Art in **[200r]** zwei andere Arten unterteilt wird, so wird auch diese Art in zwei andere Arten unterteilt.

Manche Strecken nämlich setzen Mediale mit Mediale zusammen, und von diesen lässt sich jede in eine Strecke auflösen, die im Quadrat zwei Mediale ergibt, und in eine, die Mediale mit Mediale zusammensetzt. Und diese nennt man Erste, die Mediale mit Mediale zusammensetzen, wie z.B. $\sqrt{\sqrt{56}-\sqrt{32}}$, die in $\sqrt{\sqrt{14}+\sqrt{36}}-\sqrt{\sqrt{14}-\sqrt{36}}$ aufgelöst wird.

Manche Strecken jedoch nennt man Zweite, die Mediale und Mediale zusammensetzen; jede von diesen wird in eine Strecke aufgelöst, die im Quadrat Mediale und Rationale ergibt und in eine, die Mediale mit Rationale zusammensetzt; wie z.B. die Strecke dieser Zahl $\sqrt{\sqrt{68}-\sqrt{8}}$, die in $\sqrt{\sqrt{17}+3}-\sqrt{\sqrt{17}-3}$ aufgelöst wird. Darüber werde ich aber wohl weiter unten in Kapitel 30 handeln.

Erster Satz dieses Kapitels, der bei Campanus Nr. 73 ist.

Wenn man eine Strecke von einer Strecke abzieht und sie im Quadrat inkommensurabel sein sollten und eine mediale Fläche umfassen, und wenn ihre Quadrate, in gleicher Weise genommen, eine Mediale sein sollten, die dem Doppel der Fläche der einen Strecke mal der anderen inkommensurabel ist, dann wird die übrig gebliebene Strecke irrational sein und heißen: Mediale mit Mediale zusammensetzend.

Setzt man also die Strecke BC an (die in der folgenden Zeichnung gezeigt wird), die $\sqrt{\sqrt{24}+\sqrt{14}}$ macht, und zieht man von dieser AB ab, die $\sqrt{\sqrt{24}-\sqrt{14}}$ macht, dann bleibt die Strecke DC übrig, die $\sqrt{\sqrt{96}-\sqrt{40}}$ macht, irrational ist und Mediale mit Mediale zusammensetzt. Sieh aber, wie die Darstellung jener Strecken (nämlich jener Strecke, die weggenommen wird, und jener, von der sie weggenommen wird), in dieser Figur gezeichnet ist, die gleich folgen wird.

Natürlich ist das Quadrat von AB $\sqrt{24}-\sqrt{14}$, und das Quadrat von BC ist $\sqrt{24}+\sqrt{14}$; und die größere Strecke von diesen, geteilt durch die kleinere, ergibt einen irrationalen Quotienten, dies ist ein sicheres Zeichen dafür, dass diese inkommensurabel sind. Zweitens: AB und BC schließen die Fläche $\sqrt{10}$ ein; es ist nämlich BC der Strecke AE gleich, wie man an der Figur sieht. Daher ist $\sqrt{10}$ eine mediale Fläche. Drittens: $\sqrt{24}-\sqrt{14}$ und $\sqrt{24}+\sqrt{14}$ (dies sind die Quadrate der Strecken AB und BC) ergeben, zusammen genommen, die Mediale $\sqrt{96}$. [200v]

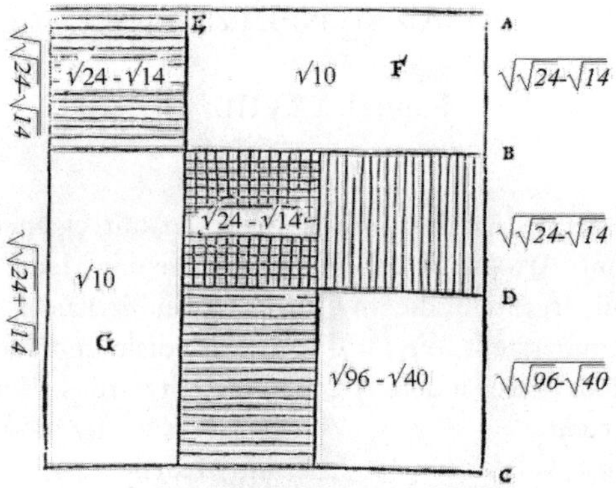

Und es ist dieses Mediale dem Aggregat aus den Flächen F und G inkommensurabel, wie es auch inkommensurabel ist zu jeder der beiden Flächen, wenn man diese einzeln nimmt; darüber habe ich oben genug gesagt. Es beträgt aber das Aggregat von F und G dann $\sqrt{40}$, und zu dieser Zahl ist $\sqrt{9}$ inkommensurabel.

Zweiter Satz dieses Kapitels, der bei Campanus Nr. 79 ist.

Mit einer Strecke, die Mediale mit Mediale zusammensetzt, kann nur eine einzige Strecke verbunden werden, damit beide unter dem gleichen Ausdruck stehen wie vor ihrer Trennung.

Die Strecke DC (gleichfalls in der obigen Figur) macht $\sqrt{\sqrt{96}-\sqrt{40}}$, und dies ist eine Strecke, die Mediale mit Mediale zusammensetzt; sie kann mit keiner anderen Strecke verbunden werden als mit einer solchen, die $\sqrt{\sqrt{24}-14}$ macht, **[201r]** wie es AB oder BD ist. Wenn man aber eine solche Strecke mit derselben Strecke DC verbindet, wird eine Länge erreicht, die $\sqrt{\sqrt{24}+\sqrt{14}}$ macht. Jene sind aber dieselben Strecken,wie sie waren, bevor die Trennung erfolgte oder die eine Strecke von der anderen weggenommen wurde, und es ist unmöglich, dass unter der vorgenannten Bedingung mit ihr eine andere Strecke verbunden wird.

So wird jedoch $\sqrt{\sqrt{24}-14}$ zu $\sqrt{\sqrt{96}-\sqrt{40}}$ addiert.

Jene zweite Strecke $\sqrt{\sqrt{96}-\sqrt{40}}$ wird in

$\sqrt{\sqrt{24}+\sqrt{14}}-\sqrt{\sqrt{24}-\sqrt{14}}$ aufgelöst.

Nach dieser Auflösung wird + $\sqrt{\sqrt{24}-\sqrt{14}}$

zu – $\sqrt{\sqrt{24}-\sqrt{14}}$ addiert.

Dann bleibt $\sqrt{\sqrt{24}+\sqrt{14}}$ als Aggregat dieser Addition übrig.

Dritter Satz dieses Kapitels, der bei Campanus Nr. 91 ist.

Wenn eine Fläche durch eine rationale Strecke und einen sechsten Rest umschlossen ist, dann wird bewiesen, dass die Viereckseite, die im Quadrat größer ist als sie, insgesamt eine Mediale mit einer Mediale bildet.

Da die Fläche I (die man auf der Figur sieht, die oben auf Seite 197 steht) von der rationalen Strecke LR, die 12 beträgt, und der Strecke OL, einem sechsten Rest, der $\sqrt{10}-\sqrt{6}$ beträgt, umschlossen ist, selbst $\sqrt{1440}-\sqrt{864}$ beträgt, ist die Vierecksseite LS, die im Quadrat jene Fläche ergibt (es ist ja die Fläche F gleich der Fläche I), eine Strecke, die eine Mediale mit einer Mediale erstellt oder zusammensetzt.

Es ist also dieser Beweis eine andere Weise, Strecken zu finden, die Mediale mit Mediale zusammensetzen, und von jener Weise verschieden, die im ersten Satz dieses Kapitels vorgeführt wurde.

Vierter Satz dieses Kapitels, der bei Campanus Nr. 97 ist.

Wenn man einer rationalen Strecke eine Fläche hinzufügt, die gleich dem Quadrat einer Strecke ist, die Mediale mit Mediale zusammenstellt, dann wird die andere Seite dieser Fläche ein sechster Rest sein.

Die Fläche I (die schon kurz zuvor angezeigt wurde) macht $\sqrt{1440}-\sqrt{864}$, und ebenso viel macht auch die Fläche F , so dass du siehst, dass beide Flächen einander gleich sind, und auch erkennst, dass LS eine Strecke des Quadrates F **[201v]** und daher eine Strecke ist, die Mediale mit Mediale zusammensetzt und $\sqrt{\sqrt{1440}-\sqrt{864}}$ macht.

Und da LR, die eine Seite der Fläche I, also 12, macht und in der Länge rational ist, muß deren andere Seite ein sechster binomialer Rest sein. Dieser Satz ist der Umkehrsatz zum vorhergehenden.

Letzter Satz dieses Kapitels, der bei Campanus Nr. 102 ist.

Jede beliebige Strecke, die einer Strecke kommensurabel ist, die Mediale mit Mediale zusammensetzt, ist eine Strecke, die Mediale mit Mediale zusammensetzt.

Wenn eine Strecke in ihrer Länge $\sqrt{\sqrt{1440}-\sqrt{864}}$ macht, muß jede Strecke, die diese misst oder von ihr gemessen wird, eine Strecke sein, die Mediale mit Mediale zusammensetzt, wie es die beiden folgenden sind: $\sqrt{\sqrt{90}-\sqrt{54}}$ und $\sqrt{\sqrt{23040}-\sqrt{13824}}$, usw.

VOM SCHLUSSWORT IM 10. BUCH EUKLIDS.

Kapitel XXIX.

Ganz am Ende der Lehrsätze des zehnten Buches Euklids müssen noch die Lehrsätze seines Epilogs besprochen werden. Jener hatte es aber unternommen, aus der unendlichen Konfusion der irrationalen Strecken dreizehn Arten in einer sehr schönen Kurzfassung zu behandeln, denen er zwei Arten rationaler Strecken vorausgeschickt hatte, sozusagen als Beginn seiner Erörterung. Dazu verwendete er auch Flächen, jedoch in höchst sparsamer Weise. Er erstellt aber aus einzeln hingestellten rationalen Flächen zwei Arten rationaler Flächen, wie wir sehen werden.

Erster Lehrsatz dieses Kapitels.

Wenn eine Fläche von Strecken umfasst ist, die in der Länge rational sind, dann wird eine Strecke, die im Quadrat jene Fläche ergibt, eine von beiden rationalen Strecken sein: entweder rational in der Länge oder nur im Quadrat rational. **[202r]**

Und so erstellt er aus Strecken, die einfach rational sind, Strecken, die nur im Quadrat rational sind, in der Länge jedoch irrational. Es muß ja, wenn die Seiten, die jene Fläche umfassen, nicht eine Proportion haben wie eine Quadratzahl zu einer Quadratzahl, eine Strecke, die im Quadrat eine solche Fläche ergibt, in der Länge irrational sein. Haben jedoch die Seiten, die jene rationale Fläche umfassen, die Proportion einer Quadratzahl zu einer Quadratzahl, dann wird auch die Strecke, die im Quadrat eine solche Fläche ergibt, in der Länge rational sein.

Zweiter Satz dieses Kapitels.

Wenn eine Fläche von rationalen, in der Art verschiedenen Strecken umfasst ist, dann wird eine Strecke, die im Quadrat jene Fläche ergibt, irrational sein und medial genannt werden.

Wenn also eine Seite 6 und die andere $\sqrt{12}$ beträgt, dann wird die Fläche $\sqrt{432}$ betragen, und ihre quadratische Seite (will sagen: die Strecke, die im Quadrat jene Fläche ergibt) oder die mittlere Proportionale zwischen jenen beiden Seiten $\sqrt[4]{432}$ betragen. Es sind aber 6 und $\sqrt{12}$ in der Art verschieden, da die eine Zahl in der Länge rational ist, die andere aber nur im Quadrat rational.

Dritter Satz dieses Kapitels, der bei Campanus Nr. 65 ist.

Wenn man zwei Flächen verbindet, deren eine rational ist, die andere aber medial, dann wird die Strecke, die im Quadrat jene ganze Fläche ergibt, eine von vier irrationalen Strecken sein oder binomial oder eine erste Bimediale oder eine Größere Strecke oder eine, die im Quadrat eine Rationale und eine Mediale ergibt.

Wenn also zwei Flächen A und B (die gleich folgen) eine erste binomiale Fläche ergeben, dann wird die Strecke, die diese Fläche im Quadrat ergibt, binomial sein. Wenn etwa A 24 macht und B $\sqrt{432}$ macht, dann wird die Strecke, die im Quadrat AB ergibt, also deren Quadratwurzel, dieses sechste Binom $\sqrt{18}+\sqrt{6}$ ergeben.

Wenn jedoch diese beiden Flächen zusammengesetzt eine zweite binomiale Fläche ergeben, dann wird die Strecke, die diese im Quadrat ergibt, eine erste Bimediale sein. [202v] Wenn also A $\sqrt{432}$ macht und B 18 macht, dann wird die Strecke, die im Quadrat AB ergibt, das erste Bimediale $\sqrt[4]{243}+\sqrt[4]{27}$ ergeben.

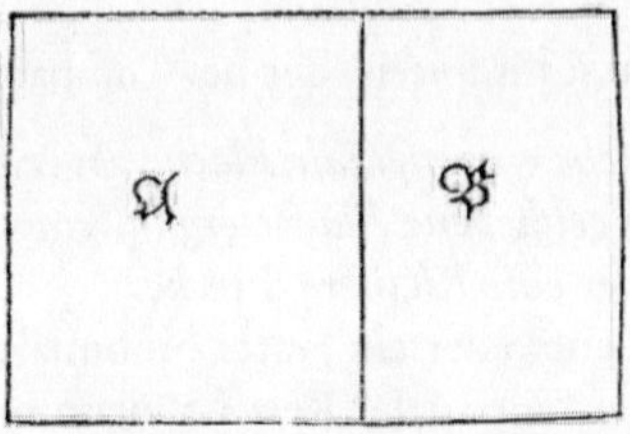

Und wenn jene beiden Flächen zusammengesetzt eine vierte binomiale Fläche ergeben, dann wird die Strecke, die jene Fläche im Quadrat ergibt, eine Größere Strecke sein. Und wenn A 24 macht und B $\sqrt{384}$, dann wird die Strecke, die im Quadrat AB ergibt, folgende Größere Strecke ergeben: $\sqrt{\sqrt{24+\sqrt{384}}}$.

Wenn jedoch jene beiden Flächen eine fünfte binomiale Fläche ergeben, dann wird die Strecke, die diese im Quadrat ergibt, quadriert medial und rational sein. Wenn also A $\sqrt{384}$ macht und B 16 macht, dann wird die Strecke, die im Quadrat AB ergibt, folgende Strecke ergeben, die im Quadrat Mediale und Rationale ergibt: $\sqrt{\sqrt{384}+16}$.

Es ist aber notwendig, dass eine viereckige rechtwinklige Fläche, die aus einer rationalen und medialen Fläche zusammengesetzt ist, eine binomiale Fläche zusammensetzt, entweder eine erste oder eine zweite oder eine vierte oder eine fünfte.

Vierter Satz dieses Kapitels, der bei Campanus Nr. 66 ist.

Wenn zwei inkommensurable mediale Flächen verbunden sind, dann wird die Strecke, die im Quadrat die ganze Fläche ergibt, eine der beiden irrationalen Strecken sein: Entweder eine zweite Bimediale oder eine Strecke, die im Quadrat zwei Mediale ergibt.

Der Grund dafür ist der, dass eine solche Fläche entweder eine dritte Binomiale oder eine sechste Binomiale ist. Ist es eine dritte Binomiale, dann muß **[203r]** ihre Quadratwurzel eine zweite Bimediale ergeben. Ist es aber eine sechste Binomiale, dann muß ihre Quadratwurzel im Quadrat zwei Mediale ergeben.

Beispiel für die erste (Fläche)

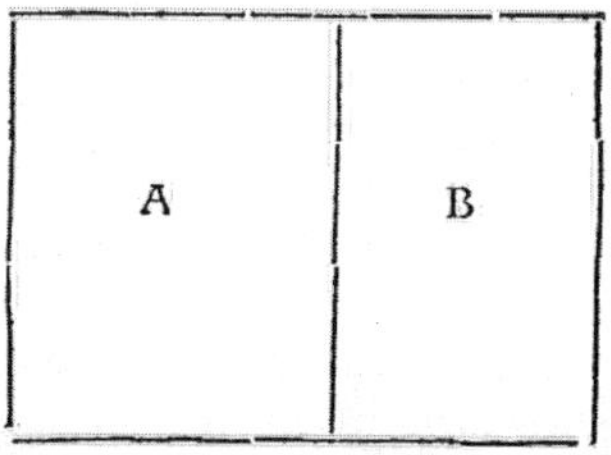

Wenn A $\sqrt{432}$ macht und B $\sqrt{384}$ macht, dann wird die Strecke, die im Quadrat AB ergibt, die folgende zweite Bimediale ergeben: $\sqrt[4]{192}+\sqrt[4]{48}$.

Beispiel für die zweite (Fläche)

Wenn A $\sqrt{192}$ macht und B $\sqrt{128}$ macht, dann wird eine Strecke, die im Quadrat AB ergibt, $\sqrt{\sqrt{192}+\sqrt{128}}$ betragen, und diese ergibt im Quadrat zwei Mediale.

Fünfter Satz dieses Kapitels, der bei Campanus Nr. 103 ist.

Wenn von einer rationalen Fläche eine mediale Fläche abgezogen wird, dann wird die Strecke, die im Quadrat die übrig gebliebene Fläche ergibt, eine von beiden irrationalen Strecken sein, entweder ein Rest oder eine Kleinere Strecke.

Eine solche Fläche ist ja entweder ein erster binomialer Rest oder ein vierter binomialer Rest. Wenn es ein erster binomialer Rest ist, dann muß notwendigerweise dessen Quadratwurzel ein binomialer Rest sein. Ist es aber ein vierter binomialer Rest, dann muß dessen Quadratwurzel eine Kleinere Strecke sein.

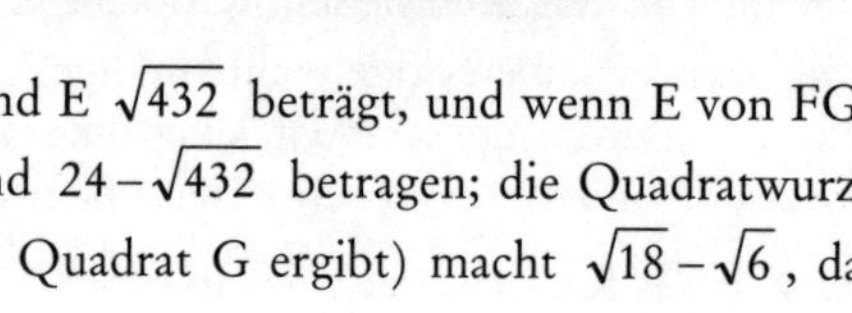

Wenn FG 24 beträgt und E $\sqrt{432}$ beträgt, und wenn E von FG abgezogen wird, dann wird G übrigbleiben und $24-\sqrt{432}$ betragen; die Quadratwurzel davon **[203v]** (nämlich die Strecke, die im Quadrat G ergibt) macht $\sqrt{18}-\sqrt{6}$, das heißt ein binomialer Rest.

Wenn jedoch FG 24 beträgt und E $\sqrt{384}$ beträgt, dann wird G $24-\sqrt{384}$ betragen, wovon die Quadratwurzel $\sqrt{24-\sqrt{384}}$ macht, und dies ist eine Kleinere Strecke.

Sechster Satz dieses Kapitels, der bei Campanus Nr. 104 ist.

Wenn von einer medialen Fläche eine rationale Fläche abgezogen wird, dann wird die Strecke, die im Quadrat die restliche Fläche ergibt, eine von beiden irrationalen Strecken sein: Entweder ein erster medialer Rest oder eine Strecke, die Mediale und Rationale zusammensetzt.

Dies ist so, weil eine solche Fläche entweder eine zweite binomiale Reststrecke ist oder eine fünfte binomiale Reststrecke. Ist sie eine zweite binomiale Reststrecke, dann muß die Strecke selbst, die im Quadrat diese Fläche ergibt, ein erster bimedialer Rest sein. Wenn jedoch die Fläche eine fünfte binomiale Reststrecke ist, dann wird die Strecke, die sie im Quadrat ergibt, eine solche sein, die Mediale mit Rationale zusammensetzt.

So ergebe FG $\sqrt{432}$ (wie man in der Zeichnung oben sieht), und E mache 18. Nun werde E von FG abgezogen, und es bleibt G übrig, das $\sqrt{384}-16$ beträgt; davon die Quadratwurzel, nämlich die Strecke, die im Quadrat G ergibt, macht $\sqrt[4]{243}-\sqrt[4]{27}$. Wenn aber FG $\sqrt{384}$ macht und E 16 beträgt, und wenn man E von FG abzieht, dann bleibt $\sqrt{384}-16$ übrig, und dies ist der Flächeninhalt von G **[204r]** selbst, dessen Quadratwurzel oder Viereckseite $\sqrt{\sqrt{384}-16}$ beträgt, dies ist eine Strecke, die Mediale mit Rationale zusammensetzt.

Siebter Satz dieses Kapitels, der bei Campanus Nr. 105 ist.

Wenn eine mediale Fläche von einer medialen Fläche abgezogen wird und beide Flächen inkommensurabel sind, dann wird die Strecke, die im Quadrat die übrig gebliebene Fläche ergibt, eine von beiden irrationalen Strecken sein: Entweder ein zweiter medialer Rest oder eine Strecke, die Mediale mit Mediale zusammensetzt.

Der Grund dafür ist der, dass eine solche Fläche entweder ein dritter binomialer Rest ist oder eine sechster binomialer Rest.

Ist jene Fläche ein dritter binomialer Rest, dann wird die Strecke, die im Quadrat G ergibt, ein zweiter bimedialer Rest sein. Wenn also FG $\sqrt{432}$ beträgt und E $\sqrt{384}$, und wenn E von FG abgezogen wird, dann bleibt G übrig, das die Wurzel $\sqrt[4]{192}-\sqrt[4]{48}$ ergibt, und dies ist ein zweiter bimedialer Rest.

Ist aber jene Fläche ein sechster binomialer Rest, dann wird die Strecke, die im Quadrat G ergibt, eine solche sein, die Mediale mit Mediale zusammensetzt. Wenn also FG $\sqrt{192}$ macht und E $\sqrt{128}$ macht und wenn E von FG abgezogen wird, dann bleibt G übrig, das mit seiner Wurzel $\sqrt{\sqrt{192}-\sqrt{128}}$ macht, dies ist eine Strecke, die Mediale mit Mediale zusammensetzt.

Achter Satz dieses Kapitels, der bei Campanus Nr. 67 ist.

Wenn man eine binomiale Strecke aufstellt und dazu die übrigen irrationalen Strecken, die ihr folgen, dann wird keine von ihnen unter dem Ausdruck einer anderen stehen.

Z.B.: Binomiale Strecke $5+\sqrt{21}$.
Erste Bimediale $\sqrt[4]{8}+\sqrt[4]{2}$.
Zweite Bimediale $\sqrt[4]{18}+\sqrt[4]{8}$.

Größere Strecke $\sqrt{6}+\sqrt{12}$.

Strecke, die im Quadrat Mediale und Rationale ergibt $\sqrt{\sqrt{8}+2}$.

Strecke, die im Quadrat zwei Mediale ergibt $\sqrt{\sqrt{12}+\sqrt{6}}$.

Binomiale Reststrecke $5-\sqrt{21}$.

Erste bimediale Reststrecke $\sqrt[4]{8}-\sqrt[4]{2}$.

Zweite bimediale Reststrecke $\sqrt[4]{18}-\sqrt[4]{8}$.

[**204v**] Kleinere Strecke $\sqrt{6}-\sqrt{12}$.

Strecke, die Mediale mit Rationale zusammenstellt $\sqrt{\sqrt{8}-2}$.

Strecke, die Mediale mit Mediale zusammenstellt $\sqrt{\sqrt{8}+\sqrt{6}}$.

Keine dieser Strecken kann in der Art einer anderen jener Strecken unterkommen. Also ist der Sinn dieses Satzes: Die Arten irrationaler Strecken können nicht vermischt werden.

Letzter Satz dieses Kapitels, der auch bei Campanus der letzte ist.

Obschon es möglich ist, die Reihe irrationaler Strecken ins Unendliche fortzuführen, ist es nicht möglich, dass eine dieser Strecken in Ausdruck und Ordnung mit der ihr vorhergehenden übereinstimmt.

Das bedeutet, dass es außer den eben angeführten Arten unzählige weitere Arten irrationaler Strecken gibt, die aber nicht vermischt oder vermengt werden können. Nein, sie sind so voneinander unterschieden, dass jegliche Art ihre eigenen Strecken in sich birgt. Darüber ist schon in Kapitel sechzehn dieses Buches gesprochen.

VON EINIGEN SÄTZEN, DIE MAN IM ZEHNTEN BUCH EUKLIDS VERMISST.

Kapitel XXX.

Ich denke, man muß dem Schlusswort Euklids vier Sätze hinzufügen, die im zehnten Buch fehlen und durch deren Übergehen acht Unterarten irrationaler Strecken übergangen wurden, nämlich: Zwei Strecken in der Art, die im Quadrat Mediale und Rationale erzeugen, ferner zwei in der Art, die im Quadrat zwei Mediale erzeugen, weiterhin zwei in der Art, die Mediale mit Rationale zusammensetzen, ebenso zwei in der Art, die Mediale mit Mediale zusammensetzen. Diese Sätze muß ich also hier aufstellen, damit jene vier von Euklid ausgelassenen Arten ein wenig bekannter werden.

Erster Satz dieses Kapitels.

Es sind zwei Strecken zu finden, die im Quadrat inkommensurabel sind und eine rationale Fläche einschließen, deren Quadrate, in gleicher [**205r**] *Weise genommen, Mediale sind und deren längere Seite im Quadrat Mediale und Rationale ergibt.*

Durch diesen Satz wird die erste Art jener Untereinteilung angezeigt, durch die Strecken, die im Quadrat Mediale und Rationale ergeben, in zwei Arten unterteilt werden.

Es handelt sich aber um jene Art solcher irrationaler Strecken, die, weil sie im Quadrat Rationale und Mediale ergeben, in solche aufgelöst werden, die im Quadrat Rationale und Mediale ergeben, und in solche, die Mediale mit Rationale zusammensetzen.

Es sind also jene Teile der Zusammensetzung, die dieser Satz als solche beschreibt, dass sie die erste Art von Strecken aufstellen, die im Quadrat Rationale und Mediale ergeben.

Die Methode aber ihrer Findung steht weiter oben im einundzwanzigsten Kapitel dieses Buches, und die Figur, die zur Findung gehört, habe ich eben dort [181r] hingesetzt, nämlich die folgende:

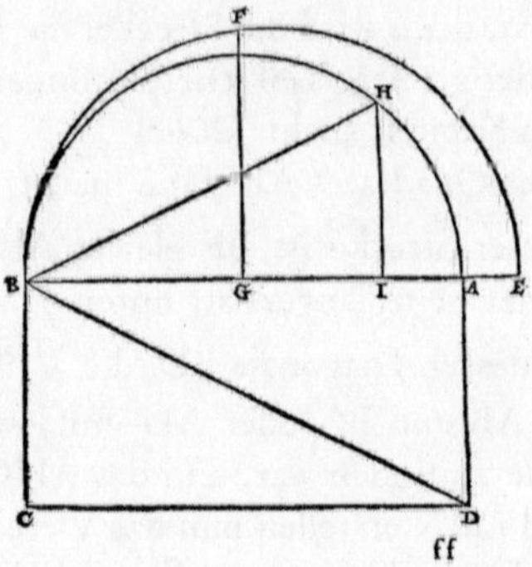

[205v] Diese Figur wird dich nie im Stich lassen. Wenn BC 8 beträgt, dann wird BA 16 sein, und BD oder BE dann $\sqrt{320}$. Auch wird BG 8 betragen und GE $\sqrt{320}-8$. Also wird GF $\sqrt{\sqrt{20480}-64}$ betragen, und BH wird $\sqrt{\sqrt{20480}+64}$ betragen. Und jene sind die beiden Strecken, wie sie der erste Satz dieses Kapitels verlangt. Sie erstellen nämlich eine Strecke jener ersten Art, die im Quadrat Mediale und Rationale ergibt, also eine Strecke, die aus BH und FG zusammengesetzt ist, und die $\sqrt{\sqrt{1920}+256}$ ergibt. Und so verfährt man bei ähnlichen Beispielen dieser Art.

Zweiter Satz dieses Kapitels.

Es sind zwei Strecken zu finden, die im Quadrat inkommensurabel sind und eine rationale Fläche umschließen, deren Quadrate, in gleicher Weise genommen, eine Mediale sind und deren längere Strecke im Quadrat zwei Mediale ergibt.

Durch diesen Satz werden Teile einer Zusammensetzung von Strecken angezeigt, die zur zweiten Art von Strecken gehören, die im Quadrat Mediale und Rationale erzeugen.

Die Methode aber der niemals versagenden Findung jener Unterart wird durch eine solche Figur dargestellt:

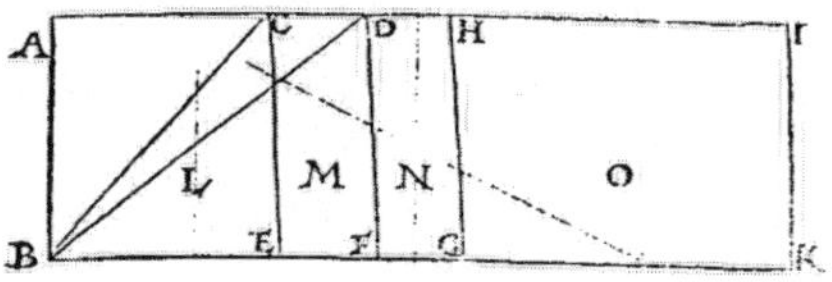

Nimm ein Quadrat mit einer in der Länge rationalen Seite und stelle ein Rechteck her, das auf einer Seite länger und von zwei Strecken umschlossen sei. Die eine Strecke sei die Seite des angenommenen Quadrates, und die andere sei die Diagonale desselben Quadrates. Sodann erstelle ein anderes Viereck, dessen eine Seite länger ist, das von der Seite des angenommenen Quadrates und von der Diagonale des ersteren rechtwinkligen Vierecks umschlossen sei. Und wenn von jenen beiden rechtwinkeligen Vierecken eines ein rechtwinkliges Viereck ist, dann wird die Strecke, die im Quadrat die ganze zusammengesetzte Fläche ergibt, der größere Teil jener zu findenden Strecken sein, die dieser zweite Satz des vorliegenden Kapitels sucht. **[206r]**

Wenn nun AB (Seite des Quadrates ABEC) 8 macht, so wird BC, dessen Diagonale, $\sqrt{128}$ betragen, und dieser Strecke ist BF gleich. Also ist das Viereck ABFD ein Viereck, das erstens auf einer Seite länger ist, unter den zu findenden Vierecken; es beträgt $\sqrt{8192}$. Sodann ist dessen Diagonale BD, die $\sqrt{192}$ beträgt, gleich der Strecke BG. Daher erstellt das von AB und BG oder AH umfasste Viereck ein rechtwinkliges Viereck, das an zweiter Stelle zu finden war, und das AHGB ist. Die zusammengesetzten beiden Vierecke LM und LMN erstellen nun das Viereck LMNO. Daher beträgt die Strecke, die im Quadrat die Fläche LMNO erstellt, also die mittlere Proportionale zwischen AB und AI, $\sqrt{\sqrt{12288}+\sqrt{8192}}$; denn AH macht $\sqrt{192}$, und HI macht $\sqrt{128}$ (AD ist ja gleich HI). Und weil DH die Differenz zwischen AH und HI ist, ebenso wie die Fläche N die Differenz ist zwischen LMN und O, beträgt deshalb DH $\sqrt{192}-\sqrt{128}$. Und die mittlere Proportionale zwischen FD und DH ist die Strecke, die im Quadrat die Fläche N ergibt. Da also die Fläche N $\sqrt{12288}-\sqrt{8192}$ beträgt, macht die Strecke, die sie im Quadrat ergibt, $\sqrt{\sqrt{12288}-\sqrt{8192}}$.

Die Strecken also $\sqrt{\sqrt{12288}+\sqrt{8192}}$ und $\sqrt{\sqrt{12288}-\sqrt{8192}}$ sind solche, wie sie dieser zweite Satz erfordert. Sie erstellen nämlich eine Strecke, die im Quadrat Rationale und Mediale ergibt, wobei jedoch ihr größerer Teil zwei Mediale zusammensetzt. Diese Strecke aber setzen die beiden gefundenen Teile zusammen, nämlich $\sqrt{\sqrt{49152}+127}$.

Von zwei weiteren Unterarten, die sich auf die beiden oberen Sätze dieses Kapitels beziehen.

Wie aber die Art der Strecken, die im Quadrat Rationale und Mediale ergab, zwei Unterarten hat, so hat die Art der Strecken, die Mediale und Rationale zusammensetzen, zwei Unterarten, die aus den beiden oben vorgeführten Unterarten entstehen, und zwar durch Subtraktion des kleineren Teiles vom größeren Teil, wie bekannt ist.

Wenn man also $\sqrt{\sqrt{20480}-64}$ von dem Teil $\sqrt{\sqrt{20480}+64}$ abzieht, dann bleibt $\sqrt{\sqrt{81920}-\sqrt{256}}$ übrig, dies ist die erste Strecke, die Mediale mit Rationale zusammensetzt. Wenn dann $\sqrt{\sqrt{12288}-\sqrt{8192}}$ von $\sqrt{\sqrt{12288}+\sqrt{8192}}$ abgezogen wird, dann bleibt **[206v]** übrig $\sqrt{\sqrt{49152}+128}$, dies ist die zweite Strecke, die Mediale mit Rationale zusammensetzt.

Nun ist es leicht zu sehen, wie gemäß diesen Vorbemerkungen die vier Sätze zu bilden sind, die sich auf die Erstellung der vier genannten Arten beziehen und die ich der Kürze halber hier ausließ.

Dritter Satz dieses Kapitels.

Es sind zwei Strecken zu finden, die im Quadrat inkommensurabel sind und eine mediale Fläche umfassen; ihre Quadrate seien zusammengenommen eine Mediale, die inkommensurabel ist dem Doppel der Fläche aus der einen mal der anderen (Strecke) und deren längere Strecke im Quadrat zwei Mediale ergibt.

In diesem Satz werden Strecken oder Teile beschrieben, die, zueinander addiert, erste Strecken ergeben, die im Quadrat zwei Mediale ergeben. Wie nämlich Strecken, die im Quadrat Mediale und Rationale ergeben, in erste und zweite Strecken unterteilt werden (wie oben gesagt), so werden auch Strecken, die im Quadrat zwei Mediale ergeben, in erste und zweite Strecken unterteilt.

Die ersten ergeben also im Quadrat zwei Mediale, die in zwei Strecken aufgelöst werden, deren längere im Quadrat zwei Mediale ergibt und deren kürzere ein Mediale mit einem Mediale zusammensetzt.

Die Teile dieser Art werden aber so gefunden: Nimm das Quadrat der Seite, die eine mediale Strecke ist, und erstelle ein rechtwinkliges Viereck, das auf der einen Seite länger ist und von zwei Strecken umschlossen ist; eine davon soll die Seite jenes angenommenen Quadrates sein, und die andere **[207r]** die Diagonale desselben Quadrates, und mit einem solchen Viereck verbinde das angenommene Quadrat, so dass aus beiden zusammen ein Viereck wird, wie man es hier als Beispiel dafür sieht.

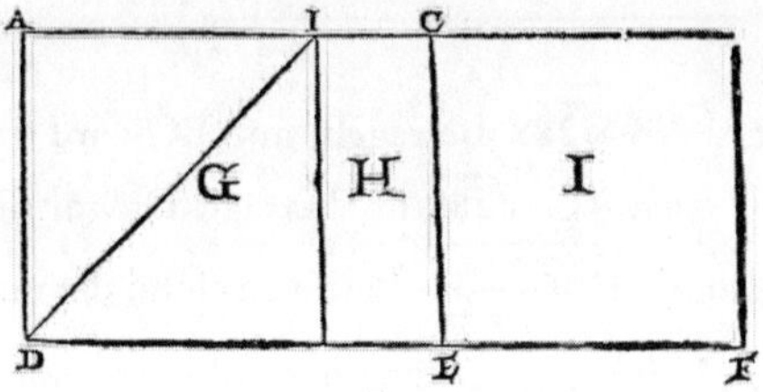

Beachte, dass ACED (nämlich GH) ein Viereck ist, das von der Seite des Quadrates I eingeschlossen ist wie auch von dessen Diagonale, nämlich DI. Die Diagonale ist gleich der Strecke DE, und G ist gleich dem Quadrat I, usw.

Es sei also AD in seiner Länge $\sqrt[4]{6}$; dann wird DI oder AC in der Länge $\sqrt[4]{24}$ betragen, und CB wird ebenfalls $\sqrt[4]{6}$ betragen. Und so wird die Fläche GH $\sqrt{12}$ betragen, und die Fläche I wird $\sqrt{6}$ betragen. Und so wird die Strecke, die im Quadrat jene ganze zusammengesetzte Fläche ergibt (nämlich die mittlere Proportionale zwischen

AD und AB), die längere Strecke von jenen beiden sein, die unser Satz erfordert, und die kürzere Strecke wird die mittlere Proportionale zwischen IC und CB sein.

Die mittlere Proportionale aber zwischen AD und AB macht $\sqrt{\sqrt{12}+\sqrt{6}}$.

Und die mittlere Proportionale zwischen IC und CE macht $\sqrt{\sqrt{12}-\sqrt{6}}$.

Und jene beiden Strecken ergeben in unmittelbarer Addition $\sqrt{\sqrt{48}+\sqrt{24}}$, dies ist die Strecke, die im Quadrat zwei Mediale der ersten Art ergibt, wie aus den sie zusammensetzenden Teilen klar hervorgeht.

Vierter Satz dieses Kapitels.

Es sind zwei Strecken zu finden, die im Quadrat inkommensurabel sind und eine mediale Fläche umfassen; ihre Quadrate seien in gleicher Weise genommen eine Mediale, die dem Doppel der von beiden Strecken umfassten Fläche inkommensurabel sei; und die längere Strecke von ihnen ergebe im Quadrat eine Rationale und Mediale.

Es ist dies der letzte Satz dieses Kapitels, der lehrt, zwei Teile zu finden, die eine zweite Strecke ergeben, die im Quadrat zwei Mediale ergibt.

Es ist aber die zweite Strecke, die im Quadrat zwei Mediale ergibt, so beschaffen: Man soll sie in zwei weitere Strecken zerlegen, deren längere im Quadrat Rationale und Mediale ergibt. Die kürzere hingegen soll Mediale mit Rationale verbinden.

Jene Teile werden aber so gefunden: Nimm ein Quadrat an mit einer in der Länge rationalen Seite und erstelle ein rechtwinkliges Viereck, das auf einer Seite länger ist und von zwei Strecken umschlossen wird. [207v] Die eine davon soll die Seite des angenommenen Quadrates sein, und die andere betrage das Doppelte der Diagonale desselben Quadrates. Mit diesem Viereck nun verbinde das angenommene Quadrat, so dass aus beiden zusammen ein Viereck entsteht, wie du es hier auf dem Bild siehst:

Es sei also AF 6; dann wird AB $\sqrt{288}$ betragen, und BC wird 6 machen, und GB wird $\sqrt{288}-6$ betragen, so wie auch AC $\sqrt{288}+6$ beträgt. Die mittlere Proportionale zwischen AS und AC wird also $\sqrt{\sqrt{10368}+36}$ betragen. Und die mittlere Proportion zwischen GB und BE wird $\sqrt{\sqrt{10368}-36}$ betragen. Und jene beiden mittleren Proportionalen sind ein Beispiel für den letzten Satz dieses Kapitels. Sie setzen nämlich die Strecke zusammen, die im Quadrat zwei Mediale der zweiten Art ergibt, nämlich die Strecke $\sqrt{\sqrt{41472}+\sqrt{36288}}$.

Von den beiden Unterarten von Strecken,
die Mediale mit Mediale zusammensetzen.

Wenn man zwei Strecken annimmt, die dem dritten Satz dieses Kapitels entsprechen, und wenn die kürzere von der längeren abgezogen wird, dann wird eine Strecke übrig bleiben, die Mediale mit Mediale der ersten Art zusammensetzt. Und wenn man zwei Strecken annimmt, die dem vierten Satz dieses Kapitels entsprechen, und wenn man die kürzere Strecke von der längeren abzieht, dann wird eine Strecke übrig bleiben, die ein Mediale mit einem Mediale der zweiten Art zusammensetzt. Beispiel für die erste Strecke:

$$\sqrt{\sqrt{12}-\sqrt{6}}\text{, abgezogen von }\sqrt{\sqrt{12}+\sqrt{6}}\text{,}$$
$$\text{lässt }\sqrt{\sqrt{48}-\sqrt{24}}\text{ übrig.}$$

Beispiel für die zweite Strecke:

$$\sqrt{\sqrt{10368}-36}\text{, abgezogen von }\sqrt{\sqrt{10368}+36}\text{,}$$
$$\text{läßt }\sqrt{\sqrt{41472}-\sqrt{36288}}\text{ übrig.}$$

[208r] VON DER AUFLÖSUNG IRRATIONALER STRECKEN IN RATIONALE STRECKEN.

Kapitel XXXI.

Viele irrationale Strecken sind von Ptolemaeus in seinem Almagest in rationale aufgelöst, wo er die Wissenschaft von den Sinus oder Sehnen und Bogen behandelt, wie er es im Kapitel neun seines ersten Buches tut. Er macht es zwar nicht gerade ganz genau (was er dort selbst zugibt) und auch nicht so nahe an der Genauigkeit, dass sich niemand noch mehr der Genauigkeit nähern könnte (beides ist nämlich unmöglich), doch ging er so weit, wie es nach seiner Sicht für seinen Zweck ausreichte, wie wir sehen werden.

Lehrsatz dieses Kapitels, genommen aus Buch 1, Kapitel 9 im Almagest des Ptolemaeus.

Wenn der Durchmesser eines Kreises gegeben ist, soll man die Seiten des demselben Kreis eingeschriebenen gleichseitigen Zehnecks, Sechsecks, Fünfecks, Vierecks, Achtecks, und Dreiecks finden.

Wir wollen als Beispiel folgenden Satz des Johannes Regiomontanus ansehen, der zum vorliegenden Geschäft höchst praktisch ist und den er ebenfalls [208v] nach Ptolemaeus behandelt. Bei dieser Behandlung wird es unsere Aufgabe sein, zu beobachten, wie jene beiden aus irrationalen Zahlen von Strecken rationale Zahlen gemacht haben.

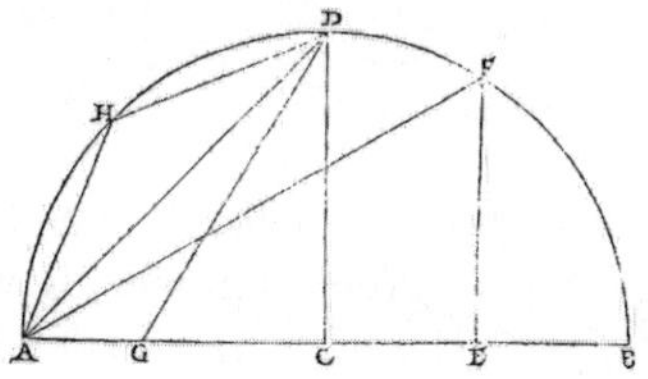

Erstens: Wenn man einen Halbkreis über dem Durchmesser AB gezogen hat, der 120 (untereinander gleiche) Teile ergibt, wird eine Senkrechte vom Mittelpunkt des Durchmessers aus errichtet, nämlich CD; da diese Strecke den Halbmesser des Kreises bildet, wird sie der Seite eines Sechsecks gleich sein, das man dem Kreis einschreiben muß. Und da AC und CD ein Viertel des Kreises einnehmen, muß AD die Seite des Vierecks sein, das man dem Kreis einschreiben muß, und AH und ebenso HD müssen die Seite des Achtecks sein, das man dem Kreis einschreiben muß.

Zweitens: Da die Senkrechte EF, die vom Mittelpunkt des Halbmessers CB aus errichtet wird, den vierten Teil des Durchmessers abschneidet, ist sie notwendigerweise die Hälfte der Seite des Dreiecks (man verstehe überall mit gleicher Seite oder gleichseitig), und so wird die Strecke AF die Seite des Dreieckes sein, das man dem Kreis einschreiben muß.

Drittens: Man nimmt das Maß zwischen den Punkten ED, das vom Punkt E in Richtung A bezeichnet wird, und so entsteht die Strecke EG, die gleich der zu ziehenden Strecke ED ist. Also wird die Strecke GD der Seite des Fünfecks gleich sein, das man dem Kreis einschreiben muß. Und GC wird gleich der Seite des Zehnecks sein, das man dem Kreis einschreiben muß, wie der zehnte Satz des dreizehnten Buches Euklids lehrt.

Da also der halbe Durchmesser 60 beträgt, nämlich die Seite des gleichseitigen Sechsecks, das dem Kreis einzuschreiben ist, macht die Seite des gleichseitigen Dreiecks $\sqrt{10800}$. Und die Seite des Vierecks macht $\sqrt{7200}$; die Seite des Fünfecks aber $\sqrt{9000-\sqrt{16200000}}$; und die Seite des Achtecks macht $\sqrt{7200-\sqrt{25920000}}$; und die Seite des Zehnecks macht $\sqrt{4500}-30$.

Die einzelnen Zahlen dieser Strecken löst Ptolemaeus in seinem Almagest in rationale Strecken auf, und wenn er auch die Regel der Auflösung nicht darlegt, so war es doch leicht, diese aus der Sache selbst zu entdecken.

Regel der Auflösung irrationaler Zahlen in rationale Zahlen,
die, wie wir sehen, Ptolemaeus angewandt hat.

Ziehe die Wurzeln, die die Wurzelzeichen als zu ziehend anzeigen, und multipliziere den Rest mit 60 und dividiere das Ergebnis **[209r]** *durch das Doppel der gefundenen Wurzel, jedoch so, dass du nach der Division vom verbliebenen Rest den Quotienten abziehst.*

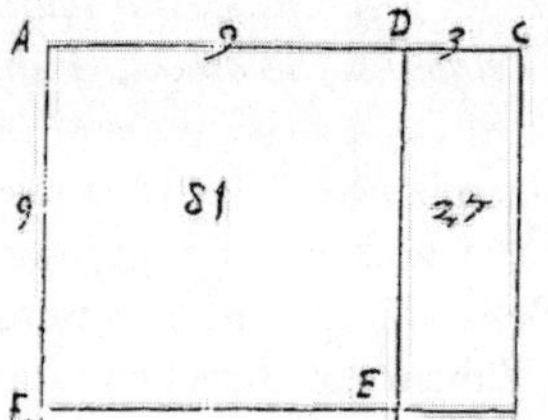

Den Grund für diese Regel kann ich in rationalen Zahlen leicht vorführen. Es soll z.B. die Quadratwurzel von 144 gezogen werden. Ich will als Wurzel dieser Zahl 9 annehmen, die mit sich selbst multipliziert 81 ergibt. Also ziehe ich 81 von 144 ab, dann bleibt

63 übrig. Also dividiere ich 63 durch das Doppel der gefundenen Wurzel, nämlich durch 18, dies ergibt 3, was zur Wurzel hinzugerechnet werden muß (in der abgebildeten Figur siehst du den Grund für alles dieses). Es bleibt also übrig, 3 mit sich selbst zu multiplizieren und ebenfalls von dem Rest abzuziehen, damit es in die Figur übergeht und sie vervollständigt.

Wir wollen nun die Beispiele des Ptolemaeus ansehen.

Erstes Beispiel von der Dreiecksseite

Die Strecke AD in der obenstehenden Figur, nämlich die Seite des gleichseitigen Dreiecks, das dem Kreis einzuschreiben ist, macht genau $\sqrt{10800}$. Diese irrationale Zahl löse ich in eine rationale Zahl auf wie folgt: Zuerst ziehe ich die Quadratwurzel von 10800, was 103 ergibt, und es bleiben 191 übrig, die ich mit 60 multipliziere, was 1460 ergibt. Diese Zahl nun dividiere ich durch 206 (denn dies ist das Doppel der gefundenen Wurzel, 103), es ergeben sich 55 Minuten. Es wurden nämlich jene ganzen Reste, die mit 60 multipliziert waren, durch diese Multiplikation in Minuten aufgelöst. Es bleiben aber aus der vorgenannten Division als Rest 130 Minuten, von denen man das Quadrat des Quotienten abziehen muß, nämlich 55 Minuten. Es machen aber 55 Minuten, mit sich selbst multipliziert, 3025 Sekunden, diese ziehe man von 130 Minuten ab, also von 7800 Sekunden; dann bleiben 4775 Sekunden übrig. Diese dividiere durch den früheren Divisor 206, dann wirst du 23 Sekunden erhalten, usw. [209v]

Du wirst daher diese Zahl 103 [ganze Zahl]. 55 [Minuten]. 23. [Sekunden] erhalten, die von Ptolemaeus für die Saite eines Bogens von 120 Grad angesetzt wurde (in Kapitel neun des 1. Buches und in der Tabelle der Bogen und Sehnen). Es ist aber der Bogen von 120 Grad der dritte Teil des Kreisumfanges.

Zweites Beispiel von der Seite des Vierecks.

Die Seite des Vierecks, nämlich die Strecke AD, macht genau $\sqrt{7200}$. Die Wurzel davon macht 84, und es bleiben 144 übrig. Multipliziert man 144 mit 60, ergibt es 8640, die man durch das Doppel der Wurzel dividiert, also durch 168, dies ergibt 51 Minuten. Diese machen, mit sich selbst multipliziert, 2601 Sekunden; zieht man diese von 72 Minuten ab, bleiben 1719 Sekunden über. Diese ergeben, dividiert durch 168, dann 10 Sekunden, usw.

Du wirst also sehen, dass von Ptolemaeus diese Zahl 84 [ganze Zahl]. 51 [Minuten]. 10 [Sekunden] für die Sehne eines Bogens von 90 Grad angesetzt wurde, dieser Bogen ist der vierte Teil eines Kreises.

Drittes Beispiel von der Seite des Fünfecks.

Die Seite des Fünfecks, nämlich die Strecke GD in der obenstehenden Figur, beträgt genau $\sqrt{9000-\sqrt{16200000}}$. Hier suche ich zuerst die Quadratwurzel von 16200000, und diese Wurzel ziehe ich von 9000 ab, und wegen des Wurzelzeichens, das beiden Teilen gemeinsam ist, suche ich auch die Quadratwurzel des Restes; die Quadratwurzel aber von 16200000 macht 4024. 55.20. Diese Wurzel aber, abgezogen von 9000, läßt diese Zahl 4975. 4. 40. übrig.

Die Quadratwurzel von 4975 macht 70, und es bleiben 75 ganze Einheiten übrig; wenn man dies in Minuten auflöst, ergibt sich 4500, wozu ich die 4 aufgehobenen Minuten hinzufüge. Und so dividiere ich 4504 Minuten durch 140 (nämlich durch das Doppel der Wurzel), und es ergeben sich 32 Minuten, wobei 24 übrig bleiben. Diese löse ich in Sekunden auf, es ergeben sich 1440 Sekunden. Zu diesen füge ich die 40 Sekunden hinzu, die oben aufbewahrt wurden, und es werden 1480 Sekunden. Von diesen ziehe ich 1024 Sekunden ab, die aus der Multiplikation von 32 Minuten mit sich selbst entstehen (das heisst des Quotienten, der sich aus der Division ergibt), dann bleiben 456 übrig; diese dividiere ich durch 140, was 3 Sekunden ergibt. **[210r]** Und so sieht man bei sicherer Rechenmethode, dass die Zahl $\sqrt{9000-\sqrt{16200000}}$ in die Zahl aufgelöst wurde, die Ptolemaeus aufstellt, nämlich in 70 [ganze Einheiten]. 32 [Minuten]. 3 [Sekunden]. Und diese Zahl wirst du in der Tabelle als Sehne finden, die unter 72 Grad des Kreisumfanges gespannt ist. Es ergeben nämlich die 360 Grad des Kreisumfanges, wenn man sie durch 5 teilt, 72 Grad.

Viertes Beispiel von der Seite des Achtecks.

Die Seite des Achtecks, nämlich der Strecke AH oder HD der obenstehenden Figur, beträgt genau die Zahl $\sqrt{7200-\sqrt{25920000}}$.

Ich suche also die Quadratwurzel von 25920000, die 5091 ganze Einheiten, 10 Minuten, 7 Sekunden ergibt. Diese Wurzel ergibt, abgezogen von 7200, 2108 ganze Einheiten, 49 Minuten, 53 Sekunden. Die Quadratwurzel aber von 2108 macht 45, und es bleiben 83 ganze Einheiten übrig, die in 4980 Minuten aufgelöst werden. Zu diesen füge ich noch die aufbewahrten 49 Minuten. So ergeben sich 5029 Minuten, die durch 90 zu dividieren sind (nämlich durch das Doppelte der Wurzel), wobei sich 55 Minuten ergeben. Und es bleiben 79 Minuten übrig. Wenn man diese in Sekunden auflöst, ergeben sich 4740 Sekunden. Zu diesen füge ich die aufbewahrten 53 Sekunden hinzu, worauf sich 4793 Sekunden ergeben, von denen ich 3025 Sekunden abziehe, die bei der Multiplikation des Quotienten (nämlich der 55 Minuten) mit sich selbst herauskommen.

Also bleiben 1768 Sekunden übrig, die ich wiederum durch 90 dividiere, was 19 Sekunden ergibt, usw. Und so ist folgende Zahl gefunden: 45 [ganze Einheiten]. 55 [Minuten]. 19 [Sekunden]. Und diese Zahl stellt Ptolemaeus für die Sehne auf, die unter einen Bogen von 45 Grad des Kreisumfanges gespannt ist; 45 Grade sind nämlich der achte Teil des Kreisumfanges.

Fünftes Beispiel des Ptolemaeus von der Seite des Zehnecks,
das man einem Kreis einschreiben muß.

Die Seite eines Zehnecks, das man einem Kreis einschreiben muß (nämlich in der gegebenen Figur die Strecke GC), macht genau $\sqrt{4500}-30$. Also suche ich zuerst die Quadratwurzel von 4500, nachdem ich sie fand, ziehe ich von ihr 30 ab, und der Rest **[210v]** wird eine rationale Zahl sein, die Ptolemaeus an Stelle der irrationalen Seite des Zehnecks setzt. Die Wurzel nämlich des größten in 4500 enthaltenen Quadrates macht 67. Es bleibt aber ein Rest von 11, die, in Minuten aufgelöst, 660 betragen. Teilt man diese aber durch das Doppel der gefundenen Wurzel (nämlich durch 134), kommen 4 Minuten heraus, und es bleiben 124, die man in 7440 Sekunden auflöst; von diesen werden die 16 Sekunden abgezogen, die aus der Multiplikation der 4 Minuten mit sich selbst herauskommen. So bleiben also 7424, die durch 134 zu teilen sind, wobei 55 Sekunden herauskommen. Und so macht die Wurzel aus 4500 dann 67. 4. 55. Ziehe schließlich 30 Ganze von jener Wurzel ab, dann bleibt die Zahl übrig, die Ptolemaeus für die Sehne ansetzte, die man unter 36 Grade des Kreisumfanges spannt; sie beträgt: 67 [ganze Einheiten]. 4 [Minuten]. 55 [Sekunden].

Und so verfährt man auch bei allen anderen. Wenn aber jene irrationale Zahl $\sqrt{4500}+30$ aufgelöst werden soll, wirst du leicht erkennen, dass sie in die rationale Zahl 97 [ganze Einheiten]. 4 [Minuten]. 55 [Sekunden] aufgelöst wird.

So viele Beispiele für die verschiedenen irrationalen Zahlen, die aufzulösen sind, werden dem fleißigen Leser genügen.

VON IRRATIONALEN ZAHLEN, BEZOGEN AUF KÖRPER.

Kapitel 32, letztes Kapitel des zweiten Buches. Es enthält alles, was Euklids Bücher 13 und 14 lehren.

Aus dem vorhergehenden Kapitel wird der kluge Leser sehr wohl erkennen, wie man irrationale Strecken und Zahlen auf astronomische Dinge beziehen kann. Wenn z.B. Ptolemaeus im Folgenden lehrt, aus der gegebenen Sehne eines Bogens die Sehne des restlichen Bogens des Halbkreises selbst zu finden (dies geschieht leicht unter Berücksichtigung des vorletzten Satzes und einiger weniger anderer Sätze des ersten Buches Euklids), und wenn er als Beispiel die Seite eines gleichseitigen Zehnecks hinstellt, das man einem Kreis einschreiben soll, und ebenso die Strecke, **[211r]** die unter einen der Winkel eines demselben Kreise einzuschreibenden Fünfecks gespannt ist – der Gebrauch solcher Strecken ist bei Euklid im 13 und 14. Buch – falls jenes von Euklid ist – recht häufig – , dann wollte er dadurch recht deutlich anzeigen, welchen wie starken Anlass ihm bei den von ihm gefundenen astronomischen Sachverhalten die über Strecken und Körper irrationaler Zahlen verfassten Sätze Euklids boten.

Satz dieses Kapitels, genommen aus dem 13. Buch Euklids.

Zu finden sind die Seiten fünf regelmäßiger Körper mit Hilfe des Durchmessers einer Kugel, die jenen einzelnen Körpern zu umschreiben ist.

Es sind aber die fünf regelmäßigen Körper folgende: Tetraeder, das ist ein Körper mit vier Grundflächen; Hexaeder, das ist ein Körper mit sechs Grundflächen; Oktaeder, das ist ein Körper mit acht Grundflächen; Dodekaeder, das ist ein Körper mit zwölf Grundflächen, und der Ikosaeder, das ist ein Körper mit zwanzig Grundflächen, und all diese Körper haben natürlich gleiche Flächen. Nach dieser Gleichheit der Oberflächen oder Grundflächen werden die Körper regelmäßig genannt.

Abbildungen aber dieser Körper kann der beflissene Leser in der Geometrie des Albrecht Dürer aus Nürnberg sehen, eines der größten Malers unserer Zeit; dort werden sie schön in seinen eigenen Zeichnungen vorgeführt und deshalb hier nicht gezeigt [vgl. aber Nachtrag].

Es hat aber ein Tetraeder vier dreieckige gleichseitige Oberflächen oder Grundflächen. Die Gestalt dieses Körpers wird dir ein Stück Papier schön zeigen, wenn du es ausschneidest und entsprechend seinen Linien faltest.

Ein Oktoeder hat acht dreieckige gleichseitige Oberflächen. Seine Gestalt wird dir ein Stück Papier zeigen, das in ähnlicher Weise wie bei Dürer gezeichnet und gefaltet ist.

Ein Ikosaeder hat zwanzig dreieckige gleichseitige Oberflächen; auch dessen Zeichnung ist bei demselben Künstler zu sehen, und wenn du ein solches Stück Papier zeichnest, ausschneidest und faltest, wird es dir die Gestalt des Ikosaeders zeigen.

Ein Hexaeder hat sechs quadratische Flächen, da er ein Würfel ist. Auch seine Gestalt zeigt dir ein solches Papier, wenn du es in gleicher Weise faltest.

Es folgt endlich der Dodekaeder, der zwölf gleichseitige fünfeckige [211v] Flächen hat. Auch dessen Gestalt wird dir der oben schon erwähnte Künstler ermöglichen.

Daß aber mehr und andere Arten regelmäßiger Körper nicht möglich sind, wird dargelegt, wie folgt:

Erstens: Es steht fest, dass zur Erstellung eines räumlichen Winkels weniger als drei Flächenwinkel nicht zusammentreffen können, wie ja auch zur Erstellung einer geradlinigen Fläche nicht weniger als drei Linien zusammentreffen.

Zweitens: Es steht fest, dass Flächenwinkel, die einen räumlichen Winkel erstellen, wenn man sie in gleicher Weise nimmt oder addiert, notwendigerweise kleiner sind als vier rechte Winkel.

Drittens: Es steht ebenfalls fest, dass gleichwinkelige Flächen, die unter sich gleich sind, nur einen regelmäßigen Körper erstellen.

Nach diesen Vorbemerkungen achte auf das Folgende:
Von gleichwinkligen Dreiecken.

Wenn ein Winkel eines gleichwinkligen Dreiecks zwei Drittel eines rechten Winkels ausmacht, dann betragen drei solche Winkel zwei rechte Winkel. Also können drei solche Winkel einen räumlichen Winkel erstellen, und zwar erstellen sie einen solchen, wie ihn ein Tetraeder erfordert, nämlich ein Körper mit vier Grundflächen.

Ebenso betragen vier solche Flächenwinkel zwei rechte Winkel mit zwei Dritteln eines rechten Winkels. So können vier solcher Winkel einen räumlichen Winkel erstellen, da sie nicht die Menge von vier rechten Winkeln erreichen und einen solchen Winkel erstellen, wie ihn ein Oktaeder erfordert, also ein Körper mit acht Grundflächen.

Ebenso erstellen fünf solche Flächenwinkel einen räumlichen Winkel, da sie so viel wie drei rechte Winkel und ein Drittel eines rechten Winkels einnehmen, wobei sie nur nicht die Größe von vier rechten Winkeln erreichen dürfen. Und solche oder so große Winkel erfordert ein Ikosaeder, nämlich ein Körper mit zwanzig Grundflächen.

Sechs Flächenwinkel aber, wie oder wie groß sie ein gleichwinkliges Dreieck ergibt, machen genau vier rechte Winkel aus, und so ist es unmöglich, dass so viele solcher Winkel zur [212r] Erstellung eines räumlichen Winkels zusammenwirken können, und noch viel weniger können mehr [als sechs] solcher Winkel einen räumlichen Winkel erstellen. Es bleibt also nachgewiesen, dass kein anderer regelmäßiger Körper durch dreiwinklige Flächen abgedeckt werden kann, als die drei oben geschilderten Arten. Es wird nämlich ein regelmäßiger Körper, der von dreiwinkligen Flächen abgedeckt ist, entweder ein Körper mit vier oder acht oder zwanzig Grundflächen sein.

Vom gleichwinkligen und gleichseitigen Viereck.

Da ein Winkel des Quadrates ein rechter Winkel ist, erstellen drei seiner Winkel drei rechte Winkel und erreichen so die Größe von vier rechten Winkeln nicht; daher erstellen drei Flächenwinkel dieser Art einen räumlichen rechten Winkel, welche und wie große ein Hexaeder erfordert, nämlich ein Körper mit sechs Grundflächen oder ein Würfel.

Vier rechte Winkel aber oder mehr können keinen räumlichen Winkel erstellen, und so ist es unmöglich, dass irgend ein regelmäßiger Körper von mehr oder weniger als sechs quadratischen Grundflächen abgedeckt werden kann.

Vom gleichwinkligen Fünfeck.

Da aber ein einziger Winkel eines gleichwinkligen Fünfecks einen rechten Winkel mit dem Fünftel eines rechten Winkels bildet, ergeben drei solcher Winkel drei rechte Winkel mit drei Fünfteln eines rechten Winkels. Und da sie die Größe von vier Winkeln nicht erreichen, ist es nicht verwunderlich, dass drei solcher Winkel einen räumlichen Winkel bilden. Sie erstellen aber einen solchen räumlichen Winkel, wie ihn ein Dodekaeder erfordert, nämlich ein Körper mit 12 Grundflächen.

Vier Winkel aber eines Fünfecks ergeben vier rechte Winkel und vier Fünftel eines rechten Winkels; daher ist es unmöglich, dass vier oder mehr solcher Winkel einen räumlichen Winkel erstellen können. Und es ist auch unmöglich, dass aus mehr oder weniger als zwölf Fünfecken ein regelmäßiger Körper genau abgedeckt werden könnte.

Von Sechsecken und den übrigen gleichwinkligen Vielecken.

Ein Winkel eines gleichwinkligen Sechsecks ergibt einen rechten Winkel mit einem Drittel eines rechten, deshalb ergeben drei solcher Winkel genau vier rechte Winkel. Daher ist es unmöglich, dass aus den Winkeln eines gleichwinkligen Sechsecks ein räumlicher Winkel erstellt wird, erst recht nicht kann ein räumlicher Winkel [212v] aus mehreren Winkeln eines der folgenden Vielecke erstellt werden, denn drei Winkel solcher Vielecke überschreiten stets die Größe von vier rechten Winkeln. Daher ist es unmöglich, dass irgend ein regelmäßiger Körper von Sechsecken oder Siebenecken abgedeckt wird, usw.

Aus dem Gesagten wird die vollständig bewiesene mögliche Vielfalt der Arten regelmäßiger Körper deutlich. Nach dieser Einsicht wollen wir zum Lehrsatz dieses Kapitels zurückkehren, der die Findung von Seiten so gearteter Körper erfordert.

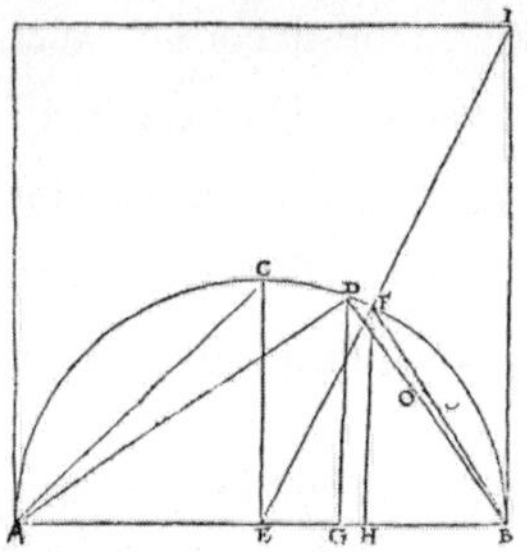

Erstens: Wenn man einen Halbkreis mit dem Durchmesser AB gezogen hat, der 120 beträgt, soll der Halbmesser EC errichtet werden, und AC wird die Seite eines Oktaeders bilden, der dem Kreis mit dem Durchmesser AB einzuschreiben ist. Dies ist aus dem 15. [14.] Satz des dreizehnten Buches [Euklids] klar, der besagt, dass das Verhältnis des Durchmessers einer Kugel, die einen Oktaeder umschreibt, zu einer Seite des Oktaeders quadriert zwei zu eins beträgt (also der Doppelten zur Hälfte). Das Quadrat nämlich **[213r]** des Durchmessers macht 14400, und das Quadrat der Strecke AC macht 7200. Wenn man nun die eine Zahl durch die andere dividiert, ergibt dies einen Quotienten, der das Verhältnis zwei zu eins darstellt, wie ja bekannt ist. Zweitens ist dies auch klar, wenn du den Körper des Oktaeders selbst betrachtest: Du wirst nämlich sogleich sehen, dass eine solche Kante mit dem Quadrat eines dem Kreis einzuschreibenden Quadrates übereinstimmt, dessen Durchmesser der Durchmesser jener Kugel ist.

Sodann errichte man die Senkrechte GD, so dass GB der dritte Teil des Durchmessers AB selbst ist. Dann ziehe man die Strecken AD und DB, und AD wird die Seite des Tetraeders sein, und DB wird die Seite des Hexaeders oder des Würfels sein, den man der Kugel einschreiben soll. Das Erste wird aus Satz 13 des dreizehnten Buches Euklids klar, der besagt, dass der Durchmesser der Kugel, die einen Tetraeder umschreibt (nämlich der Durchmesser AB), die halbe Proportion anderthalb hat oder (wie der Text sagt) quadriert anderthalbmal so groß ist. Da aber GD die mittlere Proportionale zwischen AG ist, das 80 beträgt, und GB, das 40 beträgt, wird GD $\sqrt{3200}$ betragen. Daher wird nach dem vorletzten Satz des ersten Buches [Euklids] AD $\sqrt{9600}$ betragen und (nach dem gleichen Satz) wird DB $\sqrt{4800}$ betragen. Siehe nun, ob 14400 die Proportion anderthalb zu 9600 hat. Das Zweite wird aus Satz 14 des dreizehnten Buches [Euklids] klar, der lehrt, dass der Durchmesser der Kugel, die einen Würfel umschreibt, zur Seite des Würfels oder zur Hexaederkante quadriert die Proportion dreifach hat. Denn 14400 macht im Verhältnis zu 4800 die dreifache Proportion.

Drittens: Wenn man die Senkrechte BI in gleicher Höhe errichtet hat wie den Durchmesser AB, ziehe man die Linie EI, und dann zieht man die Senkrechte FH von dem Punkt aus, wo EI den Kreisumfang schneidet; dann wird FB die Kante des Ikosaeders sein und $\sqrt{7200-\sqrt{10368000}}$ betragen. Und dies ist es, was der Satz 16 des dreizehnten Buches [Euklids] besagt: Eine solche Strecke muß notwendigerweise eine Kleinere Strecke [Minor] sein, wenn jedenfalls der Durchmesser der den Ikosaeder umschreibenden Kugel eine rationale Strecke ist.

Die Zahl aber dieser Seite wird so gefunden:

Da EB 60 beträgt und BI 120, wird EI $\sqrt{18000}$ betragen. Es macht aber EF 60, weil es den Halbmesser des Kreises bildet. Und daher gebrauche ich die Dreisatz-Regel in folgender Weise: EI gibt IB so viel wie EF. Dies ergibt FH. Das heißt: $\sqrt{18000}$. 120. 60. macht $\sqrt{2880}$, und so viel beträgt FH. Davon die Hälfte ist EH, wie auch die Hälfte von IB selbst EB ist. Und weil **[213v]** EB 60 macht und EH $\sqrt{720}$ macht, deshalb ergibt HB $60-\sqrt{720}$. Davon das Quadrat, hinzugefügt zu FH selbst, ergibt das Quadrat von FB selbst.

Viertens: Wenn DB entsprechend der Proportion geteilt wird, die ein Mittelglied und zwei Außenglieder hat, dann wird der größere Teil jener Division die Seite des der Kugel eingeschriebenen Dodekaeders sein, dessen Achse dem Durchmesser AB gleich sein soll. Da aber DB (das heisst die Seite des Hexaeders oder Würfels) $\sqrt{4800}$ beträgt (wobei der Durchmesser der Kugel 120 beträgt), wird der größere Teil jener Division $\sqrt{6000}-\sqrt{1200}$ machen, also OB. Und davon kommt es, dass Euklid in Satz 17 des dreizehnten Buches sagt, die Seite eines Dodekaeders sei eine Reststrecke, nämlich vom Durchmesser der Kugel, der einbeschrieben wird und der eine rationale Strecke ist.

Ebenso, wenn aus der Seite eines Ikosaeders (nämlich aus der Strecke FB in der obenstehenden Figur) die Seite eines Dreiecks wird und man diesem Dreieck einen Kreis umschreibt, wie ja KL in der folgenden Figur die Seite des Ikosaeders ist, der der Kugel mit dem Durchmesser AB einzubeschreiben ist (in der oberen Figur) und 120 beträgt.

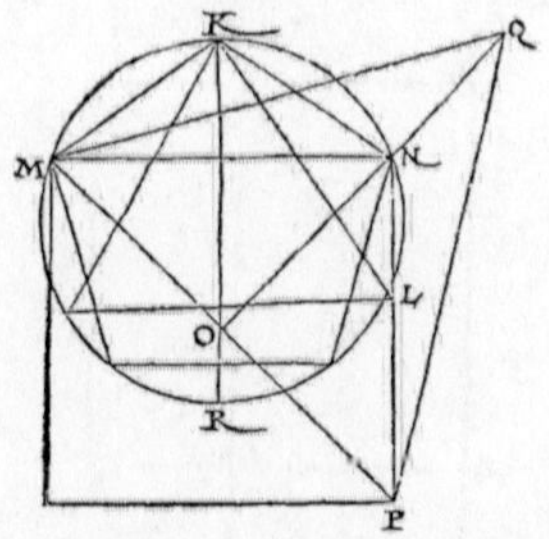

Und die Seite KN des Fünfecks wird die Seite des Dodekaeders bilden, und MN (die Strecke, **[214r]** die die Hypotenuse zum Winkel des Fünfecks bildet) wird die Seite des Hexaeders oder Würfels bilden. Und MP (der Durchmesser des Quadrates der Strecke MN) wird die Seite des Tetraeders sein, und OQ (das ist die Kathete des Dreiecks mit der Seite MP) wird die Seite des Oktaeders sein. Alle jene Körper werden einer und derselben Kugel einbeschrieben, deren Durchmesser AB in der obenstehenden Figur ist, und 120 beträgt. Dies ist etwa alles, was das dreizehnte und vierzehnte Buch Euklids lehrt.

Zahlen zur letzten obenstehenden Zeichnung.

Seite des Ikosaeders KL: $\sqrt{7200-\sqrt{10368000}}$.

Durchmesser KR: Er beträgt $\sqrt{9600-\sqrt{18432000}}$.

Seite des Dodekaeders KM: $\sqrt{6000}-\sqrt{1200}$.

Seite des Hexaeders MN: Sie beträgt $\sqrt{4800}$.

Seite des Tetraeders: Sie beträgt $\sqrt{9600}$ und ist MP.

Seite des Oktaeders OQ: Sie beträgt $\sqrt{7200}$.

Ziemlich Ähnliches lehrt Satz neun im vierzehnten Buch [Euklids].

Wenn man, sagt er, eine beliebige Strecke entsprechend einer Proportion teilt mit einem mittleren und zwei äußeren Gliedern (wie es AB in der folgenden Figur ist, das $\sqrt{2400+\sqrt{1152000}}$ beträgt, geteilt in AC, das $\sqrt{2400-\sqrt{1152000}}$ macht, und in CB, das $\sqrt{4800+\sqrt{18432000}}$ macht), dann wird die Proportion der Strecke, die im Quadrat die ganze Strecke ergibt und deren größerem Teil (es ist dies die Strecke DA, die $\sqrt{4800}$ beträgt und die, wie du siehst, im Quadrat das Quadrat ergibt, das den Quadraten der anderen Strecken DC oder der ganzen Strecke AB und AC, des größeren Teils) zu der Strecke, die im Quadrat die ganze Strecke und deren kleineren Teil (wie es die Strecke DB ist, die $\sqrt{7200-\sqrt{10368000}}$ beträgt und die, wie du siehst, im Quadrat die Quadrate der Strecken DC oder der ganzen Strecke AB und des kleineren Teiles CB ergibt) sich verhalten wie die Proportion einer Würfeseite zur Seite eines Ikosaeders. Dies besagt: Wenn DA die Seite des Hexaeders oder Würfels ist, dann wird zweifelsohne DB die Seite des Ikosaeders sein, der derselben Kugel einzuschreiben ist, der auch der Würfel mit der Seite DA eingeschrieben wird. Wenn aber DB $\sqrt{7200-\sqrt{10368000}}$ ist, dann wird der Durchmesser der Kugel, die jene Körper umschreibt, 120 betragen, wie nunmehr gezeigt wird. **[214v]**

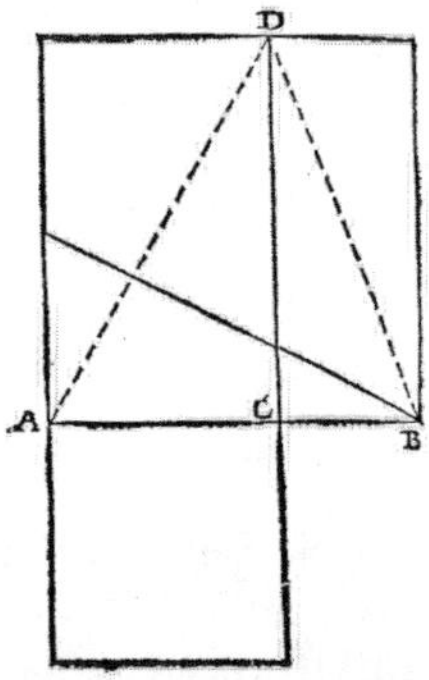

Daß aber diese Figur ein Beispiel für fast jeden Satz des dreizehnten und vierzehnten Buches Euklids gibt, wird der kluge Leser gut erkennen. Und damit die Sache noch klarer wird, will ich in dieselbe Zeichnung alle Seiten des Satzes im gegenwärtigen und vorhergehenden Kapitel eintragen.

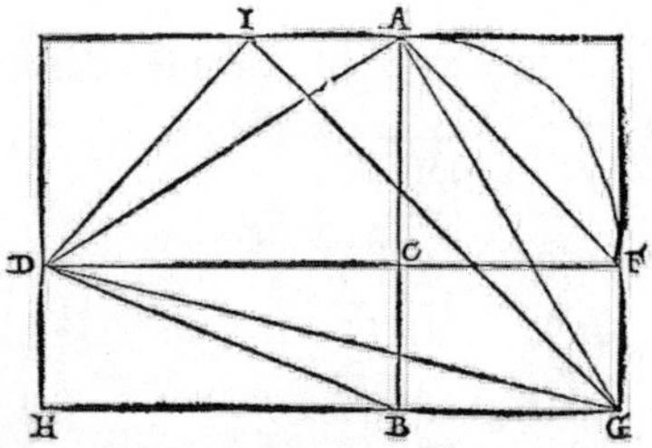

Es ist aber die Strecke AB geteilt entsprechend einer Proportion, die ein Mittelglied und zwei Außenglieder hat, und zwar im Punkte C. Ebenso ist HG im Punkte B geteilt. **[215r]**

Erstens: Wenn es einen Kreis gibt, dessen Halbmesser AC ist, dann wird AC selbst die Seite eines Hexagons sein, das man jenem Kreis einbeschreiben soll.

Und DB wird (nach dem fünften Satz des dreizehnten Buches) die Seite des Dreiecks sein, das man jenem Kreis einbeschreiben soll. Dasselbe bestätigt der fünfte Satz des vierzehnten Buches.

Und AF wird die Seite eines Vierecks sein, das man demselben Kreis einbeschreiben soll (da AC und ebenso CF dessen Halbmesser sind), so dass ACF in einem solchen Kreise den Quadranten des Kreises bilden.

Und BF wird die Seite des Fünfeckes sein, das man demselben Kreis einschreiben soll (nach Satz zehn des dreizehnten Buches).

Und CB wird die Seite des Zehneckes sein, das man demselben Kreis einschreiben soll, wie es Satz 9 des dreizehnten und ebenso Satz 10 des dreizehnten Euklid-Buches bestätigen.

Und DA oder AG (beide Strecken sind ja gleich) wird die Strecke sein, die die Hypotenuse des Winkels jenes Fünfeckes bildet, das demselben Kreise eingeschrieben ist.

Zweitens: Wenn es eine Kugel gibt, der die Strecke BF als Seite eines Dodekaeders einbeschrieben ist, dann wird man derselben Kugel auch die Strecke BD als Seite eines Ikosaeders einschreiben können. Und DA oder AG wird ihr als Seite eines Hexaeders oder eines Würfels einbeschrieben werden. Und DG (das ist der Durchmesser des Quadrates DA) wird derselben Kugel als Seite eines Tetraeders einbeschrieben werden.

Und IG (dies ist die Kathete des rechtwinkligen Dreieckes DIG) wird derselben Kugel als Seite eines Oktaeders einbeschrieben werden.

Von den Oberflächen regelmäßiger Körper.

Zu den Oberflächen regelmäßiger Körper gibt es die Sätze 6, 7 und 8 des 14. Buches [Euklids], die ich kurz behandeln werde, da ja die Strecken oder Seiten dieser Körper bereits besprochen sind. Hat man nämlich die Seiten verstanden, wird man leicht auch die Größen der Grundflächen oder Oberflächen finden. Die Seite nämlich eines Würfels (oder der Kugel einzubeschreibenden Hexaeders) bildet, im Quadrat mit sich multipliziert, den Betrag einer Fläche, von der es sechs an einem Würfel gibt. Dies ist ja wohlbekannt.

In einem Dodekaeder sind zwölf unter sich gleiche fünfeckige Grundflächen mit fünf gleichen Winkeln, wie oben genügend dargelegt wurde. Wenn man aber eine Linie, die vom Mittelpunkt des Fünfeckes zur Mitte einer der Seiten gezogen wurde, mit dem halben Umfang desselben Fünfeckes multipliziert, d.h. **[215v]** mit 2 ½ Seiten, dann wird man die Fläche eines solchen einzigen Fünfecks erhalten. Wenn also die Seite eines Dodekaeders $\sqrt{6000}-\sqrt{1200}$ beträgt, dann wird die Linie, die vom Zentrum des Fünfecks bis zu Seitenmitte gezogen ist, $\sqrt{600+\sqrt{72000}}$ betragen. Diese Linie setzt sich nämlich zusammen aus der Addition der halben Seite des Hexagons zur halben Seite des Zehnecks (wie der erste Satz des vierzehnten Buches besagt), so dass $\sqrt{1200-\sqrt{1152000}}$ (dies ist die Hälfte der Seite des Zehnecks), addiert zu $\sqrt{600-\sqrt{72000}}$ (und dies ist die Hälfte der Seite des Hexagons oder der vierte Teil des Durchmessers), die vorausgesagte Zahl der Linie ergibt, nämlich $\sqrt{600+\sqrt{72000}}$.

Abgekürztes Verfahren bei dieser Addition.

Die Hälfte der Seite des Zehnecks wird entsprechend der Regel zerlegt, die im zehnten Kapitel gegeben ist: Es wird nämlich $\sqrt{1200-\sqrt{1152000}}$ zerlegt in $\sqrt{600+\sqrt{72000}}-\sqrt{600-\sqrt{72000}}$. Und so addiere ich $\sqrt{600+\sqrt{72000}}$, und es ergibt sich $\sqrt{600+\sqrt{72000}}$. Wenn man nun diese Strecke mit $\sqrt{37500}-\sqrt{7500}$ multipliziert, d.h. mit der Hälfte des Umfanges einer Grundfläche, oder mit zwei ähnlichen Seiten, dann ergibt dies die Fläche eines Fünfecks oder einer Grundfläche. Denn das Quadrat dieser Zahl $\sqrt{37500 - \sqrt{7500}}$ ergibt $\sqrt{45000 - \sqrt{1125000000}}$. Dies nun multipliziere mit der gefundenen Strecke, nämlich mit $\sqrt{600 + \sqrt{72000}}$, was $\sqrt{18000000 - \sqrt{84600000000000}}$ ergibt. Und dies ist die Fläche einer einzigen Grundfläche, und wenn man diese mit 12 multipliziert (da 12 fünfeckige Grundflächen einen Dodekaeder bedecken), kommt die gesamte Grundfläche aller Flächen heraus, die folgendes Produkt ausmacht:

$$\sqrt{2592000000 - \sqrt{1343692800000000000}}\,.$$

Und dies ist es, was Satz sechs im vierzehnten Buch [Euklids] besagt: *Wenn, heißt es, ein Fünfeck einer Figur mit zwölf Grundflächen einem Kreis einbeschrieben wird und von dessen Mittelpunkt eine Linie zur Mitte einer Seite des Pentagons gezogen wird, und dann die Fläche, die von der einen Seite des Pentagons und von jener Linie vom Kreismittelpunkt aus eingeschlossen ist, mit 30 multipliziert wird, dann wird sich die gesamte Oberfläche jenes Körpers mit zwölf Grundflächen ergeben.*

Dies ist ja klar. Denn es ergibt sich dasselbe, wenn man 2 ½ (es ist dies den halben Umfang des Pentagons) mit 12 multipliziert, oder wenn man 5 mit 6 multipliziert: In beiden Fällen wird nämlich 30 herauskommen, usw. **[216r]**

Bei den übrigen Körpern sind die einzelnen Grundflächen gleichseitige Dreiecke. Wenn also die Seite eines solchen Körpers gegeben ist, dann multipliziere jene mit sich selbst und ziehe von dem Produkt das ab, was aus der Multiplikation der halben Seite mit sich selbst herauskommt (das heißt: Ziehe vom Quadrat einer Seite den vierten Teil des hervorgebrachten Quadrates ab), dann bleibt das Quadrat der Kathete übrig.

Die Regel aber lautet so: *Wenn man die Hälfte der Seite eines gleichseitigen Dreiecks mit der Kathete multipliziert, dann kommt die Fläche jenes Dreiecks heraus.* Und dies ist es, was die Sätze elf und zwölf des vierzehnten Buches lehren. Der erste von ihnen besagt: Wenn in jedem gleichseitigen Dreieck von einem seiner Winkel eine Senkrechte zur Grundfläche gezogen wird, dann wird die Seite desselben Dreiecks zu der Senkrechten im Quadrat die Proportion $1\frac{1}{3}$ haben. Der zweite Satz besagt: Jedes gleichseitige Dreieck, dessen Seite rational ist, hat eine mediale Fläche.

Doch wollen wir zuerst ein Beispiel für das Gesagte ansehen:

Wenn die Seite eines Ikosaeders die Zahl $\sqrt{7200 - \sqrt{10368000}}$ beträgt, dann wird die Hälfte der Seite $\sqrt{1800 - \sqrt{648000}}$ betragen. Wenn man die Quadrate dieser Strecken voneinander abzieht, bleibt das Quadrat der Kathete übrig. Daher beträgt die Kathete $\sqrt{5400 - \sqrt{648000}}$. Deshalb ergibt $\sqrt{1800 - \sqrt{648000}}$ mal $\sqrt{5400 - \sqrt{648000}}$ dann $\sqrt{10368000 - \sqrt{33592320000000}}$. Und dies ist die Fläche einer der Grundflächen eines Ikosaeders, der auf einer Seite in der Länge $\sqrt{7200 - \sqrt{10368000}}$ macht. Da aber zwanzig große Grundflächen diesen Ikosaeder abdecken, wirst du wissen, dass man die angesetzte Fläche mit 20 multiplizieren muß, um die Fläche des gesamten Körpers zu halten. Es beträgt aber der gesamte Oberflächenumfang des Ikosaeders:

$$\sqrt{4147200000-\sqrt{5374771200000000000}}\ .$$

Dasselbe Ergebnis wird erscheinen, wenn man entsprechend dem Satz 7 des vierzehnten Buches vorgeht. Jener Satz verwendet aber die allgemeine Regel, wie sattsam bekannt ist. Er lehrt nämlich, eine Linie vom Mittelpunkt zur Mitte einer Seite zu ziehen und diese dann mit dem halben Umfang des Dreiecks zu multiplizieren. Durch diese Multiplikation wird nämlich die Fläche einer der Grundflächen gewonnen, es ist ja dasselbe, ob man 1 ½ mit 20 multipliziert oder 3 mit 10 oder 1 mit 30. [216v]

Doch wollen wir jene Sätze sechs und sieben des vierzehnten Buches mit ihren eigenen Zeichnungen darstellen:

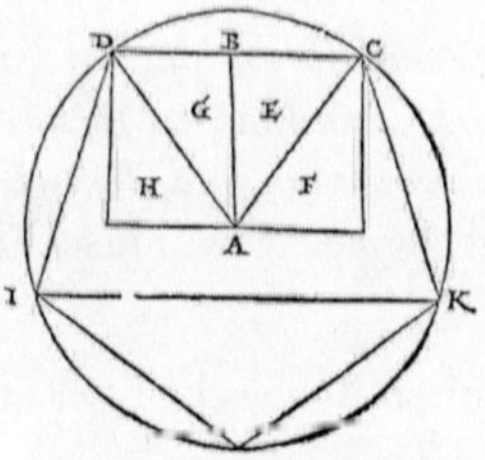

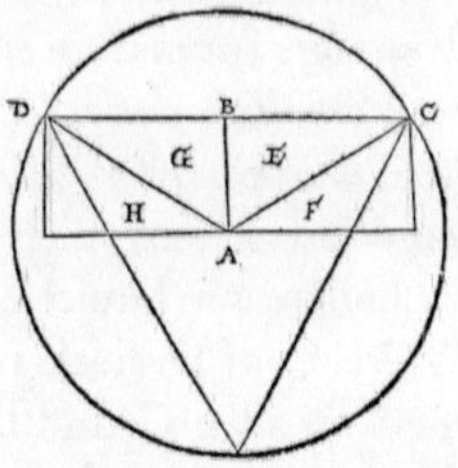

[217r] Du siehst an jenen Figuren deutlich, dass die Linie AB, die zur Hälfte der Seite gezogen wird (nämlich zu BC), die Fläche EF hervorbringt, die der Fläche EG gleich sei, und dass EG im Fünfeck der fünfte Teil der fünfeckigen Fläche ist. Im Dreieck aber ist EG genau der dritte Teil jenes Dreiecks. Wenn also EG des Fünfecks mit fünf multipliziert wird, entsteht genau die Fläche des Fünfecks. Und wenn die Fläche EG des Dreiecks mit drei multipliziert wird, entsteht genau die Fläche des Dreiecks.

Wenn dann die Strecke AB mit der ganzen Seite multipliziert wird, also mit DC, dann entsteht die Fläche HGEF. Wenn diese aber im Fünfeck mit fünf multipliziert wird, dann wird die doppelte Fläche jener Fünfeck-Fläche entstehen. So bringt jene, im Dreieck mit drei multipliziert, die doppelte Fläche des Dreiecks hervor. So kommt es, dass dreißig dieser Flächen, wie sie im Fünfeck sind, zwölf Fünfeck-Flächen erzeugen, und dass dreißig dieser Flächen, wie sie im Dreieck sind, zwanzig Dreiecks-Grundflächen erzeugen. Man sieht dies auf Grund der Dreisatz-Regel in folgender Weise:

5 ergeben 2, also ergeben 30 dann 12.
3 ergeben 2, also ergeben 30 dann 20.

Und dies ist es, was der sechste Satz in Buch vierzehn besagt:

Wenn das Fünfeck eines Dodekaeders einem Kreis einbeschrieben ist und man eine Linie vom Mittelpunkt zur Mitte einer Seite des Fünfecks führt, das von einer Seite des Fünfecks und von jener Linie vom Mittelpunkt zur Mitte einer Seite ‹des Fünfecks› umschlossen ist, und man multipliziert dann mit drei, dann wird die gesamte Oberfläche jenes Dodekaeders entstehen.

Und der siebte Satz lautet so:

Wenn ein Dreieck eines Ikosaeders einem Kreis einbeschrieben ist und vom Kreismittelpunkt eine Linie zur Seitenmitte jenes Dreiecks gezogen ist, und wenn das Viereck, das von einer Seite des Dreiecks und von jener Linie vom Mittelpunkt zur Seitenmitte eingeschlossen ist, mit 30 multipliziert wird, dann wird die gesamte Oberfläche dieses Ikosaeder-Körpers entstehen.

Der fünfte Satz aber hatte (wie schon gesagt) folgendes ausgesagt:

Ein Fünfeck in einer Figur mit zwölf Grundflächen (also einem Dodekaeder) und ein Dreieck in einer Figur mit zwanzig Grundflächen (also einem Ikosaeder) **[217v]**, *die dieselbe Kugel umbeschreibt, werden von ein- und demselben Kreis umschrieben.* Und aus allen diesen Vorgaben ist die Gelegenheit gewonnen, Lehrsätze über Grundflächen und Flächen aufzustellen.

In Satz 8 des vierzehnten Buches heißt es also folgendermaßen:

Das Verhältnis aller zusammen genommenen Flächen eines Dodekaeders zu allen zusammen genommenen Flächen eines Ikosaeders entspricht (wenn beide Körper von der gleichen Kugel umbeschrieben werden) dem Verhältnis einer Seite des Würfels (den dieselbe Kugel umbeschreibt) zur Seite eines Dreiecks des Ikosaeders selbst.

Wenn man also diese beiden Vierecke, nämlich HGEF in den obigen Figuren, ansetzt, das eine im Fünfeck, das andere im Dreieck, dann wird auch das Verhältnis jenes Vierecks im Fünfeck zum Viereck im Dreieck völlig dasselbe sein, das zwischen allen Grundflächen des Dodekaeders zu allen Grundflächen des Ikosaeders besteht; da ja beide mit einer und derselben Zahl (nämlich mit drei) multipliziert werden, ergeben sie alle Grundflächen ihres Körpers, ohne dass sich ihr Verhältnis ändert. Und (wie Satz acht in Buch vierzehn sagt) dasselbe Verhältnis besteht auch zwischen der Seite eines Würfels und der Seite eines Ikosaeders (wenn dieselbe Kugel jene Körper umschreibt), und von dieser Proportion spricht auch Satz 9 des vierzehnten Buches.

Wenn daher vom Viereck HGEF, das im Dreieck ist, eine Säule zum Seitenmaß des Würfels (oder zur Höhe der Strecke IK, die im Fünfeck angezeichnet ist) aufsteigt, und wenn eine zweite Säule vom Viereck HGEF im Fünfeck zur Seitenhöhe des Ikosaeders (oder der Linie DC im Dreieck) aufsteigt, dann wird in jeder der beiden Säulen der gleiche Rauminhalt vorliegen. Es hat ja das Viereck im Dreieck die Fläche $\sqrt{5184000-\sqrt{14929920000000}}$.

Wenn man diese Fläche mit $\sqrt{4800}$ multipliziert, macht es

$$\sqrt{24883200000-\sqrt{343985356800000000000}}.$$

Und der Rauminhalt der vom Viereck aufsteigenden Säule ist derselbe wie im Dreieck. So macht das Viereck HGEF im Fünfeck $\sqrt{2880000}-\sqrt{1658880000000}$.

Wenn man dies mit der Seite des Ikosaeders oder mit DC multipliziert, dann ergibt die Seite des Dreiecks selbst, das $\sqrt{7299-\sqrt{10368000}}$ macht, den Rauminhalt der ersten Säule, **[218r]** nämlich: $\sqrt{24773299999-\sqrt{343875356800000000000}}$.

Und Satz 14 des Buches 14 sagt: *Wenn ein Tetraeder und ein Oktaeder von ein und derselben Kugel umbeschrieben werden, dann wird eine der Grundflächen des Tetraeders zu einer der Grundflächen des Oktaeders im Verhältnis 1⅓ stehen.* Dies ist klar, denn die Seite eines solchen Oktaeders ist stets die Kathete der Basis des Tetraeders. *In jedem gleichseitigen Dreieck aber* (wie Satz 11 in Buch vierzehn sagt), *indem man von einem seiner Winkel aus eine Senkrechte zur Grundlinie zieht, wird die Seite desselben Dreiecks zu dieser Senkrechten im Quadrat die Proportion 1⅓ haben.* Wie aber das Quadrat des einen zum Quadrat des anderen die Proportion 1⅓ hat, so muß notwendigerweise das gleichseitige Dreieck der einen Figur zum gleichseitigen Dreieck der anderen die gleiche Proportion aufweisen, nämlich 1⅓ .

Ebenso werden alle Grundflächen eines Oktaeders (wie derselbe Satz 14 im Buch vierzehn sagt), *zusammen genommen, im Verhältnis zu allen zusammen genommenen Grundflächen eines Tetraeders im Verhältnis 1½ stehen.* Dies ist ja klar. Da nämlich der Tetraeder vier Grundflächen hat und der Oktaeder 8 Grundflächen, so siehst du sattsam, wie aus der Addition der Proportion 4 : 3 mit der Proportion 4 : 8 die Proportion 2 : 3 entsteht, dies ist die Proportion aller Grundflächen des Tetraeders zu allen Grundflächen des Oktaeders. Also lautet die Proportion aller Grundflächen des Oktaeders zu allen Grundflächen des Tetraeders 3 : 2.

Und (wie Satz 13 in Buch vierzehn sagt) *wenn der Durchmesser einer Kugel, die jene Körper umbeschreibt, rational ist* (entweder in der Länge oder im Quadrat), *dann setzen sämtliche Flächen jedes dieser beiden Körper* (nämlich des Tetraeders und des Oktaeders), *in gleicher Weise genommen, eine mediale Fläche zusammen.*

Die Begründung dafür gibt der Lehrsatz 12 des Buches vierzehn, der besagt: *Bei jedem gleichseitigen Dreieck, dessen Seite rational ist* (entweder in der Länge oder im Quadrat, wie es sein muß, wenn der Durchmesser der Kugel, die jene Körper umschreibt, rational ist, usw.), *ist dessen Fläche medial.*

Ebenso: *Alle Grundflächen eines Hexaeders* (oder eines Würfels) *sind, in gleicher Weise genommen, dem Quadrat des Durchmessers gleich, und dies kommt vom Quadrat des Durchmessers der Kugel,* **[218v]** *die jenen Würfel umbeschreibt* (es ist dies der letzte Satz von Buch vierzehn).

Wenn also der Durchmesser der Kugel in der Länge 120 beträgt, dann wird die Fläche von dessen Quadrat 14400 betragen, und die Diagonale jenes Quadrates wird $\sqrt{28800}$. Dessen Quadrat ergibt die Fläche 28800. Ihr sind sämtliche Grundflächen des Würfels, in gleicher Weise genommen, gleich, denn eine Seite des Würfels wird $\sqrt{4800}$ betragen, und da die Fläche einer Grundfläche 4800 macht, werden daher seine sechs Grundflächen 28800 betragen.

Vom Rauminhalt regelmäßiger Körper.

Wie viel Grundflächen es an einem regelmäßigen Körper gibt, ebenso viele unter sich gleiche und ähnliche Pyramiden wird es in ihm geben, und diese werden den gesamten Körper ausfüllen; jede von ihnen erhebt sich von einer Grundfläche und gipfelt im Mittelpunkt ‹des Körpers›. Daher ist jede solcher Pyramiden ein Teil jenes ganzen Körpers und wird nach der Zahl der Grundflächen benannt. Z.B. bei einem Tetraeder ist die Pyramide der vierte Teil; bei einem Hexaeder ist sie der sechste Teil des Körpers, bei einem Oktaeder ist sie dessen achter Teil, bei einem Dodekaeder ist sie dessen zwölfter Teil, und bei einem Ikosaeder ist eine seiner Pyramiden der zwanzigste Teil des Ikosaeders. Die allgemeine Regel lautet also so, dass du bei jedem regulären Körper den Rauminhalt einer solchen Pyramide erforschst und, hast du ihn gefunden, diesen mit der Zahl der Grundflächen jenes Köpers multiplizierst. Der Rauminhalt aber wird im allgemeinen durch ein rechtwinkliges Dreieck gewonnen, auf das du in deiner Pyramide achten musst. In jedem solchen Dreieck wird die Hypotenuse, die Hälfte des gesamten Durchmessers in der Kugel sein, die jenen Körper umbeschreibt. Und die Grundfläche desselben Dreiecks wird stets der Halbmesser des Kreises sein, der eine Grundfläche jenes Körpers umschreibt. Hat man dies ermittelt, findet man leicht (nämlich mit Hilfe des vorletzten Satzes von Buch eins) die Kathete jenes rechtwinkligen Dreiecks heraus. Eine solche Kathete aber stellt die Höhe der Pyramide dar. Wenn man aber diese Höhe mit der Grundfläche multipliziert, erhält man die Säule der Pyramide, die (nach Euklids Satz 8 in Buch zwölf) das Dreifache ihrer Pyramide ergeben muß. Wenn man also die Säule durch 3 dividiert, erhält man ihren Rauminhalt.

Nun wollen wir Beispiele für dieses Verfahren sehen.

Es betrage der Durchmesser einer Kugel, die einen Tetradeder, Hexaeder, **[219r]** *Oktaeder, Dodekaeder und Ikosaeder umbeschreibt, in seiner Länge 120.* Daher wird im Hexaeder eine Seite in der Länge $\sqrt{4800}$ betragen und die Fläche seiner Grundfläche 4800. Und die Höhe einer Pyramide (deren sechs entsprechend der Zahl seiner Grundflächen den ganzen Hexaeder ausfüllen) wird 1200 betragen, weil sie die Hälfte der Würfelseite beträgt (wie der letzte Satz von Buch vierzehn lehrt). Der Halbmesser aber des Kreises, der eine Grundfläche des Hexaeders umschreibt, macht $\sqrt{2400}$. Wenn man aber die Höhe einer Pyramide mit der Fläche einer Grundfläche multipliziert, ergibt dies $\sqrt{27648000000}$, dies ist der Rauminhalt der Säule einer Pyramide; diese wiederum hat den Rauminhalt von drei Pyramiden, ist doch jede Säule das Dreifache ihrer Pyramide. Verdoppelt man daher diese (es sind ja sechs solcher Pyramiden in einem Hexaeder enthalten), ergibt sich der Rauminhalt des ganzen Hexaeders oder Würfels als $\sqrt{110592000000}$. Dasselbe Ergebnis erhält man durch die Multiplikation der Würfelseite in dritter Potenz, wie bekannt ist, denn die dritte Wurzel aus jener Zahl macht $\sqrt{4800}$.

Bei einem Tetraeder wird eine Seite die Zahl $\sqrt{9600}$ betragen, und eine Grundfläche wird die Zahl $\sqrt{17280000}$ betragen. Der Halbmesser aber eines Kreises, der die Grundfläche umschreibt, wird $\sqrt{3200}$ betragen. Daher macht die Höhe einer Pyramide im Tetraeder (und vier solche Pyramiden treffen im Mittelpunkt des Körpers zusammen) dann 20. Also ist der Inhalt der Grundfläche, nämlich $\sqrt{17280000}$, multipliziert mit 20 oder mit $\sqrt{400}$, die Säule einer Pyramide, nämlich $\sqrt{6912000000}$. Deren dritter Teil beträgt $\sqrt{768000000}$, und so viel macht eine Pyramide. Daher betragen vier Pyramiden (also der Rauminhalt des gesamten Tetraeders) die Zahl $\sqrt{12288000000}$. Außerdem ist ein Tetraeder der dritte Teil eines Hexaeders. Nimmt man also den Rauminhalt eines Würfels an und dividiert ihn durch 3, dann erscheint der Rauminhalt eines Tetraeders, der von demselben Kreis umschrieben ist. Es ist also der ganze Tetraeder eine Pyramide, deren Säule einem Würfel gleich ist. Wenn man also eine Grundfläche mit der Höhe des Tetraeders selbst multipliziert (also mit zwei Dritteln des Durchmessers der Kugel, die jene Körper umschreibt), dann wird der Rauminhalt des Würfels gewonnen, usw.

Beim Oktaeder beträgt eine Seite $\sqrt{7200}$; wie nämlich die Seite eines Tetraeders der Durchmesser einer Grundfläche im Hexaeder ist, so ist die Seite eines Oktaeders **[219v]** die Kathete einer Grundfläche beim Tetraeder, und eine Grundfläche beträgt $\sqrt{9720000}$. Und weil der Halbmesser eines Kreises, der eine Grundfläche umschreibt, in seiner Länge $\sqrt{2400}$ beträgt (wie groß nämlich eine Seite des Tetraeders ist, ebenso viel beträgt der Durchmesser des Kreises, der eine Grundfläche des Oktaeders umschreibt, so dass ein und derselbe Kreis eine Grundfläche des Hexaeders und eine Grundfläche des Oktaeders umschreibt), deshalb also wird die Säule einer Pyramide 108000 betragen. Dies ist der Rauminhalt von drei Pyramiden. Daher ergeben 3 dann 108000, und so ergeben 8 dann 288000, und der gesamte Tetraeder hat einen Rauminhalt von 288000.

Dies wird durch den Lehrsatz 16 des vierzehnten Buches ‹Euklids› bewiesen, der besagt: Ein Oktaeder ist teilbar in zwei gleich hohe Pyramiden, deren Höhe gleich dem Durchmesser der Kugel ist. Die Grundfläche aber beider Pyramiden ist ein Quadrat, das im Verhältnis 1:2 zum Quadrat des Kugeldurchmessers steht.

Dies ist klar, wenn man jenen Körper betrachtet, denn jene Grundfläche ist ein Quadrat, dessen Diagonale ist der Durchmesser der Kugel, weil eine Seite jenes Quadrates $\sqrt{7200}$ beträgt. Also beträgt die Fläche der Grundfläche 7200, und die Höhe einer Pyramide beträgt 60. Daher macht 60 mal 7200 dann 432000, nämlich die Säule einer der beiden Pyramiden. Daher ist der dritte Teil davon (nämlich 144000) der Rauminhalt einer Pyramide. Daher betragen beide Pyramiden zusammen 288000. Und dies ist der Rauminhalt des gesamten Oktaeders und ist, wie du siehst, eine rationale Zahl.

In einem Ikosaeder sind zwanzig Pyramiden enthalten, deren Spitzen im Mittelpunkt zusammentreffen. Es beträgt aber eine Seite dieses Körpers die Zahl $\sqrt{7200-\sqrt{10368000}}$. Und eine Grundfläche macht $\sqrt{11664000-\sqrt{75582720000000}}$. Und der Halbmesser des Kreises, der diese Grundfläche umschreibt, beträgt $\sqrt{2400-\sqrt{1152000}}$. Also macht die Höhe einer Pyramide $\sqrt{1200+\sqrt{1152000}}$. Diese hinwieder, multipliziert mit der Grundfläche, erzeugt folgende Säule:

$$\sqrt{4665600000+\sqrt{4353564672000000000}}\ .$$

Davon der dritte Teil beträgt den Rauminhalt einer Pyramide, denn eine Pyramide beträgt $\sqrt{518400000+\sqrt{53747712000000000}}$. Und zwanzig solcher Pyramiden ergeben den Rauminhalt des gesamten Ikosaeders, und dieser beträgt die Zahl:

$$\sqrt{207360000000-\sqrt{8599633920000000000000}}\ .$$

[220r] In einem Dodekaeder sind zwölf gleiche Pyramiden enthalten, deren Spitzen im Mittelpunkt zusammentreffen. Eine Seite aber dieses Körpers beträgt die Zahl $\sqrt{6000} - \sqrt{1200}$. Und eine seiner Grundflächen beträgt $\sqrt{18000000 - \sqrt{64800000000000}}$. Der Halbmesser aber des Kreises, der eine Grundfläche des Dodekaeders umschreibt, fällt mit dem Halbmesser des Kreises zusammen, der eine Grundfläche eines Ikosaeders umschreibt. Daraus folgt, dass die Strecke der Höhe einer Pyramide im Dodekaeder (von denen, die im Mittelpunkt zusammentreffen) gleich ist der Höhenstrecke einer Pyramide im Ikosaeder, weil ja die Hypotenuse des rechten Winkels (von der oben gesprochen ist) an beiden Stellen (besser gesagt: überall) gleich ist, nämlich die Hälfte des Durchmessers des Kreises, der jene Körper umschreibt. Daher beträgt die Höhe einer Pyramide $\sqrt{1200 + \sqrt{1152000}}$. Diese Höhe, multipliziert mit der Grundfläche, macht $\sqrt{12960000000 + \sqrt{9331200000000000000}}$. Und jene Zahl ist der Rauminhalt der Säule einer Pyramide, die (wie Satz 8 in Buch zwölf besagt) die Größe dreier Pyramiden zusammenfasst. Wenn daher jene Zahl vervierfacht wird (sind doch drei Pyramiden der vierte Teil des ganzen Dodekaeder-Körpers), dann wird der Rauminhalt des gesamten Dodekaeders gewonnen, nämlich $\sqrt{207360000000 + \sqrt{2388787200000000000000}}$.

Von den Verhältnissen der Körper zueinander.

Es ist aber das Verhältnis des Körpers eines Dodekaeders (wie Satz 10 in Buch vierzehn besagt) *zum Körper eines Ikosaeders, wenn beide eine Kugel einschließt, dasselbe wie das Verhältnis aller Grundflächen des Dodekaeders zu allen Grundflächen des Ikosaeders.* Wie man nämlich 12 Grundflächen am Dodekaeder mit 20 Grundflächen am Ikosaeder vergleicht, so werden 12 gleiche Pyramiden im Dodekaeder mit 20 gleichen Pyramiden im Ikosaeder verglichen. Und weil die Pyramiden überall gleich hoch sind (wie kurz zuvor ausgeführt), so folgt daraus, dass es eine Zahl geben muß, die alle Grundflächen des Dodekaeders so multipliziert, dass alle Pyramiden des Dodekaeders herauskommen, die sich im Mittelpunkt treffen (so dass also der gesamte Körper des Dodekaeders herauskommt), und ‹die gleiche Zahl›, die alle Grundflächen des Ikosaeders so multipliziert, dass der gesamte Körper des Ikosaeders herauskommt, also alle Pyramiden jenes Körpers, die sich im Mittelpunkt treffen. Es ist aber bekannt, dass, wenn man eine Proportion aufgestellt hat, [220v] sich die Proportion selbst nicht ändert, wenn man jedes der beiden Glieder mit ein und derselben Zahl multipliziert oder dividiert. Und so hat auch die Seite des Hexaeders dieselbe Proportion zur Seite des Ikosaeders, wie Satz 8 in Buch vierzehn besagt. Wenn daher die Seite des Hexaeders den Ikosaeder multipliziert, dann muß herauskommen, was bei der Multiplikation des Dodekaeders mit der Seite des Ikosaeders herauskommt.

In gleicher Weise ist die Proportion des Oktaeders zum Tetraeder die gleiche wie die Proportion des Quadrates des Durchmessers der Kugel, die alle jene Körper umschreibt, zum Viereck, das von einer Seite des Tetraeders und dem Halbmesser des die Grundfläche des Tetraeders umschreibenden Kreises umschlossen wird.

Dies lehrt auch der vorletzte Satz des vierzehnten Buches, wenn auch etwas unklar.

Ebenso ist die Proportion eines Hexaeders zum Oktaeder (wenn jene eine Kugel sie umschreibt) gleich der Proportion aller Grundflächen des Hexaeders zu allen Grundflächen des Oktaeders.

Die Begründung dafür lautet: Weil der gleiche Kreis eine Grundfläche des Hexaeders umschreibt wie auch eine Grundfläche des Oktaeders, müssen sechs Pyramiden des Hexaeders, die sich im Mittelpunkt des Hexaeders treffen, und acht Pyramiden des Oktaeders, die sich im Mittelpunkt des Oktaeders treffen, gleiche Höhen haben. Und daher muß auch die Proportion der Grundflächen bei jedem der beiden Körper der Proportion der Pyramiden entsprechen. Wie sich also eine Grundfläche im Hexaeder zu einer Grundfläche im Oktaeder verhält, so verhält sich eine Pyramide im Hexaeder zu einer Pyramide im Oktaeder. Und wie sich sechs Grundflächen im Hexaeder zu acht Grundflächen im Oktaeder verhalten, so verhalten sich auch sechs Pyramiden im Hexaeder zu acht Pyramiden im Oktaeder.

Daß aber ein Hexaeder das Dreifache des Tetraeders beträgt, ist oben deutlich genug gesagt, usw.

Schlusswort zu diesem letzten Kapitel.

Um aber endlich dieses Kapitel abzuschließen, und nichts von dem zu übergehen, was das dreizehnte und vierzehnte Buch Euklids lehren, will ich eine Figur zu den früheren Lehrsätzen des dreizehnten Buches mit den Figuren zu den späteren Lehrsätzen vergleichen. **[221r]** Hier folgt aber die Darstellung zu den früheren Lehrsätzen, nämlich zu denen des dreizehnten Buches:

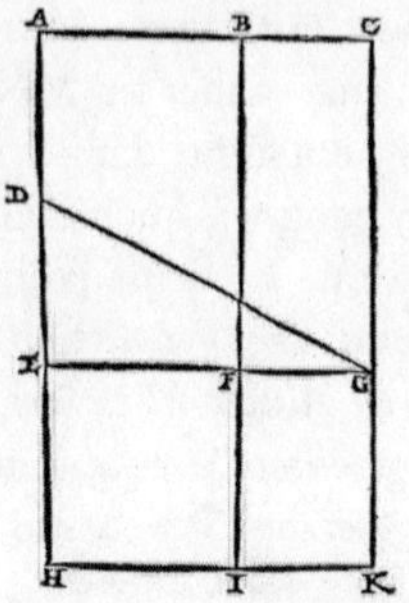

Die Strecken sind geteilt entsprechend einer Proportion
mit einem Mittelglied und zwei Außengliedern.

ABC im Punkt C.

GEH im Punkt E, also AEH im Punkt E.

HAC im Punkt A.

HACK im Punkt C.

Ebenso muß man eine Linie AFK durch den Punkt F ziehen, usw.

Die folgende Figur aber vereint die Beispiele für die späteren Sätze von Buch dreizehn und für alle Sätze von Buch vierzehn. **[221v]**

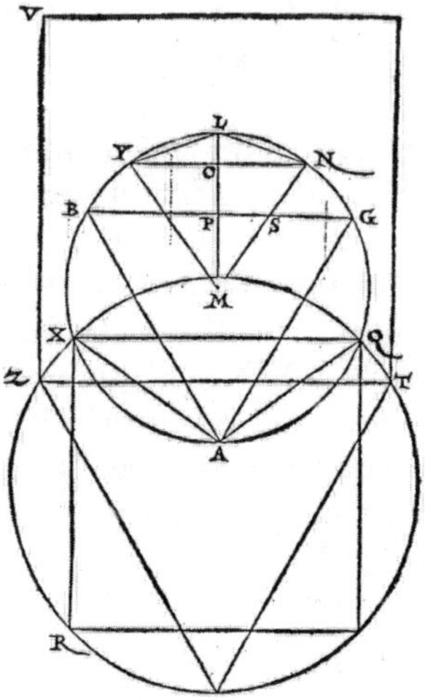

Zuerst wird der Halbmesser des kleineren Kreises entsprechend dem Maß der Strecke EF in der vorhergehenden Figur genommen, wobei natürlich vorausgesetzt wird, dass EF oder EH und LM oder MN untereinander gleich sind. Also wird DG oder DH in der früheren Figur NMO in der zweiten Figur gleich sein. Also passt auf beides **[222r]** die Lehre des ersten Satzes von Buch dreizehn, denn LNM ist im Punkte N geteilt, und zwar entsprechend einer Proportion mit einem Mittelglied und zwei Außengliedern, wie auch GFE im Punkte F. Wenn man daher zu MN unmittelbar MO anfügt oder zu FE auch ED hinzufügt, so dass DH entsteht, dann wird NMO im Quadrat fünfmal so viel darstellen wie MO im Quadrat, ganz wie auch DG oder DH im Quadrat fünfmal so viel ergibt wie DE einmal im Quadrat. Es heißt ja im ersten Satz von Buch dreizehn: *Wenn man eine Strecke entsprechend der Proportion mit einem Mittelglied und zwei Außengliedern teilt und dem größeren Abschnitt in der Länge eine Strecke hinzufügt, die der Hälfte der ganzen proportional geteilten Strecke gleich ist, dann wird das Quadrat der aus diesen beiden Teilen zusammengesetzten Strecke das Fünffache betragen gegenüber dem Quadrat über der Hälfte jener geteilten Strecke.*

Und da der zweite Satz des dreizehnten Buches der Umkehrsatz zum vorhergehenden ist, passt er auch zu beiden, nämlich zu HD und NMO. Etwas derartiges steht auch in Satz 3 desselben Buches [13]. Der zweite Satz aber von Buch vierzehn lehrt, über derart geteilte Strecken zu urteilen: *Was*, sagt er, *einer Strecke geschieht, die nach der Proportion mit einem Mittelglied und zwei Außengliedern geteilt ist, das geschieht, wie bewiesen wird, jeder beliebigen Strecke, die derart geteilt wird.* Ich bin natürlich sicher, dass MO im Punkte P entsprechend der Proportion mit einem Mittelglied und zwei Außengliedern geteilt ist. Ebenso steht es mit MN im Punkte S, mit MNL im Punkte N, mit NQX im Punkte Q und so mit allen weiteren.

Zu diesem Urteil tragen aber erheblich Sätze in Buch vierzehn bei, und zwar der erste, dritte und elfte, und ebenso vom dreizehnten Buch Satz drei, vier, neun usw. Wir wollen diese in passender Ordnung betrachten.

Der erste Satz von Buch vierzehn lautet:

Jede senkrechte Strecke, die vom Mittelpunkt eines Kreises zur Seitenmitte eines Fünfecks gezogen wird (wie etwa MO), *ist gleich der Hälfte der Seite eines Zehnecks zusammen mit der Seitenhälfte eines Sechsecks.*

Sodann wird die Einteilung der einzelnen Teile so vorgestellt:

Und dieselbe senkrechte Strecke ist gleich der senkrechten Strecke, die vom Kreismittelpunkt zur Seitenhälfte eines Dreiecks (wie es MP ist) *gezogen wird, zusammengenommen mit der Seitenhälfte eines Zehnecks* (wie es PO ist).

Da also die erstellte Strecke das Doppelte von MP ist, und da PO in der geschilderten Weise geteilt wird, muß (entsprechend Satz neun des dreizehnten Buches) auch [222v] MO in dieser Weise geteilt sein. Satz 9 in Buch dreizehn lautet aber so:

Wenn man die Seite eines Sechseckes (wie MN eines ist) *und die Seite eines Zehneckes* (wie NL eines ist), *wobei beide Figuren ein Kreis umschreibt, miteinander in der Länge zusammen nimmt, dann wird die gesamte aus ihnen zusammengesetzte Strecke nach der Proportion mit einem Mittelglied und zwei Außengliedern geteilt werden, und ihr größerer Abschnitt wird die Sechseckseite sein.*

Satz elf aber in Buch vierzehn lautet so:

Wenn man zwei benachbarten Winkeln eines gleichseitigen Fünfecks, das in einem Kreis beschrieben ist, von den Endpunkten ihrer Seiten zwei Gerade unterspannt (also etwa im kleineren Kreis NA zieht, die XQ schneidet), *dann wird jede von beiden die andere schneiden, und zwar entsprechend der Proportion mit einem Mittelglied und zwei Außengliedern, und der größere Abschnitt davon wird der Seitenstrecke des Fünfecks selbst gleich sein.*

Nach diesem Satz kann ich leicht weiter erschließen, dass die Strecke NQX auch so im Punkte Q geteilt ist, sagt doch Satz vier in Buch 13:

Wenn eine Strecke entsprechend der Proportion mit einem Mittelglied und zwei Außengliedern geteilt wird und man ihr in der Länge unmittelbar den größeren Abschnitt hinzufügt, dann wird die gesamte so zusammengesetzte Strecke entsprechend der Proportion mit einem Mittelglied und zwei Außengliedern geteilt sein.

Und der dritte Lehrsatz des vierzehnten Buches lautet so:

Wenn man die Seite eines Sechseckes entsprechend der Proportion mit einem Mittelglied und zwei Außengliedern teilt, dann wird der größere Abschnitt die Seite eines Zehneckes sein, die vom gleichen Kreis umschrieben ist wie dem um das Sechseck selbst.

Wenn ich also erkannt habe, dass MS gleich der Seite des Zehneckes LN ist (dies erkenne ich aber auf Grund der Dreisatz-Regel, denn MO ergibt MN, also ergibt MP dann MS), dann sehe ich gleich, dass MN im Punkt S geteilt ist, und zwar auf die bereits mehrfach genannte Weise.

Um aber zur begonnenen Betrachtung zurückzukehren, will ich auch die Sätze 5 und 8 aus Buch dreizehn anführen. Da nämlich beide unter zweifachem Bezug das Gleiche lehren (wobei einer sich auf die erste Figur bezieht, der andere auf die zweite), mahnen sie in schöner Weise dazu, die beiden Figuren sorgsam zu vergleichen.

Satz vier in Buch dreizehn lautet so: **[223r]**

Teilt man nach der Proportion mit einem Mittelglied und zwei Außengliedern eine Strecke, dann wird das Quadrat über der ganzen Strecke, wenn man die beiden Quadrate zusammennimmt, das Dreifache zum Quadrat über dem größeren Abschnitt betragen.

Und der achte Satz in Buch dreizehn lautet so:

Das Quadrat eines gleichseitigen Dreiecks, das über dessen Seite errichtet wird, beträgt das Dreifache des Quadrates über dem Halbmesser des Kreises, der jenem Dreieck umbeschrieben ist.

Aus dem fünften Satz ersieht man leicht, dass die Linie BG, die in der ersten Figur zu ziehen ist, im Quadrat das dreifache von EF oder FI beträgt. Denn das Quadrat BF oder EG, zusammengenommen mit dem Quadrat FG, ist (entsprechend dem vorletzten Satz von Buch eins) gleich dem Quadrat BG. Da also (nach Satz 8 in Buch dreizehn) EF der Halbmesser eines Kreises ist, muß die zu ziehende Linie BG die Seite eines gleichseitigen Dreiecks sein, das demselben Kreis einzubeschreiben ist. Also ist BG in der ersten Figur dasselbe wie BG in der zweiten. Und was in der ersten Figur EF ist oder FI, das ist in der zweiten LM oder MN. Und FG in der ersten Figur ist LN in der zweiten. Und AH in der ersten Figur ist der Umfang des gesamten Dreiecks LMN in der zweiten Figur. Und EAC in der ersten Figur ist der Umfang des gesamten Vierecks LYMN usw.

Und da Satz 10 des dreizehnten Buches besagt: *Jegliche Seite eines gleichseitigen Fünfecks ist quadriert größer als die Seite eines gleichseitigen Sechseckes, und zwar um den Betrag des Quadrates der Seite eines gleichseitigen Zehnecks, wenn beide demselben Kreis einbeschrieben sind.* Daraus folgt, dass man in der ersten Figur die Strecke GI ziehen muß und diese dasselbe beträgt wie in der zweiten Figur YN oder NQ. Es folgt auch (nach Satz 4 im vierzehnten Buch), dass die Strecke AF, die in der ersten Figur zu ziehen ist, dasselbe ist wie die Strecke XQ in der zweiten Figur.

So aber lautet der vierte Lehrsatz des vierzehnten Buches:

Das Quadrat der Seite eines Fünfeckes (das ist in der oberen Figur die zu ziehende Linie GI und in der unteren die Linie AF) *und das Quadrat der Strecke, die unter dem Winkel jenes Fünfecks gezogen wird* (in der zweiten Figur XQ und in der ersten AF oder EK, die man ziehen muß), *stehen zum Quadrat des Halbmessers* (das ist ML in der zweiten und EF in der ersten Figur) *in der Proportion des Fünffachen.*

Ebenso ist in der zweiten Figur die Strecke XQN in der ersten Zeichnung **[223v]** die zu ziehende Linie AK. Zieht man diese, dann wird sie genau in Punkt F entsprechend der Proportion mit einem Mittelglied und zwei Außengliedern geteilt werden.

Ebenso muß man die Linie BK oder CI in der ersten Figur ziehen, und diese ist das, was in der zweiten Figur die zu ziehende Linie QR ist, usw.

Aus der zweiten Figur aber geht (entsprechend dem oben Gesagten) schön hervor, dass die Seite eines Ikosaeders (nämlich BG) und die Seite eines Dodekaeders (nämlich YN), wenn eine Kugel sie umschreibt, Grundflächen haben, die von einem Kreis umschrieben werden.

In gleicher Weise geht aus derselben Figur hervor, dass die Seite eines Hexaeders (also XQ) und die Seite eines Oktaeders (also ZT), wenn sie dieselbe Kugel umschreibt, Grundflächen besitzen, die von einem Kreis umschrieben werden.

Ebenso geht aus derselben Figur hervor, dass die Grundlinie eines Tetraeders, den man der gleichen Kugel einschreiben muß, von nur einem Kreis umschrieben wird; man muß natürlich QR, die Seite jenes Tetraeders einzeichnen, usw.

Das Quadrat aber, dessen Grundlinie ZT ist, wird von einem Kreis umschrieben, dessen Durchmesser gleich dem Durchmesser der Kugel ist, die jene Körper umschreibt. Natürlich wird die zu ziehende Linie VT 120 betragen, wenn der Halbmesser LM des kleineren Kreises $\sqrt{2400-\sqrt{1152000}}$ beträgt.

Du hast nun, Leser, in diesem zweiten Buch alles, was Euklid über die abstrakten und bezogenen irrationalen Zahlen lehrte, dazu auch, was Campanus und vor ihm Theon und nach diesen Zamberti in geometrischer Art darlegen wollten, ich hingegen habe es, wie es zu meinem Werke gehört, ebenso deutlich auf arithmetische Weise gezeigt. Dies werden meine Leser zweifellos dankbar anerkennen. Böswillige Leser jedoch, die Gründe zur Verleumdung suchen, wird die überlieferte Sache selbst als geistig Verwirrte zurechtweisen. Doch was auch geschieht, Gott, dem Spender aller Güter, sei Ruhm und Ehre. Amen.

Ende des zweiten Buches der Arithmetik (über die irrationalen Zahlen).

ANHANG ZUM ZWEITEN BUCH

Über die Quadratur des Kreises
An Herrn Adolph von Glauburg aus Frankfurt,
einen Jüngling, der zu großer Hoffnung berechtigt,
mit bestem Gruß.

Ich habe diese meine geometrische (sich also nicht auf Arithmetik beziehende) Erörterung über die Quadratur des Kreises beigefügt, und zwar auf Verlangen eines Mannes, dem ich Leib und Seele schuldete, wenn es möglich wäre, dass ein Mensch so große Güter dem Verdienst eines anderen verdankte. Diese Erörterung wollte ich dir, lieber Adolph widmen, weil ich sehe, dass du nicht nur die Physik, sondern auch die Mathematik mit größtem Eifer studierst und jene bösen Bestien von dir fernhältst, die Feinde der Frömmigkeit und der Wissenschaften sind, nämlich Habgier, Ehrsucht, Neid usw. Während es mir nämlich schön erscheint, schöne Betrachtungen der Mathematik solchen Geistern mitzuteilen, weiß ich sicher, dass es noch schöner ist, so schöne Geister allen Studierenden der Künste als Vorbild darzustellen.

1. Wer über die Quadratur des Kreises diskutiert, muß beachten, dass es einen Unterschied zwischen einem physischen und einem mathematischen Kreis gibt.
2. Man muß auch beachten, dass diese von den alten Philosophen aufgeworfene Frage den mathematischen Kreis betraf, nicht jedoch den physischen.
3. Der physische Kreis ist eine Art Abbild des mathematischen.
4. Das Dreieck ist das erste aller Vielecke.
5. Das letzte aller Vielecke ist der Kreis.
6. Mit Recht wird also der mathematische Kreis als ein Vieleck mit unendlich vielen Seiten beschrieben.
7. Der Umfang des mathematischen Kreises kann nicht mit einer Zahl angegeben werden, nicht mit einer rationalen und nicht mit einer irrationalen.
8. Vor dem mathematischen Kreis kommen alle Vielecke mit zählbaren Seiten, wie auch vor der unendlichen Zahl alle möglichen Zahlen kommen.
9. So ergibt sich, dass ein mit dem Zirkel gezogener Kreis kein mathematischer Kreis sein kann.
10. Du wirst aber dann einen mathematischen Kreis angeben, wenn du eine unendliche Zahl gegeben hast, und dies wollen jene, die behaupten, ein Kontingenz-Winkel sei kleiner als unendlich viele geradlinige Winkel.
11. Wie eine unendliche Zahl nicht auf Dinge bezogen wird (selbst wenn du dir alle Tropfen des Meeres vorstellst, das größer ist als der gesamte Himmel), ebenso wird ein mathematischer Kreis nicht auf Stoffliches bezogen, selbst wenn es durch Mühe und Fleiß aller Goldschmiede der Welt bearbeitet, geglättet und gehämmert wäre.
12. Der Umfang eines mathematischen Kreises hat zu seinem Durchmesser weder eine rationale noch eine irrationale Proportion.
13. Daher steht es völlig fest, dass die Quadratur eines mathematischen Kreises die Möglichkeit menschlicher Berechnung überschreitet.

14. Wenn jedoch die Quadratur des physischen Kreises in Frage steht, prahlen wir vergeblich unter großem Triumphgeschrei, diese Quadratur sei einst gefunden worden, gleich als ob durch diese Erfindung ein großes und außergewöhnliches Wunder bewirkt worden sei.
15. Mochten auch Euklid und Ptolemaeus gezwungenermaßen vielfach Kreise verwenden, so wichen sie doch stets äusserst klug und äusserst gewitzt der Frage einer Proportion aus, die sich auf die Quadratur des Kreises bezieht, nämlich der Proportion des Kreisumfanges zu seinem Durchmesser.
16. Als z.B. Euklid im achten Lehrsatz seines zwölften Buches über die Proportion von Säulen zu ihren Pyramiden sprach, schloß er vorsichtig und weitsichtig runde Säulen und Pyramiden aus.
17. Dem Beispiel dieses großen Mannes folgte Ptolemaeus, als er die Teile des Kreisdurchmessers in 120 untereinander gleiche Teile zerlegte und den Kreisumfang in 360 gleiche Teile, die jedoch den Teilen des Kreisdurchmessers ungleich sind.
18. Es gäbe nämlich für den Kreis eine Möglichkeit seiner Quadratur, wenn man die Proportion seines Umfanges zu seinem Durchmesser erkennen könnte.
19. Es würde nämlich aus der Multiplikation des Halbmessers mit dem halben Kreisumfang die Fläche eines Vierecks geschaffen, die dem vorgegebenen Kreis gleich wäre.
20. Man müsste ja nichts weiter tun als die mittlere Proportionale zwischen den zwei ungleichen Seiten jenes Vierecks zu finden, und diese mittlere Proportionale wäre dann die Seite eines kreisgleichen Quadrates.
21. Daraus geht hervor, dass die Quadratur des Kreises nichts anderes ist als die Erstellung eines Quadrates, das einem gegebenen Kreis gleich wäre.
22. Doch ist diese Gleichheit nicht auf die Umfänge, sondern auf die Flächen der Figuren zu beziehen.
23. Das Finden jedoch jener Gleichheit setzt eine Zahl voraus, die genau die Länge des Kreisumfanges darstellt (sei sie rational oder irrational), und eine solche kann es in keinem Fall geben.
24. Daraus folgt erstens, dass es unmöglich ist die Proportion des Kreisumfanges zum Kreisdurchmesser anzugeben und ebenso wenig die Proportion des halben Kreisumfanges zum Halbmesser.
25. Zweitens folgt, daß es unmöglich ist die mittlere Proportionale zwischen dem Kreishalbmesser und dem halben Kreisumfang zu finden.
26. Drittens folgt, dass der mathematische Kreis unmöglich quadriert werden kann.
27. Ungebildete muß man ertragen, wenn sie dieses Ergebnis bestreiten, handelt es sich doch um etwas, was dem Glauben weder nützt noch schadet.
28. Doch werden die Gebildeten wissen, dass Euklid und Ptolemaeus derselben Ansicht wie ich waren.

Von der Quadratur des physischen Kreises.

1. Es ist möglich und leicht zu machen, eine nahe Proportion zwischen Halbmesser und Umfang eines physischen Kreises anzunehmen und dann den Kreis so zu quadrieren, dass jene Quadratur den Sinnen Genüge leistet.
2. Es ist (wie ich betone) möglich, zwei Kupferbleche von gleicher Dicke und gleicher Legierung zu geben, von denen das eine rund ist, das andere jedoch quadratisch,

und dass beide auch gleich schwer sind und, wenn man sie anschlägt, den gleichen Ton geben.

3. Jene rationale Proportion des Umfangs zum Durchmesser, die man Archimedes zuschreibt (nämlich $3\frac{1}{7}$) kommt der Sache wunderbar nahe, und zwar derart, dass die Quadratur eines Kreises, in dieser Weise ausgeführt, sogar das Urteil des Sinnes täuscht.
4. Wenn z.B. der Kreisdurchmesser 28 beträgt, wird die Seite des Quadrates, das jenem Kreis ähnlich ist, $\sqrt{616}$ betragen. Das ist:
   Ganze: 24. Minuten: 49. Sekunden: 9.
5. Jene irrationale Proportion aber, die Nicolaus von Kues fand und die Johannes Regiomontan diskutiert, kommt der rationalen Proportion des Archimedes sehr nahe.
6. Wenn nämlich der Kreisdurchmesser 28 beträgt, wird die Seite des Quadrates, das jenem Kreis gleichkommt (entsprechend jener irrationalen Proportion), $\sqrt{129654+\sqrt{64827}}$ betragen. Das ist:
   Ganze: 24. Minuten: 47. Sekunden: 33.
7. Wenn (wie man sagt) aus dem Halbmesser des gegebenen Kreises und der Sehne seines Quadranten, wenn man sie unmittelbar verbindet, der Durchmesser eines zweiten Kreises entsteht, dann wird ein diesem größeren Kreis eingeschriebenes gleichseitiges Dreieck im Umfang dem gegebenen Kreis gleich sein.

Daß physikalische Argumente für die Quadratur
eines mathematischen Kreises nichts bedeuten.

1. Nichts erreichen die, welche die von den Philosophen aufgeworfene Frage nach der Quadratur des Kreises mit Faden oder Zirkel lösen wollen.
2. Vergeblich müht sich, wer sich mit Rechnungen quält, um die Quadratur des Kreises zu finden, wie auch immer und womit auch immer er arbeitet.
3. Sehnen für Bogen, die von Kreisen genommen sind, können mit rationalen und irrationalen Zahlen genau angegeben werden.
4. Was aber mit irrationalen Zahlen genau angegeben wird, kann nicht genau mit rationalen Zahlen gegeben werden.
5. Die Proportionen aber der Sehnen zu ihren Bogen können weder in rationalen noch in irrationalen Zahlen gegeben werden.
6. Da irrationale Zahlen nach Euklid keine Zahlen sind, ist es klar, dass irrationale Proportionen gleichsam Proportionen einer Zahl zu einer Nicht-Zahl unter einer Zahl sind.
7. Es ist auch klar, dass die Proportion des Kreisumfangs zum Durchmesser und der Bogen zu ihren Sehnen die Proportion entweder gleichsam einer Zahl zu einer Nicht-Zahl unter einer Nichtzahl ist oder gleichsam einer Nicht-Zahl unter einer Zahl zu einer Nicht-Zahl unter einer Nicht-Zahl.
8. Es ist ein physisches Argument, wenn man folgenden Schluß zieht: Möglich ist ein Quadrat, das größer ist als ein gegebener Kreis, und möglich ist ein Quadrat, das kleiner ist als derselbe gegebene Kreis, und so ist auch ein Quadrat möglich, das eben dem gegebenen Kreis gleich ist. Dies folgt nicht.

9. Ebenso folgt nicht: Angebbar ist eine rationale Zahl, die kleiner ist als die irrationale Zahl $\sqrt{9000-\sqrt{16200000}}$, wie es die folgende Zahl ist:

Ganze: 70. Minuten: 32. Sekunden: 3.

Und angebbar ist eine rationale Zahl, die größer ist als dieselbe irrationale Zahl, nämlich folgende rationale Zahl:

Ganze: 70. Minuten: 33. Sekunden: 3.

Also ist eine rationale Zahl angebbar, die derselben irrationalen Zahl gleich ist.

10. Physische Argumente täuschen in mathematischen Fragen meistens.
11. Wenn physische Argumente in mathematischen Fragen täuschen, dann täuschen physische und mathematische Argumente in religiösen Fragen noch viel mehr.
12. Ein vollkommen kugelförmiger Körper scheint mir einen Widerspruch zu enthalten. Doch die Heilige Schrift sagt: Nicht unmöglich wird bei Gott jedes Wort sein.
13. Die Sphären der Himmel sind Werke der Hände Gottes; also wage ich es nicht zu leugnen, dass sie vollkommen die Verhältnisse eines mathematischen Kreises haben.

Doch werde ich über all dies an seinem Ort in meiner Geometrie ausführlicher sprechen.

ENDE.

[226v] An den hochberühmten Herrn Jakob Milich, Doctor der Medizin, seinen Gönner

Gnade und Frieden in Christus! Du siehst, hochberühmter Herr, wie ich Deinen Ratschlägen in arithmetischen Dingen überall folge. Es ist wahrlich schon lange her, dass Du mir die hervorragende Gelehrtheit des Campanus gerühmt hast. Deine Empfehlung regte mich an, und so begann ich aus ihm das zehnte Buch Euklids (durch die Wohltat der Zahlen) zu begreifen. Und als ich später ein Buch über die irrationalen Zahlen plante, folgte ich deinem Rat und gab diesen jenem meinem Werk bei. Dann schrieb ich, wieder auf Deinen Rat hin, meine Algebra (die, wovon Du mich mit guten Gründen überzeugtest, nach dem Astronom Geber, ihrem Urheber, benannt ist), und erläuterte sie mit vielen Beispielen. Allerdings stammen nur ganz wenige von mir, während der größte Teil davon auf Christoph Rudolph zurückgeht (ich weiß, dass Du ihn liebtest wie ich (wenn er auch schon im Herrn ruht), und zwar wegen seiner hervorragenden und zuverlässigen Algebra-Veröffentlichung); vom Rest gehören einige Adam Ries, der mir ebenfalls seine Arbeiten redlich mitzuteilen scheint, so dass ich diesen mir persönlich unbekannten Mann (wie mir auch Christoph nicht persönlich begegnete) sehr liebe und sein Buch stets voller Respekt neben mir liegen habe. Wie mir also Campanus das zweite Buch meiner Arithmetik zur Hand gab, so hat, denke ich, Christoph mir dieses dritte Buch eingegeben, wollte ich doch seine Beispiele hier benützen wie ich dort die Sätze des Campanus verwendete. Beides aber tat ich, indem ich Deinen Ratschlägen vertraute. Daher bin ich sehr zuversichtlich, dass Dir dieses Buch willkommen und ich dir aus diesem Grunde zu empfehlen sein werde.

Lebe wohl! Geschrieben im Dorf Holtzdorf im Jahre des Herrn 1543, am zweiten Januar.

Michael Stifel.

[227r] DRITTES BUCH DER ARITHMETIK VON MICHAEL STIFEL ÜBER DIE COSS-ZAHLEN UND IHRE REGEL,

das heißt Über die perfekte Rechenkunst.

ÜBER DIE REGEL DER ALGEBRA, IHRE TEILE UND DEREN ERKLÄRUNG.

Kapitel I.

Die Regel der Algebra ist so beschaffen, dass man sie mit Recht mit der gesamten Rechenkunst vergleichen kann; ich werde sogar durch meine Behandlung beweisen, dass sie im Vergleich mit derselben Kunst dieser weit überlegen ist. Diese Regel vereint aber die Beispiele aller anderen Regeln und übertrifft alle Kräfte der einzelnen, es sei denn, man sieht von der Dreisatz-Regel ab, deren Mithilfe die Algebra vielfach bedarf. Mag aber auch die Regel des falschen Ansatzes (*regula falsi*) einen erstaunlichen Anwendungsbereich haben, verglichen mit der Regel der Algebra verdient sie kaum diesen Vergleich, den der im Kreis bezeichnete Mittelpunkt zum Kreisumfang hat. Zudem steht fest, dass die Regel des falschen Ansatzes nach der Gestalt der Regel der Algebra gebildet ist, wie umgekehrt die Regel der Algebra nach der Gestalt der Dreisatz-Regel gebildet ist. Von der Regel der Verbindung (*alligatio*, die auch die Algebra umfaßt und vollkommen ausfüllt) sehe ich aber, dass sie außerhalb der Algebra gebildet wurde. Die übrigen Regeln der Gemeinsamkeiten (*societates*), Teilungen, Waren, Tauschgeschäfte, kommen zwar von der Dreisatz-Regel her, doch will ich mit zahlreichen Beispielen (die ich weiter unten an ihren Orten anführen werde) beweisen, dass sie erst durch die Regel der Algebra vollendet und durchgeführt werden. Diese Regeln aber der Gleichheit, Trennung, Umkehr, Vermischung, Stellung, Gesetzmäßigkeit, Mehrung, Abnahme, von Mehr, Rest, Sammlung und andere, [227v] die solche lächerlichen Namen tragen, nenne ich wohl mit Recht (mag es hier auch im Scherz sein) Plagen des Volkes. Ich könnte nämlich jeden Tag aus der Algebra leicht zehn oder zwanzig solcher Regeln bilden oder formen, wenn ich mit unbedarften Geistern in diesen Dingen mein Spiel treiben wollte. Weiterhin fasst diese Regel der Algebra unzählige Methoden der Findung von Strecken und Flächen, und dies ist so bekannt, dass einer mit Recht Esel genannt wird, der die Behauptung wagt, die Algebra lehre nichts weiter als die Regel der Verbindung, mag nun eine solche Behauptung aus Unwissenheit oder aus Böswilligkeit hervorgehen.

Das Folgende aber ist jene berühmte Regel der Algebra,
auf ihre einfachste Form und zugleich weite Geltung zurückgeführt:

Wenn man eine verborgene Zahl finden will, setze man an ihre Stelle 1 Coss. (wir aber setzen 1x), und wenn man eine Gleichung gefunden hat, vereinfache man sie, wenn sie zu vereinfachen ist. Sodann teile man durch die Zahl des größeren Coss-Zeichens den Rest der Gleichung, der demselben Divisor angeglichen, jedoch benannt ist. Und so wird immer jene verborgene Zahl herauskommen, die man suchte, entweder im Quotienten oder in einer Wurzel von ihm. Wenn man aber eine Wurzel ziehen muss, dann wird dies der Divisor schön und ausreichend durch sein Coss-Zeichen anzeigen.

Dies, sage ich, ist die hochberühmte Regel, zurückgeführt auf ihre echte Einfachheit, unter der sie aber eine unendliche Menge an Nutzen umfasst, wie die Beispiele ihrer Anwendung bezeugen. Alles also, was in diesem Buch zu sagen oder lehren sein wird, muss auf diese Regel wie auf ein einziges Ziel bezogen werden.

Die Regel selbst aber hat vier Teile, nämlich zwei wesentliche und zwei hinzutretende.

Die wesentlichen Teile sind: Die Findung der Gleichung und die Division.

In jedem Beispiel nämlich jener Regel braucht man diese beiden Verfahren. **[228r]**

Die beiden restlichen Verfahren aber (nämlich die hinzutretenden) tauchen in den meisten Beispielen nicht auf, sie müssen daher als hinzutretende Teile der Regel bezeichnet werden. Daher sind die Vereinfachung von Gleichungen und das Ausziehen von Wurzeln zusätzliche Teile der Algebra-Regel. Jene Beispiele aber sind die leichtesten von allen, bei denen nur die wesentlichen Teile der Regel zusammenwirken, ohne dass hinzutretende Teile einwirken. Also will ich mit ihnen als den leichteren Beispielen beginnen, damit der Leser allmählich und schrittweise von ihnen zu den Aufgaben hingeführt wird, die man für schwieriger hält.

Vor allem anderen aber wollen wir die Regel selbst durch ein leichtes und bequemes Beispiel darstellen, damit, wenn die Regel begriffen ist, alles weitere Anzuführende (das an sich erfreulich und philosophisch ist) auf Grund des erlernten Gebrauches angenehmer wird.

Beispiel, das die Regel der Algebra erklärt
und Beispiel Nr. 47 bei Christoph ist.

Es gibt eine Zahl, deren Drittel und Viertel, abgezogen von der ganzen Zahl, 15 übrig lassen.

Dass Christoph die Zahlen dieses Beispieles auf Ellen von Tuch bezieht, braucht uns nicht zu stören. Die Regel der Algebra kümmert sich nämlich nicht um gewöhnliche Benennungen, sondern nur um die cossischen Bezeichnungen, etwa um die Bezeichnungen

x. z = x^2. cub. = x^3. zz = x^4. ß = x^5. zcub. = x^6. usw.

Diese Zeichen erstellen auch die cossischen Zahlen. Eine cossische Zahl ist nämlich nichts anderes als eine Zahl, die durch ein Coss-Zeichen benannt ist. Doch wird darüber weiter unten am rechten Ort zu reden sein.

Die Regel aber lehrt, man müsse zuerst 1 Coss setzen oder (wie wir es machen) 1 Wurzel,, nämlich die Summe der Einheiten, die natürlich als der Zahl gleich erkannt wird, die mir zum Suchen und Auffinden vorgegeben wird.

Also setze ich 1x gleichsam als einen Teil der Gleichung an und gehe beim Rechnen entsprechend dem Angabe-Text meines Beispieles vor, und zwar in folgender Weise: **[228v]**

Da die Angabe vom Drittel der zu findenden Zahl spricht, nehme ich ein Drittel von 1x , also $\frac{1}{3}$ x (wie der dritte Teil eines Gulden $\frac{1}{3}$ Gulden ist), und weil auch vom Viertel die Rede ist, nehme ich $\frac{1}{4}$ x, weil dies ein Viertel von 1x ist. So aber rechne ich:

1x wird der ganzen zu findenden Zahl gleichgesetzt, und deshalb wird $\frac{1}{3}$ x dem dritten Teil der zu findenden Zahl gleichgesetzt, und $\frac{1}{4}$ x wird dem vierten Teil der zu findenden Zahl gleichgesetzt. Wenn aber ein Drittel und ein Viertel der zu findenden Zahl von der zu findenden Zahl selbst abgezogen sind, dann bleiben 15 Einheiten übrig (ob diese nun auf Ellen Tuch bezogen sind oder auf irgend etwas anderes), wie es im Aufgabentext steht. Daraus folgt also, dass, wenn ich $\frac{1}{3}$ x und $\frac{1}{4}$ x von 1x (wie vom Ganzen) abziehe, der übrig bleibende Rest gleichsam als seine Entsprechung 15 beträgt. Der übrig bleibende Rest ist also $\frac{5}{12}$ x, und diesem Rest sind (nach dem Aufgabentext) 15 gleich. Und so ist die Gleichung entsprechend dem Aufgabentext des Beispiels gefunden. Daraus folgt also in der Regel*: und wenn man eine Gleichung gefunden hat.* Du siehst aber schon, wie nach dem Text des Beispiels Gleichungen zu finden sind, und erkennst gut, dass eine Gleichung nichts anderes ist als die Findung einer Proportion der Gleichheit zwischen zwei Gliedern, die in verschiedener Weise benannt sind. Denn wenn jene Glieder in gleicher Weise benannt sind (wie 3x und 3x), dann handelt es sich um Gleichheit, die aber für die Geber-Regel nichts nützt. Es wirken aber zu den verschiedenen Weisen der Findung von Gleichungen sehr Verschiedenes zusammen, nämlich Arithmetisches, Geometrisches, Musikalisches, Astronomisches, Sätze der perspektivischen Kunst, Physikalisches usw. So muss man nun auch (zur ausführlicheren Erklärung der Regel) sagen, dass man eine andere Gleichung für das gegebene Beispiel finden könnte. Es ist ja ein allgemeiner Satz, dass ein Ganzes der Summe aller seiner gleichzeitig genommenen Teile gleich ist. Daher muss $\frac{1}{3}$ x und $\frac{1}{4}$ x und 15 mit 1x gleich sein, denn $\frac{7}{12}$ x + 15 sind gleich 1x, so wie die Teile ihrem Ganzen gleich sind.

Es folgt aber in jener Geber-Regel: *Man soll die gefundene Gleichung vereinfachen*, wenn man sie vereinfachen kann. Dann aber muss man eine Gleichung vereinfachen, wenn in den Teilgliedern eine Benennung mehr als einmal zu finden ist. Da hier $\frac{7}{12}$ x + 15 gleich 1x sind, wird die Benennung x zweimal gesetzt, und deshalb kann man die Gleichung vereinfachen. **[229r]**

Die Regel dieser Vereinfachung wird bei jenem allgemeinen Satz gefunden: Wenn man von Gleichem Gleiches wegnimmt, dann wird der Rest gleich sein. Und wenn zu Gleichem Gleiches hinzugefügt wird, dann wird das Überschießende gleich sein.

Und hier mag der Leser bemerken, wie hoch jene Geber-Regel zu achten ist, in der sogar die gewöhnlichen Ansichten der Menschen, die man doch verachtet und verhöhnt, die schönsten und verwunderlichsten Vorteile bringen, so dass es niemand hinreichend mit Worten ausdrücken kann. Und zugleich mag er erwägen, wie viel Schmuck und Eleganz (vom Nutzen schweige ich vorerst) diese höchst philosophische Regel des Geber der Geometrie verleiht. Doch muss ich zu unserem Beispiel zurückkehren.

Wenn also eine Gleichung vorliegt zwischen 1x und $\frac{7}{12}$ x + 15 und man auf jeder Seite $\frac{7}{12}$ x abzieht, dann wird eine Gleichung zwischen 15 und $\frac{5}{12}$ x übrig bleiben. Und dies ist die vereinfachte Gleichung, von der man aus der Angabe zu unserem Beispiel weiß, dass sie zuvor gefunden wurde.

Dann folgt in der Regel: *Dann soll man den Rest der Gleichung durch die Zahl des größeren Coss-Zeichens dividieren*. Die Regel sagt aber nicht einfach, man solle den Rest der Gleichung durch die Coss-Zahl dividieren, sondern sagt: *durch die Zahl des Coss-Zeichens*. Indem nämlich ein solcher Divisor teilt, verliert er sein Zeichen. Er würde ja sonst nur eine Einheit erzeugen (er muss ja dem Rest der Gleichung gleichgesetzt sein, wie ich weiter unten ausführlicher darlegen werde), denn es wird das Gleiche nur einmal gefunden, und zwar genau in dem ihm Gleichen. Durch eine solche Division aber, wie sie die Regel vorschreibt, sucht man eine Proportion, aber keine der Gleichheit (die ist bereits gefunden), sondern eine der Ungleichheit, wie sie vorliegt bei einer Einheit ohne benennendes Coss-Zeichen gegenüber einer Einheit mit einem solchen benennendem Coss-Zeichen, wie es der Divisor mit sich bringt. Wenn ich also 15 durch $\frac{5}{12}$ teile, dann wird 36 herauskommen, und dies hat zur Eins dieselbe Proportion wie 1x zur Eins. Also ist 1x dasselbe wie 36, wie es der allgemeine Satz ausdrückt: *Was ein und derselben Sache gleich ist, ist auch unter sich gleich*. Daher sagt die Regel: *und so kommt stets jene verborgene Zahl heraus, die man suchte*.

Allerdings fügt die Regel die Worte hinzu: *entweder im Quotienten der Division* **[229v]** (wie in unserem Beispiel, mit dem ich die Regel erläutere) *oder in einer seiner Wurzeln*. Wenn also in einem Beispiel 1x gestanden hätte und aus der weiteren Angabe eine Zahl mit dem Zeichen x^2 gefunden worden wäre (wie es sehr oft geschieht), und diese einer Zahl gleich wäre, die kein Coss-Zeichen hätte (wenn etwa $2x^2$ der Zahl 288 gleich wäre), dann würde durch die Division (288 geteilt durch 2 ergibt ja 144) nicht der Wert einer Wurzel hervorgebracht, sondern der eines Zensus oder eines Quadrates, das sich aus der zu findenden Wurzel ergibt. Also müsste man von jenem Quotienten die Quadratwurzel suchen (√ von 144 beträgt ja 12), und jene wäre die zu suchende oder durch 1x dargestellte Zahl. Und so geht es auch sonst.

Und Folgendes steht am Ende der Regel: *Wenn aber eine Wurzel gezogen werden muss, dann wird dies der Divisor durch sein Coss-Zeichen schön und ausreichend anzeigen*. Wenn man nämlich findet, dass $1x^3$ gleich 1728 ist, dann wird 1x also 12 ergeben. Ebenso: Wenn $1x^4$ gleich 256 ist, dann wird 1x also 4 betragen. Ebenso: Wenn man sieht, dass $1x^5$ gleich 32 ist, dann macht 1x also 2. Und so weiter ohne Ende.

Damit hast du also die ganze Geber-Regel erläutert, so dass nichts fehlt, es sei denn das Verständnis eines Ausdruckes ließe zu wünschen, nämlich des Wortes größer. Die Regel sagt ja: *Dann soll man durch die Zahl des größeren Coss-Zeichens teilen* usw. Man sieht aber schon aus dem Wortlaut, dass manchmal eine vereinfachte Gleichung vorkommt, bei der mehrere Coss-Zeichen übrig bleiben, die untereinander verschieden sind. Und dann dividiert die Zahl mit dem größeren Coss-Zeichen den ihr gleich gesetzten Rest. Wenn also $2x^2 + 22x$ mit 160 gleichgesetzt sind, dann werden 22 x hinübergeschafft, so dass $2x^2$ gleich 160 – 22x übrig bleibt. Und so teilt $2x^2$ (nach Ablegung seines Coss-Zeichens) den Rest; also teilt 2 dann 160 – 22x, und es bleibt 80 – 11x übrig, usw.

Die Beispiele für die Regel werden aber nach Auflösung der Wurzel entsprechend dem gestellten Aufgabentext geprüft. Wenn die zu findende Zahl 36 war, dann machen das Drittel und Viertel davon, addiert, 21, und dies ergibt, abgezogen von 36, dann 15. Entsprechend geht man bei allen anderen Einzelbeispielen vor. **[230r]**

VON DER DARSTELLUNG VON TEILEN DER GEBER-REGEL AUS EINER RECHTECKIGEN FIGUR.

Kapitel II.

Nun müssen die einzelnen Glieder der Geber-Regel von neuem vorgenommen werden, und zwar in der gleichen Ordnung, wie sie im vorhergehenden Kapitel erläutert wurden. Während ich sie nämlich anhand des Beispieles erklärte, schien es mir töricht, alles zugleich in einem Topf zu kochen, denn so wären die Teile des Beispiels, das die Regel selbst erklärt, weiter voneinander entfernt, sozusagen verloren und müssten länger gesucht werden.

Also muss ich von Neuem mit der Findung der Gleichungen beginnen. Dabei muss man beachten, dass Algebra eine Rechnung mit Hilfe von Strecken, Flächen und Körpern von dem ist, was in stetiger geometrischer Proportionalität voranschreitet. Mit der folgenden Figur aber werden die Gleichungen schön dargestellt und erklärt:

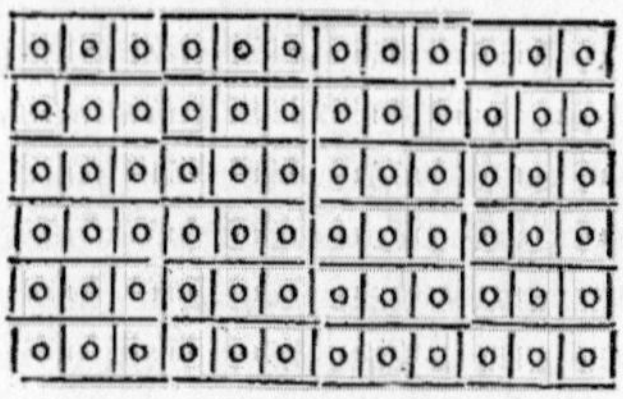

Es ist also 1 x eine gewisse Strecke von Teilen unter einer gewissen Zahl oder eine gewisse Reihe von irgendwelchen Dingen unter einer zu bestimmenden oder bestimmten Zahl; so sieht man hier auf der rechteckigen Fläche sechs Strecken in der Länge (jede mit zwölf Nullen) und 12 Strecken in der Breite (jede mit sechs Nullen). Man sieht aber zuerst, dass die 12 x der Breite gleich 72 sind, hat doch die ganze Figur 72 Nullen. Und die 12 Strecken der Breite oder Wurzeln füllen jene rechteckige Figur ganz aus. [230v] So sind 6x der Breite gleich 72, weil sechs solche Strecken oder Wurzeln jene gesamte viereckige Fläche ausfüllen. Und hier sieht man, dass die Proportion der Gleichheit eine solche Proportion ist, in der sich ein Ausdruck auf sich selbst bezieht wie auch auf etwas anderes, und zwar entsprechend den cossischen Gleichungen. Unter cossischer Gleichheit aber (wenn ich etwa behaupte, dass 6x der Länge 6x der Länge gleich sind, oder wenn ich sage, dass 72 gleich 72 ist) wird dasselbe auf sich selbst wie auf sich selbst bezogen. Und obschon jene Gleichsetzungen, wenn sie (was oft geschieht) an Stelle einer Gleichung auftreten, gänzlich nutzlos und unfruchtbar sind, so lässt doch die Algebra-Regel nichts in der Natur der Dinge so wertlos sein, dass sie ihm nicht eine Aufgabe zuwiese; wenn sie also angesetzt sind, werden mit wunderbarer Leichtigkeit höchst verschiedene reduzierbare Gleichungen erstellt.

Man nimmt z.B. an, dass 12x soviel wie 12x sind. Wenn man nun etwas von einer Seite auf die andere übertragen hat, und zwar mit Hilfe des Minus-Zeichens, dann entsteht eine reduzierbare Gleichung, jedenfalls, wenn das Übertragene das Minuszeichen nicht abstößt. Wenn man also die rechteckige Figur ansieht, werden 6x auf die andere Seite übertragen, wobei jener übertragene Teil das Minuszeichen aufnimmt. Man sieht aber an der Figur, dass 6 Wurzeln in der Breite 36 ergeben. Daher wird 6x mit 12x – 36 gleichgesetzt; so werden 8x mit 12x –24, ebenso 10x mit 12x – 12 gleichgesetzt. So auch bei allem Weiteren.

Ebenso: Was man auch immer wieder zurück übertragen hat und was entweder das Minuszeichen oder das Pluszeichen führt, stets bleibt eine Gleichung bei jenen Verschiedenheiten der Ausdrücke erhalten. Wenn man also die Gleichung 6x gleich 12x – 36 setzt, übertrage ich von der zerlegten (36) die Zahl 6, dann wird 6x + 6 mit 12x – 30 gleichgesetzt werden. Ebenso wird 6x + 30 mit 12x – 6 gleichgesetzt; ebenso wird 6x – 12 gleichgesetzt mit 10x – 36, ebenso werden 6x – 10 mit 10x – 34 gleichgesetzt. So wird alles, was übertragen wird, so hinüber gebracht, dass es sein Vorzeichen ändert, entweder das Pluszeichen ins Minuszeichen oder das Minuszeichen in das Pluszeichen; dann nämlich bleibt die Gleichheit unversehrt, nur dass die Glieder sich ändern. Es bleibt die Gleichung auch unversehrt, wenn man jedem der beiden Glieder dasselbe hinzufügt oder von ihnen dasselbe abzieht. Darüber habe ich im vorigen Kapitel genügend gesagt. Allerdings hat auch das, was ich eben vom Hinüberschaffen sprach, ganz dieselbe Grundlage, **[231r]** wie der sorgsame Leser leicht sehen wird. Wenn man nämlich die Gleichung 6x gleich 12x – 36 ansetzt und von der verkleinerten 6 hinüberträgt, dann wird sich die Gleichung als 6x + 6 gleich 12x – 30 darstellen. Dies ist nämlich geschehen: Ich habe ja zu der Seite 12x – 36 die Zahl 6 addiert, nachdem ich sie vom Verkleinerten (36) abgezogen hatte. Dies sieht ja der gesunde Menschenverstand. Ich will ja lieber 12 Gulden weniger 30 Groschen haben als 12 Gulden weniger 36 Groschen. Daher muss man dem anderen Teil der Gleichung ebenfalls 6 hinzufügen, damit der Term so aussieht: 6x + 6, usw. Es ist auch bekannt, dass Gleichungen unversehrt bleiben, wenn beide Glieder mit ein und derselben Zahl entweder multipliziert oder dividiert werden, da dies (nach Euklids Zeugnis) bei Proportionen der Ungleichheit so ist.

Es ist aber im vorigen Kapitel ausgeführt, dass die Gleichung ein wesentlicher Teil der Regel der Algebra ist. Dies ist ein sehr schönes Wort, und man muss es beachten, um besser zu begreifen, welchen und welch großen Schatz man an der Regel der Algebra selbst besitzt. Wie nämlich in jedem Beispiel jener Regel 1x gesetzt wird oder wenigstens als gesetzt mitverstanden wird (wofür es manche Beispiele gibt), so ist in jedem Beispiel jener Regel auch die Proportion der Gleichheit (also eine Gleichung) erfordert, mit Hilfe deren 1x in eine bestimmte Zahl aufgelöst wird.

Wie aber unter jener cossisch benannten Einheit (also unter 1x) die Gesamtheit aller Zahlen in unbestimmter Weise umfasst wird, da es keine gesuchte Zahl gibt, die nicht aus diesem Sack der Fülle hervorspringt, so wird unter der Proportion der Gleichheit (also unter der cossischen Gleichung) die Gesamtheit aller Proportionen umfasst, da es keine Proportion gibt, die nach dieser Regel der Algebra genannt oder gesucht nicht aus der Gleichheit hervorkäme, usw.

Da aber auch die Reduktion der Gleichungen unter die Teile der Regel der Algebra gerechnet wird, mag sie auch nur ein zusätzlicher Teil sein (wie in Kap. 1 genügend ausgeführt), muss ich auch diese Vereinfachung behandeln. Es kommt aber zur Vereinfachung einer Gleichung wie es bei der Division zum Ziehen von Wurzeln kommt. Der Division jedoch dient sowohl eine Gleichung wie auch die Vereinfachung einer Gleichung. Also wird die Gleichung der Division vorausgeschickt, natürlich damit etwas da ist, was man teilen kann.

[231v] Es kommt aber häufig vor (will sagen: es kommt bei allen zu vereinfachenden Gleichungen vor), dass die Gleichung unter Termen steht, unter denen sie eine Teilung (wie sie die Coss-Regel oder die Regel des Geber erfordert) nicht zulässt. Aus diesem Grund wird also eine solche Gleichung in eine andere überführt, deren Terme die notwendige Division zulassen. Die Art aber dieser Vereinfachung ist im vorigen Kapitel dargestellt und vorgeführt und stimmt mit der Weise des Hinüberschaffens oder der Übertragung der Teile überein. Natürlich wird etwas, was auf einer Seite der Gleichung hinzugefügt war, wenn man es auf die andere Seite der Gleichung stellt, nun abgezogen. Und was auf der einen Seite der Gleichung abgezogen war, wird, auf die andere Seite übertragen, dort hinzugefügt. Es ist dies (betone ich) nichts anderes als dies, was ich oben auf Grund des gesunden Menschenverstandes sagte, nämlich dass Gleiches bestehen bleibt, ob man nun Gleiches zu Gleichem hinzufügt oder Gleiches von Gleichem abzieht. All dies sieht man sehr schön in der obenstehenden Rechteck-Figur.

Wiederholen wir dazu die früheren Beispiele.

Wenn man also 6 x mit 12x – 36 gleichstellt und von jedem der beiden Teile 6 x abzieht, dann wird 6x – 36 gleich Null sein, so dass 6x gleich 36 sein muss. Dies ist auf Grund der Umstellung des Verkleinerten klar. Doch zeigt dies auch oben die Rechteck-Figur schön.

Ebenso wird 6x + 6 mit 12x – 30 gleichgesetzt.

Zuerst ziehe man von jedem der beiden Teile 6x ab; dann bleibt 6 gleich 6x – 30 übrig. Also übertrage ich 30 und finde dann 36 gleich 6x. Und wenn 6x – 10 gleichgesetzt wird mit 10x – 34, dann wird zuerst das Verkleinerte des vorderen Teiles hinüber gebracht, und so wird dann 6x mit 10x – 24 gleichgesetzt. Danach ziehe ich auf beiden Seiten 6 x ab und erhalte 4 x gleich 24.

Zu alle dem passt die Regel: Gleiche Vorzeichen ziehen ab, verschiedene Vorzeichen jedoch fügen hinzu.

Eine Gleichung, die sich unter beliebigen Brüchen findet, wird durch Multiplikation über Kreuz zurückgeführt auf eine Gleichung ganzer Zahlen.

Wenn z.B. 3x + 12, dividiert durch 5, gleich 12x – 66 ist, dann wird sich das Beispiel in der Vereinfachung so darstellen: $\frac{3x+12}{5} \times \frac{12x-66}{1}$

[232r] Also wird 3x + 12 gleich 60x – 330 gesetzt.
Ebenso wird 3x + 12, dividiert durch 5, gleich 10x – 18, dividiert durch 7, gesetzt; dann multipliziert über Kreuz, und nun sieht man, dass 21x + 84 mit 50x – 90 gleichgesetzt sind. Diese Beispiele sind ebenfalls aus der bekannten Rechteck-Figur gebildet.

Die Methode dieser Vereinfachung wird vom Rechenverfahren mit Brüchen selbst genommen. Werden nämlich Brüche über Kreuz multipliziert, dann brauchen sie gleiche Nenner, wie aus dem Rechenverfahren für Brüche klar ist. Haben Brüche jedoch gleiche Nenner, dann herrscht die gleiche Proportion unter den Zählern wie unter den Brüchen selbst. Liegt also zwischen Brüchen die Proportion der Gleichheit vor (wie sie unter jenen vorliegt, die eine Gleichung bilden) und werden diese auf gleiche Nenner zurückgeführt, dann muss auch zwischen den Zählern die Proportion der Gleichheit vorliegen. Also werden die Nenner als für diese Sache gleichsam unnütz und überflüssig fortgeworfen. Und daher genügt zur vorgenannten Vereinfachung die Multiplikation über Kreuz.

Von Gleichungen aber der Art $\sqrt{24x}$ gleich 12 will ich am gegebenen Ort reden, nämlich in Kapitel fünf über irrationale Coss-Zahlen. Freilich könnte dieses Beispiel (das aus der Rechtecks-Figur von oben stammt) nun leicht verstanden werden, wenn man es vereinfacht. Es steht ja genügend fest, dass Quadrate unter sich gleich sein müssen, wenn ihre Seiten gleich sind. Wenn also $\sqrt{24x}$ gleich 12 ist, dann muss 24x gleich 144 sein.

Ebenso wird man in der Rechtecks-Figur auch leicht sehen können, dass $2x^2$ gleich 12x ist. Doch wird unten ein anderer Ort zur Erklärung derartiger Gleichungen bestimmt. Freilich könnte man jetzt schon dieses Beispiel mit ähnlichen verstehen. Jeder Teil nämlich der Gleichung lässt, wenn er durch zwei geteilt wird (also mit ein und derselben Zahl, wie kurz vorher gesagt wurde), $1x^2$ gleich 6x über.

Es steht aber genügend fest, dass ein Quadrat (also $1x^2$), das sechs Seiten oder 6 Wurzeln hat, auf einer Seite oder in 1x dann 6 Teile oder Punkte hat. Daher wird sich die vereinfachte Gleichung so darstellen:

2x gleich 12 oder 1x gleich 6. **[232v]**

Von der Division, die die Algebra-Regel vorschreibt.

Etwas weiter oben ist genügend betont, dass alles, was die Algebra-Regel der Division vorausschickt, sie eben wegen der Division vorausschickt, so dass man leicht erkennen kann, dass die Division der wichtigste Teil der Algebra-Regel ist. Und das ist kein Wunder. Die Division nämlich löst 1x in jedem Beispiel auf, und zwar unmittelbar, wenn der Divisor das Zeichen x hat, mittelbar jedoch, wenn der Divisor ein anderes Coss-Zeichen hat, nämlich x^2 oder x^3 oder x^4 usw.

Man kann nun mit kurzen Worten zeigen, dass die Algebra-Regel mit ihrer umfassenden und unvergleichlichen Fülle die eifrigste Magd der Dreisatz-Regel ist, und dass dadurch die Dreisatz-Regel über alles hinausragt, was in der ganzen Arithmetik gefunden wurde oder gefunden werden kann. Es führt aber die Algebra-Regel (wenn man genau hinsieht) ihr ganzes Verfahren auf die Dreisatz-Regel zurück, deren Hilfe sie hinwieder in vielen Beispielen benötigt (wie eine Magd die Hilfe ihrer Herrin), wie wir in den Beispielen sehen werden.

Die Algebra aber geht so vor: Wenn sie Gleichungen vorfindet, entweder unmittelbar aus der Angabe eines Beispieles oder mittelbar durch einen Lehrsatz Euklids oder durch irgend einen Satz einer Kunst, dann reduziert sie diese (will sagen: sie richtet sie für die Dreisatz-Regel ein und passt sie dieser an) und verweist sie dann, wenn es die Sache erfordert, an die Dreisatz-Regel, insofern diese nach ihrer Art der gefundenen Gleichung eine zweite hinzufügt, wie es zur Vollendung der Aufgabe nötig ist.

Die Dreisatz-Regel ist nicht weniger tätig bei der Verbindung von Gleichungen als bei der Verbindung von Proportionen, kann man doch beides an jedem beliebigen Beispiel für sie sehen. Wenn (z.B.) 3 Äpfel für 2 Pfennige gekauft werden, kann man (nach der Dreisatz-Regel) 6 Äpfel für 4 Pfennige kaufen. Jedenfalls behalten die Zahlen für die Dinge ihre gleichen Proportionen. Wenn also 3 zu 2 die Proportion 1½ hat, dann hat auch 6 zu 4 dieselbe Proportion. Doch behalten die Dinge bei den Zahlen manchmal trotzdem ihre damit verbundenen Gleichungen. Wenn z.B. 3 Äpfel vom Käufer oder Verkäufer zwei Pfennigen gleichgesetzt sind, dann werden von den gleichen Leuten 6 Äpfel 4 Pfennigen gleichgesetzt. Ähnlich ist es, wenn ich aus der Rechtecks-Figur in folgender Weise schließe: 6x ergeben 72; also ergibt 1x dann 12. **[233r]** Die Zahlen bewahren ihre Proportionen der Ungleichheit und die Sachen behalten ihre Proportionen der Gleichheit.

Doch (um zum Thema zurückzukehren) werde ich zeigen müssen, wie die Algebra-Regel durch eine Coss-Zahl dividiert, die das Coss-Zeichen ablegt, das sie führt. Doch liegt Folgendes in der Natur der Zahlen: Zwei gleichwertige Zahlen, die ungleich benannt sind (wie bei uns 2 x Groschen und 24 Pfennige) sind ungleich in der Zahl ihrer Einheiten; nehmen sie dann eine Einheit an, die nach der größeren Bezeichnung dieser Zahlen benannt ist, dann erstellen sie drei Glieder der Dreisatz-Regel, und durch diese Operation wird der Wert der so bestimmten Einheit erzeugt. Wie man hier sieht, ergeben 2 Groschen 24 Pfennige, so wie 1 Groschen x ergibt. In gleicher Weise ergibt sich aus der Rechtecks-Figur: 12x ergeben 72, wie viel ergibt 1x? So erkennt man, dass 1 x mit dem zweiten Glied multipliziert wird, damit auch der zweite Term das Zeichen jener Einheit erhält. Doch hebt dies dann der Divisor auf, der den ersten Term in der Anordnung des Dreisatzes darstellt. Wenn nämlich Dividend und Divisor die gleiche Benennung haben, dann hebt die eine die andere auf (wie ich ausreichend im ersten Buch über die Division gewöhnlich benannter Zahlen lehrte), und aus diesem Grunde verliert der Divisor (wenn er teilt) seine Benennung.

Aus alle dem geht hervor, dass jene Division, die die Algebra-Regel vorschreibt, eine verkürzte Operation der Dreisatz-Regel ist, usw. Wenn ich also aus der obenstehenden Rechtecks-Figur ersehe, dass 72 gleich 6x ist, und ebenso, dass 72 auch gleich 12x ist, dann dividiere ich 72 durch 6 und erhalte 12, das heißt die Teilezahl der längeren Wurzel oder Seite. Ebenso dividiere ich 72 durch 12 und erhalte 6, das heißt die Zahl der kleineren Wurzel, ganz so, als ob ich mit der Dreisatz-Regel operiert hätte.

Schließlich ist das Wurzelziehen ein zusätzlicher Teil der Algebra-Regel, über den ich nun abschließend etwas auf Grund der Rechteck-Figur sagen muss. Man sieht aber leicht ein, dass $2x^2$ mit 72 gleichgesetzt werden. Auch ist bekannt, dass $2x^2$ zwei Quadrate sind. Also werden zwei Quadrate mit 72 gleichgesetzt. Diese Division ergibt aber keine aufgelöste Wurzel, sondern die Lösung von x^2. Die Dreisatz-Regel besagt nämlich Folgendes: **[233v]**

$2x^2$ ergeben 72; also ergibt $1x^2$ dann 36. Daher muss man die Quadratwurzel von 36 suchen, und diese beträgt 6. So wird $\frac{1}{2}x^2$ mit 72 gleichgesetzt, und $1x^2$ ergibt 144. Daher macht 1x dann 12. In gleicher Weise wird $4\frac{1}{2}x^2$ mit 72 gleichgesetzt, so macht $1x^2$ dann 16, und 1x macht 4. In gleicher Weise werden $8x^2$ mit 72 gleichgesetzt, $1x^2$ macht 9, deshalb macht 1x dann 3. So werden $18x^2$ mit 72 gleichgesetzt, weshalb $1x^2$ dann 4 macht, und 1x macht 2, usw. Und dies ist es, was die Algebra-Regel besagt: *Eine verborgene Zahl ist zu finden, entweder im Quotienten der Division oder in einer seiner Wurzeln.* Und die Regel fügt hinzu: Wenn aber eine Wurzel zu ziehen ist, dann wird dies der Divisor durch sein Coss-Zeichen schön und ausreichend anzeigen. Natürlich, wenn der Divisor das Coss-Zeichen x^3 hat, dann muss man die Kubikwurzel vom Quotienten der Division ziehen. So wie hier $3x^3$ mit 1029 gleichgesetzt sind, macht x^3 gleich 343, und 1x ergibt 7. Ebenso wenn der Divisor mit x^4 bezeichnet wird, muss man die vierte Wurzel vom Quotienten der Division ziehen; so werden in unserem Beispiel $5x^4$ mit 80 gleichgesetzt; daher macht $1x^4$ dann 16, und 1x macht 2. Wenn so der Divisor mit jenem Zeichen x^5 bezeichnet wird, muss man aus dem Quotienten der Division die 5. Wurzel ziehen; hier nun werden $8x^5$ gleichgesetzt mit 8192, daher macht $1x^5$ dann 1024, und 1x macht 4. Und so geht es mit allem anderen ins Unendliche.

Ebenso: Immer wenn die Bezeichnung durch das Zeichen x^2 zum Divisor gesetzt ist (wie hier $1x^2$ gleichgesetzt ist mit 72 – 6x), dann muss man die Quadratwurzel vom

Quotienten der Division ziehen, ganz so, als ob jene der Quotient wäre. Wenn also $2x^2$ mit 144 – 12x gleichgesetzt ist, dann wird $1x^2$ mit 72 – 6x gleichgesetzt. Daher muss man die Quadratwurzel aus dem Quotienten 72 – 6x ziehen. Ebenso: Wenn $1x^2$ mit 6x + 72 gleichgesetzt ist, muss man die Quadratwurzel aus dem Quotienten 6x +72 suchen. Ebenso: Wenn $1x^2$ gleichgesetzt wird mit 12x – 36, dann muss man 1x von dem Quotienten 12x – 36 suchen. Ebenso: Wenn $1x^2$ mit 18x – 72 gleichgesetzt wird, dann muss man die Quadratwurzel des Quotienten 18x -72 suchen. Doch vom Finden derartiger Wurzeln wird Kapitel vier handeln.

Nun habe ich genügend deutlich gemacht, dass die Rechnung nach der Algebra-Regel eine Art von Rechnung mithilfe von Strecken und Flächen darstellt. Vorgeführt wurden auch mit Hilfe der Rechteck-Figur verschiedene Findungen von Gleichungen. Nun bleibt noch übrig, dass ich zeige, wie man Beispiele und Aufgaben entsprechend den gefundenen oder zu findenden Gleichungen gestalten kann. **[234r]**

Als einst ein Gefährte den Philosophen Kallisthenes nach seinem und seiner Freunde Alter befragt hatte, antwortete Alexander der Große: Ich selbst bin zwei Jahre älter als mein lieber Hephaestio; Clitus aber umfasst mit seinem Alter die Jahre von uns beiden und dazu noch vier Jahre. Darauf sagte Kallisthenes: Da mein Vater 96 Jahre lebte, war mir, mein Herr und König, deine Auskunft erfreulich, denn sein Alter umfasste genau die Zahl der Jahre von euch dreien. Die Frage lautet nun, in welchem Alter Alexander diese Unterredung hatte.

Zuerst ziehe ich eine Linie von Jahren für das Alter Hephaestions, also 1 x. Dann muss man eine gleich große Jahreslinie für Alexanders Alter ziehen und dazu zwei Jahre zählen, also 1x + 2. Ebenso muss man für das Alter des Clitus zwei Linien ziehen, die den vorhergehenden gleich sind und 6 Jahre hinzurechnen, also 2 x + 6. Und wenn man alle diese Strecken verbunden hat, nämlich 4x + 8, sind 96 Jahre erreicht. Also beträgt 1x (also eine Strecke) 22 Jahre, und so hatte Alexander damals 24 Jahre und Clitus 50.

Oder: Ich ziehe für Alexanders Alter eine Jahreslinie, also 1x. Und so muss ich für Hephaestions Jahre eine solche Strecke ansetzen, aber zwei Jahre abziehen, also 1x – 2. Dann muss man für Clitus zwei Jahresstrecken + zwei Jahre ansetzen, also 2x + 2. Und so kommen 4x dann 96 Jahren gleich. Also macht 1x dann 24, nämlich Alexanders Alter, usw.

Aus diesem Beispiel wird der aufmerksame Leser lernen können, wie Dinge Linien anzupassen sind und wie man Beispiele für Dinge aus Zahlen gestalten muss.

Es folgt ein weiteres Beispiel, das Flächen angepasst ist.

Nicanor stieß in der Schlacht, in der er fiel, mit einem Heer in quadratischer Anordnung auf Judas Maccabaeus; sein Heer war aus Syrischen Hilfstruppen und den Männern zusammengesetzt, die er selbst herbeigeführt hatte. Von diesem Heer aber fielen 35 000 Mann, und der Rest entkam durch Flucht. Der Rest (der über die Zahl der genannten Hilfstruppen hinausging) betrug 156 Mann. Nun wird gefragt, mit wie vielen Kriegern Nicanor gegen Maccabaeus kämpfte.

Ich setze eine quadratische Fläche von Soldaten an, also $1x^2$. Es sind aber in dieser Fläche die getöteten Soldaten zusammengefasst, dazu die Zahl der Hilfstruppen, also 1x, ebenso die andere Zahl der durch Flucht Geretteten, nämlich 156. Also ist $1x^2$ soviel wie die drei **[234v]** genannten Summen, nämlich 35 156 + 1x. Da nun der Divisor das Zeichen x^2 hat und mit 35156 + 1x sozusagen eine quadratische Fläche dargestellt wird, muss man die Quadratwurzel aus jener Fläche oder eben jener Coss-Zahl suchen. Sieht man sich aber die Zahlen an, so zeigt sich, dass die Syrischen Soldaten nur eine Linie dieses quadratischen Heeres bildeten. Daher ergibt sich aus der Multiplikation der Zahl von Syrern mit sich selbst die gesamte Stärke jenes Heeres.

Wie aber die Wurzeln aus cossischen Zahlen dieser Art gezogen werden, will ich in Kapitel vier darlegen. Für jetzt aber wollen wir in Kapitel drei das Rechenverfahren mit Coss-Zahlen betrachten.

VOM RECHENVERFAHREN COSSISCHER ZAHLEN.

Kapitel III.

Die Regel der Algebra ist aber so beschaffen, dass sie besondere Zahlen sucht, die ein eigenes Rechenverfahren haben, und daher heißen solche Zahlen cossische Zahlen. Coss-Zahlen sind aber Zahlen, die proportional nach den Termen geometrischer Progressionen benannt werden. Hat man nämlich eine geometrische Progression aufgestellt, die mit der Eins beginnt (gleich, unter welcher Proportion dies geschieht), dann wird der Term, der unmittelbar auf die Eins folgt, Wurzel genannt (wie ich in Buch eins, Kapitel 4, ausführlich darlegte), und nach diesem Term, der offenbar auf die Eins folgt und die Wurzel der Progression ist, werden alle Zahlen, die mit dem Zeichen x bezeichnet sind, cossische Zahlen genannt. So werden alle cossischen Zahlen, die mit dem Zeichen z [x^2] bezeichnet sind, nach dem dritten Term der geometrischen Progression benannt, nämlich nach jenem, das unmittelbar auf die Wurzel der Progression folgt. Daher nennt man solche Coss-Zahlen zensisch oder quadratisch. 136x^2 bezeichnet z.B. 136 quadratische Glieder einer geometrischen Progression oder auch 136 solche Glieder, wie man sie an dritter Stelle einer geometrischen Progression findet.

Sodann folgt 1cub. [1x^3], das heißt eine kubische Zahl. **[235r]** Auf eine kubische Zahl folgt stets 1zz [1x^4], also eine zensizensische Zahl, die offenbar eine Quadratzahl als Quadratwurzel hat.

Auf eine zensizensische Zahl folgt stets 1ß [1x^5], also eine surdesolide Zahl, und auf eine solche Zahl folgt stets eine zensikubische Zahl, die in cossischer Progression so dargestellt wird: 1zcub. [1x^6] Und so der Reihe nach ins Unendliche.

Dies nun ist die cossische Progression, die die Bezeichnung cossischer Zahlen trägt:

1. 1x. 1z. 1cub. 1zz. 1ß. 1zcub.1bß. 1zzz. 1ccub. 1zß. 1cß. 1zzcub. 1 dß. 1zbß. 1cub.ß. 1zzzz. Und so weiter ins Unendliche.

Es gibt aber keine geometrische Progression, die jene cossische Progression nicht einschließt, da es ja keine Zahl gibt, die nicht durch 1x dargestellt werden könnte. Auch gibt es keine Quadratzahl, die nicht unter dem Term 1z dargestellt würde. Auch gibt es keine Kubikzahl, die nicht unter ihrem Term 1cub. begriffen wäre. Und dies gilt für alle weiteren Zahlen.

Wie aber die üblichen Bezeichnungen nicht nur Einheiten auffassen, sondern auch keine ausschließen, so lassen jene cossischen Bezeichnungen beliebige Zahlen zu, z.B. 4x, 10z, 50cub. Und so bei allen anderen.

Man sagt aber, die Coss-Zahlen seien wegen der Glieder der cossischen Progression proportional so benannt, wie man gut sieht.

Es folgt aber aus der Vorstellung der cossischen Progression, dass die Coss-Zahlen keine bestimmte Zahl repräsentieren und keine bestimmte Proportion aufstellen. Doch werden sie unter der Regel der Algebra zusammengefügt und so gezwungen, bestimmte Zahlen herzustellen und bestimmte Proportionen einzuhalten. Allerdings stehen deren Zahlen zwar fest, doch sind sie so lange unbekannt, bis sie aufgelöst werden, wenn man eine Gleichung gefunden hat.

Also nehmen die cossischen Zahlen die üblichen Bezeichnungen an, und zwar über die cossischen Benennungen hinaus. So sind z.B. 10x Gulden zehn Wurzeln oder Strecken von zehn Gulden. So sind 12zgx zwölf quadratische Flächen aus Gulden, und zwar nach der Länge und Breite einer bestimmten Wurzel entsprechend, usw.

Manche cossische Zahlen nennt man aber einfach, z.B. 20x, 30z, usw., und manche nennt man zusammengesetzt, z.B. 1z + 1x, ebenso 2z + 8 usw. **[235v]** Und manche Zahlen nennt man vermindert, z.B. 2x – 8 usw.

Sodann haben sie eine andere Division, denn manche sind rational oder gleichsam rational; manche jedoch sind irrational oder gleichsam irrational, wie wir bei den Beispielen für die Algebra-Regel deutlich sehen werden.

Von der Findung der cossischen Bezeichnungen.

Es ist aus dem im ersten Buch bezüglich der Aufstellung geometrischer Progressionen Gesagten bekannt, dass die Progression von Zahlen, die natürlich voranschreiten, die Terme der geometrischen Progressionen darstellt. Wie also die natürliche Reihe der Zahlen die einzelnen geometrischen Progressionen darstellt, so stellt sie auch die cossische Progression dar. Es genügt aber, diese Darstellung in der folgenden Aufstellung anzudeuten:

0,	1,	2,	3,	4,	5,	6,	7.
1,	1x,	1z,	1cub.,	1zz,	1ß,	1zcub.,	1bß.

Und so weiter ins Unendliche.

Wie man aber hier sieht, dass jeder Term einer cossischen Progression seinen Exponenten in seiner Ordnung hat (wie 1x dann 1 hat, 1z dann 2 hat, usw.), ebenso behält jede cossische Zahl den Exponenten ihrer Bezeichnung einbegriffen bei, damit er ihr diene und von Nutzen sei, besonders bei Multiplikation und Division, wie ich weiter unten bald erläutern werde.

Erzeugt aber werden die einzelnen cossischen Zeichen nach ihren Exponenten-Zahlen auf folgende Weise:

Man löse den Exponenten eines Zeichens, wenn er zusammengesetzt ist, in seine nicht zusammengesetzten Teiler auf, so dass jene Teile, wenn man sie miteinander multipliziert, die Zahl selbst ergeben. Wenn diese Teile so dastehen, dann füge jedem sein Zeichen bei, und dann wirst du das volle Zeichen jener ganzen Zahl haben.

Beispiel.

Ich will das Zeichen der Zahl 24 herausfinden. So löse ich sie in ihre nicht zusammengesetzten Teiler auf (diese setzen die Zahl durch ihre Multiplikation zusammen), nämlich in 2,2,2,3. Und weil die Zeichen dieser Teile **[236r]** die folgenden sind: z,z,z,cub., ist deshalb das cossische Zeichen der vierundzwanzigsten cossischen Größe (die Eins nämlich, der erste Term der cossischen Progression, wird nicht zu den Größen gerechnet) dieses: zzzcub. Und jedes cossische Zeichen wird wieder auf seine Exponenten-Zahl zurückgeführt. Es wird aber in folgender Weise zurückgeführt:

Setze über jedes Zeichen seinen Exponenten und dann multipliziere jene Exponenten miteinander, und es wird aus dieser Multiplikation die Exponenten-Zahl jenes zusammengesetzten Zeichens herauskommen müsssen. Z.B.: $\frac{2\cdot2\cdot2\cdot3}{z\cdot z\cdot z\cdot cub}$. So bringt 100 das Zeichen zzßß hervor, und dieses Zeichen zzßß wird wiederum auf die Zahl 100 zurückgeführt.

Wie es also unendlich viele Zahlen gibt, so gibt es unendlich viele cossische Zeichen oder cossische Benennungen. Und wie eine gleiche Zahl nicht das Zeichen einer anderen Zahl hervorbringen kann, so kann dieselbe cossische Benennung einzig und allein der Exponent einer einzigen exponierenden Zahl sein. Und wie jeder zusammengesetzte Exponent ein zusammengesetztes cossisches Zeichen hervorbringen muss, so muss auch ein nicht zusammengesetzter Exponent ein nicht zusammengesetztes cossisches Zeichen hervorbringen.

Progression nicht zusammengesetzter Zahlen.

2,3,5,7,11,13,17,19,23,29,31,37,41,43,47,53,59,61,67,71,73,79,83,89,97,101,103,107, usw.

Progression nicht zusammengesetzter Zeichen.

x, z, cub., ß, bß, cß, dß, eß, usw.

Progression zusammengesetzter Zeichen.

zz, zcub., zzz, ccub., zß, zzcub., zbß, usw.

Von Multiplikation, Division und Wurzelziehen.

1. Wenn eine cossische Zahl mit einer abstrakten Zahl multipliziert oder durch sie dividiert wird, dann unterscheidet sich diese Multiplikation oder Division in nichts von der Multiplikation oder Division einer wie üblich benannten Zahl durch eine abstrakte Zahl. Wenn z.B. 4 Gulden mit 3 multipliziert 12 Gulden ergeben, so ergeben 4x, multipliziert mit 3, dann 12x. Und 4z, multipliziert mit 3, macht 12 usw. **[236v]**

Ebenso: Wie 12 Gulden, dividiert durch 3, dann 4 Gulden ergeben, so machen 12x, geteilt durch 3, 4x. Und 12z, geteilt durch 3, ergeben 4z.

2. Wenn eine Coss-Zahl mit einer Coss-Zahl multipliziert oder durch diese dividiert wird, dann befolgen die Zahlen der Zeichen ihre eigene Regel entsprechend den allgemeinen Rechenverfahren, während die Zeichen ihre eigene Multiplikation und Division haben.

Regel der Multiplikation und Division von Coss-Zeichen.

Addiere die Exponenten der Zeichen bei der Multiplikation und ziehe sie bei der Division ab; dann ergibt sich der Exponent des Zeichens, das entstehen soll.

Beispiele für Multiplikation.

32z, multipliziert mit 25cub, ergeben 800ß.

Ebenso machen 4x, mit sich selbst multipliziert, 16z. Ebenso machen 5z mit sich selbst multipliziert 25zz.

Beispiele für Division.

800ß, dividiert durch 25, ergeben 32z.

Die Quadratwurzel aus 16z ergibt 4x.

Die Quadratwurzel aus 25zz ergibt 5z. Und so verfährt man auch sonst.

So ergeben 4x, kubisch mit sich selbst multipliziert, 64cub, da der Exponent des Zeichens x verdreifacht 3 ergibt, wofür das Zeichen cub. ist. Also ergibt wiederum die Kubikwurzel von 64 dann 4 x, da der Exponent des Zeichens cub. in seinem dritten Teil 1 ergibt, wofür das Zeichen x eintritt, usw.

So also macht die Multiplikation die Probe auf die Division (wie überall) und die Division prüft die Multiplikation. Ebenso prüft das Ziehen der Quadratwurzel die Multiplikation im Quadrat, und umgekehrt prüft das Ziehen der Quadratwurzel die Multiplikation im Quadrat, usw.

Andere Probe für das Obenstehende.

Der Wert von 1x betrage 2 (man kann ja jeden beliebigen Wert annehmen, da die Coss-Zahlen außer den Verfahren der Algebra-Regel unbestimmte Proportionen haben); so betragen 32z dann 128, und 25cub. betragen 200; es machen aber 800ß dann 25600. Prüfe nun nach, ob die Multiplikation der beiden Zahlen 128 und 200 wirklich 25600 ergibt. So verfährt man auch sonst.

Darstellung des eben Besprochenen.

Alles, was die arithmetische Progression durch Addition und Subtraktion erreicht, bewirkt die geometrische Progression durch Multiplikation **[237r]** und Division, wie ich ausführlich in Buch im Kapitel über die geometrischen Progression vorgeführt habe.

Man sehe also:

0,	1,	2,	3,	4,	5,	6,	7,	8
1,	2,	4,	8,	16,	32,	64,	128,	256

Wie aus der Addition (in der oberen Reihe) aus 3 und 5 dann 8 wird, so wird (in der unteren Reihe) aus der Multiplikation von 8 mit 32 dann 256. Es ist aber 3 Exponent von acht selbst, und 5 ist der Exponent der Zahl 32, und 8 ist der Exponent der Zahl 256. Wie ebenso in der oberen Reihe aus der Subtraktion von 3 von 7 dann 4 übrig bleibt, so wird in der unteren Reihe durch die Division von 128 durch 8 dann 16.

Ähnliches sieht man hier:

0,	1,	2,	3,	4,	5,	6,	7,	8
1,	1x,	1z,	1cub.,	1zz,	1ß,	1zcub.,	1bß,	1zzz

Wie aus der Addition von 3 und 5 sich 8 ergibt, so wird aus der Multiplikation von 1cub. mit 1ß dann 1zzz. Und wie aus der Subtraktion der 3 von 7 dann 4 übrig bleibt, so bleibt aus der Division von 1bß durch 1cub. dann 1zz.

Über die Reduktion cossischer Zahlen in kleinste, jedoch in derselben Proportion, wird man leicht urteilen. Natürlich stellen sich 24cub. und 36ß in kleinster Form als 2cub. und 3z dar. Wir verfahren hier ja mit den Zahlen der Zeichen nach den allgemeinen Rechenverfahren. Die Zeichen aber reduzieren wir durch Subtraktion des kleineren Zeichens von jeder der beiden cossischen Zahlen. Davon kommt es, dass die eine der beiden (nämlich jene Zahl, die das kleinere Zeichen hat) immer eine absolute Zahl wird.

Ähnlich wird man über drei oder mehr cossische Zahlen urteilen. Wenn z.B. 3zcub. gleich 14zz – 8z sind, dann wird sich die vereinfachte Gleichung so darstellen: 3zz gleich 14z – 8. Nun mache ich die Probe: Die größere Wurzel ergibt 2 (die kleinere Wurzel nämlich ergibt $\sqrt{2/3}$), und so ergeben 3 zcub. dann 192. Und dasselbe machen auch 14zz – 8z. Also ist die Gleichung genau dargestellt.

In gleicher Weise (um die Vereinfachung zu überprüfen) machen 3zz dann 48, und dasselbe ergeben 14z – 8.

Wenn also die Division einer Coss-Zahl durch eine Coss-Zahl mit größerem Zeichen erfolgt, dann wird der Divisor unter den Dividenden gestellt, so dass ein Bruch entsteht, der in seine kleinsten Glieder zurückzuführen ist. Wenn also 8z durch 2 zcub. zu teilen ist, dann macht die Division $\frac{8z}{2zcub.}$. So aber zeigt sich der Bruch **[237v]** in reduzierter Form: $\frac{4}{1zz}$. Und so ist in solchen Fällen stets der Zähler des Bruches eine unbenannte Zahl.

Über die Brüche ist hier weiter nichts auszuführen; es genügt, was ich am Ende dieses Kapitels darlegen werde.

Vom Rechenverfahren bei zusammengesetzten und verkleinerten cossischen Zahlen.

Bis hierher sprach ich in jenem Kapitel von einfachen cossischen Zahlen, nämlich solchen, die weder ein Additions- noch ein Subtraktions-Zeichen haben. Nun muss ich also über zusammengesetzte und verkleinerte cossische Zahlen handeln.

Wenn aber eine Coss-Zahl mit einer Zahl eines anderen Zeichens addiert wird, dann entsteht eine zusammengesetzte cossische Zahl. So ergibt 6x addiert zu 12 dann 6x + 12. Ebenso: 6x zu 8z macht 8z + 6x. Und so auch sonst.

Und wenn einmal eine Coss-Zahl von einer Zahl mit anderem Zeichen subtrahiert wird oder eine andere Zahl von dieser abgezogen wird, dann entsteht eine verkleinerte cossische Zahl. Also bleibt bei 6x von 8z dann übrig 8z – 6x. Ebenso 12 von 6x; übrig bleibt 6x – 12. Und so auch sonst.

Wenn aber zwei Coss-Zahlen mit demselben Zeichen addiert werden müssen oder die eine Zahl von der anderen abgezogen werden soll, dann kommt nichts anderes heraus als eine einfache cossische Zahl. Wenn z.B. 8z zu 4z addiert wird, kommt 12z heraus, und 5x von 7x ergibt 2x. Und so auch sonst.

Der Grund aber für die Addition mittels Pluszeichen und die Subtraktion mittels Minuszeichen ist der, dass die cossischen Zahlen mit verschiedenen Zeichen entweder eine unbestimmte Proportion zueinander haben (wie in Rechenbeispielen, wo man zur Prüfung der Beispiele fast jede Zahl für 1x annehmen kann) oder, wenn sie schon nicht unbestimmt ist, so bleibt sie doch unbekannt, bis man eine eigene und sichere Wurzel findet. Dann nämlich (also wenn 1x aufgelöst ist) werden sämtliche cossischen Zahlen eines aufgestellten Beispieles in unbenannte Zahlen aufgelöst.

Für das Rechenverfahren aber zusammengesetzter und verkleinerter Coss-Zahlen muss man die Regeln für das Rechenverfahren bei Additions- oder Subtraktions-Zeichen wiederholen, die ich in Buch 2 vorführte. **[238r]**

Regeln für Addition und Subtraktion.

1. Gleiche Zeichen setzen dasselbe Zeichen, mit Ausnahme der Subtraktion, bei der die Zahlen verkehrt gestellt werden.

2. Verschiedene Zeichen verändern die Art, und A erstellt M, S jedoch S.

Regel für Multiplikation und Division.

Gleiche Zeichen ergeben ein Pluszeichen; verschiedene Zeichen jedoch ergeben ein Minuszeichen.

Regel für Gleichungen, die zu reduzieren sind.

Gleiche Zeichen deuten an, dass eine Subtraktion erfolgen soll. Verschiedene Zeichen aber deuten an, dass eine Addition erfolgen soll.

Ausreichende Erklärungen für diese Regeln gab ich im vorhergehenden Buch über die irrationalen Zahlen. Ich muss also gar nicht weiter über diese Regeln sprechen; es genügen die folgenden Beispiele, die ich nun als Ergänzung zum Rechenverfahren cossischer Zahlen geben will.

Beispiele für Addition.

$$\begin{array}{rcr} 6x & + & 8 \\ 7x & + & 10 \\ \hline 13x & + & 18 \end{array} \qquad\qquad \begin{array}{rcr} 6z & + & 8x \\ 2z & - & 10x \\ \hline 8z & - & 2x \end{array}$$

Um das erste Beispiel durch unbenannte Zahlen zu prüfen, wird man jede beliebige Zahl als Wurzel annehmen können. Und um das zweite Beispiel durch unbenannte Zahlen zu prüfen, wird man jede ganze Zahl für 1x nehmen können, die größer als vier ist. Wenn man nämlich eine Wurzel für 5 annimmt, dann wird die Gleichung zwischen 6z + 8x und 8z – 2x sein.

Weitere Beispiele für Addition.

$$\begin{array}{rcr} 6x & - & 12 \\ 2x & - & 4 \\ \hline 8x & - & 16 \end{array} \qquad\qquad \begin{array}{rcr} 6z & + & 8x \\ 12x & - & 3 \\ \hline 3z & + & 20x \end{array}$$

Für 1x kann man (um die Probe zu machen) im vorderen Beispiel jede Zahl nehmen, die größer ist als zwei. Und im späteren Beispiel **[238v]** kann man für 1x jede Zahl annehmen, die größer als fünf ist.

Beispiele für Subtraktion.

$$\begin{array}{lll} 6x + 8 & \qquad & 6x - 8 \\ \underline{2x + 4} & & \underline{2x - 4} \\ 4x + 4 & & 4x - 4 \end{array}$$

Beispiele für Ausnahmen

$$\begin{array}{lll} 6cub. - 8x & \qquad & 6cub. + 8x \\ \underline{2cub. - 10x} & & \underline{2cub. - 10x} \\ 4cub. + 2x & & 4cub. - 18x \end{array}$$

Weitere Beispiele für Subtraktion.

$$\begin{array}{lll} 6cub. - 8x & \qquad & 3x + 20 \\ \underline{2cub. + 10x} & & \underline{6x - 2} \\ 4cub. - 18x & & 22 - 3x \end{array}$$

Weitere Beispiele für Subtraktion.

$$\begin{array}{lll} 3z + 20x & \qquad & 8x + 0 \\ \underline{12x - 3z} & & \underline{12x - 24} \\ 6z + 8x & & 24 - 4x \end{array}$$

Das letzte Beispiel scheint der Regel S stellt S hin zu widersprechen. Doch geht das Minuszeichen, das zum Rest der Subtraktion gestellt wird, aus den vorhergehenden Teilen hervor und nicht aus den späteren.

Beispiel für Multiplikation.

$$\begin{array}{c} 6x - 8 \\ \underline{5x - 3} \\ 30z + 24 - 5\,x \end{array}$$

Weiteres Beispiel für Multiplikation.

$$\begin{array}{r} 6z + 8x - 6 \\ \underline{2z - 4} \\ 12zz + 16cub. - 12z \\ \underline{- 24z - 32x + 24} \\ 12zz + 16cub. - 36z - 32x + 24 \end{array}$$

[239r] Man kann die Summe aber auch so darstellen:

$$12zz + 16cub. + 24 - 36z - 32x$$

Beispiel für Division

$$\begin{array}{ll} \qquad - \cancel{4}\cancel{0}x & \\ \cancel{3}\cancel{0}x^2 - \cancel{5}\cancel{8}x + \cancel{2}\cancel{4} & \qquad (6x - 8 \\ \;\cancel{5}x - \cancel{3} & \\ \qquad \cancel{5}x - \cancel{3} & \end{array}$$

Anderes Beispiel für Division.

$$-\cancel{1}\cancel{2}x^2 \qquad\qquad \text{Quotient}$$

$$\cancel{1}\cancel{2}x^4 + \cancel{1}\cancel{6}x^3 - \cancel{3}\cancel{6}x^2 - \cancel{3}\cancel{2}\,x + \cancel{2}\cancel{4} \quad (6x^2 + 8x - 6$$

$$\cancel{2}x^2 + \cancel{0}x - \cancel{4}$$

$$\cancel{2}x^2 + \cancel{0}x - \cancel{4}$$

$$\cancel{2}x^2 + \cancel{0}x - \cancel{4}$$

Beispiel für Ziehen von Quadratwurzeln.

$$\cancel{3}\cancel{6}x^2 - \cancel{9}\cancel{6}x + \cancel{6}\cancel{4} \qquad (6x - 8$$

$$\cancel{1}\cancel{2}x$$

Anderes Beispiel für Ziehen von Quadratwurzeln.

$$\cancel{1}\cancel{2}\cancel{0}x^2 \qquad\qquad \text{Wurzel}$$

$$\cancel{3}\cancel{6}x^4 + \cancel{4}\cancel{8}x^3 - \cancel{1}\cancel{0}\cancel{4}x^2 - \cancel{8}\cancel{0}x + \cancel{1}\cancel{0}\cancel{0} \; (6x^2 + 4x - 10$$

$$\cancel{1}\cancel{2}x^2 \qquad \cancel{1}\cancel{2}x^2 + \cancel{8}x$$

Die Probe erfolgt durch Multiplikation der Wurzel mit sich selbst, also:

$$\begin{array}{r} 6z + 4x - 10 \\ \underline{6z + 4x - 10} \\ 36zz + 24cub. - 60z \qquad\qquad\qquad \\ + 24cub. + 16z - 40x \qquad \\ \underline{- 60z - 40x + 100} \\ 36zz + 48cub. + 100 - 104z - 80x \end{array}$$

Ich werde jedoch von jenen Divisionen und von dieser Art von Wurzelziehen weiter unten in Kapitel 12 handeln. Es sind dies nämlich künstlich erstellte Beispiele. Regulär nämlich kann eine Division nicht durch einen Divisor erfolgen, der ein Plus- oder Minus-Zeichen hat. **[239v]**

Wenn dir jedoch ein Divisor begegnet, der eine zusammengesetzte oder verminderte Coss-Zahl ist, dann schreibe diesen unter deinen Dividenden, damit ein Bruch entsteht. Diesen Bruch nun verwende, bis dir eine Gleichung begegnet, die jene deine Division durchführt und vollendet. Doch werden dich die Beispiele über solche Aufgaben schön belehren, so dass man hier nicht länger lehren muss.

Über Brüche cossischer Zahlen.

Das Rechenverfahren cossischer Zahlen möge nach der allgemeinen Regel über Rechenverfahren bei Brüchen beurteilt werden; diese Regel besagt: Jegliches Rechenverfahren von Brüchen setzt sich aus den Regeln für deren ganze Zahlen und aus den Regeln der allgemeinen Bruchrechnung zusammen, über die ich oben in Buch eins, Kapitel 1 lehrte, man müsse sie sich unter folgenden beiden Figuren einprägen:

Es bleibt also nur noch übrig, dich mit wenigen Beispielen an diese Regeln zu erinnern:

Beispiel für Addition.

$$\frac{3x}{2} \text{ x } \frac{4z}{3\text{cub.}} \text{ macht } \frac{9zz + 8z}{6\text{cub.}}$$

Beispiel für Subtraktion.

$$\frac{3x}{2} \text{ von } \frac{9zz + 8z}{6\text{cub.}} \text{ lässt } \frac{4z}{3\text{cub.}} \text{ übrig}$$

Beispiel für Multiplikation.

$$\frac{9zz + 8z}{6\text{cub.}} \text{ mal } \frac{3x}{2} \text{ macht } \frac{27\beta + 24\text{cub.}}{12\text{cub.}}$$

Beispiel für Division.

$$\frac{27\beta + 24\text{cub.}}{12\text{cub.}} \text{ durch } \frac{3x}{2} \text{ macht } \frac{9zz + 8z}{6\text{cub.}}$$

Beispiel für Reduktion auf die Glieder der Zeichen.

$$\frac{27\beta + 24\text{cub.}}{12\text{cub.}} \text{ macht } \frac{27z + 24}{12}$$

Beispiel für Reduktion auf die Glieder der Zahlen.

$$\frac{27z + 24}{12} \text{ macht } \frac{9z + 8}{4}$$

[240r] VOM ZIEHEN DER WURZELN AUS COSSISCHEN ZAHLEN.

Kapitel IIII.

Dieses vierte Kapitel vereinfacht die acht cossischen Regeln von Christoph auf meine einzige Algebra-Regel. Wem aber diese meine Reduktion missfällt, der sei ein tapferer Gesell und streiche auch das Rechenverfahren cossischer Zahlen und erfinde und bilde dafür so viele Regeln, wie die Sache erfordert. Doch wird es niemanden geben, der ein solches Vorgehen billigen wird.

Man sieht aber deutlich aus Kapitel 3, dass die Quadratwurzel aus $64x^2$ 8x ist.

Und die Kubikwurzel aus 8 cub. ergibt 2x. Und die 4. Wurzel aus $81x^4$ macht 3x.

Und die 5. Wurzel aus $32x^5$ macht 2x.

Und die 6. Wurzel aus $64x^6$ macht 2x. Und so auch sonst.

Nun folgt die Weise des Ziehens von Quadratwurzeln aus cossischen Zahlen, die einer anderen Zahl gleichgesetzt sind. Dabei soll der Exponent einer solchen Zahl mit den Exponenten des anderen Teils jener Gleichung drei Terme einer arithmetischen Reihe bilden, wie man in den folgenden Gleichungen sieht.

$1x^6$ ist gleich $1x^5 + 35156x^4$. Die Exponenten sind 6.5.4.

Ebenso ist x^5 gleichgesetzt mit $1x^4 + 35156x^3$. Die Exponenten sind 5.4.3.

Ebenso ist $1x^4$ gleichgesetzt mit $1x^3 + 35156x^2$. Und so auch sonst.

Es werden nämlich die Zeichen aller derartigen Gleichungen (wie man in Kapitel drei gelernt hat) auf die Zeichen folgender Exponentenzahlen zurückgeführt: 2,1,0.

Es steht aber aus vielen Stellen in den beiden vorhergehenden Büchern fest, dass 0 der erste Term der natürlich fortschreitenden Zahlen ist, wie auch die Eins der erste Term der geometrisch fortschreitenden Zahlen ist. Daher wird jede der angesetzten Gleichungen auf eine Gleichung reduziert, wie ich sie im Beispiel am Ende von Kapitel zwei über Judas Maccabaeus und Nikanor gab, nämlich auf folgende: $1x^2$ gleich 1x + 35156. Die Exponenten sind 2, 1, 0. **[240v]**

Es gibt kein Hindernis für ein Wurzelziehen in der Art, die ich gleich vorführen werde, auch wenn die Ordnung der Zeichen nach ihren Exponenten so geändert wird wie hier: $1x^2$ gleich 725 – 4x. Diese Ordnung stellt die Exponenten so auf: 2, 0, 1. Doch werde ich darüber mehr weiter unten gegen Ende des Kapitels sagen.

Nun folgt jene Weise des Wurzelziehens.

*Erstens. Beginne mit (**A**) der Zahl der Wurzeln, halbiere sie und stelle an ihren Ort die Hälfte dessen, was an seinem Ort steht, bis die ganze Rechenoperation durchgeführt ist.*

*Zweitens. **M**ultipliziere jene gegebene Hälfte mit sich selbst.*

*Drittens. **A**ddiere oder **s**ubtrahiere gemäß der Anforderung des Plus- oder Minuszeichens.*

*Viertens. Nun muss die Quadratwurzel gefunden (**I**) werden aus der Summe deiner Addition oder aus dem Rest einer Subtraktion.*

*Fünftens: **A**ddiere oder **s**ubtrahiere nach der Anforderung des Zeichens oder deines Beispieles.*

Ich habe, mein guter Leser, die Weise des Wurzelziehens so gestaltet, dass sie dir fest im Gedächtnis haften kann, und zwar mit Hilfe des Merkwortes AMASIAS. Es bezeichnet aber A das erste Glied (das mit A beginnt), das die Stellung der halben Zahl der Wurzeln lehrt. Der Buchstabe M stellt den zweiten Schritt dar, der die Multiplikation befiehlt. A und S stellen den dritten Schritt dar, der entweder Addition oder Subtraktion, wie es die Sache verlangt, fordert (wie die Beispiele klar ergeben werden). Der Buchstabe I zeigt an, dass man die Quadratwurzel finden muss. A und S bezeichnen den letzten Schritt jener Regel, der wiederum eine Addition oder Subtraktion erwähnt.

Nun wollen wir Beispiele sehen, die jene Weise erläutern, damit später die einzelnen Glieder jenes Verfahrens in bester Darstellung einsichtig werden.

Das erste Beispiel werde von jenem Algebra-Exempel genommen, das diesem Kapitel unmittelbar vorherging; es wurde ja $1x^2$ der cossischen Zahl 1x + 35256 gleichgesetzt.

Also setze ich erstens $\frac{1}{2}$ für die Zahl der Wurzeln. Es gibt aber keine andere Wurzelzahl als 1x. Die Methode aber verlangt, **[241r]** die Hälfte (nicht der Wurzeln, sondern) der Zahl der Wurzeln anzusetzen. Daher setze ich nicht $\frac{1}{2}$ x, sondern nur $\frac{1}{2}$ ohne das Coss-Zeichen. Und diese gesetzte Hälfte wird zweimal zu gebrauchen sein. Daher besagt jene Methode, man dürfe sie nicht von ihrem Ort wegnehmen, bis die Operation beendet ist, d.h. bis die Wurzel, die man sucht, gefunden ist.

Zweitens: Ich multipliziere $\frac{1}{2}$ mit sich selbst, was $\frac{1}{4}$ ergibt.

Drittens: Ich addiere zu jenem Produkt der Multiplikation die Zahl, die das Pluszeichen hat, nämlich 35156, das heißt ich addiere $\frac{140625}{4}$ zu $\frac{1}{4}$ (wegen des Pluszeichens, das auf der Seite jener Zahl steht), und so ergibt sich aus dieser Addition $\frac{140625}{4}$.

Viertens: Ich finde die Quadrat-Wurzel aus $\frac{140625}{4}$, die $\frac{375}{2}$ ergibt.

Fünftens: Ich addiere zu jener Wurzel $\frac{1}{2}$, also die Hälfte der Zahl der Wurzeln, die an den Anfang gestellt wurde. Ich addiere aber wegen des Pluszeichens. Es ergibt sich aber aus jener Addition 188, welche die Zahl 1x ist, und aus dieser Coss-Zahl 1x + 35156. Das beweise ich so: 1x ergibt 188. Jene Zahl addiere ich zu 35156, woraus sich 35344 ergibt; deren Quadratwurzel beträgt 188.

Damit man aber Gleichungen dieser Art mit rationalen Wurzeln leicht bilden kann, will ich die rechteckige Figur des vorhergehenden Kapitels wiederholen; ich habe sie aber entsprechend dem ersten Satz in Buch zwei des Euklid selbst in folgender Weise geteilt:

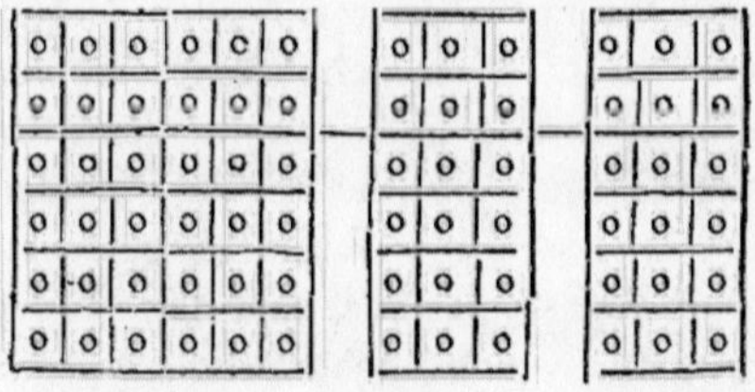

Natürlich ist $1x^2 + 6x$ gleich 72.
Ebenso ist $1x^2 + 8x - 12$ gleich 72.
Ebenso ist $1x^2 + 3x + 18$ gleich 72, usw.

Wir wollen die mittlere dieser Gleichungen als Beispiel nehmen; **[241v]** nämlich $1x^2$ + 8x – 12 ist gleich 72. Zuerst erfolgt die Reduktion; ich füge nämlich zum vorderen Teil der Gleichung 12 hinzu, es ergibt sich $1x^2$ + 8x, und ähnlich füge ich dem hinteren Teil 12 bei, worauf 84 entsteht. Zweitens erfolgt die Umstellung, denn ich ziehe vom vorderen Teil 8x ab und ebenso vom hinteren Teil, und so bleibt $1x^2$ gleich 84 – 8x. Die Umstellung muss aber so erfolgen, dass der Divisor allein steht und den übrigen Teilen der Gleichung gleich ist. Und dies ist es, was die Algebra-Regel sagt: *Dividiere durch die Zahl des größeren Coss-Zeichens den Rest der Gleichung, der demselben (aber benannten) Divisor gleich ist,* usw. Da aber $1x^2$ gleich ist 84 – 8x, muss man die Wurzel aus dieser Verbindung 84 – 8x ziehen. Ich setze – 4 an die Stelle von – 8x, und dies multipliziere ich mit sich selbst, was 16 ergibt, und dies addiere ich zu 84, was 100 ergibt. Ich addiere aber (und subtrahiere nicht), weil sich versteht, dass man die Hälfte der Wurzel-Zahlen mit einem Minuszeichen ansetzt, also – 4. Gleiche Zeichen aber dieser Art ergeben bei der Multiplikation ein Pluszeichen, und so ergibt natürlich – 4 mal – 4 dann + 16. Weiterhin ist die Quadratwurzel aus 100 dann 10, und davon ziehe ich 4 ab, nämlich die Hälfte der Zahl der Wurzeln. Ich ziehe aber ab wegen des Minuszeichens, das auf die Seite der Zahl der Wurzeln gestellt wird. Man sieht ja, dass die Hälfte jener Zahl als – 4 gesetzt wird, wie ich oben bereits sagte. Und von dieser Subtraktion bleibt 6, und damit ist die Wurzel der Gleichung gefunden.

Ebenso: $1x^2$ ist gleich 72 – 6x. Gesucht wird, wie groß 1x von 72 – 6x ist.

Darstellung:

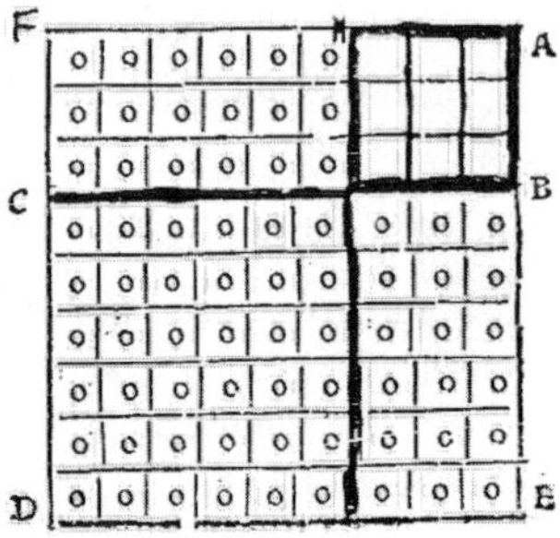

[**242r**] Wenn ich die Hälfte der Zahl der Wurzeln hinsetze, dann ziehe ich die kleine Linie AB. Diese multipliziere ich im Quadrat, was 9 ergibt, nämlich die quadratische Fläche, in die ich keine Nullen einsetzte. Zu dieser Fläche (nämlich 9) addiere ich 72, dies ergibt den vollständigen Gnomon, der mit Nullen dargestellt ist. Auf diese Weise entsteht ein vollständiges Quadrat. Daher ziehe ich dessen Quadratwurzel, die 9 ergibt, also die Strecke AE. Von dieser Strecke ziehe ich die kleine Strecke AB ab, nämlich die Hälfte der Zahl der Wurzeln. Dann bleibt die Strecke BE oder CD übrig, und diese ist die Wurzel des Quadrates 72 – 6x, das in seiner Länge 6 beträgt. Daher ist 36 gleich dem Coss-Ausdruck 72 – 6x. Du weißt aber, dass diese Demonstrationsfigur ein Beispiel für den vierten Lehrsatz im zweiten Buch Euklids ist.

Es folgen weitere Ausformungen von Gleichungen nach dem zweiten Lehrsatz im zweiten Buch Euklids.

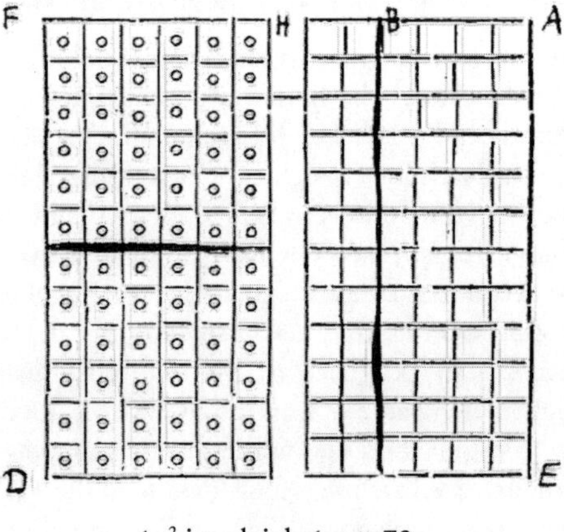

$1x^2$ ist gleich $6x + 72$.
$1x^2 - 72$ ist gleich $6x$.
$1x^2 - 2x + 24$ ist gleich $6x + 72$.

Wenn man die letzte dieser drei Gleichungen vereinfacht, wird man finden, dass $8x + 48$ gleich $1x^2$ ist. Also ist $8x + 48$ gleich einem Quadrat. [**242v**]

Daher wollen wir dessen Quadratwurzel suchen. Zuerst setze ich 4 hin, nämlich die Hälfte der Zahl der Wurzeln; diese (Zahl 4) multipliziere ich mit sich selbst, was 16 ergibt. Dazu addiere ich 48 wegen des Pluszeichens, das auf der Seite dieser Zahl steht. Aus dieser Addition ergibt sich aber 64. Davon die Quadratwurzel beträgt 8. Und diese

8 addiere ich (wegen desselben Pluszeichens) zu 4, nämlich der halben Zahl der Wurzelzeichen. Und so erscheint die gesuchte Wurzel.

Ebenso: $1x^2$ ist gleich $6x + 72$.

Zuerst (um die Sache geometrisch vorzuführen) stelle ich die Wurzel des in der folgenden Zeichnung mit **i**-Buchstaben bezeichneten Quadrates hin, nämlich die Hälfte der Zahl der Wurzeln, also 3. Diese Zahl multipliziere ich mit sich selbst, und es entsteht das Quadrat, das mit den i-Buchstaben bezeichnet ist. Zu diesem addiere ich 72, das heißt, ich füge bei oder lege herum den Gnomon, der, wie du siehst, mit Nullen dargestellt ist. Und so hast du eine quadratische Figur.

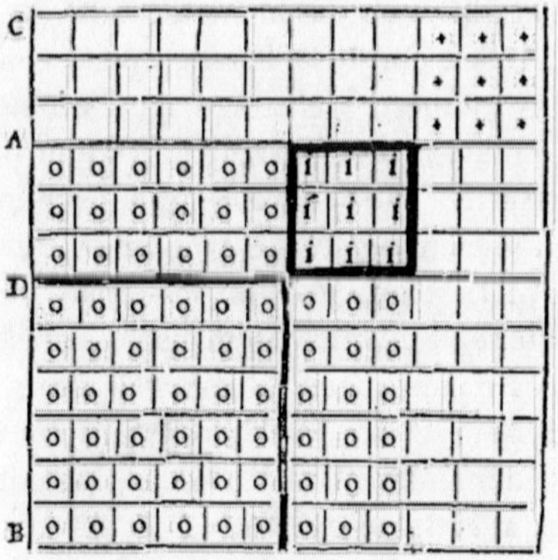

Daher ziehe ich daraus die Quadratwurzel, nämlich AB, die in der Länge 9 beträgt. Schließlich addiere ich zu jener gefundenen Wurzel die halbe Zahl der Wurzeln, nämlich 3. Dies besagt: Ich addiere (wegen des Pluszeichens) zu jener Wurzel die kleine Strecke AC, so dass ein Quadrat erstellt wird, dessen Wurzel 12 sei. Dieses Quadrat wurde durch den Coss-Ausdruck $6x + 72$ dargestellt, [**243r**] ebenso durch $1x^2$. Die Figur selbst aber ist ein Beispiel des sechsten Satzes im zweiten Euklid-Buch.

Von Gleichungen, die zwei Wurzeln haben.

Es gibt aber manche Gleichungen, denen die Natur derartiger Dinge verlieh, dass sie eine doppelte Wurzel besitzen, nämlich eine größere und eine kleinere. Dies werde ich vollständig erklären und darstellen.

Und damit man diese Sache rascher begreift, nehmen wir das Beispiel einer Gliederung, zu der die unmittelbar vorhergehende Zeichnung passt, nämlich

$1x^2$ sei gleich $18x - 72$.

Zuerst stelle ich die Hälfte der Zahl der Wurzeln hin, nämlich 9 (denn in der Gleichung steht ja 18x), das heißt, ich setze die Strecke AB an, die in der Länge 9 beträgt. Zweitens multipliziere ich sie mit sich selbst, was 81 macht, nämlich das Quadrat, das mit Nullen und den Buchstaben i bezeichnet ist. Drittens subtrahiere ich von jenem Quadrat die Zahl der Gleichung, die auf der Seite des Verkleinerungszeichens steht, und dieses Minuszeichen zeigt natürlich an, dass eine Subtraktion stattfinden muss. Also ziehe ich 72 von 81 ab, nämlich vom Quadrat über der Strecke AB ziehe ich den Gnomon ab, den man mit Nullen bezeichnet sieht. So bleibt das Quadrat übrig, das man mit den i-Buchstaben bezeichnet sieht. Viertens nun ziehe ich die Quadratwurzel aus jenem übrig gebliebenen Quadrat, jene Wurzel beträgt 3. Es ist nämlich die Quadratwurzel des mit i-Buchstaben bezeichneten Quadrates. Fünftens: Nun hat 72, also die Zahl, die auf der Seite des Minuszeichens steht, durch die Subtraktion ihre Aufgabe erfüllt und ist mit ihrem Verkleinerungszeichen gänzlich eliminiert, denn keine solche Zahl kann sich einer doppelten Wirkung erfreuen wie z.B. die Hälfte der Zahl der Wurzeln. Ich musste dies hier breiter ausführen, um das fünfte oder letzte Glied der Methode zu erklären, die ich weiter oben zu solchen Wurzelziehungen anführte und nach der all jenes geschieht, was in diesem Kapitel gelehrt wird. Von nun an ist kein Zeichen mehr da, weder ein Minus- noch ein Pluszeichen, das deutlich sichtbar gesetzt wäre. Also entspricht die Sache sehr schön der Gleichung, sei es, dass man jene Wurzel des Quadrates mit den i-Zeichen, nämlich 3 (soviel ergibt auch die kleine Strecke AD in ihrer Länge) von der Wurzel des Quadrates mit Nullen und i-Buchstaben (also von der Strecke AD) abzieht oder dass **[243v]** man sie dazu addiert. Zieht man ab, dann bleibt die Wurzel DB übrig. Addiert man jedoch, dann entsteht die Wurzel CB. Wenn natürlich $1x^2$ mit $18x - 72$ gleichgesetzt wird, dann entspricht die Wurzel 6 der Gleichung als die kleinere Wurzel, und 12 entspricht derselben Gleichung als die größere Wurzel. Wenn man nämlich für die Wurzel 6 annimmt, macht $1x^2$ dann 36. Nun sehe man, ob der andere Teil der Gleichung entspricht, nämlich ob $18x - 72$ auch 36 macht. Es macht aber 18x (wobei $1x = 6$ macht) 108, und wenn man 72 davon abzieht, bleiben 36 übrig.

Ebenso: Wenn man als Wurzel die Strecke CB annimmt (also 12), so beträgt $1x^2$ dann 144. Man sehe nun, ob der andere Teil der Gleichung entspricht, nämlich ob $18x - 72$ ebenso 144 ergibt: Wenn aber 1x so viel wie 12 ist, so machen 18x dann 216, davon ziehe 72 ab, dann bleiben 144 übrig. Also zeigt sich, dass die Probe stimmt.

So oft also $1x^2$ der Zahl der Wurzeln gleich ist, angenommen mit einer unbenannten Zahl mittels des Minuszeichens, dann wird stets (mit Ausnahme eines einzigen Falles) die Gleichung selbst eine zweifache Wurzel haben. In allen anderen Fällen jedoch ist es unmöglich, dass eine Gleichung mehr Wurzeln als eine einschließt.

Beispiel für die Ausnahme.

$1x^2$ sei gleich $12x - 36$. Ich setze erstens die Hälfte der Zahl der Wurzeln hin, nämlich 6. Zweitens multipliziere ich 6 mit sich selbst, was 36 ergibt. Davon ziehe ich 36 ab, die nach dem Verkleinerungszeichen stehen; so bleibt 0 übrig. Also wird es nichts geben, was man entweder von der Hälfte der Zahl der Wurzeln abzieht oder was man dazu addiert.

So oft also eine Gleichung auftritt, die zwischen $1x^2$ und Wurzeln mit einer abgezogenen unbenannten Zahl steht, und wenn diese unbenannte Zahl gleich dem Quadrat der Hälfte der Zahl der Wurzeln ist, dann wird aus dem bereits dargelegten Grund eine solche Gleichung einfach als ihre Wurzel jene Hälfte der Zahl der Wurzeln haben. **[244r]**

Und damit du die Glieder des Wurzelziehens vollständiger verstehst, die Addition und Subtraktion betreffen (es sind ja die Glieder drei und fünf jener Methode), so vernimm Folgendes:

So oft $1x^2$ einer cossischen Zahl wie $8x + 38$ gleichgesetzt wird oder (was dasselbe ist) dem Ausdruck $38 + 8x$, das heißt so oft in der Mitte des anderen Gleichungsteiles ein Pluszeichen steht zwischen den Wurzeln und der unbenannten Zahl, dann geschieht stets eine Addition in beiden Gliedern, nämlich im dritten und fünften, und niemals erfolgt eine Subtraktion, und es ist unmöglich, dass eine solche Gleichung zwei Wurzeln hat.

Und so oft ein Minuszeichen inmitten der anderen Seite der Gleichung (die $1x^2$ gleichgesetzt wird) steht, und wenn die Wurzeln auf der Seite des Minuszeichens stehen (wie hier 38 – 8x), dann erfolgt gemäß dem dritten Glied der Regel eine Addition und keine Subtraktion, und dies deshalb, weil zwei subtrahierte [negative] Zahlen miteinander multipliziert eine Addition ergeben oder das Additionszeichen erfordern. Jedoch nach dem fünften oder letzten Glied erfolgt eine Subtraktion, wegen jenes dort stehenden Minuszeichens. Und es ist unmöglich, dass die Gleichung mehr Wurzeln hat als eine einzige.

Und so oft ein Minuszeichen in der Mitte steht in dem Teil der Gleichung, der mit $1x^2$ gleichgesetzt wird, so dass eine unbenannte Zahl nach dem Verkleinerungszeichen steht (etwa 8x – 38), dann erfolgt nach dem dritten Glied der erwähnten Methode eine Subtraktion und keine Addition. Natürlich erfolgt die Subtraktion wegen des Minuszeichens selbst, da hier nicht das Abgezogene mit sich (auf Grund des zweiten Gliedes) multipliziert wird, wie es bei der vorhergehenden Einrichtung der Gleichung geschah.

Es tritt aber jene unbenannte Zahl mit ihrem Vorzeichen deshalb nur einmal auf, weil sie eine einfache Aufgabe hat, während die halbe Zahl der Wurzeln eine doppelte Aufgabe hat.

Daher bleibt beim letzten Schritt weder ein Minuszeichen übrig noch ein Pluszeichen. Und deshalb wird es dir (nach dem Gesetz der Gleichung) frei stehen, ob du abziehen oder addieren willst, denn du wirst auf beide Weise eine Wurzel finden, die für die Gleichung genügt.

Im Falle der erwähnten Ausnahme wird entsprechend dem letzten Glied der Methode nichts addiert und nichts abgezogen; daher usw. **[244v]**

Nun ist eine Darstellung anzufügen, bei der man sieht und versteht, dass Gleichungen dieser Art (wo das Minuszeichen in der Mitte steht und eine unbenannte Zahl danach) natürlicherweise zwei Wurzeln besitzen (mehr als zwei wird aber keine Gleichung haben).

Und zu diesem Zweck wollen wir die zweite Figur dieses Kapitels wiederholen, nämlich die folgende:

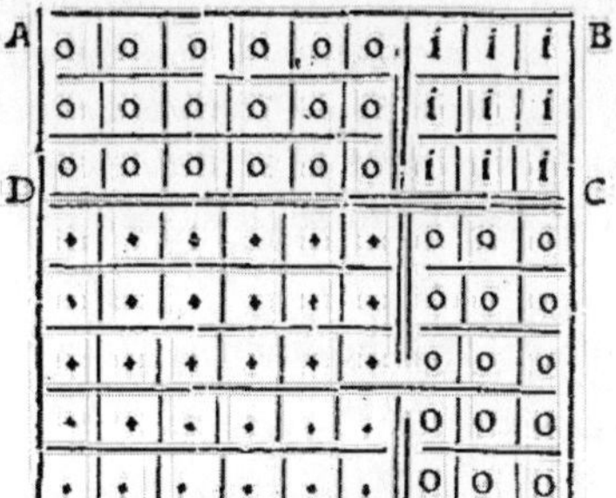

Wie die Figur hier steht, ist sie ein Beispiel für den dritten Satz im zweiten Buch Euklids, könnte in gleicher Weise aber auch das Beispiel für den vierten Satz in Buch zwei bilden.

Man sehe also: Wenn ich behaupte, $1x^2$ sei gleich $9x - 18$, dann siehst du sicher aus dem Bild, dass diese Gleichung zu dem Viereck ABCD und dem Viereck CDEF passt. Das kleinere Quadrat nämlich, das mit i-Buchstaben bezeichnet ist, ist, wie man sieht, gleich $9x - 18$. Das gesamte Viereck ABCD enthält natürlich 9x, und diese Wurzeln hat das kleine mit i-Buchstaben bezeichnete Quadrat. Wenn man daher von diesen Wurzeln die Zahl 18 abzieht (nämlich den Teil der Figur, der mit Nullen bezeichnet ist), dann bleibt $1\ x^2$ übrig, eben das mit i-Buchstaben bezeichnete Quadrat.

Das Viereck [ABCD] passt aber in allem zum Viereck CDEF. Das größere Quadrat nämlich, das mit Punkten bezeichnet ist, gleicht, wie man sieht, ebenso $9x - 18$. Natürlich, das ganze Viereck CDEF enthält 9x, **[245r]** und diese Wurzeln hat das größere Quadrat selbst, das mit Punkten bezeichnet ist. Wenn man also von jenen 9x die Zahl 18 abzieht, also den Teil des Vierecks, der mit Nullen ausgefüllt ist, dann bleibt $1x^2$ übrig, also das mit Punkten bezeichnete Quadrat.

Man sieht bestimmt, dass eine und dieselbe Gleichung, nämlich $1x^2$ gleich $9x - 18$, zwei Wurzeln hat, da sie auf jedes der beiden Quadrate passt. Und 3 ist ihre kleinere Wurzel, 6 hingegen die größere Wurzel. Man sieht ja deutlich, dass BC die Seite des kleineren Quadrates ist und DE die Seite des größeren Quadrates.

Wenn ich jedoch sage, $1x^2$ sei gleich $27 - 6x$, dann sieht man sicher, dass diese Gleichung nur auf das kleinere Viereck passt, nämlich auf ABCD.

Ebenso wenn ich sage, dass $1x^2$ gleich sei $54 - 3x$, sieht man, dass dies nur auf das größere Viereck passt.

Aber wenn ich sage, dass $1x^2$ gleich $6x + 27$ sei, oder dass $1x^2$ gleich $3x + 54$ sei, dann sieht man, dass jene Gleichungen nur auf das Quadrat passen, das beide Vierecke in sich einschließt, nämlich auf ABFE.

Allgemeine Regel, die das Ziehen einschließt von Wurzeln wie 4. (zensizensischer), 6. (zensikubischer), 8. (zensizenzensischer), 10. (zensurdesolider), 12. (zenzensikubischer), 14. (zenbsurdesolider) usw.

Wenn es drei Teile einer Gleichung gibt, von denen zwei cossisch genannt werden, so dass die Exponenten der Nenner den Gesetzen der arithmetischen Progression gemeinsam mit dem Exponenten des nicht benannten Teiles folgen (das ist sicher $= 0$), dann kann das Ziehen der Quadratwurzel entsprechend der in diesem Kapitel aufgestellten Methode erfolgen; es kommt hier nämlich stets eine unbenannte Zahl heraus, mag sie rational oder irrational sein. Man wird also später aus der gefundenen Zahl eine weitere Wurzel ziehen können (wenn das größere cossische Zeichen zusammengesetzt ist), und zwar nach dem restlichen Teil des zusammengesetzten Zeichens, der unten dargestellt ist.

Es folgen Beispiele für diese Regel, die rationale Wurzeln hervorbringen. **[245v]**

1 $2x^4$ gleich $1450 - 8x^2$
2 $1x^4$ gleich $18x^2 + 648$.
3 $1x^4$ gleich $433x^2 - 41616$.
4 $1x^6$ gleich $5120 - 16^3$.
5 $1x^6$ gleich $200x^3 + 3456$.
6 $1x^6$ gleich $800x^3 - 156751$.
7 $1x^8$ gleich $214651701 - 20x^4$.
8 $1x^8$ gleich $2000x^4 + 185076881$.

9 $1x^8$ gleich $20000x^4 - 78461119$.
10 $1x^{10}$ gleich $7424 - 200\,x^5$.
11 $1x^{10}$ gleich $80x^5 + 39609$.
12 $1x^{10}$ gleich $2000x^3 - 999424$.

Erklärung der Beispiele.

Die Zeichen im ersten Beispiel sind x^4, x^2, 0. Die Exponenten dieser Zeichen sind: 4, 2, 0. Es bewahren aber die Terme 4, 2, 0 alle Bedingungen einer arithmetischen Progression, wie auch jene Terme der geometrischen Progression 1, 2, 4 die Bedingungen einer geometrischen Progression bewahren, usw.

Die cossischen Zeichen des vierten Beispiels sind x^6, x^3, 0. Die Exponenten aber dieser Zeichen sind 6, 3, 0.

So sind die Zeichen des siebten Beispiels x^8, x^4, 0, und die Exponenten dieser Zeichen sind 8, 4, 0.

So sind auch die Zeichen des zehnten Beispiels x^{10}, x^5, 0. Die Exponenten aber dieser Zeichen sind 10, 5, 0.

Der Methode und den Regeln dieses Kapitels unterliegen auch Gleichungen mit solchen Zeichen (wie man in Kapitel sechs sehen wird), nämlich für die zweiten Wurzeln.

Ax^2, Ax, 0. Die Exponenten dieser Zeichen sind 2, 1, 0.

Ebenso Ax^4, Ax^2, 0 und die Exponenten dieser Zeichen sind 4, 2, 0 etc.

Ebenso Bx^6, Bx^3, 0. Die Exponenten dieser Zeichen sind 6, 3, 0.

Ähnlich Cx^4, Cx^2, 0. Die Exponenten dieser Zeichen sind 4, 2, 0. Und so auch sonst. **[246r]**

Wir wollen aber frühere Beispiele wiederholen.

Das erste Beispiel war $2x^4$ gleich $1450 - 8x^2$. Ich dividiere also $1450 - 8x^2$ durch 2; dann findet man dass $1x^4$ gleich $725 - 4x^2$ ist. Daher ziehe ich die zensische oder Quadrat-Wurzel aus $725 - 4x^2$, was 25 ergibt. Dann suche ich die Quadrat-Wurzel aus 25, die 5 macht. Und dies ist auch die Wurzel der Gleichung.

So ist die Wurzel der Gleichung des Beispiels vier die Zahl 4. Denn $1x^2$ davon, gefunden auf Grund der in diesem Kapitel gelehrten Methode, ist 64. Also muss man die Kubikwurzel aus 64 suchen (entsprechend der Anmerkung des Zeichens x^3), und diese macht 4. So verfährt man auch sonst.

ÜBER IRRATIONALE COSSISCHE ZAHLEN UND DEREN RECHENVERFAHREN; AUCH ÜBER ABSURDE ZAHLEN.

Kapitel V.

Wir verwenden sehr häufig irrationale Zahlen unter der Regel der Algebra, so dass die meisten Gelehrten die irrationalen Zahlen absolut nennen. Wir jedoch nennen cossische Zahlen nur solche, die mit irgend einer cossischen Benennung bezeichnet sind, wie ich oben ausführte. Diese Zahlen aber nennen wir irrationale cossische Zahlen, die den Eindruck irrationaler Zahlen unter irgend einer cossischen Benennung machen, selbst wenn man findet, dass 1x, wenn man sie auflöst, rational war. Wir können nämlich nicht beurteilen, ob sie rational oder irrational sind, bevor 1x aufgelöst wird, stehen sie doch unter demselben Wurzelzeichen und unter demselben cossischen Zeichen, ob sie nun rational oder irrational sind. Wenn man (z.B.) in einem Beispiel findet, dass die Zahl $\sqrt{20x}$ unter irgend einer Gleichung war, deren 1x, als man es fand, 5 betrug, dann ist es sicher, dass diese Zahl selbst rational war und mit 10 gleichgesetzt, obschon sie in einem anderen Beispiel in unendlich vielen Weisen irrationalen Zahlen gleichgesetzt werden können und so wirklich irrational sind. So ist es möglich **[246v]** (und es geschieht sogar oft), dass eine cossische Zahl, ohne irgend ein Wurzelzeichen angenommen, irrational ist; wenn etwa die Zahl 20x sich unter irgend einer Gleichung befand, deren 1z die Zahl 18 betrug, dann ist es sicher, dass diese Zahl selbst irrational und mit $\sqrt{7200}$ gleichgesetzt war, usw. Dies sage ich deshalb, damit man versteht, dass ich diese Zahlen irrationale cossische Zahlen nenne, die unter das Rechenverfahren fallen, das ich in diesem Kapitel behandeln werde, und dies sind solche, die auf der linken Seite ein Wurzelzeichen haben, das anzeigt, man solle eine Wurzel ziehen, die die Zahl selbst nicht besitze. Wir werden daher $\sqrt{12x}$ und $\sqrt{36x}$ irrational nennen und $\sqrt{36x^2}$ rational nennen, usw. Ich glaube, dass dies genügt, um dieses Rechenverfahren darzustellen. Auch ist die Aussprache von Zahlen dieser Art nicht schwer. $\sqrt{20x}$ wird so ausgesprochen: Quadratwurzel von zwanzig Wurzeln. Ebenso wird $\sqrt{20x^2} - \sqrt{20x}$ so ausgesprochen: Quadratwurzel von zwanzig x^2 plus Quadratwurzel von zwanzig Wurzeln. Ebenso wird $\sqrt{\frac{20x}{7}}$ so ausgesprochen: Quadratwurzel von zwanzig Wurzeln, geteilt durch die Quadratwurzel der Zahl sieben. Und so auch sonst.

Und da die Zahlen, deren Rechenverfahren ich in diesem Kapitel darstellen will, doppelte Zeichen tragen, eines nämlich links, das wir Wurzelzeichen nennen, und das andere rechts, das wir Coss-Zeichen nennen, steht hinreichend fest, dass sich ihr Rechenverfahren aus einem dreifachen Rechenverfahren zusammensetzt: Natürlich aus dem gemeinen, sodann aus dem Rechenverfahren mit irrationalen Zahlen und endlich aus dem Rechenverfahren für die Coss-Zahlen mit Ausnahme des Rechenverfahrens mit Brüchen und dem Rechenverfahren mit Plus- und Minuszeichen. Dies aber sage ich nicht, um dich, lieber Leser, von der Sache abzuschrecken, sondern mehr, um dir die ganze Sache mit einem kurzen Satz anzudeuten. Das Rechnen mit diesem Rechenverfahren ist ja nicht schwierig oder verwickelt, sondern so, dass man es mit bloßem Beobachten der Zeichen leicht erlernt und behalten kann. Ich selbst habe solches ja nicht durch Lesen erlernt, sondern allein durch Beobachtung der Dinge verstanden und durch die Wohltat der Zeichen (die ich mir zu diesem Zweck vermehrte) dem Gedächtnis eingeprägt, so dass mir bei allen meinen Rechnungen überall die Zeichen als Regel dienen. **[247r]**

Von Addition und Subtraktion.

Die Addition irrationaler cossischer Zahlen geschieht mittels des Pluszeichens, und die Subtraktion geschieht mittels des Minuszeichens.

So ergibt $\sqrt{36x}$, addiert zu $\sqrt{12x^2}$, dann $\sqrt{12x^2} + \sqrt{36x}$.

Ebenso ergibt 36 von $\sqrt{36x}$ dann $\sqrt{36x} - 36$. Und so auch sonst.

Wenn jedoch die cossischen Zeichen und die irrationalen Zahlen gleich sind oder wenn sie zu jenen Zeichen ohne Pluszeichen hinzugefügt werden können, dann behindern die Zeichen diese keineswegs, so wie die üblichen Benennungen diese nicht von der Praxis ihrer Rechenverfahren zurückhalten.

Weil nämlich aus $\sqrt{8}$ plus $\sqrt{18}$ die $\sqrt{50}$ entsteht, deshalb entsteht auch aus $\sqrt{8x}$ plus $\sqrt{18x}$ dann $\sqrt{50x}$. Und aus $\sqrt{8x^2}$ plus $\sqrt{18x^2}$ wird $\sqrt{50x^2}$.

So bleibt auch aus $\sqrt{18x}$ minus $\sqrt{8x}$ dann $\sqrt{2x}$ übrig, und aus dem Abzug von $\sqrt{8x^2}$ von $\sqrt{8x^2}$ bleibt $\sqrt{2x^2}$ übrig, weil aus dem Abzug von $\sqrt{8}$ von $\sqrt{18}$ auch $\sqrt{2}$ übrig bleibt.

Wir wollen aber für die gegebenen Beispiele arithmetisch die Probe machen. Ich setze an, dass $1x = 2$ macht; dann werden $8x = 16$ ergeben, wovon die Quadratwurzel 4 ist; also macht $\sqrt{8x}$ dann 4. Ebenso macht $\sqrt{18x} = 6$, denn 18x macht 36, wovon die $\sqrt{\ }$ dann 6 macht. Daher ergeben $\sqrt{18x} + \sqrt{8x}$ oder $\sqrt{50x}$ die Zahl 10. Nun sehe man, ob $\sqrt{50x}$ auch 10 macht. Natürlich, denn 50x macht 100, und davon die $\sqrt{\ }$ macht 10. Ganz ähnlich wird man finden, dass $\sqrt{18x} - \sqrt{8x}$ oder $\sqrt{2x}$ dann 2 ergeben, wie ja auch, wenn man 2 von 4 abzieht, 2 übrig bleibt. Im anderen gegebenen Beispiel wird aus $\sqrt{8x^2}$, addiert zu $\sqrt{18x^2}$, das Aggregat $\sqrt{50x^2}$. Also betrage $1x = 2$, worauf dann $1x^2 = 4$ betragen wird, und ebenso wird $8x^2$ dann 32 betragen, wovon die Quadratwurzel $\sqrt{32}$ beträgt. So ergibt $\sqrt{18x^2}$ dann $\sqrt{72}$. Nun addiere $\sqrt{32}$ zu $\sqrt{72}$, und man wird $\sqrt{200}$ erhalten. Und ebenso viel muss auch $\sqrt{50x^2}$ betragen, denn $50x^2$ ergibt 200, und davon die $\sqrt{\ }$ beträgt $\sqrt{200}$.

Man sieht also hinreichend, dass das Verfahren sicher ist. Und dem entsprechen in schöner Weise auch die übrigen Regeln derartiger Operationen.

Von Multiplikation und Division.

Weil die irrationalen Coss-Zahlen dem Rechenverfahren der irrationalen Zahlen folgen, lassen sie weder Multiplikation noch Division zu, es sei denn, beide hätten dasselbe Wurzelzeichen, also der **[247v]** Multiplikant und der Multiplikand oder der Divisor und der Dividend. (Von den Coss-Zeichen aber spreche ich hier nicht, weil jene niemals die Multiplikation verhindern und auch die Division nicht immer verhindern, denn es ist ja genugsam bekannt: 6x geteilt durch $3x^2$ macht $\frac{2}{1x}$, während $6x^2$ geteilt durch 3x dann 2x macht, usw.) Daher bleibt übrig, nochmals über die Reduktion der Wurzelzeichen zu sprechen. Es genügt jedoch, wenn dies mit Hilfe eines Beispieles geschieht. Die Regel nämlich, die ich über die Reduktion solcher Zeichen weiter oben in Buch zwei beim Rechenverfahren medialer irrationaler Zahlen gegeben habe, bleibt hier völlig gleich.

Wir wollen aber das Beispiel sehen:

Ich will $\sqrt{8x}$ mit $\sqrt[3]{16x^2}$ multiplizieren. Zuerst also vereinfache ich diese auf das gleiche Wurzelzeichen. So aber stellen sich die Glieder nach der Vereinfachungsregel dar:

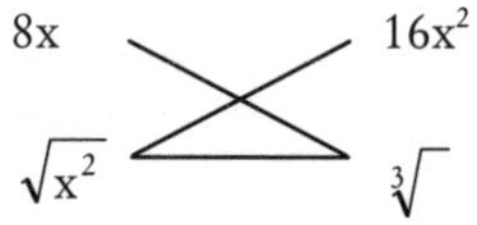

Es entstehen aber nach der Regel diese zwei cossischen Zahlen, nämlich $\sqrt[6]{512x^3}$ und $\sqrt[6]{256x^4}$. Nun also stehen sie unter den gleichen Wurzelzeichen und unter dem früheren Wert oder der früheren Proportion, und das ist so zu beweisen: 1x betrage 2; es wird 8x dann 16 betragen. Davon $\sqrt{\ }$ macht 4. Also ist $\sqrt{8x}$ dann 4. Ebenso ist $\sqrt[3]{16x^2}$ auch 4. Denn $16x^2$ (wenn 1x hier 2 beträgt) macht 64, und davon $\sqrt[3]{\ }$ ist 4. Und nun sieh, ob die gefundenen cossischen Zahlen passen, nämlich ob jede von beiden 4 ist.

Wenn aber 1x so viel wie 2 ist, dann wird $1x^3$ nun 8 betragen. Daher werden $512x^3$ dann 4096 ergeben. Davon die $\sqrt[6]{\ }$, also die zensikubische [6.] Wurzel, beträgt 4. Ebenso macht $1x^4$ dann 16. Also betragen $256x^4$ ebenso 4096, so dass davon $\sqrt[6]{\ }$ 4 ergibt.

Nun also multipliziere ich $\sqrt[6]{512x^3}$ mit $\sqrt[6]{256x^4}$, und es entsteht $\sqrt[6]{131072x^7}$. Dazu die Probe:

$1x^7$ macht 128; so machen $13107x^7$ dann 16777216. Und nun sieh, ob $\sqrt[6]{\ }$ dieser Zahl 16 beträgt. Denn jeder Term der Multiplikation macht 4, und 4 mal 4 macht 16; daraus folgt, **[248r]** dass die vorher genannte Zahl 16 beträgt. Denn $\sqrt{\ }$ von 16777126 macht 4096, und $\sqrt[3]{\ }$ von 4096 macht 16.

Beispiel für Division.

Ich will $\sqrt[6]{131072x^7}$ durch $\sqrt[6]{512x^3}$ teilen; die Division ergibt $\sqrt[6]{256x^4}$, denn 131072, geteilt durch 512, macht natürlich 256.

So sind die Wurzelzeichen bei Multiplikation und Division nicht zu beugen, während cossische Zeichen gebeugt werden. Daher beträgt der Quotient $\sqrt[6]{256x^4}$.

Von der Reduktion irrationaler cossischer Zahlen auf Terme.

Solange aber die Wurzelzeichen von Termen einer Proportion oder Gleichung nicht reduziert wurden, wird auch die Reduktion cossischer Zeichen nicht erfolgen, wie ich sie im vorherigen Kapitel lehrte.

Wenn man zwei irrationale cossische Zahlen setzt, nämlich $\sqrt{8x}$ und $\sqrt[3]{16x^2}$, und wenn man annimmt, dass 1x soviel ist wie 2, dann werden die Zahlen untereinander gleich sein. Wenn man jedoch ihre cossischen Zahlen reduziert und die Wurzelzeichen zuvor nicht reduziert hat, dann wird die Gleichung nicht erhalten bleiben. Man kann nämlich $\sqrt{8}$ nicht mit $\sqrt[3]{16x}$ gleichsetzen, wenn 1x soviel wie 2 ist, wie zuvor angenommen. Würde man nämlich die Wurzelzeichen reduzieren, ergäben sich $\sqrt[6]{512}$ und

$\sqrt[6]{256x^2}$. Und man sieht hinreichend, dass $\sqrt[6]{512}$ und $\sqrt[6]{1024}$ keine gleichen Zahlen sind. Reduziert man jedoch zuerst die Wurzelzeichen, bevor man die Coss-Zeichen reduziert, werden sich die Zahlen so darstellen: $\sqrt[6]{512x^3}$ und $\sqrt[6]{2656x^4}$. Wenn dann die Coss-Zeichen reduziert sind, werden sie sich so darstellen: $\sqrt[6]{512}$ und $\sqrt[6]{256x}$. Man sieht aber hinreichend, dass, wenn 1x soviel wie 2 beträgt, dann $\sqrt[6]{256x}$ eine Zahl ergibt, die der anderen ohne das Coss-Zeichen gleich ist usw.

Von den Brüchen dieses Rechenverfahrens.

Es gibt jedenfalls nichts in der gesamten Arithmetik, was man öfter wiederholt als diese Regel, nämlich dass beliebige **[248v]** Brüche dem Rechenverfahren ihrer ganzen Zahlen folgen, und zwar nach den Regeln des allgemeinen Rechenverfahrens. Also ist es hier nicht nötig, Regeln oder Beispiele hinzusetzen, da ich schon so oft Beispiele für derartige Rechenoperationen vorgeführt habe.

Von Plus- und Minus-Zeichen und von absurden Zahlen.

Man muss auch nicht viel davon sprechen, wie das gegenwärtige Rechenverfahren Plus- und Minuszeichen verwendet. Man würde nur etwas sagen, was schon früher gesagt war. Doch muss man wissen, dass wir diese Zeichen aus einer doppelten Notwendigkeit verwenden. Zuerst nämlich gebrauchen wir jene bei solchen Zahlen, deren Proportion nicht genau anzugeben ist, etwa bei irrationalen Zahlen. Zweitens gebrauchen wir sie bei solchen Zahlen, deren Proportion unbekannt ist, und möge sie auch genau sein (wie bei cossischen Zahlen), wenn wir Zahlen suchen, die uns verborgen sind. Doch außer dieser doppelten Notwendigkeit verwenden wir sie auch aus Bequemlichkeit, um damit etwas darzustellen oder zu lehren, wie man mich hier gleich gebrauchen sehen wird, also nicht aus Notwendigkeit, sondern aus Bequemlichkeit.

Die erste Regel aber, die über diese Vorzeichen überliefert ist, hat vier verschiedene Arten von Beispielen, die durch folgende Beispiele dargestellt werden:

$$\begin{array}{c} 8 + 4 \\ \underline{10 + 5} \\ 18 + 9 \end{array} \qquad \begin{array}{c} 8 - 4 \\ \underline{10 - 5} \\ 18 - 9 \end{array} \qquad \begin{array}{c} 10 + 5 \\ \underline{8 + 4} \\ 2 + 1 \end{array} \qquad \begin{array}{c} 10 - 5 \\ \underline{8 - 4} \\ 2 - 1 \end{array}$$

Es folgt die Ausnahme von der Regel, die sich auf die Subtraktion bezieht. Auch sie hat vier Variationen, die in den folgenden Beispielen vorgeführt werden:

$$\begin{array}{c} 8 + 5 \\ \underline{10 + 2} \\ 3 - 2 \end{array} \qquad \begin{array}{c} 10 + 2 \\ \underline{8 + 3} \\ 2 - 1 \end{array} \qquad \begin{array}{c} 10 - 2 \\ \underline{8 - 3} \\ 2 + 1 \end{array} \qquad \begin{array}{c} 8 - 2 \\ \underline{10 - 5} \\ 3 - 2 \end{array}$$

Die zweite Regel, soweit sie sich auf Addition bezieht, hat ebenfalls vier Variationen, die in den folgenden Beispielen vorgeführt werden: **[249r]**

$$\begin{array}{c} 8 + 5 \\ \underline{10 - 4} \\ 18 + 1 \end{array} \qquad \begin{array}{c} 8 - 5 \\ \underline{10 + 4} \\ 18 - 1 \end{array} \qquad \begin{array}{c} 8 - 4 \\ \underline{10 + 5} \\ 18 + 1 \end{array} \qquad \begin{array}{c} 8 + 4 \\ \underline{10 - 5} \\ 18 - 1 \end{array}$$

Insofern sich aber die zweite Regel auf Subtraktion erstreckt, hat sie folgende vier Variationen:

$$\begin{array}{cccc} 18 + 5 & 18 + 4 & 18 - 5 & 18 - 4 \\ \underline{\ \ 8 - 4} & \underline{\ \ 8 - 5} & \underline{\ \ 8 + 4} & \underline{\ \ 8 + 5} \\ 10 + 9 & 10 + 9 & 10 - 9 & 10 - 9 \end{array}$$

Insofern sich die Regel von Multiplikation und Division auf die Multiplikation bezieht, hat sie vier Variationen folgender Art:

$$\begin{array}{cccc} 0 + 6 & 0 - 6 & 0 + 6 & 0 - 6 \\ \underline{0 + 4} & \underline{0 - 4} & \underline{0 - 4} & \underline{0 + 4} \\ 0 + 24 & 0 + 24 & 0 - 24 & 0 - 24 \end{array}$$

Was aber die Division angeht, so hat sie vier ähnliche Variationen folgender Art:

$$\begin{array}{cccc} 0 + 24 & 0 + 24 & 0 - 24 & 0 - 24 \\ \underline{0 + 6} & \underline{0 - 6} & \underline{0 + 6} & \underline{0 - 6} \\ 0 + 4 & 0 - 4 & 0 - 4 & 0 + 4 \end{array}$$

Man sieht gewiss, dass all dies den billigsten Kleinigkeiten höchst ähnlich erscheint, und doch bringen die cossischen Operationen gemäß diesen Regeln ganz wunderbare Ergebnisse. Um jedoch nichts von dem zu übergehen, was zum Ganzen der Arithmetik gehört und mein Können nicht übersteigt, muss ich hier wohl von fingierten Zahlen unterhalb von Null sprechen.

Wie aber verschiedene Wurzeln von Zahlen gebildet werden unter Zahlen, die nicht diese Wurzeln haben (und diese Fiktion geschieht zum höchsten Nutzen der Mathematik), so werden auch nicht ohne Nutzen Zahlen unter 0 fingiert, also unter Null. Ich will ein oben aufgestelltes Beispiel für Subtraktion hier wiederholen:

$$\begin{array}{c} 8 - 2 \\ \underline{10 - 5} \\ 3 - 2 \end{array}$$

[249v] Zuerst ziehe ich 10 von 8 ab und finde oberhalb von 0, also über Null, keine Zahl, die ich nach der richtigen Subtraktionsegel hinstellen könnte. Wenn nämlich die Zahl, von der abzuziehen ist, größer wäre als die Zahl, die man abzieht (wenn z.B. anstelle von 8 die Zahl 12 dastünde), dann könnte ich schließlich eine wirkliche Zahl hinsetzen. Und wenn jene Zahl, von der abgezogen werden muss, gleich der Zahl wäre, die abgezogen wird (wenn also an Stelle von 8 die Zahl 10 dastünde), dann bliebe 0 übrig, also nichts (und dies steht in der Mitte zwischen echten und absurden Zahlen). Wenn jedoch die abzuziehende Zahl größer ist als jene, von der abgezogen wird, dann bleibt eine Zahl unter 0 übrig, also unter nichts, und so muss man offenbar 0 – 2 schreiben. So ziehe ich in ähnlicher Weise nachher 0 – 5 von 0 – 2 ab und erhalte 0 + 3. nämlich eine Zahl über Null, also eine echte Zahl.

So pflegt die Coss entsprechend ihrer unermesslichen Fülle das zu verwenden, was ist, und das, was zu sein fingiert wird. Wie nämlich oberhalb der Eins ganze Zahlen angesetzt werden und unterhalb der Eins Bruchteile von eins fingiert werden, und wie oberhalb von Eins ganze Zahlen angesetzt werden und unterhalb von Eins verkleinerte oder Bruchzahlen, ebenso setzt man oberhalb der 0 die Eins mit den Zahlen, und unterhalb von 0 fingiert man die Eins mit Zahlen. Dies scheint schön dargestellt in der natürlichen Zahlenprogression, wenn sie der Progression dient.

Man muss diese Spekulation aber durch ein Beispiel erläutern.

–3	–2	–1	0	1	2	3	4	5	6
$\frac{1}{8}$	$\frac{1}{4}$	$\frac{1}{2}$	1	2	4	8	16	32	64

Man könnte hier vielleicht ein ganzes neues Buch über die Wunder der Zahlen schreiben, doch muss ich mich hier fortschleichen und geschlossenen Auges fortgehen. Ich will jedoch eine Sache von den oben besprochenen wiederholen, um nicht den Eindruck zu erwecken, ich sei vergeblich auf diesem Felde gewesen. Doch will ich den Satz umkehren und wiederholen, was mir wiederholt zu werden müssen scheint:

Alles, was die geometrische Progression durch Multiplikation und Division bewirkt, dies macht die arithmetische Progression durch Addition und Subtraktion. Beispiel:

Wie $\frac{1}{8}$, multipliziert mit 64, dann 8 ergibt, so macht – 3, addiert zu 6, dann 3. **[250r]** Es ist aber –3 der Exponent von $^1/_8$, so wie 6 der Exponent der Zahl 64 ist, und 3 ist der Exponent der Zahl 8.

Ebenso: Wie $\frac{1}{8}$, wenn es 64 dividiert, 512 ergibt, so ergibt – 3, abgezogen von 6, dann 9. Es ist aber 9 Exponent der Zahl 512.

Ebenso: Wie 64, wenn es $\frac{1}{8}$ dividiert, dann $\frac{1}{512}$ ergibt, so lässt 6, abgezogen von – 3, dann – 9 übrig. Es ist aber – 9 der Exponent des Bruches $\frac{1}{512}$.

Und so offenbart sich das herrlichste Urteil über die Brüche der abstrakten Eins und über alles, was Euklid, Boethius und andere über die Unteilbarkeit der Einheit dachten. Darüber habe ich auch in Buch eins gesprochen, indem ich sagte, dass man die Brüche von eins als fiktive Zahlen ansehen müsse.

Doch wie geschieht es, dass – 24, durch – 6 geteilt, + 4 ergibt? Antwort: Auf die gleiche Weise, wie aus einer Minute, geteilt durch ein sextum (und dies ist unglaublich kleiner als der tausendste Teil einer Minute), 777600000 Stunden werden, die etwa 88716 Jahre ergeben.

Ebenso (um einen vertrauteren Vergleich anzuführen) geschieht es aus dem Grund, aus dem $\frac{1}{2}$, geteilt durch $\frac{1}{4}$, die Zahl 2 ergibt. Auch Ungebildete wissen, dass $\frac{1}{4}$ Gulden in $\frac{1}{2}$ Gulden zweimal enthalten ist.

So ist ein *sextum* in einer Minute 777600000mal enthalten (da eine Minute so viele *sexta* ergibt), und so wird jene Benennung der Zeit auf jenen ins Wort gefassten Quotienten bezogen, nämlich auf Stunden, so dass dann so viele Stunden 88716 Jahre ergeben.

Wenn ich also – 24 durch – 6 dividiere, dann sage ich, dass – 6 in – 24 viermal enthalten sei. Und diesen Quotienten muss ich mit + 4 notieren. Wenn ich nämlich – 6 von – 24 abziehe, bleibt – 18 übrig. Und so habe ich einmal – 6 von – 24 abgezogen. Nun ziehe ich – 6 von – 18 ab, und es bleibt – 12 übrig; so habe ich 2, also zweimal – 6 von – 24 abgezogen. Drittens ziehe ich – 6 von – 12 ab, und es bleibt – 6 übrig. Also habe ich Dreiheit durch Subtraktion erzeugt. Bei der vierten Subtraktion habe ich nun 4 hervorgebracht, wobei 0 übrig bleibt. Du siehst aber, dass bei absurden Zahlen alles absurd oder verkehrt vor sich geht. Natürlich geschieht es bei echten Zahlen, dass sie durch eine Subtraktion vermindert werden; bei absurden Zahlen jedoch geht es so (wie du sahst), dass sie durch Subtraktion vergrößert werden. Da dies so ist, müssen sie auch durch Addition vermindert werden, wie z.B. – 6 addiert zu – 4 dann – 10 ergibt, usw.

Du hast hier also aus dem Gesagten den Urquell der Gründe für alle Fragen, **[250v]** die sich auf das Rechenverfahren mit Plus- und Minuszeichen erstrecken. Wenn du also hörst, dass verschiedene Zeichen bei der Addition eine Subtraktion erfordern, dann begreifst du wohl, dass man dabei die Subtraktionsregel verstehen muss, wie sie die echten Zahlen erfordern. Eine solche Subtraktion aber ist bei absurden Zahlen eine Addition. Nämlich – 8 zu + 4 macht – 4. Und + 8 zu – 4 macht + 4. Ebenso macht + 4 minus – 8 dann + 12, und – 4 minus + 8 macht – 12. Mögen dies nämlich auch Additionen nach dem Rechenverfahren echter Zahlen sein, so sind jene Additionen dennoch Subtraktionen nach dem Rechenverfahren für absurde Zahlen, usw. So folgt aus dem über die Division Gesagten schön alles, was die Regeln der Division oder Multiplikation lehren. Wenn nämlich – 24, geteilt durch – 6, dann + 4 ergibt, machen daher + 4 und – 6, miteinander multipliziert, – 24. Es gilt nämlich ganz allgemein, dass die Multiplikation die Probe für die Division darstellt, und die Division für die Multiplikation, die Addition für die Subtraktion und die Subtraktion für die Addition.

VON DER VOLLKOMMENHEIT DER ALGEBRA-REGEL UND VON DEN ZWEITEN WURZELN.

Kapitel VI.

Durch diese einzige Regel der Algebra-Kunst meine ich, Gott sei Dank, im Überfluß alles geleistet zu haben, was Christoph mit Hilfe von acht Regeln fertig brachte und andere mit 24 Regeln. Wie nämlich meine einzige Regel höchst einfach ist, so steht fest, dass sie auch höchst weitreichend ist, da sie nicht nur alle Regeln umschließt, die bisher gefunden wurden, sondern sogar alle, die man für diese Sache noch finden kann. Dies will ich an den Beispielen von Christoph, Geronimo Cardano und Adam Ries hinreichend beweisen. Es ist nämlich unmöglich, dass ein Beispiel vorkommt, das nach einer bestimmten verborgenen Zahl sucht, dabei aber nicht von meiner Regel erfaßt wird. Ob die Regel aber früher einmal in dieser Einfachheit gefunden wurde, weiß ich nicht, neige jedoch durch Vermutung auf Grund der Bezeichnung zur Bejahung der Frage. **[251r]** Wir sind ja gewohnt, von der Algebra-Regel eher im Singular als im Plural zu sprechen. Mir jedoch mißfiel diese Benennung, denn ich hätte es vorgezogen, diese Sache Kunst zu nennen und nicht Regel, weil ich sah, dass sie aus sehr vielen und verschiedenen Regeln besteht. Doch halte ich mich jetzt nicht damit auf, wie man sie benennen soll. Ich überlasse es gerne gerechten Richtern, über meine Sache zu urteilen.

Wenn ich aber von der Vollendung dieser einzigen Regel spreche, so soll mich niemand für so schläfrig halten, dass ich nicht sähe oder bedächte, was man auf diese Regel bezieht, oder worauf sich diese Regel erstreckt. Doch mögen jene auch dies bedenken, dass man dieser Regel nicht aufbürden darf, wenn ich ein Schwachkopf sein sollte oder nicht begriffe, worauf sich die Regel erstreckt. Sicher ist es jedoch, dass einer, der mehr Sätze in der Kunst kennt (wie sie Euklid vorstellt), die Algebra-Regel in weiterem Umfang gebrauchen kann als einer, der von solchen Sätzen nichts weiß, mag er auch jene Regel kennen. Wenn also einer die Algebra-Regel kennt und ihm ein Knoten begegnet, den er nicht lösen kann, weil er das nicht weiß, was die Algebra-Regel voraussetzt, dann handelt er töricht, wenn er jenes Unwissen von sich überträgt und die Regel selbst beschuldigt.

Wenn (z.B.) jemand von mir verlangt, ich solle eine Zahl hervorsuchen, deren Quadrat, multipliziert mit dem vierten Teil der gesuchten Zahl 432 macht (es ist dies das erste Beispiel von Christoph für seine dritte Regel), dann operiere ich nach meiner Regel so: Ich setze 1x, wovon das Quadrat $1x^2$ ist. Dieses nun multipliziere ich mit ¼x, und das Produkt macht $\frac{1}{4}x^3$ gleich 432. Wenn man aber dividiert, ergibt sich der Quotient, dessen kubische Wurzel zu suchen die Regel anweist wegen des Zeichens x^3 beim Divisor. Wenn ich diese nicht ziehen kann, wird die Schuld bei meinem Unwissen liegen, nicht bei der Regel.

Ähnlich: Wenn ich eine Zahl finden soll, von der man 5 abzieht und dann ein Rest übrig bleibt, dessen Quaratwurzel, multipliziert mit jener verborgenen Zahl, $\sqrt{192}$ ergibt. Nun setze ich 1x an: Wenn aber 5 davon abgezogen wird, bleibt 1x – 5 übrig. Davon die Quadratwurzel ist $\sqrt{1x-5}$. Wenn man diese mit 1x multipliziert, ergibt sich $\sqrt{1x^3-5x^2}$ gleich $\sqrt{192}$. Wenn man diese Gleichung reduziert und umstellt, findet sich, **[251v]** dass $1x^3$ gleich $5x^2 + 192$ ist. Also muss man nach der Regel die Kubikwurzel aus dem Verband $5x^2 + 192$ ziehen wegen des Zeichens x^3 beim Divisor. Wenn ich aber die Wurzel nicht ziehen kann, wie sie mir die Regel anzeigt, dann bleibt dennoch die Regel in ihrer Vollkommenheit bestehen. Die zu ziehende Wurzel beträgt aber 8. Doch werde ich darüber weiter unten am richtigen Platz noch mehr sagen.

Von zweiten Wurzeln.

Wenn in der Angabe eines Beispiels nach der Position 1x noch eine andere verborgene Zahl begegnet, die in unbestimmter Proportion zu der unter 1x verborgenen und zuvor gesetzten Zahl steht, dann wird diese verborgene Zahl unter 1A gestellt. Und dieses 1A ist dasselbe wie 1Ax. Dies besagt: 1A ist nichts anderes als ein zweites 1x, das aber vom ersten oder zuvor gesetzten 1x unterschieden ist. Da also das erste 1x einen anderen Wert hat als das zweite 1x, ist erforderlich, dass wir beim Durchrechnen des Beispieles jene Wurzeln nicht verwechseln oder die eine für die andere setzen. Davor aber könnte man sich kaum hüten, wenn nicht die zweiten Wurzeln von den ersten Wurzeln durch verschiedene Zeichen unterschieden würden. Ich will aber, dass unter dem Begriff zweite Wurzeln auch die dritten, vierten, fünften usw. mit erfasst sind. Solche sollen also zum Lehren alle zweite Wurzeln genannt werden im Vergleich zu den ersten, damit man weiß, dass grundsätzlich das gleiche Verhältnis in allen vorherrscht, ob man sie nun multiplizieren soll oder dividieren oder addieren oder subtrahieren, usw.

Die zweiten Wurzeln werden nun so dargestellt: 1A (d.h. 1Ax), 1B (d.h. 1Bx), 1D (d.h. 1Cx), 1D usw.

Es ist also nicht verwunderlich, dass 1A, mit sich selbst multipliziert, $1Ax^2$ ergibt, usw. Man muss aber darauf achten, dass in Beispielen für zweite Wurzeln die zweiten Wurzeln in erste aufgelöst werden, und zwar mit Hilfe einer gefundenen Gleichung. Selten jedoch kommt es vor, dass man erste Wurzeln in zweite auflösen muss.

Alles weitere aber, was über die zweiten Wurzeln gelehrt werden muss, werde ich gelegentlich aufzustellender Beispiele besprechen. **[252r]**

Christoph und Geronimo Cardano behandeln die zweiten Wurzeln unter der Bezeichnung der Quantität und bezeichnen sie daher als 1q. Ausführlicher aber hat sie Cardano behandelt. Christoph nämlich sagt nichts über die Kämpfe der zweiten Wurzeln mit den ersten. Diese aber hat Cardano mit schönen Beispielen bekannt gemacht, so dass ich sie leicht erlernen konnte. Diese Kämpfe aber zweiter Wurzeln mit ersten führen die folgenden Beispiele genügend vor.

Ich will 2x mit 2A multiplizieren, und aus dieser Multiplikation entsteht 4xA. Dies ist (das gehört zu Darstellung und Aussprache dieses Rechenverfahrens) 4x, multipliziert mit 1A.

Ich will multiplizieren 3A mit 9B, was 27AB macht, das ist 27A multipliziert mit 1B.

Ich will 3B kubisch mit sich selbst multiplizieren, macht $27Bx^3$.

Ich will multiplizieren $3x^2$ mit 4B, macht $12x^2B$.

Ich will multiplizieren $2x^3$ mit $4Ax^2$, was $8x^3Ax^2$ macht, das ist 8 x^3 multipliziert mit 1 Ax^2.

Ich will multiplizieren 1A im Quadrat, macht 1 Ax^2.

Ich will multiplizieren 6 mit 3C, macht 18C.

Ich will multiplizieren 1A mit 1 Ax^2, macht 1 Ax^3.

Ich will multiplizieren $2Ax^2$ mit $5Ax^3$, macht $10Ax^5$.

Ich will multiplizieren $1x^3$ mit $1xAx^2$, macht so viel wie $1x^2A$, mit sich quadriert, das ist $1x^4Ax^2$.

Ich will multiplizieren $1Ax^3$ mit $1x^2A$, macht so viel wie $1xAx^2$ mit sich selbst multipliziert, das ist $1x^2Ax^4$.

Divisionen.

Ich will dividieren $8x^3Ax^2$ durch $4Ax^2$, macht $2x^3$. Man sieht, wie die Division die Reduktion der Zeichen annimmt.

Ich will dividieren $8x^3Ax^2$ durch $4x^3$, macht $2Ax^2$.

Ich will die Quadratwurzel von $25Ax^2$ ziehen, macht 5A.

Ich will die zensizensische Wurzel von $25Ax^2$ ziehen, macht 2D.

Ich will die Kubikwurzel von $3Ax^2$ ziehen, macht $\sqrt[3]{Ax^2}$. Und so auch sonst. **[252v]**

Die Probe aber macht man bei derartigen Operationen durch Unterstellung geometrischer Progressionen. Wenn ich (z.B.) die Probe dafür machen will, dass aus der Multiplikation von $2x^3$ mal $4Ax^2$ der Ausdruck $8x^3Ax^2$ herauskommt (d.h., dass $8x^3$ mit $1Ax^2$ multipliziert sind), so unterstelle ich, dass sich eine geometrische Progression doppelter Proportionalität auf die ersten Wurzeln bezieht, und dass sich eine Progression dreifacher Proportionalität auf die zweiten Wurzeln bezieht. Daher machen $2x^3$ dann 16, und $4Ax^2$ machen 36. Also multipliziere ich 16 mit 36, was 576 ergibt. Nun sehe ich zu, ob $8x^3$ mit 1 Ax^2 multipliziert, ebenso 576 ergibt. Es machen aber 8 Kuben 64, und 1 Ax^2 macht 9, usw.

Bei Addition und Subtraktion gibt es keine Schwierigkeit. Natürlich ergeben 2x und 2A addiert 2x + 2A. Ebenso macht 2A von 2x abgezogen 2x – 2A, usw.

Damit du aber die ganze Behandlung zweiter Wurzeln verstehst, müssen wir den vorgenannten Beispielen des Rechenverfahrens einige leicht zu bearbeitende Beispiele hinzufügen, bis in Kapitel 12 andere folgen.

20. Beispiel von Christoph.

I. Es gibt zwei Zahlen, die, miteinander addiert, 15 ergeben. Teilt man aber die größere Zahl durch die kleinere, ergibt sich 19.

Jene Zahlen sind 1x und 1A.

Und so wird man immer (wenn aufgegeben wird, zwei Zahlen zu suchen, ohne dass weiter ihre Proportion angegeben würde) für die zweite Zahl 1A setzen können. Wird aber aufgegeben, zwei Zahlen zu suchen, und wird ihre Proportion mitvermerkt, so dass man leicht, ohne Hilfe der zweiten Wurzel, beide darstellen kann, dann sei man überzeugt, es sei ein Fehler, etwas durch mehr geschehen zu lassen, was durch weniger geschehen kann. Wenn man mir also aufgibt, zwei Zahlen von doppelter Proportion zu suchen, die, mit einander multipliziert, 18 ergeben, dann stelle ich erst die beiden cossischen Zahlen 1x und 2x hin und finde sofort, dass $2x^2$ gleich 18 sind, usw. Wenn ich aber die beiden Ausdrücke 1x und 1A hinstelle, dann werde ich zuerst die zweite Wurzel, nämlich 1A in erste Wurzeln auflösen müssen, bevor ich weiter vorangehen kann. Da die Proportion zwischen den beiden Zahlen natürlich doppelt sein muss, unterstelle ich, dass 1A das Doppelte **[253r]** von 1x ist. Wenn daher 1x verdoppelt wird, dann wird eine Gleichung zwischen 2x und 1A bestehen. Also dividiere ich und erkenne, dass 1A so viel wie 2x ist. Und so stelle ich endlich die beiden Zahlen 1x und 2x hin, usw.

Es folgt die Fortsetzung des vorangehenden Beispiels.

Von den zwei angesetzten Zahlen des gegebenen Beispiels, nämlich 1x und 1A, höre ich in der Angabe, dass sie addiert 15 machen. Also sind 1x + 1A gleich 15. Und durch Umstellung wird 1A dann 15 – 1x gleichgesetzt. Daher beträgt 1A: 15 – 1x. Daher setze ich die gefundenen Zahlen von neuem an, nämlich 1x, 15 – 1x. Ich entnehme also zusätzlich der Angabe des Beispiels, dass die größere Zahl, dividiert durch die kleinere, 19 ergibt. Wenn man hier zweifelt, welche der beiden Zahlen die größere ist, muss man wissen, dass dies im eigenen Ermessen liegt; man kann also 1x entweder als die größere oder als die kleinere Zahl annehmen. Nimmt man nämlich 1x als die größere Zahl an, dann wird $\frac{1x}{15-1x}$ gleich 19 sein, und wird 1x,14$\frac{1}{4}$ betragen, und so wird die kleinere Zahl $\frac{3}{4}$ sein. Wenn man jedoch 1x als die kleinere Zahl annimmt, dann wird $\frac{15-1x}{1x}$ gleich 19 sein und so 1x = $\frac{3}{4}$ betragen.

Dasselbe Beispiel mit anderem Verfahren.

Es gibt zwei Zahlen, deren größere, geteilt durch die kleinere, 19 beträgt. Addiert man aber beide, ergeben sie 15. Die Zahlen sind 1x und 1A.

1x aber, geteilt durch 1A, ergibt $\frac{1x}{1A}$ gleich 19. Daher ist 19A gleich 1x. Also beträgt 1A = $\frac{1x}{19}$. Daher werden die zuerst gesetzten Zahlen 1x. $\frac{1x}{19}$ wiederholt. Zusätzlich aber entnehme ich der Angabe, dass die gefundenen Zahlen 15 ergeben, wenn man sie addiert. Daher wird 1x + $\frac{1x}{19}$, also $\frac{20x}{19}$ gleich 15 sein. Und durch Reduktion werden 285 gleich 20x gesetzt, was für 1x 14$\frac{1}{4}$ ergibt. Also macht $\frac{1x}{19}$ dann $\frac{1}{4}$;

oder verfahre folgendermaßen:

Die Zahlen sind 1x und 1A. Ich höre aber, dass die größere Zahl, geteilt durch die kleinere, 15 ergibt. Also ist $\frac{1A}{1x}$ gleich 19. Und durch Reduktion auf ganze Zahlen wird 1A gleich 19 gesetzt. Also beträgt 1A dann 19x. Daher stehen die gefundenen Zahlen in der gefundenen Proportion so: 1x. 19x. Und ich höre, dass jene beiden Zahlen 15 ergeben, wenn man sie addiert. Daher werden 20x gleich 15 gesetzt, und dies ergibt für 1x $\frac{3}{4}$.

[253v] *Oder (wenn man will)* löse man 1x in 1A auf, in folgender Weise:

Es gibt zwei Zahlen, die, zusammen addiert, 15 ergeben. Wenn aber die größere Zahl durch die kleinere dividiert wird, ergibt dies 19. Die Zahlen sind: 1x und 1A.

Wenn man diese beiden Zahlen addiert, ergeben sie 1x + 1A gleich 15. Also wird durch Umstellung 1x gleich 15 – 1A gesetzt. Daher macht 1x dann 15 – 1A. So also werden die Zahlen 1A, 15 – 1A wiederholt.

Es folgt in der Angabe des Beispiels, dass die größere Zahl, geteilt durch die kleinere, 19 ergibt. Daher wird $\frac{1A}{15-1A}$ mit 19 gleichgesetzt. Und durch Reduktion auf Ganze wird 1A mit 285 – 19A gleichgesetzt. Und durch Reduktion auf einfache Zahlen werden 20A dann mit 285 gleichgesetzt. Also macht 1A dann $14\frac{1}{4}$. Und so auch sonst.

Weiteres Beispiel.

2. Sieben Männer schulden mir Geld in folgender Weise: Der erste, zweite, dritte, vierte, fünfte und sechste schulden 142 Gulden (beachte, dass allein die Schuld des siebten Schuldners von dieser Guldensumme ausgeschlossen ist. Ich setze also für die Summe 1x Gulden, und so wird die Summe des gesamten Kredites 142 + 1x Gulden bilden). Der zweite, dritte, vierte, fünfte, sechste und siebte schulden 126 Gulden (hier wird die Schuld des ersten ausgeschlossen. Ich setze also als Summe des ersten 1A Gulden; und so kommt wiederum die Summe aller auf 126 + 1A Gulden). Dritter, vierter, fünfter, sechster, siebter und erster schulden 136 Gulden (ausgeschlossen wird hier die Schuld des zweiten; ich setze also als seine Schuld an 1B Gulden, und so wird wiederum die Summe aller vorgeführt, die 136 + 1B Gulden beträgt). Der vierte, fünfte, sechste , siebte, erste und zweite schulden 128 Gulden (hier sieht man, dass die Schuld des dritten ausgeschlossen wird; daher schuldet der dritte 1C Gulden, und die Summe aller beträgt 129 + 1C Gulden). Der fünfte, sechste, siebte, erste zweite und dritte schulden 130 Gulden (hier wird die Schuld des vierten ausgeschlossen, die 1G Gulden beträgt; es ist also die Summe der ganzen Schuld 130 + 1G Gulden). Der sechste, siebte, erste, zweite, dritte und vierte schulden 120 Gulden (ausgeschlossen ist hier die Schuld des fünften; also beträgt die gesamte Schuld 120 + 1E Gulden). Der siebte, erste, zweite, dritte, vierte und fünfte schulden **[254r]** 148 Gulden (hier wird die Schuld des sechsten ausgelassen, die 1F Gulden beträgt, so dass die Gesamtschuld 148 + 1F Gulden beträgt). Also ist die Frage: Wie viel schuldet jeder dieser Schuldner im einzelnen?

Man hat aber sieben Gleichungen in diesem Beispiel. Es steht nämlich hinreichend fest, dass jede Gesamtheit sich im Ganzen gleich ist:

142 + 1x; 126 + 1A; 136 + 1B; 128 + 1C; 130 + 1D; 120 + 1E; 148 + 1F.

Weil die Gesamtsumme siebenmal hingestellt wird, werden es also sieben Gleichungen sein:

1. Weil 142 + 1x gleichgesetzt ist 126 + 1A, wird also durch Reduktion 12A mit 16 + 1x gleichgesetzt. Und dies ergibt die Summe der Gulden, die der erste schuldet.

2. Ebenso: Weil 142 + 1x mit 136 + 1B gleichgesetzt wird, macht 1 B dann 6 + 1x: Und dies ist die Summe des zweiten.

3. Ebenso: 142 + 1x wird mit 128 + 1C gleichgesetzt; also beträgt 1C dann 14 + 1x.

4. Und 142 + 1x wird mit 130 + 1D gleichgesetzt; also beträgt 1D dann 12 + 1x.

5. So wird auch 142 + 1x gleichgesetzt mit 120 + 1E: Also macht 1E dann 22 + 1x.

6. Und 142 + 1x wird mit 148 + 1F gleichgesetzt; also macht 1F dann 1x – 6.

Die Summen der einzelnen:

Schuld des ersten	16 + 1x
Schuld des zweiten	6 + 1x
Schuld des dritten	14 + 1x
Schuld des vierten	12 + 1x
Schuld des fünften	22 + 1x
Schuld des sechsten	1x – 6
Schuld des siebten	1x. **[254v]**

Die Addition aller dieser Summen ergibt 7x + 64. Und weil es die Gesamtsumme ist, werden ihr 142 + 1x gleichgesetzt, weil auch dies, wie wir oben sahen, die Gesamtsumme darstellt. Wenn man diese Gleichung vereinfacht, wird man sehen, dass 1x = 13 beträgt.

Aufgelöst also werden die Summen der einzelnen sich so darstellen:

Schuld des ersten: 29 Gulden; Schuld des zweiten: 19 Gulden; Schuld des dritten: 27 Gulden; Schuld des vierten: 25 Gulden; Schuld des fünften: 35 Gulden; Schuld des sechsten: 7 Gulden; Schuld des siebten: 13 Gulden.

Man sieht schön und wird es noch besser an den Beispielen des zwölften Kapitels sehen, wie bequem meine Zeichen sind, die ich an Stelle der zweiten Wurzeln gesetzt habe.

Weiteres großartiges Beispiel:

3. Es gibt zwei Zahlen, die, abgezogen von ihren Quadraten, 78 übrig lassen. Wenn man sie aber zu dem Produkt addiert, das aus der Multiplikation der Zahlen selbst miteinander entsteht, dann ergeben sie 39. Nun heißt die Frage: wie groß sind diese Zahlen?

Das Beispiel ist aus folgender Zeichnung genommen:

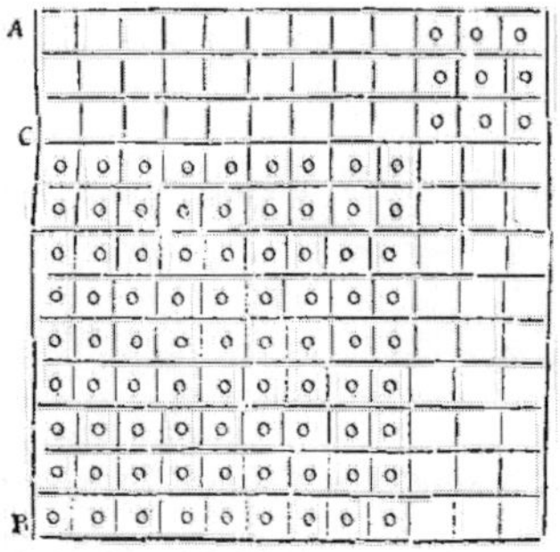

[255r] Abbildung des gegenwärtigen Beispiels:

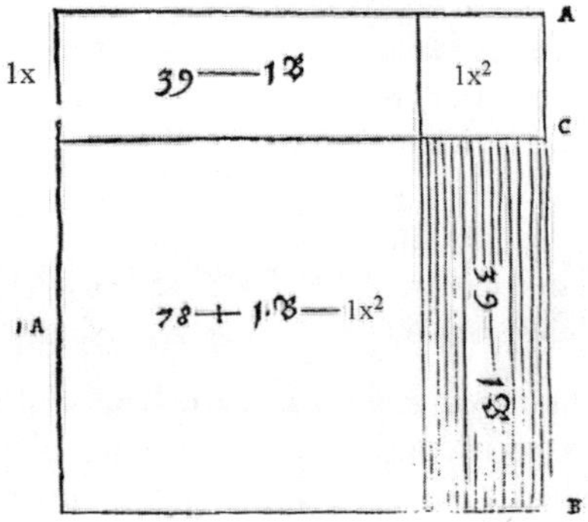

Als erste Zahl stelle ich 1x hin (das ist zugleich die Strecke AC) und für die zweite Zahl stelle ich 1A hin (das ist zugleich die Strecke CB), und für die Summe beider stelle ich 1B hin (das ist zugleich die Strecke AB), denn ich muss ja nach der Angabe des Beispiels die Summe beider zusammen zu der Summe addieren, die aus der Summe der Multiplikation der einen mit der anderen Zahl herauskommt; und dieselbe Summe muss ich von der Summe der Quadrate abziehen, die aus jeder der beiden Zahlen entstanden sind. Es beträgt also das Quadrat der Zahl AC (oder 1x) $1x^2$. Und weil die Summe beider Quadrate 78 macht, nachdem man die Summe beider Zahlen (also 1B) davon abgezogen hat, bezeichne ich das größere Quadrat als 78 + 1B – $1x^2$, weil beide Quadrate zusammengenommen 78 + 1B machen. Und die eine Ergänzung, nämlich die mittlere Proportionale zwischen jenen beiden Quadraten, **[255v]** bezeichne ich so: 39 – 1B. Dies geschieht, weil die Ergänzung, die aus der Multiplikation der einen Zahl mit der anderen entsteht, 39 – 1B ergibt. Wenn man nämlich 1B (sagt die Angabe) zu jener Ergänzung addiert, dann ergibt sich schließlich 39. Und wenn dann 1B von der Summe der Quadrate abgezogen wird, bleibt schließlich 78 übrig.

Man sieht aber aus der Abbildung zu diesem Beispiel klar, dass zwei Quadrate (nämlich 78 + 1B) und zwei Ergänzungen (nämlich 78 – B) gleich sind dem Quadrat der Strecke AB, und diese Strecke beträgt 1B. Daher wird 1 Bx^2 mit 156 – 1B gleichgesetzt. Daher suche ich die Quadratwurzel aus 156 – 1B entsprechend der in Kapitel 3 gegebenen Methode des Ausziehens. Auf die gleiche Weise wird man nämlich die Wurzel von 156 – 1B ausziehen, wie man die Wurzel von 156 – 1x ziehen würde.

Die Angabe des Beispieles aber setzt nur eine Ergänzung an, weshalb man die zweite hinzufügen muss, damit die Gestalt des Quadrates zur Strecke AB vollendet wird. Man wird aber durch ein solches Ausziehen herausfinden, dass 1B die Zahl 12 ergibt. Und dies ist die Summe beider Zahlen zusammen.

Weiterhin lautet die Frage, wie viel jede der beiden Zahlen für sich beträgt. Du weißt aber schon, dass 1B 12 ergibt. Daher macht 39 – 1B dann 27, und 78 + 1B – $1x^2$ macht dann 90 – $1x^2$. Und 27 ist die mittlere Proportionale zwischen $1x^2$ und 90 – $1x^2$ (wie man gut erkennt, wenn man die Figur ansieht). Wenn man also $1x^2$ mit 90 – $1x^2$ multipliziert, beträgt das Produkt $90x^2$ – $1x^4$, gleich dem Quadrat der Zahl 27, nämlich 729. Daher wird $1x^4$ mit $90x^2$ – 729 gleichgesetzt. Suche daher die zensizensische Wurzel aus 90 x^2 – 729. Natürlich muss man zuerst die zensische oder quadratische Wurzel aus $90x^2$ – 729 suchen, und zwar grundsätzlich so, wie ich es in Kapitel 3 gelehrt habe. Es ist ja nicht anders, als wenn man für $90x^2$ – 729 die Gleichung 90x – 729 gleich $1x^2$ setzen würde. Daher beträgt die größere zensische Wurzel 81, und davon die Quadratwurzel ist 9, und diese 9 ist die größere Zahl. So beträgt die kleinere zensische Wurzel 9, und davon die Quadratwurzel ist 3, und dies ist die kleinere zu findende Zahl. Man weiß ja aus dem, was ich in Kapitel 3 sagte, dass derartige cossische Zahlen eine doppelte Wurzel haben, und man sieht, wie die Natur der Sache hier und in ähnlichen Beispielen diese Doppelung erzwingt. **[256r]**

VON DEN ALGEBRA-REGELN, DIE ZU KAPITEL 1 GEHÖREN.

Kapitel VII.

Da nun der Teil mit den Vorschriften zu dieser Algebra erledigt ist, folgt der zweite Teil zu den Beispielen für die Algebra-Regeln; die Beispiele habe ich zum größten Teil aus jener höchst erfreulichen Menge von Aufgaben genommen, die uns Christoph liefert. Auch Geronimo Cardano bietet einige höchst geistreiche Operationen zu Beispielen, die ich den Beispielen von Christoph werde anfügen müssen, und zudem will ich einige Aufgaben von Adam Ries (oder Gigant) beigeben. Ich vertraue aber darauf, dass ich dies darf, wie ich auch denke, dass es mir erlaubt ist, die Aufgaben Euklids aus Campanus und Theon zu übernehmen, wie man es hier im zweiten Buch meiner Arithmetik sehen kann, usw. Wer aber damit nicht einverstanden ist, möge bedenken, wie sorgsam und aufrichtig ich diese Kunst pflege, voller Respekt die einzelnen Schriftsteller zitiere, deren Schriften ich benütze, und mir nichts von ihnen anmaße. Und wenn wir Christen sind, zweifeln wir nicht, dass ALLES VON GOTT stammt, selbst die Dornen, mit denen Ehrgeizlinge und Neider sich selbst quälen und andere stechen.

Die Beispiele im vorliegenden Kapitel werden solche sein, dass sie nur die wesentlichen Teile der Algebra-Regel (die ich im ersten Buch behandelte) betreffen; diese kann der Leser auch verstehen, wenn er das erste Kapitel begriffen hat, mag er auch die folgenden Kapitel noch nicht verstehen

Erstes Beispiel dieses Kapitels. – Es ist Nr. 2 bei Christoph.

Einer der Herumstehenden schätzt die Summe Geldes, die ich in der Hand halte, auf einen Wert von 20 Gulden. Diese falsche Ansicht korrigiere ich mit den Worten: Hätte ich noch ein Drittel und ein Viertel meines Geldes dazu, sage ich, dann besäße ich 20 Gulden.

Nun ist die Frage, wie viel ich habe.

1x macht einen Gulden, wovon $\frac{1}{3}$ (also $\frac{1}{3}$ x) und $\frac{1}{4}$ (nämlich $\frac{1}{4}$ x) mit dem Ganzen (nämlich mit 1x) zusammen $1\frac{7}{12}$ x ausmachen, und jene Summe wird mit 20 Gulden [**256v**] gleichgesetzt. Also müssen (nach der Regel) 20 Gulden durch $1\frac{7}{12}$ geteilt werden, und dann wird man $12\frac{12}{19}$ Gulden vorfinden, und dies ist der Wert einer aufgestellten Wurzel. Soviel Geld also habe ich in der Hand, und es sind 12 Gulden, 13 Groschen und $3\frac{3}{19}$ Pfennige.

Man wird aber beobachten, dass in einem einzigen Beispiel viele Gleichungen zusammenkommen. So wird in diesem Beispiel zuerst 1x mit der gefundenen Zahl gleichgesetzt, nämlich mit $12\frac{12}{19}$. Zweitens wird $\frac{1}{3}$ x mit $4\frac{4}{19}$ gleichgesetzt. Drittens wird $\frac{1}{4}$ x mit $3\frac{3}{19}$ gleichgesetzt. Viertens schließlich wird $1\frac{7}{12}$ mit 20 gleichgesetzt. Man sieht also hinreichend, wie nach dem Ansatz einer Wurzel das Fortschreiten durch unklare Gleichungen erfolgt, bis man zu einer klaren Gleichung durchkommt, in der beide Terme der Gleichung deutlich vorgeführt sind, und dies ist in diesem Beispiel die Gleichung der folgenden beiden Terme: $1\frac{7}{12}$ x, 20.

Zweites Beispiel. Es ist bei Christoph Nr. 27.

Ich habe vier Groschen verschiedener Werte, die zusammen 6 Gulden wert sind. Der erste oder größte davon ist doppelt so viel wert wie der zweite. Und der zweite ist dreimal so viel wert wie der dritte. Und der dritte ist viermal so viel wert wie der vierte.

Nun ist die Frage, wie viel jeder wert ist.

24x	
12x	sind gleich 6 Gulden
4x	
1x	

Dies heißt: 41x sind gleich 6, und 1x macht $\frac{6}{41}$ Gulden, und dies ist der Wert des vierten Groschens. Daher machen 4x dann $\frac{24}{41}$ Gulden, und dies ist der Wert des dritten Groschens. Und 12x machen $1\frac{31}{41}$ Gulden, und dies ist der Wert des zweiten Groschens. Und 24x machen $3\frac{21}{41}$ Gulden, und dies ist der Wert des ersten Groschens.

Wenn also 1 Gulden 21 Groschen und 1 Groschen 12 Pfennige wert sind (ich will den Wert eines Gulden im ganzen Buch beibehalten, um nicht dasselbe öfters wiederholen zu müssen), dann wird der erste oder größte Groschen 3 Gulden, 10 Groschen, $9\frac{3}{41}$ Pfennige wert sein. Der zweite wird 1 Gulden, 15 Groschen, $10\frac{22}{41}$ Pfennige wert sein.

Der dritte wird 12 Groschen, $3\frac{21}{41}$ Pfennige wert sein.

Der vierte wird 3 Groschen, $\frac{36}{41}$ Pfennige wert sein. [**257r**]

Man sieht aber hinreichend, wie beim Ansatz 1x der Aufstieg vom Kleinsten bis zum Größten erfolgte, nämlich von 1x bis zu 24x. Doch wird man auch (beim Ansatz von 1x) auf folgende Weise absteigen können:

1x
$\frac{1}{2}$ x sind gleich 6 Gulden.
$\frac{1}{6}$ x
$\frac{1}{24}$ x

Dies besagt, dass $\frac{41}{24}$ x gleich 6 gesetzt werden. Also beträgt 1x dann $3\frac{21}{41}$ Gulden den Wert des ersten Groschens , usw.

Drittes Beispiel dieses Kapitels. Es ist bei Christoph Nr. 28.

Drei Genossen legen ihr ganzes Geld zusammen und haben dann $\frac{3}{4}$ Gulden. Es war aber die Summe des ersten die Hälfte im Verhältnis zur Summe, die der zweite einschoss. Und die Summe des zweiten war ein Drittel im Verhältnis zur Summe des dritten Genossen.

Nun ist die Frage, wie viel jeder von ihnen einschoss.

1x
2x sind gleich $\frac{3}{4}$ Gulden
6x

Dies besagt, dass 9x dann $\frac{3}{4}$ Gulden gleichgesetzt werden. Daher macht 1x dann $\frac{1}{12}$ Gulden, das ist 1 Groschen und 9 Pfennige, und dies ist die Summe des ersten. Also beträgt die Summe, die der zweite beitrug, 3 Groschen, 6 Pfennige, und die Summe des dritten war 10 Groschen, 6 Pfennige.

Viertes Beispiel dieses Kapitels, das bei Christoph Nr. 29 ist.

Es gibt eine geometrische Progression der dreifachen Proportionalität mit drei Termen; die Summe ihres Aggregates beträgt 10. Nun wird gefragt, wie groß jene Terme sind.

1x, 3x, 9x. Also werden 13x gleich 10 gesetzt, und 1x macht $\frac{10}{13}$. Die gesuchte Progression lautet $\frac{10}{13}$, $\frac{30}{13}$, $\frac{90}{13}$.

Fünftes Beispiel dieses Kapitels, das bei Christoph Nr. 30 ist.

Zwei Zahlen stehen in vierfacher Proportion, und die kleinere davon **[257v]** lässt, wenn man sie von der größeren abzieht, so viel übrig wie die größere Zahl, dividiert durch die kleinere, macht. Nun wird gefragt, wie groß jene Zahlen sind.

Das macht 1x und 4x . Daher macht die größere Zahl, also 4x, geteilt durch 1x, dann 4. Ich habe ja im ersten Buch gezeigt, dass der Nenner des Dividenden durch den Nenner des Divisors aufgehoben wird, wenn beide einander gleich sind. Und es steht sattsam fest, dass 1x viermal in 4x gefunden wird, usw. Wenn man also 1x von 4x abgezogen hat, bleibt übrig 3x gleich 4, und dies macht $1x = 1\frac{1}{3}$. Also machen 4x dann $5\frac{1}{3}$.

Sechstes Beispiel dieses Kapitels, das bei Christoph Nr. 107 ist.

Ein Sterbender hinterließ ein Testament: 3000 Gulden für seine Gattin, den Sohn und die beiden Töchter. Der Anteil des Sohnes muss doppelt so groß sein wie der der Mutter, und der Anteil der Mutter muss doppelt so groß sein wie der Anteil einer Tochter.

Nun fragt sich, wie groß die einzelnen Anteile sind.

Anteil	einer Tochter	1x,	nämlich	375
"	einer Tochter	1x,	"	375
"	der Mutter	2x,	"	750
"	des Sohnes	4x,	"	1500

Also wird 8x mit 3000 Gulden gleichgesetzt, und dies ergibt für 1x dann 375 Gulden.

Siebtes Beispiel dieses Kapitels, das bei Christoph Nr. 156 ist.

Ein Kaufmann gewinnt mit dem beliebigen dritten Teil einer Summe den zwanzigsten Teil derselben Summe als Kapital. Dann gewinnt er mit dem beliebigen dritten Teil der vorhergehenden Kapital-Summe den neunten Teil des vorherigen Gewinnes. Und wenn man dann alles zusammenrechnet, nämlich die Kapital-Summe mit dem ganzen Gewinn, findet man 864 Gulden. Nun fragt sich, wie groß die Kapital-Summe gewesen ist, usw.

Die Kapital-Summe ist 1x.

Der erste Gewinn macht 3x, geteilt durch 20, also $\frac{3}{20}$ x.

Der zweite Gewinn macht drei Neuntel von $\frac{3}{20}$ x, also $\frac{1}{20}$ x. **[258r]**

All dies aber, nämlich 1x und $\frac{3}{20}$ x und $\frac{3}{20}$ x zusammen addiert, ergeben $1\frac{1}{5}$ x gleich 864 Gulden. So ergibt 1x dann 720, die Kapital-Summe.

Und der erste Gewinn, nämlich $\frac{3}{20}$ x, macht 108 Gulden. Und der zweite Gewinn macht $\frac{1}{20}$ x, d.h. 36 Gulden. Die Gesamtsumme beträgt 864 Gulden.

Achtes Beispiel dieses Kapitels, das bei Christoph Nr. 157 ist.

Ein Kaufmann setzt eine Summe Gulden ‹bei einem Geschäft› ein, und für jedes Drittel dieser Summe gewinnt er den zwanzigsten Teil jener Kapital-Summe. Sodann gewinnt er mit jedem Drittel der Kapital-Summe den neunten Teil der Gesamtsumme aus der Kapital-Summe und dem vorherigen Gewinn. Wenn man so alles zusammenrechnet, erhält der Kaufmann 138 Gulden.

Nun fragt sich, wie groß die Kapital-Summe war, usw.

Die Kapital-Summe beträgt 1x Gulden.

Der erste Gewinn macht $\frac{3}{20}$ x. Der zweite Gewinn macht $\frac{23}{60}$ x.

Die Summe aus all diesem macht $\frac{23}{15}$ x, gleich 138 Gulden. So macht 1x = 90, die Kapital-Summe.

Und so ist der erste Gewinn $13\frac{1}{2}$ Gulden,

Und der zweite Gewinn $34\frac{1}{2}$ Gulden, usw.

Neuntes Beispiel dieses Kapitels, das bei Christoph N. 158 ist.

Ein Kaufmann setzt eine Summe Gulden ein und gewinnt für jedes Viertel jener Summe den dreißigsten Teil jener Kapital-Summe. Sodann gewinnt er mit jedem Fünftel jenes

Kapitals den siebenundzwanzigsten Teil der Kapital-Summe. Wenn man all dies zusammenrechnet, nämlich die Kapital-Summe und beide Gewinne, dann ergeben sich 2136 Gulden. Nun wird gefragt, wie groß die ursprüngliche Kapital-Summe war, usw.

Kapital-Summe	1x
Erster Gewinn	$\frac{2}{15}$ x
Zweiter Gewinn	$\frac{5}{27}$ x

Dies alles zusammen ergibt in einer Summe $\frac{178}{135}$ x gleich 2136 Gulden, und 1x macht 1260.

[258v] Zehntes Beispiel dieses Kapitels, ein Beispiel für die Dreisatz-Regel.

Drei Äpfel werden für 11 Pfennige verkauft. Nun fragt man, wie viele Äpfel man für 572 Pfennige bekommt.

Dieses Beispiel bringe ich deshalb, weil ich anzeigen will, dass die Algebra-Regel schlichtweg alle Rechenmethoden einschließt und umfasst. Wenn sie auch selbst nämlich mehrfach die Dreisatz-Regel benötigt, so scheint sie doch auch die Dreisatz-Regel selbst einzuschließen. Es wird aber für die zu suchende Zahl 1x angesetzt.

Und die Zahlen stellen sich so dar:

Äpfel	Pfennige	Äpfel	Pfennige
3	22	1x	572

Es ist aber bekannt, dass die zwei Außenterme der Dreisatz-Regel, miteinander multipliziert, gleich sind den beiden miteinander multiplizierten Innentermen. Daher sind 11x gleich 1716 und 1x gleich 156 Äpfeln.

Ich will nun auch Variationen dieses Beispiels vorführen, damit man sieht, welche Freiheit in der Algebra-Regel herrscht.

Äpfel	Pfennige	Äpfel	Pfennige
1x	572	3	11
Pfennige	Äpfel	Pfennige	Äpfel
11	3	572	1x
Pfennige	Äpfel	Pfennige	Äpfel
572	1x	11	3

Es ist aber hinreichend klar, dass diese Variation der Stellungen auch den Text der Angabe verändert.

Auch wird durch solche Beispiele gezeigt, dass man manchmal die Gleichungen der Algebra-Regel mit einer gewissen Kunst suchen muss.

Elftes Beispiel dieses Kapitels.

Das Beispiel stammt von Adam Ries und führt die umgekehrte Dreisatz-Regel vor.

Man hat eine Menge Silbers, die 7 Mark schwer ist, und jede Mark dieser Menge enthält 5 halbe Unzen reinen Silbers. Nun wird aber diese Masse geschmolzen und eine weitere Menge Kupfer **[259r]** im Gewicht von 21 Mark beigemischt. Nun lautet die Frage, wie viel reines Silber jene neue Menge für jede Mark beinhaltet.

Das Beispiel stellt sich so dar:

Vermischtes Silber	Reines Silber	Vermischtes Silber	Reines Silber
7	5	28	1x

Bei der umgekehrten Dreisatz-Regel aber setzt man die beiden ersten Terme, miteinander multipliziert, gleich den beiden hinteren Termen, ebenfalls miteinander multipliziert. Daher wird 28x gleich 35 gesetzt, und dies ergibt $1x = 1\frac{1}{4}$ Halbunzen reines Silber in jeder Mark der neuen erwähnten Masse. Der restliche Teil aber in jeder Mark wird reines Kupfer sein. Da so eine Mark vermischten Silbers sechzehn Halbunzen machen wird, wird jede Mark (auf Grund des bereits Ausgeführten) $14\frac{3}{4}$ Halbunzen reinen Kupfers enthalten.

Damit dir aber kein Spötter auf Grund dieser Stelle einredet, meine Darlegung sei unverständlich, wenn man nicht die Bücher anderer Autoren über solche Regeln liest, will ich dir, lieber Leser, dieses Beispiel ausführlicher erklären und die Methode der umgekehrten Dreisatz-Regel ausreichend darlegen, was ich auch in den folgenden Beispielen machen werde. Ich will also nicht nur die Zahlen erläutern, sondern auch, wo ich es für nötig finde, die Dinge zu den Zahlen, so dass es nicht nötig wird, aus anderen Büchern Hilfe zum Verständnis vorgeführter Beispiele zu suchen. Allerdings wünschte ich, dass jeder, der meine Algebra liest, auch die Bücher besäße, die ich zitiere, und das von mir Zitierte vergliche.

Ich werde aber das vorgestellte Beispiel und die Sache selbst durch folgendes ähnliche Beispiel erklären:

Es gibt sieben Genossen, deren jeder 5 Gulden besitzt. Nun kommen zu diesen weitere 21 Genossen hinzu, die überhaupt kein Geld haben; unter diese späteren Genossen verteilen die 7 früheren Genossen ihr Geld zu gleichen Teilen, so dass das ganze Geld unter jene achtundzwanzig Gefährten gleichmäßig verteilt ist.

Nun wird gefragt, wie viel jeder dieser 28 Genossen besitzt.

Man erkennt aber leicht, dass jeder von diesen **[259v]** nun weniger besitzt als jeder der 7 Genossen vorher besaß, weil jeder von diesen den anderen 21 hinzukommenden Genossen von seinem Geld etwas abgab. Und man sieht auch, dass um den gleichen Betrag, um den der dritte Term der Dreisatz-Regel vermehrt wird, dafür der vierte Term vermindert werden muss. Und dies ist das besondere Kennzeichen, an dem man die Angaben von Beispielen für die Dreisatz-Regel von einer Angabe für die umgekehrte Dreisatz-Regel unterscheidet. So auch hier:

Von den sieben Genossen besaß jeder 5 Gulden. Also wird von den 28 Genossen jeder $1\frac{1}{4}$ Gulden besitzen. Man sieht ja sicher, dass 28 eine kleinere (Vermögens-)Zahl und eine größere Proportion ansetzt als die ursprüngliche Zahl 7. Aber nach der Dreisatz-Regel, wo diese Zahl 7 diese Zahl 5 setzt, würde jene Zahl 28 diese Zahl 20 setzen, denn sie würde eine größere Zahl hinsetzen als jene Zahl 7 , weil sie die gleiche Proportion ansetzte, die 7 ansetzt.

Nun siehst du leicht ein (um zum Beispiel von Adam Ries zurückzukehren), dass die Marken der früheren Masse, die ‹reines› Silber enthielten, ihr Silber mit den Marken der anderen Masse verbinden, die nur reines Kupfer enthalten. Und auf diese Weise sieht man, dass die größere Mark-Zahl eine kleinere Zahl der Halbunzen Silbers als die kleinere Mark-Zahl festlegt.

Und so wirst du auch leicht über die anderen Beispiele urteilen. Wenn also die Frage der Durchführung eines Werkes durch mehrere Personen auftritt (bei weniger Personen würde es längere Zeit erfordern), dann wird man aus dem Vorgeführten wissen, dass ein solches Beispiel sich auf die umgekehrte Dreisatz-Regel bezieht.

Zwölftes Beispiel dieses Kapitels, ein Beispiel für die Regel sechs.

Meine drei Tischgenossen geben mir wöchentlich elf Groschen. Die Frage lautet: Wieviel schulden mir 18 Tischgenossen für das Essen für 40 Tage?

Die Zahlen des Beispiels stellen sich so dar:

Personen	Tage	Groschen	Personen	Tage	Groschen
3	7	11	18	40	1x

Jene sechs Zahlen werden aber auf die vier Zahlen der Dreisatz-Regel, indem man die Personen mit der Zeit multipliziert. **[260r]** Aus 3 mal 7 werden ja 21, und aus 18 mal 40 werden es 720, so dass man nun die Terme der Dreisatz-Regel anordnen kann:

Personen	Groschen	Personen	Groschen
21	11	720	1x

Es werden aber 21x mit 720 gleichgesetzt, und so ergibt 1x dann $377\frac{1}{7}$ Groschen.

Über solche Beispiele kann man leicht urteilen. Es ist ja bekannt, dass der Wirt dasselbe Geld bekommt, ob nun ein Gast seinen Tisch an zwei Tagen in Anspruch nimmt oder zwei Gäste an einem Tag. Dies sage ich, damit man den Grund für die vorgenannte Reduktion begreift.

In ähnlicher Weise wird auch Gewicht mit Raum multipliziert, wie die folgende Aufgabe zeigt.

Um 3 Zentner über 7 Meilen zu fahren, muss man dem Fuhrmann 11 Groschen bezahlen. Nun frage ich (um auch die Variation der Zahlen zugleich mit der Variation der Sachen anzuzeigen), wie viele Zentner man für $377\frac{1}{7}$ Groschen über 40 Meilen befördern kann.

Die Zahlen stellen sich in ihrer Anordnung so dar:

Zentner	Meilen	Groschen	Zentner	Meilen	Groschen
3	7	11	1x	40	$377\frac{1}{7}$

Natürlich wird der Fuhrmann den gleichen Lohn erhalten, wenn er 2 Zentner über eine Meile transportiert oder einen Zentner über 2 Meilen.

Ähnlich ist auch das Beispiel 145 bei Christoph, das er so lauten ließ:

Drei Schneider machen 7 Hemden in 14 Tagen. In wie viel Tagen machen 2 Schneider 8 Hemden?

Die Zahlen des Beispiels stellen sich so dar:

Schneider	Tage	Hemden	Schneider	Tage	Hemden
3	14	7	2	1x	8

Nach der Dreisatz-Regel aber stellen sie sich so dar:

42 7 2x 8

Daher werden 42 und 336 gleichgesetzt, was 1x = 24 Tage ergibt.

Und so auch bei ähnlichen Beispielen. **[260v]**

Dreizehntes Beispiel.

Zwei böhmische Pfennige ergeben 3 sächsische oder meißnische Pfennige, und 24 sächsische Pfennige ergeben 3 markgräfliche Groschen, und 18 markgräfliche Groschen ergeben 16 württembergische Schillinge, und 6 württembergische Schillinge ergeben $4\frac{1}{2}$ sächsische Groschen.

Nun wird gefragt, wie viele sächsische Groschen 40 böhmische Pfennige geben.

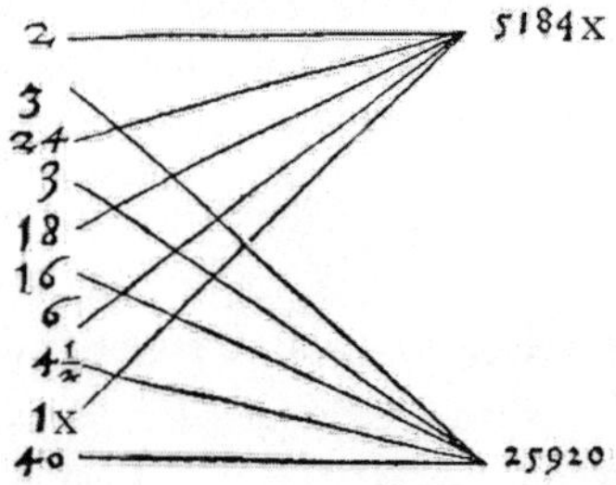

Man sieht hinreichend, dass das Beispiel durch Multiplikationen auf die Dreisatz-Regel zurückgeführt wird, die sich mit folgenden Zahlen darstellt:

5184x 25920 1x

Dies ergibt: 1x macht 5 Groschen, und ebensoviel machen auch die 40 böhmischen Pfennige.

Vierzehntes Beispiel.

Drei Genossen wollen 455 Gulden teilen. Und wenn der erste 2 Gulden bekommt, muss der zweite 3 Gulden erhalten. Und wenn der zweite 4 Gulden erhält, muss der dritte 5 Gulden erhalten. Nun lautet die Frage, wie viel Gulden jeder von der zu teilenden Summe erhält.

Mit welcher Multiplikation dieses Beispiel auf die Dreisatz-Regel zurückgeführt wird, zeigt die folgende Figur mit genügender Deutlichkeit: **[261r]**

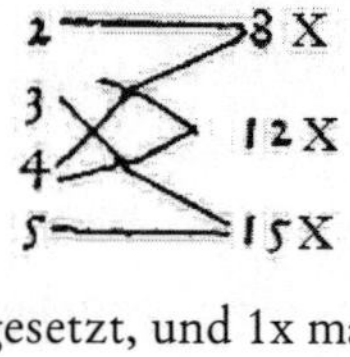

Es werden aber 35x und 455 gleichgesetzt, und 1x macht 13.

Nach der Dreisatz-Regel sieht es so aus:

	8x			104
35x	12x	455	macht	156
	15x			195

Die Probe wird man so machen: Zuerst sieh, ob die gefundenen Zahlen, miteinander addiert, 455 ergeben. Dann sieh, ob 104, geteilt durch 2, ebenso viel ergibt wie 156, geteilt durch 3. Ebenso prüfe, ob 156 durch 4 ebensoviel ergibt wie 195, geteilt durch 5.

Figur einer derartigen Division zwischen vier Genossen:

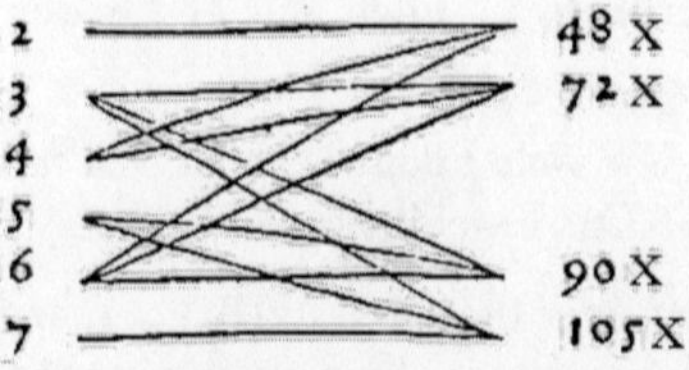

Figur einer Division unter fünf Genossen:

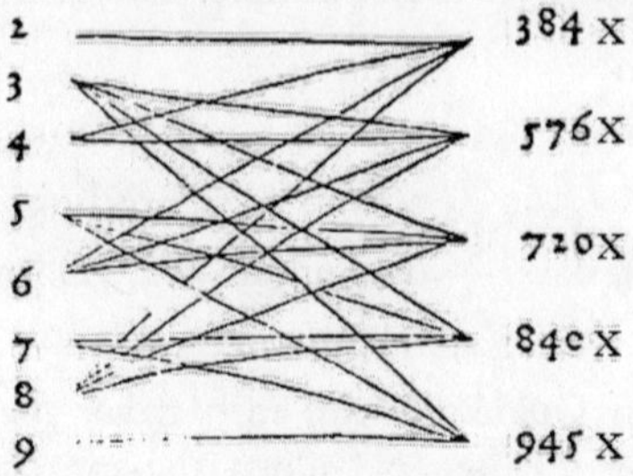

Und so weiter.

Fünfzehntes Beispiel dieses Kapitels.

Drei Kaufleute bilden eine Gesellschaft. Der erste bleibt mit 40 Gulden **[261v]** während zweier Monate Mitglied. Der zweite bleibt mit 20 Gulden fünf Monate lang. Der dritte bleibt mit einer gewissen Summe von Gulden 3 Monate. Sie gewinnen aber 3276 Gulden, und bei der Teilung erhält der erste 1040 Gulden, der zweite bekommt 1300 Gulden und der dritte 936 Gulden.

Die Frage lautet: Wie groß war die Summe Gulden, die der dritte einlegte?

Die Zahlen stellen sich so dar:

40	2		1040
20	5	3276	1300
1x	3		936

Wenn man die Zahlen nach der Dreisatz-Regel reduziert, stellen sie sich so dar:

	80		1040
252	100	3276	1300
	3x		935

Es werden aber 9828x und 235872 gleichgesetzt. Ergebnis: 1x = 24.

Die Variationen dieses Beispiels werden aber so notiert:

40	1x		1040
1x	5	3276	1300
24	3		1x

Weitere Beispiele für Gesellschaften wird man in Kapitel zwölf finden. Diese hier, die nunmehr für das erste Kapitel hingesetzt wurden, mögen genügen.

Sechzehntes Beispiel dieses Kapitels, das 50. von Christoph.

Ich habe einige Ellen Tuch gekauft, die ich dann wieder weiterverkaufte. Ich kaufte aber Ellen für 7 Gulden und verkaufte 7 Ellen für 11 Gulden. Bei diesem Kaufgeschäft gewann ich 100 Gulden.

Gefragt wird: Wie viele Ellen wurden gekauft und verkauft?
Das Ergebnis sind 1x Ellen.

Die Algebra-Regel verwendet aber die Dreisatz-Regel sehr häufig, wie sie auch andere Sätze Euklids und andere Überlegungen der Künste verwendet.

Die Gleichung für dieses Beispiel findet man aber so:

Ellen	Gulden	Ellen	
5	7	1x	Ergebnis: $\frac{7}{5}$ Gulden **[262r]**
7	11	1x	Ergebnis: $\frac{11x}{7}$ Gulden

Man sieht aber hinreichend, dass $\frac{7x}{5}$ die Summe der Gulden ist, die für die gekauften Ellen angesetzt wurde, oder die Kapital-Summe. Und $\frac{11x}{7}$ ist die Summe der für die verkauften Ellen erhaltenen Gulden. Wenn man daher die angesetzte oder Kapital-Summe von der Summe der erhaltenen Gulden abzieht, dann bleibt der Reingewinn übrig. So lässt $\frac{7x}{5}$, von $\frac{11x}{7}$ abgezogen, dann $\frac{6x}{35}$ übrig, und dies ist der Reingewinn. Und dieser wird 100 Gulden gleichgesetzt, da die Angabe ja aussagt, der Gewinn für den geschilderten Kaufhandel sei 100 Gulden gewesen.

Also sind nach der Algebra-Regel 100 durch $\frac{6}{35}$ zu dividieren, dies ergibt 1x = also $583\frac{1}{3}$ gekaufter und verkaufter Ellen. Für die gekauften Ellen setzte ich $\frac{7}{5}$ x an, das sind $816\frac{2}{3}$ Gulden. Und für diese verkauften Ellen erhielt ich $\frac{11}{7}$ x, also $916\frac{2}{3}$ Gulden.

So wird dieses Beispiel umgedreht:

Ich kaufte einige Ellen Tuch. Ich kaufte aber 7 Ellen für 11 Gulden. Und diesen ganzen Stoff habe ich wieder verkauft. Ich war aber gezwungen, 5 Ellen für 7 Gulden abzugeben, und so trug mir dieses Geschäft einen Verlust von 100 Gulden ein. Gefragt wird ebenso wie beim vorhergehenden Beispiel.

Siebzehntes Beispiel dieses Kapitels.
Es stammt von Adam Ries, wenn auch bei ihm mit anderen Zahlen.

Wenn man 100 Pfund Wachs für 17 Gulden kauft, so ist die Frage, wie viele Pfunde für 1 Gulden abgegeben werden, wenn 102 Gulden einen Gewinn von 18 Gulden erbringen. Das Ergebnis ist 1x Pfunde.

So aber stellt sich das Beispiel nach der Dreisatz-Regel dar:

Gulden	Pfunde	Gulden	Pfunde
17	100	102	600
Gulden	Pfunde	Gulden	Pfunde
1	1	102 + 18	120x

Gleichgesetzt werden aber zwei Produkte der Dreisatz-Regel untereinander. Nämlich es werden 120x mit 600 Gulden gleichgesetzt. Ergebnis: 1x = 5 Gulden.

Dieses Beispiel wird auf diese Weise umgewendet:

Ich kaufte 100 Pfund Wachs für 17 Gulden, und der Handel brachte mir einen Schaden **[262v]** von 18 Gulden für 102 eingesetzte Gulden.

Die Zahlen stellen sich nach der Dreisatz-Regel so dar:

Gulden	Pfunde	Gulden	Pfunde
17	100	102	macht 600
Gulden	Pfunde	Gulden	Pfunde
1	1x	102 – 18	macht 84x

Daher werden 84x mit 600 gleichgesetzt. Ergebnis: 1x = $7\frac{1}{7}$ Pfunde, gegeben für 1 Gulden.

Also verkaufte ich 600 Ellen für 84 Gulden, die ich aber für 102 Gulden erworben hatte, weil ich $7\frac{1}{7}$ Ellen für 1 Gulden verkaufen musste.

Es folgen Variationen des Beispiels bei Adam Ries selbst, deren Angabe der sorgsame Leser selbst erstellen wird.

Erste Variation.

Gulden	Pfunde	Gulden		Pfunde
1x	100	102	macht	$\frac{10200}{1x}$
Gulden	Pfunde	Gulden		Pfunde
1	5	102 + 18	macht	600

Zweite Variation.

Gulden	Pfunde	Gulden		Pfunde
17	1x	102	macht	6x
Gulden	Pfunde	Gulden		Pfunde
1	5	102+18	macht	600

Dritte Variation.

Gulden	Pfunde	Gulden	
17	100	1x	macht $\frac{100x}{17}$
Gulden	Pfunde	Gulden	
1	5	1x + 18	macht5x + 90

Vierte Variation.

Gulden	Pfunde	Gulden	Pfunde
17	100	102	macht 600
Gulden	Pfunde	Gulden	Pfunde
1x	5	102 + 18	macht 600x

Fünfte Variation **[263r]**

Gulden	Pfunde	Gulden	Pfunde
17	100	102	macht 600
Gulden	Pfunde	Gulden	Pfunde
1	5	102 +1x	macht 510 + 5x

Ähnliche Variationen hat auch das umgekehrte Beispiel, doch genügen die angedeuteten Variationen dem sorgsamen Leser.

Achtzehntes Beispiel dieses Kapitels. Es stammt von Adam Ries.

Ein Kaufmann erstand Wolle und Wachs für 124 Gulden. Er kaufte aber 100 Pfund Wolle für sieben Gulden und 100 Pfund Wachs für 14 Gulden. Das Gewicht der gekauften Wolle ist doppelt so groß wie das Gewicht des Wachses. Gefragt ist, wie viel er vom Doppelten dieser Ware gekauft hat.

Das Beispiel stellt sich nach der Dreisatz-Regel so dar:

Pfunde	Gulden	Pfunde	Gulden
100.	14	1x	macht $\frac{14x}{100}$
Pfunde	Gulden	Pfunde	Gulden
100	7	2x	macht $\frac{14x}{100}$

Es werden also $\frac{28x}{100}$ mit 124 gleichgesetzt. Und es macht 1x dann $442\frac{6}{7}$ Pfund gekauften Wachses. Daher kaufte er $885\frac{5}{7}$ Pfund Wolle.

Neunzehntes Beispiel dieses Kapitels. Auch dieses stammt von Adam Ries.

Ein Geldwechsler erhält 568 Gulden, für die er Groschen in vierfach verschiedenem Wert aushändigt. 7 von diesen machen 1 Gulden. Und von manchen machen 18 Groschen 1 Gulden. Von manchen machen 21 einen Gulden, und von manchen machen 28 Groschen 1 Gulden. Er händigt aber von jeder Art Groschen die gleiche Anzahl aus.

Nun heißt die Frage: Wie viele Groschen von jeder Art jener Groschen händigt er aus? Das Ergebnis ist in 1x von jeder Art Groschen anzugeben.

Das Beispiel stellt sich nach der Dreisatz-Regel in folgender Weise dar: **[263v]**

Groschen	Gulden	Groschen	Gulden
7			$\frac{1}{7}$ x
18	1	1x	$\frac{1}{18}$ x
21			$\frac{1}{21}$ x
28			$\frac{1}{18}$ x

Also werden $\frac{71}{252}$ mit 568 gleichgesetzt. 1x macht 2016 Groschen beliebiger Art. Die Proben bei solchen Beispielen gehen leicht vor sich, weshalb ich sie der Kürze halber übergehe.

Zwanzigstes Beispiel dieses Kapitels. Es stammt vom Christoph, Nr. 115.

Zwei Boten trennt ein Raum von 140 Meilen; beide beginnen zu ein und derselben Stunde, auf einander zuzueilen. Der eine von ihnen legt jeden Tag 8 Meilen zurück, der andere aber durchmisst an jedem Tag 6 Meilen.

Die Frage lautet: Wann treffen sie sich? Das Ergebnis ist in 1x Tagen anzugeben.

Das Beispiel stellt sich nach der Dreisatz-Regel so dar:

Tage	Meilen	Tage	Meilen
1	8	1x	8x
1	6	1x	6x

Also werden 14x gleich 140 gesetzt, und das Ergebnis ist: 1x = 10 Tage.

VON DEN BEISPIELEN DER ALGEBRA-REGEL, DIE SICH AUF DAS ZWEITE KAPITEL DER VORSCHRIFTEN BEZIEHEN.

Kapitel VIII.

Man muss nun solche Beispiele aufstellen, die über die wesentlichen Teile der Algebra-Regel hinaus einen vorderen zusätzlichen Teil zulassen, nämlich die Reduktion der Gleichungen, die Plus- und Minuszeichen haben, auf Gleichungen, die keine solchen Zeichen haben. Und weil gelegentlich mühselige Additionen und Subtraktionen **[264r]** bei Beispielen anfallen, die solche Zeichen annehmen, will ich einige Sätze vorausschicken, mit deren Hilfe die Mühe solcher Rechenoperationen und der Überdruss daran leicht überwunden werden.

Erster Satz.

Teile einer angegebenen Sache auf kurzem Weg mit der angegebenen Sache selbst zu addieren. Die angegebene Sache sei: 3 Groschen – 16 Pfennige, dividiert durch 2.

Es sollen zu dieser Sache drei Viertel der Sache selbst addiert werden. Hier ist es nicht nötig, zuerst drei Viertel des angegebenen Sache auszuziehen und dann das Ausgezogene dem Ganzen hinzuzufügen; nein, ich gehe hier auf verkürztem Weg vor. Ich addiere $\frac{3}{4}$ (das heißt den Nenner der Teile des Ganzen) zur Einheit, und das ergibt $\frac{7}{4}$. Diese multipliziere ich mit 3 Groschen – 16 Pfennige, dividiert durch 2, und es ergibt 21 Groschen – 112 Pfennigen, dividiert durch 8.

Zweiter Satz.

Einen Teil einer angegebenen Sache zu einem anderen Teil derselben Sache auf kurzem Wege zu addieren.

Die angegebene Sache sei $\frac{8x-12}{7}$.

Ich will den dritten Teil dieser Sache zum vierten Teil derselben Sache addieren. So addiere ich $\frac{1}{3}$ und $\frac{1}{4}$, was $\frac{7}{12}$ ergibt. Diese multipliziere ich mit $\frac{8x-12}{7}$, was $\frac{2x-3}{3}$ ergibt, und dies ist die Summe des gesuchten Aggregates.

Dritter Satz.

Auf kurzem Wege einen Teil oder Teile von einer angegebenen Sache abziehen.
Die angegebene Sache sei $7x^2 + 8x - 10$ geteilt durch 12x.

Ich will von dieser angegebenen Sache $\frac{1}{3}$ und $\frac{1}{5}$ abziehen, ich ziehe sie von Eins ab; es bleiben $\frac{7}{15}$ übrig. Diese multipliziere ich mit der angegebenen Sache, und es ergeben sich $49x^2 + 56x - 70$, dividiert durch 180x, und dies ist die Summe, die ich suchte.

Vierter Satz.

Auf kurzem Wege den einen Teil einer angegebenen Sache vom anderen Teil derselben Sache abziehen.

Die angegebene Sache sei $\frac{12x+8}{5}$.

Ich will vom dritten Teil dieser Sache deren vierten Teil abziehen. So subtrahiere ich $\frac{1}{4}$ von $\frac{1}{3}$, und es bleibt $\frac{1}{12}$ übrig. Daher multipliziere ich die angegebene Sache mit $\frac{1}{12}$, was $\frac{3x-2}{15}$ ergibt, und dies ist der Rest, den ich suchte. **[264v]**

Fünfter Satz.

Einen Teil oder Teile einer angegebenen Sache finden

Die angegebene Sache sei $\frac{12x+8}{5}$.

Ich will den dritten und vierten Teil des Ausdrucks auf kurzem Wege finden. So nehme ich $\frac{1}{3}$ und $\frac{1}{4}$, addiere sie, es ergeben sich $\frac{7}{12}$. Diese multipliziere ich mit der angegebenen Sache, was $\frac{12x+14}{15}$ ergibt. Dies ist der dritte und vierte Teil von $\frac{12x+8}{5}$. Ebenso will ich $\frac{3}{4}$ der angegebenen Sache finden. Ich multipliziere sie mit $\frac{1}{4}$, und dies ergibt $\frac{9x+6}{5}$. Und so verfährt man auch sonst.

Sechster Satz.

Die Sache selbst, von der Teile weggenommen sind, wieder herstellen.

Der dritte und vierte Teil einer Sache seien $\frac{12-2x}{5}$.

Ich will jene Zahl finden, von der die angegebenen Teile weggenommen wurden. So addiere ich $\frac{1}{3}$ und $\frac{1}{4}$, was $\frac{7}{12}$ ergibt. Durch diesen Bruch dividiere ich die angegebenen Teile, es ergeben sich $\frac{144-24x}{35}$. Von diesem Ganzen sind der dritte und vierte Teil $\frac{12-2x}{5}$.

Erstes Beispiel dieses Kapitels. Es stammt von Adam Ries.

Man habe vier Mengen gemischten Silbers. Das Gewicht der ersten betrage 11 Mark, von denen jede 9 Halbunzen reinen Goldes enthalten soll. Das Gewicht der zweiten Menge betrage 15 Mark, von denen jede Mark 7 Halbunzen reinen Silbers betragen soll.

Das Gewicht der dritten Menge betrage 24 Mark, von denen jede Mark 10 Halbunzen reinen Silbers betragen soll. Das Gewicht der vierten Masse betrage 136 Mark, von denen jede einzelne 14 Halbunzen reinen Silbers enthalten soll.

Frage: Wie viel reines Silber muss man jenen Mengen beimischen?
Das Ergebnis ist in 1x Mark reinen Silbers auszuweisen.
Entwicklung jenes Beispieles.

Mark gemischten Silbers	Halbunzen reinen Silbers	Halbunzen reinen Kupfers
11	99	77
15	105	135
24	240	144
136	1904	272
186	2348	628

[265r] Man setzt von jeder Mark voraus, dass sie ein Gewicht von 16 Halbunzen hat. Wenn man also sagt, eine Mark enthalte 9 Halbunzen reinen Silbers, dann verstehe, dass der Rest Kupfer ist. Setzt man also eine Menge voraus, die das Gewicht von 11 Mark hat, wobei jede Mark 9 Halbunzen reinen Silbers enthalten soll, dann wird das gesamte Silber jener Menge 99 Halbunzen reinen Silbers enthalten. Also wird das Kupfer derselben Menge 77 Halbunzen betragen. Wenn nämlich in einer Mark neun Halbunzen reinen Silbers enthalten sind, dann müssen in derselben Mark 7 Halbunzen reinen Kupfers enthalten sein, usw.

Das Beispiel stellt sich aber nach der Dreisatz-Regel so dar:

Mark gemischtes Silber	Mark gem. Silb.	Halbunzen Kupfer	Gemischte Mark
186	1x	628	1

1 gemischte Mark der neuen Masse beträgt $\frac{628}{186+1x}$ Halbunzen Kupfers. Und dieser Bruch wird einer Halbunze Kupfers gleichgesetzt. Wenn nämlich eine Mark 15 Halbunzen reinen Silbers enthalten muss, dann muss gewiss die gleiche Mark (nach der vorerwähnten Annahme) 1 Halbunze Kupfers enthalten. Daher werden (mittels Reduktion auf eine Gleichung ganzer Terme) 628 mit 186 + 1x gleichgesetzt. Und (mittels Reduktion der Gleichung auf eine Gleichung einfacher Terme, also solcher ohne Plus- oder Minuszeichen) wird 1x mit 442 gleichgesetzt werden. Also beträgt 1x dann 442, nämlich 1x Mark macht 442 Mark, und 1x Halbunzen beträgt 442 Halbunzen.

Daher muss man 442 Mark reinen Silbers zu den vorgenannten Mengen hinzugeben, dann wird die neue Masse, zusammengeschmolzen aus den vorgenannten Massen, in jeder einzelnen Mark 15 Halbunzen reinen Silbers enthalten.

Wenn die Frage lautet, wie viel Kupfer man jenen Mengen zuschmelzen soll, damit in jeder Mark 1 Halbunze reinen Silbers enthalten sei, dann wird sich das Beispiel bezüglich des beizugebenden Kupfers nach der Dreisatz-Regel so darstellen:

Mark gemischtes Silber	Mark reines Kupfer	Halbunzen Silber	Gemischte Mark.
186	1x	2348	1

Also beträgt 1 gemischte Mark der neuen Masse $\frac{2348}{186+1x}$. Und dieser Bruch [265v] wird einer Halbunze reinen Silbers gleichgesetzt. Also macht 1x = 2162. Und so viele Mark Kupfers muss man den vorgenannten Massen beim Schmelzen beimischen.

Wenn aber die Frage lautet, wie viel 1 Mark Silbers enthält, wenn man die genannten Massen einschmilzt und ihnen nichts beigemischt oder entnommen wird, dann wird sich das Beispiel so darstellen:

Mark	Halbunzen	Mark		Halbunzen
186	2348	1	macht	$12\frac{58}{93}$

Die Probe wird mithilfe des Kupfers so gemacht:

Mark	Halbunzen	Mark		Halbunzen
186	628	1	macht	$3\frac{35}{93}$

Und wenn nach der fünften Masse gefragt wird, die den genannten Massen beizumischen ist, in jeder Mark 3 Halbunzen reinen Silbers enthält und bei deren Vermischung oder Verschmelzung mit den genannten Massen eine neue Masse entsteht, die in jeder Mark 5 Halbunzen reinen Silbers enthält, wird, wie gesagt, die Frage sein, welches Gewicht eine derartige Masse haben wird. Das Beispiel wird sich so darstellen:

Gem. Mark.	*Gem. Mark.*	*Halbunz. Silb.*	*Halbunz. Silb.*	*Neue Mark*
186 + 1x		2348 + 3x		1

Also macht 1 Mark der neuen Masse 2348 + 1x dividiert durch 186 + 1x Halbunzen Silbers, die gleichgesetzt sind 5 Halbunzen Silbers. Daher macht 1x = 709.

Und so viel Mark hatte die fünfte Masse.

Ich mache die Probe so:

Mark	Halbunzen	Mark	Halbunzen
895	4475	1	5

Es entsteht aber 895 aus der Addition 709 zu 186. Und 4475 entsteht aus der Addition zum Dreifachen der Zahl 709, usw.

Und wenn bei den vier vorherigen Massen gefragt wird, wie viel Kupfer im Feuer geschmolzen werden muß, damit man in jeder Mark der neuen, aus jenen vier Massen zusammenzuschmelzenden **[266r]** Masse fünfzehn Halbunzen reinen Silbers finden kann, dann stellt sich das Beispiel so dar:

Mark gem. Silb.	*Mark rein. Kupf.*	*Halbunz. Silb.*	*Mark d. neu. Masse*
186 – 1x		2348	1

Also macht eine Mark der neuen Masse $\frac{2348}{186-1x}$ Halbunzen reinen Silbers, und dieser Buch wird mit 15 Halbunzen reinen Silbers gleichgesetzt. Also macht $1x = 29\frac{7}{15}$. Deshalb würden ebenso viel Mark Kupfers, von den vorgenannten vier Massen verwendet, eine neue Masse übrig lassen, die in jeder Mark 15 Halbunzen einen Silbers enthielte.

Probe dafür:

Mark	Halbunz.	Mark	Halbunz.
$\frac{2348}{15}$	$\frac{2348}{1}$	$\frac{1}{1}$	15

Es konnte die letzte vorangehende Frage auch mit Hilfe der folgenden Stellung gelöst werden:

Mark gem. Silb.	Mark von Kupf.	Halbunz. v. Kupf.	Mark von neuer Masse
186 – 1x		628 – 16x	1

Hier sieht man, dass $\frac{628-16x}{186-1x}$ Halbunzen Kupfers gleich sind einer Halbunze Kupfers, weil eine Mark 15 Halbunzen Silbers enthalten muss. So macht 1x, wie vorher, $29\frac{7}{15}$. Wenn aber 1x Mark Kupfers von 186 Mark abgezogen wird, dann muss man 16x Halbunzen Kupfers von der Zahl der Halbunzen Kupfers abziehen (da 1 Mark 16 Halbunzen enthält, wie vorausgesetzt), so nämlich bleibt die Gleichung zwischen dem in 186 gemischten Mark enthaltenen Kupfer und den eigens angesetzten Halbunzen Kupfers erhalten, usw.

Folgende Anordnung:

Mark gemischt. Silb.	Mark rein. Kupf.	Halbunz. rein. Silb.	Gemischte Mark
	186 + 1x	2348	1

hätte auch so geordnet werden können:

Mark gemischt. Silb.	Mark rein. Kupf.	Halbunz. rein. Silb.	Gemischte Mark
	186 + 1x	28 + 16x	1

denn in beiden Anordnungen ergibt 1x dasselbe.

So hätte auch folgende Anordnung:

Mark gemischt. Silb.	Mark rein. Silb.	Halbunz. Kupf.	Gemischte Mark
	186 + 1x	628	1

so angeordnet werden können: **[266v]**

Mark gemischt. Silb.	Mark rein. Silbers	Halbunz. rein. Silb.	Gemischte Mark
	186 + 1x	2348 + 16x	1

Zweites Beispiel dieses Kapitels, das bei Christoph Nr. 74 ist,
jedoch hier andere Dinge ansetzt.

Ich habe zwei Maße Wein, von denen eines 12 Pfennige wert ist und das andere 15 Pfennige. Nun will ich ein Maß mischen, das 13 Pfennige wert ist. Die Frage lautet: Wieviel Wein muss man von jedem Maß nehmen? Das Ergebnis soll lauten: Vom ersten Maß 1x Teilmaß und vom anderen Maß 1 – 1x Teilmaß.

Die Anordnung des Beispiels stellt sich so dar:

Maß	Pfennige	Maß		Pfennige
1	12	1x	macht	12x
1	15	1 – 1x	macht	15 – 15x

Und jene beiden Produkte, nämlich 12x und 15 – 15x werden 13 Pfennigen gleich gesetzt. 1x macht $\frac{2}{3}$. Von dem Wein also, der billiger ist, nehme ich $\frac{2}{3}$ eines Maßes und vom anderen nehme ich $\frac{1}{3}$.

Die Probe sieht so aus:

Maß	Pfennige	Maß		Pfennige
1	12	$\frac{2}{3}$	macht	8
1	15	$\frac{1}{3}$	macht	5

Drittes Beispiel dieses Kapitels, das bei Christoph Nr. 75 ist, hier jedoch mit anderen Dingen.

Ein Maß Wein kostet 10 Pfennige. Ich will aber soviel Wasser beimischen, dass ein Maß dieser Mischung 7 Pfennige wert ist. Die Frage lautet: Wie viel Wasser muss man beimischen?

Maß Wein	Maß Wasser	Pfennige	Mischung		Pfennige
1 + 1x		10	1	macht	$\frac{10}{1+1x}$

Es werden also $\frac{10}{1+1x}$ und 7 gleichgesetzt, was $1x = \frac{3}{7}$ ergibt. Also ergeben $\frac{3}{7}$ eines Maßes, vermischt mit einem Maß jenes Weines jene Mischung, von der ein Maß 7 Pfennige kostet.

[267r] Die Probe macht man anhand der Anordnung des Beispieles so:

Maß	Pfennige	Maß		Pfennige
$1\frac{3}{7}$	10	1	macht	7

Viertes Beispiel dieses Kapitels, das bei Christoph Nr. 77 ist, hier jedoch mit anderen Dingen.

In einem Fass sind 20 Maß Weines, wovon jedes Maß 12 Pfennige kostet. Nun schüttet man Wasser in das Fass, bis das Fass mit jenem Wein und dem Wasser voll ist. Dann ist 1 Maß dieses mit Wasser vermischten Weines 10 Pfennige wert.

Frage: Wie groß ist die Kapazität dieses Fasses? Das Ergebnis macht 20 + 1x des Maßes.

Das Beispiel stellt sich so dar:

Maß des Weins	Maß des Wassers	Pfennige	Maß der Mischung
20 + 1x		240	1

Man sieht hinreichend, dass $\frac{240}{20+1x}$ und 10 gleichgesetzt werden. Also macht $1x = 4$ und das Fass hatte eine Kapazität von 24 Maß.

Fünftes Beispiel dieses Kapitels, bei Christoph Nr. 86.

Als Archimedes auf Geheiß Hierons untersuchte, wie viel Silber durch Betrug des Goldschmiedes anstelle von Gold in eine Krone gemischt wurde, die Hieron seiner Gottheit weihte, nahm er ein Gefäß, das zu solchem Zweck geeignet war. Dieses Gefäß füllte er mit Wasser, tauchte die Krone hinein und fasste das verdrängte Wasser auf. Dann füllte er das Gefäß von neuem mit Wasser und versenkte darin eine Menge reines Gold entsprechend dem Gewicht der Krone, und dann fasste er wieder das verdrängte Wasser auf. Dann füllte er das Gefäß zum dritten Male mit Wasser auf und versenkte darin eine Menge Silbers entsprechend dem Gewicht der Krone, und dann fasste er wieder das verdrängte Wasser auf. Dann füllte er das Gefäß zum dritten Male mit Wasser auf und versenkte darin eine Menge Silbers entsprechend dem Gewicht der Krone, und wiederum fasste er das verdrängte Wasser auf. Und so fand er aus den Proportionen der dreimal gesammelten Wassermengen heraus, wie viel Silber unter dem Gold jener Krone verborgen war.

Die Frage lautet nun: Wie viel in der Krone verborgenes Silber fand Archimedes? Das Ergebnis ist in 1x Mark Silbers auszuweisen.

Nehmen wir also an, die ganz Krone habe das Gewicht von 10 Mark gehabt. Dann aber betrug das Gold der Krone 10 Mark Silbers minus **[267v]** einer Wurzel Silbers, nämlich 10 – 1x. Sodann nehmen wir an, dass Wasser beim Eintauchen der Krone abfloss, und zwar der achte Teil eines Bechers, und dass beim Eintauchen des Goldes der dreißigste Teil eines Bechers abfloss, während beim Eintauchen des Silbers der dreißigste Teil eines Bechers abflossen.

Wenn man dies annimmt, stellt sich das Beispiel nach der Dreisatz-Regel so dar:

Mark	Becher	Mark	Becher
10	$\frac{3}{4}$	1x	$\frac{3x}{40}$
10	$\frac{1}{30}$	10 – 1x	$\frac{10-1x}{300}$

Beide vierten Terme aber werden mit $\frac{1}{8}$ des Bechers gleichgesetzt und wie die Summe aller Teile ihrem Ganzen gleichgesetzt, dies sieht man hinreichend aus der Operation an dem Vorausgesetzten. Da nun 1x $1\frac{12}{43}$ macht, sieht man hinreichend, dass das Gewicht des im Gold verborgenen Silbers $1\frac{12}{43}$ Mark betrug, während das Gold (jedenfalls nach der gegebenen Annahme) $8\frac{31}{43}$ Mark betrug.

Sechstes Beispiel dieses Kapitels, bei Christoph Nr. 151.

Zwei Kaufleute tauschen ihre Waren untereinander. Der erste hat Safran, von dem ein Pfund $4\frac{1}{6}$ Gulden wert ist. Beim Tausch jedoch setzt er jedes Pfund mit 5 Gulden an. Der andere Kaufmann hat Perlen, die er bei jenem Tausch das Stück mit $7\frac{1}{2}$ Gulden ansetzt. Nun verlangt aber der erste Kaufmann vom zweiten den vierten Teil des Wertes von Safran, den er beim Tausch eingesetzt hat.

Die Frage lautet nun, wie hoch die Perlen vor dem Tausch eingeschätzt waren. Das Ergebnis soll in 1x Gulden ausgedrückt werden.

Das Beispiel stellt sich aber so dar:

$4\frac{1}{6} - 1\frac{1}{4} \qquad 5 - 1\frac{1}{4} \qquad 1x \qquad 7\frac{1}{2}$

Die Subtraktionen, die man an die ersten Terme gestellt sieht, werden deshalb dorthin gestellt, weil der erste Kaufmann (wie es sich beim Tausch gebührt) vom zweiten Kaufmann den vierten Teil des Wertes seiner in den Tausch gegebenen Waren verlangt. Es ist aber $1\frac{1}{4}$ der vierte Teil von 5. Also muss man annehmen, dass dieser Teil vom Tausch sozusagen ausgenommen war. Und so wird anstelle von 5 Gulden entsprechend der Regel $5-1\frac{1}{4}$ gesetzt, also $3\frac{3}{4}$. Doch weil die gleiche Portion **[268r]** auch vom ersten Term abgezogen wird und anstelle von $4\frac{1}{6}$ dann $4\frac{1}{6}-1\frac{1}{4}$ gestellt wird, also $2\frac{11}{12}$, deshalb geschieht es, dass zwischen den beiden vorderen Termen und den beiden hinteren Termen nicht nur eine Gleichsetzung der Proportion der späteren Zahlen mit der Proportion der vorderen Zahlen stattfindet; nein, es wird auch eine Gleichsetzung der Sache der zweiten Zahl mit der Sache der ersten Zahl vorgenommen, und ebenso wird offenbar eine Gleichsetzung der zur vierten Zahl gehörenden Sache mit der Sache vorgenommen, die zur dritten Zahl gehört. Dadurch hat man zugleich eine Gleichsetzung der Proportionen und eine Gleichsetzung der Gleichheiten, und dies bei jedem Kauf und Tausch, die entsprechend der Dreisatz-Regel stattfinden.

Und jene Überlegung gab mir die Gelegenheit, Beispiele über den Tausch bei Kaufleuten anzusetzen, während ich sonst derartige Beispiele verachtet hätte. Doch gibt es in der gesamten Arithmetik nichts, was diese kunstwerte Überlegung so offen darlegt und geradezu zu erkennen zwingt wie solche Kaufmanns-Beispiele. Es geschieht nämlich bei solchen Tauschvorgängen, dass die kleinere Summe außerhalb des Tausches mit der größeren Summe gleichgesetzt wird, die innerhalb des Tausches selbst in Betracht gezogen wird. Dies aber, was gefordert wird von den Tauschenden, wird deshalb gefordert, weil es sich nicht auf den Tausch bezieht, und es wird deshalb von beiden Termen abgezogen nach der Regel: Wenn man von Gleichgesetzem Gleiches abzieht, dann wird das Übriggebliebene gleich bleiben.

Jedoch (um zum Beispiel zurückzukehren) wird das Produkt der beiden Außenterme, wenn man sie miteinander multipliziert, dem Produkt der beiden Innenterme gleichgesetzt. Daher geschieht es, dass 1x dann $5\frac{5}{6}$ macht. Und so wird offenbar, dass die Perlen außerhalb des Tauschvorganges mit $5\frac{1}{6}$ Gulden bewertet wurden. Nun achte aber darauf, welche Proportion zwischen dem zweiten und vierten Term stattfindet, damit du weißt, wie viel Pfunde Safran der erste Kaufmann in den Tausch eingebracht hat. Da die Proportion nämlich eine doppelte ist, wird man schön herausfinden, dass er zwei Pfunde für die Perlen getauscht hat und den vierten Teil des Wertes der zwei Pfunde verlangt hat. Es machen ja zwei Pfunde 10 Gulden, wenn nicht ein Viertel zurückgefordert wird. Das Viertel von 10 Gulden macht aber $2\frac{1}{2}$ Gulden, und wenn man diesen Teil abzieht, wird die Summe von $7\frac{1}{2}$ Gulden übrig bleiben. Und man sieht, dass dies auch die gleiche Summe ist, für die beim Tausch die Perlen eingeschätzt werden, usw. **[268v]**

Hätte aber der erste Kaufmann seine zwei Pfunde außerhalb des Tausches für 8 Gulden geschätzt und innerhalb des Tausches für 10 Gulden, und hätte der zweite Kaufmann seine Perlen außerhalb des Tausches für 20 Gulden und innerhalb des Tausches für 24 Gulden geschätzt, dann hätte der zweite etwas vom ersten zurückgefordert, was man leicht aus folgenden Termen selbst ersehen kann: 8, 10, 20, 24. Denn die Proportion zwischen den beiden vorderen Termen ist größer als die zwischen den beiden späteren.

Willst du aber wissen, was der zweite Kaufmann in diesem Falle vom ersten fordert, so ordne nach der Regel folgendermaßen an:

$$8 \qquad 10 \qquad 20 - 1x \qquad 24 - 1x$$

Multipliziere die Außenterme und dann die mittleren Terme miteinander, dann wirst du finden, dass 192 – 8x mit 200 – 10x gleichgesetzt wird. So viele Gulden also würde der zweite vom ersten fordern, nämlich den sechsten Teil von 24. Das zeigt sich so: Der erste hätte vom zweiten die für 24 geschätzten Perlen gefordert, für die er selbst zwei Pfunde Safran gegeben hätte, die aber nur 20 Gulden wert waren. Daher würde er dem zweiten mit Recht 4 Gulden zurückgeben.

Wenn aber der zweite die Perlen verdoppeln würde, dann würde der erste auch seinen Safran verdoppeln. Er würde nämlich 4 Pfunde Safran für 40 Gulden einsetzen, und die Perlen würden 48 betragen. Da also der erste Kaufmann einen Sachwert von 48 Gulden erhielte für seinen Sachwert von nur 40 Gulden, müsste der erste Kaufmann dem zweiten 8 Gulden erstatten, nämlich den sechsten Teil von 48. Und so auch sonst in solchen Fällen.

Siebtes Beispiel dieses Kapitels, das von Adam Ries stammt.

Jemand wird gefragt, die wievielte Tagesstunde es sei? Er antwortet so: Die Hälfte der Stunden seit Mitternacht bis jetzt, hinzugefügt zu drei Vierteln der künftigen Stunden bis Mitternacht ergeben die von dir gefragte Zahl der Stunden.

Frage: Wie groß war die gefragte Stundenzahl?

Das Ergebnis ist 1x der vergangenen Stunden seit Mitternacht bis zur Stunde, in der die Frage gestellt wurde. Wenn daher von Mitternacht bis Mitternacht 24 Stunden verfließen, sieht man hinreichend, dass die Summe der Stunden, **[269r]** die bis Mitternacht anstanden, 24 – 1x beträgt. Drei Viertel dieser Summe machen $\frac{72-3x}{4}$. Hier füge $\frac{1}{2}$ x bzw. $\frac{2}{4}$ x hinzu, weil die Hälfte der Stunden von Mitternacht bis zur Stunde der Frage $\frac{72-1x}{4}$ beträgt. Und diesem Betrag wird 1x gleichgesetzt. Daher ergibt 1x dann $14\frac{2}{5}$. Es war also die Zeit zwischen der zweiten und dritten Stunde nach Mittag.

Achtes Beispiel dieses Kapitels. Es ist Nr. 4 bei Christoph.

Es gibt eine Zahl, von der zwei Drittel der Hälfte derselben Zahl plus drei gleichgesetzt werden.

Frage: Wie groß ist diese Zahl?

Sie beträgt 1x. Davon zwei Drittel ergeben $\frac{2}{3}$ x, und die Hälfte der zu findenden Zahl plus drei macht $\frac{1x+6}{2}$. Diese Zahl wird $\frac{2x}{3}$ gleichgesetzt, und so macht 1x dann 18.

Neuntes Beispiel dieses Kapitels. Es ist Nr. 9 bei Christoph.

Es gibt zwei Zahlen, die, zueinander addiert, 20 ergeben. Die größere von ihnen, ergibt, dividiert durch 3, einen Quotienten, der, hinzugefügt zum Achtel der kleineren Zahl, mit dieser 5 ergibt.

Frage: Wie groß sind diese beiden Zahlen?
Die erste Zahl macht 1x. Die zweite Zahl macht 20 – 1x.

Es sei also 1x die größere Zahl (denn 1x könnte auch für die kleinere Zahl stehen), die, geteilt durch 3, dann $\frac{1}{3}$ x ergibt. Der achte Teil aber von 20 – 1x ist $\frac{20-1x}{8}$. Dazu füge ich noch $\frac{1x}{3}$ hinzu, was $\frac{60+5x}{24}$ ergibt. Damit wird 5 gleichgesetzt, und so macht 1x = 12, und dies ist die größere Zahl. Die kleinere Zahl ergibt daher 20 – 1x, und dies ist 8.

Zehntes Beispiel dieses Kapitels. Es ist bei Christoph Nr. 7.

Ein Drittel einer gewissen Zahl, zur gleichen Zahl noch einmal hinzugefügt, ergibt ein Aggregat, das 40 um so viel überschreitet wie die zu findende Zahl selbst von 44 übertroffen wird.

Frage: Wie groß ist jene Zahl? **[269v]**

Sie beträgt 1x. Dazu hinzugefügt wird deren Drittel, und dies ergibt $1\frac{1}{3}$ x. Daher wird $1\frac{1}{3}$ x mit 44 – 1 x gleichgesetzt, und so ergibt 1 x dann 36.

Elftes Beispiel dieses Kapitels. Es ist bei Christoph Nr. 8.

Es gibt eine Zahl, von der zwei Fünftel abgezogen werden und dann so viel unter 100 übrig bleibt wie viel die Zahl selbst über 100 hinausgeht.

Frage: Wie groß ist jene Zahl

Sie macht 1x. Davon werden zwei Fünftel abgezogen und lassen dann $\frac{3}{5}$ x übrig. Daher werden $\frac{100-3x}{5}$ gleichgesetzt mit 1x – 100. Und dies ergibt: 1x = 125.

Zwölftes Beispiel dieses Kapitels. Es ist bei Christoph Nr. 23.

Es gibt eine arithmetische Progression, die in neun Gliedern mit der Differenz eins voranschreitet; deren Aggregat ergibt 48.

Frage: Wie lautet jene Progression?

Sie ergibt 1x, 1x + 1, 1x + 2, usw. Und so wird der letzte Term 1x + 8 sein. Wenn man diesem den ersten Term hinzufügt, wird sich 2x + 8 ergeben. Davon die Hälfte ist 1x + 4, und wenn man dies mit der Zahl der Terme multipliziert, also mit 9, ergibt sich 9x + 36. Damit wird nun 48 gleichgesetzt, und so ergibt 1x = $1\frac{1}{3}$, nämlich der erste Term.

Daher lautet die gesuchte Progression:

$$1\tfrac{1}{3}, 2\tfrac{1}{3}, 3\tfrac{1}{3}, 4\tfrac{1}{3}, 5\tfrac{1}{3}, 6\tfrac{1}{3}, 7\tfrac{1}{3}, 8\tfrac{1}{3}, 9\tfrac{1}{3}.$$

Alle diese Terme zusammen ergeben 48.

Dreizehntes Beispiel dieses Kapitels. Es ist bei Christoph Nr. 25.

Es gibt eine arithmetische Progression von neun Terme, deren erster Term 4 beträgt. Die Summe aber aller dieser Terme ergibt 48. Nun wird gefragt, welches jene Progression ist.

Es ergibt sich: 4, 4 + 1x, 4 + 2x, usw. Und so wird der letzte Term 4 + 8x sein. Wenn man diesem den ersten Term hinzufügt, ergibt sich 8 + 8x. Die Hälfte davon ist 4 + 4x, und wenn man dies mit der Zahl der Terme, nämlich mit 9, multipliziert, ergibt sich 36 + 36x. Also macht 1x = $\frac{1}{3}$, nämlich den ersten Term. Daher lautet die gesuchte Progression:

$$4, 4\tfrac{1}{3}, 4\tfrac{2}{3}, 5, 5\tfrac{1}{3}, 5\tfrac{2}{3}, 6, 6\tfrac{1}{3}, 6\tfrac{2}{3}.$$

Alle diese Terme ergeben zusammen 48. **[270r]**

Vierzehntes Beispiel dieses Kapitels. Es ist bei Christoph Nr. 26.

Es gibt eine arithmetische Progression, deren erster Term 5 beträgt und der letzte 10. Die Summe aller Terme macht 60.

Die Frage lautet: Wie viele Terme hat jene Progression?

Sie hat 1x Terme. Nun macht die Summe der Außenterme 15, wovon die Hälfte $\frac{15}{2}$ ist. Multipliziert man dies mit der Zahl der Terme, nämlich mit 1x, ergibt sich $\frac{15x}{2}$, gleichgesetzt mit 60. Also ergibt 1x = 8, und ebenso viele Terme hat eine solche Progression.

Nun ist die Frage nach den Zwischentermen. Es sind aber folgende: 5 + 1x, 5 + 2x, 5 + 3x, 5 + 4x, 5 + 5x, 5 + 6x. Und diese werden 45 gleichgesetzt (nämlich 60 – 15 – 5). So macht 1x = $\frac{5}{7}$.

Daher stellt sich die Progression so dar:

$$5, 5\tfrac{5}{7}, 6\tfrac{3}{7}, 7\tfrac{1}{7}, 7\tfrac{6}{7}, 8\tfrac{4}{7}, 9\tfrac{2}{7}, 10.$$

Fünfzehntes Beispiel dieses Kapitels.

Es gibt eine geometrische vierfache Progression mit sieben Termen, die, zueinander addiert, $85\frac{21}{64}$ ergeben.

Frage: Wie lautet diese Progression?

Sie macht: 1x, 4x, 16x, usw. Der letzte Term lautet 4096x. Dieser ergibt, mit 4 multipliziert, 16384x. Wenn ich den ersten Term abziehe, bleibt 16383x übrig. Dividiert man dies durch 3, bleiben 5461x übrig, und setzt man diese mit $85\frac{21}{64}$ oder mit $\frac{5461}{64}$ gleich, ergibt sich: 1x = $\frac{1}{64}$. Daher stellt sich die gesuchte Progression so dar:

$$\tfrac{1}{64}, \tfrac{1}{16}, \tfrac{1}{4}, 1, 4, 16, 64.$$

Sechzehntes Beispiel dieses Kapitels.

Es gibt eine dreifache geometrische Progression, deren Term-Summe 80 beträgt; der letzte Term aber beträgt 54. Nun ist die Frage, wie groß diese Progression ist.

Der letzte Term beträgt, verdreifacht, 162; zieht man davon den ersten Term ab, bleibt 162 – 1x übrig. Davon die Hälfte ist $\frac{162-1x}{2}$, und diese wird mit 80 gleichgesetzt. So ist 1x = 2, und die Progression stellt sich so dar:

2, 6, 18, 54.

[270v] Wenn man nun ansetzt, die Progression sei vierfach, die Summe ihrer Terme betrage 255 und ihr erster Term sei 3, dann nehme ich für den letzten Term 1x, was vervierfacht 4x ergibt. Davon ziehe ich 3 ab, was 4x – 3 ergibt, und dies dividiere ich durch 3. So wird dann $\frac{4x-3}{3}$ gleich 255 gesetzt, und 1x = 192. Die Progression ist dann: 3, 12, 48, 192.

Siebzehntes Beispiel dieses Kapitels. Es ist das 50. bei Adam Ries und gehört zur Regula falsi.

Ein Bürger setzte seinem faulen Knecht den Lohn für dreißig Tage so fest, dass er ihm, wenn er arbeite, pro Tag 7 Pfennig geben wolle; tue er aber nichts, bestrafe er ihn um 5 Pfennige. Als man aber nach dieser Zeit die Rechnung aufmachte, erhielt der Knecht nichts, musste aber seinem Herrn auch nichts bezahlen.

Die Frage lautet nun: Wie viele Tage hat der Mann gearbeitet?

1x bedeutet die Arbeitstage, und 30 – 1x bedeutet die Tage der Versäumnis.

Das Beispiel stellt sich nach der Dreisatz-Regel so dar:

Tage	Pfennige	Tage	Pfennige
1	7	1x	7x
1	5	30 – 1x	150 – 5x

Gleichgesetzt also werden 7x und 150 – 5x. So ergibt 1x dann $12\frac{1}{2}$ Arbeitstage, wonach die Tage der Versäumnis $17\frac{1}{2}$ waren.

Achtzehntes Beispiel dieses Kapitels, das von Adam Ries stammt.

Ein Kaufmann verkaufte 20 Pfunde für 45 Gulden, und einige Pfunde waren Safran, und der Rest Ingwer. Er verkaufte aber 1 Pfund Safran für 3 Gulden und ein Pfund Ingwer für $\frac{1}{2}$ Gulden.

Die Frage lautet nun: Wie viele Pfunde Safran wurden verkauft, usw.

Das Ergebnis sind 1x Pfunde Safran und 20 – 1x Pfunde Ingwer.

Das Beispiel stellt sich nach der Dreisatz-Regel so dar:

Pfunde	Gulden	Pfunde	Gulden
1	3	1x	3x
1	$\frac{1}{2}$	20 – 1x	$\frac{20-1x}{2}$

Es werden also 3 Gulden und $\frac{20-1x}{2}$ mit 45 Gulden gleichgesetzt. So ergibt 1x = 14. Daher verkaufte der Mann 14 Pfund Safran und 6 Pfund Ingwer. **[271r]**

Neunzehntes Beispiel dieses Kapitels. Es stammt von Adam Ries.

Ein Goldschmied hat 560 Groschen, die 160 Gulden wert sind. Einige davon sind einzeln $\frac{1}{3}$ Gulden wert, und die restlichen sind einzeln $\frac{1}{4}$ Gulden wert.

Die Frage lautet nun: Wie viele Groschen sind es, die je $\frac{1}{3}$ Gulden wert sind, usw.

Das Ergebnis ist: Es sind 1x Groschen, die je $\frac{1}{3}$ Gulden wert sind. Und es sind 560 – 1x Groschen, die je $\frac{1}{4}$ Gulden wert sind.

Das Beispiel stellt sich nach der Dreisatz-Regel so dar:

Groschen	Gulden	Groschen	Gulden
1	$\frac{1}{3}$	1x	$\frac{1}{3}$ x
1	$\frac{1}{4}$	560 – 1x	$\frac{560-1x}{4}$

Zwei Terme, die am vierten Ort stehen, machen 160 Gulden. Daher macht 1x = 240. Also sind es 240 Groschen, deren jeder $\frac{1}{3}$ Gulden wert ist, und es sind 320 Groschen, deren jeder $\frac{1}{4}$ Gulden wert ist

Zwanzigstes Beispiel dieses Kapitels. Es stammt von Adam Ries.

Ein Fleischer kauft Rinder. Nun fragt man ihn, um wie viel er ein Rind kaufte. Er antwortet: Um wie viel mehr als um 40 Gulden ich 10 Rinder kaufte, um so viel mehr als um 96 Gulden hätte ich 18 Rinder gekauft.

Nun lautet die Frage: Wie viel kostet ein Rind?

Mit diesem Beispiel wollte ich nebenbei anzeigen, bei welcher Gelegenheit ich meine, dass die Algebra anfangs erfunden wurde. Man sieht nun, dass allgemein benannte und einander unter verschiedenen Zeichen gleichgesetzte Zahlen dieselbe Kraft besitzen wie cossische Zahlen, wobei freilich solche Benennungen keine derartige Multiplikation kennen. Also musste man benannte Zahlen suchen, deren Nenner eine Multiplikation zuließen, usw.

Es ist aber aus der Angabe klar, dass 10 Rinder – 40 Gulden 18 Rindern – 96 Gulden gleichgesetzt werden, denn 10 Rinder – 40 Gulden ist eine Überschreitung des Preises für 10 Rinder um 40 Gulden. Und so sind 18 Rinder – 96 Gulden eine Überschreitung oder eine Differenz von 18 Rindern über 96 Gulden hinaus. Und beide Überschreitungen **[271v]** setzt die Angabe einander gleich. Wenn man nun diese Gleichung reduziert, findet sich, dass ein Rind 7 Gulden kostet.

Hätte aber jener Fleischer gesagt, er habe 10 Rinder um so viel über 40 Gulden gekauft wie er 18 Rinder billiger als 96 Gulden hätte kaufen können, dann würde sich die Gleichung so darstellen: 10 Rinder – 40 Gulden sind gleich 96 Gulden – 18 Rinder, und dann würde ein Rind 4 Gulden, 18 Groschen kosten.

Wenn man sagt: Ich habe für vier Groschen – 3 Eiern 41 Eier gekauft, dann wird die Gleichung zwischen den beiden aufgestellten Zahlen so ausfallen, wie ich es oben unter beliebigen vier Termen der Dreisatz-Regel anzeigte, zwischen denen zwei untereinander gleiche Proportionen bestehen; diese sind in der Weise Proportionen der Ungleichheit in den Zahlen, dass sie zugleich als zwei Gleichungen im Sachwert angesehen werden, usw. Also wird man schön herausfinden: Ich habe für 1 Groschen 11 Eier gekauft.

Und wenn man sagt, dass 4 Groschen – 3 Pfennige 41 Pfennige machen, dann wirst du herausfinden, dass 1 Groschen 11 Pfennige macht.

Und wenn man sagt: 10 Gulden + 3 Pfunde machen 30 Gulden, wirst du herausfinden, dass 1 Pfund 6 Gulden, 14 Groschen macht. Sollte aber die Frage lauten, wie viele Pfunde 1 Gulden macht, dann wird die Zahl der Gulden den Divisor bilden, und du wirst herausfinden, dass 1 Gulden $\frac{3}{20}$ Pfund macht.

Eine ähnliche Gleichung liegt im folgenden Beispiel von Adam Ries vor:

Wenn 7 Ellen für $4\frac{1}{2}$ Gulden verkauft werden, würde ich 17 Ellen für 10 Gulden, 13 Groschen kaufen. Die Frage lautet: Wie viele Groschen man auf einen Gulden rechnet.

Die vier Terme der Dreisatz-Regel stellen sich so dar:

Ellen	Gulden	Ellen	Gulden	Groschen
7	$4\frac{1}{2}$	17	10	13

Multipliziere den vierten Term mit der Zahl des ersten Termes, also mit 7. Und den zweiten Term multipliziere mit der Zahl des dritten Termes, dann wirst du eine Gleichung zwischen den allgemein benannten Zahlen finden, nämlich zwischen $\frac{152}{2}$ Gulden und 70 Gulden + 91 Groschen; dann wirst du finden, dass 1 Gulden 14 Groschen macht.

So findet man eine Gleichung zwischen allgemein benannten Zahlen in folgendem Beispiel:

Ein Mann erhält von einem Kaufmann Safran für 10 Gulden. Dann erhält er wiederum vom gleichen Kaufmann 24 Pfund Safran. **[272r]** Danach gibt er dem Kaufmann 30 Pfund Safran zurück, und der Kaufmann erstattet ihm nach Schätzung des Wertes dieses Safrans 14 Gulden.

Man sieht deutlich, dass 10 Gulden + 24 Pfund eine Gesamtschuld darstellen, und ebenso 30 Pfund – 14 Gulden. Also werden 10 Gulden + 24 Pfund gleichgesetzt mit 30 Pfund – 14 Gulden, und dies ergibt: 1 Pfund kostet 4 Gulden.

Ebenso ergibt sich im folgenden Beispiel von Adam Ries in recht ähnlicher Weise eine Gleichung außer cossischen Zahlen.

Ein Bürger fand Arme vor seiner Haustüre, denen er je sieben Pfennige gibt, und in seiner Hand behält er 30 Pfennige zurück. Hätte er jeden 9 Pfennige geben wollen, hätten ihm 30 Pfennige gefehlt.

Man sieht, dass sieben Beträge von Pfennigen (genommen nach der Zahl der Armen) plus 30 Pfennigen die Gesamtsumme der Pfennige ergeben, die jener Bürger in der Hand hatte. Ebenso stünde es bei 9 solchen Beträgen minus 30 Pfennigen. Daher werden 7 Beträge + 30 Pfennigen mit 9 Beträgen – 30 gleichgesetzt. Vereinfacht man nun die Gleichung, wird man finden, dass 1 Betrag 30 macht, und dies ist die Zahl der Armen.

Es ist aber unglaublich, mit welcher Schnelligkeit, Leichtigkeit und Bequemlichkeit alles nach der Algebra-Regel berechnet wird, im Vergleich zu dem, was man mit der Regel des falschen Ansatzes berechnet, wobei man die vorher erwähnte allgemeine Benennung vertauscht, was ich mit dem einem oder anderen Beispiel vorführen muss.

Das erste Beispiel ist Nr. 147 bei Christoph.

Für 70 Wagen Weines zahlt man Zoll, und zwar für einen Wagen 32 Gulden. Und für 200 Wagen zahlt man 1 Wagen + 20 Gulden.

Hier lautet die Frage: Wie hoch wurde der Wert eines Wagens angesetzt?

Indem ich also die erwähnte allgemeine Benennung vertausche, stelle ich das Beispiel zur Findung der Gleichung nach der Dreisatz-Regel so auf:

Wagen	Gulden	Wagen	Gulden
70	1 Summ. – 32	1	1 Summ. – $\frac{32}{70}$
200	1 Summ. + 20	1	1 Summ. + $\frac{20}{200}$

Wenn man nun an vierter Stelle sieht, dass beide Produkte den Zoll für einen Wagen darstellen, dann steht hineichend fest, dass das eine Produkt mit dem anderen gleichgesetzt wird und dass man so durch die Wohltat der vertauschten allgemeinen Benennung die Gleichung gefunden hat. **[272v]** Nun wird aber jene Gleichung von Brüchen auf die bestehende Gleichung zwischen der Summe von 200 – 6400 Gulden und der Summe von 70 + 1400 Gulden zurückgeführt. Und diese Gleichung hinwieder wird auf die Gleichung einfacher Terme zurückgeführt, nämlich der Summe von 13 gleich 780. Also macht eine Summe von Gulden = 60 Gulden. Du hast aber beim Ansatz gesehen, dass eine Summe von Gulden an Stelle eines Wagens gesetzt war, und schon siehst du, dass der Wert eines Wagens 60 Gulden betrug.

Weiteres Beispiel, das bei Christoph Nr. 146 ist.

Ein Herr schuldet seinem Knecht für den Dienst in 12 Monaten 10 Gulden und 1 Hemd. Für den Dienst von 7 Monaten aber schuldet er ihm jenes Hemd und 2 Gulden.

Hier lautet die Frage: Welcher Wert wurde dem Hemd zugeschrieben?

Ich finde die Gleichung durch die erwähnte Vertauschung der Benennungen auf diese Weise:

Monate	Gulden	Monate	Gulden
12	1 Summ.+10	1	1 Summ. + $\frac{10}{12}$
7	1 Summ.+2	1	1 Summ.+ $\frac{2}{7}$

Man sieht auch hier an der dritten Stelle, dass die Produkte der vierten Stelle einander gleichgesetzt sind, und zwar durch die Wohltat der vertauschten allgemeinen Benennung. Daher wird man auf die vorgenannte Weise finden, dass 1 Summe Gulden, die man für dieses Hemd ansetzte, $9\frac{1}{5}$ Gulden beträgt.

Dies mag als Hinweis auf eine Deutsche Algebra genügen, um denen einen Gefallen zu erweisen, die meinen, Algebra ohne Kenntnisse der lateinischen Sprache nicht begreifen zu können und meinen, diese sei schwieriger als die Regel des falschen Ansatzes usw.

Sodann kann an derartigen Rechnungen sehr gut gezeigt werden, wie uns so viele Rechenregeln zugeströmt sind. Es waren sicher Leute am Werk, die die Geister täuschten und sich an der Meinung der Menschen erfreuten, sie selbst seien mit einzigartigem Fleiß begabt, Regeln zu erfinden; dabei verbargen sie ihre Quelle und führten solche kleinen Bächlein zu uns her. Ich habe nämlich bemerkt, dass sich manche (ihnen ähnliche) Geister riesig ärgerten und erbosten, weil Christoph die Algebra mit solcher Zuverlässigkeit überlieferte. [273r]

VON BEISPIELEN, DIE SICH AUF DAS DRITTE KAPITEL BEZIEHEN

Kapitel IX.

Alle Beispiele für die zweite, dritte und vierte Regel bei Christoph und für unzählige dergleichen beziehen sich besonders auf dieses Kapitel, so dass man keine kleinere Menge solcher Beispiele finden kann, als die, die Christoph mit vorzüglicher Zuverlässigkeit für seine erste Regel erstellte. Ich gehe aber in einer so großen Masse unter, und während ich nur einiges wenige anführen kann (weil man dringend mein Manuskript fordert, um es möglichst bald dem Drucker zuzusenden), könnte mir sogar die Zeit ausgehen, möglichst genau das Beste auszuwählen. So habe der Leser Verständnis, wenn er sieht, dass ich nicht überall die besten Beispiele vorbringe oder die vorgebrachten nicht in bester Ordnung anführe.

Erstes Beispiel dieses Kapitels, das bei Christoph Nr. 220 ist.

Es gibt zwei Zahlen in doppelter Proportion, die, zueinander addiert, ebenso viel betragen wie ihre Multiplikation miteinander ergibt.

Das Ergebnis ist 1x und 2x. Wenn man diese addiert, ergeben sie 3x. Miteinander multipliziert aber machen sie $2x^2$. Also sind 3x mit $2x^2$ gleichzusetzen. Das Ergebnis ist dann $1x^2 = 1\frac{1}{2}\,x$.

Deshalb muss man entsprechend der Algebra-Regel die zensische oder quadratische Wurzel von $1\frac{1}{2}\,x$ suchen. Wie das geschieht, muss gezeigt werden. In dieser Absicht nämlich habe ich zuerst Beispiele hinstellen wollen, wie sie Christoph für seine erste Regel aufstellt. Obschon aber die genannte Methode oben in Kapitel drei behandelt ist, wiederhole ich sie doch hier, um auch an dieser Stelle zu zeigen, wie allgemein und ohne jede Ausnahme meine Algebra-Regel gilt.

Die Methode aber einer solchen Wurzel-Ziehung ist nichts anderes als eine Zurückführung der Zeichen. Natürlich macht die Quadratwurzel aus $1\frac{1}{2}\,x$, gleichgesetzt mit $1x^2$, dann $1\frac{1}{2}$. Wenn man nämlich das kleinere cossische Zeichen von der nach ihm selbst benannten Zahl **[273v]** wegnimmt, dann muss man jenes auch vom größeren Zeichen abziehen. Und so kommt es, dass, wie $1x^2$ mit $1\frac{1}{2}\,x$ gleichgesetzt wird, auch 1x mit $1\frac{1}{2}$ gleichgesetzt wird. Doch müssen wir beachten, dass $1\frac{1}{2}$ die Quadratwurzel aus $1\frac{1}{2}\,x$ ist und dass $1\frac{1}{2}\,x$ der Zensus oder das Quadrat des Bruches $1\frac{1}{2}$ darstellt. Also setzt dieses Beispiel folgende geometrische Progression voraus:

$$1,\ 1\tfrac{1}{2},\ 2\tfrac{1}{4},\ 3\tfrac{3}{8},\ 5\tfrac{1}{16}\ \text{usw.}$$

Nun siehe, ob $1\frac{1}{2}\,x$ mit $2\frac{1}{4}$ gleichgesetzt ist, nämlich:

x		x	
1	$1\frac{1}{2}$	$1\frac{1}{2}$	macht $2\frac{1}{4}$.

So ist es auch bei anderen, ähnlichen Beispielen. Wenn z.B. $2x^3$ gleichgesetzt sind mit $8x^2$, dann wird man die Kubikwurzel aus $4x^2$ suchen müssen, und diese wird 4 betragen. Ebenso, wenn 1 gleichgesetzt wird mit 4x, dann wird man $1x^2$ und 4 gleichsetzen. Daher wird die Kubikwurzel aus 4x dasselbe betragen wie die Quadratwurzel aus 4, nämlich 2, usw.

Zweites Beispiel dieses Kapitels.

Es gibt eine quadratische Fläche, die in 784 gleiche Teile eingeteilt ist. Nun lautet die Frage: Wie groß ist eine ihrer Seiten?

Das Ergebnis beträgt 1x. Das Quadrat davon ist $1x^2$. Also wird $1x^2$ mit 784 gleichgesetzt, und so beträgt $1x = 28$.

Wenn man solche kleineren Beispiele an den Anfang stellt, belehren sie vorzüglich. Man sieht ja sicher, dass es in der Arithmetik nichts so Kleines gibt, dass es die Algebra-Regel nicht einschließt, aber auch nichts so Hohes, dass sie es nicht umgriffe. Weil aber in Kapitel sieben (das ist im ersten Kapitel der Beispiele) Aufgaben für die wesentlichen Teile der Algebra-Regel gegeben wurden und weil dann im folgenden Kapitel Beispiele gegeben wurden, die über die wesentlichen Teile hinaus auch den zusätzlichen ersten Teil der Regel betreffen, bleibt nun übrig, in diesem Kapitel Beispiele anzuführen, die den zweiten zusätzlichen Teil der Algebra-Regel selbst betreffen, nämlich das Ausziehen von Wurzeln und zuerst solche Arten, wie ich sie im ersten Buch lehrte, usw.

Drittes Beispiel dieses Kapitels.

Es gibt eine viereckige rechtwinklige Fläche, die auf der einen Seite länger ist und deren Länge dreimal so groß ist wie die Breite. Ihre Fläche aber **[274r]** ist in 768 gleiche Teile eingeteilt. Nun wird nach der Größe der beiden Seiten gefragt.

Die eine Seite beträgt 1x und die andere Seite 3x.

Die Seiten nun machen, miteinander multipliziert, $3x^2$, die mit 768 gleichgesetzt werden. So beträgt $1x^2$ dann 256. Und 1x beträgt daher 16. Also wird die kürzere Seite der Figur 16 betragen und die längere 48. Wenn man dann die eine Seite mit der anderen multipliziert, wird 768 herauskommen.

Viertes Beispiel dieses Kapitels.

Es gibt eine Zahl, die 36 teilt. Wenn man diesen Divisor mit 54 multipliziert, beträgt er so viel wie der Quotient der vorgenannten Division, multipliziert mit 24.

Die Frage lautet: Wie groß ist dieser Divisor?

Das Ergebnis ist 1x. Also macht der Quotient der vorgenannten Division $\frac{36}{1x}$. Und mit 54 multipliziert beträgt der Divisor 54x. Wenn man aber den Quotienten der vorgenannten Division mit 24 multipliziert, beträgt er $\frac{864}{1x}$. Also wird $\frac{864}{1x}$ mit 54x gleichgesetzt. Und durch Reduktion auf ganze Zahlen wird $54x^2$ mit 864 gleichgesetzt. So ergibt sich 1x = 4. Daher lautet jener Divisor, der 36 teilt, 4, usw.

Fünftes Beispiel dieses Kapitels.

Es gibt ein rechtwinkeliges Dreieck, dessen Kathete zur Grundlinie in doppelter, fünf zweifach überteilender Proportion steht; seine Hypotenuse jedoch beträgt 52.

Die Frage lautet: Wie groß sind beide Seiten, nämlich die Grundlinie und die Kathete?

Die Grundlinie beträgt 5x und die Kathete beträgt 12x. Denn 12x haben die doppelte fünf zweifach überteilende Proportion zu 5x.

Die Gleichung aber wird entsprechend dem vorletzten Satz im ersten Buch Euklids angesetzt. Denn 12x macht, multipliziert mit sich selbst, $144x^2$. Ebenso macht 5x, multipliziert mit sich selbst, $25x^2$. Daher ergeben $144x^2$ plus $25x^2$ dann $169x^2$, die dem Quadrat von 52 gleichgesetzt werden. Daher wird $\sqrt{169x^2}$, nämlich 13x, mit 52 gleichgesetzt werden, und 1x = 4. Daher wird die Basis des rechtwinkligen Dreiecks 20 betragen, die Kathete aber 48. Dies kann man leicht beweisen. **[274v]**

Du siehst aber, dass ich mit Absicht solche Beispiele bringe, die einzelne Operationen des dritten Kapitels (nämlich vom Rechenverfahren cossischer Zahlen) enthalten. Beispiele von gewöhnlichen Dingen soll aber niemand hier von mir verlangen. Ich meine nämlich, ich hätte für diese durch meine Methode der Zahlenbehandlung genug getan. Man weiß aber aus dem Vorhergehenden, dass Zahlen, deren Quadrate gleichgesetzt sind, auch Wurzeln haben, die einander gleich sind. Doch lege ich gerne auch hier kurz dar, dass geometrische Dinge natürlich den Operationen des Rechenverfahrens cossischer Zahlen entsprechen. Wir wissen ja aus dem Rechenverfahren, dass 5x, mit sich selbst multipliziert, $25x^2$ ergeben. Auch soll eine Wurzel 4 betragen (wie im gegenwärtigen Beispiel), will sagen, eine Strecke soll in 4 gleiche Teile geteilt sein und ihre Länge verfünffacht werden; dann hat man die fünf Wurzeln in geometrischer Weise miteinander addiert, die zusammen eine Strecke von 20 Teilen wie in der früheren Division ergeben. Verlängert und addiert man diese Strecke mit sich selbst, ergibt sich 400. So macht 5x, mit sich selbst multipliziert, $25x^2$. Wenn man also ein Quadrat hinzeichnet, dessen Seite in 20 gleiche Teile aufgeteilt ist, dann muss man erproben, ob man darin fünfundzwanzig Quadtrate findet, deren jedes eine Seite hat, die vier Teile der vorgenannten Division enthält, usw.

Sechstes Beispiel dieses Kapitels; es ist bei Christoph Nr. 8 und gilt seiner zweiten Regel.

Es gibt eine geometrische Progression mit drei Termen, die in doppelter Proportion voranschreiten; ihre Quadrate ergeben, miteinander addiert, 189.

Das Ergebnis lautet: 1x, 2x, 4x.

Die Progression der Quadrate ist $1x^2$, $4x^2$, $16x^2$. Wenn man sie addiert, ergeben sie $21x^2$, gleichgesetzt mit 189. Also beträgt $1x^2 = 9$. Daher beträgt $1x = 3$. Die Terme jener Progression lauten also 3, 6, 12.

Siebtes Beispiel dieses Kapitels; es ist bei Christoph Nr. 3 und betrifft seine dritte Regel.

Es gibt eine geometrische Progression von drei Termen, die im Verhältnis 3 : 2 fortschreiten; der größte Term der Progression soll bei Multiplikation seiner Hälfte **[275r]** mit einem Drittel des mittleren Term eine Zahl ergeben, die, multipliziert mit einem Viertel des kleinsten Terms, 72 ergibt.

Das Ergebnis lautet 4x, 6x, 9x.

Wenn man also $\frac{9x}{2}$ mit 2x multipliziert, ergibt es $9x^2$. Wenn man diese mit 1x multipliziert, ergibt es $9x^3$, gleichgesetzt mit 72. Also macht $1x^3 = 8$. Seine Kubikwurzel beträgt daher 2. Und die Zahlen, die für jene angesetzte Progression gefunden wurden, lauten: 8, 12, 18.

Achtes Beispiel dieses Kapitels; es ist bei Christoph Nr. 10 und gilt seiner dritten Regel.

Es gibt eine Säule, die senkrecht aus einer rechtwinkligen viereckigen Basis aufsteigt; die Seiten dieser Basis stehen im Verhältnis 4 : 3 zueinander. Die Höhe der Säule aber hat zur größeren Seite der Basis die das Drittel doppelt überteilende Proportion, und der Raum (der Säule) selbst beträgt 93312.

Die Frage lautet: Wie groß sind die einzelnen Abmessungen?

Die kleinere Seite der Basis beträgt 3x. Die größere Seite der Basis beträgt 4x. Und die Höhe der Säule beträgt $10\frac{2}{3}$ x.

Wenn man diese Abmessungen miteinander multipliziert, ergibt sich $128x^3$, was man mit 93312 gleichsetzt. Also macht $1x^3 = 729$, und 1x macht 9.

Daher beträgt die kleinere Seite der Basis = 27, und die größere Seite macht = 36: Die Höhe der Säule aber beträgt 96.

Neuntes Beispiel dieses Kapitels.

Es gibt zwei Säulen, die senkrecht von quadratischen Basen aufsteigen. Und während die Proportion der Basen 16 : 9 ist, ist die Proportion der Höhen zu einander gleich 4 : 3. Dies ist auch die Proportion der kürzeren Säule zu der höheren. Der Raum aber beider Säulen ergibt zusammengenommen 672. Nun ist die Frage, wie groß die einzelnen Dimensionen bei beiden sind.

Das Beispiel stellt sich in Abbildung so dar:

$4x$	$16x^2$	$48x^3$
$3x$	$9x^2$	$36x^3$

[275v] Die Zahlen der Kuben aber ergeben, zusammen genommen, natürlich 84 x^3, gleichgesetzt mit 672. So macht $1x^3$ dann 8. Daher macht 1x dann 2.
Die Seite also der Basis der kleineren Säule macht 6.
Und die Seite der Basis der größeren Säule macht 8.
Und die Basis der kleineren Säule selbst macht 36.
Und die Basis der größeren Säule macht 64.
Und die Höhe der kleineren Säule macht 8.
Und die Höhe der größeren Säule macht 6.
Und der Inhalt der kleineren Säule macht 288.
Und der Inhalt der größeren Säule macht 384.
Nun sieh zu, ob das in der Angabe Gesagte mit der Berechnung übereinstimmt!

Wenn man jedoch sagt, die Proportion der Grundflächen sei 16 : 9 und die Proportion der Höhe betrage 4 : 3, dann folgt daraus, dass die Proportion der Höhe einer Säule zur Höhe der anderen so sei wie die der Seite einer Basis zur Seite der anderen Basis. Es ist nämlich die Proportion 16 : 9, die verdoppelte Proportion der 4 : 3-Proportion. Und wenn dennoch die gleiche Proportion zwischen den Inhalten der Säulen herrscht, nämlich die Proportion 4 : 3, dann folgt daraus, dass die kleinere Säule notwendig höher ist als die größere, usw.

Zehntes Beispiel dieses Kapitels. Es ist bei Christoph Nr. 18 und gilt seiner dritten Regel.

Ein Drittel und ein Viertel einer bestimmten Zahl werden miteinander multipliziert, und das Produkt wird durch 27 geteilt, und so ergeben sich zwei Drittel der Quadratwurzel der zu findenden Zahl.

Die Frage lautet: Wie groß ist jene Zahl?

Das Ergebnis ist 1x. Ich multipliziere also $\frac{1x}{3}$ und $\frac{1x}{4}$ miteinander, was $\frac{1x^2}{12}$ ergibt. Das Produkt davon wird durch 27 geteilt und ergibt $\frac{1x^2}{324}$, gleichgesetzt mit $\frac{2}{3}$ von $\sqrt{1x}$, die sich aus der Multiplikation $\sqrt{\frac{4}{9}}$ mal $\sqrt{1x}$ ergeben. Natürlich wird $\sqrt{\frac{4}{9}x}$ mit $\frac{1x^2}{324}$ gleichgesetzt. Und durch ihre Reduktion auf Quadrate werden $\frac{4}{9}x$ mit $\frac{1x^4}{104976}$ gleichgesetzt. Und durch die Reduktion auf ganze Zahlen werden $9x^4$ mit 419904x gleichgesetzt. Und durch die Reduktion der Zeichen wird [276r] dann $9x^3$ mit 419904 gleichgesetzt. So macht $1x^3 = 46656$ und 1x macht 36.

Nun sieh wieder, ob diese Rechnung mit der Angabe übereinstimmt. Natürlich ergeben 12 und 9, miteinander multipliziert, 108. Wenn man die durch 27 dividiert, ergibt es 4. Es ist aber 4 zwei Drittel von 6, nämlich von der Quadratwurzeln von 36.

Elftes Beispiel dieses Kapitels. Es steht bei Christoph, doch ist die Angabe ein wenig verändert. Bei Christoph ist es Nr. 19 und gilt seiner dritten Regel.

Es gibt eine Zahl, deren Drittel, mit sich selbst multipliziert, und dieses Produkt, dann multipliziert mit dem vierten Teil derselben Zahl, eine Zahl ergibt, deren Quadratwurzel jene Zahl ist, von der ich spreche.

Die Frage lautet: Welche Zahl ist dies?

Das Ergebnis lautet: 1x. Ich multipliziere also $\frac{1x^2}{9}$ mit $\frac{1x}{4}$, das heißt, ich multipliziere das Quadrat des Drittels jener Zahl mit dem Viertel derselben Zahl. Und das Ergebnis dieser Multiplikation ist das Quadrat der zu findenden Zahl. Daher wird $\frac{1x^3}{36}$ mit $1x^2$ gleichgesetzt. Und durch Reduktion auf ganze Zahlen wird $1x^3$ mit $36x^2$ gleichgesetzt. Also macht $1x^3 = 36x^2$, und davon die Kubikwurzel beträgt 36.

Es ist dies durch die Reduktion der Zeichen klar, wie ich oben bezüglich des ersten Beispieles dieses Kapitels lehrte. Es fällt nämlich das 19. Beispiel bei Christoph, das er für seine dritte Regel aufstellte, durch meine leichte Veränderung unter Christophs erste Regel, und dies wollte ich durch meine Änderung anzeigen. Meiner eigenen Regel aber kann nichts entgehen, sondern es fällt alles unter eine Regel.

Zwölftes Beispiel dieses Kapitels. Es ist bei Christoph das erste, das er für seine zweite Regel aufstellte.

Es gibt eine Zahl, deren Hälfte, multipliziert mit dem Drittel derselben Zahl, 54 ergibt.

Das Ergebnis lautet 1x. Daher wird $\frac{1x^2}{6}$ mit 54 gleichgesetzt. Dann macht $1x^2 =$ 324, und 1x macht 18, und so ist die Zahl, die ich suchte, gefunden. **[276v]**

Du siehst gewiss, besonders aber an diesem Beispiel, in wie unendlich vielen Formen du selbst Beispiele mit leichter Mühe gestalten kannst. Und dann kannst du aus jedem beliebigen Beispiel eine Regel gestalten, wie sie jene Schwindler erfanden, von denen ich oben sprach.

Aus dem obenstehenden Beispiel forme ich natürlich folgende Regel:

Nimm (sage ich) die Nenner der Teile, die genannt werden, und multipliziere diese miteinander; das Produkt davon multipliziere dann mit der gegebenen Zahl, und dann wird dir die Quadratwurzel dieses Produktes die gesuchte Zahl geben. Zum Beispiel:

Ich gebe dir auf, eine Zahl zu finden, deren Drittel und Viertel, miteinander multipliziert, 768 ergeben. Da nehme ich 3 und 4, die, miteinander multipliziert, 12 ergeben. Also multipliziere ich 12 mit 768, was 9216 ergibt. Davon die Quadratwurzel macht 96, und dies ist natürlich die gesuchte Zahl. Und so auch sonst.

Den Grund für die Regel sieht man hinreichend aus der vorgegebenen Operation beim Beispiel. Man sieht dort ja keine Zahlen-Multiplikation, es sei denn, dass 2 mit 3 multipliziert wurde. Dann wurde das Produkt (nämlich 6) mit der eigens gegebenen Zahl multipliziert, nämlich 54, und so entstand das Quadrat der zu findenden Zahl.

So wirst du auch auf ähnliche Weise eine Regel für drei echte Teiler einer Zahl formen. Es soll (z.B.) eine Zahl gefunden werden, deren Hälfte, Drittel, und Viertel, miteinander multipliziert, 72 ergeben. Nimm nun die Worte der zuletzt angeführten Regel und lass an Stelle der zu suchenden Quadratwurzel eine Kubikwurzel suchen. So setze bezüglich vier echter Teiler einer zu findenden Zahl, die durch ihre gegenseitige Multiplikation eine gegebene Zahl ergeben sollen, in der Regel das Ausziehen der vierten Wurzel. Und wenn du bezüglich von fünf Teilen eine Regel aufstellen willst, dann lehre, dass man die 5. Wurzel ausziehen muss. Und so auch sonst.

Du findest für die Formung derartiger Regeln mehrere Beispiele im ersten Buch dieser Arithmetik, und zwar in Kapitel sieben. [277r]

VON DEN BEISPIELEN FÜR DIE ALGEBRA-REGEL, DIE SICH AUF KAPITEL VIER BEZIEHEN.

Kapitel X.

In der gleichen Art, wie sich alle Beispiele bei Christoph für die zweite, dritte und vierte Regel und für unendlich viele ähnliche Regeln auf das vorhergehende Kapitel beziehen, ebenso (sage ich) beziehen sich auf unser zehntes Kapitel alle Beispiele bei Christoph für die fünfte, sechste, siebte und achte Regel; dies kann man ausreichend lernen aus dem, was ich im vierten Kapitel dieses dritten Buches gelehrt habe, und aus den folgenden Beispielen wird man es wohl noch besser lernen.

Erstes Beispiel dieses Kapitels; es ist bei Christoph das erste, und er stellt es für seine fünfte Regel auf.

Ich suche die mittlere Zahl zwischen einer um sechs größeren und einer anderen um zwei kleineren Zahl, so dass die beiden äußersten Zahlen, miteinander multipliziert, 84 ergeben.

Jene Zahl, die ich suche, beträgt 1x. Daher ergeben die beiden Außenzahlen, wie sie die Angabe beschreibt, $1x + 6$ und $1x - 2$. Wenn man diese miteinander multipliziert, ergeben sie das Produkt $1x^2 + 4x - 12$, und diesem Produkt wird, wie die Angabe besagt, 84 gleichgesetzt. Wenn man nun die Gleichung auf einfache Zahlen reduziert, soweit dies möglich ist, dann wird es eine Gleichung geben zwischen $1x^2$ und $96 - 4x$. Also beträgt $1x^2 = 96 - 4x$. Dann muss man weiter suchen, wie viel 1x beträgt, nämlich die zensische oder quadratische Wurzel, die man aus $96 - 4x$ ziehen muss, wie ich in Kapitel 4 dieses Buches gelehrt habe. Es beträgt aber $\sqrt{96-4x}$ (es ist dies die Quadratwurzel aus der cossischen Zahl $96 - 4\,x$) 8. Daher sind die beiden Außenzahlen, zwischen denen 8 die Mitte bildet, entsprechend der Angabe des Beispiels 14 und 6. Diese ergeben nämlich, miteinander multipliziert, 84.

Man hätte aber die Außenzahlen auch nach folgender Angabe finden können:
Eine Zahl macht, multipliziert mit der um 8 größeren Zahl als sie selbst, 84.

[277v] Jene Zahl macht 1x, und die andere, mit der sie multipliziert werden soll, macht $1x + 8$. Diese Multiplikation ergibt aber $1x^2 + 8x$, und das Produkt wird mit 84 gleichgesetzt. Wenn man aber die umzustellenden Teile umgestellt hat, wie man muss, wird man finden, dass $1x^2$ mit der cossischen Zahl 84 – 8x gleichgesetzt wird. Da also $1x^2$ mit 84 – 8x gleichgesetzt wird, wird 1x dann $\sqrt{84-8x}$ gleichgesetzt werden. Also muss man die Wurzel aus 84 – 8x ziehen, nämlich $\sqrt{84-8x}$, und dies ergibt 6.

In gleicher Weise konnten jene Außenzahlen durch folgende Angabe gefunden werden. *Eine Zahl, die mit einer um acht kleineren Zahl* als sie selbst multipliziert wird, ergibt 84.

Jene Zahl macht 1x und die andere macht 1x – 8. Es ergibt aber die Multiplikation der beiden Zahlen miteinander $1x^2 - 8x$ und dieses Produkt wird mit 84 gleichgesetzt. Wenn man aber umgestellt hat, wird man sehen, dass $1x^2$ mit 8x + 84 gleichgesetzt wird, und 1x wird dann 14 betragen.

Zweites Beispiel dieses Kapitels. Es ist bei Christoph Nr. 1, aufgestellt für seine siebente Regel. Wir haben jedoch die Zahlen verändert.

Ich suche eine Zahl, die die Mitte bildet zwischen der um zwei größeren und um sechs kleineren Zahl, so dass die beiden Außenzahlen, miteinander multipliziert, 48 ergeben.

Die Zahl, die ich suche, macht 1x. Also betragen die beiden Außenzahlen 1x + 2 und 1x – 6. Diese ergeben, miteinander multipliziert, $1x^2 - 4x - 12$. Dieses aber wird mit 48 gleichgesetzt. Wenn man aber die Teile umgestellt hat, ergibt sich die Gleichung: $1x^2 = 4x + 60$. 1x macht aber 10. Also sind die beiden Außenzahlen 12 und 4, die, miteinander multipliziert, 48 ergeben.

Man hätte jedoch die Außenzahlen auch so finden können:

Eine Zahl, multipliziert mit der um acht größeren als sie selbst, ergibt 48.

Diese Zahl ergibt 1x. Also beträgt die andere 1x + 8, usw. wie oben.

Drittes Beispiel dieses Kapitels. Es ist bei Christoph Nr. Eins, aufgestellt für seine sechste Regel.

Ich suche eine Zahl, im Vergleich zu der zwei Zahlen kleiner sind, die eine um acht, **[278r]** die andere um sechs; auch sollen die beiden kleineren Zahlen, miteinander multipliziert, eine Zahl ergeben, die um vier größer ist als die gesuchte Zahl. Wie groß ist die Zahl, die ich suche?

Die Zahl, die ich suche, macht 1x. Also sind die miteinander zu multiplizierenden Zahlen 1x – 8 und 1x – 6. In der Multiplikation aber machen sie $1x^2 + 48 - 14x$. Und dieses Produkt wird der cossischen Zahl 1x + 4 gleichgesetzt. Wenn man aber reduziert hat, wird $1x^2$ der cossischen Zahl 15x – 44 gleichgesetzt. Davon die größere Quadratwurzel macht 11, und jene ist die Wurzel für das Beispiel. Daher sind die beiden anderen Zahlen des Beispiels, die kleiner sind als diese, 5 und 3, die, miteinander multipliziert, 15 ergeben, also 11 + 4.

Du weißt aber aus dem, was in Kapitel 4 gesagt ist, dass solche cossischen Zahlen zwei Wurzeln haben, nämlich eine größere und eine kleinere. Es ist aber die kleinere Wurzel von 15x – 44 die Vier, doch diese Wurzel entspricht dem aufgestellten Beispiel nur durch absurde Zahlen. Wenn man nämlich 4 als die Wurzel des Beispiels hinstellt, dann werden die beiden restlichen Zahlen des Beispiels – 4 und – 2 sein, deren kleinere, nämlich 4, um vier kleiner ist als 8, und die größere der beiden, nämlich – 2, um vier kleiner ist als 6. Wenn man aber diese beiden absurden Zahlen miteinander multipliziert, ergeben sie 8, und diese Zahl ist (entsprechend der Angabe des Beispiels) um vier größer als jene kleinere Wurzel des Beispiels. Man sieht daher, wie man die Probe für Beispiele sehr schön durch absurde Zahlen machen kann, so dass sie nicht umsonst bezeichnet werden.

Viertes Beispiel dieses Kapitels. Es ist Nr. 1 bei Christoph und gilt seiner achten Regel.

Ich suche eine Zahl, deren Quadrat die Mitte bildet zwischen einer um fünf größeren Zahl und einer anderen Zahl, die um zwei kleiner ist. Die beiden Außenzahlen sollen, miteinander multipliziert, 2538 ergeben.

Wie groß ist jene Zahl?

Die Zahl ist 1x. Daher ergeben die beiden Außenzahlen, zwischen denen das Quadrat der gesuchten Zahl in der Mitte liegt, $1x^2 + 5$ und $1x^2 - 5$. Diese ergeben, miteinander multipliziert, das Produkt $1x^4 + 3x^2 - 10$. Und dieses Produkt wird der Zahl 2538 gleichgesetzt. Wenn man aber reduziert hat, findet man, dass die Zahl $1x^4$ der cossischen Zahl $2548 - 3x^2$ gleichgesetzt wird. **[278v]** Daraus also muss man die 4. Wurzel ziehen, denn 1x wird gleichgesetzt mit $\sqrt{2548 - 3x^2}$ und diese Wurzel macht 7. So stellt sich das Quadrat in der Mitte zwischen seinen beiden Außenzahlen so dar: 47, 49, 54. Und nun sieh, ob 54 multipliziert mit 47 dann 2538 ergibt.

Fünftes Beispiel dieses Kapitels.

Ich suche eine Zahl, von deren 4. Potenz vier Quadratzahlen abgezogen werden und dann 2205 übrig lassen.

Die Zahl, die ich suche, macht 1x. Deren 4. Potenz aber ist $1x^4$. Wenn man davon $4x^2$ abzieht, bleiben $1x^4 - 4x^2$ übrig. Dieser Rest wird mit 2205 gleichgesetzt. Wenn man also die Gleichung reduziert oder umstellt, ergibt sich die Gleichung $1x^4 =$ die cossische Zahl $4x^2 + 2205$. Also macht $1x^4$ dieselbe cossische Zahl. Und die Quadratwurzel daraus (nämlich $1x^2$) wird 49 betragen. Also wird $1x = 7$ betragen.

Sechstes Beispiel dieses Kapitels.

Es gibt zwei Zahlen, die, miteinander multipliziert, 78 ergeben. Ihre Quadrate aber, einzeln zueinander addiert, ergeben 205. Wie groß sind diese beiden Zahlen?

Beachte hier, dass ich dieses Beispiel nach Art der Figur zum vierten Satz im zweiten Buch Euklids aufnahm, damit du die Lösung leicht finden und selbst Beispiele dieser Art in beliebiger Zahl bilden kannst, auch, damit du die Natur derartiger Gleichungen besser durchschauen magst.

Du weißt aber hinreichend, dass derartige Figuren Quadrate sind und in sich zwei andere Quadrate bergen, die untereinander ungleich sind, und zwei einander gleiche Vierecke, von denen jedes unter beiden Seiten der Teilquadrate aufgehoben ist, so dass notwendigerweise ein solches Viereck auf einer Seite länger ist; auch muss es die mittlere Proportionale zwischen diesen beiden einander unähnlichen Teilquadraten sein (wären sie nämlich gleich, dann müssten auch die beiden restlichen Teile jener Fläche Quadrate und den vorhergehenden ähnlich sein). So kann man schon gut aus der Angabe dieses Beispiels die beiden Zahlen 78 und 205 diesen Verhältnissen zuordnen. Wenn man nämlich für die kleinere Zahl 1x ansetzt, dann weiß man, dass man für ihre Quadrate $1x^2$ ansetzen muss. Und so wird man für **[279r]** das zweite Quadrat oder für das Quadrat der zweiten Zahl des Beispiels $205 - 1x^2$ ansetzen. Zwischen diesen beiden

Quadraten aber wird 78 die mittlere Proportionale sein, ganz wie ein Viereck, das auf der einen Seite länger ist und in den Wurzeln beider Quadrate enthalten ist. Daher steht nun sattsam fest, dass 205 – $1x^2$ bei der Multiplikation mit $1x^2$ eine Zahl ergibt, die der Zahl 6084 gleich ist, deren Wurzel 78 ist. Daher wird $205x^2 - 1x^4$ mit 6084 gleichgesetzt. Und durch Reduktion oder Umstellung wird $1x^4$ der cossischen Zahl $205x^2 - 6084$ gleichgesetzt. Man sieht aber, dass das Beispiel zwei Wurzeln hat. Zuerst sieht man dies aus der Verteilung der Zahlen selbst, weil ja eine absolute Zahl auf der Seite mit dem Minuszeichen steht. Zweitens sieht man es aus der Natur der Zahlen selbst, nämlich aus der Fläche, der diese Zahlen angepasst werden. Man kann nämlich verstehen, dass $1x^2$ dem kleineren Teilquadrat zugeteilt ist und dass 205 – $1x^2$ dem größeren Teilquadrat zugeteilt ist, oder man sieht, dass $1x^2$ dem größeren Teilquadrat zugeteilt ist und 205 – $1x^2$ dem kleineren Teilquadrat. So nämlich wird man wissen, dass man entweder die größere Wurzel aufnehmen muss oder die kleinere. Die kleinere Wurzel macht 6. Daher macht auch das kleinere Quadrat 36. Und die größere Wurzel beträgt 13. Daher macht auch das größere Quadrat 169. Und 6 ergibt, multipliziert mit 13, dann 78, und 36, addiert zu 169, ergibt 205.

Andere Operation für dasselbe Beispiel:

Zwei Teilquadrate machen 205. Und zwei Vierecke, die (mit den Teilquadraten) das ganze Quadrat ergeben, machen zusammen 156, also zweimal 78. Daher umfasst das gesamte Quadrat 361, und davon die Quadratwurzel ist 19.

Und so wird das Beispiel in folgende Angabe umgewandelt:

Es gibt zwei Zahlen, die, zueinander addiert, 19 ergeben; wenn man sie aber miteinander multipliziert, ergeben sie 78.

Oder in folgende Angabe:

Es gibt zwei Zahlen, die, zueinander addiert, 19 ergeben. Wenn man aber ihre Quadrate addiert, ergibt sich 205.

Zuerst nun zur ersten Angabe:

Eine Zahl macht 1x und die andere macht 19 – 1x. Und wenn ich dann **[279v]** aus der Sache selbst heraus weiß, dass das Beispiel eine doppelte Wurzel haben wird, weil es unter 1x steht, kann man von zwei Zahlen wissen, nämlich der größeren Zahl des Beispiels oder der kleineren. Und auch so weiß ich bald, wie die reduzierte Gleichung des Beispiels aussehen wird: Natürlich wird $1x^2$ mit einer solchen cossischen Zahl gleichgesetzt, die den absoluten Teil auf die Seite mit dem Minuszeichen stellt,. Doch wollen wir die Rechenoperation besehen: Die Multiplikation des einen mit dem anderen ergibt $19x - 1x^2$. Und mit diesem Produkt wird 78 gleichgesetzt. Daher stellt sich die reduzierte oder gehörig umgestellte Gleichung so dar: $1x^2$ wird 19x – 78 gleichgesetzt. Die größere Wurzel macht 13, und die kleinere Wurzel macht 6.

Von der zweiten Angabe.

Wenn die eine Zahl 1x macht, dann wird die andere 19 – 1x machen. Also wird das Quadrat der einen Zahl $1x^2$ betragen, und das Quadrat der anderen Zahl beträgt $361 + 1x^2 - 38x$. Und jene beiden Quadrate ergeben 205, wie es in der Angabe steht. Daher werden $361 + 2x^2 - 38x$ mit 205 gleichgesetzt. Und durch die Reduktion wird $2x^2$ der cossischen Zahl 38x – 156 gleichgesetzt. Wenn man dann durch 2 dividiert hat, wird man sehen, dass $1x^2$ mit 19x – 78 gleichgesetzt wird. Die größere Wurzel macht 13, die kleinere Wurzel 6.

All dies wird durch geometrische Figuren schön dargestellt. Doch wird der gewissenhafte Leser diese Darstellungen oder Vorführungen leicht selbst aus dem bilden, was ich im Lehr-Teil dieser Algebra aufstellte.

Nun folgt eine weitere Angabe für dasselbe Beispiel.

Es gibt eine viereckige Fläche, die auf der einen Seite länger ist und deren beide Seiten zusammen in der Länge 19 betragen. Der Inhalt dieser Fläche beträgt aber 78.

Die eine Seite beträgt 1x, und die andere Seite beträgt 19 – 1x.

Es ist aber bekannt, dass eine Fläche, geteilt durch ihre eine Seite, die andere Seite hervorbringt. Davon kommt es, dass $\frac{78}{19-1x}$ mit 1x gleichgesetzt wird. In gleicher Weise wird $\frac{78}{1x}$ mit 19 – 1x gleichgesetzt. Gleich aber, welche von diesen Gleichungen man annimmt, man wird finden, dass $1x^2$ mit der cossischen Zahl 19x – 78 gleichgesetzt wird. Die größere Wurzel wird (wie vorhin) 13 ergeben, die kleinere wird 6 betragen. **[280r]**

Andere Angabe und Berechnung des gleichen Beispiels.

Man teile 283 in drei Terme, die fortlaufend proportional sind und deren mittlerer Term 78 beträgt.

Der erste Term ist 1x. Der zweite Term ist 78. Der dritte Term ist 283 – 1x – 78.

Es ist aber bekannt, dass aus der Multiplikation der Außenterme miteinander das gleiche Produkt entsteht wie aus der Multiplikation des mittleren Terms mit sich selbst. Daher wird 205x – $1x^2$ mit 6084 gleichgesetzt. Und wenn man die Gleichung reduziert oder die Teile gehörig umstellt, wird $1x^2$ der cossischen Zahl 205x – 6084 gleichgesetzt. Die größere Wurzel macht 169 und die kleinere Wurzel macht 36. Und dies sind zwei Quadratzahlen, zwischen denen 78 die proportionale Mitte bildet.

Doch man beachte auch Folgendes: Jene cossische Zahl 205x – 6084, die, wie man sieht, einem Quadrat gleichgesetzt wurde, hat zwei Quadratwurzeln, nämlich als größere 169 und als kleinere 36. Wir wollen nun sehen, ob dies wirklich eine Eigenschaft der Zahl ist, oder ob man dies nur annimmt, habe ich doch im Vorhergehenden nicht nur an einer Stelle gezeigt, dass man in der Arithmetik manches nur annimmt. Nehmen wir also zuerst die größere Wurzel, nämlich 169, und lösen die cossische Zahl selbst in eine absolute Zahl auf. Natürlich, wenn 1x die Zahl 169 ergibt, wird 209x die absolute Zahl 34645 ergeben. Nun ziehe ich 6084 von 34645 ab, es bleibt 28561 übrig. Sieh also, ob die Quadratwurzel dieses Restes 169 beträgt. Wenn 1x dann 36 beträgt, dann wird 205x die absolute Zahl 7380 betragen. Ich ziehe aber von dieser Zahl die frühere Zahl 6084 ab (weil die cossische Zahl sich so darstellt: 205x – 6084), und es bleibt 1296 übrig , wovon die Quadratwurzel 36 ist. Und in dieser vollen Gesamtheit aller Zahlen wird man keine andere Zahl finden, der die cossische Zahl 205x – 6084 so entspricht, usw.

Aus dem Gesagten wird der kluge Leser nicht nur die gelesenen Beispiele anderer (etwa Christophs usw.) verstehen und ihre Fragen lösen, sondern er kann sich auch beliebig viele eigene Beispiele gestalten. Trotzdem hätte ich noch mehr Beispiele geboten, wenn ich nicht mein Manuskript zum festgesetzten Termin, der unmittelbar bevorstand, als ich jenes schrieb, hätte abliefern müssen. **[280v]**

VON BEISPIELEN FÜR DIE ALGEBRA-REGEL, DIE SICH AUF DAS FÜNFTE KAPITEL DIESES DRITTEN BUCHES BEZIEHEN.

Kapitel XI.

Ich wollte bisher kein Beispiel anführen, das irrationale cossische oder irrationale absolute Zahlen enthielt. Da ich nun aber einen geeigneten Ort gefunden habe, nämlich in der Beziehung auf das fünfte Lehr-Kapitel, das gänzlich von solchen Zahlen handelt, werde ich das ganze vorliegende Kapitel mit solchen Beispielen anfüllen, bei denen irrationale cossische und irrationale absolute Zahlen gebraucht werden. Es scheint mir aber, dass derartige Beispiele sich besonders auf Geometrie beziehen, weshalb alle Beispiele dieses Kapitels geometrisch sein werden. Ich will aber mit dem letzten Beispiel des vorhergehenden Kapitels beginnen.

Erstes Beispiel dieses Kapitels.

Es gibt zwei Zahlen, die bei Addition ihrer Quadrate 205 ergeben; sie selbst aber ergeben, miteinander multipliziert, 78.

Aus dem fünften Kapitel aber kann man hinreichend ersehen, welche Zahlen ich irrational cossische Zahlen nenne. Von den cossischen irrationalen Zahlen werden nämlich manche in absolute rationale Zahlen aufgelöst, wie es die sind, die ich bei diesem Kapitel gebrauchen werde. Und manche werden in absolute irrationale Zahlen aufgelöst, wie es jene sind, die ich im zweiten Beispiel verwenden werde.

So werden also von den rationalen cossischen Zahlen manche in rationale absolute Zahlen aufgelöst, wie es jene sind, die ich in den Beispielen der vorhergehenden Kapitel dieses Buches verwendete. Und manche werden in absolute irrationale Zahlen aufgelöst, wie es jene sind, die ich im dritten Beispiel verwenden werde.

Nun folgt die Zeichnung zum Beispiel: **[281r]**

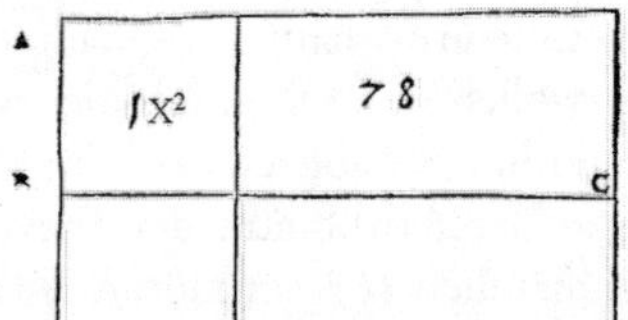

Man sieht an dieser Figur recht deutlich, wie ich das Beispiel bezogen habe. Ich will aber herausbringen, wie groß die Strecke AB ist und wie groß CD ist. Da aber das Quadrat der Strecke AB mit der cossischen Zahl $1x^2$ bezeichnet ist, werde ich 1x für die Strecke AB ansetzen müssen. Und für die Strecke CD muss ich $\sqrt{205-1x^2}$ ansetzen. Beide Strecken zusammen ergeben also diese zusammengesetzte Zahl $1x + \sqrt{205-1x^2}$. Wenn man jene Zahl mit sich selbst quadriert, wird sie die Gesamtfläche jenes Quadrates ergeben, das die beiden Teilquadrate enthält. Und da man an derselben Figur sieht, dass ihre Fläche 361 beträgt, wird man wissen, dass man mit jener Zahl das Produkt der quadratischen Multiplikation der vorgenannten zusammengesetzten Zahl mit sich selbst gleichsetzen muss.

So aber stellt sich diese Zahl zur quadratischen Multiplikation dar:

$$1x + \sqrt{205 - 1x^2} \qquad 1x + \sqrt{205 - 1x^2}\,.$$

Zuerst multipliziere ich 1x mit sich selbst, was $1x^2$ ergibt. Zweitens multipliziere ich $\sqrt{205 - 1x^2}$ mit sich selbst, was $205 - 1x^2$ ergibt. Es wird aber $- 1x^2$ durch $+ 1x^2$ aufgehoben, **[281v]** das durch die Multiplikation entstand. Man weiß ja, dass unterschiedliche Zeichen bei der Addition abziehen. Also bleibt aus der bisher durchgeführten Multiplikation jene Zahl 205 übrig. Und weil die Gesamtsumme der Multiplikation der Zahl 361 gleichgesetzt wird, deshalb ziehe ich auf beiden Seiten 205 ab. Dann bleibt aus dem Teil jener Summe, die aus der Multiplikation hervorgeht, nichts übrig als dies, was aus der Multiplikation über Kreuz entsteht. Vom anderen Teil jedoch bleibt 156 übrig, und dies wird gleich sein dem Gesamtergebnis der Multiplikation über Kreuz.

Über Kreuz aber multipliziere ich so:

1x oder $\sqrt{1x^2}$ (wie du weißt) multipliziere ich mit $\sqrt{205 - 1x^2}$ und es ergibt sich $\sqrt{205x^2 - 1x^4}$. Zweitens muss wieder 1x, das ist $\sqrt{1x^2}$ mit $\sqrt{205x^2 - 1x^4}$ multipliziert werden, und wiederum ergibt sich $\sqrt{205x^2 - 1x^4}$. Ich addiere also jene beiden Produkte, wie du weißt, nach dem Gesetz der Multiplikation, oder (was dasselbe ist) ich verdopple eines von beiden. Daher multipliziere ich $\sqrt{205x^2 - 1x^4}$ mit $\sqrt{4}$. Und so entsteht $\sqrt{820x^2 - 4x^4}$ und dies ist die Restsumme der angegebenen Multiplikation.

Und diese Summe wird mit der oben angezeigten Zahl, nämlich mit 156, gleichgesetzt. Man sieht aber, dass die Gleichung auf Quadrate zurückzuführen ist, nämlich $820x^2 - 4$ wird 24336 gleichgesetzt. Und durch die notwendige Umstellung der Teile wird $4x^4$ mit $820x^2 - 24336$ gleichgesetzt. Dividiere nun, und du wirst finden, dass $1x^4$ mit $205x^2 - 6084$ gleichgesetzt wird. Dies ergibt $1x^2 = 36$. Daher macht $1x = 6$. Und so groß ist die Strecke AB. Und dann ergibt die Strecke CD 13.

Mag aber auch $205x^2 - 6084$ zwei Wurzeln haben, so verliert es doch, bezogen auf die Figur zu unserem Beispiel, unter diesem Vorzeichen die größere Wurzel. Ich hätte aber das größere Teilquadrat mit der cossischen Zahl $1x^2$ und das kleinere Quadrat mit der Zahl $205 - 1x^2$ bezeichnen können. Und dann müsste man sicher die größere Wurzel annehmen und keineswegs die kleinere. So zeigt die Sache selbst, welche Wurzel man annehmen muss.

Andere Operation desselben Beispiels.

Man könnte auch so vorgehen, wenn man sieht, dass die viereckige, auf der einen Seite längere Fläche mit der Zahl 78 bezeichnet **[282r]** und von Strecken eingeschlossen wird, die den Strecken AB und CD gleich sind: Multipliziere 1x, nämlich $\sqrt{1x^2}$ mit $\sqrt{205 - 1x^2}$, dann wird das Produkt gleich = 78 sein. Denn natürlich wird

$\sqrt{205x^2 - 1x^4}$ mit 78 gleichgesetzt, und wenn man die Gleichung auf Quadrate reduziert, wird $205x^2 - 1x^4$ mit 6084 gleichgesetzt werden, usw.

Oder wenn AB 1x beträgt und die Fläche des gesamten Quadrates mit seinen Teilquadraten 361 macht, wovon die Wurzel 19 ist, dann wird CD 19 – 1x betragen, und davon das Quadrat macht $361 + 1x^2 - 38x$, was mit $205 - 1x^2$ gleichgesetzt wird. Doch bezieht sich diese Operation nicht auf dieses Kapitel.

Oder die Multiplikation von AB, also 1x mit CD, also 19 – 1x, die $19x - 1x^2$ ergibt, wird mit 78 gleichgesetzt, usw. Doch bezieht sich diese Operation auf das vorhergehende Kapitel, weil sie keine irrationalen cossischen Zahlen enthält.

Zweites Beispiel dieses Kapitels.

Es gibt eine viereckige rechteckige Fläche, deren eine Seite länger ist, deren Diagonale in der Länge $\sqrt{20}$ beträgt, und deren Inhalt $\sqrt{96}$ beträgt. Nun lautet die Frage: Wie groß ist jede der beiden Seiten?

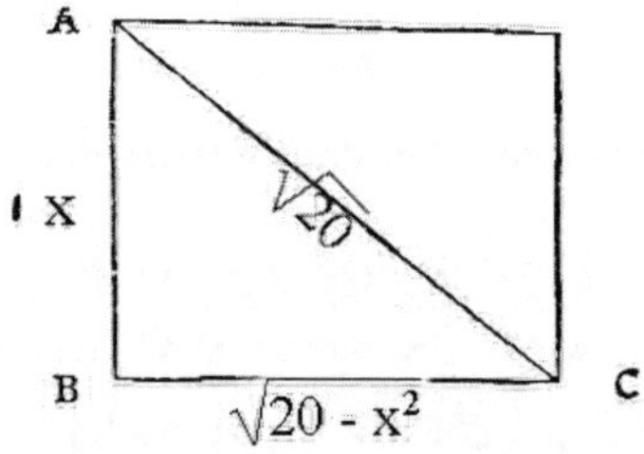

Wenn ich für AB, die kleinere Strecke, 1x ansetze, dann setze ich für BC $\sqrt{20 - 1x^2}$ an, weil das Quadrat über der Diagonale AC dem Quadrat über AB und dem Quadrat über BC gleichgesetzt wird, wie die vorletzte Regel **[282v]** in Euklids erstem Buch besagt. Da nun das Quadrat der Diagonale 20 beträgt und das Quadrat AB $1x^2$ beträgt, folgt daraus, dass das Quadrat BC $20 - 1x^2$ betragen muss. So wird dann dessen Wurzel, das ist die Strecke BC, so viel betragen wie $\sqrt{20 - 1x^2}$, wie ich gesagt habe. Also multipliziere ich AB mit BC, damit der Flächeninhalt herauskommt, nämlich 1x oder $\sqrt{1x^2}$ mal $\sqrt{20 - 1x^2}$, und dies macht $\sqrt{20x^2 - 1x^4}$. Also wird diesem Produkt $\sqrt{96}$ gleichgesetzt. Und durch Reduktion auf die Quadrate wird 96 mit der cossischen Zahl $20x^2 - 1x^4$ gleichgesetzt. Und durch die notwendige Gleichung der Teile wird $1x^4$ der cossischen Zahl $20x^2 - 96$ gleichgesetzt. So macht $1x^2 = 8$. Und 1x macht $\sqrt{8}$. Daher macht AB $\sqrt{8}$ und BC macht $\sqrt{12}$. So nämlich ergibt AC $\sqrt{20}$ und der Inhalt des Viereckes ergibt $\sqrt{96}$, wie genügend klar ist.

Drittes Beispiel dieses Kapitels.

Es gibt eine viereckige rechteckige Fläche, die auf einer Seite länger ist und deren Diagonale in der Länge $\sqrt{180}$ beträgt, und die größere Seite ist dreimal so lang wie die kleinere. Wie groß ist der Flächeninhalt jenes Dreiecks?

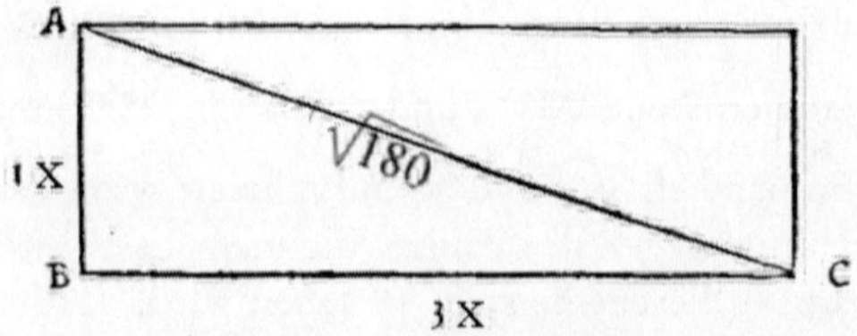

Es ist schon aus dem vorigen Beispiel hinreichend bekannt, dass $10x^2$ dem Quadrat der Diagonale gleichgesetzt wird. Daher ergibt $1x^2$ dann 18 und 1x macht $\sqrt{18}$. Also ergibt BC in der Länge $\sqrt{162}$, woraus folgt, dass der Flächeninhalt 54 beträgt.

Viertes Beispiel dieses Kapitels, das bei Christoph Nr. 46 ist und für seine erste Regel angesetzt ist.

Es gibt ein rechtwinkliges Dreieck, dessen Basis $\sqrt{18}+3$ in der Länge misst, während die beiden Seiten zusammengenommen in der Länge $\sqrt{162}+9$ ergeben. **[283r]**

Nun lautet die Frage, wie lang jede der beiden anderen Seiten im einzelnen ist.

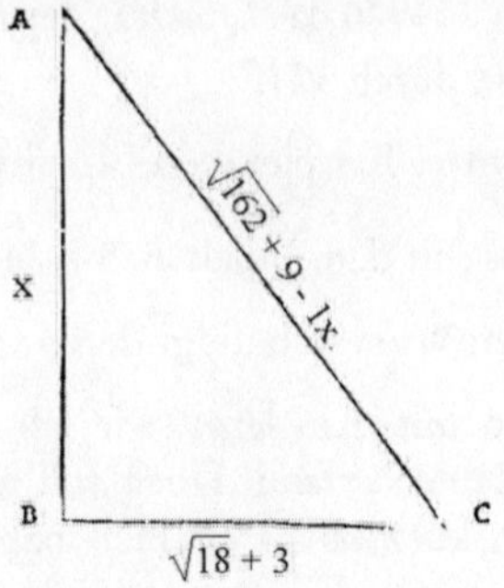

Es werden aber das Quadrat der Strecke AB und das Quadrat der Strecke BC dem Quadrat der Strecke AC gleichgesetzt, wie allbekannt ist und immer wieder von mir betont wird. Daher werden $1x^2 + 27 + \sqrt{648}$ mit $1x^2 + 243 + \sqrt{52488} - 18x - \sqrt{648x^2}$ gleichgesetzt. Und durch Reduktion wird $\sqrt{648}$ mit $216 + \sqrt{52488} - 18x - \sqrt{648x^2}$ gleichgesetzt. Sodann ziehe $\sqrt{648}$ von $\sqrt{52488}$ ab (da sie kommensurabel sind), und übrig bleibt $\sqrt{41472}$. Es ist aber diese Subtraktion nichts anderes als eine Reduktion. Daher wird der gesamte Rest gleich Null gesetzt, das heißt:

$216 + \sqrt{41472} - 18x - \sqrt{648x^2}$ wird gleichgesetzt mit 0.

Daher wird $18x + \sqrt{8648x^2}$ gleichgesetzt mit $216 + \sqrt{41472}$. Teile also den Rest der Gleichung durch die Zahl des größeren cossischen Zeichens, und dann wist du sehen, wie lang die Kathete ist.

Man wird aber hier beobachten, dass in jenem Teilchen $\sqrt{648x^2}$ das Zeichen x^2, das man auf der rechten Seite gesetzt sieht, als jenes Zeichen x angesehen wird, und zwar wegen des Zeichens $\sqrt{}$, das auf der linken Seite steht. Denn wenn man (zum Beispiel) 6 mit 1x multiplizieren soll, dann wird 6x herauskommen. Wenn aber $\sqrt{6}$ mit 1x zu multiplizieren ist, dann entsteht $\sqrt{6x^2}$, und es kommt [**283v**] nicht $\sqrt{6x}$ heraus, wie Christoph wollte. Wenn nämlich $\sqrt{6}$ mit 1x multipliziert wird, dann erhält man $\sqrt{1x^2}$ für 1x. Darauf weise ich hin wegen der Zahlen, die mein Leser vielleicht bei Christoph bezüglich der Operation in diesem Beispiel 46 sehen wird, damit er weiß, dass meine Zahlen richtiger sind. Daher muss man $\sqrt{648x^2}+18x$ für eine Wurzelzahl halten, und zwar nicht wegen des Pluszeichens, was Christoph anscheinend meinte, sondern weil jeder der beiden Teile eine Wurzelzahl ist. Es wird aber 216 + $\sqrt{41472}$ durch $\sqrt{648}$ + 18 geteilt, und die Division ergibt $\sqrt{32}+4$. Und so lang ist die Strecke AB. Daher beträgt die Seite AC $\sqrt{50}+5$.

Ich will aber den Leser hier bei der mühsamen Division unterstützen. Zuerst multipliziere ich den Divisor $\sqrt{648}+18$ mit $\sqrt{648}-18$, dies ergibt 324 als neuen Divisor. Sodann multipliziere ich auch den Dividenden 216 + $\sqrt{41472}$ durch $\sqrt{648}-18$, und dies ergibt den neuen Dividenden $\sqrt{3359232}+1296$. Man teile also den vorderen Teil durch $\sqrt{104976}$ (es ist nämlich 104976 das Quadrat des neuen Divisors) und den hinteren Teil, nämlich 1296, teile man durch 324.

Fünftes Beispiel dieses Kapitels.

Es gibt eine quadratische Fläche mit dem Inhalt $675+\sqrt{405000}$.

Die Frage lautet: Wie viel beträgt deren Quadratwurzel?

Ich setze dieses Beispiel hin, damit man lernt, wie ich die Methode des Ziehens von Quadratwurzeln aus solchen Zahlen erfand. Doch soll mir niemand grollen, als widerlege mich der Fehler, den ich kurz zuvor getadelt habe. Es ist jedenfalls ein Unterschied, ob man etwas aus Notwendigkeit oder zur Bequemlichkeit aufstellt, oder ob man etwas aus Ehrsucht zur Schau stellt. Deren Quelle wird man sich Mühe geben zu verbergen.

Das Beispiel stellt sich aber in der Zeichnung so dar:

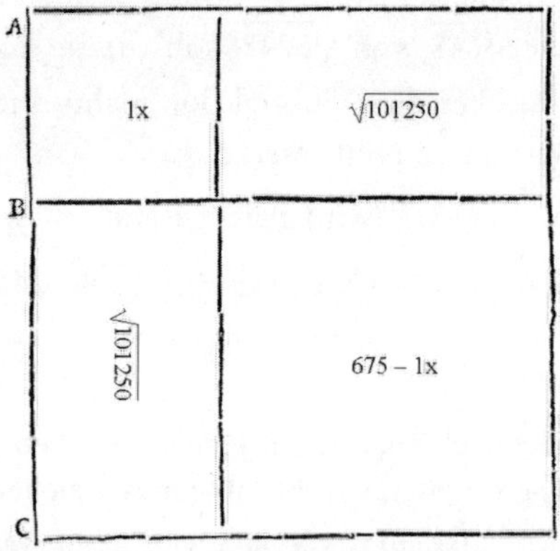

Man sieht, dass der hintere Teil nur in zwei gleiche Stücke geteilt ist, denn $\sqrt{405000}$ wird in $\sqrt{101250}$ und $\sqrt{101250}$ geteilt. Weiterhin sieht man deutlich, dass aus 675 zwei Quadrate werden müssen, zwischen denen $\sqrt{101250}$ proportional die Mitte bilden soll. Das heißt also, dass jene Zahl 675 in zwei Teile geteilt werden muss, die, miteinander multipliziert, 101250 ergeben. Also setze ich für den kleineren Teil 1x an, dann wird der größere Teil 675 – 1x machen. Also wird $675x - 1x^2$ (dies ist das Produkt aus 1x mal 675 – 1x) mit 101250 gleichgesetzt werden. Also ergibt 1x (dies ist die kleinere Wurzel der Gleichung) 225. Daher wird das größere Quadrat 450 betragen. Also wird die Quadratwurzel der angenommenen Fläche, nämlich AC, dann $15+\sqrt{450}$ betragen. Man überprüfe dies durch die Multiplikation dieser gefundenen Wurzel mit sich selbst, die 675 + $\sqrt{405000}$ ergibt.

Sechstes Beispiel dieses Kapitels.

Es gibt einen Kreis, dessen Durchmesser 120 beträgt; eine Linie, aufgerichtet im rechten Winkel vom Durchmesser zum Kreisumfang, macht $\sqrt{2925-\sqrt{405000}}$.

Nun lautet die Frage: Wie groß sind die Teile des Durchmessers , der so geteilt wird?

[284v]

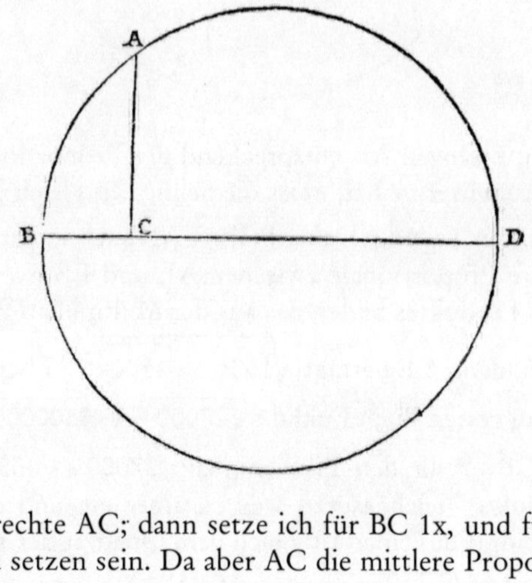

Es sei also jene Senkrechte AC; dann setze ich für BC 1x, und für CD wird die cossische Zahl 120 – 1x zu setzen sein. Da aber AC die mittlere Proportionale zwischen BC und CD ist, wird die Gleichung zwischen $120x - 1x^2$ und $2925-\sqrt{405000}$ anzusetzen sein. Nun ergibt 1x = $45-\sqrt{450}$, und soviel macht BC. Also macht CD dann $75+\sqrt{450}$.

Wenn man dann die Linien AD und AB zieht, wird man auf Grund des vorletzten Satzes des ersten Buches von Euklid wissen, wie viel jene Bogen-Sehnen des Kreises betragen. Es wird nämlich die kleinere Strecke AB diese irrationale Zahl $\sqrt{5400-\sqrt{480000}}$ ergeben, und die Sehne AD wird $\sqrt{9000+\sqrt{6480000}}$ betragen.

Siebtes Beispiel dieses Kapitels.

Es gibt einen Kreis, dessen Durchmesser entsprechend der Proportion mit einem Mittelterm und zwei Außentermen geteilt wird, und diesen Durchmesser teilt eine andere Strecke senkrecht im Punkte der vorgenannten Teilung, und der eine Bogen von den kleineren, der von jenen Linien umschlossen wird, hat eine Sehne, die in der Länge die irrationale Zahl $150-\sqrt{4500}$ beträgt. **[285r]**

Nun lautet die Frage, wie groß der Durchmesser jenes Kreises ist und wie groß die übrigen Strecken jener Figur sind.

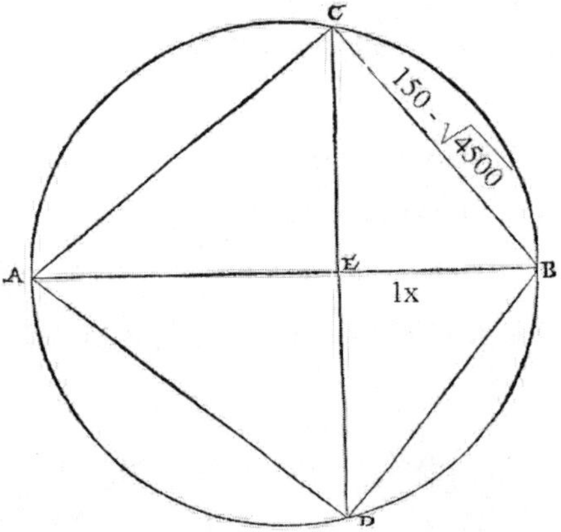

Ich setze für EB 1x an, und weil AB entsprechend der Proportion geteilt ist, die einen Mittelterm und zwei Außenterme hat, muss die Sehne CB gleich groß sein wie der größere Teil der vorgenannten Teilung. Daher beträgt AE auch in der Länge $150-\sqrt{4500}$. Und da CE die mittlere Proportionale zwischen AE und EB ist, folgt daraus, dass CE die Quadratwurzel des Produktes bildet, das aus der Multiplikation von EB mit AE entsteht. **[285v]** Natürlich, denn CE beträgt $\sqrt{150x-\sqrt{4500x^2}}$. Ebenso beträgt auf Grund des vorletzten Satzes im ersten Buch Euklids $\sqrt{27000-\sqrt{405000000}-1x^2}$ (das Quadrat nämlich der Strecke CB ergibt den Flächeninhalt $27000-\sqrt{405000000}$, usw.). Also sind jene beiden Produkte gleichgesetzt, weil sie über ein und derselben Strecke CE entstehen, und das Quadrat des einen ist gleich dem Quadrat des anderen. Denn $150\,x-\sqrt{4500x^2}$ ist mit $27000-\sqrt{405000000}-1x^2$ gleichgesetzt. Wenn man daher die Teile der Gleichung in gehöriger Weise umgestellt hat, wird $1x^2$ folgenden Teilen gleichgesetzt werden:

$$27000-\sqrt{405000000}-150x+\sqrt{4500x^2}\,.$$

1x macht $\sqrt{40500}-150$. Und so viel beträgt der Anteil des Durchmessers EB. Da also sein größerer Teil, nämlich AE, $150-\sqrt{4500}$ beträgt, folgt (durch Addition) daraus, dass der ganze Durchmesser AB in der Länge $\sqrt{18000}$ beträgt. Und (durch Multiplikation eines Teiles mit dem anderen) folgt, dass CE folgende Zahl beträgt:

$$\sqrt{\sqrt{1620000000}-36000}\,.$$

Schließlich beträgt nach dem vorletzten Satz Euklids in Buch eins dann AC

$$\sqrt{\sqrt{405000000}-9000}\,.$$

Und nun sieh, ob die Quadrate der Strecken CB und CA das Quadrat der Strecke AB ergeben. Und dann hast du die Größen aller Strecken in der Figur dieses Beispiels. Es ist nämlich die Strecke ED gleich der Strecke CE, so dass man durch Verdoppelung von CE selbst leicht die Größe der Strecke CD feststellen kann.

Und weil man oben in diesem Beispiel sah, dass $1x^2$ mit der ganzen Zahl 27000 – $\sqrt{405000000}-150x-\sqrt{1500x^2}$ gleichgesetzt wird, wird man leicht aus dem oben Gesagten erkennen, dass die Quadratwurzel daraus gezogen werden muss. Und damit dich nicht die Menge und Größe solcher Teile abschreckt, will ich dir diese Wurzel ziehen.

Es wird sich aber jene Quadratzahl in Form der gezogenen Wurzel so darstellen:

$$27000-\sqrt{405000000}-75+\sqrt{1125}\,.$$

Und wie du (um in aller Kürze zu reden) vorgingest, wenn du die Wurzel aus der cossischen Zahl 27000 – 150x ziehen müsstest, so musst du auch hier vorgehen. Denn wie du für – 150x an die erste Stelle 75 setzen würdest, weil du natürlich das cossische Zeichen wegnehmen würdest, **[286r]** so dass sich das Beispiel so darstellte 27000- 75, ebenso wirst du hier an Stelle von – 150x + $\sqrt{4500x^2}$ die Folge – 75 + $\sqrt{1125}$ stellen. Dies ist nämlich die Hälfte der Wurzelzahl. Und ich habe oben beim vierten Beispiel dieses Kapitels deutlich dargelegt, dass Zahlen dieser Art: $\sqrt{4500x^2}$ Wurzelzahlen sind und niemals zensische Zahlen. Denn (um es zu wiederholen) $\sqrt{4500x^2}$ ist die Quadratwurzel von $4500x^2$, usw.

Zweitens: Man würde (bei Annahme des Beispiels 27000 – 150x, wie ich sagte) die Hälfte der Zahl der 3 Wurzeln mit sich selbst multiplizieren und das Produkt dem vorderen Teil zuschlagen (wie ich weiter oben völlig ausreichend darlegte). So ergäbe – 75, mit sich selbst multipliziert, 5625, und dies ergibt, zu 27000 addiert, 32625. In gleicher Weise multipliziere ich – 75 + $\sqrt{1125}$ mit sich selbst, was 6750 – $\sqrt{25312500}$ ergibt; und dies addiere ich zu 27000 – $\sqrt{405000000}$, und es ergibt sich 33750 + $\sqrt{632812500}$.

Drittens folgt, dass ich die Quadratwurzel aus dem entstandenen Aggregat ausziehe (ein derartiges Ausziehen habe ich in Buch 2 an seinem Ort gelehrt). Es macht aber die Quadratwurzel dann $\sqrt{28125}-75$. Und von dieser Wurzel ziehe ich (wegen des Minuszeichens, das auf der Seite der halben Wurzelzahl hingesetzt wurde) $75+\sqrt{1125}$ ab; diese Zahl ist die Hälfte der Zahl der Wurzeln, und dann bleibt $\sqrt{40500}-150$ übrig. Und so viel beträgt 1x, das für die Strecke EB des gegebenen Beispiels angesetzt wurde.

Andere Operation für dieses Beispiel.

Weil der größere Teil des geteilten Durchmessers $150-\sqrt{4500}$ macht, stelle ich (wie zuvor) 1x für den kleineren Teil auf. Dann wird die gesamte Strecke AB $150-\sqrt{450}$ + 1x betragen. Und so wird dem Quadrat der größeren Außenzahl, nämlich 27000 – $\sqrt{405000000}$ das Ergebnis der Multiplikation von 1x mit der ganzen Strecke gleichgesetzt. Es ergibt sich aber:

$$150x - \sqrt{4500x^2} + 1x^2.$$

Und so wird wiederum $1x^2$ mit der folgenden cossischen Zahl gleichgesetzt:

$$27000 - \sqrt{405000000} - 150x + \sqrt{4500x^2}.$$

[286v] Andere Operation.

Für die gesamte Strecke AB setze man 1x, und dann setze man für den kleineren Teil, das ist für EB 1x – 150 + $\sqrt{4500}$. Und so ergibt die Multiplikation 1x mit 1x – 150 + $\sqrt{4500}$ (es ist dies die Multiplikation der Außenterme) den gleichen Wert wie die mit sich selbst multiplizierte mittlere Proportionale, nämlich $27000-\sqrt{405000000}$. Und so wird wiederum $1x^2$ mit folgendem Aggregat gleichgesetzt:

$$27000 - \sqrt{405000000} - 150x + \sqrt{4500x^2}.$$

Achtes Beispiel dieses Kapitels.

Es gibt ein gleichseitiges Fünfeck, bei dem die Strecke, die einem seiner Winkel unterspannt ist, 100 beträgt. Wie groß ist die Seite des Fünfecks?

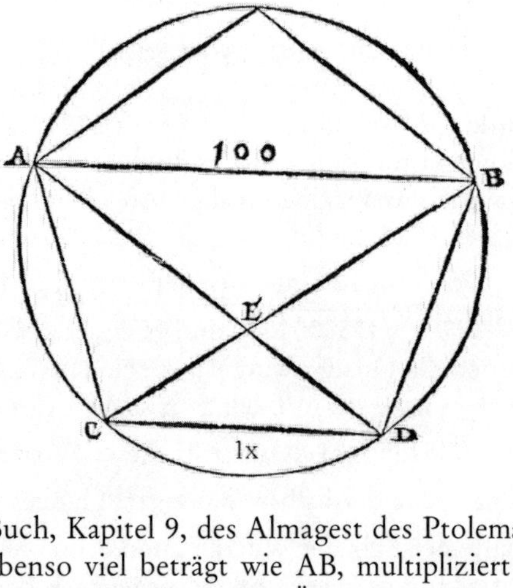

Es ist aus dem ersten Buch, Kapitel 9, des Almagest des Ptolemaeus bekannt, dass AD multipliziert mit BC ebenso viel beträgt wie AB, multipliziert mit CD, addiert zum Ergebnis der Multiplikation von AC mit BD. Ähnlich verhält es sich in jedem beliebigen vierseitigen Gebilde, das einem Kreis eingeschrieben ist. Also setze ich für die eine Seite des Fünfecks 1x. Dann macht AC mal BD $1x^2$, **[287r]** und CD mal AB macht 100x. Und AD mal CB macht 10000. Es sind nämlich AB und AD unter einander gleich. Daher wird $1x^2 + 100x$ mit 10000 gleichgesetzt. So beträgt $1x = \sqrt{12500} - 50$. Und ebenso viel beträgt eine Seite des Fünfecks.

Probe mit Hilfe der Umkehr.

Wenn die Seite des gleichseitigen Fünfecks $\sqrt{12500} - 50$ beträgt, wie viel wird dann die Strecke betragen, die einen Winkel jenes Fünfecks unterspannt?

AB beträgt 1x. Und so wird AD mal BC $1x^2$ betragen, und damit wird gleichgesetzt das Ergebnis von CD mal AB, das ist $\sqrt{12500x^2} - 50x$, mit dem Quadrat einer der Seiten, das ist AC mal BD, und dies beträgt $15000 - \sqrt{125000000}$. Daher muss man die Quadratwurzel suchen aus $\sqrt{12500x^2} - 50 + 15000 - \sqrt{125000000}$.

Ich will auch an dieser Stelle meinem Leser dienlich sein und diese Quadratwurzel ausziehen. Das Beispiel stellt sich aber so dar:

$$\sqrt{3125} - 25 + 15000 - \sqrt{125000000}.$$

Also multipliziere ich $\sqrt{3125} - 25$ mit sich selbst (wie ich genügend gelehrt habe), und diese Multiplikation ergibt die folgende Zahl: $3750 - \sqrt{7812500}$. Und dazu addiere ich $15000 - \sqrt{125000000}$, was $18750 - \sqrt{195312500}$ ergibt. Aus diesem Aggregat ziehe ich die Quadratwurzel, was $125.\sqrt{3125}$ ergibt. Und dazu addiere ich die halbe Anzahl der Wurzeln, nämlich $\sqrt{3125} - 25$, und dies ergibt 100. Und so groß ist auch AB, nämlich die Strecke, die den Winkel im angegebenen Fünfeck unterspannt.

Andere Operation für dasselbe Beispiel Nr. 8.

Ich habe im letzten Kapitel des zweiten Buches gezeigt, dass eine Strecke, die aus der Seite eines Fünfecks, und einer Strecke, die den Winkel eines gleichseitigen Fünfecks unterspannt, zusammengesetzt ist entsprechend der Proportion geteilt wird, die ein Mittelterm und zwei Außenterme hat, und zwar am Punkt der Zusammensetzung der Strecken. Daraus ergibt sich, dass 100 die mittlere Proportionale zwischen 1x (das ich für die Seite des Fünfecks setze) und 100 + 1x bildet (diese Zahl setze ich für die Strecke, die aus der Seite des Fünfecks und der den Winkel des Fünfecks unterspannenden Strecke besteht) und die aus der Multiplikation von 1x mal 100 + 1x entsteht. Daher sind $100x + 1x^2 = 10000$ (nämlich dem Quadrat der mittleren Proportionale), und durch Reduktion wird $1x^2$ mit $10000 - 100x$ gleichgesetzt. So ergibt dann $1x = \sqrt{12500} - 50$. [287v]

Oder setze 1x für die ganze zusammengesetzte Strecke (zusammengesetzt aus der Seite des Fünfecks und der Strecke, die einen der Winkel des Fünfecks unterspannt); dann wird man für die Seite des Fünfecks $1x - 100$ setzen, und dann wird $1x^2$ mit $100x + 10000$ gleichgesetzt. Dann macht $1x = \sqrt{12500} + 50$, usw.

Neuntes Beispiel dieses Kapitels.

Es sei ein rechtwinkeliges Dreieck, von dem zwei Seiten, die den rechten Winkel bilden, von einem Fünfeck genommen sind; aus der Seite des Fünfecks sei die kleinste Seite des Dreiecks gebildet, und aus der Strecke, die den Winkel des Fünfecks unterspannt, sei die mittlere Seite jenes rechtwinkligen [Dreiecks] gebildet, und jene beträgt

$\sqrt{\sqrt{216}+\sqrt{72}}$. Errichtet wird aber die rechtwinklige Strecke von der größten Seite desselben rechtwinkligen [Dreiecks] zu dessen rechtem Winkel.

Die Frage lautet: Wie groß sind die anderen Strecken einer solchen Figur?

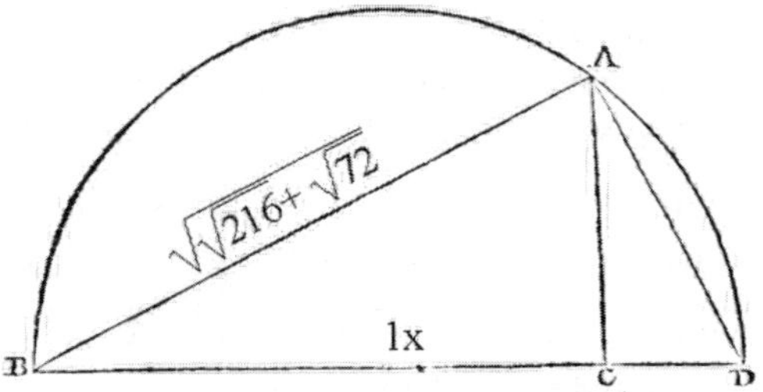

Man hat im letzten Kapitel des zweiten Buches [eine Darlegung] über den Lehrsatz des Euklid, der behauptet, die Seite des Fünfecks sei eine Strecke, die man die kleinere nennt, während man die Strecke, die den Winkel jenes Fünfecks unterspannt, größere Strecke nennt. Da dies so ist, muss notwendigerweise die Strecke AD in der Länge $\sqrt{\sqrt{216}-\sqrt{72}}$ betragen, während AB $\sqrt{\sqrt{216}+\sqrt{72}}$ beträgt. Und so wird die Strecke BD $\sqrt[4]{864}$ betragen. Nun bleibt noch die Frage, wie viel BC und CD und AC betragen. **[288r]**

Ich setze also für die Strecke BC 1x; dann wird für CD $\sqrt[4]{864}$ – 1x gesetzt werden. Ich multipliziere also 1x mit $\sqrt[4]{864}$ – 1x, und dies ergibt $\sqrt[4]{864x^4} - 1x^2$, und dies ist die Größe des Quadrates der mittleren Proportionale AC zwischen BC und CD. Das Quadrat aber der Strecke AB (das ist $\sqrt{216}+\sqrt{72}$) minus dem Quadrat der Strecke BC (das $1x^2$ beträgt), beträgt das Quadrat der Strecke AC, wie der letzte Lehrsatz des ersten Buches Euklids besagt. Also wird eine Gleichung zwischen $\sqrt{216}+\sqrt{72} - 1x^2$ und der folgenden cossischen Zahl bestehen: $\sqrt{33864x^4} - 1x^2$. Das eine $1x^2$ hebt aber das andere $1x^2$ auf. Und so bleibt die Gleichung zwischen $\sqrt[4]{864x^4}$ und der Zahl $\sqrt{216}+\sqrt{72}$ übrig. Diese Zahl teile ich entsprechend der Regel durch die Zahl der Wurzeln (denn $\sqrt[4]{864x^4}$ ist nichts anderes als die Zahl der Wurzeln, wie man dem entnehmen kann, was ich zum vierten Beispiel dieses Kapitels gesagt habe), und indem ich $\sqrt{216}$ durch $\sqrt[4]{864}$ dividiere, dann reduziere ich zuerst $\sqrt{216}$ (wie man aus dem Rechenverfahren weiß), damit es ebenfalls unter dem Zeichen $\sqrt[4]{\ }$ steht. Natürlich dividiere ich $\sqrt[4]{46656}+\sqrt[4]{5184}$ durch $\sqrt[4]{864}$, und dann wird 1x aufgelöst, was $\sqrt[4]{54}+\sqrt[4]{6}$ ergibt. Also beträgt die Strecke CD $\sqrt[4]{54}-\sqrt[4]{6}$. Multipliziert man aber BC mit CD, ergibt sich als Produkt das Quadrat der Strecke AC. Daher wird die Strecke AC $\sqrt[4]{24}$ betragen.

Zehntes Beispiel dieses Kapitels.

Bei einem gezeichneten Fünfeck (wie im achten Beispiel dieses Kapitels dargestellt) wird gefragt, wie groß die kleine Strecke ED ist.

Man sieht aber in der Zeichnung, die oben auf Seite 286 gegeben ist, dass die Strecke CD (der die Strecke AE gleich ist), als 1x bezeichnet wird und dass AB (was gleich ist mit AD) mit der Zahl 100 bezeichnet ist. Es ist aber die Strecke AD im Punkt E entsprechend der Proportion mit einem Mittelterm und zwei Außentermen geteilt. Daher ist AE (das 1x beträgt) die mittlere Proportionale zwischen AD (das 100 beträgt) und ED, das 100 – 1x beträgt. Also wird $1x^2$ der cossischen Zahl 10000 – 100x gleichgesetzt. 1x beträgt das Gleiche wie oben, nämlich $\sqrt{12500} - 50$, und man sah ja oben, dass dies CD oder AE ergibt. Ziehe also diese Zahl von AB oder von AD ab und dann bleibt übrig

$150\sqrt{12500}$, und dies ist die Größe der Strecke ED oder EC. **[288v]**

Nun folgt eine schöne Methode, die Größe von Strecken zu finden.

Ich will dir aber, mein Leser, um (jedenfalls mit Wissen) nichts zu verbergen, Instrument-Beispiele vorführen, die du gebrauchen kannst, um nach Belieben Strecken zu finden und nach diesem Beispiel unzählige andere zu formen.

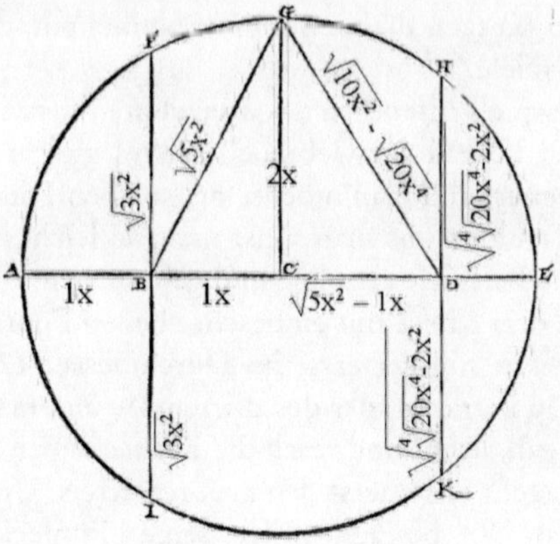

[289r] Wir wollen zuerst Einblick in die Gestaltung solcher Beispiele gewinnen, bevor ich deren Nutzen vorführe. Ich gehe aber so vor:

Zuerst nehme ich den Durchmesser eines Kreises als Grundlage dieses Aufbaues und teile ihn in vier untereinander gleiche Teile, und jedem dieser Teile weise ich (oder nehme als zugewiesen an) die Zahl 1x zu, und man sieht ja, dass AB und ebenso BC so bezeichnet sind. So beträgt mir also der gesamte Durchmesser 4x. Und CG beträgt 2x, weil es der Halbmesser des Kreises ist. So wird man leicht aus BC und GC die Strecke BG bezeichnen können. Wenn nämlich das Quadrat GC so viel wie $4x^2$ und das Quadrat BC soviel wie $1x^2$ beträgt, erkennt man leicht, dass das Quadrat BG damit gleichgesetzt wird und $5x^2$ beträgt, so dass die Strecke BG selbst mit Recht mit $\sqrt{5x^2}$ bezeichnet wird. So nimmt BF $\sqrt{3x^2}$ auf, da die zu ziehende Linie CF der Halbmesser des Kreises ist, und dessen Quadrat minus das Quadrat BC macht $3x^2$. Wenn man dann diese Subtraktion vorgenommen hat, wird der Rest dem Quadrat der Strecke BF gleichgesetzt. So wird auf Grund von Kapitel 9 des ersten Buches des Almagest leicht der Schluss gezogen, dass die Strecke BC, abgezogen von der Strecke BG, die Seite des

Zehnecks übrig lässt, das man dem gleichen Kreis einschreiben kann, nämlich CD. Daher wird diese leicht so angezeichnet: $\sqrt{5x^2} - 1x$.

Und weil das Quadrat CG aus dem Quadrat CG und CD zusammengesetzt wird (das Quadrat CG macht aber $4x^2$ und das Quadrat CD macht $6x^2 - \sqrt{20x^4}$), deshalb wird die Strecke DG richtig mit $\sqrt{10x^2 - \sqrt{20x^4}}$ bezeichnet. Dann muß man den Halbmesser CH ziehen, dessen Quadrat $4x^2$ macht; wenn man davon das Quadrat CD abzieht (also $6x^2 + \sqrt{20x^4}$), bleibt das Quadrat DH übrig, und DH wird richtig so bezeichnet: $\sqrt{\sqrt{20x^4} - 2x^2}$. Und weil der Durchmesser AE in der Länge 4x beträgt, AB aber 1x macht, folgt daraus, dass BE 3x beträgt, wenn man die Strecke AB abgezogen hat. Wenn man weiter von BE dann BD abzieht, das in der Länge $\sqrt{5x^2}$ beträgt und der Strecke BG gleich ist, sieht man klar, dass man DE mit $3x - \sqrt{5x^2}$ bezeichnen muss. Und so kann man sich mit leichter und sehr bequemer Überlegung einen reichen Schatz solcher Beispiele formen, usw.

Nun wollen wir den Nutzen dieser Beispiele betrachten, denn ich nenne sie nicht grundlos Instrument-Beispiele.

Wenn man (zum Beispiel) öffentlich das dreizehnte oder vierzehnte Buch des Euklid vorläse, wo einem fast überall der Gebrauch **[289v]** gleichseitiger Vierecke, Fünfecke, Zehnecke usw. begegnet, und man möchte bei solchen Dingen (wie es sich gehört) verschiedene Beispiele vorführen, die man sonst nicht so leicht findet, dann könnte man sich je nach Bedarf solche Beispiele erstellen und gebrauchen.

Man muss natürlich drei Kreise mit einbeschriebenen Fünf- und Zehnecken vorgeben, und von diesen Kreisen soll der erste im Durchmesser 120 betragen; der Durchmesser des zweiten soll 36 betragen, der des dritten 48, und man wolle durch das Instrument-Beispiel, das ich gab, leicht und rasch die Fünfecke der einzelnen Kreise finden. Nimm also (wenn es dir recht ist) zuerst den größten Kreis. Und weil 1x (als der vierte Teil des Durchmessers) 30 beträgt, wird seine Fünfeck-Seite so bezeichnet: $\sqrt{10x^2 \sqrt{20x^4}}$ (es ist dies die Strecke DG der hingestellten Figur), und da 1x also 30 beträgt, macht $1x^2$ dann 900 und 1x 27000 und $1x^4$ 810000. Also nehme ich $10x^2$, das ist 9000. Dann nehme ich $20x^4$, nämlich 16200000, und davor stelle ich (da mir meine gezeichnete Strecke alles an die Hand gibt) $\sqrt{\ }$, was $\sqrt{16200000}$ beträgt. Davor stelle ich 9000, wobei ich einen Punkt dazwischen setze. So habe ich also mit leichter Mühe herausgefunden 9000, wobei ich ein Minuszeichen dazwischen stelle. Also wird das, was ich gefunden habe, sich so darstellen: $9000 - \sqrt{16200000}$. Und davor stelle ich (wie es die gezeichnete Strecke ebenfalls anzeigt) das Zeichen $\sqrt{\ }$, wobei ich einen Punkt dazwischen setze. So habe ich also mit leichter Mühe herausgefunden, dass die Seite des Fünfecks, das man dem Kreis (dessen Durchmesser 120 beträgt) einschreiben muss, $\sqrt{9000 - \sqrt{16200000}}$ beträgt.

Nun folgt der Kreis, dessen Durchmesser 36 beträgt.

Ich schreibe mir also folgende Progression vor, da 1x als der vierte Teil des Kreises 9 beträgt:

0,	x,	x^2,	x^3,	x^4.
1,	9,	81,	729,	6561.

Sodann betrachte ich wieder die Zeichnung der Strecke DG, $\sqrt{10x^2 - \sqrt{20x^4}}$. Und ich nehme zuerst $10x^2$, das ist 810. Dann nehme ich $20x^4$, das ist 131220, und setze davor das Zeichen $\sqrt{}$, wie es mich die Zeichnung lehrt, und so ergibt sich $\sqrt{131220}$. Davor setze ich die 10 ersten Quadrate, nämlich 810, wobei ich das Minuszeichen dazwischensetze, so dass sich die Sache so darstellt: $810 - \sqrt{131220}$. Und dann stelle ich vor all dies das Zeichen $\sqrt{}$, wobei ich einen Punkt [eine Klammer] dazwischen setze. Dann habe ich gefunden, dass die Seite des Fünfecks, das man dem Kreis mit dem Durchmesser 36 einschreiben muss, folgende Zahl ausmacht: $\sqrt{810 - \sqrt{131220}}$.

[290r] Es folgt der dritte Kreis, dessen Durchmesser 48 beträgt.

Da also der vierte Teil des Durchmessers, nämlich 1x, 12 beträgt, stellt sich die Progression bei dieser Findung so dar:

0,	x,	x^2,	x^3,	x^4.
1,	121,	144,	1728,	20736.

Ich schreibe mir also (da ich die Seite des Fünfeckes gewinnen will, das man einem Kreis mit dem Durchmesser 48 einschreiben soll) die Strecke DG hin, das ist $\sqrt{10x^2 - \sqrt{20x^4}}$. Davon nehme ich zuerst $10x^2$, nämlich 1440. Dann nehme ich $20x^4$, das ist 414720. Und so habe ich gleich die Seite des Fünfecks, nämlich $\sqrt{1440 - \sqrt{414720}}$.

Und so wird die gleiche Zeichnung $\sqrt{10x^2 - \sqrt{20x^4}}$ unendlich vielen Seiten gleichseitiger Fünfecke gleichgesetzt.

Man sehe aber noch einen weiteren Nutzen:

Man stellt mir die Zahl $\sqrt{90 - \sqrt{1620}}$ hin und verlangt, ich solle die Zahl des Durchmessers des Kreises vorstellen, den man um ein Fünfeck zieht, dessen Fünfeck-Seite die vorgenannte Zahl hat. Hier nehme ich mir gleich die Gleichung aus meiner Instrument-Zeichnung zur Hand und sage ohne irgendwelches Zögern:

$$\sqrt{10x^2 - \sqrt{20x^4}} \text{ ist gleichzusetzen mit } \sqrt{90 - \sqrt{1620}}.$$

Ebenso: das Quadrat werde dem neuen Quadrat gleichgesetzt, also:

$$10x^2 - \sqrt{20x^4} \text{ wird } 90 - \sqrt{1620} \text{ gleichgesetzt.}$$

Also dividiere ich $90-\sqrt{1620}$ durch $10-\sqrt{20}$ (dies ist die Zahl der Quadrate), und dann fällt die Division leicht; sie stellt sich nämlich so dar:

$$\frac{90-\sqrt{1620}}{10-\sqrt{20}} \qquad (9.$$

Also macht $1x^2 = 9$. Daher macht $1x = 3$, und dies ist der vierte Teil des Durchmessers. Also machen viermal $3 = 12$, und damit ist der Durchmesser gefunden.

Es würde nun allzu weit führen, nun in der gleichen Weise über die weiteren Strecken zu sprechen, wie ich es über die Strecke DL der aufgestellten Hilfsfigur machte. Der Leser aber wird die restlichen Linien mit seiner gewohnten Sorgfalt ausführen, usw. **[290v]**

Zweite Hilfsfigur.

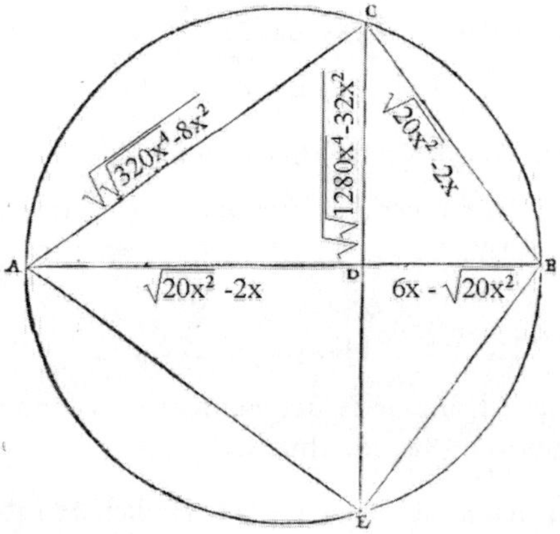

Dies ist die Figur zum siebten Beispiel und zeigt, wie man jede beliebig Strecke entsprechend der Proportion mit einem Mittelterm und zwei Außentermen teilt. Bei jeder geraden Strecke nämlich, die man in der besagten Weise teilen will, werden dieser die Zeichnungen der Strecke AB gleichgesetzt werden, und ich gehe so vor, wie ich es bei der vorigen Figur ausführlich **[291r]** über dieses Verfahren vortrug. Gegeben sei also eine Strecke, die 100 beträgt und entsprechend der Proportion mit einem Mittelterm und zwei Außentermen zu teilen ist. Nun nehme ich die folgende Proportion, weil 25 der vierte Teil von 100 ist:

0,	x,	x^2,	x^3,	x^4.
1,	25,	625,	15625,	390625.

Ich schreibe mir als Zahl der Strecke AD Folgendes vor: $\sqrt{20x^2} - 2x$. Daher erhalte ich $20x^2$ 12500, und davor stelle ich das Zeichen $\sqrt{\ }$, was $\sqrt{12500}$ ergibt. Zwei Wurzeln aber machen 50. So also habe ich den größeren Teil meiner Division gefunden, nämlich $\sqrt{12500}-50$. Sodann schreibe ich mir den anderen Teil diese Division entsprechend der Zahl der Strecke DB vor, nämlich $6\,x - \sqrt{20x^2}$. Es betragen aber $6x = 150$ wovon ich $\sqrt{20x^2}$ abziehe. Also machen $20x^2 = 12500$.

Daher wird $150 - \sqrt{12500}$ der kleinere Teil der Division sein. Diese beiden Teile aber ergeben zueinander addiert 100.

Dieses Hilfs-Beispiel habe ich deshalb aufgestellt, weil es kaum einen Satz im ganzen dreizehnten und vierzehnten Buch Euklids gibt, der nicht ausdrücklich die Teilung einer Strecke entsprechend der Proportion verlangt, die ein Mittelterm und zwei Außenterme hat.

Nun folgt die dritte Hilfs-Figur.

Es wird auch die Strecke BC (die in der folgenden Figur zu sehen ist) häufig in den angeführten Büchern Euklids erwähnt, weshalb ich sie hier hinsetzen wollte. **[291v]**

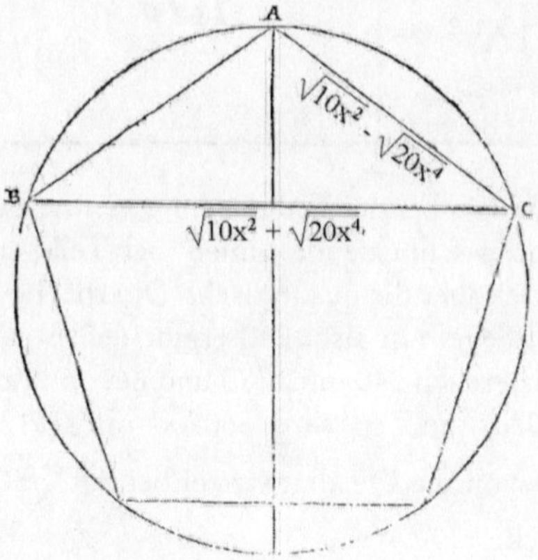

Doch genügt das oben Gesagte, so dass der sorgfältige Leser anderes Ähnliches damit finden kann. **[292r]**

VON DEN ALGEBRA-BEISPIELEN, DIE SICH AUF DAS SECHSTE KAPITEL DER VORSCHRIFTEN BEZIEHEN.

Kapitel XII.

Es ist unglaublich, wie weit sich der Gebrauch der zweiten Wurzeln ausdehnt, wofür Ordnung und System des hier Auszuführenden die Beispiele erfordern. Es sind aber die letzten Beispiele in der Anordnung derartiger Vorschriften. Was aber dazu auszuführen ist, kann sehr wohl bei der Behandlung der Beispiele selbst gelehrt werden.

Erstes Beispiel dieses Kapitels.

Es gibt drei Strecken, deren erste und zweite eine viereckige rechteckige Fläche umschließen, deren Inhalt 240 beträgt. Und eben diese erste und dritte Strecke umschließen ein viereckiges Rechteck, dessen Inhalt 660 beträgt. Die zweite und dritte Strecke aber umschließen ein rechtwinkliges Viereck, dessen Inhalt 1380 beträgt.

Wie viel beträgt eine jede dieser Strecken?

Die erste macht 1x. Die zweite macht 1A. Die dritte macht 1B.

Figur zu diesem Beispiel.

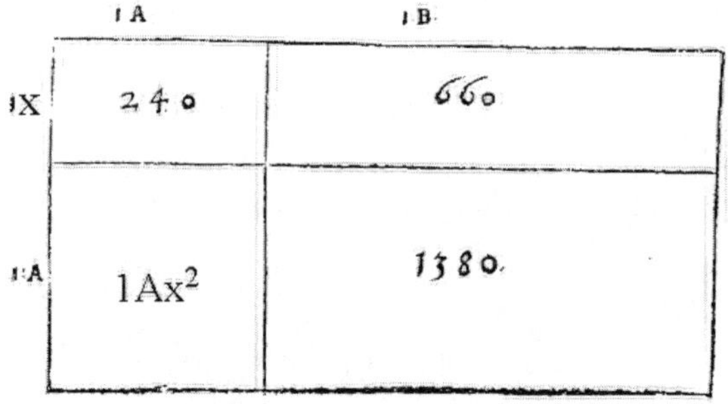

[292v] Es ist aber bekannt, dass bei der Teilung einer viereckigen rechtwinkligen Fläche durch zwei sich rechtwinklig schneidende Linien vier Teile entstehen, die gegenseitig proportional sind. Es beträgt aber die quadratische Oberfläche (die man unter der zweiten enthalten sieht) $1Ax^2$. Sage nun also, 240 ergibt 660, soviel wie $1Ax^2$ ergibt. Dies macht 1380. Also multipliziere ich 240 mit 1380 und 660 multipliziere ich mit $1Ax^2$, und jenes Produkt ergibt $660Ax^2$ und so wird $660Ax^2$ mit 331200 gleichgesetzt. Daher beträgt $1Ax^2 = 501\frac{9}{11}$. Davon die Quadratwurzel beträgt $\sqrt{501\frac{9}{11}}$. Und soviel beträgt 1A, das ist die zweite Strecke.

Ich multipliziere nun (um die erste Strecke zu finden, die 1x macht) die zweite Strecke, die bereits gefunden ist, mit der ersten, d.h ich multipliziere $\sqrt{501\frac{9}{11}}$ mit 1x oder mit $\sqrt{1x^2}$, und dies macht $\sqrt{501\frac{9}{11}x^2}$. Dies wird mit 240 gleichgesetzt (man sieht ja deutlich aus der Zeichnung, dass 1x mal 1A = 240 ergibt). Dividiere also 240 durch $\sqrt{501\frac{9}{11}}$, dann wirst du finden, dass $1x = \sqrt{114\frac{18}{23}}$, und dies ist die Größe der ersten Strecke.

Sodann sieht man, dass die Fläche 660 von der ersten und dritten Strecke umschlossen ist (wie man ebenso sieht, dass die Fläche 1380 von der zweiten und dritten Strecke umschlossen ist). Ich multipliziere also die beiden Strecken miteinander, das heißt ich multipliziere $\sqrt{114\frac{18}{23}}$ mit 1B, und dies ergibt $\sqrt{114\frac{18}{23}Bx^2}$, gleichgesetzt mit 660. Ich dividiere also 660 (das ist $\sqrt{4356009}$) mit $\sqrt{114\frac{18}{23}}$ (nämlich durch die Zahl der Wurzeln) und finde dann, dass 1B (also die dritte Strecke) $\sqrt{3795}$ beträgt.

Probe für das Beispiel:

Erste Strecke	Zweite	Dritte
$\sqrt{\frac{2640}{23}}$	$\sqrt{\frac{5520}{11}}$	$\sqrt{\frac{3795}{1}}$

Und nun sieh, ob die erste Linie, multipliziert mit der zweiten, 240 ergibt oder $\sqrt{57600}$, und ob die erste Strecke, multipliziert mit der dritten, 660 ergibt, und die zweite, multipliziert mit der dritten Strecke, 1380 ergibt.

Zweites Beispiel dieses Kapitels. Es stammt von Christoph, doch ist die Angabe verändert.

Es ist eine Saite über ein Monochord gespannt und durch den Steg ungleich geteilt, so dass die Stücke der so geteilten Saite zueinander ein gewisses musikalisches Intervall ergeben. Später aber soll der Steg (der diese Saite teilt) in Richtung des kleineren Teiles der Saite verschoben werden, und durch diese Bewegung soll er den vierten Teil des kleineren Stückes **[293r]** abtrennen, und der größere Teil (der auf diese Weise vermehrt wurde) soll im Verhältnis zum kleineren Teil Oktave mit Quinte erzeugen. Dann soll aber der Steg noch einmal in Richtung des größeren Stückes verschoben werden, so dass er den dritten Teil des früher vermehrten Stückes abschneidet, und dann soll der eine Teil gegenüber dem anderen einen Einklang erzeugen.

Die Frage lautet, wie groß jenes musikalische Intervall war, das die beiden Teile zueinander ergaben, bevor der Steg zum ersten Male verschoben wurde.

Dieses Beispiel ist bei Christoph Nr. 37 und gilt seiner ersten Regel. Das wiederhole ich deshalb, damit man aus dem Vergleich meiner Angabe mit der Angabe bei Christoph lernt, Beispiele dieser Art in beliebiger Menge aufzustellen.

Der größere Teil der Saite macht 1x.
Der kleinere Teil der Saite macht 1A.

Weil aber aus der ersten Verschiebung des Steges der vierte Teil des kleineren Stückes abgeschnitten wird und zum größeren Stück hinzukommt, übertrage ich $\frac{1}{4}$ A von 1A zu 1x, und so wird das größere Stück $\frac{1x+1A}{4}$ ergeben. Das kleinere Stück jedoch behält nur noch $\frac{3}{4}$ A. Und so lässt das größere Stück zur kleineren Oktave mit Quinte ertönen, was eine dreifache Proportion ergibt. Also wird man $\frac{3}{4}$ A verdreifachen und hat dann eine Gleichung, mit Hilfe deren man die ersten Wurzeln in zweite auflösen kann oder auch die zweiten in erste. Wir sind aber gewohnt, zweite Wurzeln in erste aufzulösen, wenn nicht die Bequemlichkeit etwas anderes anrät. Da also eine Gleichung besteht zwischen $\frac{4x+1A}{4}$ und $\frac{9}{4}$ A, und da die Nenner untereinander gleich sind, deshalb werden auch die Zähler untereinander gleichzusetzen sein. Daher werfe ich auch die Nenner weg und bewahre die Gleichung unter den Zählern auf. Wenn man diese Gleichung nun auf einfache Zahlen reduziert, hat man eine Gleichung zwischen 4x und 8A. Daher beträgt 1A dann $\frac{1}{2}$ x. Und daher beträgt 1x dann 2A. Und so haben wir die doppelte Proportion 1x zu 1A gefunden, weil die größere Proportion über der kleineren Proportion die Oktave erklingen ließ, bevor der Steg zuerst verschoben wurde.

Doch wollen wir die Probe machen.

Wir wollen annehmen, dass das größere Stück 24 beträgt und das kleinere 12, und so entsteht die Oktave. Indem ich aber den vierten Teil **[293v]** von 12 auf 24 übertrage, wird das größere Stück 27 machen, und auf der anderen Seite bleibt 9 übrig. Also werden zwischen den Stücken Oktav mit Quinte vorliegen, denn zwischen den Stücken liegt bereits die dreifache Proportion vor, bei der die Verbindung Oktav mit Quinte entsteht. Sodann übertrage ich (entsprechend der Angabe des Beispiels) ein Drittel des größeren Stückes auf das kleinere, will sagen: Ich übertrage 9 von 27 nach 9, wodurch dann auf beiden Seiten 18 entsteht. Daher ist durch die zweite Verschiebung des Steges ein Einklang entstanden.

Drittes Beispiel dieses Kapitels, gestaltet nach Kapitel 12
im ersten Buch des Almagest von Ptolemaeus.

Gegeben seien zwei Linien, die von einem Winkel nach unten laufen; die längere Linie betrage 3900 und die kürzere betrage 3380. Nun werde die eine Linie in Richtung der anderen zurückgebogen, wobei die zurückgebogene Strecke der größeren Linie 3360 betrage und die zurückgebogene Strecke der kleineren Linie 2912. Das zurückgebogene Stück der größeren Linie soll die nach unten laufende kleinere Linie so schneiden, dass der obere Teil der kleineren herablaufenden Linie 1980 betrage und der untere Teil 1400. Und das zurückgebogene Stück der kleineren herablaufenden Linie soll die größere Linie so schneiden, dass das obere Stück dieser herablaufenden Linie 1716 betrage und das untere Stück 2184 betrage.

Die Frage lautet: Wie groß ist bei den zurückgebogenen Stücken jeder Teil von denen,
die entstehen, wenn sich diese Stücke schneiden?

Den Lehrsatz zu dieser Operation (die man deutlich in der folgenden Zeichnung erkennt) stellt Johannes Regiomontan nach Ptolemaeus auf; ich habe ihn mir so geformt:

Wenn die Proportion, die eine der herabsteigenden Linien mit ihrem unteren Teil zu ihrem oberen Teil bildet, von der Proportion abgezogen wird, die das zurückgebogene Stück derselben herabsteigenden Linie mit ihrem unteren Teil zu ihrem oberen Teil bildet, dann bleibt eine Proportion übrig, wie sie die restliche herabsteigende ganze Linie zu ihrem unteren Teil bildet.

Entsprechend diesem Lehrsatz wird sich die eine Gleichung so darstellen:

$$\frac{3380}{1400} \qquad \frac{5765760-1716x}{2184x}$$

[294r] In den kleineren Termen jedoch wird sich die Gleichung so darstellen:

$$\frac{169}{70} \qquad \frac{36060-11x}{14x}$$

Wenn man diese Gleichung dann auf einfache Werte zurückführt, wird sie sich
so darstellen:

2366x sollen gleichgesetzt sein mit 2587200 – 770x.

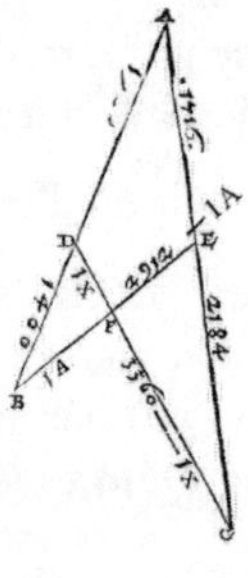

[294v] Wenn man diese Gleichung dann auf ganze Zahlen zurückführt, wird sie sich so darstellen:

3136x sollen gleichgesetzt sein mit 2587200.

Also macht 1x dann 825. Und so sind die Teile der Strecke DC gefunden, denn DF macht 825 und FC macht 2532.

Nun fehlt aber noch das Finden der Stücke der kleineren zurückgebogenen Linie, und die Gleichung zu deren Findung stellt sich so dar:

$$\frac{1980A}{4076800-1400A} \qquad \frac{3900}{2184}\cdot$$

Diese Gleichung stellt sich in kleineren Werten dar:

$$\frac{99A}{203840-70A} \qquad \frac{25}{14}$$

Auf ganze Zahlen zurückgeführt stellt sich die Gleichung so dar:

1386A gleichgesetzt mit 5096000 – 1750A.

Wenn man die Gleichung aber auf einfache Werte zurückführt, werden gleichgesetzt werden:

3136A mit 5096000 macht 1A = 1625.

Und so wurden auch die Stücke der zurückgebogenen Linie BE gefunden. Denn BF beträgt 1625 und FE macht 1287.

Überprüfe dies durch Umkehr in folgender Weise:

Es gebe zwei Linien, die von einem Winkel aus herabsteigen; deren längere soll 3900 betragen und die kürzere soll 3380 betragen. Es sollen sich aber beide Linien aufeinander zubiegen und die gebogene Strecke der größeren Linie betrage 3360, die gebogene Strecke der kleineren Linie aber betrage 2912. Die gebogenen Stücke sollen sich aber gegenseitig an ihrem Treffpunkt teilen , so dass der untere Teil der größeren Linie 2535 beträgt, der obere Teil jedoch 825. Und der untere Teil der gebogenen Strecke der kleineren Linie soll 1625 betragen, ihr oberer Teil jedoch betrage 1287.

Nun lautet natürlich die Frage, wie groß jeder Teil der herabsteigenden Linien ist.

Der Satz zu dieser Operation aber lautet so:

Wenn die Proportion, die eine ganze der herabsteigenden Linien zu ihrem oberen Teilstück hat, von der Proportion abgezogen wird, die das ganze gebogene Stück der gleichen herbabsteigenden Linie zu seinem oberen Teil hat, **[295r]** dann wird die Proportion der anderen gebogenen Strecke übrig bleiben und es ist dies die Proportion, die sie selbst als Ganzes zu ihrem unteren Teil hat.

Wenn man aber sagt, dass eine Proportion der anderen gleichgesetzt wird, dann wird man aber beobachten, dass man dies nur so verstehen darf, als wenn man sagte, ein Bruch werde dem anderen gleichgesetzt. Dies wollte ich bei den Operationen des vorangehenden Beispieles angedeutet haben, wo ich einander gleiche Proportionen mit einem Strich anzeichnete, als wären es Brüche. Es ist aber nicht nötig, dass ich hier die Operationen wiederhole. Der Satz zeigt dir ja an, welche Proportion abzuziehen ist, und zeigt auch die Proportion an, von der abgezogen werden soll. Und wenn die Subtraktion ausgeführt ist, zeigt er dir auch jene Proportion an, mit der deine übrig gebliebene Proportion gleichgesetzt werden soll. Was willst du mehr?

Weil aber die herabsteigenden Linien im vorhergehenden Beispiel einen spitzen Winkel bilden, will ich dir zusätzlich zwei Beispiele mit rationalen Zahlen liefern. Eines davon bilde mit seinen herabsteigenden Linien einen stumpfen Winkel und das andere bilde einen rechten Winkel.

Beispiel für den stumpfen Winkel.

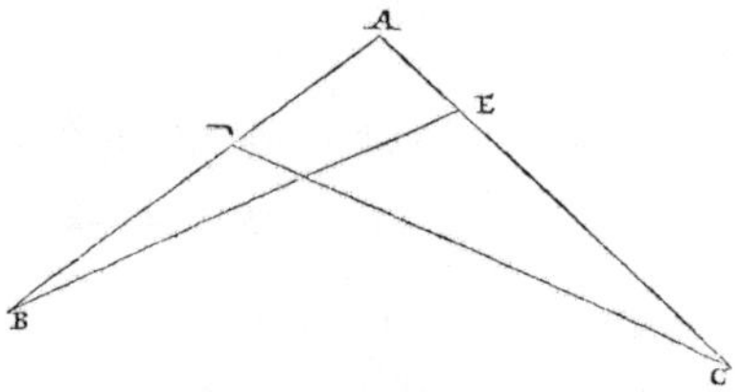

Es sind aber die herabsteigenden Linien in diesem Beispiel unter sich gleich, doch sind die zurückgebogenen Strecken ungleich, **[295v]** so dass sich ergibt:

AD	1628	AE	444
DB	2072	EC	3256
AB	3700	AC	3700
DF	315	EF	1573
FC	4125	FB	2275
DC	4440	EB	3848

Im folgenden Beispiel steigen die herabsteigenden Linien von einem rechten Winkel aus herab.

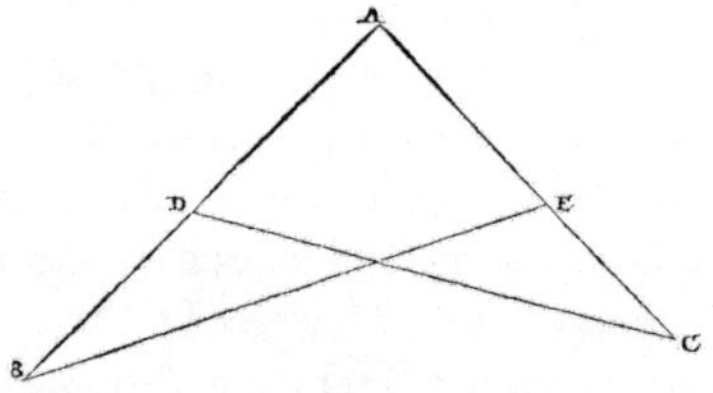

AD	9450	AE	9900
DB	7350	EC	2700
AB	16800	AC	12600
BF	15288	DF	9702
FE	4212	FC	6048
BE	19500	DC	15750

Aus der Rechnung wird man aber leicht ersehen, dass der Winkel in diesem Beispiel ein rechter Winkel ist. Denn das Quadrat DC ist gleich den Quadraten AC und AD. Wäre das Quadrat aber kleiner, dann hätte man einen spitzen Winkel. Und wäre es größer, wäre der Winkel stumpf. **[296r]**

Viertes Beispiel dieses Kapitels. Es stammt von Adam [Ries].

Es gibt drei Genossen, deren erster zum zweiten sagt: „Wenn du mir die Hälfte deiner Summe gäbest, dann hätte ich 100 Gulden." Und der zweite sagt zum dritten: „Wenn du mir den dritten Teil deiner Summe gäbest, dann hätte ich 100 Gulden." Und der dritte sagt zum ersten: „Wenn du mir den vierten Teil deiner Summe gäbest, dann hätte ich 100 Gulden."

Die Frage lautet nun, wie viel jeder von ihnen besitzt.

Der erste hat 1x Gulden.
Der zweite hat 1A Gulden.
Der dritte hat 1B Gulden.

Weil aber der erste vom zweiten die Hälfte der Summe fordert, die der zweite selbst besitzt, und weil der erste selbst 100 Gulden hat, zeigt mir dies deutlich an, dass es eine Gleichung gibt zwischen 1x + $\frac{1}{2}$ A und 100 Gulden. Ich setze aber Brüche dieser Art so hin: $\frac{2x+1A}{2}$ sind gleich 100 Gulden. Also werden 2x + 1A mit 200 Gulden gleichgesetzt. Und 1A ist gleichgesetzt mit 200 Gulden – 2x. Also beträgt 1A = 200 Gulden – 2x, was ich mir anstelle von einem A aufhebe.

Also hat der erste 1x Gulden.
Und der zweite hat 200 Gulden – 2x.
Und der dritte hat 1B Gulden.

Es verlangt aber der zweite den dritten Teil der Summe des dritten Genossen, so dass er selbst (der zweite) 100 Gulden hat. Daher werden nun 200 Gulden – 2x Gulden + $\frac{1}{3}$ B mit 100 Gulden gleichgesetzt. Ich pflege derartige Brüche so hinzustellen, dass der Nenner den gesamten Zähler betrifft, so dass $\frac{600-6x+1B}{3}$ gleich 100 sind. Daher werden 600 – 6x + 1B mit 300 gleichgesetzt. Und bei dieser Gleichung sieht man gut, dass 1B in 6x – 300 aufgelöst wird.

Und so hatte der erste 1x Gulden.
Der zweite hatte 200 Gulden – 2x.
Der Dritte hatte 6x – 300 Gulden.

Es verlangt aber der dritte den vierten Teil der Summe, die der erste besitzt, so dass dann der dritte selbst ebenfalls 100 Gulden hat. Daher werden $6\frac{1}{4}$ x – 300 mit 100 gleichgesetzt. Ebenso werden $\frac{25x-1200}{4}$ mit 100 Gulden gleichgesetzt. Und so werden 25x – 1200 dann 400 gleichgesetzt. Ebenso werden 25x mit 1600 Gulden gleichgesetzt. Also macht 1x = 64 Gulden. **[296v]**

Also besaß der erste 1x = 64 Gulden. Der zweite hatte 200 – 2x = 72 Gulden. Und der dritte hatte 6x – 300, also = 84 Gulden. Darauf kann man leicht die Probe machen.

Adam Ries bringt noch andere schöne Beispiele für die Regel vom Falschen; da sie aber ähnliche Operationen betreffen wie diese bereits vorgeführte und gezeigte, übergehe ich sie. Auch Christoph bringt eine großartige Menge solcher Beispiele, die ich aus Zeitmangel übergehen muss. Zudem gebührt es sich, diese Sache abzukürzen, damit dieses Kapitel nicht die vorhergehenden durch allzu große Weitschweifigkeit übertrifft.

An Stelle aber aller derartigen Beispiele will ich noch eines hinzufügen.

Fünftes Beispiel dieses Kapitels, bei dessen Abfassung ich Christoph nachahmte, der viele derartige Beispiele bringt.

Es gibt drei Genossen, deren erster zu den anderen beiden sagt: „Wenn ihr bis jetzt 100 Gulden hättet, dann betrüge die Summe eurer Gulden im Verhältnis zur meinen das Doppelte." Der zweite sagt zu den anderen: „Wenn ihr bis jetzt 100 Gulden hättet, dann betrüge eure Summe das Vierfache der meinen." Der Dritte sagt zu den anderen: „Wenn ihr eben jetzt 100 Gulden hättet, dann wäre eure Summe viermal so groß wie meine Summe."

Die Frage lautet nun, wie viel jeder von ihnen besitzt.

Der erste hat 1x Gulden.
Und die beiden anderen haben zusammen 1A Gulden.

Es sagt aber der erste, dass die Summe der anderen im Vergleich zu seiner eigenen das Doppelte betrage, wenn sie bis jetzt 100 Gulden besäßen. Also werden 1A + 100 Gulden mit 2x Gulden gleichgesetzt. Weiter folgt, dass 1A = 2x – 100 macht. Daher haben der zweite und der dritte zusammen 2x – 100. Wenn man zu diesen Gulden die Summe des ersten hinzufügt, so ergibt sich 3x – 100 Gulden, und dies ist, wie man sehen wird, die Summe aller zusammen.

Der zweite sagt, die Summe des ersten und des dritten werde (vermehrt um 100 Gulden) dreifach so groß sein wie die seine. Also setze ich für den zweiten Genossen 1B an; dann werden die beiden anderen die Summe aller minus der Summe haben, die der zweite besitzt. Das besagt, dass die beiden anderen die Summe 3x – 100 – 1B besitzen. Da jedoch der zweite von dieser Summe der anderen behauptet, **[297r]** sie sei dreifach so hoch wie seine eigene Summe, wenn jene bis jetzt 100 Gulden hätten., so folgt also, dass 3B mit 3x – 1B gleichgesetzt wird. Und durch Reduktion werden 3x mit 4B gleichgesetzt. Also macht 1B = $\frac{3}{4}$ x. Da also der erste 1x besitzt, hat der zweite $\frac{3}{4}$ x.

Der dritte sagt zu den anderen: Wenn ihr 100 Gulden hättet, dann wäre eure Summe das Vierfache der meinen. Also setze ich für die dritte Summe 1C, dann besitzen die anderen 3x – 100 Gulden – 1C. Also werden 3x – 1C mit 4C gleichgesetzt. Und 1C macht (wie man sieht) $\frac{3}{5}$ x.

Und so hat der erste 1x.

Der zweite hat $\frac{3}{4}$ x.

Der dritte aber hat $\frac{3}{5}$ x.

Und wenn man diese drei Summen zusammennimmt, betragen sie $1\frac{27}{20}$ x oder $\frac{47}{20}$ x. Und da dies die Summe aller ist und auch 3x – 100 die Summe aller ist, so ist ganz klar, dass diese beiden Terme einander gleichgesetzt werden. Daher werden durch Reduktionen 13x mit 2000 gleichgesetzt, 1x = $153\frac{11}{13}$.

Daher hat der erste $153\frac{11}{13}$.

Der zweite hat $115\frac{5}{13}$.

Der dritte hat $92\frac{4}{13}$.

Nach jener Operation wird man leicht die übrigen Beispiele bilden, deren Vielfalt ich dir in aller Kürze vorführen will.

Es gibt drei Genossen. Der erste von ihnen sagt zu den anderen: „Wenn ich eben jetzt 100 Gulden hätte, dann wäre meine Summe gleich eurer Summe.“ Der zweite sagt zu den anderen: „Wenn ich eben jetzt 100 Gulden hätte, dann wäre meine Summe, verglichen mit der euren, doppelt so groß.“ Der dritte sagt zu den anderen: „Und wenn ich 100 Gulden hätte, dann hätte ich eine Summe, die im Vergleich mit Eurer das Dreifache ausmachte.“

Die Summe des ersten war $9\frac{1}{11}$ Gulden.

Die Summe des zweiten war $45\frac{5}{11}$ Gulden.

Die Summe des dritten war $63\frac{7}{11}$ Gulden.

Weiteres Beispiel.

Es gibt drei Genossen, deren erster zu den anderen sagt: „Wenn ihr von eurer Summe 100 Gulden wegnähmt, dann wäre meine Summe [297v] eurer Summe gleich.“ Der zweite sagt zu den anderen. „Wenn ihr von eurer Summe 100 Gulden wegnähmt, dann wäre meine Summe doppelt so groß wie eure.“ Der dritte sagt zu den anderen: „Wenn ihr von der Summe Gulden, die ihr habt, 100 Gulden wegnähmt, dann wäre meine Summe dreimal so groß wie die eure.“ Die Frage lautet, wie viel jeder der drei besitzt.

Der erste hat $54\frac{6}{11}$ Gulden.

Der zweite aber hat $72\frac{8}{11}$ Gulden.

Der dritte aber hat $81\frac{9}{11}$ Gulden.

Weiteres Beispiel.

Es gibt drei Genossen, von denen der erste zu den anderen sagt: „Wenn ich von meiner Summe 100 Gulden wegnähme, dann wäre eure Summe im Vergleich zu meiner viermal so groß.“ Der zweite sagt zu den anderen: „Wenn ich von meiner Summe 100 Gulden wegnähme, dann wäre eure Summe im Vergleich zu meiner dreimal so groß.“ Der dritte sagt zu den anderen: „Wenn ich von meiner Summe 100 Gulden wegnähme, dann wäre eure Summe doppelt so groß wie die meine.“

Der erste hat $284\frac{8}{13}$ Gulden.

Der zweite aber hat $330\frac{10}{13}$ Gulden,.

Der dritte hat $407\frac{9}{13}$ Gulden.

Weiteres Beispiel.

Es gibt drei Genossen, deren erster zu den anderen sagt: „Wenn ich euch 100 Gulden gäbe, dann wäre eure Summe fünfmal größer als meine.“ Der zweite sagt zu den anderen: „Wenn ich euch 100 Gulden gäbe, dann wäre eure Summe sechsmal so groß wie die meine.“ Der dritte sagt zu den anderen: „Und wenn ich euch 100 Gulden gäbe, dann wäre eure Summe im Vergleich zu meiner siebenmal größer.“

Der erste hat $188\frac{8}{19}$ Gulden.

Der zweite hat $175\frac{15}{19}$ Gulden.

Der dritte hat $166\frac{6}{19}$ Gulden.

Weiteres Beispiel.

Es gibt drei Genossen, deren erster zu den anderen sagt: „Wenn ihr mir 100 Gulden gäbet, dann wäre meine Summe der euren gleich." Der zweite sagt zu den anderen: „Wenn ihr mir 100 Gulden gäbet, dann wäre meine Summe doppelt so groß wie die eure." Der dritte sagt zu den anderen [**298r**]: „Wenn ihr mir 100 Gulden gäbet, dann wäre meine Summe im Vergleich zu eurer dreimal so groß."

Der erste hat $63\frac{7}{11}$ Gulden.

Der zweite hat $118\frac{2}{11}$ Gulden.

Der dritte aber hat $145\frac{5}{11}$ Gulden.

Anderes Beispiel.

Es gibt drei Genossen, von denen der erste zu den anderen sagt: „Wenn ihr mir die Hälfte eurer Summe gäbet, dann hätte ich 60 Gulden." Der zweite sagt zu den anderen: „Wenn ihr mir den dritten Teil eures Geldes gäbet, dann hätte ich 100 Gulden." Der dritte sagt zu den anderen: „Wenn ihr mir von eurer Summe den vierten Teil gäbet, dann hätte ich 100 Gulden."

Summe des ersten: $29\frac{7}{17}$ Gulden.

Summe des zweiten: $64\frac{12}{17}$ Gulden.

Summe des dritten: $76\frac{8}{17}$ Gulden.

Weiteres Beispiel.

Es gibt drei Genossen, von denen der erste zu den anderen sagt: „Wenn ich euch von meiner Summe die Hälfte gäbe, dann hättet ihr 100 Gulden." Der zweite sagt zu den anderen: „Wenn ich euch den dritten Teil meiner Summe gäbe, dann hättet ihr 100 Gulden" Der dritte sagt zu den anderen: „Wenn ich euch den vierten Teil meiner Summe gäbe, dann hättet ihr 100 Gulden."

Der erste hat $52\frac{4}{23}$ Gulden.

Der zweite hat $39\frac{3}{23}$ Gulden.

Der dritte aber hat $34\frac{18}{23}$ Gulden.

Und so wirst du bei andern ähnlichen Beispielen die geschuldeten Summen herausfinden.

Sechstes Beispiel dieses Kapitels. Es ist bei Christoph Nr. 179.

Drei Kaufleute gehen eine Gesellschaft ein. Der erste legt 100 Gulden ein, der zweite legt 200 Gulden ein und der dritte legt 300 Gulden ein. Sie bleiben in jener Gesellschaft 12 Monate lang. Nach zwei Monaten jedoch legt der erste einige Pfund Pfeffer ein, von dem 3 Pfunde 1 Gulden wert sind. Und nach vier Monaten legt der zweite eine Masse Silbers ein, von dem 1 Mark 7 Gulden wert ist. Nach Verlauf der genannten zwölf Monate aber erhält der erste 50 Gulden Gewinn, der zweite 110 Gulden und der dritte erhält 90 Gulden. [**298v**]

Beim ersten ist natürlich die Frage, wieviel Pfeffer er einlegte, und beim zweiten, wie viele Pfund Silbers er einlegte.

Zuerst kommt 1x Pfunde heraus und zweitens 1A Mark.

Da aber drei Pfunde 1 Gulden kosten, wird 1x Pfunde $\frac{1}{3}$ der Gulden betragen. Und der Mann stand in der Gesellschaft mit $\frac{1}{3}$ x Gulden während 10 Monaten (er legte ja den Pfeffer erst nach zwei Monaten ein usw.). Das ergibt also $\frac{10x}{3}$ oder $3\frac{1}{3}$ x Gulden. Und mit 100 Gulden stand er 12 Monate ein, was 1200 macht.

Also kommt für den ersten 1200 + $3\frac{1}{3}$ x Gulden heraus.

Und da (um vom zweiten zu sprechen) 1 Mark 7 Gulden kostet, werden 1A Mark dann 7A Gulden betragen. Mit diesen stand er in jener Gesellschaft 8 Monate lang (weil er erst nach vier Monaten das Silber einlegte), was 56A Gulden ergibt. Und da er mit 200 Gulden 12 Monate lang in der Gesellschaft stand, ergibt dies 2400 Gulden. Alles zusammen also beträgt die Summe des zweiten in der Gesellschaft 2400 + 56A Gulden.

Der dritte aber stand in der Gesellschaft 12 Monate lang mit 300 Gulden, und dies ergibt in jener Gesellschaft 360 Gulden.

Daher stellt sich das Beispiel so dar:

	1200 + $3\frac{1}{3}$ x		50
7200 + $3\frac{1}{3}$ x + 56A	2400 + 56A	250	110
	3600		90

Man sieht hinreichend, wie der Divisor (nämlich 7200 + $3\frac{1}{3}$ x + 56A) aus dem Aggregat der zweiten Terme der Dreisatz-Regel entstand. Und der dritte Term, nämlich 250, entstand aus dem Aggregat der vierten Terme, die den Gewinn angeben.

Es geschieht aber die Auflösung der cossischen Zahlen in absolute Zahlen von der untersten Zeile her. Wie 7200 + $33\frac{1}{3}$ x + 56A mir 3600 Gulden ergeben, so beträgt der Gewinn aus 250 dann 90 Gulden. Daher multipliziere ich die Außenterme miteinander, was die cossische Zahl 648000 + 300x + 5040A ergibt. Und ich multipliziere auch die Mittelterme miteinander und die Multiplikation ergibt 900000. So hat man dann eine Gleichung, mit Hilfe deren man 1A in die Zahl der Wurzeln auflösen kann. Wenn dann die Reduktion durchgeführt ist, wird man finden, dass 1A = $50 - \frac{5}{64}$ x beträgt. Daher wird 56A dann 2800 – $3\frac{1}{3}$ x betragen. Und so entsteht aus dem Divisor dann 10009. **[299r]**

Nun also löse man 1x von der letzten Zeile her in eine absolute Zahl auf, nämlich so:

10000 geben mir 1200 + $3\frac{1}{3}$ x. Also geben mir 250 dann 50.

Dann mache es wie zuvor, nämlich multipliziere die Außenterme miteinander. Sodann multipliziere die Binnenterme miteinander und man wird eine Gleichung finden: 500000 = 300000 + $833\frac{1}{3}$ x. Und durch Reduktion werden 200000 mit $833\frac{1}{3}$ x gleichgesetzt. Also ergibt 1x = 240. Und da 1A (wie wir oben sahen) 50 – $\frac{5}{64}$ x macht, folgt daraus, dass 1A dann $35\frac{5}{7}$ macht.

Der erste legte also nach zwei Monaten 240 Pfund Pfeffer ein.
Der zweite aber legte nach 4 Monaten $35\frac{5}{7}$ Mark Silbers ein.

Siebtes Beispiel dieses Kapitels, das bei Christoph Nr. 182 ist.

Drei Kaufleute gehen eine Gesellschaft ein. Der erste legt 35 Gulden über die Summe ein, die der zweite einlegt. Die Summe der vom zweiten und dritten Gesellschafter eingelegten Gulden aber beträgt 84. Es erhält aber der dritte als seinen Anteil am Gewinn 21 Gulden. Der Gesamtgewinn aber beträgt 66 Gulden.

Nun lautet die Frage, wie viel jeder von ihnen einlegte und wie viel vom Gewinn der erste erhielt und wieviel vom Gewinn der zweite.

Das Beispiel stellt sich so dar:

	1x + 35		1A
119 + 1x	1x	66	1B
	84 – 1x		21

Von der untersten Zeile her wird 1x aufgelöst. Es wird nämlich 119 + 1x mit 21 multipliziert und das Ergebnis dem Produkt gleichgesetzt, das aus 84 – 1x, multipliziert mit 66, entsteht. Daher ergibt sich die Gleichung: 2499 + 21x = 5544 – 66x. Das ergibt 1x = 35.

Daher wird sich das Beispiel nun so darstellen:

	70		1A
154	35	66	1B
	49		21

Also macht 1A = 30 und 1B = 15. **[299v]**

Achtes Beispiel dieses Kapitel, das bei Christoph Nr. 181 ist.

Drei Kaufleute legen 385 Gulden ein und gewinnen 154 Gulden. Den Gewinn aber verteilen sie so, dass das Drittel des Gewinns, das der erste erhält, gleich dem Viertel des Gewinnes ist, das der zweite erhält. So vielmal aber der erste $2\frac{1}{2}$ Gulden erhält, so vielmal erhält der dritte Teilhaber 7 Gulden.

Die Frage lautet: Wie viel erhielt jeder Teilhaber und wie viel legte jeder ein?

Das Beispiel aber stellt sich so dar:

	1x		1C
385	1A	154	1D
	1B		1E

Es wird aber 1D in $1\frac{1}{3}$ C aufgelöst (weil ein Drittel von 1C gleich ist einem Viertel von 1D). So wird 1E in $2\frac{4}{5}$ C aufgelöst. Da nämlich der erste $2\frac{1}{2}$ erhält, während der dritte 7 erhält, muss aus der folgenden Multiplikation über Kreuz eine Gleichung der Produkte hervorgehen:

Daher wird sich das Beispiel in folgender Figur darstellen:

	1x		1C
385	1A	154	$1\frac{1}{3}$ C
	1B		$2\frac{4}{5}$ C

Daher wird $5\frac{2}{15}$ C gleichgesetzt mit 154, weil diese Zahl 154 aus den vierten Termen gewonnen wird (wie es in Gesellschaften geschieht). Also beträgt 1C = 30.

So stellt sich von nun an das Beispiel in folgender Figur so dar:

	1x		30
385	1A	154	40
	1B		84

Man sieht also, dass 1x dann 75 beträgt.

Und dass 1A = 100 beträgt.

Und dass 1B = 210 beträgt.

[300r] Neuntes Beispiel dieses Kapitels. Es ist eine Nachahmung des Beispiels 112 bei Christoph.

Es gibt drei Genossen, deren jeder eine Summe Gulden besitzt. Der erste besitzt eine Summe die doppelt so groß ist wie die Summen der beiden anderen zusammen. Ebenso steht es später beim zweiten. Und später ist es ebenso beim dritten. Danach hat jeder von ihnen 248 Gulden.

Die Frage ist nun, wie viel Gulden jeder von ihnen anfangs besaß.

Die Summe aller ist 1C.
Der erste hatte 1x.
Der zweite hatte 1A.
Der dritte hatte 1B.
Es beträgt aber 1B = 1C – 1x – 1A.

Nach der Einlage des ersten Genossen erhält

der zweite 2A
der dritte 2C – 2x – 2A
der erste bewahrt auf 2x – 1C.

Nach der Einlage des zweiten erhält

der erste 4x – 2C
der dritte 4C – 4x – 4A.
Der zweite bewahrt auf 7C – 8x – 8A.

Nach der Einlage des dritten erhält

der erste 8x – 4C
der zweite 8A – 2C.
Der dritte bewahrt auf 7C – 8x – 8A.

Und jene letzten drei Summen sind unter sich gleich. Denn gemäß der Angabe der Beispieles beträgt jede von ihnen 248 Gulden. Und so beträgt die Summe aller Summen 744 Gulden und eben so viel beträgt 1C. Daher

hat der erste 8x – 2976,
und der zweite hat 8A – 1488.

Da aber die beiden Summen untereinander gleichgesetzt sind, wird man finden, dass 1A = 1x – 186 macht.

Der dritte hat 6696 – 16x.

Und weil diese Summe jeder der beiden obenstehenden Summen gleich ist, nämlich 8x – 2976, wird man finden, dass 1x = 403 beträgt. Daher

besaß **[300v]** der erste 403 Gulden.
Der zweite hatte 217 Gulden.
Der dritte hatte 124 Gulden.

Dieses Ergebnis wird man entsprechend der Regel überprüfen können usw.

Zehntes Beispiel dieses Kapitels.

Es gibt ein rechtwinkliges Viereck, das von Seiten umfasst wird, deren eine in der Länge 14 beträgt und die andere beträgt 12. Nun zieht man aber von der größeren Seite eine Senkrechte zur gegenüberliegenden Seite, so dass das Viereck in zwei Vierecke geteilt wird, deren Durchmesser, beide zusammengenommen, das Doppelte der größeren Seite des ganzen Vierecks betragen.

Die Frage lautet nun, wie groß jede Seite der beiden Teil-Vierecke ist.

Bild zum Beispiel:

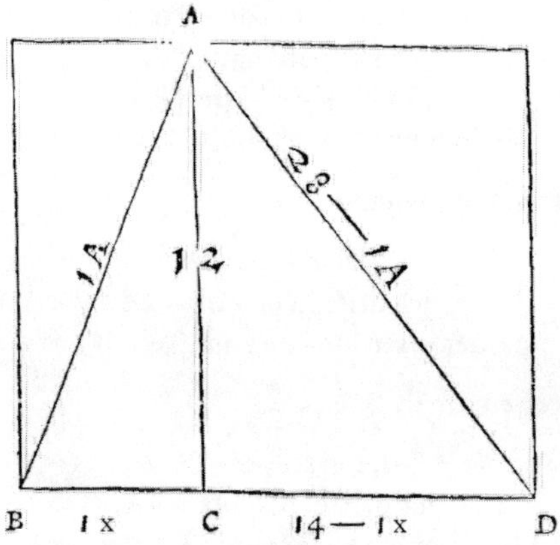

Weil das Quadrat der Strecke AB den beiden Quadraten BC und AC gleich ist, deshalb beträgt es $1x^2 + 144$, und diesem Wert wird $1Ax^2$ gleichgesetzt, wie man sattsam aus der Zeichnung entnehmen kann.

In ähnlicher Weise werden $340 - 28x + 1x^2$ mit $784 - 56A + Ax^2$ gleichgesetzt, weil ja jede der beiden cossischen Zahlen das Quadrat der Strecke AD wiedergibt. Man reduziere also jene Gleichung so, dass $1Ax^2$ den übrigen Teilen **[301r]** dieser Gleichung gleichgesetzt bleibt. Natürlich wird $1Ax^2$ mit $56A + 1x^2 - 28x - 444$ gleichgesetzt. Und weil oben $1Ax^2$ mit $1x^2 + 144$ gleichgesetzt wurde, deshalb wird übrig bleiben, dass man $1x^2 + 144$ mit $56A + 1x^2 - 28x - 444$ gleichsetzt. Und wenn man diese Gleichung vereinfacht, wird man finden, dass 56A mit 28x + 588 gleichgesetzt wird. Daher beträgt 1A dann $\frac{1x+21}{2}$.

Oder gehe zur Auflösung von 1A so vor, dass die Gleichung auf die Strecke AC fällt, als ob AC nicht bekannt wäre. Denn $1Ax^2 - 1x^2$ wird der cossischen Zahl $588 - 56A + 1Ax^2 + 28x - 1x^2$ gleichgesetzt. Also ergibt 1A (wie zuvor) $\frac{1x+21}{2}$.

Also wird sich nun die Gestalt des Beispiels so darstellen, dass für 1A zur Strecke B die Zahl der Wurzeln beigefügt wird, in die 1A aufgelöst wird. Und so erhält die Strecke AD die Zahl $\frac{35-1x}{2}$ usw.

Oder gehe so vor:

Da das Quadrat AB so viel wie $1x^2 + 144$ macht, folgt daraus, dass 1A dann $\sqrt{1x^2} + 144$ macht. Da so das Quadrat der Strecke AD $340 - 28x + 1x^2$ macht, folgt daraus, dass die Strecke AD selbst ergibt: $\sqrt{340} - 28x + 1x^2$. Daher wird $\sqrt{340} - 28x + 1x^2 + \sqrt{1x^2} + 144$ mit 28 gleichgesetzt, wie es die Angabe besagt. Daher wird durch die Reduktion der Gleichung $28 - \sqrt{1x^2} + 144$ (also die Strecke AD) mit $\sqrt{340} - 28x + 1x^2$ gleichgesetzt, d.h. dasselbe wird sich selbst gleichgesetzt, weshalb auch das Quadrat mit dem Quadrat gleichgesetzt wird. Nämlich $340 + 28x + 1x^2$ wird mit $928 + 1x^2 - 3136x^2 + 451584$ gleichgesetzt.

Reduziere die Gleichung, und du wirst sehen, dass $588 + 28x^2$ mit $\sqrt{3136x^2} + 451584$ gleichgesetzt wird. Und das Quadrat des einen wird mit dem Quadrat des anderen gleichgesetzt werden, nämlich $3136x^2 + 451584$ wird mit $345744 + 32928x + 784x^2$ gleichgesetzt (so viel macht nämlich 588 + 28x mit sich selbst multipliziert). Wenn also diese Gleichung reduziert ist, wirst du endlich finden, dass $1x^2$ mit $14x - 45$ gleichgesetzt wird. Und die kleinere Wurzel dieser Gleichung wird 5 betragen.

Ich wollte aber die Rechenoperationen in diesem Beispiel mit Absicht etwas schwerer machen, um mit kurzen Worten (so weit es erlaubt war) zu zeigen, dass verschiedenen Beispielen eine wunderbare Vielfalt von Operationen innewohnt; auch wollte ich mit all dem den unermesslichen Nutzen der zweiten Wurzeln andeuten, und ich hoffe, dass der sorgsame Leser das eine oder andere für sich findet und formt, so dass ich diese Sache nicht weiter ausführen muss. **[301v]**

Ich wollte meinem Leser aber durch diese meine Mühe so zu Diensten sein, dass ich mich ihm empfehle und durch meine mehr gewissenhafte als wissenschaftliche Behandlung oder Darstellung des Lehrstoffes von ihm erreiche, dass er manchmal meiner gedenkt in seinen Gebeten zu Christus, dem durch sein Evangelium auch in diesen Gaben und zeitlichen Schöpfungen Ruhm und Ehre sei. Amen.

Kapitel XIII. Es gibt anstelle eines Nachwortes eine Wiederholung und bespricht die Vollkommenheit der Algebra-Regel.

Beigegeben sind einige Beispiele des Geronimo Cardano, die sich auf dieses Gebiet beziehen.

Nun muss anstelle des Nachwortes das letzte Kapitel dieses Buches angefügt werden, das solche Beispiele enthalten soll, dass der Leser genauer über die vollkommene Algebra zu diskutieren und urteilen vermag. Was also in diesem Kapitel zu sagen ist, will ich vorbringen, wie es sich gelegentlich der Beispiele ergibt, wie ich es auch in den vorhergehenden sechs Kapiteln mit Beispielen nicht ohne Nutzen (wie ich hoffe) für arithmetische Themen gemacht habe. Also wollen wir uns an die Beispiele machen, die dieses letzte Kapitel erfordert.

Erstes Beispiel dieses Kapitels. Es stammt von Geronimo Cardano und hat die Nr. 83 in Kapitel 66 seiner Arithmetik.

Es gibt eine geometrische Progression dreier Terme, die mit Eins beginnt. Addiert man den ersten und zweiten Term und teilt das Ergebnis durch den dritten Term und addiert man den zweiten und dritten Term und teilt das Ergebnis durch den dritten Term und addiert man ebenfalls den ersten und dritten Term und dividiert das Ergebnis durch den zweiten Term, soll 13 herauskommen. Die Frage lautet nun: Wie oder wie groß ist diese Progression? Das Ergebnis lautet 1, 1x, $1x^2$.

Die Divisionen sind folgende:

$$\frac{1+1x}{1x^2} \qquad \frac{1x+1x^2}{1} \qquad \frac{1+1x^2}{1x}$$

[302r] Die Summe aller Quotienten ist:

$$\frac{1x^4+2x^3+2x+1}{1x^2}$$

Diese Summe also setzt die Angabe unseres Beispieles mit 13 gleich. Daher wird durch Reduktion auf ganze Zahlen $13x^2$ mit $1x^4 + 2x^3 + 2x + 1$ gleichgesetzt. Und auf Grund der notwendigen Umstellung der Teile, über die ich in den vorhergehenden Kapiteln sprach, wird $1x^4$ der folgenden cossischen Zahl gleichgesetzt: $13x^2 - 2x^3 - 2x - 1$. Aus dieser Zahl müsste (nach meiner Algebra-Regel) die zensizensische [4.] Wurzel gezogen werden, die ohne Zweifel die unter 1x verbogene von uns gesuchte Zahl liefern würde. Doch gestehe ich, dass meine Kräfte dieser und ähnlichen Operationen nicht gewachsen sind. Ich vertraue jedoch dieses Geschäft jenen meiner Freunde an, die einmal in meiner Gegenwart sich rühmten, sie hätten alles, was ich erfand, auch selbst erfinden können, wenn sie nur Zeit dazu hätten. Da ich aber sehe, dass sie genug Muße finden, um Geld zu erwerben, und zwar in jedem beliebigen Jahr nicht nur einmal, mich aber beneiden, wenn nur einmal in drei Jahren ein dankbarer Hörer zu mir kommt und die wichtigeren Sätze der Arithmetik lernen will, so denke ich, dass es mir zusteht, von ihnen entsprechend ihrer Prahlerei (um von allem anderen zu schweigen) die Mühe zu verlangen, mir, den sie schon ermüdet sehen, zu helfen. Das können sie ja leicht machen, da ihr glückhaftes und tapferes Selbstvertrauen fest steht, mit dem sie Neues erfinden und fremde Funde, die unklar überliefert sind, erkennen. Ich jedoch, um ernsthaft zu reden, meine, man solle das Wort des heiligen Johannes des Täufers, niemand könne etwas erhalten, es sei denn, es werde ihm von oben gegeben, auch von den Dornen der Wissenschaften und Reichtümer verstehen.

Doch wollen wir zu unserem Beispiel zurückkehren. Cardano hat uns eine höchst geistreiche Lösung des Beispiels überliefert. Er setzt aber $1x^4$ den übrigen Teilen der aufgestellten und gefundenen Gleichung gleich und hat so auf anderem Wege eine sehr schöne Lösung gefunden. Er sah natürlich, dass man von beiden Teilen der Gleichung die Quadratwurzeln ziehen muss, wobei man eine kleine Hilfskonstruktion anwendet. Er weiß ja, dass die Gleichung bestehen bleibt, wenn man Gleiches **[302v]** zu Gleichem hinzufügt, da er auf der einen Seite der Gleichung $13x^2$ stehen hatte, auf der andern Seite aber $1x^4 + 2x^3 + 0x^2 + 2x + 1$. So sah er, dass man auf beiden Seiten $3x^2$ hinzufügen müsse. So wurden es nämlich auf der einen seit $16x^2$, das ist ein cossische Zahl mit einer Quadratwurzel, und auf der anderen Seite entstand die cossische Quadratzahl $1x^4 + 2x^3 + 3x^2 + 2x + 1$. So wissen wir nämlich, dass auch die folgenden Zahlen notwendigerweise Quadratzahlen sein müssen: 121, 12321, 1234321, 12345321. Und so in der Folge $1x^2 + 2x + 1$. Davon die Quadratwurzel macht $1x + 1$. Ebenso dann $1x^4 + 2x^3 + 3x^2 + 2x + 1$. Davon die Quadratwurzel macht $1x^2 + 1x + 1$. Ebenso $1x^6 + 2x^5 + 3x^4 + 4x^3 + 3x^2 + 2x + 1$. Davon die Quadratwurzel macht $1x^3 + 1x^2 + 1x + 1$. Und so weiter ins Unendliche. Es schadet hier auch nichts, wenn man anstelle der Pluszeichen Minuszeichen setzt. So aber stellt sich das Beispiel zum Ziehen der Wurzel dar:

$$\begin{array}{ccccccccc} & & & & \not{2}x^2 & & & & \\ \odot & & & & \odot & & \odot & & \\ \not{1}x^4 & + & \not{2}x^3 & + & \not{3}x^2 & + & \not{2}x & + & \not{1} \\ & & \not{1}x^2 & & \not{2}x^2 & + & \not{2}x & & \\ & & & & & & (1x^2 + 1x + 1 & & \end{array}$$

Zuerst aber ziehe ich die Wurzel aus $1x^4$, was $1x^2$ ergibt. Dieses stelle ich an den Ort des Quotienten. Diesen verdopple ich dann und stelle das Ergebnis unter die Zahl der Kuben und ich sage, wie oft ich $2x^2$ in $2x^3$ finde, es macht $1x$ (und dies stelle ich an den Ort des Quotienten). Also multipliziere ich $1x$ mit $2x^2$, was $2x^3$ ergibt, was ich von $2x^3$ abziehe, wobei kein Rest bleibt. Sodann multipliziere ich das gefundene $1x$ mit sich selbst, was $1x^2$ ergibt, und dies lässt, abgezogen von $3x^2$, dann $2x^2$ übrig. Sodann verdopple ich alles, was im Quotienten steht, und stelle das Verdoppelte unter den übrig gelassenen Rest und dividiere. Ich sage nämlich, dass ich $2x^2$ im obenstehenden $2x^2$ einmal finde. Sodann stelle ich es in den Quotienten und multipliziere und ziehe ab. Sodann multipliziere ich 1 mit sich selbst und ziehe ab, usw. Dies habe ich vielleicht wortreicher ausgeführt, als es nötig war, doch musste ich auch den etwas Langsameren dienlich sein.

Man sieht also, dass die Quadratwurzel auf der einen Seite der Gleichung die cossische Zahl $1x^2 + 1x + 1$ hervorbringt und dass die Quadratwurzel auf der anderen Seite der Gleichung $4x$ ergibt. Da aber die Quadrate gleich waren, müssen auch ihre Wurzeln einander gleich sein **[303r]** Daher werden $4x$ und $1x^2 + 1x + 1$ gleichgesetzt. Daher wird $1x^2$ (wie man aus der Vereinfachung ersieht) mit $3x - 1$ gleichgesetzt, und die größere Wurzel macht $\frac{3+\sqrt{5}}{2}$ (denn die kleinere Wurzel macht $\frac{3-\sqrt{5}}{2}$.

Die Progression stellt sich also so dar.

$$1 \qquad \frac{3+\sqrt{5}}{2} \qquad \frac{7+\sqrt{45}}{2}$$

Der Quotient der ersten Division macht also $5-\sqrt{20}$

Der Quotient der zweiten Division aber macht $5+\sqrt{20}$

Der Quotient der dritten Division macht 3 usw.

Zweites Beispiel dieses Kapitels. Es ist bei Geronimo Nr. 48 in Kapitel 66.

Es gibt eine geometrische Progression, die bei der Eins beginnt und fünf Terme hat, und während jeder der Terme die Summe der andern teilt, entsteht aus dem Aggregat aller fünf Termen die Zahl 356.

Die Progression ist:

$1,\ 1x,\ 1x^2,\ 1x^3,\ 1x^4.$

Der erste Quotient ist:

$$\frac{1+1x+1x^2+1x^3}{1x^4}.$$

Der zweite Quotient ist:

$$\frac{1x+1x^2+1x^3+1x^4}{1}.$$

Der dritte Quotient ist:

$$\frac{1+1x+1x^3+1x^4}{1x}.$$

Der vierte Quotient ist:

$$\frac{1+1x+1x^3+1x^4}{1x^2}.$$

Der fünfte Quotient ist:

$$\frac{1+1x+1x^2+1x^4}{1x^3}.$$

Wenn man nun alle diese Quotienten addiert, ergeben sie einen Bruch, dessen Zähler sich so darstellt: [303v]

x^6,	x^7,	x^8,	x^9,	x^{11},	x^{12},	x^{13},	x^{14}
1,	2,	3,	4,	4,	3,	2,	1.

Der Divisor aber dieses Zählers macht $1x^{10}$.

Wenn man aber die cossischen Zeichen reduziert, stellt sich der Zähler so dar:

0,	x,	x^2,	x^3,	x^5,	x^6,	x^7,	x^8.
1,	2,	3,	4,	4,	3,	2,	1.

Der Nenner aber oder Divisor dieses Zählers ist $1x^4$.

Und dieser Bruch wird der Zahl 356 gleichgesetzt.

Doch wird $356x^4$ dem Zähler des vorhergehenden Bruches gleichgesetzt und so ist $1x^8$ gleich:

$$356x^4-2x^7-3x^6-4x^5-4x^3-3x^2-2x-1.$$

Und aus dieser Summe des hinteren Teiles der vorgestellten Gleichung müsste man nun $\sqrt[8]{\ }$ suchen, also die zenzensizensische [8.] Wurzel. Da dies schwierig ist, findet Geronimo Cardano auf anderem Wege die Auflösung einer Wurzel, die für den zweiten Term der zu findenden Progression steht.

Wenn man aber $356x^4$ allen übrigen Teilen der Gleichung (wie wir oben sahen) gleichsetzt, dann fügt man zu jedem der beiden Teile der Gleichung $5x^4$ hinzu, und so wird $361x^4$ gleichgesetzt mit:

$$1x^8 + 2x^7 + 3x^6 + 4x^5 + 5x^4 + 4x^3 + 3x^2 + 2x + 1.$$

Man suche nun auf beiden Seiten die Quadratwurzel und wird dann finden, dass $19x^2$ mit $1x^4 + 1x^3 + 1x^2 + 1x + 1$ gleichgesetzt wird.

Wiederum füge man beiden Teilen der Gleichung $1\frac{1}{4}x^2$ hinzu und dann werden $20\frac{1}{4}x^2$ und $1x^4 + 1x^3 + 2\frac{1}{4}x^2 + 1x + 1$ miteinander gleichgesetzt werden. Wiederum suche die Quadratwurzel von beiden Teilen der Gleichung und du wirst finden, dass $4\frac{1}{2}x$ mit $1x^2 + \frac{1}{2}x + 1$ gleichgesetzt werden. Wenn man diese Gleichung reduziert, wird man finden, dass $1x^2$ gleich $4x - 1$ ist.

Die größere Wurzel macht $2 + \sqrt{3}$, die kleinere Wurzel aber $2 - \sqrt{3}$, und beide Werte passen zum Beispiel.

Daher stellt sich die Progression der größeren Wurzel so dar:

$$1.2 + \sqrt{3}\,.7 + \sqrt{48}\,.26 + \sqrt{675}$$ **[304r]**

$$97 + \sqrt{9408}\,.$$

Die Quotienten dieser Progression sind:

Erster Quotient: $132 - \sqrt{17328}$

Zweiter: $132 + \sqrt{17328}$

Dritter Quotient: $37 + \sqrt{1083}$.

Der vierte macht 18.

Der fünfte: $37 - \sqrt{1083}$.

Progression der kleineren Wurzel:

$$1.2 - \sqrt{3}\,.7 - \sqrt{48}\,.26 - \sqrt{675}$$

$$97 - \sqrt{9408}\,.$$

Die Quotienten dieser Progression entsprechend der Angabe des Beispieles sind die folgenden:

Erster Quotient: $132 + \sqrt{17328}$

Zweiter: $132 - \sqrt{17328}$

Dritter: $37 - \sqrt{1083}$.

Der vierte macht: 18.

Der fünfte: $37 + \sqrt{1083}$.

Drittes Beispiel dieses Kapitels. Es ist bei Geronimo Cardano Nr. 28 in Kapitel 66.

Es gibt drei Zahlen, die fortlaufend proportional sind. Wenn ich mit einer beliebigen dieser Zahlen 25 teile, finde ich heraus, dass die Quotienten dieser drei Divisionen zusammen genommen jene Summe betragen, die die Multiplikation ihrer Divisoren miteinander ergibt und die die Addition derselben Divisoren miteinander ergibt.

Die Frage lautet: Welche Zahlen sind das?

Man wird aber hier nicht annehmen können: 1x, $1x^2$, $1x^3$.

Denn dann würde notwendigerweise angezeigt, dass die zweite Zahl das Quadrat der ersten bilde, und das muss aber nur geschehen, wenn die Progression mit der Eins beginnt, usw.

Man nehme also 1x, 1A, 1B an und dann stellen sich die Quotienten so dar:

$$\frac{25}{1x}\ \frac{25}{1A}\ \frac{25}{1B}.$$

[304v] Hier beobachte man, dass der mittlere Nenner des Bruches dem mittleren Bruch selbst gleichgesetzt wird, weil die Nenner zueinander proportional sind, und zwar unter gleichen Zählern. Daher wird 1A mit $\frac{25}{1A}$ gleichgesetzt und $1Ax^2$ macht also 25. Und daher beträgt 1A = 5. Und daher stehen die Zahlen des Beispiels nun so:

1x, 5, 1B.

Und da die Zahlen untereinander proportional sind, folgt daraus, dass die Multiplikation der Aussenterme miteinander dem Produkt der Multiplikation des Mittelterms mit sich selbst gleichgesetzt wird. Also wird 1xB gleich 25 gesetzt.

Weil aber in der Angabe des Beispiels steht, dass die Multiplikation dieser Zahlen miteinander dieselbe Summe ergeben muss wie die Addition der Zahlen miteinander, muss aus 1x mal 1B dann 25 werden. Diese Zahl muss mit dem Mittelterm multipliziert werden, also mit 5, und daraus folgt, dass die Summe des Aggregates 125 betragen wird.

Daher hat sich die Angabe des vorliegenden Beispiels nun in folgende Angabe verwandelt:

Die Zahl 125 wird in drei zueinander proportionale Teile zerlegt, deren mittlere Zahl 5 ist. Nun wird gefragt, wie groß die beiden äußersten sind.

Die Zahlen stellen sich nach dieser Angabe so dar:

1x, 5, 120 – 1x

Denn 125 – 1x – 5 macht 1B. Also wird eine Gleichung bestehen zwischen 25 und 120x – $1x^2$. Da die Zahlen proportional sind, wird $1x^2$ mit 120x – 25 gleichgesetzt und dies ergibt 1x.60 – $\sqrt{3575}$, und dies ist die kleinere Wurzel der Gleichung, Die größere Wurzel beträgt nämlich $60+\sqrt{3575}$.

So stellt sich also die gefundene Progression so dar: $60-\sqrt{3575}\cdot 5\cdot 60+\sqrt{3575}$.

Wenn man aber dieses Verfahren der Zurückführung der früheren Zahlen auf die Angabe der späteren Zahlen nicht anwendet, dann bekommt man Schwierigkeiten mit 1xAB gleich 25AB + $\frac{21xB+25xA}{1xAB}$.

Viertes Beispiel dieses Kapitels. Es ist Nr. 85 in Kapitel 66 bei Geronimo Cardano; wir haben jedoch die Zahlen verändert.

Die Zahl 12 wird in zwei Teile zerlegt und die Quadrate dieser Teile **[305r]** ergeben, wenn man sie mit der Summe ihrer Kubikzahlen multipliziert, 68040.

Die Frage lautet: Wie groß sind diese Teile?

Wenn man hier für jene Teile 1x und 1A oder 1x und 12 – 1x angenommen hat und dann beide Quadrate (also $144 + 2x^2 - 24x$) mal beide Kuben (also $1728 + 36x^2 - 432x$) nimmt, dann werden sie multipliziert folgende cossische Zahl ergeben: $248832 + 19008x^2 - 103680x - 1728x^3 + 72x^4$. Diese wird mit 68040 gleichgesetzt. Und so werden $1728x^3 - 19008x^2 + 103680x - 180792$ mit $72x^4$ gleichgesetzt. Ergebnis: $1x^4 = 24x^3 - 264x^2 + 1440x - 2511$. Aus jener cossischen Zahl also müsste man nun die zensizensische [4.] Wurzel ausziehen. Da wir dies nicht leisten können, müssen wir einen anderen Weg einschlagen, auf dem wir die Lösung finden. Diese hat Cardano sehr schön aufgewiesen. Er lehrte nämlich, man soll die zu findenden Zahlen so darstellen:

$$6 + 1x,\ 6 - 1x.$$

Es ist aber 6 die Hälfte der zu teilenden Zahl, usw.

Quadrate der Teile:

$$36 + 12x + 1x^2$$
$$36 - 12x + 1x^2.$$

Dies ergibt als Aggregat davon:

$$72 + 2x^2$$

Die Kuben der Teile sind:

$$216 + 108x + 18x^2 + 1x^3$$
$$216 - 108x + 18x^2 - 1x^3$$

Das Aggregat dieser Kuben ergibt:

$$423 + 36x^2.$$

Daher ergibt die Multiplikation beider Quadrate mit beiden Kuben (also $72 + 2x^2$ mal $432 + 36x^2$) die folgende Zahl: $31104 + 3456x^2 + 72x^4$.

Mit dieser cossischen Zahl wird 68040 gleichgesetzt. Und durch Reduktion werden $72x^4$ mit $36936 - 3456x^2$ gleichgesetzt.

Ergebnis: $1x^4 = 513 - 48x^2$.

Macht also $1x^2 = 9$.

Und 1x macht 3. **[305v]**

Daher sind jene Teile 3 und 9.

Darauf kann man die Probe machen.

So kann man bei unzähligen weiteren Beispielen verfahren, bei denen es der Algebra an nichts gebricht (die alle Beispiele der Rechenkunst umfasst ohne jede Ausnahme), mag es uns auch in vielen Beispielen am Ziehen der verschiedenen Wurzeln fehlen, wie sie es selbst in verschiedenen Beispielen erfordert.

Man sieht sicher aus allem, was ich hier und weiter oben sagte, Folgendes: Wenn jemand die vollständige Kunst besäße, sämtliche Wurzeln zu ziehen, dann könnte jener durch meine ihm überlieferte Regel unmittelbar und ohne jede sonstige Künstelei im Suchen alle Beispiele lösen, die je gebildet wurden oder je gebildet werden können. Ich denke, durch alle meine Lehren sattsam dargelegt zu haben, wie gediegen mein Verfahren ist, bei dem ich für acht Algebra-Regeln (wie sie Christoph aufstellt) eine einzige, einfache und leichte Regel aufgestellt habe.

Du aber, Herr Jesu Christ, Sohn des lebendigen Gottes, unser Gott, Erwecker der Toten und Richter der kommenden Zeit, verleihe uns, deinen Bittstellern, dass diese Dornen nicht in uns das Wissen um dich ersticken, sondern dass wir dich mit aller Hingabe lieben, weil du unsere Schmerzen erduldet und unsere Mattigkeit getragen hast, weil du wegen unserer Sünden verletzt wurdest und wegen unserer Verbrechen gekränkt wurdest. Nun komme die Ordnung unseres Friedens über dich, da wir durch dein Leiden gerettet wurden. Jegliche Wissenschaft sei gering, verglichen mit dieser deiner göttlichen Wissenschaft, und menschliche Gunst wird zum Ekel, verglichen mit deiner Wohltätigkeit. Amen. **[306r]**

ANHANG FÜR SEINEN GÖNNER, HERRN ADOLPH GLAUBURG,
Patrizier in Frankfurt, über die Arithmetik des Geronimo Cardano.

Die Arithmetik des Geronimo Cardano, mein Herr Adolph, ist so beschaffen, dass sie sich dir vollkommen empfiehlt, wenn du sie gelesen hast. Sie besitzt nämlich viele seltene Erkenntnisse, die wir sonst nirgendwo lesen. Manche seiner Beispiele aber erfreuen mich derart, dass ich nicht ruhen konnte, bis ich sie dir eigens abschrieb und übersandte. Trotzdem aber bitte ich dich aus Liebe zu den Künsten, die du so sehr pflegst, dass du diese Arithmetik ganz von Anfang an gründlich durchliest und dich daran gewöhnst, seine Zeichen, die er selbst verwendet, in unsere Formen zu übertragen. Mögen nämlich die Zeichen, die er selbst gebraucht, älter sein als unsere, so sind doch unsere Zeichen (jedenfalls nach meinem Urteil) bequemer als jene. Was ich aber aus diesem Buch lernte, habe ich (außer den Beispielen, die im letzten Kapitel meines letzten Buches anführte und außer jenen, die ich noch anführen werde) in meiner Algebra angezeigt.

Im Folgenden aber führe ich die Beispiele des Cardano vor, deren Rechenverfahren mir ganz ausnehmende Freude machen.

Beispiel des Geronimo Cardano, das Nr. 14 in seinem 66. Kapitel ist.

Nehmen wir an, der Umfang der Erde umfasse 44310 Meilen und zwei Vögel fliegen vom gleichen Punkt aus um den Erdumkreis, wobei der eine Vogel nach Osten fliegt und der andere nach Westen, bis sie nach Umkreisung der Erde endlich zusammentreffen. Der eine Vogel aber vollziehe eine arithmetische Progression, so dass er am ersten Tag eine Meile zurücklegt, am zweiten Tage aber 2 Meilen, am dritten 3 und so der Reihe nach weiter. Der zweite Vogel aber vollziehe bei seinem Flug die natürliche Progression der Kubikzahlen, und zwar so, dass er am ersten Tag eine Meile zurücklegt, **[306v]** am zweiten Tag 8 Meilen, am dritten Tag 27 Meilen und so immer weiter. Am wievielten Tage treffen diese Vögel aufeinander?

Die Antwort erfolgt mit einer Wurzel der Tage. Wenn also 1x Tage vergangen sind, treffen sie zusammen. Nun wollen wir aber sehen, wie viel 1x Tage betragen. Natürlich fällt der letzte Term der arithmetischen Progression, die mit eins beginnt und in der natürlichen Ordnung der Zahlen voranschreitet, stets mit der Zahl der Terme derselben Progression zusammen. Daher ergibt der letzte Term der Progression, die einer der Vögel zurücklegt, 1x Meilen, wozu der erste Term hinzugefügt wird, was 1x + 1 ergibt. Wenn dieses Aggregat mit der halben Anzahl der Orte bzw. Terme jener Progression multipliziert wird, also mit $\frac{1}{2}$ x, dann wird diese Summe von Meilen herauskommen, die der eine Vogel zurücklegte, nämlich $\frac{1x^2+1x}{2}$.

Da nun auf diese Weise die Meilen-Summe des ersten Vogels gewonnen ist, müssen wir die Meilen-Summe des zweiten Vogels suchen. Also multipliziere man die Meilen-Summe des ersten Vogels mit sich selbst, dann wird man gleich die Meilen-Summe des zweiten Vogels haben.

Der zweite Vogel war also $\frac{1x^4+2x^3+1x^2}{4}$ geflogen, bis beide zusammentrafen. Dies aber ist das Quadrat der Zahl oder Summe des vorigen Fluges. Die Sache verhält sich nämlich so: Wenn man die Progression der Kubikzahlen ansetzt, die von der Eins an in natürlicher Folge voranschreiten und mit ihren Kubikzahlen bezeichnet sind (also von Zahlen, die von der Eins an in natürlicher Folge voranschreiten), dann ergibt die Summe aller Kubikzahlen zusammen genommen eine Quadratzahl, deren Quadratwurzel die Summe aller Wurzeln derselben Kubikzahlen bildet. Also:

1,	2,	3,	4,	5,	6,	7,	8,	9,	10,
1,	8,	27,	64,	125,	216,	343,	512,	729,	1000,
11,	12,	13,	14,	15,	16,	17,	18,	19,	20.
1331,	1728,	2197,	2744,	3375,	4096,	4913,	5832,	6859,	8000.

Wie also 1, 2, 3, zueinander **[307r]** addiert, 6 ergeben, so machen auch 1, 8, 27, zueinander addiert, 36, wovon die Wurzel 6 ist. Daher werden $\frac{1x^4+2x^3+1x^2}{4}$ mit $\frac{1x^2+1x}{2}$ zusammen genommen (nämlich ein Quadrat mit seiner Wurzel zusammen gefasst), also $\frac{1x^4+2x^3+3x^2+2x}{4}$ hier mit 44310 gleichgesetzt. Sodann wird durch Zurückführung auf ganze Zahlen 177240 mit $1x^4 + 2x^3 + 3x^2 + 2x$ gleichgesetzt. Man füge nun beiden Seiten der Gleichung die Eins hinzu, dann wird man auf beiden Seiten das Quadrat einer rationalen Wurzel haben, wobei (wie man weiß) die Gleichung bestehen bleibt. Daher beträgt die Quadratwurzel von 177241 dann 421. Und die Quadratwurzel von $1x^4 + 2x^3 + 3x^2 + 2x + 1$ macht $1x^2 + 1x + 1$. Es ist aber notwendig, dass von Zahlen, deren Quadrate gleichgesetzt werden, auch die Wurzeln gleichgesetzt werden. Da also $1x^2 + 1x + 1$ mit 421 gleichgesetzt wird, bleibt übrig, dass $1x^2$ mit $420 - 1x$ gleichgesetzt wird. Daher beträgt 1x dann 20.

Also war der erste Vogel 210 Meilen geflogen.
Der zweite Vogel war 44100 Meilen geflogen.

Die natürliche Progression der Zahlen von der Eins an bis 20 beträgt 210 Einheiten.

Und die natürliche Progression der Kubikzahlen von der Eins an bis 8000 (das ist die zwanzigste Zahl) beträgt 44100 Einheiten, und 210, addiert mit 44100, ergibt 44310.

Trotzdem konnte dieses Beispiel neben dieser hübschen Rechenoperation eine andere Art des Vorgehens erhalten, da ja die Summe der Kubikzahlen das Quadrat der Summe der Wurzeln beträgt (wie gesagt), und dann kann die Angabe so gestaltet werden:

Man suche die Zahl, die, vermehrt um ihr Quadrat, 44310 beträgt.

Die Zahl ist 1x, wovon das Quadrat $1x^2$ ist. Also werden $1x^2 + 1x$ mit 44310 gleichgesetzt. Daher macht $1x^2$ dann 44310 – 1x und dann ist 1x = 210. Also macht $1x^2$ dann 44100.

Wenn man daher die Meilen gefunden hat, muss man noch den Tag finden. Man löse 210 in die natürliche Progression der Zahlen auf, will sagen: Man suche die natürliche Progression der Zahlen, deren Terme, zueinander addiert, 210 ergeben.

Jeder beliebigen Summe der natürlichen Zahlen-Progression kann der Bruch $\frac{1x^2+1x}{2}$ gleichgesetzt werden. Wenn sie also mit 210 gleichgesetzt wird, **[307v]** wird 1x = 20 betragen. Und so viele Terme wird jene Progression haben. Und ebenfalls wird der größte Term auch 20 Einheiten ergeben.

So kann $\frac{1x^4+2x^3+1x^2}{4}$ mit der beliebigen Summe der in natürlicher Folge von Eins an voranschreitenden Kubikzahlen gleichgesetzt werden. Wenn daher 44100 gleichgesetzt wird, wird man wieder finden, dass 1x dann = 20 sein wird, wie vorher, usw.

Anderes Beispiel von Geronimo Cardano , das er in Kapitel 51 bringt. Wir haben jedoch die irrationalen Zahlen in rationale umgewandelt.

Ein Mann spielte drei Tage hindurch. Am ersten Tag gewann er so viel, wie er zuvor besaß. Am zweiten Tag gewann er die Quadratwurzel des ganzen bisherigen Geldes plus 2 Gulden. Am dritten Tag gewann er so viel, wie das Quadrat der gesamten bisherigen Summe beträgt. Und dann fand er, dass die Gesamtsumme all des oben Erwähnten 5550 Gulden betrug.

Frage: Wie viel Geld hatte der Mann zu Beginn? Er hatte zuerst $\frac{1}{2}x^2$. Und am ersten Tag gewann er $\frac{1}{2}x^2$. Also hatte er dann $1x^2$. Am zweiten Tag nun gewann er 1x+2. Man sieht bereits, in welcher Absicht $\frac{1}{2}x^2$ zu Beginn der Operation eingesetzt wurde, natürlich, um nun 1x zu gewinnen. Am zweiten Tag nun besaß er nach Beendigung des Spiels $1x^2 + 1x + 2$. Am dritten Tag gewann er die Quadratsumme von $1x^2 + 1x + 2$, dies heißt $1x^4 + 2x^3 + 5x^2 + 4x + 4$. Und so besaß er an jenem Tag nach dem Spiel folgende Summe: $1x^4 + 2x^3 + 6x^2 + 5x + 6$. Und diese Summe wird (nach der Angabe des Beispiels) mit der Zahl 5550 gleichgesetzt. Da dies so ist und man sieht, dass die vorgenannte Summe das Aggregat aus einem Quadrat und dessen Wurzel ist, so muss auch 5550 eine Aggregat-Zahl aus einem Quadrat zusammen genommen mit seiner Wurzel sein. Daraus wird folgendes sekundäre Beispiel folgen:

Es wird die Zahl gesucht, die nach Hinzufügung ihres Quadrates 5550 beträgt.

Man setze also $1Ax^2$ an, was jenes Quadrat ergeben soll. Dann wird die Quadratwurzel davon 1A betragen. Und so wird $1Ax^2 + 1A$ mit 5550 gleichgesetzt werden. Also wird $1Ax^2$ mit 5550 – 1A gleichgesetzt werden. Also wird 1A = 74 betragen, und daher wird $1x^4 + 2x^3 + 6x^2 + 5x + 6$ mit 5550 gleichgesetzt werden. Daraus folgt, **[308r]** dass 74 mit $1x^2 + 1x + 2$ gleichgesetzt werden wird. Denn wie die vorgenannte Summe (von der ich sagte, sie werde der Zahl 5550 gleichgesetzt) das Aggregat aus $1x^2 + 1x + 2$ und aus ihrem Quadrat bildet, so ist 5550 das Aggregat aus 74 und seiner

Wurzel, denn 74 und 5476 ergeben, zusammen addiert, 5550. Und da 74 der Summe $1x^2 + 1x + 2$ gleichgesetzt ist (wie gesagt wurde), folgt daraus, dass $1x^2 = 72 - 1x$ beträgt. Also macht $1x = 8$. Davon das Quadrat ist 64. Also hatte jener Spieler anfangs, bevor am ersten Tag zu spielen begann, $\frac{1}{2}x^2$, also 32 Gulden. Und als er am ersten Tag spielte, erwarb er im Spiel $\frac{1}{2}x^2$, also 32 Gulden. Und so hatte er 64 Gulden. Am zweiten Tag gewann er die Quadratwurzel von 64, also 8 Gulden plus 2 Gulden. Und besaß er am zweiten Tag nach dem Spiel 74 Gulden. Am dritten Tag nun gewann er 5476 Gulden, dies ist das Quadrat von 74. Und so hatte er schließlich 5550 Gulden.

Beispiel des Geronimo Cardano, das er in Kapitel 66 als Nr. fünfundneunzig vorlegt. Es ist aber aus irrationalen in rationale Zahlen umgewandelt.

Zu suchen sind vier fortlaufend proportionale Zahlen, deren Summe im Aggregat 45 betragen soll. Und die Summe des Aggregates ihrer Quadrate soll 765 betragen.

Wenn es vier Zahlen sind, die fortlaufend proportional sind, und wenn das Aggregat ihrer Quadrate (wie hier 765), geteilt durch das Aggregat jener fortlaufend proportionalen Zahlen (wie hier 45) ist, dann wird der Quotient jener Division jenem Quotienten gleichgesetzt, von dem ich gleich reden werde.

Die Summe des Aggregates der Quadrate (hier 765) ziehe man vom Quadrat des Aggregates der Zahlen (wie hier 2025, da die summierten Zahlen 45 betragen) ab, und von der Hälfte jenes Restes (die Hälfte ist hier 630) ziehe man das Quadrat des Aggregates der beiden mittleren Zahlen ab (über diese gleich unten), und den Rest dividiere man durch das Aggregat aus diesen beiden mittleren Zahlen. Dann wird der Quotient jener Division dem Quotienten gleichgesetzt, von dem ich oben sprach. [308v]

Man nehme also an, dass jene beiden mittleren Zahlen (aus den vier proportionalen, zusammen genommen) 1x betragen. Dann macht das Quadrat ihrer Aggregation $1x^2$. Und so wird $\frac{630-1x^2}{1x}$ mit 17 gleichgesetzt (also mit dem Quotienten, der bei der Division von 765 durch 45 herauskommt). Daher wird durch Reduktion $1x^2$ mit $630 - 1x$ gleichgesetzt. So ergibt 1x dann 18. Und so viel betragen die beiden mittleren Zahlen. Also betragen die beiden äußeren Zahlen 27, wobei die Summe aller vier Zahlen 45 ergibt.

Man sieht nun, dass das vorliegende Beispiel ein sekundäres Beispiel benötigt, sozusagen als seine andere Hälfte. Und dieses lautet folgendermaßen: Teile 18 und 27 in vier fortlaufend proportionale Teile, so dass 18 die beiden Mittelteile darstellt und 27 die beiden äußeren Teile.

Jene Teile stellen sich so dar:

1x, 1A, 18 – 1A, 27 – 1x.

Da es aber vier fortlaufend proportionale Zahlen sind, wird, wenn man aus dem Aggregat der beiden mittleren Zahlen einen Kubus macht und dieser Kubus durch das Aggregat aus der Addition der Außenzahlen und dem dreifachen Aggregat der Mittelzahlen geteilt wird, dann der herauskommende Quotient mit dem Produkt der Multiplikation entweder der Mittelzahlen miteinander oder der Außenzahlen miteinander gleichgesetzt. Es zeigt sich dann, wenn die Zahlen 8, 12, 18, 27 sind, Folgendes:

8	12	18	27
	12	18	
	12	18	

Ich addiere 12 und 18, was 30 ergibt. Davon die Kubikzahl beträgt 27000. Wenn man diese Kubikzahl durch das Aggregat aller Zahlen dieser Figur, also durch 125, dividiert, dann zeigt sich das Ergebnis der Multiplikation der beiden Außenzahlen (also 8 und 27) miteinander oder das Ergebnis der Multiplikation der beiden mittlern Zahlen (also 12 und 18) miteinander.

So machen auch in unserem Beispiel die beiden Mittelzahlen, zueinander addiert, 18, deren Kubikzahl beträgt 5832. Wenn man diese durch das Aggregat **[309r]** von 3 mal 18 und durch die beiden einmal miteinander multiplizierten Außenzahlen dividiert (das heißt 81), ergibt sich 72. Und ebenso viel ergibt auch 1A multipliziert mit 18 – 1A. Also werden 18A – $1Ax^2$ mit 72 gleichgesetzt und 1A macht 6.

So werden 27x – $1x^2$ mit 72 gleichgesetzt und 1x = 3.

So stellen sich also die vier fortlaufend proportionalen Zahlen unseres gegenwärtigen Beispieles so dar:

3, 6, 12, 24.

Stellen sich aber die vier fortlaufenden proportionalen Zahlen so dar:

1x, 1A, 15 – 1x, 30 – 1A

dann zeigt dies versteckt eine Angabe folgender Art an:

Zu teilen sind 15 und 30 in vier fortlaufend proportionale Teile, wobei 15 den ersten und dritten Teil bilden soll. Und 30 soll den ersten und vierten Teil bilden.

Die Proportion aber des Aggregates der ersten und dritten Zahl zum Aggregat der zweiten und vierten Zahl ist auch die Proportion des ersten Teiles zum zweiten. Also zeigt die Proportion von 15 zu 30 genügend an, dass sich die Teile so darstellen: 1x, 2x, 4x, 8x. Daher werden 15x mit 45 gleichgesetzt (das heißt 15 + 30) und 1x macht 3. Und die Zahlen stellen sich so dar:

3, 6, 12, 24.

Wenn aber die vier fortlaufend proportionalen Zahlen sich so darstellen:

1x, 9 – 1x, 1A, 36 – 1A,

dann wird folgende Fassung der Angabe des Beispiels angedeutet:

Zu teilen sind 9 und 36 in vier fortlaufend proportionale Teile, so dass 9 den ersten und zweiten Teil darstellt und 36 den dritten und vierten.

Die Proportion aber des ersten und zweiten Teiles (zusammengenommen) zum dritten und vierten Teil (zusammengenommen), diese Proportion wird halbiert die Proportion des ersten Teiles zum zweiten darstellen. Wiederum zeigt sich also, dass sich die Teile so darstellen: 1x, 2x, 4x, 8x. Und so werden wiederum 15x mit 45 (nämlich 9 + 36) gleichgesetzt, und so wird wiederum 15x mit 45 (nämlich 9 + 36) gleichgesetzt, und 1x beträgt wiederum 3.

Wenn so die erste Zahl, multipliziert mit der dritten, 36 beträgt und die zweite, multipliziert mit der vierten, 144 beträgt, und da die Proportion zwischen **[309v]** den Produkten als doppelt angesetzt ist, so muss die Proportion zwischen dem ersten und zweiten Teil das Doppelte sein.

Wenn man so den ersten Teil mit dem zweiten multipliziert und 18 herauskommt, und wenn der dritte Teil, multipliziert mit dem vierten, 288 ergibt, und wenn die Proportion von 288 zu 18 sechzehnfach ist, dann folgt daraus, dass der zweite Teil das Doppelte des ersten beträgt, usw.

Weiteres Beispiel des Geronimo Cardano, genommen aus dem 51. Kapitel seiner Arithmetik. Allerdings sind die Zahlen des Beispiels so verändert, dass wir anstelle von irrationalen rationale haben.

Die Zahl 468 soll so in zwei Teile geteilt werden, dass das Quadrat des kleineren Teiles, multipliziert mit dem größeren Teil, 5359375 ergibt. Und das Quadrat des größeren Teiles soll, multipliziert mit dem kleineren Teil, 1476125 ergeben.

Hier ist zu beachten, dass die Kubikwurzeln jener beiden Zahlen, die in der Angabe vorgegeben sind, die proportionale Mitte zwischen den beiden Teilen der Division bilden. Daher stellen sich die beiden Teile der Division mit ihren zwischengestellten mittleren Proportionalen so dar: 1x, 175, 245, 468 – 1x. Es ist aber bekannt, dass die erste Zahl, multipliziert mit der dritten, ebenso viel ergibt wie der zweite Teil, mit sich selbst multipliziert. Daher wird 245x mit 30625 gleichgesetzt und dies ergibt 1x = 125. Also macht 468 – 1x dann 343. Daher stellen sich nun die Zahlen so dar:

125, 175, 245, 343.

Und 125 mit 343 sind die Teile der eben angesprochenen Division.

Ein ähnliches Beispiel zur arithmetischen Progression von vier Termen wird so formuliert: Geteilt werden soll die Zahl 23 in zwei Teile, und zwar so, dass das Doppelte des kleineren Teiles, addiert zum größeren Teil, 30 ergibt. Und das Doppelte des größeren Teiles, addiert zum kleineren Teil, soll 39 ergeben.

Wie aber beim vorigen Beispiel betont war, dass die Kubikwurzeln der Zahlen in der Angabe die mittlere Proportionale bilden, das heißt nach der geometrischen Proportion, so sage ich jetzt, dass die Drittel jeder der beiden in der Angabe des ähnlichen Beispieles genannten Zahlen zwischen den Teilen der Division [310r] die Mitte entsprechend der arithmetischen Progression bilden, so dass die Anordnung so aussieht: 1x, 10, 13, 23 – 1x.

Dies wird deshalb gesagt, damit man den Grund für das zum Beispiel von Cardano Gesagte versteht. Man weiß aber aus dem im ersten Buch Gelehrten, dass etwas, was in der geometrischen Progression die Kubikwurzel einer Zahl ist, in der arithmetischen Proportion der dritte Teil einer Zahl ist. Und was in der geometrischen Progression das Quadrat ist, ist in der arithmetischen das Doppelte, usw.

Weiteres Beispiel von Geronimo Cardano, Nr. 96 in Kapitel 66.

Zu suchen sind zwei Zahlen, die, zueinander addiert, ebenso viel ergeben wie ihre Multiplikation miteinander. Wenn man aber die Zahlen zur Summe ihrer Quadrate addiert, soll die Gesamtsumme 20 ergeben.

Die Frage lautet: Wie viel betragen jene Zahlen? Die kleinere beträgt 1x. Die größere beträgt 1A – 1x. Also macht die Summe beider zusammen 1A. Und ebenso viel ergibt auch die Multiplikation beider Zahlen miteinander. Dies stellt auch die folgende Zeichnung schön dar:

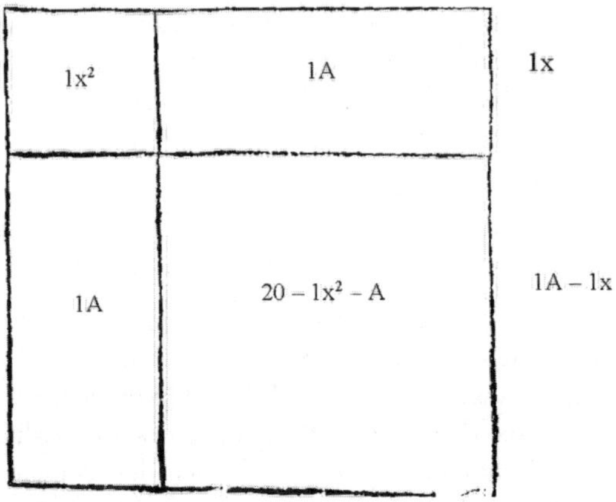

Sodann macht das größere Teil-Quadrat $20 - 1x^2 - 1A$, und zwar deshalb, weil es nach der Angabe dieses Beispieles nicht 20 ergibt, wenn nicht ein zweites Teilquadrat hinzutritt, das $1x^2$ macht, und obendrein noch die beiden Wurzeln jener Teilquadrate, die 1A betragen, hinzutreten.

Ein solches Quadrat also beträgt 10 + 1A, wie man leicht aus der Sammlung bzw. Addition **[310v]** seiner Teile oder Teilflächen ersieht. Und seine Quadratwurzel macht 1A, so dass es notwendig ist, dass die gleiche quadratische Gesamtfläche ebenfalls $1Ax^2$ beträgt. Also wird $1Ax^2$ mit 20 + 1A gleichgesetzt und so ergibt sich: 1A = 5.

Da nun 1A bereits aufgelöst ist, muss noch 1x aufgelöst werden, was aber leicht vor sich geht. Eine der beiden Flächen nämlich, die auf einer Seite länger sind, beträgt mit ihrem Inhalt 1A, also 5. Und diese Fläche umschließen zwei Strecken, deren eine 1x macht und die andere 5 – 1x macht. Und so werden $5x - 1x^2$ mit 5 gleichgesetzt, da beide der Flächeninhalt derselben Fläche sind, die auf der einen Seite länger ist. Daher beträgt 1x dann $2\frac{1}{2} - \sqrt{1\frac{1}{4}}$ als die kleinere Zahl. Und so ergibt 1A – 1x als die größere Zahl $2\frac{1}{2} + \sqrt{1\frac{1}{4}}$. Das Quadrat also der kleineren Zahl beträgt $7\frac{1}{2} - \sqrt{31\frac{1}{4}}$ und das Quadrat der größeren Zahl beträgt $7\frac{1}{2} + \sqrt{31\frac{1}{4}}$. Daher macht das Aggregat der Quadrate 15, und wenn man dazu das Aggregat aus den Zahlen selbst hinzufügt (das 5 beträgt), dann wird sich insgesamt 20 ergeben, wie es die Angabe des Beispiels vorgibt. Eben machen $2\frac{1}{2} - \sqrt{1\frac{1}{4}}$ und $2\frac{1}{2} + \sqrt{1\frac{1}{4}}$, miteinander multipliziert, 5.

Und in dieser Weise werden auch die Beispiele bearbeitet, die Cardano für seine beiden Regeln aufstellt, deren eine er Vom Doppelten (*de duplici*) und die andere Vom Mittleren (*de medio*) nennt. Von dieser Art ist auch das folgende Beispiel.

Zu suchen sind zwei Zahlen, deren Quadrate, zueinander addiert, 52 ergeben. Und wenn man die eine Zahl mit der anderen multipliziert, soll ein Produkt entstehen, das, zusammen genommen mit den beiden Zahlen selbst, 34 ergibt.

Die kleinere Zahl soll 1x und die größere soll 1A – 1x ergeben; dann machen beide zusammen 1A. Und das Beispiel wird sich, bezogen auf eine quadratische Figur, so darstellen: **[311r]**

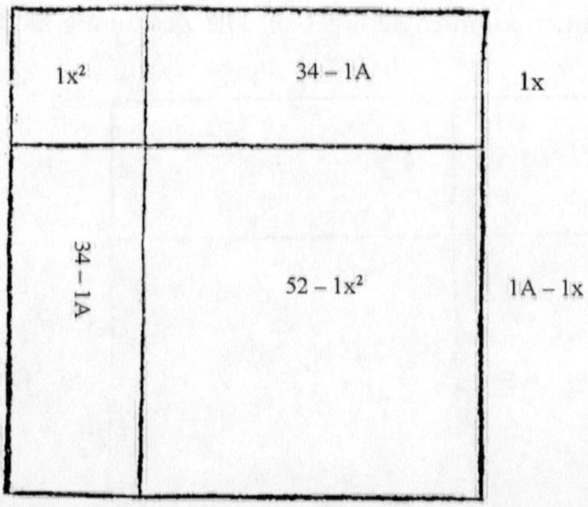

Da also 1A die Quadratwurzel des gesamten bildlich dargestellten Quadrates ist, beträgt der Inhalt des Quadrates $1Ax^2$. Und wenn man dessen sämtliche Teile zu einer Summe zusammenzählt, dann wird man 120 – 2A finden. Also wird dieser Summe $1Ax^2$ gleichgesetzt und 1A beträgt 10. Und so beträgt die eine auf der einen Seite längere Seite 24 und weil diese von zwei Strecken umfasst ist, deren eine 1x beträgt und die andere 10 – 1x, so folgt daraus, dass dieselbe Fläche auch $10x - 1x^2$ beträgt. Und so ergibt sich die Gleichung zwischen $10x - 1x^2$ und 24. Und daher macht 1x = 4, usw.

Ebenso folgendes Beispiel:

Zu suchen sind zwei Zahlen, deren Quadrate zusammen addiert 52 ergeben. Wenn man aber die eine Zahl mit der anderen multipliziert, soll ein Produkt erscheinen, von dem nach Abzug jener beiden Zahlen 14 übrig bleibt. **[311v]**

Die Zeichnung zu diesem Beispiel stellt sich so dar:

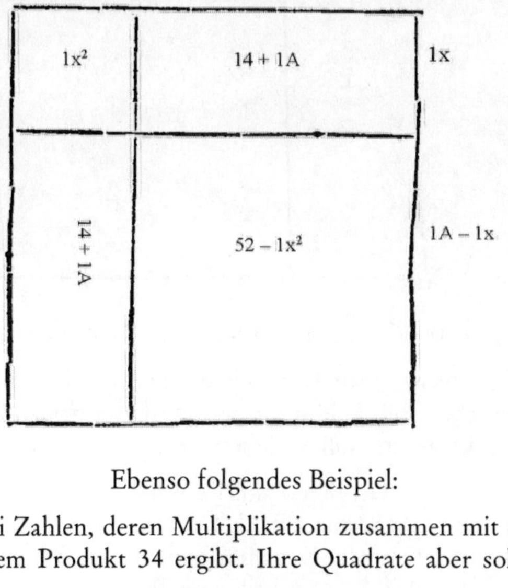

Ebenso folgendes Beispiel:

Zu suchen sind zwei Zahlen, deren Multiplikation zusammen mit der Addition derselben Zahlen zu diesem Produkt 34 ergibt. Ihre Quadrate aber sollen, wenn man ihre

Wurzeln selbst abzieht, zusammen 42 ergeben. Die Zeichnung zu diesem Beispiel stellt sich so dar:

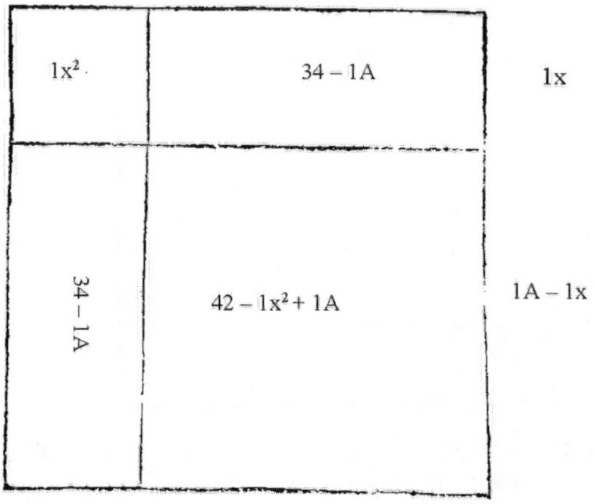

[**312r**] In gleicher Weise folgendes Beispiel:

Zu suchen sind zwei Zahlen, deren Multiplikation nach Abzug der Zahlen selbst von ihrem Produkt 14 ergibt. Und ihre Quadrate sollen, zusammengenommen mit ihren Wurzeln, die ebenfalls dazu addiert werden, 62 ergeben.

Die Zeichnung zu diesem Beispiel stellt sich so dar:

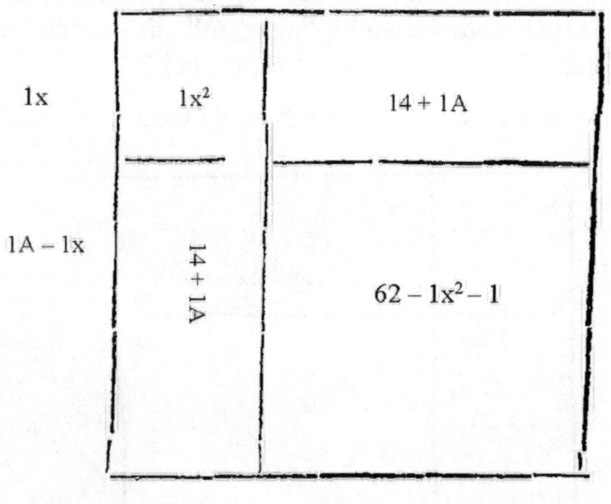

Weiteres Beispiel von Geronimo Cardano; nur die Zahlen sind geändert.

Zu suchen sind zwei Zahlen, deren Unterschied, multipliziert mit dem Unterschied ihrer Quadrate, 792 ergeben soll. Und das Aggregat dieser beiden Zahlen, multipliziert mit dem Aggregat ihrer Quadrate, soll 5720 betragen.

Größere Zahl: 1A + 1x.
Kleinere Zahl: 1A – 1x.
Deren Unterschied beträgt 2x.
Ihr Aggregat beträgt 2A.

Das Quadrat der größeren Zahl ist $1Ax^2 + 1x^2 + 2xA$.
Das Quadrat der kleineren Zahl ist $1Ax^2 + 1x^2 - 2xA$.
Unterschied der Quadrate: 4xA
Aggregat der Quadrate: $2Ax^2 + 2x^2$.

[312v] Daher beträgt 2x, multipliziert mit 2xA dann $8x^2A$, und dies wird mit 792 gleichgesetzt, so dass $1x^2A = 99$ ergibt.

Ebenso ergibt 2A, multipliziert mit $2Ax^2 + 2x^2$ dann $4Ax^3 + 4x^2A$, gleichgesetzt mit 5720.

Weiter oben sahen wir aber, dass $1x^2A = 99$ ist, so dass $4x^2A$ dann 396 ergeben. Und so wird $4Ax^3$ mit 5324 gleichgesetzt, so dass $1Ax^3 = 1331$ ergibt und $1A = 11$ macht.

Da nun 1A aufgelöst ist, wiederhole man die Angabe und multipliziere natürlich den Unterschied der Zahlen mit dem Unterschied der Quadrate, d.h. also 2x mal 44x ergibt $88x^2$. Wenn man diese mit 792 gleichsetzt, ergibt sich $1x^2$ 9. Also beträgt $1x = 3$.

Die größere Zahl ist also 14 und die kleinere Zahl ist 8.

Weiteres Beispiel.

Teile 76 in drei fortlaufend proportionale Teile, so dass die Multiplikation des Mittelterms mit den beiden Außentermen 1248 ergibt.

38 + 1x ist die Summe der beiden Außenterme.
38 –1x ist der Mittelterm.
38 ist aber die Hälfte von 76.

Da aber die Multiplikation des Mittelterms (nämlich 38 – 1x) mit den beiden Außentermen (nämlich mit 38 + 1x) dann $1444 - 1x^2$ ergibt, folgt daraus, dass dieses Produkt mit der in der Angabe festgesetzten Zahl 1248 gleichgesetzt wird. Und so ergibt sich $1x^2 = 196$. Und dann beträgt $1x = 14$ und daher macht 38 – 1x dann 24 und dies ist der mittlere Teil der Division. Es entsteht nun aber bereits die folgende neue Angabe, da 38 + 1x = 52 ergibt:

52 soll in zwei Teile geteilt werden, so dass 24 die proportionale Mitte zwischen diesen bildet.

Die Teile dieser Division stellen sich so dar :

1A, 24, 52 – 1A.

Daher macht 1A mal 52 – 1A = $52A - 1Ax^2$ gleich 576. Daher macht 1A = 16.

Also wird 76 (nach der früheren Angabe) in 16, 24, 36 geteilt usw.

Weiteres Beispiel. **[313r]**

Zu suchen sind drei fortlaufend proportionale Zahlen, so dass die Multiplikation der beiden Außenterme mit der Differenz der beiden Außenterme über den Mittelterm dann 4335 ergibt. Und die Multiplikation derselben Differenz mit der Summe aller drei Terme soll 6069 betragen.

1A + 1x ist die Summe der Außenterme.
1A – 1x ist die Summe des Mittelterms.
2A ist die Summe aller drei Terme.

2x ist die Differenz der Außenterme über dem Mittelterm. Daher ergeben 2x, multipliziert mit der Summe der Außenterme, also mit 1A + 1x, dann $2xA + 2x^2$, gleichgesetzt mit 4335. Sodann ergeben 1x, multipliziert mit 2A oder der Summe aller Werte, dann 4xA, gleichgesetzt mit 6069.

Nun vergleiche jene zwei Gleichungen. Aus der ersten folgt nämlich, dass 1xA $\frac{4335-2x^2}{2}$ macht. Aus der zweiten aber folgt, dass 1xA = $\frac{6069}{4}$ macht. Also folgt, dass $\frac{4335-2x^2}{4}$ und $\frac{6069}{4}$ miteinander gleichgesetzt werden. Da beide ein und demselben Wert gleich sind, sind sie auch untereinander gleich. Also werden (durch Reduktion) 17340 – $8x^2$ mit 12138 gleichgesetzt. Also macht $1x^2 = 650\frac{1}{4}$ und 1x macht $25\frac{1}{2}$.

Nun bleibt noch übrig, dass 1A ebenfalls aufgelöst wird. Es macht aber (wie wir kurz zuvor sahen) 1xA = $\frac{6069}{4}$. Da also diese beiden untereinander gleich sind, teile beide durch 1x und du wirst finden, dass 1A gleich ist oder beträgt $\frac{6069}{4x}$. Da aber 1x = $25\frac{1}{2}$ beträgt, machen 4x = 102. Daher betragen 6069, geteilt durch 102, dann $59\frac{1}{2}$. Und so viel beträgt 1A. Daher beträgt 1A – 1x, also die mittlere Zahl, dann 34. Und 1A + 1x, also die Summe der beiden Außenterme, beträgt 85. Nun aber entsteht folgende neue Frage:

Geteilt werden soll 85 in zwei Teile, so dass 34 dabei die proportionale Mitte zwischen diesen bildet. Die Zahlen aber stellen sich so dar:

1B, 34, 85 – 1B.

Also wird 85B – $1Bx^2$ mit 1156 gleichgesetzt und dann beträgt 1B = 17. Und so stellen sich dann die Zeichen des Beispieles dar:

17, 34, 68.

[313v] Beispiel Nr. 94 des Geronimo Cardano aus dessen Kapitel 66.

Zu suchen sind zwei Zahlen, deren Differenz, mit sich selbst multipliziert, ebenso viel betragen soll wie die Multiplikation der einen Zahl mit der anderen. Und ihre Quadrate sollen 20 betragen.

Hier ist die Zeichnung zum Beispiel:

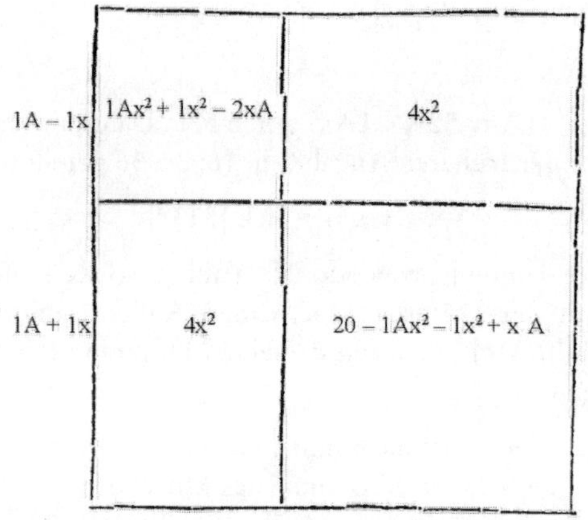

Die Differenz der größeren Zahl zur kleineren beträgt 2x, die, multipliziert mit sich selbst, $4x^2$ ergeben. Und damit wird das Produkt der einen Zahl mit der anderen gleichgesetzt, also $1Ax^2 - 1x^2$ macht $1Ax^2 = 5x^2$.

Ebenso beträgt die Quadratwurzel der ganzen Figur 2A (und dies ist die Summe der beiden Zahlen), und daher ist $4Ax^2$ der Inhalt der gesamten Fläche. Ebenso beträgt der Inhalt derselben Fläche $20 + 8x^2$, wie man **[314r]** aus der Sammlung ihrer Teile ersieht. Und so macht $1Ax^2$ dann $5 + 2x^2$.

Und weil man oben sah, dass auch $1Ax^2 = 5x^2$ beträgt, folgt daher daraus, dass $3x^2$ mit 5 gleichgesetzt wird. Also ergibt $1x^2$ $1\frac{2}{3}$. Und 1x macht $\sqrt{1\frac{2}{3}}$.

Somit ist 1x aufgelöst. Nun bleibt noch übrig, 1A aufzulösen. Wir sahen aber oben, dass $1Ax^2 = 5x^2$ beträgt, nämlich $8\frac{1}{3}$. Also macht 1A $\sqrt{8\frac{1}{2}}$. Die gefundenen Zahlen sind also:

Die erste Zahl, nämlich die kleinere, beträgt $\sqrt{8\frac{1}{3}} - \sqrt{1\frac{2}{3}}$.

Die zweite Zahl, nämlich die größere, beträgt $\sqrt{8\frac{1}{3}} + \sqrt{1\frac{2}{3}}$.

Deren Differenz beträgt $\sqrt{6\frac{2}{3}}$.

Man sehe, dass die Differenz, mit sich multipliziert, $6\frac{2}{3}$ beträgt. Und ebensoviel macht die kleinere gefundene Zahl, multipliziert mit der größeren.

Quadrat der größeren Zahl: $10 + \sqrt{55\frac{5}{9}}$.

Quadrat der kleineren Zahl: $10 - \sqrt{55\frac{5}{9}}$.

Beispiel N. 78 bei Cardano in dessen Kapitel 66.

Geteilt werden soll 182 in drei Teile, die fortlaufend so proportional sind, dass die erste Zahl, multipliziert mit der zweiten, und die zweite, multipliziert mit der dritten, und die dritte, multipliziert mit der ersten, 7644 betragen.

Man dividiere 7644 durch 182, und dann ergibt sich der mittlere Teil, der 42 beträgt. So bleibt übrig, dass die beiden restlichen Teile 140 betragen.

So stellen sich die Teile der Division also so dar:

1x, 42, 40 – 1x.

Daher wird $140x - 1x^2$ mit 1764 gleichgesetzt, so dass 1x dann 14 ergibt. Und so stellen sich dann die gefundenen Teile dar:

14, 42, 126.

Anderes Beispiel.

Geteilt werden soll 78 in drei fortlaufend proportionale Teile, so dass, wenn dieselbe Zahl (nämlich 78) durch einen beliebigen ihrer Teile geteilt wird, aus der Addition der Quotienten $18\frac{7}{9}$ hervorgeht.

Die Teile der Division stellen sich so dar:

1x, 1A, 1B.

also stellen sich die Quotienten so dar:

$$\frac{78}{1x}, \qquad \frac{78}{1A}, \qquad \frac{78}{1B}.$$

[314v] Die Regel lautet: Das Ergebnis der Multiplikation des Mittelterms mit sich selbst ist ebenso groß wie das Ergebnis der Addition der Quotienten miteinander.

Es entsteht aber aus der Multiplikation von $\frac{78}{1A}$ mit sich selbst $\frac{6084}{1Ax^2}$. Und aus der Addition der drei aufgestellten Quotienten entsteht $18\frac{7}{9}$, wie aus der Angabe des Beispiels hervorgeht. Also wird $\frac{6084}{1Ax^2}$ mit $18\frac{9}{7}$ gleichgesetzt, so dass $1Ax^2$ dann 324 ergibt, und $1A = 18$ beträgt. Daher stellen sich dann die Teile der Division so dar:

$$1x, \qquad 18, \qquad 60 - 1x.$$

Und so wird $60x - 1x^2$ mit 324 gleichgesetzt und 1x macht 6. Und so sind die Teile der vorgenannten Division:

$$6, \qquad 18, \qquad 54.$$

Beispiel 110 von Geronimo Cardano aus Kapitel 66.

Zu suchen sind drei fortlaufend proportionale Zahlen, deren erste, multipliziert mit der zweiten, 10 ergibt. Das Aggregat der Quadrate der ersten und zweiten Zahl soll dem Quadrat der dritten Zahl gleich sein.

Die drei Zahlen stellen sich so dar:

$$\frac{1x}{1}, \qquad \frac{10}{1x}, \qquad \frac{100}{1x^3}.$$

Die Quadrate stellen sich so dar:

$$\frac{1x^2}{1}, \qquad \frac{100}{1x^2}, \qquad \frac{10000}{1x^6}.$$

Die beiden ersten Quadrate werden also dem dritten gleichgesetzt. Und so werden $\frac{1x^4+100}{1x^2}$ mit $\frac{10000}{1x^6}$ gleichgesetzt. Man führe die Gleichung auf gleiche Nenner zurück, dann wird man sehen, dass (nach Entfernung der Nenner) $1x^8 + 100x^4$ mit 10000 gleichgesetzt wird. Dies ergibt $1\ x^8\ 10000 - 100x^4$. Und $1x^4$ macht $\sqrt{12500} - 50$. Und $1x^2$ macht $\sqrt[4]{\sqrt{12500} - 50}$. Und $1x^3$ macht $\sqrt[4]{\sqrt{12500} - 50}$. Und dies ist die erste gesuchte Zahl. Die zweite Zahl ergibt also folgenden Bruch:

$$\frac{10}{\sqrt[4]{\sqrt{12500}-50}}.$$

[315r] Und die dritte Zahl ergibt folgenden Bruch:

$$\frac{100}{\sqrt[4]{\sqrt{50000000000000}-2000000}}$$

Dies ist $\sqrt[4]{\sqrt{12500} + 200}$.

Beachte also, dass eine Teilung von 10 durch $\sqrt[4]{\sqrt{12500} - 50}$ (was zum Rechenverfahren gehört) soviel ist wie eine Teilung von 1000 durch $\sqrt{12500} - 50$. So ist eine Teilung von

100 durch $\sqrt[4]{\sqrt{50000000000000}-2000000}$ soviel wie eine Teilung von 100000000 durch $\sqrt{50000000000000}-2000000$.

Also stellen sich die drei gefundenen Zahlen dieses Beispiels so dar:

Erste Zahl: $\sqrt[4]{\sqrt{12500}-50}$.

Zweite Zahl: $\sqrt[4]{\sqrt{12500}+50}$.

Dritte Zahl: $\sqrt[4]{\sqrt{50000}+280}$.

Probe: Siehe zuerst, ob die Multiplikation von $\sqrt{12500}-50$ mit $\sqrt{50000}+200$ ein Ergebnis $\sqrt{12500}+50$ ergibt. Dann nämlich wirst du wissen, dass ihre zensizensischen [4.] Wurzeln (also die eigentlichen Zahlen des Beispiels) fortlaufend proportional sind.

Zweitens siehe, ob die Multiplikation von $\sqrt{12500}-50$ mit $\sqrt{12500}+50$ als Ergebnis 10000 ergibt. So wirst du nämlich wissen, dass ihre zensizensischen [4.] Wurzeln, mit einander multipliziert, $\sqrt[4]{10000}$ ergeben. Und dies ist 10, wie es in der Angabe enthalten ist.

Drittens siehe, ob $\sqrt{\sqrt{12500}-50}$, addiert zu $\sqrt{\sqrt{12500}+50}$ das Ergebnis $\sqrt{\sqrt{50000}+200}$ hat.

So aber stellt sich das Beispiel nach der Additions-Regel dar:

$$\sqrt{\sqrt{12500}+50}+\sqrt{\sqrt{12500}-50}.$$
$$\sqrt{\sqrt{12500}+50}+\sqrt{\sqrt{12500}-50}.$$

Die Summe dieser Multiplikation ergibt:

$\sqrt{50000}\ +200$. Also ergibt die Addition: $\sqrt{\sqrt{50000}+200}$.

So macht $\sqrt[4]{12500}-50$ zu $\sqrt[4]{\sqrt{12500}+50}$ dann $\sqrt[4]{\sqrt{50000}+200}$.

[315v] Beispiel 112 des Geronimo Cardano aus dessen Kapitel 66.

Man suche vier fortlaufend proportionale Zahlen, deren Multiplikation miteinander 81 betragen soll. Das Produkt aber der ersten Zahl mit der zweiten ergibt 6.

Die Zahlen stellen sich so dar:

$$\frac{1x}{1},\qquad \frac{6}{1x},\quad \frac{36}{1x^3},\qquad \frac{216}{1x^5}.$$

Es ist aber bekannt, dass das Produkt von zwei Mitteltermen miteinander die Quadratwurzel des Produktes ist, das entsteht aus der Multiplikation von vier fortlaufend proportionalen Zahlen miteinander. Daher wird $\frac{216}{1x^4}$ mit 9 gleichgesetzt. Und so wird $9x^4$ mit 216 gleichgesetzt und dann macht $1x^4 = 24$. Und $1x^2$ macht $\sqrt{24}$. Und 1x macht $\sqrt[4]{24}$.

Also werden sich die aufgelösten Zahlen so darstellen:

$\sqrt[4]{24}$ $\sqrt[4]{54}$ $\sqrt[4]{121\frac{1}{2}}$ $\sqrt[4]{273\frac{3}{8}}$.

Beispiel Nr. 80 des Geronimo Cardano aus dessen Kapitel 66.

Es soll ein Dreieck hergestellt werden, dessen Seiten fortlaufend proportional sind.

Der Durchmesser eines Kreises bestehe aus 12 Teilen von ihm und diese sollen entsprechend der Proportion geteilt werden, die ein Mittelterm und zwei Außenterme hat. Und durch den Punkt jener Teilung werde eine Sehne im rechten Winkel gezogen. Dann wird die Hälfte dieser Sehne die mittlere Seite des zu erstellenden Dreiecks sein, und der kleinere Teil des durchschnittenen Durchmessers wird die kleinere Seite [des Dreiecks] sein, und so wird die größere Seite oder Hypotenuse des Dreiecks die Sehne des Winkels bilden, der von den beiden vorhergenannten Seiten eingeschlossen ist.

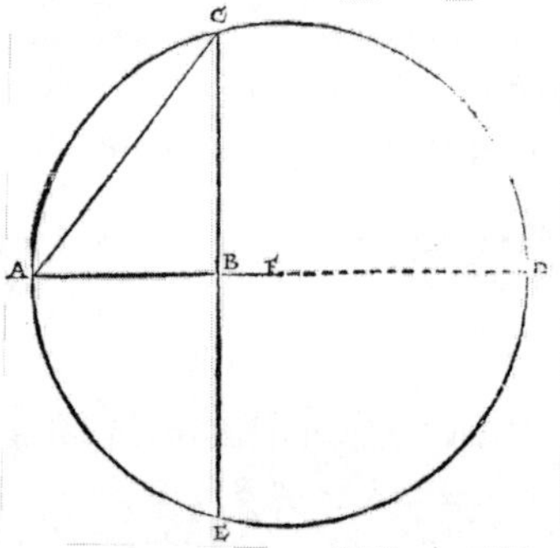

FD ist der Halbmesser des Kreises und BD ist der größere Teil des geteilten Durchmessers und AB ist der kleinere Teil davon.

Man sieht aber hinreichend, dass nach geometrischer Art BC die mittlere Proportionale zwischen AB und BD ist. Es ist aber AC gleich BD. Da nun AD = 12 ist, wird AB $18 - \sqrt{180}$ betragen. Auch wird BC $\sqrt{\sqrt{103680} - 288}$ betragen und AC wird $\sqrt{180}$ $- 6$ betragen. Und so sind die Strecken fortlaufend proportional, nämlich AB, BC und CA.

Und das Quadrat der Strecke AB mit dem Quadrat der Strecke BC wird dem Quadrat der Strecke AC oder BD gleichgesetzt. Der Halbmesser ist FD. **[316r]**
Das Quadrat der Strecke AB macht $504 - \sqrt{233280}$.
Das Quadrat der Strecke AC oder BD macht $216 - \sqrt{25920}$ usw.

Anhang zum Beispiel.

Es soll ein Dreieck erstellt werden, das fortlaufend proportionale Winkel hat.

Man sieht das Dreieck ABC, das einem gleichseitigen Siebeneck eingeschrieben ist. Sein kleinster Winkel, nämlich A, beträgt $\frac{2}{7}$ eines rechten Winkels. Und der mittlere Winkel des Dreiecks, nämlich C, beträgt $\frac{4}{7}$ eines rechten Winkels und der größte Winkel, nämlich B, beträgt $\frac{8}{7}$. Also sind diese Winkel fortlaufend proportional.

Beweise: **[316v]**

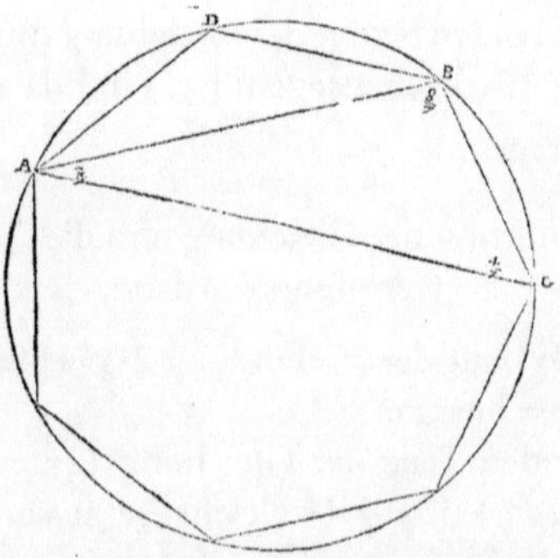

Dass aber der größte Winkel $\frac{8}{7}$ eines rechten Winkels beträgt, beweise ich. Der Winkel D beträgt $\frac{10}{7}$ eines rechten Winkels, wie ja bekannt ist, dass alle Winkel eines beliebigen Siebenecks zusammen so viel wie 10 rechte Winkel betragen, usw. Und jene zwei Winkel, nämlich DAB und DBA ergeben, zusammengezählt, $\frac{4}{7}$ eines rechten Winkels, weil sie Winkel eines Dreiecks sind, usw. Und da sie unter sich gleich sind, beträgt jeder von ihnen $\frac{2}{7}$ eines rechten Winkels. Also ist es notwendig, dass der Winkel ABC $\frac{8}{7}$ eines rechten Winkels beträgt, da der ganze Winkel B $\frac{10}{7}$ eines rechten Winkels beträgt. **[317r]**

Dass aber der mittlere Winkel, nämlich BCA, $\frac{4}{7}$ eines rechten Winkels beträgt, werde ich beweisen, wie folgt: Das Viereck ADBC hat vier Winkel, die rechten Winkeln gleichgesetzt werden, und die beiden größeren betragen zusammengenommen $\frac{20}{7}$ eines rechten Winkels. Also werden die beiden kleineren Winkel (wenn man sie zusammenrechnet) $\frac{8}{7}$ eines rechten Winkels betragen und jeder von ihnen wird, einzeln genommen, $\frac{4}{7}$ eines rechten Winkels betragen.

Und schließlich, dass der kleinste Winkel, nämlich BAC, $\frac{2}{7}$ der rechten beträgt, geht aus dem vorher Gesagten hervor. Denn ABC ist ein Dreieck, dessen Winkel B $\frac{8}{7}$ eines rechten Winkels beträgt, und der Winkel C beträgt $\frac{4}{7}$ eines rechten Winkels, wie bewiesen wurde. Also wird sein Winkel A $\frac{2}{7}$ eines rechten Winkels betragen, weil es notwendig ist, dass drei Winkel eines beliebigen Dreiecks, zusammengenommen, zwei rechte Winkel enthalten. Daher lassen $\frac{12}{7}$, abgezogen von 2, dann $\frac{2}{7}$ übrig. Ebenso, weil der Winkel DAC $\frac{4}{7}$ eines rechten Winkels beträgt, wie kurz zuvor bewiesen wurde, und weil der Winkel DAB $\frac{2}{7}$ eines rechten Winkels beträgt, muss notwendigerweise BAC dann $\frac{2}{7}$ eines rechten Winkels betragen, usw.

Es folgen nun einige schöne Reduktionen von Gleichungen des Geronimo Cardano, aus dessen Kapitel 22 und Kapitel 51 übertragen.

Es seien $25 + 4x^2 + 2x^3$ mit $16x + 55$ gleichgesetzt. Die Frage lautet: Wie groß ist 1x?

Die Operation geht so vor sich:

Es wird jedem der beiden Teile der Gleichung folgende Verbindung angefügt: $2x^2 + 10x + 5$. Und dann wird $2x^3 + 6x^2 + 10x + 30$ mit $2x^2 + 26x + 60$ gleichgesetzt.

Nun dividiere jede der beiden Seiten der Gleichung durch $2x + 6$ und du wirst finden, dass $1x^2 + 5$ mit $1x + 10$ gleichzusetzen ist. Und da $1x^2$ mit $1x + 5$ gleichgesetzt ist, wird $1x = \sqrt{5\frac{1}{4}} + \frac{1}{2}$ betragen.

Nun folgt eine andere Reduktion der Gleichung und die Auflösung der Wurzel durch Geronimo Cardano.

Gleichgesetzt werden soll $3x^3$ mit der Verbindung $21x + 18$. Nun lautet die Frage: Wie groß ist $1x$? Cardano verfährt hier so:

Füge zu jedem der beiden Teile der Gleichung $12x^2 + 9x$, dann wirst du finden, dass $3x^3 + 12x^2 + 9x$ mit $12x^2 + 30x + 18$ gleichgesetzt wird. Nun dividiere **[317v]** beide Teile der Gleichung durch $3x + 3$ und so wird dann $1x^2 + 3x$ mit $4x + 6$ gleichgesetzt werden. Dies ergibt $1\,x^2 = 1x + 6$ und so findet man, dass $1x = 3$ beträgt.

Andere Reduktion desselben Cardano.

Es sei $1x^3$ mit $8x + 7$ gleichgesetzt. Die Frage lautet: Wie viel beträgt $1x$?

Füge zu beiden Teilen der Gleichung eine Eins hinzu, dann wird $1x^3 + 1$ mit $8x + 8$ gleichgesetzt. Nun dividiere beide Teile der Gleichung durch $1x + 1$ und du wirst finden, dass $1x^2 - 1x + 1$ dann mit 8 gleichgesetzt wird. Und so wird $1x^2$ mit $1x + 7$ gleichgesetzt werden und $1x$ beträgt dann $\sqrt{7\frac{1}{4}} + \frac{1}{2}$.

Wenn so $1x^3$ mit $8x - 7$ gleichgesetzt wird, dann ziehe ich von jeder Seite der Gleichung 1 ab. Und so wird $1x^3 - 1$ dann mit $8x - 8$ gleichgesetzt. Nun dividiere beide Teile der Gleichung durch $1x - 1$ und du wirst finden, dass $1x^2 + 12x + 1$ mit 8 gleichgesetzt wird. Und so wird $1x^2$ mit $7 - 1x$ gleichgesetzt werden und es beträgt $1x = \sqrt{7\frac{1}{4}} - \frac{1}{2}$.

Wenn du aber $1x^3 + 1$ durch $1x + 1$ dividieren willst, dann wirst du (jedenfalls nach meiner Ansicht) am besten verfahren, wenn du so vorgehst, dass du $1x^3 + 1$ so in die Ordnung stellst: $1x^3 + 0x^2 + 0x + 1$. So nämlich müssen sich die cossischen Zeichen folgen, dass keines der mittleren Terme ausgelassen wird. Und um dir noch weiter zu helfen (denn bei Cardano wirst du diese Methode nicht finden) will ich gegenwärtiges Beispiel durch Dividieren durchführen.

$- \not{1}x^2\ \not{1}x$

$\not{1}x^3 + \not{0}x^2\ \not{0}x - \not{1}\ (1x^2 + 1x + 1$

$\not{1}x - \not{1}$

$\not{1}x - \not{1}$

$\not{1}x - \not{1}.$

Wenn du so $1x^3 - 1$ so durch $1x - 1$ dividieren willst, wird sich das Verfahren so darstellen: **[318r]**

$\not{1}x^2\ \not{1}x$

$\not{1}x^3 + \not{0}x^2 + \not{0}x - \not{1}\ (1x^2 + 1x + 1.$

$\not{1}x - \not{1}$

$\not{1}x - \not{1}$

$\not{1}x - \not{1}$

Wenn du $1x^3 + 8$ so durch $1x + 2$ dividieren willst, wird sich das Verfahren so darstellen:

$-\not{2}x^2 \qquad \not{4}x$

$\not{1}x^3 + \not{0}x^2 + \not{0}x + \not{8}$ $(1x^2 - 2x + 4.$

$\not{1}x + \not{2}$

$\quad \not{1}x + \not{2}$

$\qquad \not{1}x + \not{2}.$

Wenn du $8x^3 + 125$ so durch $2x - 5$ dividieren willst, wird sich das Beispiel so darstellen:

$-\not{2}0x^2 - \not{5}0x$

$\not{8}x^3 + \not{0}x^2 + \not{0}x + 1\not{2}5$ $(4x^2 - 10x - 25.$

$\not{2}x - \not{5}$

$\quad \not{2}x - \not{5}$

$\qquad \not{2}x - \not{5}$

Wenn du so $16x^4 - 81$ durch $2x - 3$ dividieren willst, stellt sich das Beispiel so dar:

$\not{2}4x^3 \; \not{3}6x^2 \; \not{5}4x.$

$\not{1}6x^4 + \not{0}x^3 + \not{0}x^2 + \not{0}x - \not{8}1$ $(8x^3 + 12x^2 + 18x + 27.$

$\not{2}x - \not{3}$

$\quad \not{2}x - \not{3}$

$\qquad \not{2}x - \not{3}$

$\qquad\quad \not{2}x - \not{3}$

Wenn du so $32x^5 + 1024$ durch $2x - 4$ dividieren willst, beträgt der Quotient der Division $16x^4 + 32x^3 + 64x^2 + 128x + 256$. Und so ist es bei unzähligen anderen Beispielen.

Schönes Beispiel von einem aus dem anderen.

Drei Wanderer gingen zusammen und fanden einen Ranzen, in dem sich 73 Gulden befanden. **[318v]** Nachdem der erste und zweite Wanderer zu dieser Summe Gulden ihr Geld hinzugefügt hatten, fand sich, dass die Summe nun das Doppelte des Besitzes des ersten und dritten betrug, zusammengerechnet mit der Summe des zweiten und dritten.

Als man aber die Summe des ersten und dritten zu diesen 73 Gulden hinzugenommen hatte, zeigte es sich, dass diese Summe das Dreifache war verglichen mit der Summe des zweiten und dritten, zusammengerechnet mit der Summe des ersten und zweiten.

Als man aber die Summe des zweiten und dritten Wanderers zu den 73 Gulden hinzugefügt hatte, fand sich, dass diese Summe das Vierfache war, verglichen mit der Summe des ersten und zweiten, zusammengerechnet mit der Summe des ersten und dritten.

Die Frage lautet nun. Wie viel Geld hatte jeder der drei Wanderer bei sich?

Nimm an, dass der erste und zweite Wanderer 1x Gulden hatten und dass die Summe des ersten und dritten zusammen mit der Summe des zweiten und dritten 1A Gulden machte. Dann wird $1x + 73$ mit 2A gleichgesetzt. Also beträgt 1A $\frac{1x+73}{2}$. Wenn man nun zu dieser Summe 1x hinzufügt, dann erscheint die Summe aller Wanderer verdoppelt, nämlich die Summe des ersten und zweiten und des ersten und dritten. Die Summe des zweiten und dritten machen $\frac{3x+73}{2}$ Gulden.

Nimm zweitens an, dass der erste und der dritte 1B Gulden haben. Dann wird die Summe des zweiten und dritten zusammen mit der Summe des ersten und zweiten $\frac{3x+73-2B}{2}$ machen. Und so wird 1B + 73 mit $\frac{9x+219-6B}{2}$ gleichgesetzt. Ebenso werden durch Reduktion auf ganze Zahlen 2B + 146 mit 9x + 219 – 6B gleichgesetzt. Ebenso wird 8B mit 9x + 73 gleichgesetzt und so ergibt 1B = $\frac{9x+73}{8}$.

Nimm drittens an, dass der zweite und der dritte Wandere 1C Gulden haben. Dann beträgt die Summe des ersten und zweiten zusammen mit der Summe des ersten und dritten $\frac{3x+73-2C}{2}$. Und so wird 1C + 73 mit 6x + 146 + 4C gleichgesetzt. Und durch Reduktion wird 5C mit 6x + 73 gleichgesetzt. Und so macht 1C (wenn es aufgelöst wird) dann $\frac{6x+73}{5}$.

Wie aber $\frac{3x+73}{2}$ die verdoppelte Summe aller drei Wanderer ist (wie wir oben sahen), so ist dann 1x + 1B + 1C die verdoppelte Summe aller Wanderer. Denn 1x ist die Summe des ersten und zweiten, **[319r]** und 1B, das $\frac{9x+73}{8}$ macht, ist die Summe des ersten und dritten. So ist auch 1C, das $\frac{6x+73}{5}$ macht, die Summe des ersten und dritten. Daher beträgt die verdoppelte Summe aller $\frac{133x+949}{40}$. Und jene wird also mit der oberen Summe aller gleichgesetzt. Das sind $\frac{3x+73}{2}$. Und durch Reduktion auf ganze Zahlen wird 120x + 2920 mit 266x + 1898 gleichgesetzt. So beträgt 1x = 7.

Und da 1x = 7 beträgt, macht 1B dann $\frac{9x+72}{2}$, und dies ist 17. Und 1C, das heißt also $\frac{6x+73}{5}$, macht 23.

Es folgt nun der zweite Teil des Beispiels.

Drei Wanderer haben mehrere Gulden. Der erste und zweite haben zusammen 7 Gulden. Der erste und dritte haben 17 Gulden. Der zweite und der dritte haben 23 Gulden.

Die Frage lautet nun: Wie viel hat jeder einzelne?

Nimm an, dass der erste 1D Gulden hat. Dann wird der zweite 7 – 1D Gulden haben und der dritte wird 17 – 1D Gulden haben. Ebenso wird derselbe dritte Wanderer 23 – 7 + 1D Gulden haben. Das heißt, dass 16 + 1D mit 17 – 1D Gulden gleichgesetzt werden. Also macht 1D = $\frac{1}{2}$ Gulden.

Daher besaß der erste $\frac{1}{2}$ Gulden.
Der zweite besaß $6\frac{1}{2}$ Gulden.
Der dritte besaß $16\frac{1}{2}$ Gulden.

Hier hast du, mein lieber Herr Adolph, in diesem Anhang alles dies zusammengestellt, was mir am meisten Freude in der ganzen Arithmetik des Geronimo Cardano machte. Ich wünschte aber, dass du selbst einmal anderes und noch Besseres dort entnimmst

Lebe wohl!

Ende des Werkes der Arithmetik
von Michael Stifel.

[319v] NACHTRAG

M. Stifel hat seinem Werk einen Nachtrag mit Berichtigungen beigefügt (De erratis). Soweit die von Stifel genannten Stellen aufgefunden wurden (zum Teil finden sich falsche Angaben), sind seine Berichtigungen stillschweigend durchgeführt. Im Folgenden geben wir Stifels Vorrede zu seinem Nachtrag und übersetzen zwei ausführlichere Nachträge, auf die wir am gegebenen Ort oben verweisen.

Michael Stifel wünscht seinem Herrn und Freund Johannes Petreius Gnade und Frieden in Christus.

Du weißt, bester Mann, dass dieses mein Buch über fünf Jahre wie ein Gefangener festgehalten wurde, bevor es in Deine Hände gelangte, und es ist hinreichend klar, dass diese Verzögerung sowohl mir wie auch vielen Anhängern der Freien Künste lästig war. Später folgte ich dem Rat meiner Freunde und tat so, als wolle ich das Buch noch bereichern, um es so wieder in meine Hände zu bekommen. Der Plan hatte Erfolg, und so begann ich, das Werk vom Beginn an zu überarbeiten, fügte beim Schreiben vieles, was sich anbot, hinzu und änderte auch (wie es so geht) vieles. Als mich aber später mein Verleger durch Unrecht reizte und mir die Hoffnung auf ein Honorar entriss, ließ ich die Arbeit liegen, bis mich Männer antrieben, denen nicht zu Willen zu sein ich für Unrecht hielt. Jene empfahlen mir Dich, lobten Dich in den höchsten Tönen und so setzte ich das weggelegte Werk von Neuem fort. Und als mir einige Liebhaber berichteten, Du habest als Termin für das Erscheinen des Buches die Frankfurter Messe festgesetzt (vorausgesetzt dass ich keine Verzögerung verursache), und als sie mich mit Versprechungen ermunterten, das Werk zu beschleunigen, begann ich derart zu eilen, dass mir die Zeit zum erneuten Lesen des Diktierten ausging. Und daraus entstanden manche Fehler, deren mich mein Gewissen verklagt, dich jedoch freispricht. Zwar denke ich, dass auch in Deiner Druckerei der eine oder andere Fehler entstand (wohl durch Achtlosigkeit Deiner Mitarbeiter), doch scheinst Du mir Deine Druckerpflicht vorzüglich erfüllt zu haben, da Du mir von so entferntem Ort das Buch zur Korrektur zurücksandtest. Denn wirklich gab es da einige Fehler von solcher Art, dass sie wohl außer mir niemand passend verbessert hätte, wie es gleich der erste Fehler ist, den ich vorstelle. Lebe wohl!

[321r] Zu Blatt 211r: Nachdem ich den Leser zur Ansicht der Flächen regulärer Körper auf die Geometrie von Albrecht Dürer verwiesen hatte, verwandte ich im Anschluss daran hinweisende Worte, die den Leser sozusagen auf vorliegende Bilder hinweisen. Wenn er aber herumblickt, findet er nichts von dem, was die Worte zu versprechen schienen. Jener Fehler ärgert mich ganz besonders. Da ich aber allzu sehr eilte, um das Buch zum festgesetzten Termin fertig zu stellen und befürchtete, die Herstellung jener Figuren könnte mir viel Zeit rauben, wollte ich nichts mehr davon wissen und verwies den Leser auf die genannte Geometrie-Darstellung. Am nächsten Tag jedoch machte ich mir Sorgen um die **[321v]** Verlegenheit des Lesers, der ja vielleicht keine Einsicht in Dürers Geometrie hätte, verjagte die Abneigung, die mich zuvor besiegt hatte und besiegte sie selbst, indem ich jene so ausgelassenen Figuren zeichnete; so begann ich das zuvor Geschriebene zu berichtigen. Hätte ich aber etwas weiter oben mit meiner Verbesserung begonnen, wäre zwar jene hässliche Inkonsequenz behoben gewesen, aber da, wie ich sehe, die Zettel mit den Zeichnungen, die ich ins Buch gelegt hatte, verloren gingen, wäre dem Leser auch nicht besser geholfen gewesen. Es muss also dafür gesorgt werden, dass der Leser wenigstens hier Zeichnungen solcher Figuren betrachten und verstehen kann.

Fläche eines Körpers mit vier Flächen, eben ausgebreitet.

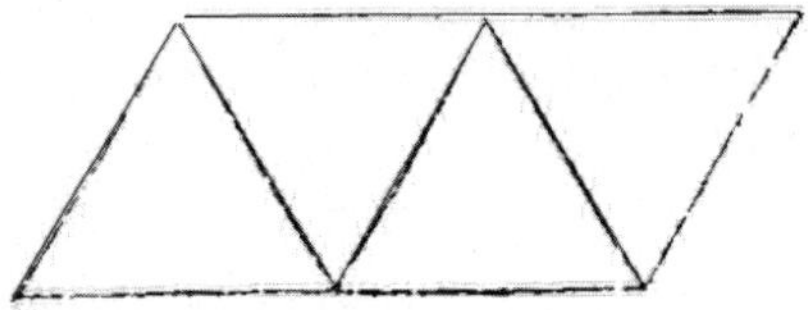

Wenn man dieses Bild ausschneidet und zusammenfaltet, wird es die Gestalt eines regelmäßigen Körpers mit vier Grundflächen ergeben.

Bild der Oberfläche eines regelmäßigen Körpers mit sechs Grundflächen, wie er sich, eben ausgebreitet, darstellt.

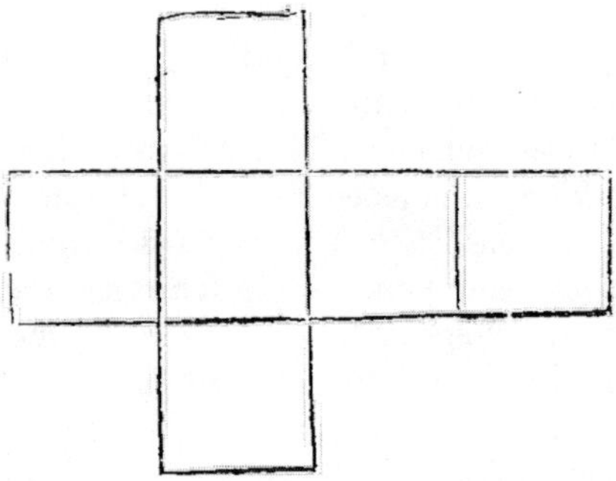

Wenn man dieses Bild ausschneidet und zusammenfaltet, ergibt es einen kubischen Festkörper oder einen regelmäßigen Körper mit sechs Flächen.

Bild der Oberfläche eines regelmäßigen Körpers mit acht Flächen, wie er sich, eben ausgebreitet, darstellt.

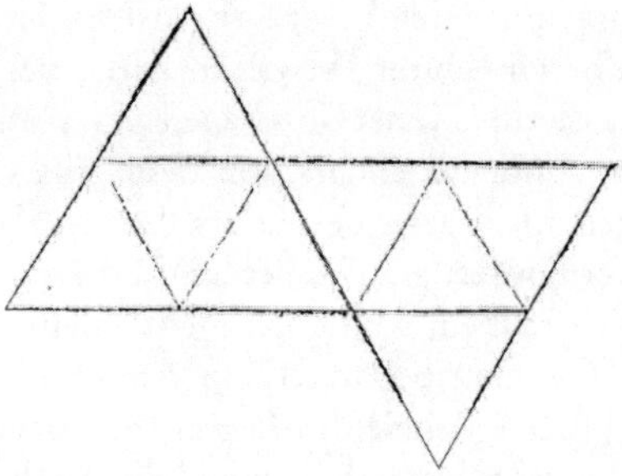

Wenn man diese Figur ausschneidet und zusammenfaltet, ergibt sich das Bild regelmäßiger Körper von acht Grundflächen.

[322r] Bild der Oberfläche eines regelmäßigen Körpers mit zwanzig Flächen.

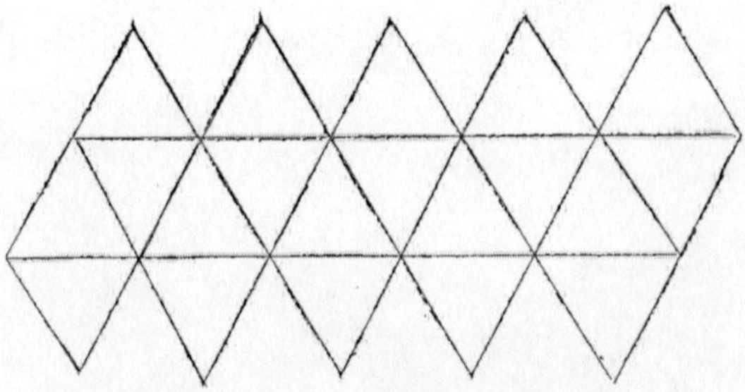

Wenn man eine solche Figur aus Papier ausschneidet und zusammenfaltet, ergibt sich die Gestalt einer regelmäßigen körperlichen Figur mit zwanzig Flächen.

Es folgt die Fläche eines regelmäßigen Körpers mit zwölf Flächen.

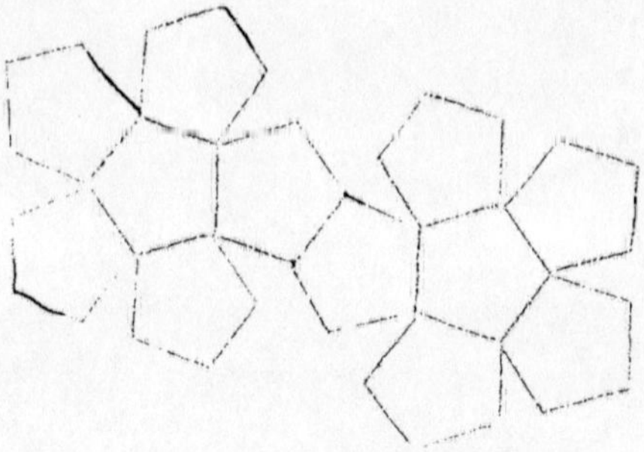

Wenn man eine solche Figur ausschneidet und zusammenfaltet, wird sie dir zeigen, wie ein regelmäßiger Körper mit zwölf Flächen aussieht.

Auch als ich begann, das dritte Buch zu schreiben, fiel mir ein unwürdiger Mönch ein, der jetzt sein gottloses Leben in Österreich verbringt. Dies sage ich deshalb, weil der Leser merken wird, dass ich im erwähnten Teil meines Buches mich über einen Streit erregte, den ich mit jenem Mönch hatte. Der Leser möge also bedenken, dass ich dort eine Fabel oder Geschichte nach dem Vorbild Ovids in seinen Fasten erdichten wollte; auch dieser mischt seinen ernsten Gegenständen bald wahre, bald erdichtete Geschichten ein. Ich freilich (das mag sich der Leser sagen) kam in meiner Einfallslosigkeit nicht weiter und habe das begonnene Thema abgebrochen. **[322v]**

Lebe wohl, Leser! Verzeihe mir die aufgeführten Irrtümer, nimm meine Entschuldigung freundlich auf und vergib. Bald aber wirst du (wenn Gott so will) von mir eine neue algebraische Rechenmethode, diesmal aber in deutscher Sprache, erhalten. Lebe nochmals wohl, lieber Leser!

Gedruckt zu Nürnberg

Bei Joh. Petreius.

Nachwort

von Eberhard Knobloch

1 Der Autor und sein Werk *Arithmetica integra*

Der Theologe und Mathematiker Michael Stifel (1486/87–1567) wurde in der freien Reichsstadt Esslingen bei Stuttgart geboren und starb rund achtzigjährig in Jena. Er trat 1511 in das Esslinger Augustinerkloster ein, das er jedoch 1522 verließ. Noch in demselben Jahr schloss er sich Martin Luther an. Seinen Lebensunterhalt bestritt er zunächst als Prediger in Mansfeld (1523) und im Schloss Tollet in Oberösterreich (1525–1527), bevor er – immer wieder wechselnd – Pfarreien in Lochau (heute Annaburg bei Wittenberg), Holzdorf bei Wittenberg, Memel, Eichholz bei Eylau, Haffstrom bei Königsberg, Brück bei Belzig übernahm. Ab 1560 hielt er Vorlesungen über Arithmetik an der Universität Jena.

Sein bedeutendstes mathematisches Werk, die *Arithmetica integra*, die „Vollständige Arithmetik", erschien nach über fünf Jahren Verzögerung durch eine andere Druckerei 1544 bei dem berühmten Nürnberger Verleger Johann Petreius (1497–1550) mit einem Vorwort Philipp Melanchthons (1497–1560) (Reich 2001, 79). Es hat über die Jahrhunderte hin seine große Bedeutung als wissenschaftliches Werk behalten (Hofmann 1968b, 93).

Das Werk machte Stifel zu einem der führenden Algebraiker des 16. Jahrhunderts. Es war die Holzdorfer Ausarbeitung von Privatunterweisungen in Arithmetik, die Stifel erteilte. Sein Freund, der Arzt Jakob Milich (1501–1559), der in Wittenberg ebenfalls auch über mathematische Fächer las, hatte ihn dazu gedrängt, wie Stifel im Vorwort zum 2. Buch ausführt. Milich war auch für den anspruchsvollen Titel *Vollständige Arithmetik* verantwortlich, wie Stifel im Anhang zum 1. Buch erklärt.

Die drei Bücher des Werkes gelten dem arithmetischen Grundwissen über rationale Zahlen (Buch 1), dem 10. Buch der euklidischen *Elemente* (Buch 2) und der Algebra (Buch 3).

Stifel ist mit der einschlägigen Literatur gut vertraut und nennt im ersten Buch unter anderem die *Arithmetica* des Boethius (480?–525) mit den Ergänzungen von Jacques Lefèbre d'Étaples (1455?–1536), die *Arithmetica* des Jordanus Nemorarius (um 1260), die *Margarita philosophica* von Gregor Reisch (1475?–1523), die *Practica arithmeticae* des Geronimo Cardano (1501–1576), Peter Apians (1495–1552) Rechenbuch *Eyn New unnd wolgegründte underweysung aller Kauffmannß Rechnung* von 1527.

Die 10 Kapitel behandeln die Rechenoperationen, die verschiedenen Arten der Zahlen, elementare Zahlentheorie. Seine Regel zur Bildung vollkommener Zahlen ist falsch (Bl. 10v), wie sein Beispiel $130816 = 256 \cdot 511$ zeigt (Cantor 1900, 435). Es folgen arithmetische Folgen mit figurierten Zahlen und magischen Quadraten (Sesiano 2006), geometrische Folgen mit dimensionierten Zahlen, Wurzelziehen bis zur 15. Wurzel mit dem „Pascalschen Dreieck" der Binomialkoeffizienten. Umfangreich ist die Lehre von den Proportionen mit Einschluss von Exponentialgleichungen, von den Benennungen (*denominationes*) und Proportionalitäten. Das Gesagte wird auf das sexagesimale Maßsystem der Astronomie und die musikalische Intervalllehre angewandt. Zur Darstellung der Intervalle erfindet Stifel ein spezielles Notationssystem. Den Schluss des 1. Buches bilden kaufmännische Umrechnungen. Der Anhang gilt der Regel des falschen Ansatzes (*regula falsi*), der Mischungsrechnung (*regula alligationis*) und zwei Regeln zur Kombinatorik, die Stifel Cardano zuschreibt.

Das 2. Buch behandelt mit Hilfe der cossischen Symbolik Euklids Irrationalitätentheorie, das heißt insbesondere den Umgang mit geschachtelten Wurzelausdrücken, der geometrisch veranschaulicht wird, und die Anwendung der Theorie auf die fünf regelmäßigen Körper. Der Anhang erörtert im Anschluss an den *Dialogus de circuli quadratura* des Nicolaus von Kues (1401–1464) die Möglichkeit der Kreisquadratur (Reich 1998): Der Kreisumfang ist weder durch eine rationale noch durch eine irrationale Zahl angebbar.

Das 3. Buch behandelt im Anschluss an Cardano Christoph Rudolffs (1500?–1545?) *Behend unnd Hubsch Rechnung durch die kunstreichen regeln Algebre so gemeinicklich die Coß genennt werden* (1525) und Mitteilungen von Adam Ries (1492–1559) die Algebra, das heißt das Rechnen mit algebraischen Ausdrücken. Dazu gehören die Regel des falschen Ansatzes, der Dreisatz, die cossischen Zeichen für die Potenzen der Unbekannten x, die auf der Primfaktorzerlegung des Exponenten beruhen. Die Rechnungen werden nach Möglichkeit geometrisch erläutert. Hervorzuheben ist sein Rechnen mit negativen, von Stifel „fingiert“ genannten Zahlen. Es sind für ihn keine echten, sondern absurde Zahlen (B. 249v). Er bezieht dort die Zahlen einer arithmetischen Folge (einschließlich negativer Zahlen) auf die Potenzen einer geometrischen Folge (einschließlich Brüchen), tut also einen ersten Schritt auf die Anlegung von Logarithmentafeln hin. Man könne ein ganzes Buch über die Wunder der Zahlen schreiben: „Doch muss ich mich hier fortschleichen und geschlossenen Auges fortgehen“.

Der Theologe Stifel beendet sein Werk mit „Amen“. Anstelle eines Nachwortes erläutert er anspruchsvolle Beispiele aus Cardanos Arithmetik.

2 Literatur

2.1 Textgrundlage

Michael Stifel, Arithmetica integra cum praefatione Philippi Melanchthonis. Nürnberg: Johannes Petreius, 1544 (5 + 322 Bl.)
Die von Stifel aufgeführten Errata (Bl. 319v–322v) wurden bei der Übersetzung soweit wie möglich berücksichtigt (s. Vorbemerkung zur Übersetzung des Nachtrages).

2.2 Übersetzungen

Teilübersetzungen (zusammen etwa 12% des Gesamttextes)

Michael Stifel, Arithmetica Integra, kommentiert und auszugsweise übersetzt von Siegfried Bauer, Stephanie Eitel, Lothar Schöttler, Annette Schwär, Michael Thiel, David Vöhringer. In: Esslinger Studien, hrsg. vom Stadtarchiv Esslingen am Neckar 28 (1989), S. 75–129 (= Stifel 1544, Titelblatt Bl. 2r, 33v–36r, 38v–46v, 103r–107v, 227r–234v, 240r–246r, 248v–250v, 267r–v: zusammen 75 Seiten von insgesamt 656 Seiten oder rund 11%).

Michael Stifel, Über die Quadratur des Kreises, übersetzt von Eberhard Knobloch (= Stifel 1544, Bl. 224r–226r: zusammen 5 Seiten. In: Karin Reich, Michael Stifels Quadratur des Kreises. In: Michael Toepell (Hrsg.), Mathematik im Wandel, Anregungen zu einem fächerübergreifenden Mathematikunterricht. Band 1. Hildesheim-Berlin: Franzbecker, 1998, S. 155–173, hier S. 168–173.

Die vorliegende Übersetzung

Um den fast 500 Jahre alten Text für den heutigen Leser lesbar und verständlich, ihn inhaltlich zugänglich zu machen, haben wir die Stifelsche, aus der cossischen Tradition stammende, algebraische Symbolik gemäß der heutigen mathematischen Symbolik modernisiert. Für die Originalsymbolik sei auf (Tropfke 1980) verwiesen. Stifel erläutert die Bezeichnungen im 2. Buch, Kapitel 1, 3 und 5. Nicht nur der lateinische Text, auch die mathematische Sprache musste in eine zeitgemäße, verständliche Sprache übertragen werden.

2.3 Forschungsliteratur

Cantor, Moritz. 1900. Vorlesungen über Geschichte der Mathematik. 2. Band. 2. Auflage. Leipzig 1900, 429–449 (Nachdruck New York: Johnson, Stuttgart: Teubner, 1965).

Hofmann, Joseph Ehrenfried. 1968a. Michael Stifel (1487?–1567), Leben, Wirken und Bedeutung für die Mathematik seiner Zeit. Sudhoffs Archiv Beiheft 9. Wiesbaden 1968. (42 S.).

Hofmann, Joseph Ehrenfried. 1968b. Michael Stifel, Zur Mathematikgeschichte des 16. Jahrhunderts. Jahrbuch für Geschichte der oberdeutschen Reichsstädte. Esslinger Studien 14 (1968), 30–60. Ich zitiere den Wiederabdruck in: J.E. Hofmann,

Ausgewählte Schriften, hrsg. von C.J. Scriba. 2 Bände. Hildesheim-Zürich-New York: Olms, 1990, Band 1, 78–108.

Meretz, Wolfgang. 1977. Michael Stifel (1487? bis 1567). Kurzer Abriß der gesamten Lehre Euklids im zehnten Buch seiner Elemente, Königsberg 1551. Berlin 1977. (67 S.). (Geheftetes Schreibmaschinenmanuskript).

Reich, Karin. 1998. Michael Stifels Quadratur des Kreises. In: Michael Toepell (Hrsg.), Mathematik im Wandel, Anregungen zu einem fächerübergreifenden Mathematikunterricht. Band 1. Hildesheim-Berlin: Franzbecker, 1998, 155–173.

Reich, Karin. 2001. Michael Stifel. In: Menso Folkerts, Eberhard Knobloch, Karin Reich (Hrsgg.), Maß, Zahl und Gewicht, Mathematik als Schlüssel zu Weltverständnis und Weltbeherrschung. 2. Auflage. Wiesbaden 2001, 66–89.

Sesiano, Jacques. 2006. Stifels magische Quadrate. In: Magdalena Hykšová, Ulrich Reich (Hrsgg.). Wanderschaft in der Mathematik, Tagung zur Geschichte der Mathematik in Rummelsburg bei Nürnberg (4.5. bis 8.5.2005). Augsburg 2006, 206–218.

Tropfke, Johannes. 1980. Geschichte der Elementarmathematik, 4. Auflage. Band 1 Arithmetik und Algebra, vollständig neu bearbeitet von Kurt Vogel, Karin Reich, Helmuth Gericke. Berlin-New York: Walter de Gruyter, 1980.

Glossar

aggregatum	Aggregat, Summe
algorithmus	Rechenverfahren
aliquota (pars)	echter Teiler
alligatio	Anbindung
binomium	Binom
bisextilis	einen Schalttag enthaltend
cifra Null	
clavis	(Klavier-)Taste
coacervatio	Summe
collectum	Ergebnis
colligere	schließen
comma	Komma (musikalisches Intervall)
communicare	zusammenstimmen, kommensurabel sein, in Beziehung stehen
contiguus	benachbart
contrahere ad	beziehen auf
costa	Seite
cubicubus	Doppelwürfel
decompositus	zerlegt
denariolus	Pfennig
denominatio	Benennung
denominator	Nenner
diapason	Oktave
diapente	Quinte
diaschisma	Diaschisma (kleiner Halbton)
diatessaron	Quarte
diesis	Diesis (musikalisches Intervall)
dimidiatio	Halbierung
duplicatio	Verdoppelung
enuntiatio	Benennung
excessus	Überschuss
figura	(Zahl-)Zeichen, Ziffer
gnomon	Gnomon (winkelförmige Berandung)
hypothesis	Annahme
instrumentalis	Hilfs-
integer (numerus)	ganze Zahl
inventio	Findung
linea	Strecke
subtendens	Hypotenuse

mediale	Zwischenwert
mediare	die Mitte bilden
minutia	Bruch
negotium	Aufgabe
non numerus	Nicht-Zahl
numerare	messen
numerus	
absolutus	reine, unbenannte Zahl
abstractus	unbenannte Zahl
absurdus	negative Zahl
Bsurdesolidus	7. Potenz
contractus	benannte Zahl
cubicubicus	9. Potenz
Csurdesolidus	11. Potenz
denominatus	benannte Zahl; Zahl, die einen Nenner hat
diametralis	Diagonalzahl
exponens	Exponenten-Zahl
propositus	gegebene Zahl
superficialis	Flächenzahl
surdesolidus	5. Potenz
zensicubicus	6. Potenz
zensizenzensicus	8. Potenz
zensurdesolidus	10. Potenz
zenzensicubicus	12. Potenz
operatio	Operation
ordo	Reihe; Zeile
ostensio	Darstellung
par impariter	gerade mal ungerade
permutatim	vertauscht
ponere	annehmen
posse	quadriert etwas ergeben
potentia	Quadrat
potentia incommensurabilis	im Quadrat inkommensurabel
potentia rationalis	im Quadrat rational
potentialiter	quadriert
potentior	im Quadrat größer
probare	bestätigen
progressio	Folge
pronunciatio	Angabe, Aufgabe(ntext)
propositio	Satz, Lehrsatz
quantitas	Größe
radix	
Bsurdesolida	7. Wurzel
surdesolida	5. Wurzel
ratiocinatio	auch: Dialektik
recisum	Abschnitt

reducere	reduzieren, zurückführen, vereinfachen
regula falsi	Regel vom falschen (Ansatz)
regula de Tri	Dreisatz-Regel
relicta	Rest
res ficta	Annahme
residuum	Rest, Restzahl
resolutio	Auflösung
scala	Tonleiter
schisma	Schisma (musikalisches Intervall)
significatio	Bedeutung
signatio	Anzeichnung
significativus	bezeichnend, bedeutend
signum cossicum	cossisches Zeichen
similitudo	Beispiel
soliditas	Rauminhalt
solidus	körperlich, räumlich
speculatio	Forschung, Überlegung
subduplum	Unterdoppel (1:2)
summa	Ergebnis, Summe, Resultat
superparticularis	überteilig, ein Teil darüber ((n+1):n)
superpartiens	überteilend, mehrere Teile darüber ((n+k):n)
supputatio	Berechnung
surdus	irrational, taub, stumm
terminus	Term, Glied, Ausdruck
ternarius	Dreizahl
tractatio	Behandlung
triplatio	Verdreifachung
tritonus	Tritonus (übermäßige Quarte oder verminderte Quinte)
virgula	Strich
virgula curva	Klammer
vocabulum	Bezeichnung
zensice	im Quadrat, quadratisch
zensizensice	im Doppelquadrat
zensizensus	4. Potenz
zensus	Zensus, Quadrat

Namenregister

Die Seitenzahlen beziehen sich auf die in [] gesetzten Zahlen des Stifel-Druckes.

Danksagung

Wir danken Anna Holterhoff und Romy Werther für sorgfältige Hilfe bei der redaktionellen Überarbeitung des Manuskriptes, Tobias Etessami für die Erstellung des Namenregisters, Benedikt Budig für Computer-Hilfe, Karen Frey, Hannelore Martin und Hannelore Rumi für die mühsame und unverdrossene Sekretariatshilfe.